环境类系列教材

U0736448

环境土壤学

Environmental Soil Science

仇荣亮　主　编

杨　坤　王诗忠　副主编

中国教育出版传媒集团

高等教育出版社·北京

内容提要

《环境土壤学》是在综合调研全国环境土壤学类课程基础上,为满足 32~48 学时教学基本要求编写而成的。

全书共十一章,可简单划分为三部分。第一部分介绍了土壤的基本概念、性质和属性,从组成、化学反应和形成规律等方面,系统阐释了土壤在生态环境中的重要地位及意义,包括第一、二、三和四章。第二部分系统梳理了土壤中碳、氮、磷、硫等大量元素,重金属元素,有机污染物及其他污染物的迁移转化、环境效应和治理措施,包括第五、六、七、八和九章。第三部分梳理了人类面临的主要土壤环境问题,介绍了土壤环境管理的现状及发展趋势,包括第十和十一章。

本书适合作为环境科学与工程类、土壤学类、资源与环境类专业本科生和研究生课程教材,也可供从事土壤污染控制与修复的科研和管理人员参考。

图书在版编目（CIP）数据

环境土壤学／仇荣亮主编；杨坤，王诗忠副主编.

北京：高等教育出版社，2025.7. -- ISBN 978-7-04
-062577-6

Ⅰ. X144

中国国家版本馆 CIP 数据核字第 2024EB9622 号

Huanjing Turangxue

策划编辑 陈正雄	责任编辑 李 林 陈正雄	封面设计 李树龙	版式设计 马 云
责任绘图 黄云燕	责任校对 吕红颖	责任印制 刁 毅	

出版发行 高等教育出版社	网 址	http://www.hep.edu.cn
社 址 北京市西城区德外大街 4 号		http://www.hep.com.cn
邮政编码 100120	网上订购	http://www.hepmall.com.cn
印 刷 河北鹏远艺艺兴科技有限公司		http://www.hepmall.com
开 本 787mm×1092mm 1/16		http://www.hepmall.cn
印 张 31		
字 数 750 千字	版 次	2025 年 7 月第 1 版
购书热线 010-58581118	印 次	2025 年 7 月第 1 次印刷
咨询电话 400-810-0598	定 价	67.00 元

物 料 号 62577-00
审 图 号:GS 京 (2024) 0680 号

前　言

　　土壤是地球生命的基石,发挥着不可替代的生态系统服务功能。然而,随着人类社会的不断发展,对土壤资源的利用程度也正在接近其临界极限,全世界的土壤正面临着流失、污染、酸化、碱化、生物多样性下降等问题。随着土壤环境质量及可持续发展理念逐步受到重视,环境土壤学应运而生。环境土壤学是环境科学和土壤科学之间的交叉学科,是一门新兴的正在发展中的学科,它随着环境科学的兴起而逐步发展,随着土壤科学研究水平的提高而不断丰富与拓展。1994 年召开的第 15 届国际土壤学大会成立了专门的环境土壤专业委员会。2013 年第 68 届联合国大会决议将每年 12 月 5 日定为世界土壤日,并宣布 2015 年为国际土壤年,主题为"土壤生态系统服务",当年的世界土壤日主题为"健康土壤带来健康生活",旨在进一步唤起国际社会对土壤问题的关注。中国历来高度重视生态环境保护,把节约资源和保护环境确立为基本国策,把可持续发展确立为国家战略。党的十八大以来,以习近平同志为核心的党中央把生态文明建设摆在全局工作的突出位置,全面加强生态文明建设。2016 年 5 月 28 日,国务院印发了《土壤污染防治行动计划》("土十条"),2019 年1 月《中华人民共和国土壤污染防治法》正式实施。"绿水青山就是金山银山",保护土壤环境质量,是加强生态文明建设、贯彻新发展理念、推动经济社会高质量发展的必然要求。

　　本书前身是编写于 1998 年的《环境土壤学(讲义)》。当时,中山大学环境科学系取消了原先开设的"土壤学基础"和"土壤化学与土壤污染"等课程,合并为"环境土壤学",但一直苦于没有适用的教材。国外的相关专著,内容或深或浅,难以被不具备土壤科学相关知识的环境科学专业学生所用。因此,编者编写了《环境土壤学(讲义)》用于授课。在 20 多年的授课中,编者根据学科的发展,结合教学需要,不断完善发展该讲义。2019 年底,本书正式列入高等教育出版社出版计划。在讲义基础上,历经 5 年的修改完善,《环境土壤学》终于完稿。其中,第一章由仇荣亮、王诗忠、丁铿博编写;第二章由王诗忠、张云霓、王国保编写;第三章由章卫华、金超编写;第四章由丁铿博、姚爱军、仇荣亮编写;第五章由杨坤、苗笑增、邬文浩编写;第六章由周文军编写;第七章由汤叶涛、晁元卿、张妙月、刘文深、倪卓彪、王悦编写;第八章由曹越、丁铿博、倪卓彪、阿丹编写;第九章由晁元卿、林庆祺、吴颖欣编写;第十章由林庆祺、秦俊豪、储双双、曲豪杰编写;第十一章由杨坤、曾亚雄、邬文浩编写;全书编写工作由丁铿博负责组织并整理统稿。全书由仇荣亮审阅定稿。

　　本书由教育部高等学校环境科学与工程类专业教学指导委员会副主任委员浙江大学朱利中院士主审。朱利中院士在本书编写过程中,多次参与编审会,提出了很多宝贵的修改意见及建议,大大提升了本书的编写质量。本书的出版离不开教育部高等学校环境科学与工程类专业教学指导委员会秘书长胡洪营教授和高等教育出版社陈正雄编审的大力支持。特此,向朱利中院士、胡洪营教授和陈正雄编审致以诚挚谢意。同时特别感谢陈宝梁、葛飞、吉芳英、石辉、郭红岩、刘元元、杨长明、刘国、李永涛、吴启堂、莫测辉、崔长征、梁媛等老师在编写过程中提出的宝贵意见和建议。感谢中国科学院南京土壤研究所李德成研究员在本书编写过程中提供的大量土壤景观照片。

本书涉及内容广泛,由于编者水平有限,相当部分内容尚属"蜻蜓点水",且全书体系及编排也可能有不当之处,故停笔之际,并未能有如释重负之感,敬请读者批评指正。

编者

2024 年 8 月

目　录

第六章　土壤污染与环境容量 227

第七章　土壤污染物环境过程和迁移转化规律 ············· 262

第一章 绪 论

"土壤是地球生命的基石。然而,人类对土壤资源的利用程度正在接近其临界极限。"

——《世界土壤宪章》(2015)

土壤是人类赖以生存的基础资源。只有健康的土壤,才能持续不断地为人类提供生态系统服务(ecosystem service),如粮食生产、水质净化、气候调节等(图 1-1)。然而,在人口增长、城镇化、经济发展、战争、气候变化等压力下,全世界的土壤正面临着流失、污染、酸化、碱化、生物多样性减少等问题。近几十年来,土壤环境质量及可持续发展理念逐渐受到重视,环境土壤学应运而生。环境土壤学是环境科学和土壤科学之间的交叉学科,它随着环境科学的兴起而逐步发展,随着土壤科学研究水平的提高而不断丰富与拓展。在环境土壤学的

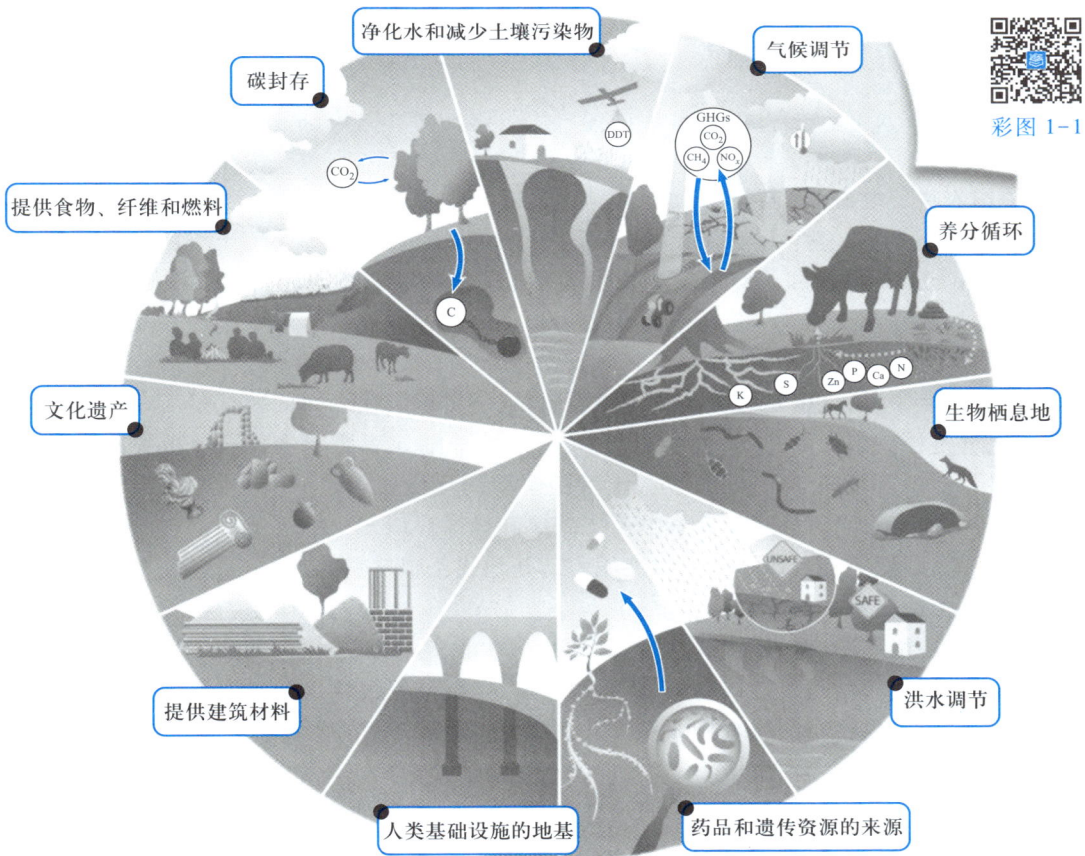

彩图 1-1

图 1-1 土壤提供的生态系统服务是地球生命赖以生存的关键

资料来源:联合国粮食及农业组织,2015。

发展过程中,不同研究领域的学者从不同角度、不同研究兴趣和不同学科背景开展交叉性研究,极大地丰富和充实了环境土壤学的内容。

随着环境土壤学的发展以及我国生态文明建设、绿色发展理念的不断深入,环境土壤学也受到了有关环境科学和土壤科学研究机构、学者和社会的重视。在国际层面,1994 年召开的第 15 届国际土壤学大会成立了专门的环境土壤专业委员会。2013 年第 68 届联合国大会决议将每年 12 月 5 日定为世界土壤日,并宣布 2015 年为国际土壤年,主题为"土壤生态系统服务"(图 1-1)。当年的世界土壤日主题为"健康土壤带来健康生活",旨在进一步唤起国际社会对土壤问题的关注。在国内,随着《土壤污染防治行动计划》("土十条",2016)的出台和《中华人民共和国土壤污染防治法》(2019)的颁布实施,国家对土壤重要性的认识已从农业生产向生态环境保护提升,从土壤资源保护向生态环境建设提升,从土壤质量的培育向提高土壤生态系统服务能力提升,从食物安全向人体健康提升,从城乡发展向人居环境建设提升。毋庸置疑,随着对土壤重要性认识的不断提升,环境土壤学相关研究的理论与实践会持续创新与拓展。

本章首先系统介绍土壤及土壤圈的概念,然后从学科层面介绍土壤学、环境土壤学及其他相邻学科的联系,最后阐释环境土壤学的研究内容及方法。

第一节　土壤与土壤圈

一、土壤

中国农耕传统悠久,素有"民以食为天、食以土为本"的说法。古籍中也多有"土,地之吐生物者也"(《说文解字》)、"百谷草木丽乎土"(《易·象传》)等关于土壤的注解。从造字本意而言,"土"的两横和一竖形象地表明了土与植物两者之间的关系,而"壤"则喻为"包藏着种子的松软肥沃土层"。

土壤对人们来说并不陌生,但由于认识角度不同,对土壤却有很多不同的定义和理解。从地质学观点来看,土壤是破碎了的风化岩石,或坚实地壳最表面的风化层。对于农林科学而言,土壤是植物生长的介质,可定义为"发育于地球陆地表面能生长绿色植物的疏松多孔结构表层"。从环境科学来认识土壤,土壤是重要的环境要素之一,是环境污染物的缓冲带和过滤器,分布于地球最表层,是影响生态系统和全球环境变化的关键圈层。从工程学观点来认识土壤,则把土壤看作承受高强度压力的基地或工程材料的来源。

(一)土壤的基本组成

土壤主要由矿物、有机质、空气、水分和土壤生物五个部分组成,也可概括为固相、液相和气相三相组成。固相包括矿物、有机质和土壤生物,液相包括水分和溶解于水中的矿物质和有机质,气相包括各种气体(图 1-2)。

1. 土壤固相

土壤固相部分包括颗粒大小不同的矿物颗粒及无定形的有机质颗粒,大的粗砂粒径可达 3 mm,小的胶体颗粒直径不到 100 nm。矿物颗粒是土壤的"骨髓",主要来源于岩石矿物的风化,约占整个土壤固相质量的 95%。就整个土体体积而言,矿物颗粒占整个土体体积的45% 以上,有机质约占 5%。有机质主要由生物残体及腐殖质组成,对土壤性质与肥力起着

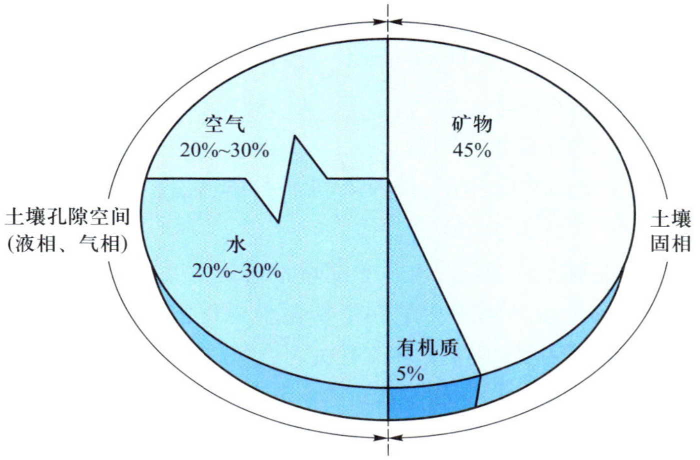

图 1-2　土壤中固、液、气相的体积组成

资料来源：改自 Weil 和 Brady，2017。

极大的作用。另外，土壤固相部分还包括各种原生动物和微生物，尤其是微生物，每克土壤可达 10 亿个。

2. 土壤液相

土壤液相部分占整个土体体积的 25% 左右，存在于土壤孔隙中或土壤颗粒周围，主要是水分。但是土壤中的水并非纯粹的水分，而是含有溶解物质（包括多种营养元素）的土壤溶液。土壤溶液中含有两大类植物所必需的营养元素，即常量营养元素和微量营养元素。常量营养元素是植物蛋白质和核酸等关键细胞成分的基石，以氮、磷、镁和钾等最为重要。微量元素包括铁、锌、锰和铜等，通常是酶活性所必需的辅助因子。营养元素从土壤胶体解吸后进入土壤溶液，进一步被植物根系吸收（图 1-3）。

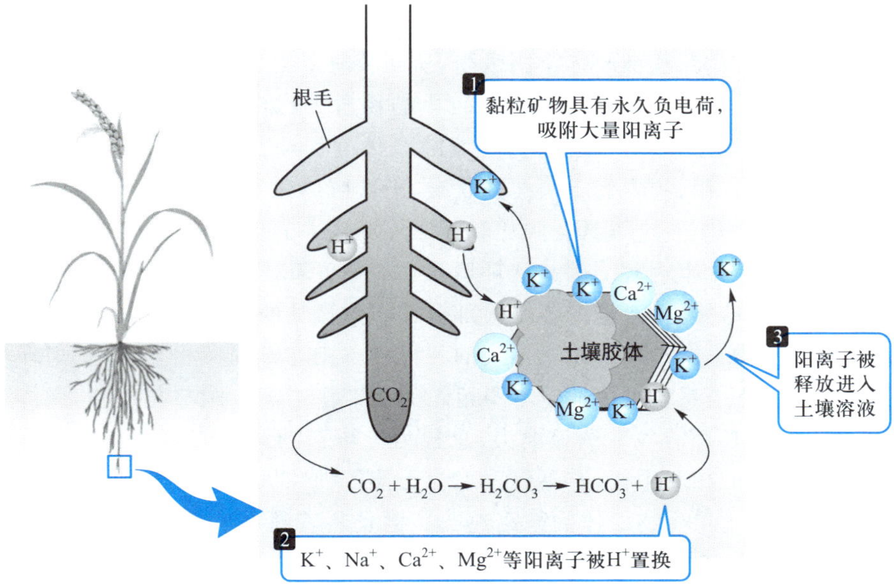

图 1-3　植物通过土壤溶液获取大量营养元素

3. 土壤气相

土壤气相部分占整个土体体积的 25% 左右,一部分是由地面大气层进入的 O_2、N_2 等,另一部分则是由土壤内部产生的 CO_2、水汽等。土壤气相组成受土壤通气性的影响,通气良好的土壤气相组成接近于大气;若通气不良,则与大气成分存在明显差异。此外,由于土壤根系、土壤动物和土壤微生物的呼吸作用,以及有机质分解等,土壤气相组分中的 CO_2 含量一般高于大气,为大气 CO_2 含量的 5~20 倍。

土壤三相物质并不是孤立存在的,也并非简单混合的关系,而是构成了一个极其复杂的生物物理化学系统。土壤自身的物理化学和生物化学变化,土壤圈和大气圈、水圈、岩石圈、生物圈之间的物质和能量转换都与这个系统有关。

(二)土壤的基本特征

1. 土壤的肥力特征

土壤肥力是农业土壤的本质特征,代表土壤从营养条件和环境条件方面供应和协调植物生长的能力。矿物、岩石形成的风化物经成土作用发育成土壤后,不仅含有植物生长所需的营养元素,还变得疏松多孔,具有通气透水性、保水保肥性、结构性、可塑性,能提供植物生长发育所需的水、肥、气、热等条件。因此,土壤是植物根系生长发育的基地,是植物营养物质转化和循环的场所。

2. 土壤的环境特征

土壤是控制地球关键带环境生物地球化学过程的重要节点,是影响人类生存的三大环境核心要素(大气、水和土壤)之一,因此认识土壤需要把土壤与环境系统当作一个整体,既要关注环境对土壤发生、演变及功能的影响,也要关注土壤对环境系统物质、能量与信息流动与转化的潜在影响。土壤不但具有同化和代谢环境污染物的自净能力,也具有土壤性状和功能的自动调节能力。土壤的这种净化能力和自动调节能力,是维持土壤生态系统相对平衡的基础,是人们在利用土壤过程中不可忽视的基本属性。

(1)土壤自净能力:污染物进入土体后,通过稀释和扩散,其浓度降低,毒性减少,或被转变为不溶性物质而沉淀,或被胶体牢固吸附,从而暂时退出生物小循环,脱离食物链,或通过生物和化学降解作用,转变成无毒或毒性较小的物质,或经挥发和淋溶,从土体迁移至大气和水体。所有这些现象,都可以理解为土壤的净化过程。土壤自净能力的强弱取决于土壤组成及性质的综合作用,主要受土壤孔隙状况、土壤胶体体系、化学平衡体系、酸碱物质体系及土壤生物体系的影响。土壤具有同化和代谢外源输入的能力,使许多有毒、有害的污染物变成无毒物质,甚至化害为利。因此从环境科学的角度看,土壤是保护环境的重要屏障。

(2)土壤自动调节能力:土壤的各组成部分并不是孤立的,它们相互作用并互相连接成一个网络,构成完整的土壤结构系统。系统的各种性质相互影响和相互制约,当环境向土壤输入物质与能量时,土壤系统可以通过本身组织的反馈作用进行调节与控制,保持系统的稳定状态。土壤本身所具有的各种调控能力,总称为土壤自动调节能力。土壤自动调节能力维持着土壤生态系统的相对平衡,它不仅表现为土壤各种性状的相对稳定性(如土壤的缓冲性、保水性、稳温性及土壤生物群体的稳定性等),而且还表现为土壤生态系统的综合功能性的稳定性(如土壤肥力、自净能力和自动调节能力等)。土壤自动调节能力也可称为广义的土壤缓冲性能,它是土壤综合协调作用的反映。

3. 土壤的资源特征

土壤是一个独立的历史自然体,是生物、气候、母质、地形、时间等自然因素和人类活动等成土因子综合作用下的产物。成土因子的变异性导致土壤资源的空间存在形式具有明显的地域分异规律。因此土壤不仅是一个形态、组成、结构和功能上有时空变异性的物质实体,也是具有固定空间、有限面积和不可替代的重要资源。土壤还是重要的生物基因库,具有丰富的生物多样性。除了植物以外,还有种类繁多的微生物和土壤动物,是一个具有生命力的地球"活皮肤"(Earth's "living skin")。

(三)土壤的基本功能

作为发育于地球陆地表面具有生物活性和孔隙结构的介质,土壤是地球陆地表面相对脆弱的一个薄层,处于生物与环境间进行物质循环和能量交换的关键地带,对地球表面生命活动具有重要支持作用。全球生态系统服务的一半以上来自陆地,而土壤在陆地上发挥着主要作用。无论在绿地、农场、森林还是山地,土壤在提供生态系统服务方面有六种关键作用(图1-4)。

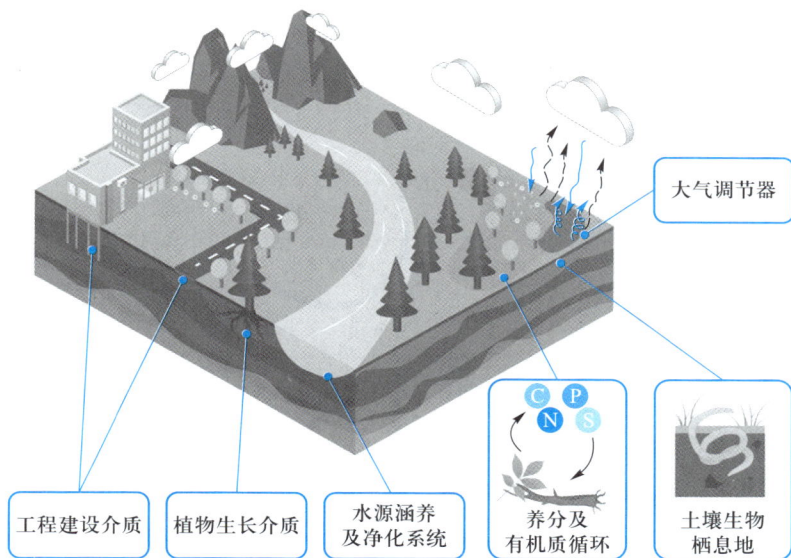

大气调节器

工程建设介质　植物生长介质　水源涵养及净化系统　养分及有机质循环　土壤生物栖息地

图 1-4　人类生态系统中土壤的功能　　彩图 1-4

资料来源:改自 Weil 和 Brady,2017。

第一,土壤作为支持植物生长的介质,为植物根系提供延展空间,为植物提供营养元素,也为人类从事农业生产提供物质基础。土壤特性通常决定了植被的性质,也间接决定了植被所能供养的动物(包括人)的数量和类型。

第二,土壤作为水源涵养及净化系统,能调节水资源供给,影响着水分的流失、利用、污染和净化等过程。在河流、湖泊、河口和含水层中,几乎每一滴水都穿过土壤(无论土壤表层还是内部)(不包括直接落入淡水表层的相对较少的降水)。当被污染的水穿过土壤时,土壤可通过孔隙、矿物及有机质表面等去除水体杂质或杀死潜在的病原体,达到净化污染水的目的。

第三,土壤是大自然的循环系统,承载着养分及有机质循环。在土壤中,植物、动物和人的排泄物及生命残体会被分解,其中的基本营养元素可被新的生命过程循环利用。如果没有土壤的循环功能,地球将被一层可能高达数百米的动植物排泄物和尸体覆盖。土壤有能力吸收大量的有机废物,将其转化为有益的土壤有机质,将废物中的矿物质营养转化为植物和动物可以利用的形式,并将碳以二氧化碳的形式返回到大气中,通过植物的光合作用,再次转化为生物体的一部分。

第四,土壤作为大气调节器,通过吸收和释放大量二氧化碳、氧气和其他气体,以及向空气中贡献灰尘和重新辐射热能,显著影响大气的组成和物理条件。当土壤"吸入"和"呼出"时,它以许多方式与地球的空气层相互作用。具体而言,土壤吸收氧气和其他气体(例如甲烷),同时释放气体(例如二氧化碳和一氧化二氮)。这些土壤和大气之间的气体交换对大气成分和全球气候变化有重大影响。此外,土壤水分的蒸发是大气中水蒸气的主要来源,它改变了空气温度、成分和天气模式。土壤是重要的碳汇,在全球碳减排方面可发挥重要作用。联合国政府间气候变化专门委员会(IPCC)在 2007 年的第四次评估报告中指出:农业的近 90% 减排份额可以通过土壤固碳减排实现。在这样的背景下,《联合国气候变化框架公约》(UNFCCC)于 2016 年通过了"千分之四全球土壤增碳计划"。据估计,全球每年化石燃料燃烧排放约为 89 亿 t 碳当量,约等于 2 m 深度土壤碳库容量的 4‰。这意味着全球 2 m 深度土壤的有机碳储量每年增加 4‰,就可以抵消当前全球化石燃料的碳排放(图 1-5)。

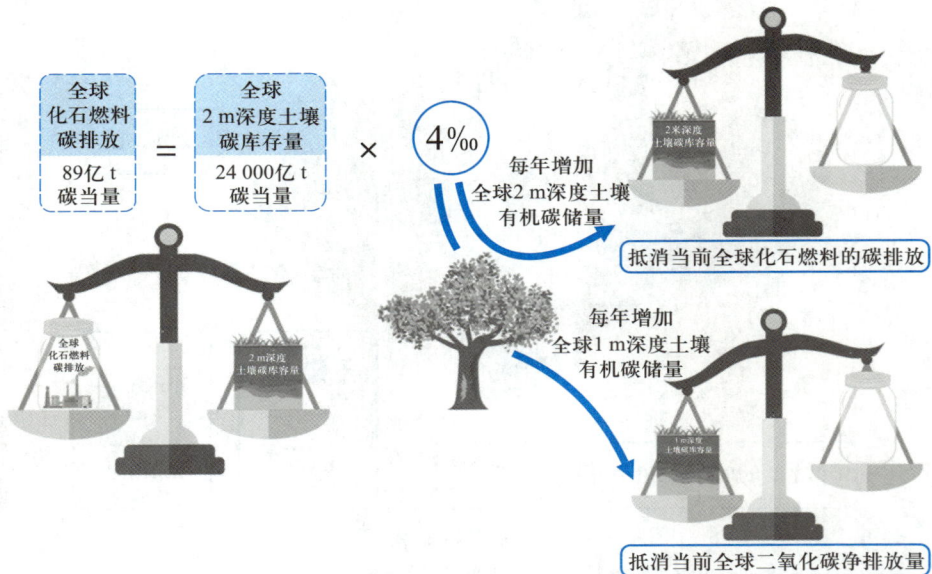

图 1-5　"千分之四全球土壤增碳计划"

资料来源:改自 Minasny 等,2017。

第五,土壤是一个生命有机体,是各种土壤生物的栖息地,土壤的形成从开始就与生物的活动密不可分,所以土壤中总是栖息着多种多样的生物,如细菌、真菌、放线菌、藻类、原生动物、轮虫、线虫、蚯蚓、软体动物和各种节肢动物等,少数高等动物(如鼹鼠等)终生都生活在土壤中。据统计,1 g 土壤中有 10 亿个细菌,25 g 森林腐殖土中所包含的霉菌如果一个一个排列起来,其长度可达 11 km。联合国粮食及农业组织(FAO)在《世界土壤宪章》中明确指出:地球上至少有四分之一的生物蕴藏于土壤中;没有土壤生物多样性,就没有地球生命的可持续性。联合国环境规划署(UNEP)和 FAO 推动成立了"全球土壤生物多样性行动计划"(Global Soil Biodiversity Initiative,GSBI),并于 2016 年 12 月完成了全球土壤生物多样性初稿蓝图(Global Soil Biodiversity Atlas)。

第六,土壤作为工程介质发挥着重要作用。土壤不仅是一种重要的建筑材料,如填土和砖(烘土材料),而且还为人们建造的几乎所有道路、机场和房屋提供基础。土壤是最早、应用最广泛的建筑材料之一,世界上近一半的人住在用泥土建造的房子里。

二、土壤圈

(一)土壤圈的概念

土壤圈(pedosphere)由瑞典学者马特松(S. Matson)于1938年首先提出。土壤圈是覆盖于地球陆地表面和浅水域底部的土壤所构成的连续体或覆盖层,犹如地球的地膜,通过它与其他圈层之间进行物质及能量交换。土壤圈的平均厚度为5 m,面积约为1.3×10^8 km²,相当于陆地总面积减去高山、冰川和地表水所占有的面积。土壤圈是连接无机界和有机界的枢纽,也是与人类关系最密切的地球表面圈层,具有极为重要的作用。20世纪80年代以来,现代土壤学更加注重与生态环境科学的交叉和联系,也更加关注和重视土壤圈在人类生存、地表生态环境可持续发展中的重要性。

(二)土壤圈与其他圈层的关系

从环境系统而言,环境是由大气圈、水圈、土壤圈、岩石圈和生物圈组成的。土壤圈是地球环境系统的重要组成部分,它处于大气圈、水圈、岩石圈和生物圈之间的界面和中心位置(图1-6),与整个地球环境系统的各圈层之间存在密切的联系(图1-7)。首先,土壤圈支撑

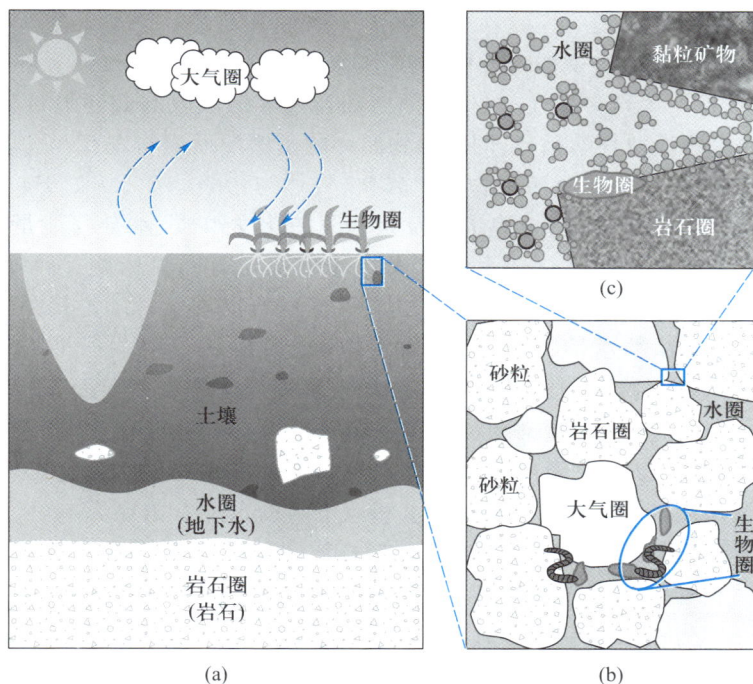

彩图1-6

图1-6 土壤圈是岩石(岩石圈)、空气(大气圈)、水(水圈)和生命(生物圈)的汇合点

① 在km尺度,土壤参与了全球岩石风化、大气组成变化、水的储存和分配,以及陆地生态系统的生命周期;
② 在m尺度,土壤在下面的坚硬岩石和上面的大气之间形成了一个过渡区,地表水和地下水通过该区域流动,植物和其他生物在其中茁壮成长;③ 在mm尺度,矿物颗粒形成了土壤的骨架,定义了孔隙空间,有些充满了空气,有些充满了水,微小的生物在其中生活;④ 在μm和nm尺度,土壤矿物质(岩石圈)提供电荷及活性表面以吸附水和水中溶解的阳离子(水圈)、气体(大气圈)、细菌和复杂腐殖质大分子(生物圈)。

资料来源:改自Weil和Brady,2017。

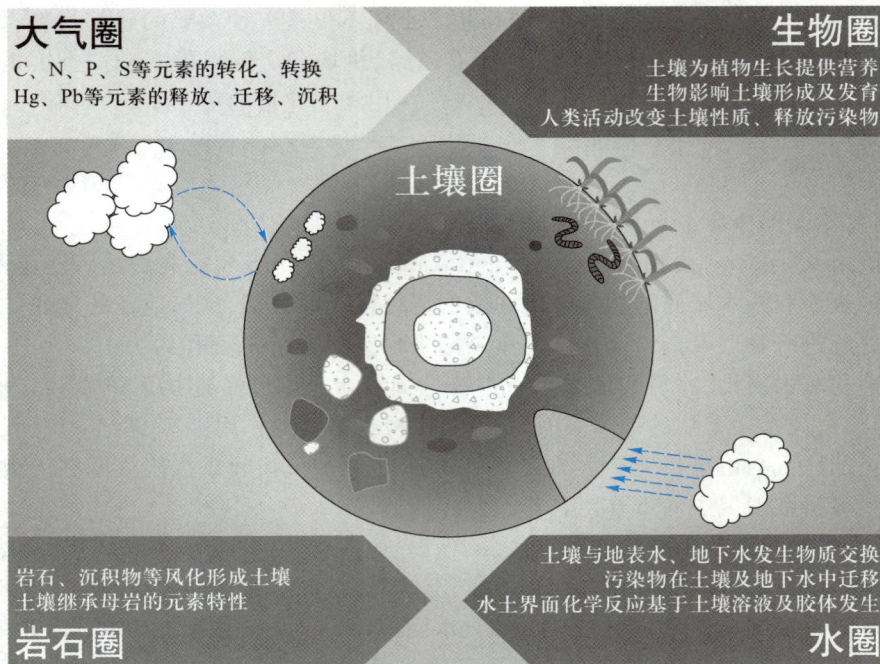

图 1-7　土壤圈与地球其他表层系统的密切关系

和调节生物过程(生物圈)提供植物生长的养分、水分与适宜的物理和化学条件,调控自然植被的分布与演替,保持生物多样性;与生物圈之间通过养分吸收与归还等过程,影响养分元素及污染物质的生物地球化学循环;同时生物圈影响土壤的形成与发育,尤其是人类活动也会改变土壤性质,向土壤中释放污染物等。其次,气体与污染物质(例如 Hg、Pb 等重金属)的沉降、吸收、交换与释放,影响土壤本身及大气圈的化学组成、水分与能量平衡;C、N、P、S 等元素的储存与释放过程对全球大气组成与环境变化有明显影响。再次,岩石圈中的岩石、沉积物等是风化形成土壤的母体,土壤圈与岩石圈在元素(尤其是金属与微量元素)组成方面往往存在继承性;同时土壤作为地球的"皮肤",对岩石圈有一定的保护作用,可减少各种外营力的影响及破坏。最后,在土壤圈与水圈交互界面,土壤与地表水、地下水物质可充分交换,其中的污染物可通过土壤水淋溶、累积、迁移,并基于土壤溶液及胶体发生水土界面化学反应;土壤圈会影响降水在陆地和水体的重新分配,影响元素的表生地球化学行为及水圈的化学组成,对地表水和地下水的水质有重要影响。

土壤圈是最活跃与最富生命力的圈层,它与其他圈层间进行着永恒的能量与物质交换;土壤圈具有"记忆"功能,有助于识别过去和现在的土壤与环境变化,并有一定的预测性;土壤圈具有时空特征,在空间上具有垂直和水平分异,主要表现在特定条件下土壤的形成过程、土壤类型和性质的差异,在时间上属于动态的连续统一体,表现在土壤-生态和土壤-环境体系的形成与演变过程之中,体现了土壤形成的阶段性;同时,在空间和时间特征上均体现了生态与环境的演替性。简言之,土壤圈的时空特征主要体现在不同的历史阶段和区域,土壤类型及其组合和空间格局、剖面构型与土层厚度等都处于不断发展变化中。

第二节　环境土壤学的形成与发展

环境土壤学既是土壤学和环境科学的重要组成部分,也是一门与土壤学、化学、生态学、生命科学和环境科学等学科内容相关的综合性交叉学科。20世纪80年代以来,国际土壤学的研究重点从以农业生产为主要目标,逐渐过渡到以提高农产品品质和环境安全、生态环境保护、可持续发展及促进生命健康为主要目标。这一转变促进了环境科学和土壤学的相互渗透,体现了土壤学在环境科学中日益增强的重要性,也孕育和发展了环境土壤学。

一、土壤学发展简史

土壤学的兴起与发展与近代化学、物理学和生物学的发展和不断渗入息息相关。在16世纪以前,人们对土壤的认识只限于以土壤的某些直观性质和农业生产经验为依据。例如我国第一部区域地理著作《尚书·禹贡》中根据土壤颜色、土粒粗细对土壤进行分类。古罗马的政治家、农学家加图(M. P. Cato,公元前234—前149年)在《农业志》(约公元前160年)中也是根据直观性质对罗马境内的土壤进行分类。17至19世纪自然科学的蓬勃发展为土壤学的萌芽奠定了基础,许多学者在论证土壤与植物的关系中时提出了各种假说。例如在1640年,比利时学者海尔蒙特(van Helmont,1577—1644)开展了著名的"柳条实验",认为土壤除供给植物水分、养分以外,仅起着支撑植物地上部分植株的作用。1809年,德国学者泰伊尔(A. D. Thaer,1752—1828)提出"植物腐殖质营养学说",认为除了水分外,腐殖质是土壤中唯一能作为植物营养元素的物质。19世纪以后的土壤学发展过程中先后出现了三大学派。

(一)农业化学学派

德国化学家利比希(J. V. Liebig,1803—1873),用化学的观点和方法研究了土壤植物营养问题,在1840年提出了"植物矿质营养学说",认为矿质元素(无机盐类)是植物的主要营养物质,而土壤则是这些营养物质的主要来源。这是对植物营养及农业科学的一个重大贡献,为化学工业的发展、化学肥料的施用、农业产量的提升奠定了重要基础。利比希同期还提出了"养分归还学说",即土壤中能供植物利用的矿质营养元素是有限的,必须借助增施矿质肥料予以补充,否则土壤肥力会日趋衰竭,植物产量会不断下降。这一观点对保持养分平衡有重要作用,但它仅是从化学的观点研究土壤问题,把土壤单纯当作矿质养分的贮存库,而忽视了土壤肥力的增减并不完全依赖矿质营养,生物因素和有机质会全面影响土壤物理、化学、生物等方面性质,起着提高土壤肥力的综合作用。

(二)农业地质学派

19世纪后半叶,德国地质学家法鲁(F. A. Fallou,1794—1877)、李希霍芬(F. V. Richthofen,1833—1905)、拉曼(E. Ramann)等针对农业化学学派的局限性,开始用地质学观点来研究土壤,形成农业地质学派观点。农业地质学派认为土壤形成是风化过程和淋溶过程的结果,也就是土壤肥力发展的过程。风化过程释放了岩石矿物中的养分,为植物生长创造了营养条件,与此同时由于水的淋溶,养分不断流失,土壤肥力不断下降,最终趋于枯竭,又将形成岩石。世界上存在的多种类型的土壤可归因于风化强度和淋溶程度的差异。这种观点同样也忽视了生物因素在土壤形成中(即在肥力发展变化中)所起的作用。此种观点还强调土壤工作者应把主要精力集中于土壤性质及其变化方面的研究,不要过多联系农业生产与土壤的关系,认为那是农学家关心的问题,从而发展了农业地质学派"土壤归土壤,农业归农业"的观点,导致了该学派研究一定程度上脱离农业生产实践。不过他们提出的一些土壤改良耕作和施肥主张,对土壤学发展也起了一定的积极作用。

(三)土壤发生学派

19世纪至20世纪,俄国以道库恰耶夫(V. V. Dokuchaev,1846—1903)为代表的几位著名土壤学家,运用土壤发生学的观点研究土壤的发生发展,认为土壤是在气候、生物、母质、地形和时间五个自然成土因素的共同作用下发生发展的,从而为土壤地带性分布、农业区划奠定了基础。威廉斯(B. P. Williams,1863—1939)继承和发展了土壤发生学的观点,更加重视生物在土壤发生和肥力发展上的作用,认为土壤的形成是在以生物为主导因素的五种成土因素相互作用下的结果,提出统一的土壤形成过程是生物小循环和地质大循环的对立统一过程,其中生物因素和生物小循环起主导作用。他创立了"土壤统一形成学说""土壤发生学说"及"土壤结构学说",不仅为土壤发生学派奠定了科学基础,同时使土壤学与农业生产的关系更加密切,促进了二者的相互发展。该学说为现代土壤学发展奠定了基础,也得到土壤学家的广泛认同,美国土壤学发展史在相当长的时间接受了土壤发生学派的观点。例如,马伯特(C. F. Marbut,1863—1935)建立了美国第一个土壤分类系统,提出土类、土系、土组等分类单位,并把土壤分类分布和自然地带、农业利用联系起来。詹尼(H. Jenny,1899—1992)对土壤与成土因素进行了深入研究,于20世纪60年代将道库恰耶夫提出的五大成土因素,以函数式表达其关系:$S=f(C,O,R,P,T\cdots)$,式中S、C、O、R、P、T分别表示土壤、气候、生物、地形、母质与时间,通过上述函数式定量对土壤和环境因素之间的联系进行了多相相关分析。斯密斯(G. D. Smith,1907—1981)对土壤形态、属性和分类进行定量研究,于1975年在《土壤系统分类》(Soil Taxonomy)一书中提出按土壤诊断层的诊断特性对土壤进行分类,揭开了土壤分类定量化的新篇章。

二、我国土壤学的发展

(一)古代土壤认知

我国农业历史悠久,劳动人民在长期生产实践中,积累了丰富的识土、用土和改土的经验。世界土壤分类和肥力评价的最早记载是我国《尚书·禹贡》,书中根据土壤性质将土壤分为"壤""黄壤""白壤""赤植泸""白坟""黑坟""坟垆""涂泥""清黎"九类,并依其肥力高低,划分为三等九级。在《周礼》(约公元前3世纪)中,阐述了"万物自生焉则曰土,以人所耕而树艺焉则曰壤",分析了土壤与植物的关系,又说明了"土"和"壤"的本身意义,这种把土与壤联系起来的观点是最早对土壤概念的一种朴素解释。此后,《管子·地员》《吕氏春秋·任地》《白虎通》《氾胜之书》《齐民要术》《农桑辑要》《农政全书》《王祯农书》等著作对土壤知识均有相关论述。

(二)现代土壤学发展

在现代土壤学建立之初的50年里,欧美现代土壤学、农学从不同途径传入我国。例如1877年《格致汇编》刊载的《农事略论》中论及英国农业时,首次介绍了利比希及农业化学基本知识,这是西方现代农业化学研究最早传入中国的译作。20世纪20年代至30年代,俄国学者 T. P. Gordeef 及 V. A. Baltz 和 B. B. Polynov 分别发表关于我国东北土壤和植被的论文，文中介绍了黑钙土、变质黑钙土、灰色森林土、泥炭沼泽土和黑色石灰土等土壤类型及其分布，这是可以找到的我国最早的现代土壤分类资料。因此，我国现代的土壤学自 20 世纪 30 年代开始起步，较之国外至少迟了半个世纪。1930—1949 年，我国土壤科学受欧美土壤学派影响较大，结合土壤调查和肥料试验，对土壤分类系统和土壤性质方面开展了研究，期间在美国土壤学家梭颇（J. Thorp，1896—1984）帮助下引进了美国马伯特土壤分类系统，分类调查和了解了我国主要土壤类型和分布，出版了《中国之土壤》（1936）一书。1941 年，提出了我国最早的土壤分类系统，将全国土壤划分为显域土、隐域土、泛域土三个土纲，其下设置了不少土系，但这一分类系统完全受制于美国学派，不具中国特色。

（三）当代土壤学发展

自新中国成立后，以宋达泉（1912—1988）为代表的土壤学家提出了新的土壤分类系统（1954），重新确定了若干土类和亚类，充分体现了中国特色，尤其是针对我国占世界四分之一面积的水稻土，将人为土列为土纲，并将水稻土独立地划分为人为土纲下的土类。我国于 1958 年和 1978 年先后开展了两次全国土壤普查，基本查清了我国土壤类型、分布、属性及障碍因子等基本情况。第三次全国土壤普查也于 2022 年启动。在 1978 年和 1985 年先后两次拟订了我国土壤分类系统方案和土壤系统分类方案。随后，《中国土壤系统分类（首次方案）》于 1991 年发布，《中国土壤系统分类（修订方案）》于 1995 年发布，《中国土壤分类与代码（GB/T 17296—2009）》于 2009 年发布。在基础研究方面，一些研究工作在国际的同类研究中很有特色，如营养元素的再循环、土壤电化学性质、人为土壤分类、水稻土肥力等，在国际土壤科学研究领域均产生了很大影响。

自 20 世纪 80 年代迄今，我国土壤科学研究主要经历了以下三个阶段。① 以作物高产和土壤保肥为目标的基础土壤学研究时期（1986—1995）。这一时期主要以红壤、紫色土、黄土、石灰性土壤和水稻土为研究对象，重点关注土壤肥力、土壤水分、土壤侵蚀等，为我国土壤学科在系统分类、肥力与改良、土壤侵蚀与水土保持等方面的研究奠定了基础。② 高强度土壤利用下的土壤学应用基础研究时期（1996—2005）。土壤水分、土壤侵蚀、重金属、土壤肥力、土壤养分成为这一时期的关注重点。20 世纪 90 年代后期，重金属污染土壤修复研究在全国兴起，推动了农田、场地、矿区等重金属污染土壤修复技术的研发，我国在重金属污染土壤的植物修复、化学修复，以及农药、石油和多环芳烃污染土壤的生物修复、气体抽提/热脱附等领域取得了显著进展。③ 围绕农业生产和环境功能的土壤与环境过程及农田管理的系统研究时期（2006—）。这一时期的研究关注重金属、富集系数、土壤含水量、水分利用效率、碳储量、秸秆还田、作物产量、耕作方式、土壤健康风险等，研究者不仅关注肥力、产量、水分等传统土壤学的问题，还关注人为活动引起的环境效应方面的研究，如土壤修复与生态系统服务、土壤质量提升与土壤碳汇、绿色种养循环与土壤健康等。

三、土壤学的学科体系和定位

（一）土壤学的学科体系

土壤学经过 100 多年的发展，已经形成了较为成熟的学科体系，包括土壤地理学、土壤物理学、土壤化学、土壤生物学等四个传统的次一级学科。此外，国内外还将土壤矿物学、土壤肥力和植物营养、土壤发生分类和制图、土壤技术列为重要的土壤学分支学科。

土壤地理学是研究土壤发生、发展、分类、分布,以及与地理环境关系的科学,是土壤学和自然地理学交叉发展而成的边缘学科。主要研究内容包括:① 土壤发生和分类。通过研究土壤形成的影响因素和现状,厘清不同土壤的发生发育过程和形成特点,并根据其诊断特性进行土壤分类。② 土壤的分布和调查制图。应用 3S 技术(遥感、地理信息系统和全球导航卫星系统)揭示土壤在三维空间结构上的变异性和分布规律,为合理可持续利用土壤资源提供科学依据。③ 土壤质量评价。研究并建立土壤环境和生产质量的评价标准和指标体系,以及退化土壤生态系统恢复重建的理论和技术。

土壤物理学是研究土壤中物理现象和过程的分支科学。主要研究内容为土壤的物理性质,重点针对土壤中物质和能量的运输过程,包括土壤水分、土壤质地、土壤结构、土壤力学性质、土壤溶质运动及土壤-植物-大气连续体中的水分迁移和能量转移等。土壤中的水、热、气和溶质等物质运动和能量转换是土壤物理学研究的核心内容,同时也是与其他相关学科和领域的重要结合点,可为土壤资源利用及管理等提供理论和技术服务。

土壤化学是研究土壤化学组成、性质及其土壤化学反应过程的分支科学。重点研究土壤溶液中化学元素在固-液界面的吸附和解吸过程,土壤胶体的组成、性质及土壤有机质和矿物质的结构、性质及作用等,为土壤培肥、土壤环境保护提供理论依据。

土壤生物学是研究土壤中的生物特别是微生物的区系、功能和活性及其多样性的分支科学。研究内容包括生物的种类、数量、形态、分类和分布规律,生理代谢特征,土壤酶活性和土壤过程、植物生长及环境的关系等。微生物对农林业生产的影响及相互关系是重点研究内容。

(二) 土壤学与相邻学科的关系

近代土壤科学的发展史告诉我们,土壤科学作为一门独立的自然科学,最早是在化学与植物矿质营养学说的基础上建立起来的,其后随着成土因素学说的创立,将土壤作为地球表面的"实体",即一个独立的历史自然体,进而发展为"连续体""土链""土被""三维连续体"。可以认为,土壤科学从开始创建就涉及地学、生物学、生态学、化学、物理学等多学科领域,是一门与多学科互相渗透、交叉的综合性很强的学科。

土壤学与地质学、水文学、生物学、气象学有着密切的关系。这是由土壤在地理环境中的位置和功能所决定的。土壤作为地球表层系统的重要组成部分,它的形成、发育与地质、水文、生物和近地表大气息息相关。

土壤学与农学、农业生态学有着不可分割的关系。因为土壤是绿色植物生长的基地,农学中的栽培学、耕作学、肥料学、灌溉排水等都以土壤学为基础,土壤学是农业基础学科的重要组成部分。

土壤学与环境科学联系密切。环境的核心是地球表层系统中的"圈层",而土壤是地球上多种生命繁衍、生息的场所。从环境科学的角度看,土壤不仅是一种资源,也是人类生存环境的重要组成要素。土壤除具有肥力、能生产绿色植物外,还具有对环境污染物质的缓冲、同化和净化性能等客观属性,土壤的这些性能在稳定和保护人类生存环境中起着极为重要的作用。因此,土壤学与环境科学的交叉结合形成了一门新的土壤分支学科——环境土壤学。

现代土壤科学,无论从自身的学科基础理论的创新,还是实际应用问题的解决,其复杂性日益增加,应用范围不断扩大。在基础土壤研究方面,必须与地学、生物学、数学、化学、物理学等基础学科结合,来发展土壤物理学、土壤化学、土壤地理学、土壤生物学基础分支学科;在应用土壤研究方面,现代土壤科学在农业生产、环境保护、区域治理、全球变化等方面正发挥着越来越重要的作用,这就需要土壤学与农学、环境学、生态学、气象学、区域自然地理及社会经济学等多学科之间的结合(图 1-8)。

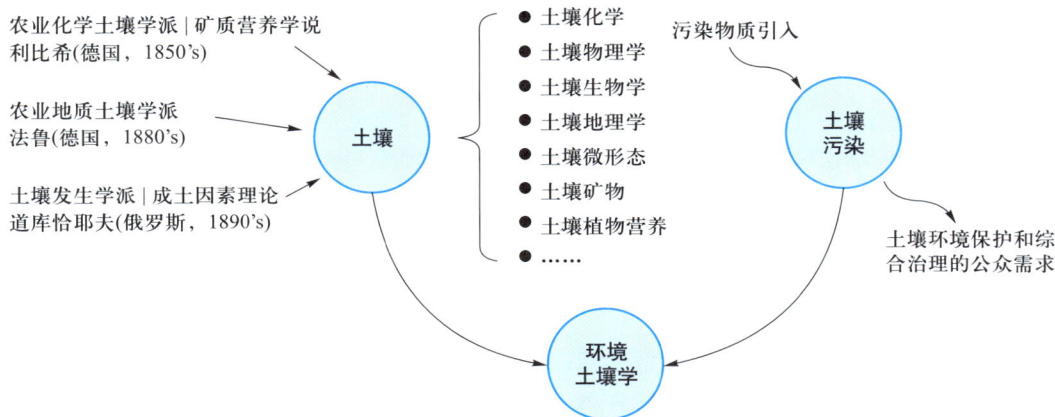

图 1-8　环境土壤学的"土壤学来源"

四、环境土壤学的产生与发展

（一）环境土壤学的产生与定位

人类在利用和改造自然环境的过程中,对环境也造成了许多不利的影响。随着工业化和城市化的不断发展,工矿企业"三废"排放,药品与个人护理品及农用化学品的大量使用,导致进入土壤的污染物类型与数量逐渐增多,由此引起的土壤污染问题也日趋严峻。这一问题的产生与解决均与土壤密切相关,因此有力地推动了环境土壤学的研究和应用,并使得环境土壤学在 20 世纪 70 年代开始萌芽。20 世纪 80 至 90 年代,国外大量土壤研究为环境保护目标服务,在 20 世纪 90 年代以后占主导地位。我国的环境土壤学学科概念于 1983 年由土壤学家高拯民(1931—1992)提出。20 世纪 90 年代以后,我国的土壤污染问题日益显现,由化肥、农药引起的农业面源污染导致的水体富营养化问题也备受关注,土壤学的研究也从以解决农林业生产问题为主,逐步转为关注环境问题为主,因此 1999 年环境土壤学家孙铁珩指出"土壤学已从农林土壤学时代转入了环境土壤学时代"。可见,环境土壤学是环境问题出现以后土壤学与环境科学交叉形成的,既属于土壤学的一个分支,也属于环境科学的一个分支。

环境土壤学起源于土壤环境保护的理论与实践的研究,是研究自然因素和人为条件下土壤环境质量变化、影响及其调控的一门学科。也可以认为,环境土壤学是研究土壤与环境相互关系及其调控的一门学科。主要包括三大方面,一是环境因素包括人为因素对土壤环境质量的影响;二是土壤对生态环境和人体健康的影响;三是土壤-环境-人相互关系的协调机理和措施。具体而言,环境土壤学研究涉及土壤与其他环境要素的交互作用,即土壤圈、水圈、岩石圈、生物圈和大气圈的相互影响;涉及土壤质量与生物品质,即土壤质量与生物多样性及食物链的营养价值和安全问题;涉及土壤与水和大气质量的关系,即土壤作为源与汇(或库)对水质和大气质量的影响;涉及人类居住环境问题,即土壤元素丰缺与人体健康的关系;涉及土壤质量的保护和改善等土壤环境工程的相关研究及应用等。

环境土壤学具有两大特征:第一,它是一门交叉的界面科学,研究的理论基础来源于近代土壤学、环境科学、生态学、生物地球化学、化学及生物学等学科;第二,研究环境中化学物质的生物小循环与地质大循环结合交点上兼有生命与非生命科学的双重内涵。环境土壤学从环境科学和土壤圈物质循环的角度与观点出发,着眼于土壤环境质量的保护、利用和改善,研究土壤和环境的协调关系及土壤的可持续利用。因为它的研究主体是土壤,所以它与其他土壤学分支学科一样,是现代土壤科学发展的产物和重要组成部分,对于提高土壤学的学科地位、维系土壤学的生存与发展至关重要。环境土壤学又是环境科学的重要组成部分,是完善环境科学教学与科研体系的关键分支学科。近年来,土壤学各分支学科都在拓展环境方面的研究内容,从而丰富和发展了环境土壤学的研究范畴。

(二) 环境土壤学与相邻学科的关系

1. 环境土壤学与环境学

环境土壤学是在环境问题出现之后,研究人类活动引起土壤污染与质量变化而发展起来的新兴学科。从污染物在环境中的分布看,土壤是污染物在环境中的主要归宿。从占比来看,污染物在土壤和沉积物中合计可达 99.6%,而在空气、水体和生物中仅占 0.4%。同时土壤中的污染物既会扩散到大气和水体中,也可能进入植物体,通过食物链危害人类的生命和健康,这个特点使得土壤环境中污染物的缓冲、同化、积累、释放和净化等环境过程对环境问题的研究至关重要。由于土壤圈层地位(中心位置)和功能(植物生长)的特殊性,使得土壤环境问题越来越被环境科学研究人员所关注,环境土壤学也成为环境学科的重要内容和组成部分。

2. 环境土壤学与土壤科学

土壤作为独立的历史自然体,被定义为位于地球陆地具有肥力,能够生长植物的疏松表层,是人类赖以生存的重要自然资源。自 19 世纪中期德国化学家利比希提出著名的植物矿质营养学说和 19 世纪末期俄国科学家道库恰耶夫提出成土因素理论后,随着土壤科学研究内容的拓展和研究水平的深入,以土壤为研究对象,已形成了土壤化学、土壤物理学、土壤生物学、土壤地理学、土壤微形态、土壤矿物、土壤植物营养等众多分支学科。环境土壤学从环境科学和土壤圈物质循环的角度与观点出发,着眼于土壤环境质量的保护、利用和改善,研究土壤和环境的协调关系及土壤的可持续利用。由于它的研究主体是土壤,因而它与其他土壤学分支学科一样,是现代土壤科学发展的产物和重要组成部分,在学科上归属于土壤学。

环境土壤学与传统土壤分支学科之间联系紧密,相互渗透。土壤化学研究各种有机与无机物对土壤污染的影响及其防治,土壤物理学研究农业化学物质(肥料、农药、土壤盐碱物质)及非农业化学物质(放射性、毒性、挥发性污染物)的地表水文循环过程与模拟,土壤生物学研究土壤污染物对土壤动物、土壤微生物,以及生物多样性功能的影响等。随着人类活动的强度不断增加,范围不断扩大,土壤污染和退化有全球化的趋势,环境土壤学也面临新的挑战与机遇,学科的渗透和融合将为环境土壤学提供强大的生命力。

第三节　环境土壤学的研究内容与方法

环境土壤学主要关注的是土壤环境质量及安全问题,涉及土壤与水和大气质量的关系,即土壤作为源与汇对水质和大气质量的影响;涉及人类生存条件保障问题,即土壤元素丰缺与人类健康的关系;涉及土壤与其他环境要素的交互作用,即土壤圈、水圈、岩石圈、生物圈和大气圈的相互影响;也涉及土壤质量的保护和改善等土壤环境工程的相关研究及应用。

一、环境土壤学的研究内容

环境土壤学的核心内容是土壤环境质量与可持续发展,着眼于土壤环境质量的保护、利用和改善,研究土壤和环境的协调关系及土壤的可持续利用,重点关注土壤环境中外源物质的侵袭、累积或污染程度及其预防与修复,以及土壤质量演变过程中土壤环境质量的变化。

(一)土壤污染现状、土壤背景值及土壤环境容量

研究土壤污染现状、土壤背景值及土壤环境容量,在此基础上进行土壤环境的评价与区划,为土壤环境保护提供方法、对策与措施,是环境土壤学的重要研究内容之一。土壤元素背景值较为真实地反映了在一定时间和空间范围内,一定的社会和经济条件下土壤中元素的基本信息及其相互之间的关系,它影响着土壤负载容量和水体、作物、大气等的环境质量与人体健康。利用土壤元素背景值和土壤环境质量保护标准(土壤有害物质限量标准)、食品中污染物限量标准等数值,可有效地评估外源物质对土壤的污染情况。土壤负载容量,也称土壤环境容量,是指一定环境单元和一定时限内,土壤遵循环境质量标准,既能保证土壤质量,又不产生次生污染时所能容纳的污染物最大负荷量。例如,从土壤圈物质循环来考虑,也可简要地将其定义为"在保证土壤圈物质良性循环的条件下,土壤所能容纳污染物的最大允许量"。由于影响因素的复杂性,土壤负载容量不是一个固定值,而是一个范围值,它受到多种因素的影响,如土壤性质、指示物的差异、外源物质侵袭、累积或污染历程、环境因素、化合物的类型与形态等。

(二)外源物质在土壤环境系统中的迁移转化规律及环境效应

用土壤科学基本原理研究外源物质(例如无机、有机污染物)在土壤环境中的迁移、积累、富集、转化规律研究,从生态系统观点研究土壤生态系统中外源物质迁移转化对生物的生态效应和环境效应,是环境土壤学的重要研究内容。影响外源物质在土壤环境中迁移转化的过程包括吸附、解吸、沉淀、溶解、氧化、还原、配位、解离、催化、异构化、光化学反应和生物过程等。在研究过程中,应注意黏土矿物、有机质等土壤胶体表面官能团与外源物质的相互作用,土壤组分和性质与外源物质迁移转化的关系,有机污染物的结构、性质与其在土壤中持留、降解的关系,外源物质对土壤微生物、土壤动物及植物的影响及致毒机制,根际效应对污染物生物有效性和生物毒性的改变等。近年来,全氟和多氟烷基化合物、稀土元素、抗生素及抗性基因、人工纳米材料、微塑料等新型污染物逐渐引起重视。土壤中新型污染物的检测及迁移转化规律是当前环境土壤学的研究热点。

(三)人类活动和全球变化对土壤环境质量的影响

在人类活动和全球变化等影响下,全世界的土壤正面临侵蚀、酸化、盐渍化、污染、生物多样性下降等土壤退化问题,对土壤中营养元素及重(类)金属的生物地球化学循环产生显

著影响。碳、氮、硫、磷作为土壤中重要的营养元素,其在土壤中的形态及其转化将深刻影响温室气体排放、土壤肥力及土壤环境质量。重金属等污染物则会严重影响农业发展的可持续性及土壤的生态功能。完善土壤环境质量的监测及评价体系、开展退化土壤的恢复及污染土壤的修复工作,是环境土壤学的另一个主要研究内容。

二、环境土壤学的研究方法

(一)传统土壤科学的宏观调查方法

由于土壤环境组成及理化特性的空间分异,传统的宏观调查方法仍是认识土壤环境规律的重要研究方法,只有通过现场调查采样、定点研究和定位观测,才能获得环境土壤学研究的系统资料,从而了解所研究的化学物质在土壤圈与其他圈层之间的物质循环、迁移转化等宏观的时空变化规律。

(二)实验分析与模拟研究方法

实验分析是环境土壤学研究的最基本手段,是研究土壤环境中物质赋存状态、迁移、转化、积累、淋溶规律和污染物在土壤中分布、迁移的时空规律的基本方法。随着环境土壤学的发展,对实验分析技术的自动化和连续测试等方面的要求也日益提高。模拟实验克服了时间、空间及多因素影响的限制,是土壤环境行之有效的重要研究方法。例如,蒸渗仪可以在线监测土壤水分水势、土壤温度等参数,同时定期收集渗滤液供实验室化学分析,是原位模拟重金属等污染物在土壤中的迁移转化规律的重要研究手段。

(三)新测试技术手段的应用

环境土壤学的进步很大程度上依赖于现代分析技术的提高,如同步辐射应用于土壤矿物质研究后,整个土壤科学的研究水平产生了飞跃;原子吸收光谱和等离子体光谱等测试技术使土壤微量元素的分析达到了极高的准确度和灵敏度;红外光谱、顺磁共振光谱、核磁共振光谱的应用,促进了土壤有机物质和有机污染物质结合方式的研究;透射电镜、扫描电镜、电子探针等技术也日趋活跃地应用于土壤科学研究的各个方面;非对称流动场场流分离仪、单颗粒电感耦合等离子体质谱、原子力显微镜等技术将土壤胶体与污染物、营养元素的相互作用研究推进至纳米甚至单颗粒尺度。

(四)数理分析方法的应用

土壤环境是由固、液、气相组成的复杂的多变量综合系统。因此,传统的定性描述方法往往由于研究人员知识结构的差异和理解的不一而得出不同甚至互相矛盾的结论。近年来数学模型的构建及数理分析和系统分析方法在环境土壤学的研究中得到了大量应用,如多重分类分析方法可用于确定母质及成土作用对土壤微量元素背景含量的影响,系统结构模型及物质平衡线性模型应用于土壤环境容量计算及高质量土壤环境信息系统的建立等。在大数据时代,以机器学习为代表的新一代人工智能数据挖掘技术为环境土壤学的研究提供了新的驱动力,有助于从海量数据中挖掘出新的规律和管理方法。因此,数理方法的发展将推动环境土壤学研究方法的不断创新。

习题与思考题

1. 如何理解土壤在农林业生产和生态系统中的地位和作用?

2. 什么是土壤？什么是土壤圈？土壤有哪些基本特征？

3. 什么是土壤肥力？土壤肥力有什么意义？

4. 土壤学的分支学科有哪些？主要研究什么内容？

5. 请举例说明土壤在环境中的作用与地位。

6. 请叙述环境土壤学的定义、特点和主要研究内容。

主要参考文献

[1] 科夫达 B A. "中国土壤分类系统"读后[J]. 土壤学报. 1956,4(2):95-97.

[2] 陈怀满,朱永官,董元华,等. 环境土壤学[M]. 3版. 北京:科学出版社,2018.

[3] 龚子同,王浩清,张甘霖. 我国现代土壤科学的起源[J]. 土壤,2010,42(6):868-875.

[4] 黄昌勇,徐建明. 土壤学[M]. 3版. 北京:中国农业出版社,2010.

[5] 吴同亮,刘存,周东美,等. 环境土壤学——回顾与展望[J]. 土壤学报,2023,60(5):1324-1338.

[6] 黄巧云,林启美,徐建明,等. 土壤生物化学[M]. 北京:高等教育出版社,2015.

[7] 宋长青,冷疏影. 土壤科学三十年——从经典到前沿[M]. 北京:商务印书馆,2016.

[8] 王夏晖,刘瑞平,何军,等. 中国污染防治政策发展报告 1980—2020[M]. 北京:中国环境出版社,2021.

[9] 徐建明,何艳,汪海珍,等. 土壤学进展[M]. 北京:科学出版社,2021.

[10] 赵其国. 提升对土壤认识,创新现代土壤学[J]. 土壤学报. 2008,45(5):771-777.

[11] Adhikari K,Hartemink A E. Linking soils to ecosystem services-A global review[J]. Geoderma,2016,262:101-111.

[12] Brevik E C. A brief history of soil science[M]// Land use,land cover,and soil sciences,Encyclopedia of life support systems(EOLSS)[M]. EOLSS Publishers,2008.

[13] Costanza R,d'Arge R,de Groot R,et al. The value of the world's ecosystem services and natural capital[J]. Nature,1997,387(6630):253-260.

[14] Ding K B,Wu Q,Wei H,et al. Ecosystem services provided by heavy metal-contaminated soils in China[J]. Journal of Soils and Sediments,2018,18(2):380-390.

[15] Luca M,Victor C,Kazuyuki Y,et al. Status of the world's soil resources[M]. Roma:Food and Agriculture Organization of the United Nations(FAO)and Intergovernmental Technical Panel on Soils(ITPS),2015.

[16] Millennium Ecosystem Assessment. Ecosystems and human well-being[M]. Washington,DC:Island Press,2005.

[17] Minasny B,Malone B P,McBratney A B,et al. Soil carbon 4 per mille[J]. Geoderma,2017,292:59-86.

[18] Orgiazzi A,Bardgett R D,Barrios E,et al. Global soil biodiversity atlas[M]. Luxembourg:Publications Office of the European Union,2016.

[19] Van Baren H,Hartemink A E,Tinker P B. 75 years of the International Society of Soil Science[J]. Geoderma,2000,96:1-18.

[20] Van der Ploeg R R,Böhm W,Kirkham M B. History of soil science-On the origin of the theory of mineral nutrition of plants and the law of the minimum[J]. Soil Science Society of America Journal. 1999,63:1055-1062.

[21] Weil R R,Brady N C. The nature and properties of soils[M]. 15th edition. England:Pearson Education,2017.

第二章　土壤组成与性质

　　土壤是土壤矿物、土壤有机质、土壤水分和空气,以及生存于土壤中的土壤微生物、土壤动物等固、液、气三相组成的复杂体系。其中,由土壤矿物和土壤有机质组成的固相物质就像土壤的"骨骼",撑起了土壤的架构;土壤水分和土壤空气存在于固相物质的孔隙中,统称为粒间物质。从体积比来看,土壤固相物质与土壤孔隙各占50%;从固相质量比来看,土壤矿物大约占固相总质量的95%,土壤有机质仅占固相总质量的5%左右。

　　固相物质是土壤各种理化性质的物质基础,直接影响土壤中生物的生存和土壤的环境功能,也是认识和研究土壤的关键。本章首先对土壤中的固相物质,即土壤矿物及有机质进行介绍,其次对粒间物质——水分及空气进行介绍,最后介绍土壤中的生物。

第一节　土壤矿物

　　在外力风化作用下,陆地表层岩石中矿物仅发生物理风化,通过崩解、破碎等过程使颗粒变小,但仍保持原来在母岩中的组分和结构,这些矿物称为原生矿物。而岩石或成土母质中的原生矿物、火山玻璃或各种风化产物在化学或生物作用下转变或重新合成新的矿物,称为次生矿物。原生矿物和次生矿物共同构成土壤矿物。土壤矿物是土壤的物质基础,也是土壤在不同环境条件下形成和发育程度的重要标志,在很大程度上决定了土壤的性质、结构和功能。

一、原生矿物

　　自然界已知有4 000多种天然矿物,其中约1/4是以O、Si、Al三种元素为主形成的硅酸盐(铝硅酸盐)矿物。因此,(铝)硅酸盐类矿物也是土壤中最主要的原生矿物。

　　矿物结晶时,一个Si原子和四个O原子相结合,形成硅氧四面体结构(图2-1),这是硅酸盐矿物的基本构造单元,以$[SiO_4]^{4-}$表示。在硅氧四面体中,Si原子在四面体中心,四个O原子位于四面体顶角。其中,三个O原子位于Si原子底部,并且处于同一平面,称为底氧,

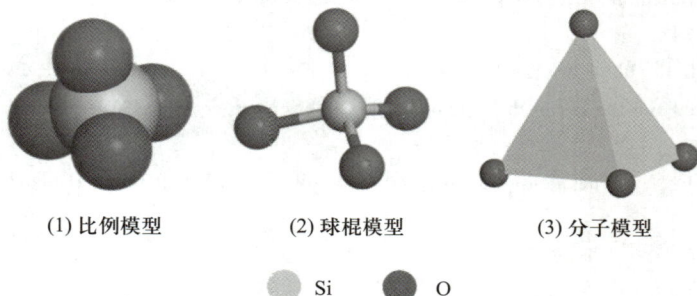

(1) 比例模型　　　　　(2) 球棍模型　　　　　(3) 分子模型

● Si　　● O

图2-1　硅酸盐矿物构造单元——硅氧四面体的结构模型

彩图2-1

第四个 O 原子位于 Si 原子顶部,恰好盖在 Si 原子上方,称为顶氧。

在矿物晶体结构中,硅氧四面体可各自孤立存在,也可通过共用顶角上的一个、两个、三个或者四个 O 原子而相互连接,形成不同形式的络阴离子。硅氧四面体之间的相互连接是通过共顶而非共棱或者共面来实现的,即两个相邻的硅氧四面体只能共用一个 O 原子。络阴离子中未平衡的负电荷由 K^+、Na^+、Ca^{2+}、Mg^{2+} 等金属离子进行平衡,从而形成不同结构类型的硅酸盐矿物晶体,常见的包括岛状、链状、层状及架状结构。

(一) 岛状结构硅酸盐矿物(橄榄石族)

此类矿物晶体中,各个硅氧四面体彼此独立,以孤岛状存在;每个四面体四个顶角上的 O 原子为活性氧,电荷不饱和,通过与 Fe^{2+}、Mg^{2+} 等金属阳离子结合以平衡电荷,并将独立的硅氧四面体连接起来(图 2-2)。岛状结构硅酸盐矿物的硅氧骨干(亦即基本结构单元)是 $[SiO_4]^{4-}$,硅氧比(Si:O)为 1:4,典型矿物为橄榄石,包括镁橄榄石($Mg_2[SiO_4]$,图 2-2)、铁橄榄石($Fe_2[SiO_4]$)等。这类矿物结构简单,极易风化。因此,岛状结构硅酸盐矿物在土壤中不多见,风化后可释放 Mg、Fe 等元素。

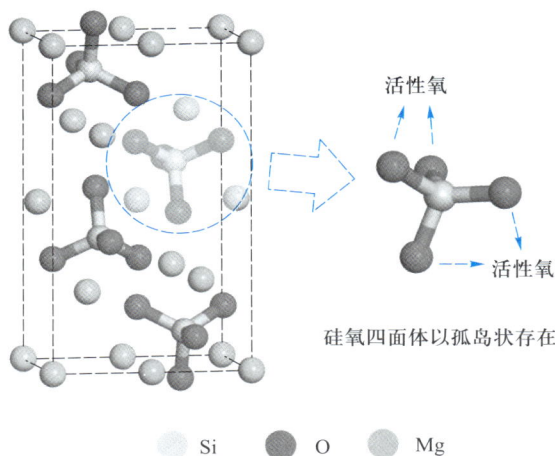

活性氧

活性氧

硅氧四面体以孤岛状存在

● Si　● O　● Mg

彩图 2-2

图 2-2　镁橄榄石($Mg_2[SiO_4]$)的孤岛状硅氧四面体结构

(二) 链状结构硅酸盐矿物(辉石族、闪石族)

当一个硅氧四面体分别跟两个相邻四面体共用一个底氧而相互连接起来,在一维方向上无限延伸,就成为链状结构硅酸盐矿物。已发现的链的类型有 20 多种,最主要的是辉石单链和闪石双链,代表矿物分别为辉石族和闪石族矿物。

辉石单链中,每个四面体分别与相邻两个四面体共用一个底氧而连接(图 2-3),共用的氧称为桥氧,电价已饱和,未被共用的氧仍是活性氧。单链结构硅酸盐矿物的硅氧骨干可表示为 $[Si_2O_6]^{4-}$,硅氧比(Si:O)为 1:3,单个四面体剩余电荷为 -2,需要 Ca^{2+}、Mg^{2+}、Fe^{2+} 等金属阳离子来平衡电荷。辉石单链中常见的矿物有透辉石($CaMg[Si_2O_6]$)和普通辉石($Ca(Mg,Fe,Al)[(SiAl)_2O_6]$)等。单链结构硅酸盐矿物构造也较简单,易风化,在发育程度较深的土壤中不多见,风化后可释放出 Ca、Mg、Fe 等植物营养元素。

闪石双链可以看成两条单链结合而成,一半硅氧四面体共用三个底氧,另一半共用两个底氧(图 2-4),硅氧骨干为 $[Si_4O_{11}]^{6-}$,硅氧比(Si:O)为 1:2.75,单个四面体电荷为 -1.5,可被

Ca^{2+}、Mg^{2+}、Fe^{2+}等中和。闪石双链中常见的造岩矿物主要有透闪石($Ca_2Mg_5[Si_4O_{11}]_2(OH)_2$)、阳起石($Ca_2Fe_5[Si_4O_{11}]_2(OH)_2$)、普通角闪石($Ca_2(Mg,Fe)_4Al(Si_7Al)O_{22}(OH,F)_2$)等。与单链结构硅酸盐矿物性质类似,双链结构硅酸盐矿物也易风化并释放 Ca、Mg、Fe 等元素。无论是单链还是双链,链和链之间通过金属阳离子相连接。

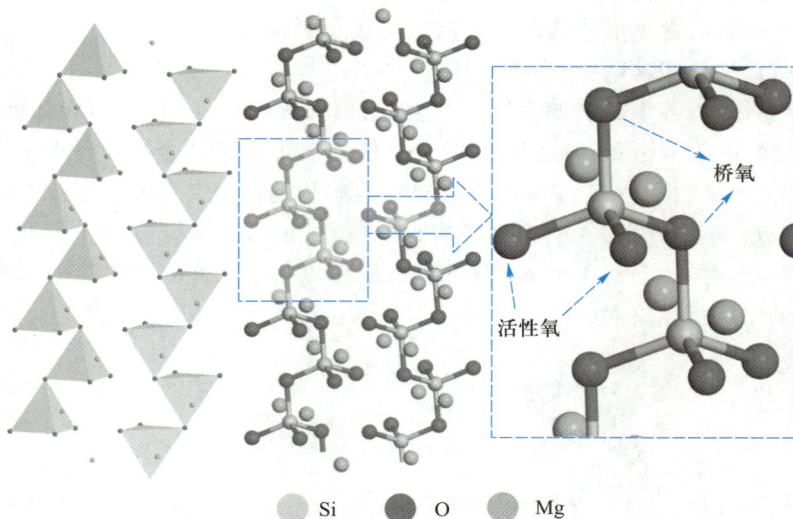

桥氧

活性氧

● Si   ● O   ● Mg

彩图 2-3

图 2-3   辉石($Mg_2[Si_2O_6]$)的单链状硅氧四面体结构

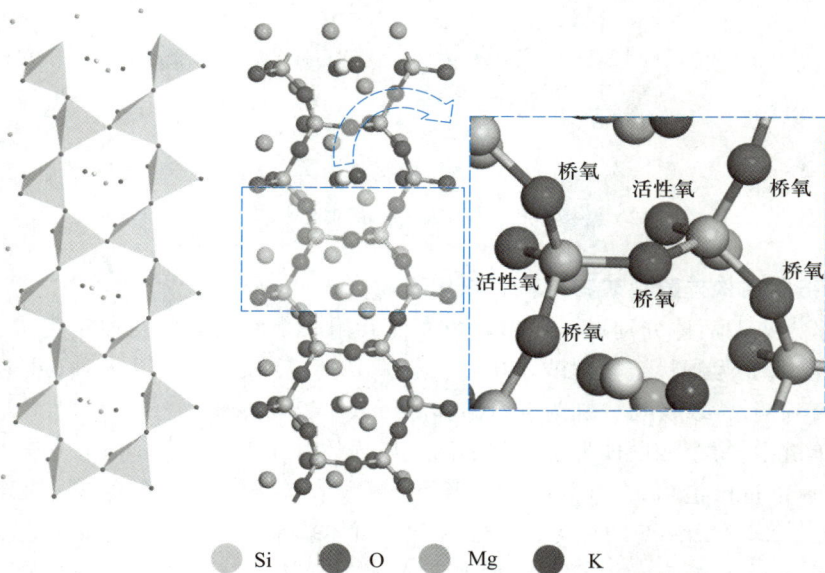

桥氧   活性氧   桥氧

活性氧   桥氧

桥氧

● Si   ● O   ● Mg   ● K

彩图 2-4

图 2-4   闪石的双链状硅氧四面体结构

(三)层状结构硅酸盐矿物(云母族)

当每个硅氧四面体中的三个底氧均分别与其相邻的四面体共用时,出现规则的六方环网孔状四面体片状构造(图 2-5),在平面上无限延展,可形成层状结构硅酸盐矿物。层状结构硅酸盐矿物的硅氧骨干为 $[Si_4O_{10}]^{4-}$,硅氧比(Si:O)为 1:2.5,单个四面体电荷为 -1。在络阴离子内,三个被共用的底氧电价已饱和,顶氧仍为活性氧,能与其他金属阳离子相结合。

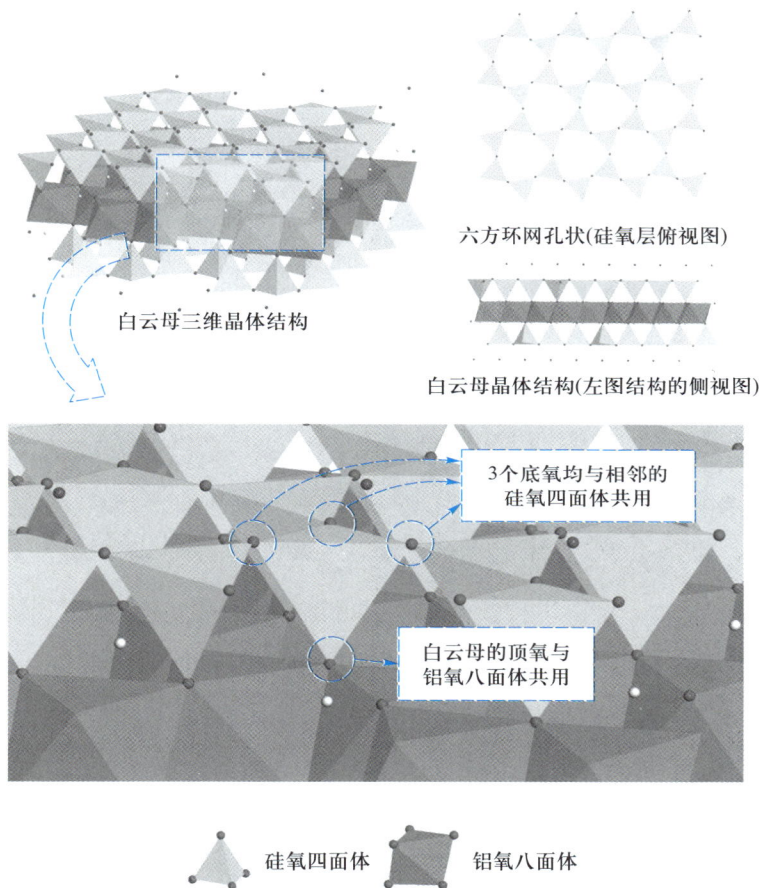

六方环网孔状(硅氧层俯视图)

白云母三维晶体结构

白云母晶体结构(左图结构的侧视图)

3个底氧均与相邻的硅氧四面体共用

白云母的顶氧与铝氧八面体共用

彩图 2-5

硅氧四面体　　铝氧八面体

图 2-5　白云母($K_2Al_4[Si_6Al_2O_{20}](OH)_4$)的层状硅氧四面体结构

原生矿物中云母族属层状结构硅酸盐常见的有白云母和黑云母,其中白云母($K_2Al_4[Si_6Al_2O_{20}](OH)_4$)抗风化能力强,很难发生化学分解,但易发生物理崩解,呈细片状存在于土壤中;黑云母($K_2(Mg,Fe)_6[Si_6Al_2O_{20}](OH)_4$)易风化脱钾形成伊利石或其他黏土矿物,可为土壤提供 K、Mg、Fe 等植物营养元素。

(四)架状结构硅酸盐矿物(长石族)

当每个硅氧四面体中的 4 个氧均与相邻四面体共用,硅氧四面体沿三维方向延伸,则形成架状结构硅酸盐矿物(图 2-6)。在架状结构中,4 个氧均为桥氧,化合价已饱和,硅氧骨干是 $[SiO_2]$,硅氧比(Si:O)为 1:2,单个四面体电荷为 0,呈电中性,无剩余负电荷,无须其他阳离子进行中和,典型矿物为石英。但在长石族矿物中,往往有部分四面体中的 Si^{4+} 被 Al^{3+} 取代,使铝硅氧比 $[(Al+Si):O]$ 为 1:2,其结构式变为 $[Al_xSi_{(n-x)}O_{2n}]^{x-}$,需 K^+、Na^+、

Ca^{2+}、Ba^{2+}等碱金属或碱土金属阳离子进入矿物晶格来平衡电荷,形成钾长石($K[AlSi_3O_8]$)、钠长石($Na[AlSi_3O_8]$)、钙长石($Ca[Al_2Si_2O_8]$)等一系列长石族矿物。长石族矿物在地壳中分布最广,约占地壳总质量的$50\% \sim 60\%$,矿物结构稳定,抗风化能力强,是土壤中最难风化的原生矿物。

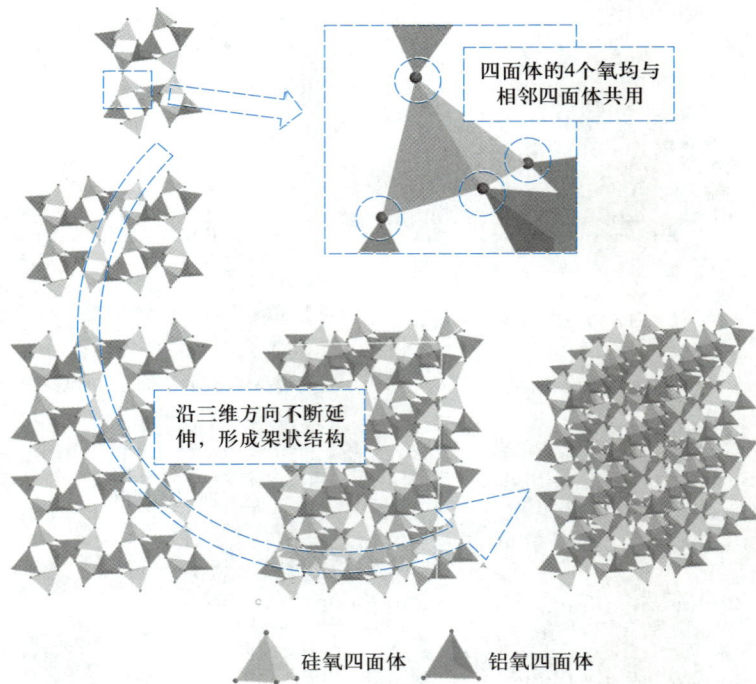

四面体的4个氧均与相邻四面体共用

沿三维方向不断延伸,形成架状结构

硅氧四面体   铝氧四面体

彩图 2-6

图 2-6   钾长石($K[AlSi_3O_8]$)的架状硅氧四面体结构
(其中铝氧四面体实为 Si^{4+} 被 Al^{3+} 取代的硅氧四面体)

上述硅酸盐矿物的晶体结构从岛状经链状、层状到架状,硅氧比逐渐增高,活性氧数量逐渐减少,晶体结构越来越复杂,抗化学风化的能力也越强。一般情况下,硅酸盐矿物的抗风化顺序为:架状硅酸盐>层状硅酸盐>链状硅酸盐>岛状硅酸盐(表 2-1),因此石英、长石、云母等是土壤中含量最丰富的原生矿物。

除硅酸盐类矿物外,土壤中常见的原生矿物还包括三类。

(1)氧化物:主要有石英(SiO_2)、赤铁矿(Fe_2O_3)、金红石(TiO_2)、蓝晶石(Al_2SiO_5)等,成分简单,结构稳定,不易风化,对土壤养分意义不大。

(2)硫化物类:主要为黄铁矿和白铁矿(FeS_2),极易风化,是土壤天然硫素的主要来源。

(3)磷酸盐类矿物:主要为氟磷灰石($Ca_5[PO_4]_3$)和氯磷灰石($Ca_5[PO_4]_3Cl$),是土壤中无机磷的重要来源。

原生矿物在土壤中的作用主要有两个方面:一是土壤中粒径在 $0.01 \sim 1$ mm 的砂粒和粉砂粒几乎都是原生矿物,颗粒比较粗,比表面积小,使得土壤疏松通透;二是原生矿物是土壤中各种化学元素的最初来源。

表 2-1 土壤常见原生矿物结构、硅氧比、化学成分及抗风化能力

稳定度	原生矿物	结构类型	基本结构单元（硅氧骨干）	Si：O/（Al+Si）：O	常量元素	微量元素
易风化	橄榄石	岛状	$[SiO_4]^{4-}$	1：4	Mg,Fe,Si	Ni,Co,Mn,Li,Zn,Cu,Mo
	角闪石	双链	$[Si_4O_{11}]^{6-}$	1：2.75	Mg,Fe,Ca,Al,Si	Ni,Co,Mn,Li,Sc,V,Zn,Cu,Ga
	辉石	单链	$[Si_2O_6]^{4-}$	1：3	Ca,Mg,Al,Si	Ni,Co,Mn,Li,Sc,V,Pb,Cu,Ga
	黑云母	层状	$[Si_4O_{10}]^{4-}$	1：2.5	K,Mg,Fe,Al,Si	Rb,Ba,Ni,Co,Sc,Li,Mn,V,Zn,Cu
较稳定	钙长石	架状	$[Al_xSi_{(n-x)}O_{2n}]^{x-}$	1：2	Ca,Al,Si	Sr,Cu,Ga,Mo
	奥长石	架状	$[Al_xSi_{(n-x)}O_{2n}]^{x-}$	1：2	Na,Al,Si	Cu,Ga
	钠长石	架状	$[Al_xSi_{(n-x)}O_{2n}]^{x-}$	1：2	Na,Al,Si	Cu,Ga
	石榴子石	岛状	$[SiO_4]^{4-}$	1：4	Ca,Mg,Fe,Al,Si	Mn,Cr,Ga
	正长石	架状	$[AlSi_3O_8]^{-}$	1：2	K,Al,Si	Ra,Ba,Sr,Cu,Ga
	白云母	层状	$[Si_4O_{10}]^{4-}$	1：2.5	K,Al,Si	F,Rb,Sr,Ga,V,Ba
	钛铁矿	—	—	—	Fe,Ti	Co,Ni,Cr,V
	磁铁矿	—	—	—	Fe	Zn,Co,Ni,Cr,V
	电气石	环状	$[Si_6O_{18}]^{12-}$	1：3	Ca,Mg,Fe,Al,Si	Li,Ca
	锆英石	岛状	$[SiO_4]^{4-}$	1：4	Si	Zr,Hg
极稳定	石英	架状	$[SiO_2]$	1：2	Si	

二、次生矿物

土壤中次生矿物的种类很多,根据其结构和性质可分为三类:次生硅酸盐类、次生氧化物(氢氧化物)类和简单盐类。次生矿物的粒径一般在黏粒粒径范围内(一般小于 0.01 mm),因此也称为黏土矿物。为更好地认识黏土矿物的结构和特性,先要了解与其晶体结构化学相关的一些基本概念。

(一) 与黏土矿物晶体结构化学相关的基本概念

1. 晶体中质点间结合力的类型

原子和原子之间通过化学结合力相维系时,会形成化学键。典型的化学键包括离子键、共价键、金属键三种,其中金属键在黏土矿物中不存在。

离子键是正、负离子之间通过静电库仑力而产生的键合,实际上是金属原子和非金属原子之间电子转移的过程,没有方向性和饱和性。共价键是原子之间共享一对自旋方向相反的电子对或通过电子云重叠而产生的键合,具有饱和性和方向性。不同原子间形成的共价键,在键的两端会出现极性,其极性取决于电负性差值。极性大的共价键,具有离子键性质,

极性越大,则离子键性质越强。化学键的性质可以用电负性来定性地判断,电负性差值是产生离子键的主要原因,其数值相差越大,则越易产生离子键。共价键的离子性百分数可根据形成化学键的 A、B 两元素的电负性之差(X_A-X_B)来计算(表 2-2)。

表 2-2   共价键键合原子的电负性差与其离子性百分数的关系

X_A-X_B	离子性百分数/%	X_A-X_B	离子性百分数/%
0.2	1	1.6	47
0.4	4	1.8	55
0.6	9	2.0	63
0.8	15	2.2	70
1.0	22	2.4	76
1.2	30	2.6	82
1.4	39	2.8	86

资料来源:北京师范大学等,2002。

在硅酸盐矿物晶体中常见的 Si—O 键(1.74-3.5)的离子键性质为 50%,Al—O 键(1.47-3.50)为 63%,Mg—O 键(1.23-3.5)为 73%,K—O 键(0.91-3.5)为 82%。可以认为上述的 K—O 键就是极性很强的共价键,Mg—O 键次之,Al—O 键和 Si—O 键极性较弱。由此可见,原子间的化学键往往同时具有离子键和共价键的性质,只是离子键和共价键性质的程度不同而已。由于共价键较离子键的键能大得多,因此,共价键性质较强的化合物比较稳定。

除化学键外,分子和分子之间,某些较大分子基团之间,或小分子与大分子内的基团之间还存在着各种各样的作用力,统称为分子间力,最常见的分子间力是范德华力和氢键。范德华力普遍存在于固、液、气态任何微粒之间,是一种作用能与距离六次方成反比的短程力,其作用范围在 300~500 pm,微粒相距稍远就可忽略。范德华力没有方向性和饱和性,不受微粒之间方向和个数的限制。氢键具有饱和性和方向性。分子间力比化学键弱得多,且大多数分子间力是短程作用力,只有当分子或基团距离很近时才显现出来。

一般来说,上述几种键中共价键最强,离子键次之,氢键较弱,范德华力最弱。在黏土矿物中,离子键、共价键、范德华力和氢键共同影响矿物的理化性质,如熔点、硬度、解理、抗风化能力等。离子键或共价键主要在黏土矿物的层内键合,而层间则通过范德华力或氢键键合。层间的氢键连接两个层面的氧原子(O—H…O),因氧的电负性较大,因此氢键比较强。层状硅酸盐矿物层间的键合方式对其层间性质影响极大。

2. 配位数与配位多面体

晶体结构中,原子或离子总是按照一定的方式与周围原子或离子相接触。通常把每个原子或离子周围与之相接触的原子个数或异号离子的个数称为该原子或离子的配位数,而把各配位离子或原子的中心连线所构成的多面体称为配位多面体。离子型晶体的配位数主要由阴阳离子的相对大小决定。离子键配位数的极限数目可由所含离子的半径比 ρ 计算:

$$\rho=r_+/r_-   \tag{2-1}$$

式中:r_- 为阴离子的离子半径;r_+ 为阳离子的离子半径。离子型配位化合物半径比 ρ 与最大配位数的关系及配位多面体形状见表2-3。

表 2-3　正负离子半径比与阳离子配位数及配位多面体形状

r_+/r_-	0	0.155	0.225	0.414	0.732	1	1
阳离子配位数	2	3	4	6	8	12	
阳离子配位多面体的形状	哑铃状	等边三角形	四面体	八面体	立方体	截角立方体（立方紧密堆积）	截顶的两个三方双锥的聚形（六方紧密堆积）

资料来源：陈平，2005。

硅酸盐中常见阳离子与氧离子配位数见表2-4。

表 2-4　常见阳离子与氧离子配位数

配位数	阳离子
2	B^{3+}、C^{4+}、N^{5+}
4	Be^{2+}、B^{3+}、Al^{3+}、Si^{4+}、P^{5+}、S^{6+}、Cl^{7+}、V^{6+}、Cr^{5+}（少见）、Mn^{7+}、Zn^{2+}、Ge^{4+}、Ga^{3+}
6	Li^+、Mg^{2+}、Al^{3+}、Sc^{3+}、Ti^{4+}、Cd^{2+}、Mn^{2+}、Fe^{2+}、Co^{2+}、Ni^{2+}、Cu^{2+}、Zn^{2+}
6~8	Na^+、Ca^{2+}、Sr^{2+}、Y^{3+}、Zr^{4+}、Cd^{2+}、Ba^{2+}、Ce^{4+}、Lu^{3+}、Hf^{4+}、Th^{4+}
8~12	Na^+、K^+、Ca^{2+}、Rb^+、Sr^{2+}、Cs^+、Ba^{2+}、La^{3+}、Ce^{3+}、Pb^{2+}

资料来源：陈平，2005。

几乎在所有已知硅酸盐结构中，Si^{4+}和O^{2-}所形成的多面体都是配位数为4的正四面体，称为硅氧四面体，用[SiO_4]表示，见图2-7。Al^{3+}的配位数为4和6，既可以形成四面体，也可以形成八面体（表2-3，表2-4），通常由结晶时的具体条件决定。在高温下结晶适合低配位数4，形成[AlO_4]，取代部分[SiO_4]，共同构成铝硅酸盐矿物。架状结构硅酸盐大部分都是铝硅酸盐矿物。在低温条件下，适合高配位数6，形成八面体形态，称为铝氧八面体，表示为[AlO_6]。铝（氢）氧八面体的基本结构，由中心离子Al^{3+}在周围等距离地连接6个O^{2-}或OH^-构成，O原子或OH原子团排列成平行的两个平面，Al原子居于两个平面中间（图2-7）。铝（氢）氧八面体中每个键的静电强度为1/2。Fe^{3+}、Fe^{2+}和Mg^{2+}与O^{2-}的配位数均为6，都可形成八面体。以Fe^{3+}为中心离子的八面体中，每个键的静电强度为1/2；以Mg^{2+}和Fe^{2+}为中心离子的八面体中，每个键的静电强度为1/3。硅氧四面体和铝氧（氢氧）八面体，是层状硅酸盐矿物中两种最基本的配位多面体。

3. 单位晶片

层状硅酸盐矿物晶体中，硅氧四面体之间的连接方式与云母相似，每个硅氧四面体通过底氧分别共用，在二维平面上无限伸展，排列成近似六方环网孔（图2-7）的片状结构，称为硅氧四面体片;其顶氧不参与连接,都朝向同一个方向,且为活性氧,带负电荷。在硅氧四面体片的六方环结构中,底面的六个氧挨得很紧,连接成的孔穴与氧原子大小相似,约 0.14 nm,顶端的六个氧彼此不接触,形成的孔稍大。硅氧四面体片可用 $n[Si_4O_{10}]^{4-}$ 表示。层状硅酸盐矿物中的八面体之间,相邻两个八面体($Al—(O,OH)$ 或 $Mg—(O,OH)$)通过共用棱边上的两个 O 原子或 OH 原子团连接成片状,称为八面体片(图 2-7),因其结构与三水铝石或水镁石的单元晶层相似,常称为水铝片或水镁片。硅氧四面体片和铝氧(氢氧)八面体片是层状硅酸盐中两种最基本的结构单元,称为单位晶片。

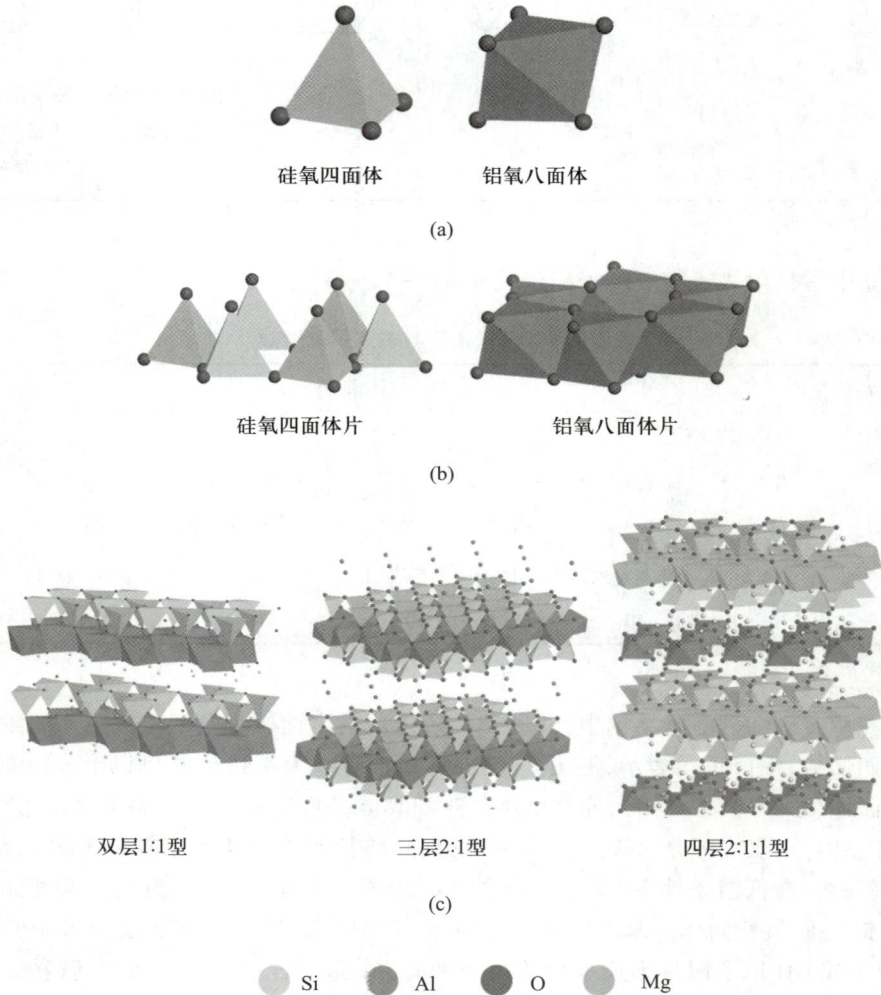

硅氧四面体　　　　铝氧八面体

(a)

硅氧四面体片　　　　　铝氧八面体片

(b)

双层1:1型　　　　　三层2:1型　　　　　四层2:1:1型

彩图 2-7

(c)

○ Si　　● Al　　● O　　○ Mg

图 2-7　配位多面体、单位晶片和单位晶层

(a)配位多面体;(b)单位晶片;(c)单位晶层

4. 单位晶层

层状硅酸盐矿物中,当四面体片和八面体片相连接时,由于四面体片的排列特点,具有自由电荷的氧离子的空间位置不能随意变动,因此限制了能与之配位的阳离子的大小及电荷。常见的层状硅酸盐结构中,只有 Mg^{2+}、Al^{3+}、Li^+、Fe^{2+}、Fe^{3+} 等少数几种阳离子所形成的八

面体片大小合适,能与硅氧四面体相连接。同时,硅氧四面体片的六方环网孔的空间内,最多只能容纳三个配位八面体。因此当三个八面体位置均被 Mg^{2+}、Fe^{2+} 等二价阳离子占据时,称为三八面体片;若全由 Al^{3+} 或 Fe^{3+} 等三价阳离子填充时,只能占据 2/3 空穴位置,还有 1/3 位置空缺,称为二八面体片。如高岭石($Al_2Si_2O_5(OH)_4$)、叶蜡石($Al_2Si_4O_{10}(OH)_2$)是二八面体矿物;蛇纹石($Mg_3Si_2O_5(OH)_4$)、滑石($Mg_3Si_4O_{10}(OH)_2$)是三八面体矿物。

四面体片和八面体片以不同方式在 C 轴(垂直)方向上堆叠,重复出现的最小单元,构成层状硅酸盐的单位晶层。按两种晶片的配合比例不同,可分为:高岭石型,是双层 1:1 型(T—O 型);云母型,是三层 2:1 型(T—O—T 型);绿泥石型,是四层 2:1:1 型(T—O—T—O 型)(图 2-7)。

高岭石型 1:1(T—O)单位晶层,由一个四面体片和一个八面体片通过共用四面体顶端活性氧而连接(图 2-7),因此单位晶层内部的结合很紧密。1:1 单位晶层的上下两个层面不一致,一面是四面体片共用的底氧,电荷已饱和;另一面是水镁片或水铝片的—OH,因此多层单位晶层叠加时,层间靠氢键连接,不能胀缩,水分子也不能进入。云母型 2:1(T—O—T)单位晶层,由两个方向相反的四面体片中间夹一个八面体片构成,四面体片与八面体片之间通过共用四面体的活性氧连接(图 2-7)。这种单位晶层的上下两个层面一致,都是四面体的底氧,因此多个 2:1 单位晶层叠加时,层间以范德华力连接;层间易胀缩,阳离子和水分子都能进入层间。当 2:1 型单位晶层叠加,中间出现一层水镁片间层时,成为绿泥石型单位晶层结构(图 2-7),也可看作 2:2 型或 T—O—T—O 型。

单位晶层在 C 轴叠加时,单位晶层与单位晶层间存在间隙,是电荷补偿阳离子及吸附水所在之处,对层状结构硅酸盐的性质有重要意义。

5. 同晶置换

同晶置换是指性质相近的元素在矿物晶格中可以互相替代而不破坏晶格构造的现象。硅酸盐结构中,最普遍的同晶置换是四面体中的 Si^{4+} 被 Al^{3+} 置换,八面体中 Al^{3+} 被 Mg^{2+} 置换,置换使晶格中留下过量的负电荷(图 2-8)。在土壤中主要是低价离子置换高价离子,产生永久负电荷,需要阳离子来补偿,使土壤具有阳离子交换容量。

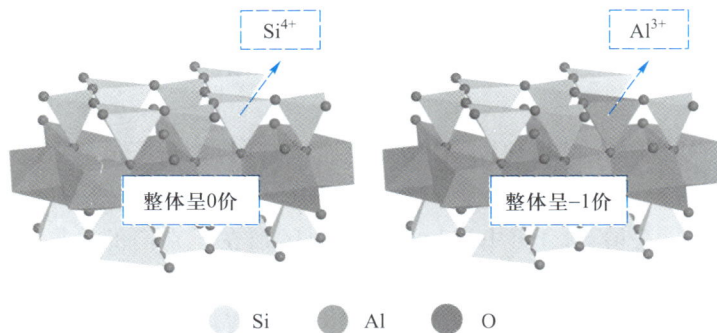

图 2-8　同晶置换示意(以 Al^{3+} 替代 Si^{4+} 为例)

同晶置换一般发生在晶体形成过程中。晶体形成时,如果溶液中含有的"杂质"较多,则易产生同晶置换,例如在含 Mg^{2+} 较多的溶液中形成的铝氧八面体就易产生 $Mg^{2+} \rightarrow Al^{3+}$ 的置换。相反,如果溶液中含有的 Al^{3+} 过剩时,铝氧八面体中一般不会出现 Mg^{2+}、Fe^{3+} 等

"杂质"。

此外,同晶置换不能改变晶体的键性,即在化合物中以共价键为主的离子不能与以离子键为主的离子互相置换。四面体中 Al^{3+} 置换 Si^{4+},或八面体中 Mg^{2+}、Fe^{2+} 置换 Al^{3+},都因为它们具有相似的化学键性质。在四面体配位中 Si—O 共价键的键长是 0.16 nm,而 Al—O 共价键的键长是 0.17 nm,两者可以相互置换;在八面体配位中,Al—O 键键长是 0.19 nm,Mg—O 键键长 0.21 nm,因此也可以相互置换。

在键的性质相同条件下,离子或原子半径以及离子电荷等是决定是否发生同晶置换的主要条件。一般要求半径差不超过15%,但是在特殊情况下可以放宽,例如 Si^{4+} 和 Al^{3+} 的离子半径相差约50%,但是 Al—O 键和 Si—O 键的键长只相差6%,因此仍可以相互置换。此外,温度和压力也影响同晶置换,一般说来温度越高越易发生置换,而压力增大则不利于发生置换。

(二)土壤中常见的次生硅酸盐矿物

1. 高岭(土)组

高岭(土)组矿物又称 1:1 型矿物(图 2-9),这一组包括高岭石、珍珠陶土、地开石等,其共同特点如下:

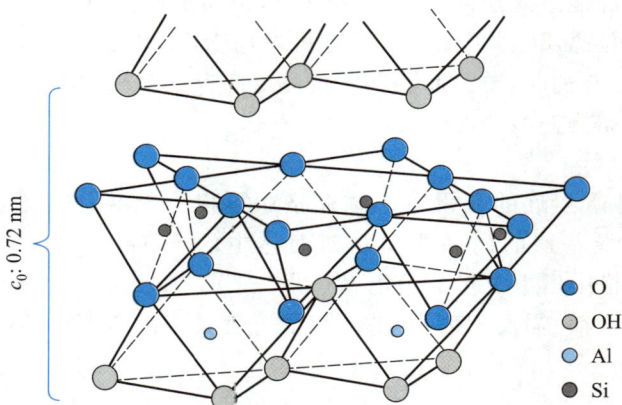

图 2-9 高岭(土)组矿物的结晶构造

单位晶层由一层硅氧片和一层水铝片重叠而成,其典型分子式可用 $Al_2Si_2O_5(OH)_4$ 或 $(OH)_8Al_4Si_4O_{10}$ 表示,也可写为 $Al_2O_3 \cdot 2SiO_2 \cdot 2H_2O$。从式中可见,典型高岭石的 SiO_2/R_2O_3 分子比率为 2。高岭(土)组中各种矿物间的区别在于它们的晶层重叠方式不同,其晶轴倾斜角度不一致,而在成分和基本晶架构造上无大差异。

本组矿物的单位晶层内部水铝片和硅氧片中均没有或极少同晶置换。因此,其吸附阳离子的能力远不如蒙脱(土)组矿物,一般只有 3~15 cmol/kg。凡黏粒成分以这类矿物为主的土壤,其离子吸附交换能力较弱。

当晶层叠置时,层间以氢键连接,因而晶架之间的距离固定,不易膨胀(其膨胀度一般小于5%),其层间距 C 轴单位 c_0 为 0.72 nm。

1:1 型矿物单位晶层中水铝片层面上的 OH^- 群中的 H^+ 在一定 pH 条件下能解离,并随土壤的酸度条件而改变,使本组矿物带有负电荷,从而对阳离子具有一定吸附能力。虽然高岭组矿物阳离子交换量低,但由于其单位晶层的一个表面是 OH^- 的缘故,阴离子交换量却较高。土壤中的高岭石通过这一性质,可获取 PO_4^{3-} 等阴离子;高岭石也能吸附有机分子,但限于颗粒界面上而非层间。

高岭组矿物外形大部分是片状(明显的六角形片状),与蒙脱组矿物相比,颗粒较粗,黏着力和可塑性较弱。高岭组矿物在南方热带和亚热带土壤中普遍而大量存在,在华北、东北、西北及青藏高原的土壤中含量较少。

2. 蒙脱(土)组

蒙脱(土)组又称 2∶1 型胀缩性黏土矿物(见图 2-10),包括蒙脱石、绿脱石、拜来石等,其代表分子式为 $X_{0.66}(Al_{3.34}Mg_{0.66})Si_8O_{20}(OH)_4$。

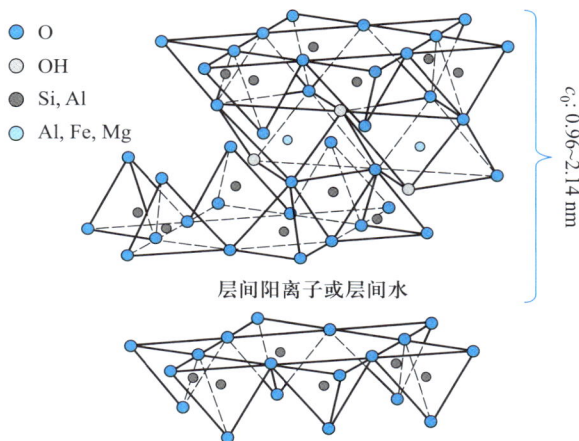

图 2-10　蒙脱(土)组矿物的结晶构造

蒙脱石晶层内普遍存在同晶置换现象,主要产生于八面体中。同晶置换后,蒙脱组黏土矿物普遍带有较高数量的负电荷,因此有较强的阳离子吸附能力,一般达 $80\sim100$ cmol/kg。如上述分子式所示,单位晶胞有 0.66 个净负电荷,由层间吸附的阳离子($X_{0.66}$)作电荷补偿,多为 Ca^{2+},也可为 Na^+。由于净负电荷主要是由单位晶层中间的八面体产生,与阳离子之间隔着四面体片,属远程中和,所以键力不强;同时,阳离子仅吸附于层间,并无固定的晶格点位,因而容易被代换下来。

蒙脱石层间阳离子的组成对其性质影响很大,Na 型膨润土具有高度的膨胀性和优良的胶体性质,干燥后黏着力很强;在水悬液中 Ca 型蒙脱石可数层组成复粒,而 Na 型蒙脱石则趋于分散,以纤细的单粒存在;干燥后,钙离子多集中于颗粒内部,而钠离子则散布于表面。人工通常用天然 Ca 型膨润土与 Na_2CO_3 作用制成的 Na 型膨润土(见专栏 2-1)。

此类矿物层间以范德华力连接,水分子能进入层间,成为层间水。层间水分子成层分布,若层间阳离子为 Ca^{2+} 时,可以有两层水分子层;若为 Na^+,通常只有一层水分子层。当失水干燥时,层间距收缩,C 轴单位 c_0 最小可缩至 0.96 nm;随着吸水量的增加,水分子进入层间,使层间距逐渐增大,最大可胀至 c_0 为 2.14 nm。因此蒙脱石晶层之间有相当大的胀缩性,吸湿能力越大,胀缩性越强。蒙脱石的层间水含量随外界湿度和温度的变化而变化,胀缩之间体积相差可达一倍以上。除水分子外,甘油、乙二醇、胺、间氯苯等极性有机分子也可以进入蒙脱石层间,呈一层、二层等成层排列。吸附有机分子后,层间距更大,c_0 可达 4.8 nm。蒙脱石的这一特性,使其具有极强的过滤、漂白和污染净化能力。

蒙脱石类矿物外观呈片状,且颗粒特别细微。在东北的黑钙土和华北的栗钙土中含量较多,华北地区的褐土和西北地区的灰钙土中也含有蒙脱石。热带和亚热带地区土壤中如有蒙脱石存在,往往形成性质独特的变性土。

3. 水化云母组

水化云母组又称 2:1 型非胀缩性矿物或伊利组矿物(图 2-11),伊利石可作为 C 轴单位 c_0 为 1 nm 的非膨胀性黏粒云母的总称。代表矿物为伊利石,代表分子式为 $K_{1.33}Al_4(Si_{6.67}Al_{1.33})O_{20}(OH)_4 \cdot nH_2O$。

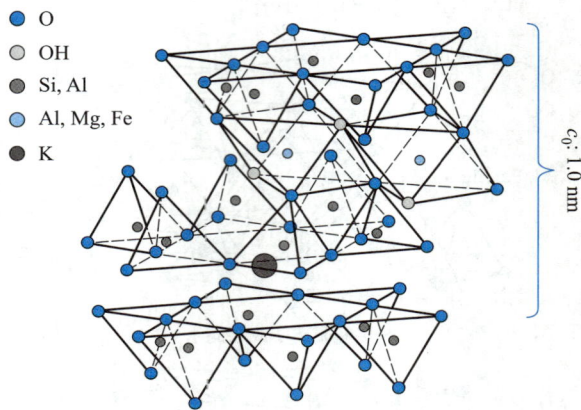

图 2-11　伊利石类矿物的结晶构造

水化云母组矿物在结构上与蒙脱石同属 2:1 型,但晶层内的同晶置换现象主要发生在四面体片中,由 Al^{3+} 替代 Si^{4+},置换的结果使晶架产生净负电荷,可以在层间吸附阳离子,且不同于蒙脱石的远程吸附。伊利石的阳离子吸附容量为 20~40 cmol/kg,介于蒙脱组与高岭组之间。四面体片产生的负电荷主要由层间的 K^+ 抵消。K^+ 半径大,电荷低,实际上半陷在四面体片的六方网孔中,同时受相邻两个晶层的负电荷的吸附,因而对相邻两个晶层产生离子键的键联效应。因此,伊利石层间的 K^+ 是非交换性的,它使晶层之间连接紧密,不易胀开。伊利石的这种不易胀缩的特性,使它和蒙脱(土)组矿物有明显的区别。

伊利石广泛存在于我国多种土壤中,在华北干旱地区的土壤里含量很高,在南方土壤中含量则较低。

4. 蛭石矿物

蛭石因其热学性质而得名,当蛭石被快速加热时,其层间水分子汽化形成的蒸气压,使晶层间沿 C 轴急剧膨胀,可扩张至原体积 16 倍以上,并发生断裂,形成蛭虫状。这是蛭石最明显特征。

典型的蛭石是 2:1 型三八面体的含镁的铝硅酸盐,颗粒粗大,在土壤中主要分布于砂粒和粉砂粒级;黏粒级中的蛭石,多为二八面体型。代表性的蛭石结构式为 $Mg_{0.7}(Mg, Fe, Al)_6[(Si, Al)_8O_{20}](OH)_4 \cdot nH_2O$。可见,$Mg^{2+}$ 在八面体片中占优势。

同晶置换可以发生在四面体和八面体中,四面体中 Si^{4+} 被 Al^{3+} 广泛置换,置换数量比蒙脱石高,所以电荷密度比蒙脱石类高,阳离子交换量为 $100 \sim 150 \ cmol/kg$。

天然蛭石的层间阳离子多数为 Mg^{2+},也有少量 Ca^{2+},不同于以 Ca^{2+} 为主的蒙脱石,若用 KCl 溶液处理蛭石,层间的 Mg^{2+} 被 K^+ 取代,蛭石将不再膨胀。层间既含 Mg^{2+} 又含水分子是蛭石的特性(图 2-12),其层间水成层分布,数量随阳离子不同而不同,且层间水与层间阳离子的分布有一定空间位置。层间水分子有两种形式,一是作为阳离子的水化外壳,形成水合络离子 $[Mg(H_2O)_6]^{2+}$,呈稍变形的八面体形,水分子间以氢键相连。这种水受到 Mg^{2+} 束缚,可被称为束缚水。带水化外壳的 Mg^{2+} 在层间有固定位置,但并未布满层间。二是未受 Mg^{2+} 束缚的水,可称为自由水,其含量约占整个层间水的 $8/14$,加热到 110 ℃ 即全部脱失,而使束缚水脱失则需要更高温度。冷却之后,蛭石又会自发地再水化,但加热至 700 ℃ 蛭石就会永久脱水。

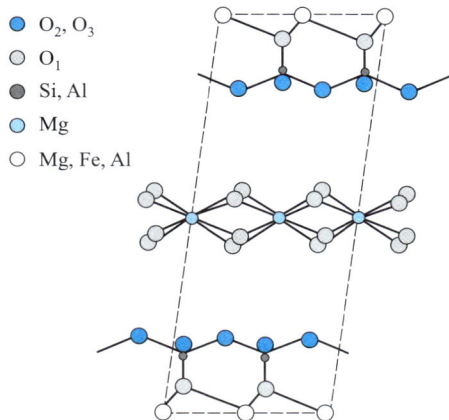

图 2-12 蛭石类矿物的结晶构造

- O_2, O_3
- O_1
- Si, Al
- Mg
- Mg, Fe, Al

土壤中广泛分布的蛭石多由云母或绿泥石风化或经水热变质作用而成。

5. 绿泥石类矿物

绿泥石因其呈各种绿色而得名,与黑云母相比,富含镁、铁和水,碱金属元素很少。其通式为 $[(Mg,Fe^{2+})(Si,Al)_4O_{10}(OH)_2](Mg,Al)_2(OH)_6$,是单位晶层为四层 2∶1∶1 型矿物。(图 2-13)。

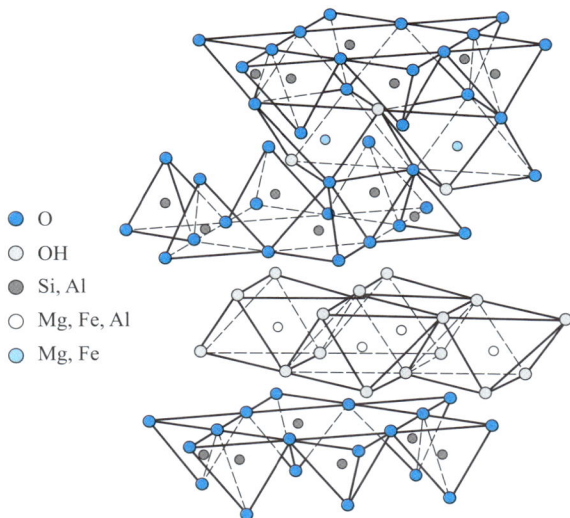

- O
- OH
- Si, Al
- Mg, Fe, Al
- Mg, Fe

图 2-13 绿泥石类的结晶构造示意

常见的绿泥石是三八面体型的,属镁铁系,此外,也有二八面体、三八面体混合型绿泥石矿物。在绿泥石的云母层和水镁石层中,离子置换非常普遍,除含有 Mg、Al、Fe 等离子外,有时也含有 Cr、Mn、Ni、Cu 和 Li 等离子。因而绿泥石元素组成变化较大。

绿泥石结构单位 2∶1 型云母晶层中四面体的 Si^{4+} 被 x 个 Al^{3+}(有时也被 Fe^{3+} 或 Cr^{3+})置换时,产生负电荷,一般四面体电荷变化在 $AlSi_7$ 至 Al_4Si_4 的范围内。而在氢氧化物间层(水镁石片)中,如三价阳离子部分置换 Mg^{2+},产生正电荷,可补偿云母晶层四面体产生的负电荷。此外,2:1 型硅酸盐(云母晶层)八面体中阳离子 Mg^{2+}、Fe^{2+} 也可部分地被 Al^{3+}、Fe^{3+} 置换,并部分地补偿四面体产生的负电荷。因此,绿泥石结构中尽管同晶置换非常普遍,但其阳离子交换量并不大,仅为 $10\sim40$ cmol/kg。

土壤中的绿泥石大多来自母质,或由角闪石、黑云母等铁镁硅酸盐矿物蚀变而成。酸性火成岩母质一般没有绿泥石;黄土或黄土状沉积物、河流冲积物中含较多的绿泥石;变质岩地区的冰碛物中含量更多。绿泥石和云母都属于风化初期阶段的层状硅酸盐,黏粒中若存在大量绿泥石类矿物意味着土壤发育较差,矿物风化程度较低。

土壤中黏土矿物对土壤环境有重要意义。重金属、放射性核素以及有机污染物在土壤中的吸附和迁移行为很大程度取决于黏土矿物的种类、组成及其阳离子交换性能、层间微孔的尺寸。放射性核素、重金属的吸附依赖于阳离子交换和表面络合作用,而有机污染物除上述两种作用外,可能还涉及疏水作用、氢键、供体-受体相互作用及范德华力等。膨胀性黏土由于同时具有表面和层间反应,通常是较好的吸附剂。

专栏 2-1　黏土矿物改性及其应用

黏土矿物在自然界中分布广泛,储量丰富,其孔隙率高、比表面积大、阳离子交换能力强、稳定性好,并且价格低廉、环境友好,常常作为黏结剂、吸水剂、吸附剂、催化剂、絮凝剂等广泛应用于冶金、机械、石油、化工和环保等领域。但天然黏土矿物的缺陷也很明显,如层间距小,孔隙分布不均,耐热性差,亲水性强,性能往往不够理想。因此,可采用物理、化学或其他方法改变黏土矿物的表面特性或层间结构,使其具有一些特殊的性质,成为改性黏土。

常用于改性的黏土矿物以层状结构为主,包括蒙脱石、以蒙脱石为主要成分的膨润土、蛭石及层链状结构的海泡石和凹凸棒石等。常用的改性方法有黏土的活化、钠化改性和柱撑/插层改性等。例如,热活化,通过在较高温度下焙烧,使黏土表面及层间的吸附水、部分结晶水和有机杂质挥发,达到疏通孔道、扩大孔径与孔容的目的;酸活化,用一定浓度的硫酸或盐酸等溶液浸泡黏土矿物,用半径更小的 H^+ 置换层间可交换性 Na^+、K^+、Ca^{2+}、Mg^{2+} 等阳离子,同时洗涤杂质,活化后的黏土矿物孔径和比表面积比有明显提高。又例如,柱撑/插层改性,利用层状黏土矿物层间的可交换性阳离子或分子,通过离子交换方式将一些原子、分子、化合物作为柱撑(插层)剂,插入到层间,形成金属氧化物柱或有机插层,将黏土层间撑开,产生分子大小的层间距,故又称为柱撑/插层黏土。柱撑/插层黏土在保持原黏土层状结构的同时,获得新的物化性质。

改性黏土在环境保护、污染治理方面有着广泛的用途和潜力。改性黏土可以吸附过滤臭气、毒气及有害气体如 NH_4、NO_x、SO_x、H_2S 等,净化空气。例如,海泡石制造的除臭剂,能迅速地吸附除去空气中的氨、有机胺及 SO_2 气体,吸附指标高于活性碳及单纯的有机化合物吸附剂。改性黏土还可以吸附水中的污染物。例如,聚合羟基铁铝改性蒙脱石对 Cr(VI)的去除率达到 99.91%,十六烷基三甲基铵离子(HDTMA)改性膨润土和凹凸棒石,对地下水中的苯、甲苯、二甲苯的吸附量分别提高 54.8 倍和 404.5 倍。蒙脱石、海泡石、坡缕石经有机处理后,可用于垃圾填埋场防渗的添加材料、油库的防渗墙等。此外,改性黏土还可应用于生产保温、隔热、隔音建筑材料,在食品、生物技术、医药和分析化学等方面都有广泛的应用。随着改性剂和改性方法的不断研发,改性黏土必将发挥更大的作用。

三、土壤中的氧化物

土壤次生矿物,除黏土矿物外,还包含结构比较简单,水化程度不等的铁、铝、硅和锰的氧化物及其水合物以及水铝英石等。层间羟基铝及层状硅酸盐矿物边缘裸露的铝醇(Al—OH)、铁醇(Fe—OH)和硅烷醇(Si—OH),因化学性质和氧化物相似,并且有发生学上的联系,也可列入氧化物类。在大多数土壤中,氧化物仅仅是土壤黏粒的次要部分,但与黏土矿物相比,其活性较大,容易受环境条件影响。土壤中铁、铝、硅氧化物凝胶,通常以高度分散状态散布于土粒的单粒或复粒表面,成为胶膜状态包裹土粒,因此很大程度上决定了土壤的表面特性,从而影响着重金属和有机污染物的价态、赋存形式、淋溶与迁移等。

(一)氧化铁

土壤中最常见的氧化铁是针铁矿、纤铁矿和赤铁矿。针铁矿(α-FeOOH)常出现在温带、热带和亚热带地区的湿润且氧化势较高土壤中,一般土壤中含量较低(3%~10%),在风化程度高的红壤、砖红壤中,含量可达20%以上。纤铁矿(γ-FeOOH)存在于潮湿温带地区的土壤黏粒部分中。我国酸性母岩风化的红壤水稻土和石灰岩堆积物发育的水稻土心土层,或排水不良且富含有机质的土壤样品中,均有纤铁矿存在。赤铁矿(α-Fe$_2$O$_3$)是土壤中最常见的无水氧化铁,多见于亚热带高度风化土壤中,以及干燥而有较强氧化势的表层土中。其颜色由晶质的钢灰色向细粒的深红色变化。磁赤铁矿(γ-Fe$_2$O$_3$)是较少见的无水铁氧化物,可由磁铁矿(Fe$_3$O$_4$)转化,或由纤铁矿脱水形成。水铁矿(Fe$_5$HO$_8$·H$_2$O)具有高吸附容量和比表面积,是吸附重金属的重要组分,并影响土壤中营养元素的形态和分布。但水铁矿稳定性较差,在热带、亚热带气候下易转变为赤铁矿,在潮湿温带气候下易转变为针铁矿。

土壤中常见氧化铁的一般性质及其存在条件见表2-5。

表 2-5　土壤中常见氧化铁的一般性质及其存在条件

名称	化学式	结晶状态	颜色	密度/ ($g \cdot cm^{-3}$)	溶度积 (pK_{sp})	存在条件
赤铁矿	α-Fe$_2$O$_3$	晶质	红	5.26	42	1. 热带、亚热带高度风化的土壤 2. 干燥而有较高氧化势的表层及胶膜
磁赤铁矿	γ-Fe$_2$O$_3$ Fe$_{2+n}$O$_{3+n}$ $n=0.14\sim0.43$	晶质	暗红棕	4.87~4.90	40	1. 热带、亚热带高度风化的土壤并具有少量有机质的表层 2. 磁性铁锰结核多在母质中,有时与磁赤铁矿共存

续表

名称	化学式	结晶状态	颜色	密度/ （g·cm⁻³）	溶度积 （pK_{sp}）	存在条件
磁铁矿	$n=1$，Fe_3O_4	晶质	棕黑	5.2	—	
针铁矿	$\alpha-FeOOH$ $\alpha-Fe_2O_3 \cdot H_2O$	晶质	黄	4.28~4.37	41~44	1. 寒、温、湿润和热带土壤 2. 湿润而有较高氧化势的亚表层及锈斑、锈纹和铁结核中
纤铁矿	$\gamma-FeOOH$ $\gamma-Fe_2O_3 \cdot H_2O$	晶质	棕橙	3.96~4.07	41~43	1. 温带非石灰性水稻土 2. 排水不良、富含有机质的土壤，以及锈斑斑纹中
氢氧化铁或水铁矿	$Fe(OH)_3$ 或 $Fe_5HO_8 \cdot H_2O$	无定形、微晶	红棕	3.96	37~39	1. 寒湿气候和富含有机质的土壤 2. 热带雨林气候下的 A 层

资料来源：熊毅，1988。

除上述铁氧化物外，长久积水的强还原性土壤中还存在着一种不溶性青灰色或蓝色的矿物——蓝铁矿（$Fe_3[PO_4]_2 \cdot 8H_2O$）。积水土壤中可能产生溶度很小的另一类含铁化合物——菱铁矿（$FeCO_3$）和黄铁矿（FeS），尾矿废弃地中这类铁化合物也经常出现。以上各种形态的铁含水氧化物和脱水氧化物，可以包含在图 2-14 的老化序列中。这种老化可归结为：离子态→非晶质→隐晶质→晶质；反之则为活化过程。通过三价铁还原成二价铁或者铁离子与有机质形成配合物实现两个过程的逆转，与溶液 pH 和温度有关。通常在高氧条件下，Fe（Ⅱ）会快速化学氧化成 Fe（Ⅲ），而在缺氧或有氧化剂存在的条件下，Fe（Ⅱ）氧化主要通过生物和非生物的共同作用。

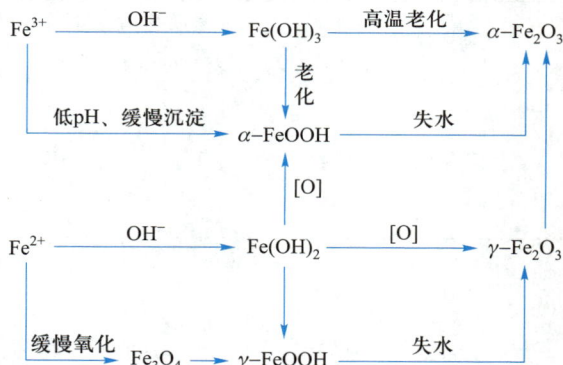

图 2-14   各种形态的铁含水氧化物和脱水氧化物老化序列

资料来源：熊毅，1988。

因为活跃的氧化还原性质，铁循环在土壤环境化学过程中发挥着重要作用，与土壤中物质转化、污染物降解、重金属吸附解吸及共沉淀等密切相关。例如，在砷污染土壤植物根系分泌物的作用下，铁氧化物由弱晶态转变为结晶态的过程会诱导砷的解吸；水铁矿的老化过程会增强结合物中砷、镉、铜和铅的稳定性。在中性—碱性条件下，水铁矿通过内圈络合作用与砷结合形成水铁矿-砷共沉淀；在酸性条件下，主要形成弱结晶的砷酸铁共沉淀，这两种共沉淀能够进一步转化为更稳定的臭葱石($Fe[AsO_4] \cdot 2H_2O$)，从而加强对砷的固定。铁可以通过多种方式调节土壤有机碳固定，其中铁矿物与有机质相互作用形成的铁矿物土壤有机碳复合体会阻碍微生物利用土壤有机碳，导致更高的土壤碳储量，被认为是土壤碳长期固定的主要机制。

（二）氧化铝

土壤中常见的铝氧化物是三水铝矿($Al(OH)_3$)，是常温下能够形成的唯一氧化铝矿物。三水铝矿多存在于热带和亚热带的酸性土壤中，具有迅速脱硅作用的土壤中常含有较多的三水铝矿。我国北方的石灰性土壤中不含三水铝矿，大致在长江或北纬30°以南才出现。游离氧化铝形成是较缓慢的，一旦游离出来，标志着铝硅酸盐晶体结构的损坏或崩解，故游离氧化铝含量可作为土壤风化程度的指标。氧化铝还常被作为土壤高度酸化的指示物。

铝通常以难溶性铝硅酸盐或氧化铝形式存在于土壤中，对植物没有毒害。但在酸性条件下，特别是土壤 pH<5 时，难溶性铝转变成交换性铝（主要是 Al^{3+}、$Al(OH)^{2+}$ 和 $Al(OH)_2^+$）。当土壤交换性铝含量大于 2 cmol/kg 时，植物受到铝毒害，根尖结构被破坏，根系伸长和吸收功能受到抑制，进而影响植物生长和作物产量。此外，土壤胶体上吸附的 Al^{3+} 是土壤潜在酸度的重要来源。

（三）水铝英石

水铝英石($xAl_2O_3 \cdot ySiO_2 \cdot nH_2O$)，是由氧化硅、氧化铝和水组成的非晶质铝硅酸盐矿物。SiO_2 和 Al_2O_3 的分子比在 1：1 到 2：1 之间变化，其中的水是吸附水。水铝英石很可能由硅氧四面体、铝氧八面体，有时还可能由磷氧四面体作任意排列而成，无固定性状，存在着 Si—O—Al 键。水铝英石外观上是海绵状团聚体，有许多细孔和巨大表面积。颜色随吸附的金属离子而异，常为白色，浅蓝色和浅绿色。

水铝英石是火山灰土壤的主要黏粒矿物质。在温带半湿润地区以及热带地区玄武岩和火山发育的幼年土和红壤中，因铝、硅氧化物溶胶的共同沉淀而生成水铝英石。

（四）氧化硅

土壤黏粒中的氧化硅有结晶的和非结晶的两种形态。结晶态的氧化硅主要是 α 石英及少量方英石。非结晶态的二氧化硅称为蛋白石($SiO_2 \cdot nH_2O$)，是由硅酸凝胶经部分脱水的产物，也可由硅氧四面体构成，但排列没有规则。进一步经脱水结晶后可变为玉髓、石英、方英石和鳞石英等变体，并常伴生在一起。

蛋白石广泛分布于火山灰母质来源的土壤中，某些富含铁质的热带土壤和灰化土壤也有一定数量的蛋白石。土壤中部分蛋白石还来源于有机体，特别是草本植物和落叶林的树叶。因为植物体内的硅大多以凝胶和蛋白石形态存在，死亡后就遗留在土壤中。因此，土壤中蛋白石含量常与土壤腐殖质含量有关，蛋白石的多少也可以作为古土壤埋藏表层的指示矿物。

（五）土壤氧化物的化学区分

土壤中的氧化铁种类很多,颗粒的大小和比表面积也有很大的差异,即使是同一种氧化铁也是如此。比如,土壤中针铁矿的比表面积为 $23 \sim 177\ m^2/g$;用相同方法制备的纤铁矿或针铁矿,其比表面积的变化也分别在 $15 \sim 262\ m^2/g$ 和 $12 \sim 132\ m^2/g$ 之间。因此,仅用矿物学鉴定很难区分氧化铁活性上的差异,而通过化学选择溶解法能够区分出不同活性或是否结晶的氧化铁。例如,能够用酸性草酸铵溶液提取的氧化铁称为无定形氧化铁(Fe_o),包括结晶微细不发生 X 射线衍射的、比表面积较大和活性较高的氧化铁;能够被连二亚硫酸钠—柠檬酸钠—重碳酸钠(DCB)提取的氧化铁及其水合物通称为游离氧化铁(Fe_d);而络合态铁也属无定型态,它不能被草酸铵溶液全部提取,但能被碱性焦磷酸钠溶液提取,且具有较好专性。无定形氧化铁(Fe_o)是游离氧化铁(Fe_d)中活性较高的部分,因此 Fe_o/Fe_d 可以表示氧化铁的活化度。常用的氧化铁、氧化铝及氧化硅的化学区分见表 2-6。

表 2-6　几种主要提取剂及其所代表的氧化物的主要形态

选择溶解剂	铁	铝	硅
连二亚硫酸钠—柠檬酸钠—重碳酸钠(DCB)	游离氧化铁(Fe_d)	无定形硅酸铝(可溶出 2/3)及部分羟基铝	(同铝)
酸性草酸铵溶液	无定形氧化铁(Fe_o)	无定形硅酸铝、羟基铝及其聚合物	无定形硅酸铝(铁)
碱性焦磷酸钠	络合态铁(Fe_p)	络合态铝、无定形水合氧化铝	
0.5%NaOH 或 2.5% Na_2CO_3 溶液	—	无定形硅酸铝、水铝英石、三水铝石	无定形硅酸铝、蛋白石、水铝英石
1 mol/L 醋酸铵或柠檬酸铵	—	活性铝	
pH 为 1.5 的 0.5 mol/L $CaCl_2$ 溶液	—	—	活性氧化硅

资料来源:于天仁,1987。

专栏 2-2　土壤粒级与土壤质地

自然状态下的土壤,由大小不同的土壤颗粒组成,有的土粒彼此不黏结,为单粒;也有的土粒相互黏结成为一个集合体,称为复粒。多数土壤中,单粒和复粒同时存在。单粒的大小差别很大,大的肉眼可辨,小的至胶体级,须借助电子显微镜才可观察;单粒的形态亦不规则,特别是薄片状和棍棒状的细土粒,在长、宽、高三个方向上相差很大。人们把不同形状的单粒假定为理想的球形土粒,其直径作为该土粒的粒径。因此土粒的粒径其实是"当量直径"。

土壤中所有单粒粒径的大小基本上是一个连续的变量,把土壤单粒按照粒径的大小排列,将一定的粒径范围归纳为若干组,称为土壤粒级。不同国家和地区对粒级的划分标准不同,但一般都分为四个级别:石砾、砂粒、粉粒、黏粒。不同粒级之间不仅是粒径上的区别,在矿物组成和物理性质上也明显不同(图 2-15)。

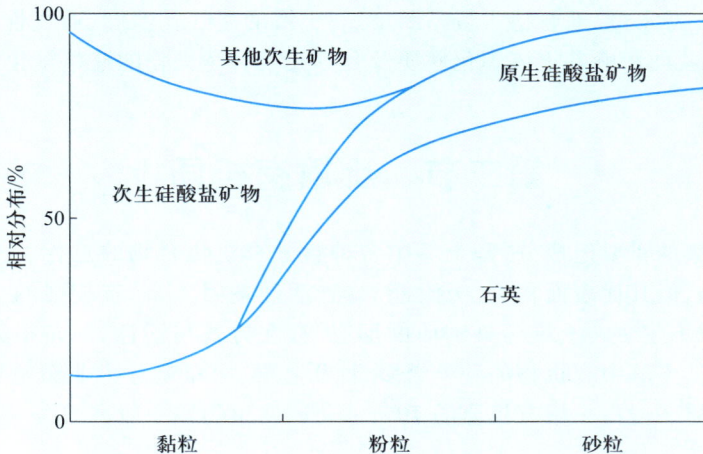

图 2-15 土壤粒级与矿物成分的关系

资料来源:改自 Weil 和 Brady,2017。

石砾:粒径为 1 mm(美国制 2 mm)以上的单粒,是岩石风化留下的残屑,对土壤性质有一定影响,但一般不在土壤质地考虑范围内。

砂粒:粒径为 0.05~1 mm(美国制 0.05~2 mm)的单粒,主要矿物成分是石英,有少量白云母、钾长石等原生矿物碎屑。砂粒无可塑性和黏结力,结构较松散。因其粒级较大,与外界接触面较小,所以经受化学风化的机会较少,养分释放很慢,其有效成分匮乏,几乎没有吸附阳离子的能力。土粒的表面吸湿性和保肥力都很差,粒间的孔隙以大孔隙为主,透水容易,排水快,通气良好。

粉粒:粒径为 0.002~0.05 mm,在矿物成分和物理性质上都更接近砂粒,但单粒粒径更小,因而有较大的比表面积。粉粒表面常被黏粒或胶膜附着,在有限程度上表现出某些黏粒的性质,如有较低的塑性、黏结性和吸附能力。粉粒含量高的土壤易遭受水蚀和风蚀。

黏粒:粒径小于 0.002 mm 的颗粒,主要矿物成分是次生黏土矿物及其他次生矿物,如硅、铁、铝的含水氧化物。土粒细小,具有很大的比表面积及很强的黏结力和吸附能力,是土壤单粒中最活跃的粒级。黏粒在自然条件下极少以单粒状态存在,它们堆积在一起时,粒间孔隙很多,大多数是小孔隙,毛管孔隙少,故通气、透水性差,黏粒有明显的可塑性和胀缩性。

自然界的土壤由砂粒、粉粒、黏粒以不同的比例组合而成。按照土壤颗粒组成的比例特点将土壤划分成若干类型,叫作土壤质地分类。土壤质地是土壤的一种较稳定的自然属性,是土壤最基本的特征,常用于表征土壤的物理性质。

各国对土壤质地分类的标准也不相同,但通常分为砂土、壤土、黏土三个基本类型。其中壤土中粗粒和细粒的比例最为合适,性质介于砂粒、粉砂和黏粒之间,是最适合植物生长的土壤,其保水保肥的能力优于砂土,通气透水性和易耕性优于黏土。

从砂土到黏土,随着黏粒比例的增加,土壤比表面积不断增加,改变了土壤表面吸附、离子交换等化学性质和一些物理行为。一般来说,随着土壤粒径的减小,土粒的吸湿量、最大吸湿量、持水量、毛管持水量不断增加,土壤的通气孔隙度、通气性和透水速度则不断降低,它们共同影响着土壤理化性质及营养元素和污染物的迁移转化。

第二节　土壤有机质

有机质是土壤的重要组成分,是土壤中各种含碳有机化合物的总称。土壤有机质含量一般低于 50 g/kg,但其比表面积大、吸附能力强,活性基团丰富,有较强的分解、转化能力。因此,土壤有机质不仅影响土壤污染物质的形态、存在方式与活性,同时很大程度上决定了土壤的环境容量。土壤中有机物的种类繁多,性质各异,可粗略分为非腐殖物质和腐殖质两大类。非腐殖物质一般占土壤有机质的 10%~50%,腐殖物质一般占 50%~90%(图 2-16)。

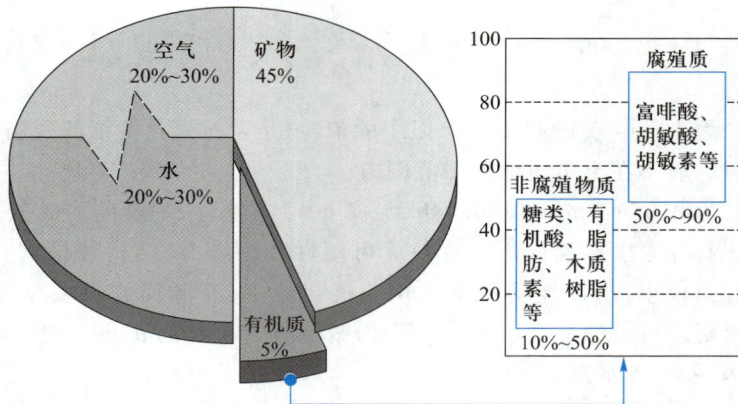

图 2-16　土壤中有机质的含量及组成

土壤有机质与化肥一样可提供营养元素,供养植物。但其同时具有供养土壤的功能,包括对土壤结构进行改善、持留土壤养分等。因此,在农业生产过程中提倡大量施用有机肥,目的就是为了保持土壤的肥力、地力,使土壤具有长效供养能力。

在土壤环境中,有机质的来源包括植物凋落物、根系、死亡有机残体、活的有机体分泌物等。通过一系列的动物啃食及真菌、细菌分解等过程,有机质可形成简单的非腐殖物质(糖类、有机酸、木质素等)及复杂的腐殖物质(富里酸、胡敏酸、胡敏素等)。

以植物凋落物的分解(图 2-17)为例,其经昆虫、其他动物摄食后,由真菌、细菌进行初步分解,随后经土壤动物、微生物进一步分解,在此阶段形成非腐殖物质。而未能被分解的部分最终形成腐殖物质,是结构复杂、性质稳定、难被进一步分解的特殊高分子化合物。

一、土壤非腐殖物质

非腐殖物质是土壤有机质中除腐殖质以外的部分,主要包括动植物残体分解生成的简单产物,如糖类、有机酸、木质素等不含氮有机物和以蛋白质为主的含氮有机物。

(一)糖类

糖类包括各种单糖、双糖和多糖类(纤维素和半纤维素,图 2-18),以及氨基糖、甲基化

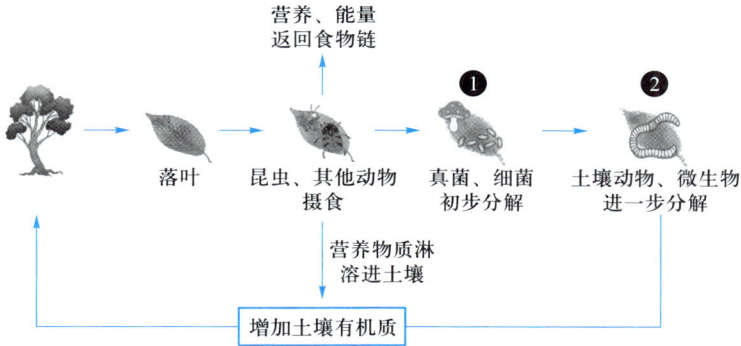

图 2-17　植物凋落物的分解过程促进土壤有机质的增加

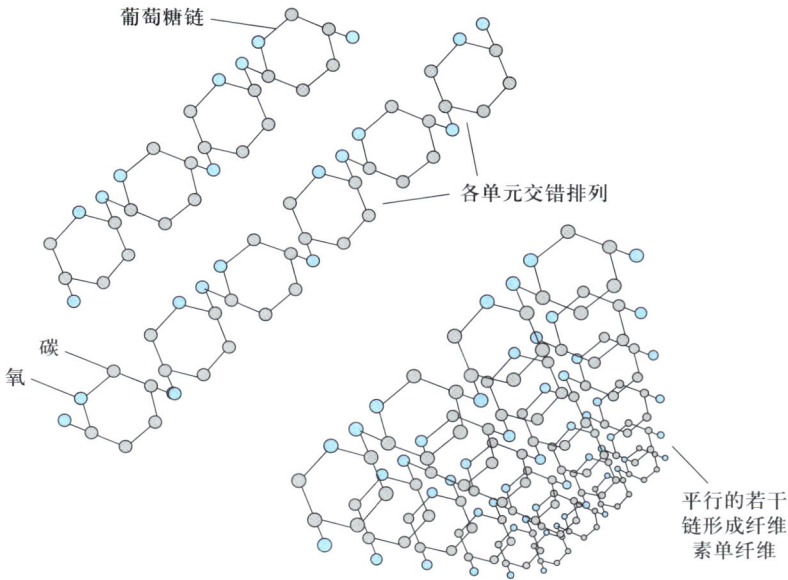

图 2-18　糖类的结构

糖等。它们占土壤有机质的 15%～27%,是非特异性有机质的主要成分。糖类主要来源于植物残体,是微生物的主要能源之一。糖类在土壤中有三种状态,第一种为易溶解态,主要由单糖类物质组成;第二种为难溶态,需要通过酸碱水解才能分解为较小的糖单元;第三种为结合态,是糖类与金属离子、黏土矿物或腐殖质等形成的配合物,与其他土壤成分紧密结合,难以提取和分离。

　　糖类一般含有大量的羟基,部分糖类例如糖醛酸和氨基糖还包含氨基等功能基团,这些功能基团使糖类具有化学活性,同时糖类的分子一般都是线性构型,使它更易和其他成分相互作用,并改变某些方面的性质。例如糖类通过配位键和金属离子结合,形成配合物,增加金属离子的活动性,同时增加糖类本身的稳定性。此外,糖类和土壤中黏粒部分相互作用,可改变无机胶体的某些表面性质如黏粒表面的电荷密度和电场强度,并影响其交换性能。

（二）有机酸

　　植物根部的分泌物中,以及植物残体的分解,都可产生有机酸,如脂肪族酸、芳香族酸、氨基酸、糖醛酸等(图 2-19)。土壤有机酸是土壤酸类物质的重要成分之一,有机酸还通过羧基、羟基、酮基、氨基、甲氧基等产生螯合作用和溶解作用,影响金属活性、矿物风化、养分释放及土壤成土过程等。

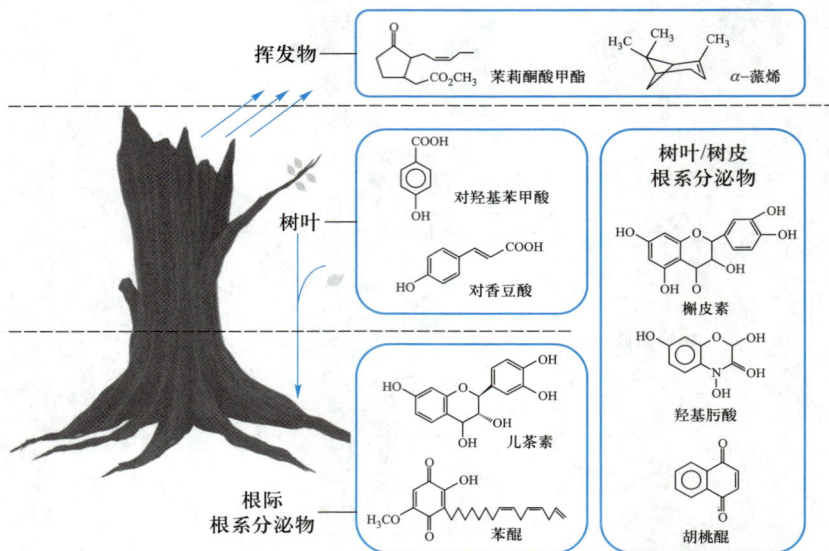

图 2-19   土壤有机酸的来源及常见类型

在土壤中常见的有机酸包括:(1)脂肪族酸。包括甲酸、乙酸、丙酸、丁酸、草酸、羟基乙酸、乳酸、酒石酸、柠檬酸、琥珀酸、苹果酸、延胡索酸等,其在土壤溶液中的含量一般为 $1 \times 10^{-3} \sim 4 \times 10^{-3}$ mol/L。(2)糖醛酸。糖醛酸是由糖类的醇基氧化为羟基而来,可用 $CHO(CHOH)_x COOH$ 通式表示,主要为葡糖醛酸、半乳糖醛酸等,其含量一般为土壤有机质总量的 1%~5%。(3)芳香族酸。在土壤溶液中的含量一般为 $5 \times 10^{-5} \sim 3 \times 10^{-4}$ mol/L,主要为苯甲酸、对羟基苯甲酸、香草酸、对香豆酸和阿魏酸等(图 2-20)。

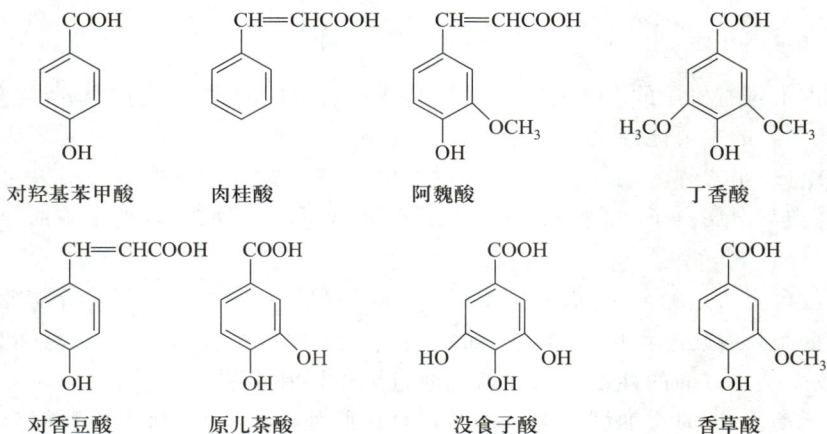

图 2-20   常见芳香族酸的结构式

(三)木质素

木质素是土壤中特别稳定的有机物质。木质素具有特殊的芳香族结构,是由四种醇单体(对香豆醇、松柏醇、5-羟基松柏醇、芥子醇)形成的复杂酚类聚合物(图 2-21),在植物组织中具有增强细胞壁及黏合纤维作用,占植物组织的 10%~30%。木质素芳香化程度高,不易分解。当植物残体分解时,芳香族结构可不发生本质上的变化,为腐殖质所继承。

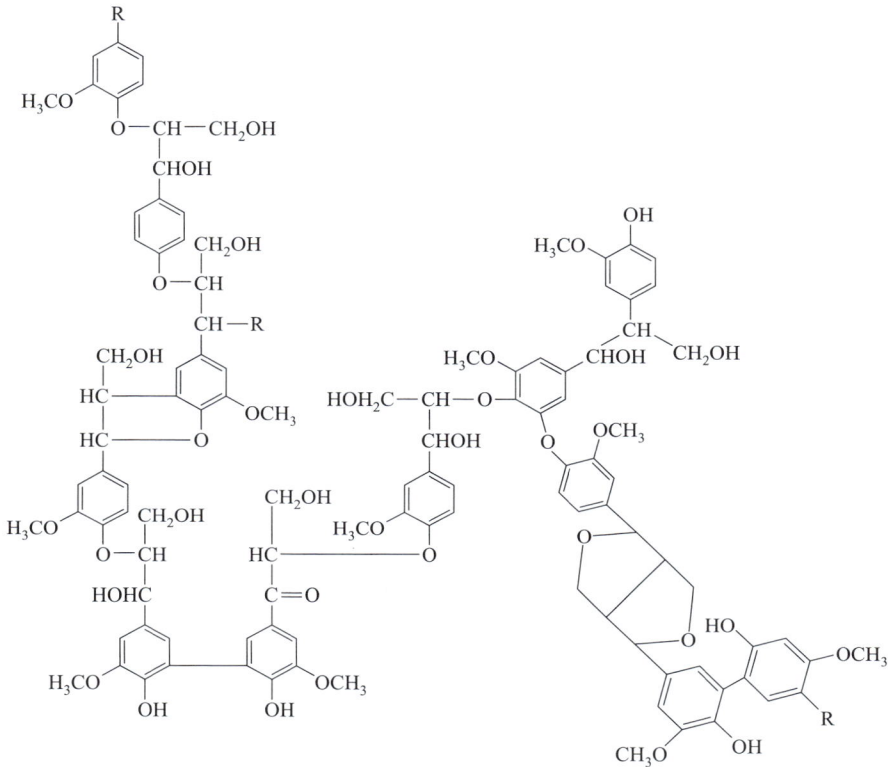

图 2-21　代表性木质素结构

(四)含氮、磷、硫的有机物

该类有机物大体包括氨基酸或蛋白质类、糖类、核酸类和脂类及数量很少的植酸、维生素等。植物残体中蛋白质含量一般为 0.6%~1.5%,蛋白质元素组成中除 C、H、O 外,还有 N(约 16%)、S(0.3%~2.4%)和 P(0.8%)。氨基酸是蛋白质的水解产物也是腐殖质形成的重要组成物。土壤中已分离和鉴定的氨基酸有数十种,如天门冬氨酸、谷氨酸等。含磷有机物,如核酸(由单核苷酸组成)等,所含的有机磷可占土壤有机磷的 40%~80%,甚至更高。

(五)其他有机物

土壤中还存在着许多比较复杂的其他有机物,如树脂、蜡、脂类、单宁(鞣质)等。木本植物的树皮里含单宁量特别多,对腐殖质的形成起着重要作用。

二、土壤腐殖质

腐殖质是经微生物作用后,在土壤中新形成的一种由特殊类型的高分子化合物组成的混合物,其分子结构复杂,性质较稳定,较难为微生物所分解(图 2-22)。土壤中的腐殖质一

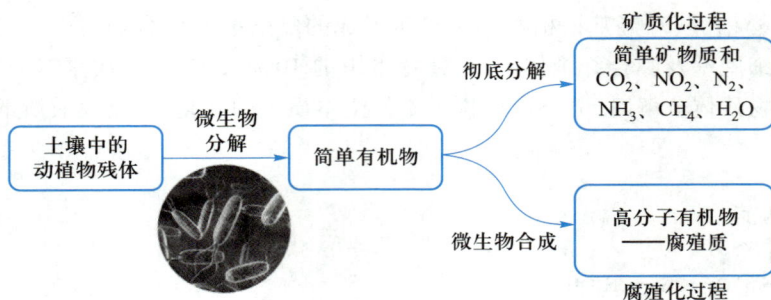

图 2-22   腐殖化过程

般占土壤有机质总量的 50%~90%,其主体为各种腐殖酸及其与金属离子相结合的盐类。依据其溶解性能,一般可分为可溶于酸和碱的富啡酸(黄腐酸、富里酸),只溶于碱而不溶于酸的胡敏酸(褐腐酸)和不溶于酸或碱的胡敏素(黑腐素)。一般表层土壤中可观察到的黑色肥沃层即为以腐殖质为主的腐殖质层(图 2-23),即土壤剖面中的 O 层。

(一)腐殖质的化学组成和含氧功能基团

土壤腐殖质主要由 C、H、O、N、S 等元素组成。腐殖质中包含的含氧功能基团主要有羧基、酚羟基、醇羟基、醌羰基、酮羰基和甲氧基(表 2-7,图 2-24)。从表 2-7 中可见,胡敏酸中含 C 较富啡酸高,而含 O 则较富啡酸低。胡敏酸中含 N 较富啡酸高,而含 S 则较富啡酸低。但不论是胡敏酸或富啡酸,中性土中 N、S 含量都高于酸性土。

图 2-23   土壤腐殖质在土壤剖面中的分布

表 2-7   我国主要土壤表土中腐殖质的元素组成(无灰干基)

腐殖质元素组成	胡敏酸		富啡酸	
	范围	平均	范围	平均
C/%	43.9~59.6	54.7	43.4~52.6	46.5
H/%	3.1~7.0	4.8	4.0~5.8	4.8
O/%	31.3~41.8	36.1	40.1~49.8	45.9
N/%	2.8~5.9	4.2	1.6~4.3	2.8
C/H	7.2~19.2	11.6	8.0~12.6	9.8

资料来源:黄昌勇,2000。

腐殖质的总酸度主要由羧基和酚羟基产生,富啡酸的总酸度明显高于胡敏酸,这是羧基含量高所致,羧基的含量一般随分子量增大而减少。其中,羟基分为酚羟基和醇羟基。酚羟基较易解离,因此又称为酸性羟基,但酚羟基解离要求的 pH 较高。羧基的 $pK<5.0$,而酚羟基的 $pK>9.0$,醇羟基更难解离,属弱酸基。在酚羟基的含量上,胡敏酸高于富啡酸,而富啡

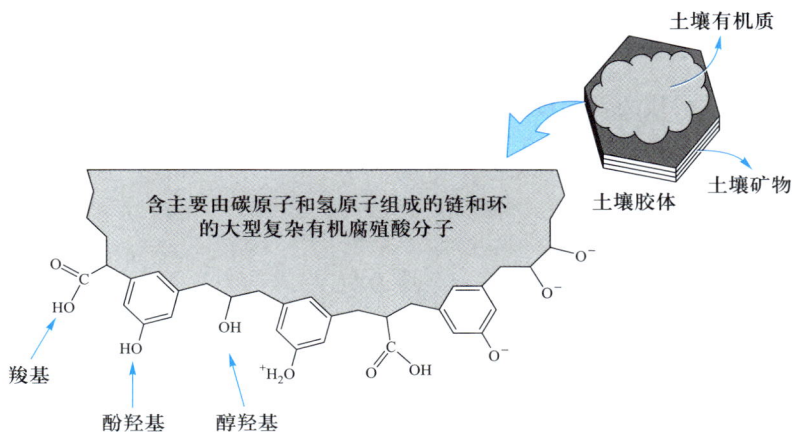

图 2-24 腐殖质主要功能基团

资料来源：改自 Weil 和 Brady，2017。

酸的醇羟基含量则高于胡敏酸。但有些样品往往不能测出醇羟基，换言之，有的腐殖质中可能不含醇羟基。醌式和酮式羰基在腐殖质中是普遍存在的，其含量随着腐殖化程度的加深而增加。其中醌式羰基的含量和在总羰基中的百分数都是胡敏酸大于富啡酸。甲氧基虽然数量不多，但也是普遍存在的，其含量随腐殖化程度的加深而减少，一般在胡敏酸中的含量低于富啡酸。

胡敏素比胡敏酸和富啡酸具有明显多的烷烃结构的碳原子，多糖脂肪族 C—O 结构也明显多于胡敏酸和钙结合富啡酸，但少于铁铝键结合的富啡酸，酚羟基和羰基（包括醛基和酮基）含量高于胡敏酸和富啡酸，但其中羧基含量明显低于胡敏酸和富啡酸，胡敏素的芳化度为 47.5%，仅比铁铝键结合的富啡酸（33.4%）略高，而明显低于胡敏酸和钙键结合的富啡酸（63%～79%）。固态交叉极化魔角旋转 ^{13}C 核磁共振技术（cross polarization magic angle spinning ^{13}C nuclear magnetic resonance，CPMAS^{13}CNMR）研究表明，黑钙土胡敏素含 22.8% 烷基碳、20.1% 烷氧碳、38.8% 芳香碳和 18.3% 羰基碳。去除铁结合胡敏素后，土壤胡敏素含 26.1% 烷基碳、20.2% 烷氧碳、38.1% 芳香碳和 15.6% 羰基碳，再去除黏粒结合胡敏素后，残留态胡敏素含 27.8% 烷基碳、23.8% 烷氧碳、33.9% 芳香碳和 14.5% 羰基碳。从中可知，铁结合和黏粒结合的胡敏素与残留态胡敏素相比具有较高比例的芳香族碳和较低比例的脂肪族碳。

（二）腐殖质的化学性质

关于腐殖质的形态和分子量的大小，迄今仍在研究中，还没有比较一致的结论。腐殖质具有伸长的线状结构或网状多孔结构，借助于电子显微镜观察腐殖质的形态，有的呈球状、短棒状，有的呈圆盘状，整个分子表现出非晶质特征。

由于腐殖质含有复杂的大分子有机物（图 2-25），它的分子量大小范围相当宽，如胡敏酸分子量平均为 7 700～17 000 Da，富啡酸为 5 500 Da 左右，比胡敏酸要低得多。由上述可知，不同腐殖质的组成、结构、形态和分子量的大小都不尽相同，同时胡敏酸和富啡酸从结构和分子量方面难以明确区分，因此研究中多强调其化学性质的差别。

胡敏酸是溶于碱，不溶于酸和酒精的一类高分子有机物，具有胶体特性。由胡敏酸的组成和结构可以看出，有机分子的芳构化作用形成的芳香核是胡敏酸的结构基础，这些分子的核具有疏水性。芳香核的边缘是非芳香族基团的侧链,边缘侧链有机物则具亲水性,因而它们表露的程度(或量)决定了胡敏酸的疏水性或亲水性。一般胡敏酸微溶于水,非芳香族侧链的表露程度与胡敏酸核的聚合度成反比,故胡敏酸分子的移动性随着其核聚合程度的增加而减小。

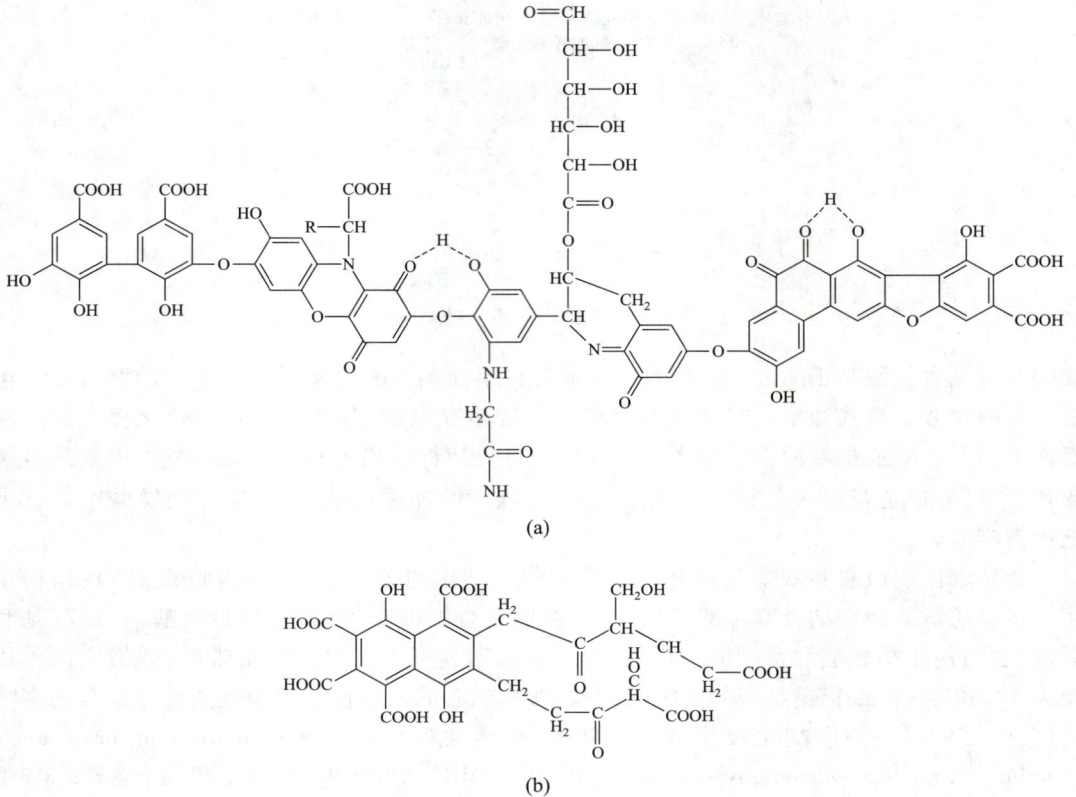

(a)

(b)

图 2-25　胡敏酸和富里酸的代表性分子式

(a)胡敏酸;(b)富里酸

　　含氧功能基团中 H^+ 的解离使胡敏酸具有酸性、吸收性和可溶性,这是形成有机无机复合体的重要条件。其中羧基和酚羟基的数量决定了酸度大小,故胡敏酸较富里酸的酸性小,呈微酸性,但它的吸收量或阳离子交换量较高。一价胡敏酸盐类均溶于水,而二价和三价盐类则不溶于水,它们对土壤结构的形成起着重要作用。

　　一般认为富啡酸是溶于碱和酸的高分子有机物。富啡酸的 C/H 比值较低,芳香核的聚合度较小,边缘脂肪侧链比重较大。因此,富啡酸的颜色较浅,光密度小,移动性大,不易团聚,一价、二价和三价盐类均溶于水。由于富啡酸的羧基、酚羟基功能基团较多,酸性强而活性较大,其还原能力和络合能力都较强,因此对促进矿物风化和养分的释放都有重要作用。由于分子中含氧功能基团类型与数量的差异,富啡酸的吸收量或阳离子交换量低于胡敏酸。

　　腐殖质具有一定的配合能力,可与铁、铝、铜、锌等高价金属离子形成配合物,一般认为羧基、酚羟基是参与配合的主要基团。配合物的稳定性随介质 pH 的升高而增大(例如,腐殖质在 pH=4.8 时能和 Fe、Al、Ca 等离子形成水溶性配合物,在中性或碱性条件下会产生沉淀),但随介质离子强度的增大而降低。当然,配合物的稳定性还和金属离子本身的性质及腐殖质的性质有关(图 2-26)。

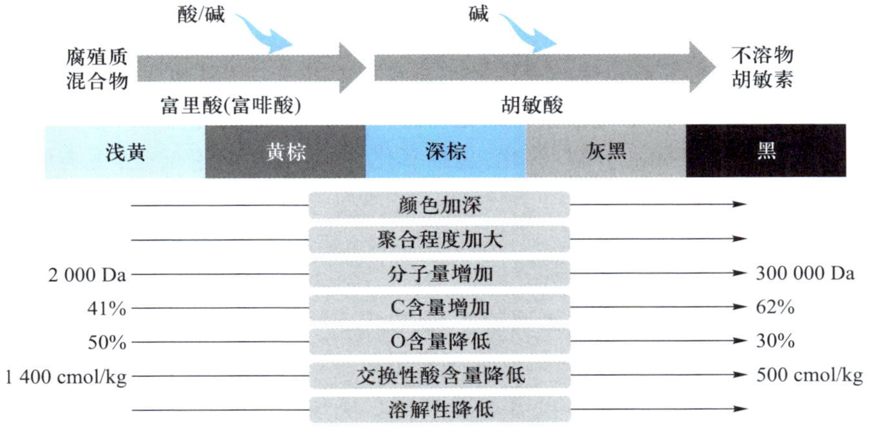

图 2-26 腐殖质不同成分性质比较

资料来源:改自 Stevenson,1994。

腐殖质不同于土壤中动植物残体的有机组分,它的化学稳定性很强,对微生物分解的抵抗力较大,因此分解周转需时较长。在温带条件下,一般植物残体的半分解期少于 3 个月,植物残体新形成的土壤有机质的半分解期为 4.7~9 年,而胡敏酸的平均停留时间为 780~3 000 年,富啡酸为 200~630 年。

三、腐殖质的形成

从腐殖质降解产物中所检出的各种成分,可以认为就是构成腐殖质的结构单元。这些结构单元有的可能直接来自植物残体,有些植物残体甚至在没有分解成结构单元以前就已成为腐殖质的组成部分。例如木质素中的很多成分常被认为是构成腐殖质的基本单位。但是有一些植物残体是很易分解的,如某些糖类和蛋白质,这些成分通常是被微生物作为能源和养分利用,以微生物代谢产物的形式参与到腐殖质的形成中。因此,腐殖质的形成过程既有化学反应,又有生物反应。目前关于腐殖质的形成,可归纳为四种学说。

(一)植物残体变质学说

这是指植物残体中的难分解部分如木质素,在土壤中经过或多或少地变质后产生的腐殖质。按照这一学说,植物的原始成分强烈地影响腐殖质的性质,而且由于植物残体的分解是从复杂到简单的,因此高分子量的胡敏素可能是腐殖化过程的第一阶段,然后通过微生物的逐步降解,产生胡敏酸、富啡酸,最后矿化为 CO_2 和 H_2O。当然,由于植物成分的种类和性质不同,在开始阶段也可能同时存在低分子的腐殖质。

(二)化学聚合学说

植物残体在微生物作用下分解成较小的分子,并被微生物利用。然后微生物又在代谢过程中合成各种化合物,如苯酚类、糖类和氨基酸等。这些简单的代谢产物在土壤中经过化学的或在酶参与下的氧化和缩聚过程形成腐殖质。按照这一学说,植物残体的性质不影响腐殖质的种类。

（三）细胞自溶学说

这一学说认为腐殖质是植物和微生物细胞的自溶产物,由细胞成分(如糖类、氨基酸、苯酚和其他芳香族化合物)随机缩聚而成。

（四）微生物合成学说

这一学说的前期(即植物残体的分解和被微生物利用的阶段)和化学聚合学说相似。但缩聚成高分子化合物的过程是在微生物细胞内进行的,并在微生物死亡、溶解后才释放进入土壤。有机残体经过一系列的分解、转化,包括氧化、脱甲基和缩聚反应,逐步形成结构复杂的腐殖质。

四、土壤有机无机复合体

有机无机复合体是普遍存在的土壤胶体,是决定土壤物理、化学及生物学性质的主要物质基础,其特征完全不同于单纯的无机胶体和有机胶体,也不等于两者的加和。土壤有机无机复合体又称为有机-矿质复合体,是由土壤有机胶体与矿质胶体通过表面分子缩聚,阳离子桥接、氢键缔合等作用连接在一起的复合体。

（一）有机无机复合体相互作用的机制

有机物与黏土矿物之间的结合方式很多,归纳起来可分为下列四种结合键。

1. 物理键

这种键主要通过范德华引力,即邻近原子中振动偶极间的吸收作用而产生。所有原子、离子和分子之间都有范德华力或物理键,只是较微弱,但对于分子量和比表面较大的有机物而言,由于这种作用是加和性的,因此总的作用力比较强。

2. 静电键

即离子键,主要通过正负离子间的静电吸引力而产生,多发生在有机离子与低价金属阳离子之间。

$$\text{黏土}-M^{+}+R-NH_{3}^{+}\rightleftharpoons R-NH_{3}^{+}-\text{黏土}+M^{+} \tag{2-2}$$

3. 氢键

在有机无机复合体中,氢键是一个很重要的键合作用,它比库仑相互作用稍差,但在大分子和聚合物中十分重要,这种加和性的键配上大的分子量可以产生稳定的复合体。这种键可比发生在有机物的胺基、羧基、羟基、羰基等与黏土矿物的氢、氢氧和水合阳离子之间。

4. 配位键

黏土矿物吸附的高价金属,尤其是过渡金属的饱和阳离子,在复合体的形成中起着重要作用,在离子-偶极或配位型的相互作用中,这些阳离子可作为极性非离子化分子的吸附点。如交换性阳离子的电子亲和势越大,则与能够给予电子的有机分子的极性基的相互作用的能越大。

（二）有机无机复合体的结合方式

1. 形成水溶性的简单金属络合物

两价的或三价的金属离子在接近于 pH=7 的水溶液中和腐殖质的作用,可能是通过下列一种或者四种过程同时进行的。① 一个—COOH 和一个金属离子作用形成单齿络合物。② 一个—OH 和—COOH 同时和一个金属离子作用形成双齿络合物或螯合物。③ 两个—COOH 同时和一个金属离子作用生成双齿络合物。④ 一个 n 价金属和富啡酸连接,除电价键之外,还有金属最初水化层中的水分子和 C ═O 以氢键接在一起。这种类型的相互使用对于那些具有很大的溶剂化能可以保持最初水化层的金属离子具有重要的意义。

2. 形成混合的配位复合物

金属和腐殖质形成络合物的同时,也有可能与其他的配体络合,生成混合的配位复合物。配位复合物的稳定常数往往比简单络合物大,因此其形成对于微量金属在土壤中的移动和植物通过根部对这些金属的吸收都有重要的意义。

3. 对金属离子的吸附

腐殖质含有羧基和酚羟基,它能以络合的方式吸附金属离子。但腐殖质对金属离子吸附的难易顺序既受金属本身特性影响,也随 pH 的变化而变化。

4. 矿物外表面的吸附

矿物外表面包括外平表面和边缘。矿物的外平表面和边缘由于岛状物质的堆积而带正电,这样可以通过静电引力吸附有机质分子。另外,黏土矿物表面和边缘上的 O 和 H,可以和腐殖酸(富里酸和胡敏酸)中的羧基和酚羟基里的 O 和 H 以氢键的形式结合在一起。

5. 黏土矿物内表面的吸附

一般腐殖质的负电荷密度很高,对负电荷密度很高的 2∶1 型膨胀性黏土矿物有很强的排斥力,使得腐殖质无法进入黏土矿物的内表面。但在低 pH 条件下,黏土矿物也会吸附溶于水后随水进入内表面的有机质分子。

6. 黏土矿物的溶解及转化

富啡酸和胡敏酸可以和单价、二价、三价和四价金属形成配合物,因此土壤中或沉积物中的矿物可被腐殖质溶解,特别是水溶性的富啡酸。富啡酸不仅能使现存的矿物溶解,而且能通过硅酸等溶解导致新矿物的形成,有利于土壤重金属的固定。

(三)有机无机复合体的区分方法和化学特征

1. 有机无机复合体的化学区分

目前有机无机复合体的区分多通过胶散分组法及不同结合态腐殖质连续提取法。胶散分组法将复合体分成 G_1(钠质分散复合体)和 G_2(研磨分散复合体),分别被认为是钙凝聚和铁铝氧化物凝聚的复合体。但近期研究发现,G_1 和 G_2 中的元素组成和离子的生物有效性的确存在一定的差异,但不能得出 G_1 和 G_2 是两种不同金属离子键合的复合体的结论。

连续提取法则考虑了有机无机复合体的键合特点,以金属离子键桥构成的有机矿质复合体是通过配位化学机制形成的,以 Fe^{3+}、Al^{3+} 等金属离子为键桥的复合体是内圈配合物,而以碱土金属离子 Ca^{2+}、Mg^{2+} 为键桥的复合体则为外圈配合物。用中性 0.5 mol/L Na_2SO_4 能较完全地提取钙键结合腐殖质,而不影响铁铝键结合腐殖质,进一步,用 0.1 mol/L NaOH+0.1 mol/L $Na_4P_2O_7$ 则可提取铁铝键结合的腐殖质,因此用 0.5 mol/L Na_2SO_4 和 0.1 mol/L NaOH+0.1 mol/L $Na_4P_2O_7$ 组成连续提取能合理区分钙键结合和铁铝键结合腐殖质。

2. 钙键和铁铝键复合体中腐殖质的组成和结构特征

钙键和铁铝键结合的复合体中腐殖质的组成有所不同。在元素组成中,铁铝键结合的腐殖质中 C、H、N 的含量均高于钙键结合的腐殖质,而含氧量则前者低于后者,C/N 值和 O/C 值均为钙键结合的腐殖质高于铁铝键结合的腐殖质。铁铝键腐殖质的缓冲性较强,与金属离子形成配合物的稳定性也较高。

两种复合体中腐殖质的结构也有所不同。钙键胡敏酸含有较多的脂肪族碳,而铁铝键胡敏酸中则含有较多的芳香族碳,富啡酸的情形则相反。

3. 黏粒有机矿质复合体的物理化学性质

比较土壤中黏粒复合体和单纯黏粒的表面性质,可以发现:经过复合以后的黏粒表面负电荷明显高于单纯的黏粒,相反,黏粒复合体表面的正电荷则比单纯的黏粒低得多,同时,黏粒复合体的零电荷点也明显低于无机胶体。表面积和电动电位在可变电荷土壤中为黏粒复合体大于单纯黏粒,在永久电荷土壤中则相反(表2-8)。

表 2-8　黏粒有机矿质复合体的表面性质

土壤	胶体类别	负电荷/ $(cmol \cdot kg^{-1})$	正电荷/ $(cmol \cdot kg^{-1})$	表面积/ $(m^2 \cdot g^{-1})$	零电荷点 (pH)	电动电位/ mV
褐　土	黏粒	41.9	—	300.5	3.00	—
	黏粒复合体	51.7	—	272.5	2.65	—
棕　壤	黏粒	37.5	—	268.5	3.00	23.5
	黏粒复合体	40.2	—	232.0	1.90	17.5
黄棕壤	黏粒	35.1	0.20	241.0	4.15	19.8
	黏粒复合体	42.7	0.18	230.0	3.10	10.1
红　壤	黏粒	15.7	4.30	152.0	4.30	16.8
	黏粒复合体	19.5	2.20	196.0	2.60	26.4
砖红壤	黏粒	8.1	5.50	137.0	4.00	60.0
	黏粒复合体	12.1	4.70	196.0	3.40	24.2

(四) 土壤腐殖质的环境学意义

腐殖质与金属离子生成配合物是它们最重要的环境性质之一,金属离子能在羧基及羟基间螯合成键:

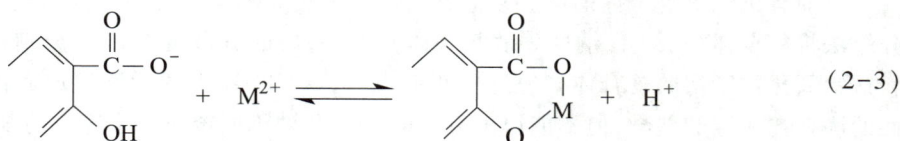

$$\text{(结构式)} + M^{2+} \rightleftharpoons \text{(结构式)} + H^+ \tag{2-3}$$

或者在二个羧基间螯合:

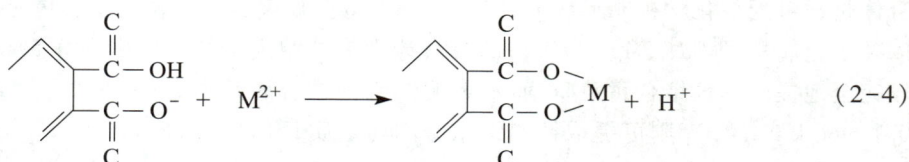

$$\text{(结构式)} + M^{2+} \rightarrow \text{(结构式)} + H^+ \tag{2-4}$$

或者与一个羧基形成配合物:

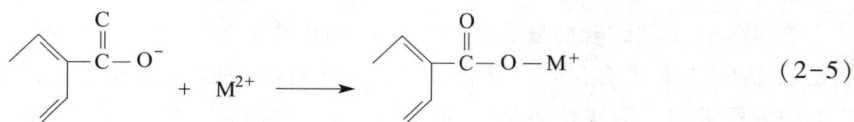

$$\text{(结构式)} + M^{2+} \rightarrow \text{(结构式)} \tag{2-5}$$

许多研究表明:重金属在天然水体中主要以腐殖质的配合物形式存在。重金属与腐殖质所形成的配合物的稳定性,因腐殖质来源和组分不同而有差别。表2-9列出不同来源腐殖质与金属的配合物稳定性常数,可以看出,Hg 和 Cu 有较强的配合能力,显然绝大多数阳离子都不能置换 Hg,这一点对考虑重金属的污染及修复具有很重要的意义。

表 2-9　腐殖质配合物稳定性常数

来源	样品	lgK					
		Ca	Mg	Cu	Zn	Cd	Hg
泥煤	FA	3.65	3.81	7.85	4.83	4.57	18.30
	HA	—	—	8.29	—	—	—
湖水	西岭(Celyn)湖水	3.95	4.00	9.83	5.14	4.57	19.40
	巴拉(Bala)湖水	3.56	3.26	9.30	5.25		19.30
河水	迪(Dee)河水	—		9.48	5.36		19.70
	康威(Conway)河水			9.59	5.41		21.90
海湾		3.65	3.50	8.89	—	4.95	20.90
底泥		4.65	4.09	11.37	5.87		21.90
海湾底泥		3.60	3.50	8.89	5.27		18.10
土壤	FA	3.40	2.20	4.00	3.70	—	—
	HA	—					5.20
松花江水	FA	—	—	—	2.68	2.54	16.02
	HA				3.14	3.01	16.74
松花江泥	FA	—	—	—	2.76	2.66	16.51
	HA				3.13	3.00	16.39
蓟运河水	FA						16.38
蓟运河泥	FA						16.28
	HA						16.41

注:FA,富啡酸;HA,胡敏酸。

腐殖质与金属配合作用对重金属在土壤环境中的迁移转化有重要影响,特别表现在颗粒物吸附和难溶化合物溶解度方面。腐殖质本身的吸附能力很强,这种吸附能力甚至不受其他配合作用的影响。

在我国流行的克山病和大骨节病病区,饮用水中腐殖质含量高于非病区,将饮用水经活性炭处理后,发病率有所缓和,可能是腐殖质与 Se 元素的结合干扰和破坏了人体对无机元素(如 Cu、Mg、SO_4^{2-}、SeO_3^{2-}、Mo 和 V)的吸附平衡,其相互之间关系引起了相关学界的关注。

从 1970 年以来,由于发现水源水消毒后会存在三卤甲烷的前驱物质,而且主要来自土壤腐殖质,因此对腐殖质应给予特别的关注。一般认为,在用氯对饮用水原水进行消毒的过程中,腐殖质可以形成致癌物质——三卤甲烷(THMS)。因此,在早期氯化作用中,尽可能除去腐殖质,可以减少 THMS 生成。

腐殖质还可以和水体中 NO_3^-、SO_4^{2-}、PO_4^{3-} 和次氮基三乙酸(nitrilotriacetic acid,NTA)等阴离子发生反应,这些构成了水体中各种阳离子、阴离子反应的复杂性。另外,腐殖质对有机污染物的活性、行为和迁移等均可造成影响。腐殖质能键合水体中的有机物如多氯联苯

（PCB）、滴滴涕（DDT）、多环芳烃（PAHs）等,从而影响它们的迁移和分布,环境中的芳香胺能与腐殖酸共价键合,而另一类有机污染物像邻苯二甲酸二烷基酯可以与腐殖酸形成水溶性配合物。

专栏 2-3   土壤团聚体的形成及其稳定性

土壤团聚体是土壤结构的基本单元,是土壤重要的组成部分。较大的土壤团聚体由较小的团聚体组成,每个层次的团聚过程有不同的影响因素(图 2-27)。

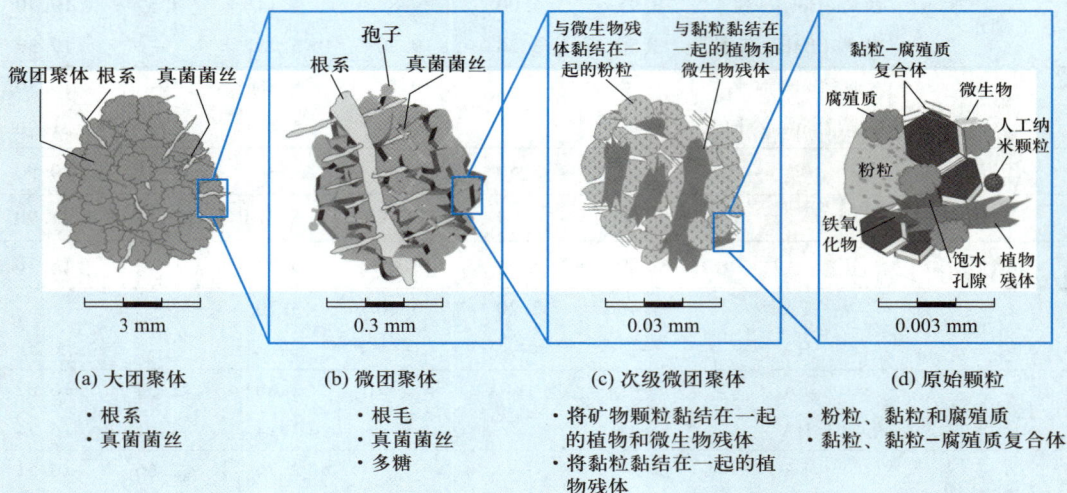

图 2-27   大团聚体是大量小团聚体的聚合物

（a）很多微团聚体被大量真菌菌丝和细微的植物根系黏结捆绑在一起形成大团聚体(>250 μm);(b)微团聚体(20~250 μm)主要由细砂粒和一些由粉粒、黏粒和有机碎屑黏结形成的微小团块(团块中的黏结剂包括根毛,真菌菌丝和微生物分泌物)组成;(c)非常小的次级微团聚体是由附着有机碎屑的细粉粒和一些与黏粒、腐殖质和铁铝氧化物黏结在一起的微小的植物或微生物残体(颗粒状有机质)组成;(d)由层状或无序排列的黏粒晶片与铁、铝氧化物和有机聚合物相互作用形成团聚体。等级中最小的复合体,称初级颗粒(<20 μm)。这些有机物—黏粒复合体往往结合于腐殖质颗粒和最小矿物颗粒的表面。

资料来源:改自 Weil 和 Brady,2017。

土壤质地和胶结物质的种类数量(有机质、氧化物等)对土壤团聚体的形成和稳定尤为重要。在大多数温带土壤中,土壤团聚体的形成和稳定主要受有机质的影响,随着土壤有机质增加,土壤有机胶结物质增加,有机物胶结作用增强,有机无机复合体增多,促进土壤团粒结构形成。但在热带氧化物含量高的土壤中,铁铝氧化物常常成为无机胶结物质,形成更为稳定的团聚体。如南亚热带地区不同母质(石灰岩、第四纪红黏土、砂页岩)发育的土壤,其土壤团聚体稳定性均与黏粒、有机质、游离态铁含量呈正相关。

土壤微生物(如真菌菌丝)、土壤动物(如蚯蚓、白蚁等)及植物根系的穿凿挤压,既可以拆解已有的团聚体,又可以形成新团聚体,它们的分泌物如多糖更是非常重要的黏结剂。

外在的环境条件,如干湿变化、冻融交替以及火烧等因素在不同层次上也影响微团聚体的形成和稳定,以及大团聚体的形成和崩解。因此,土壤团聚体总是处于不断变化中。

当有外力作用或外部环境发生变化时,土壤团聚体能够抵抗外力或变化而保持其原有形态的能力,称为土壤团聚体的稳定性,包括水稳定性、力学稳定性、化学稳定性、酸碱稳定性和生物稳定性等。土壤团聚体的稳定性是土壤重要的物理性质,也是评价土壤质量的重要指标,对土壤肥力、土壤侵蚀和水土保持等都有很大影响,进而影响土壤的可持续利用。

第三节　土壤水和空气

除土壤矿物和有机质外,土壤水分和土壤空气也是土壤的重要组成部分,它们同时存在于土壤颗粒所形成的各种孔隙中,在土壤孔隙状态不变的情况下,共同影响着土壤的生态功能。对大多数植物而言,较"理想"的土壤,从体积比来看,土壤固相和孔隙各占 50%,而土壤水分和土壤空气各占孔隙的一半(图 2-28)。

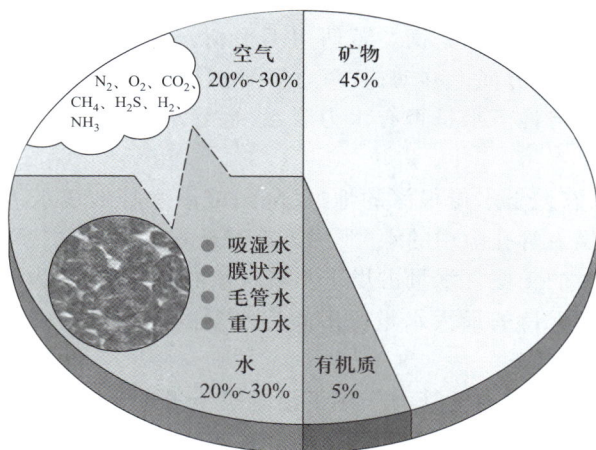

图 2-28　土壤中水和空气的含量及组成

一、土壤水

土壤水分主要来自大气降水、地下水、灌溉水和凝结水,以地表径流、下渗、土内侧流、蒸发,以及植物的吸收与蒸腾等方式在土体中迁移。根据土壤中水分所受力的不同,土壤水分大致可分为四种类型:吸湿水、膜状水、毛管水和重力水。

(一) 吸湿水

吸湿水是依靠土壤颗粒表面分子引力和静电引力作用,直接从土壤空气或大气中吸附气态水而形成的极薄水层。这类水分受到土壤颗粒强烈吸持而不能移动,被称为紧束缚水;其水分子排列紧密,密度高,具有固态水性质,没有溶解溶质的能力;吸湿水不能被植物根系吸收,被称为无效水。加热至 105~110 ℃时,吸湿水可转变为气态而散失。

土壤从空气中吸收水分子的能力称为土壤的吸湿性。在水汽饱和空气中,土壤吸湿水达最大值时的土壤含水量称为最大吸湿水量,也称吸湿系数。它与土壤有机质含量和土壤黏粒含量成正相关。土壤吸湿水在数量上等于风干土中水分所占烘干土重的百分数。

（二）膜状水

当土壤达最大吸湿水量后，尚有多余的分子力和静电力，虽不足以吸附动能较大的水汽分子，但可以吸附液态水分子，附着在吸湿水外形成水膜，称为膜状水，厚度可达几十或几百个以上的水分子层。土粒对膜状水的吸持力较弱，亦称为松束缚水。膜状水有液态水性质，可以移动，在表面张力的作用下从水膜较厚处向较薄处移动，但因黏度较大，移动速度非常缓慢。

膜状水可以部分被植物吸收利用，但因其移速缓慢，不能及时供给植物生长需要。当土壤变干，植物出现凋萎时，土壤膜状水并未被完全消耗。膜状水达最大量时的土壤含水量称为最大分子持水量，包括全部膜状水和吸湿水。

（三）毛管水

毛管水也叫自由水，土壤水分含量达到最大分子持水量时，更多的水分不再受土粒吸附作用的束缚，成为可以自由移动的自由水，靠土壤毛管孔隙的毛管引力保持。毛管水可以被植物吸收，是植物的有效水源。

毛管力由土粒骨架压力予以平衡。若两力不平衡，会使毛管水从毛管力较小处向毛管力较大处移动，可以在各个方向上移动；若两力平衡，毛管水则保持在土壤的孔隙中。

根据土层中毛管水与地下水是否有水力联系，毛管水可分为毛管悬着水和毛管上升水两类。

（1）毛管悬着水：在地下水位很深的地区，降雨或灌水等地表水进入土壤之后，借助毛管力而保存在土壤上层毛管孔隙中的水分，称为毛管悬着水，与地下水位没有水力联系。毛管悬着水达到最大量时的土壤含水量占烘干土壤重量的百分数，称为田间持水量，它是田间在自然状态下土壤所能保持的最大水量。田间持水量的大小与土壤质地有关，砂土一般不超过15%，黏土为25%~50%。

（2）毛管上升水：地下水在毛管力作用下沿毛管上升而被保持在土壤中的水分称为毛管上升水。显然毛管上升水与地下水之间有水力联系，会随着地下水位的变化而产生变化。

毛管上升水达到最大量时的土壤含水量称为土壤毛管持水量。

在湿润未饱和的粗质土壤中，土粒和土粒的接触点上存在着触点水（图2-29），由毛管力所持。在风积砂层中，触点水是大部分水分的存在形式，也是维持沙性土壤强度的重要因素。

（四）重力水

当土壤水分超过田间持水量时，多余的水分受重力作用沿土壤中的大孔隙向下移动，这种受重力支配的水叫作重力水。植物能完全吸收重力水，但由于重力水流失很快（一般两天就会从土壤中移走），因此利用率很低。

当土壤被重力水饱和，即土壤大小孔隙全部被水分充满时的土壤含水量称为饱和持水量，或最大持水量。此时土壤水包括吸湿水、膜状水、毛管水和重力水，水分基本充满了土壤孔隙。在自然条件下，水稻土、沼泽土或降雨、灌溉量较大时可达到最大持水量。

上述土壤水分类型及土壤水分常数可由图2-30简明示意。

水是土壤物理、化学和生物过程中不可或缺的介质，在调节土壤环境中起着至关重要的作用。在土壤中，水与土壤颗粒紧密接触，相互影响彼此特性。一方面，一些水分子由于受

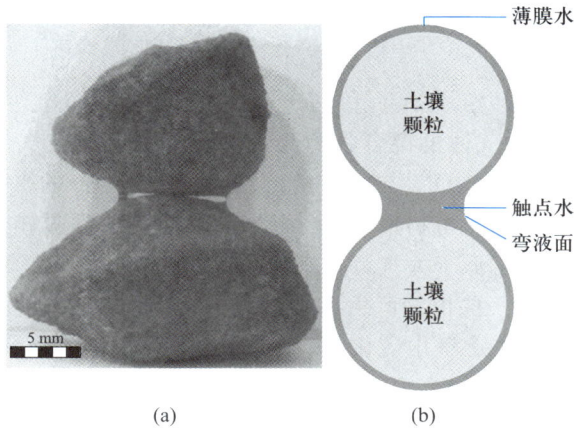

图 2-29 两个带水膜颗粒之间的触点水

（a）颗粒照片（资料来源：引自黄德文等，2016）；（b）机制图（资料来源：改自 Jeevan，2016）

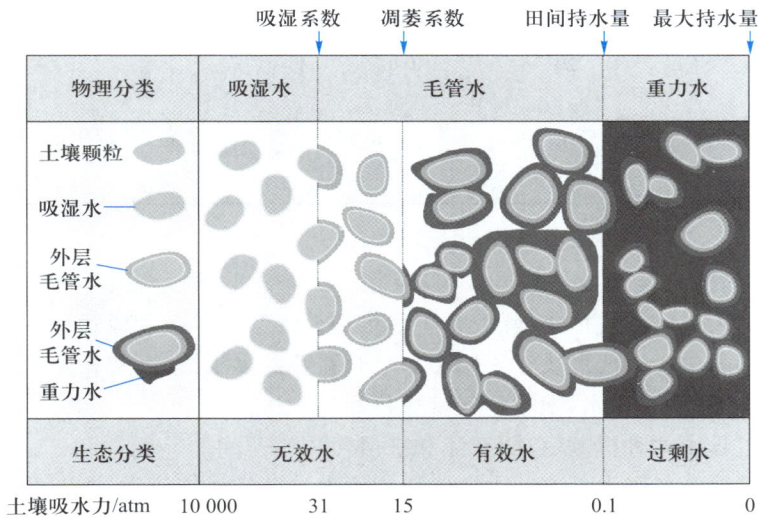

图 2-30 土壤水分类型间的联系及其有效性

资料来源：改自 Weil 和 Brady，2017。

到土壤固体颗粒表面的吸附作用，不能自由活动，失去了一般液体的一些性质，而更趋向于固态物体的运动行为。另一方面，土壤水分可以引起土壤颗粒的膨胀或收缩，也可以使土壤颗粒相互黏结，进而形成团聚体结构。土壤水分还参与土壤的大量化学反应，包括养分吸收或释放、有机酸形成。土壤含水量的变化，会影响到土壤 pH、氧化还原电位及铁氧化物的沉淀溶解，从而影响重金属形态及活性。土壤水分下渗移动过程中与土壤基质进行物质交换，并携带溶解质或颗粒物质进入地表水或地下水，特别是土壤中通常存在孔径大于 0.03 mm 的大孔隙，如团聚体间孔隙、土壤干燥收缩的裂隙、鼠穴、蚯蚓孔洞及根系通道等，常成为优先流通道。当降雨或灌水强度超过土壤基质的实际入渗率时，水和水溶性化合物可以较大的速度通过这些类似"优先通道"或"快车道"的大孔隙而形成优先流。由于优先流的存在，水流运动波及的深度更深，并能更早地影响到地下水。因此，优先流是地下水污染的重要途径。

二、土壤空气

（一）土壤空气的来源和组成

土壤孔隙中存在的各种气体的混合物称为土壤空气。土壤空气主要来自大气，但组成与含量和大气有所不同（表2-10）。与大气相比，土壤空气中N_2的含量与大气中基本一致；土壤中水汽含量常过饱和；因为植物根系、土壤动物、微生物的呼吸作用，消耗氧气释放二氧化碳，因此土壤中氧气含量常低于大气，而二氧化碳含量则远高于大气。土壤空气中的CO_2浓度一旦超过10%，就会对一些植物产生毒害；在土壤通气不良，如淹水情况下，微生物对有机质的厌氧分解，会大大提高土壤中硫化氢、甲烷等还原性气体的含量。土壤空气的组成不是固定不变的，影响因素很多，如土壤水分、微生物活动、土壤深度、土壤温度、pH、季节变化及栽培措施等。

表 2-10　　土壤空气与大气的组成及含量（体积分数）　　　　单位：%

组成	N_2	O_2	CO_2	水汽	其他
大气	78.09	20.95	0.03	1～4（湿空气）	氩、氖、氦等气体及 H_2、CH_4
土壤空气	79	20.3	0.15～0.65	常过饱和	H_2S、NH_3、CH_4、H_2、NO_2、CO 及醇、酸等

资料来源：伍光和等，2008。

（二）土壤的通气性

土壤空气与大气间的气体交换，以及土体内部允许气体扩散和流通的性能，称为土壤的通气性。土壤的通气性主要取决于土壤中非毛管孔隙的多少，非毛管孔隙量大于10%，且分布均匀时，即使毛管中充满水，土壤通气依然良好。

土壤通气过程由两种机制驱动：对流和扩散。

对流是指土壤空气和大气之间由总气压梯度力推动的气体流动，也叫质流，常被认为是土壤空气的整体交换。土壤湿度变动和风速可影响对流作用，因为土壤水分可以推动土壤空气的进出，风速可改变大气压。对流作用在土壤空气的交换中所起的作用远远小于扩散作用。

扩散作用是每种气体依据各自的分压梯度移动，服从气体扩散公式：

$$F = -D \cdot \frac{dc}{dx} \tag{2-6}$$

式中：F——单位时间气体通过单位大面积的数量；

dc/dx——气体浓度梯度或气体分压梯度；

D——扩散系数；

负号表示从分压（浓度）高处向低处扩散。

因此即使土壤空气与大气之间没有总气压差，各成分之间的浓度差异也会使某一成分从浓度高的地方向浓度低的地方扩散。通常大气中O_2的浓度高，扩散进入土壤；而土壤中CO_2浓度高，不断向大气扩散，是土壤与大气气体交换的主要方式。

由于全球气候变化，土壤与大气之间的气体交换越来越多地引起人们关注，土壤空气中

含量较高的 CO_2、CH_4、N_2O 都是重要的温室气体,因此各种土壤呼吸强度或速率测定,是研究土壤呼吸对气候变暖的贡献及全球氮、碳循环的基础(图 2-31)。

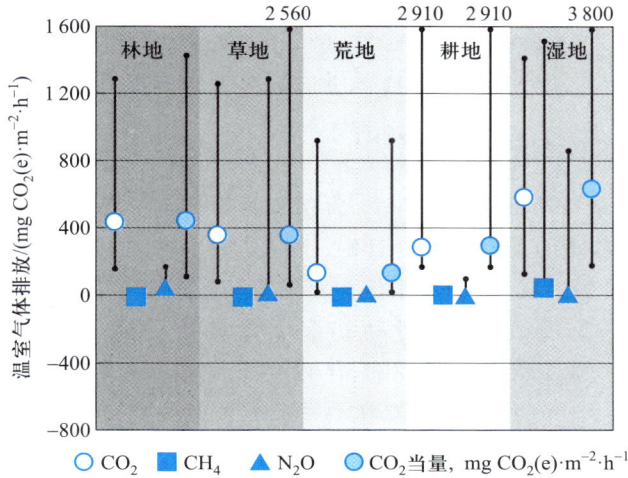

图 2-31　不同陆面覆盖下土壤的温室气体的排放

样本数:草地($n=47$),林地($n=22$),荒地($n=17$),农田($n=41$),湿地($n=67$)

资料来源:Oertel,2016。

第四节　土　壤　生　物

土壤生物是土壤中最具有生命力的组分,其种类多样、数量巨大,土壤也因此被誉为地球"活皮肤"(图 2-32)。在土壤中,主要生活着细菌、真菌和古菌等微生物,原生动物、无脊

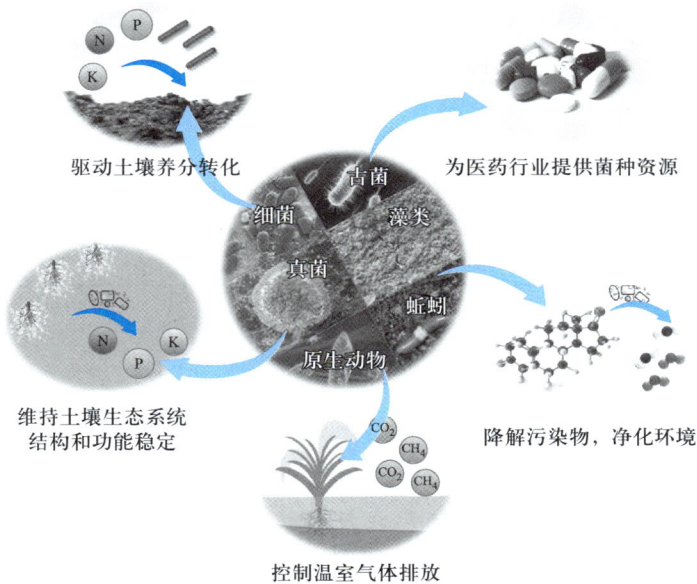

图 2-32　土壤生物的多样性及生态社会功能

资料来源:国家自然科学基金委员会和中国科学院,2016。

椎动物等土壤动物,以及植物根系。在陆地生态系统中,生物不仅是区域乃至全球尺度土壤中元素循环和能量流动的主要驱动者,还是土壤物理肥力、结构形成并保持动态平衡的重要基础。同时,土壤生物还可驱动重金属和有机污染物转化,以及温室气体排放和消耗等过程,进而在维持陆地生态系统服务功能与人类社会可持续发展过程中发挥关键作用。本节将从土壤生物组成、生态功能及环境效应等方面阐述土壤生物与环境相关的知识。

一、土壤生物组成及多样性

土壤中生活着大量且类型多样的细菌、真菌等微生物及土壤动物,这些微生物和土壤动物可与植物根系一起构成土壤食物链。其中,土壤是微生物的"大本营",微生物是土壤食物链中数量最多、种类最多的成员,每克土壤生活着数以亿计、类以万计的微生物。土壤动物根据体宽大小可分为微型动物、中型动物和大型动物。其中,土壤中体宽约 0.1 mm (100 μm)的原生动物、线虫等为微型动物,体宽 0.1 ~ 2.0 mm 的微型节肢动物和足虫等为中型动物,体宽大于 2.0 mm 的蚯蚓、白蚁和千足虫等为大型动物(Bardgett,2005)(图 2-33)。土壤生物可以通过腐屑分解活动与植物根系建立食物链关系,进而影响养分空间分布与矿化速率,以及影响植物根际微生物群落结构。

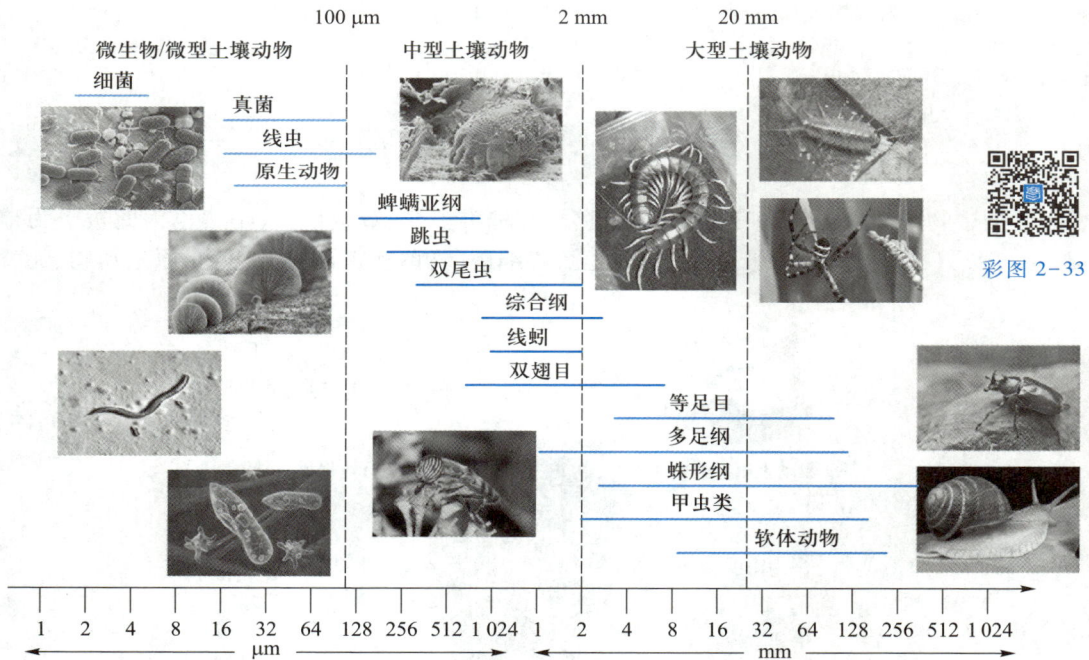

图 2-33 基于体型大小的土壤生物分类
资料来源:Bardgett,2005。

(一)土壤微生物

土壤微生物是土壤中一切肉眼看不见或看不清楚的微小生物的总称,主要包括细菌、放线菌和古菌等原核生物,真菌、地衣等真核生物以及噬菌体等病毒类群。土壤细菌适应性强,能生存于极端的酸碱度、温度和盐度等环境,因此成为土壤微生物群落中数量最大的生物类群。土壤真菌可以分为腐生真菌、寄生真菌或菌根生真菌。其中,腐生真菌可降解枯枝落叶等有机物质,菌根真菌则可与植物根系形成共生关系。微生物是土壤中最活跃的组分,因为无论从蓝绿藻在土壤母质的定殖,还是到土壤肥力的形成,土壤微生物参与了土壤发生、发展和发育的全过程。微生物在维持土壤生态系统服务功能方面也发挥着重要作用,常被比拟为土壤碳、氮和磷等生源要素循环的"转化器"、环境污染物的"净化器"、陆地生态系统稳定的"调节器"。同时,土壤又为微生物生长和繁殖提供了良好的物理结构与化学营养,是微生物最好的"天然栖息地"。土壤物质组成、理化过程和微环境的高度异质性,使土壤被认为是地球上"微生物多样性"最丰富的环境。然而,目前仅有1%的物种可通过分离培养进行研究。目前对土壤中绝大多数微生物多样性与功能的认识十分有限,微生物也因此被比拟为"生物暗物质",土壤微生物相关研究逐渐成为国际关注的热点问题(宋长青等,2013)。土壤原核生物和土壤真菌的主要特点介绍如下。

1. 土壤原核生物

土壤中的原核生物主要包括细菌、放线菌和古菌。其中,土壤细菌占土壤微生物总数的70%~90%,具有个体小、代谢强、繁殖快及与土壤接触面积大等特性,细菌也因此被认为是土壤中最活跃的因素。常见土壤细菌主要包括:节杆菌属(*Arthrobacter*)、芽孢杆菌属(*Bacilus*)、假单胞菌属(*Psevdomonas*)、土壤杆菌属(*Agrobacterium*)、产碱杆菌属(*Alcaligenes*)和黄杆菌属(*Flavobncterium*)。

土壤放线菌是一类以孢子繁殖的丝状原核生物,其因在固体培养基上呈辐射状生长而得名。放线菌大多数有发达且纤细的分枝菌丝,宽度一般为0.5~1.0 μm,近乎于杆状细菌。常见菌丝主要包括营养菌丝和气生菌丝。其中,营养菌丝又称基内菌丝,其主要功能是吸收养分,部分菌丝可产生不同种类的色素,是菌种鉴定的重要依据;气生菌丝又称二级菌丝,其主要叠生于营养菌丝之上。

土壤古菌又称古细菌、古生菌、太古生物或古核生物,是一类具有独特基因结构或系统发育生物大分子序列的单细胞生物。古菌大多生活在地球上的极端环境及生命起源的自然环境,其可生存于pH为0~12、温度为0~120 ℃的环境中。实验室可培养的古菌主要包括广古菌门(*Euryarchaeota*)、泉古菌门(*Crenarchaeota*)、初古菌门(*Korarchaeota*)、纳米古菌门(*Nanoarchaeota*)和奇古菌门(*Thaumarchaeota*)。广古菌门主要包括产甲烷菌、极端嗜盐菌和极端嗜热菌。其中,产甲烷菌生活于沼泽地、水稻田和反刍动物的胃等富含有机质且严格厌氧环境中,可生物合成甲烷而参与全球碳循环;极端嗜盐菌生活于盐湖、盐田及盐腌制品表面,能生长于盐饱和环境中,但若盐浓度低于10%,则不能正常生长;极端嗜热菌常分布于热泉、泥潭和海底热溢口等含硫或硫化物的陆相或水相地质热点。泉古菌门属于系统发育树根部最原始的古菌类群,代表类型为热球菌属(*Thermococcvs*)和热网菌属(*Pyrodictium*)等嗜热菌。泉古菌门几乎全是极端微生物且能生活在高温或极端的酸碱度环境中,主要参与环境中硫或铁的循环。奇古菌门为近年来新命名的一类古菌,可以参与自然环境中氨氧化、反硝化和固碳等过程,进而影响海洋、土壤和淡水沉积物等环境中的碳循环和氮循环(张丽梅等,2015)。

2. 土壤真菌

土壤真菌是土壤中分布广泛的一类真核微生物,能产生孢子,其繁殖方式可分为有性和无性两种。常见真菌主要包括壶菌门(*Chytridiomycota*)、接合菌门(*Zygomycota*)、子囊菌门(*Ascomycota*)和担子菌门(*Basidiomycota*)等四大类群。土壤真菌不仅可以参与土壤中有机质分解,还可以产生抗生素,与植物互利共惠而形成共生菌根,进而为植物提供养分。然而,土壤中部分病原真菌会危害植物而引起粮食产量降低。此外,土壤真菌可以较好适应酸性及干旱环境,并且喜欢氧气含量高且潮湿的环境,其群落结构与土壤中重金属铜、锌等的有效性关系密切。真菌不仅是土壤碳、氮和磷等养分循环的重要驱动者,还可调控土壤-植被生态系统的稳定性。

土壤中的真菌尤其是丛枝菌根真菌(arbuscular mycorrhizal fungi)可与80%以上的陆生植物根系建立形式多样的共生关系(图2-34),其中根瘤菌可与豆科植物形成根瘤而建立共生固氮关系。在土壤环境中,丛枝菌根真菌根瘤共生过程中存在协同进化效应,丛枝菌根真菌与根瘤共生后不仅可以提高植物对磷和氮的获取能力,还可以构建连接植物根系的地下菌丝网络。丛枝菌根真菌庞大的菌丝网络在给植物提供营养的同时,也帮助植物根系富集根瘤菌,上述过程也因此成为生态系统碳循环的关键环节。

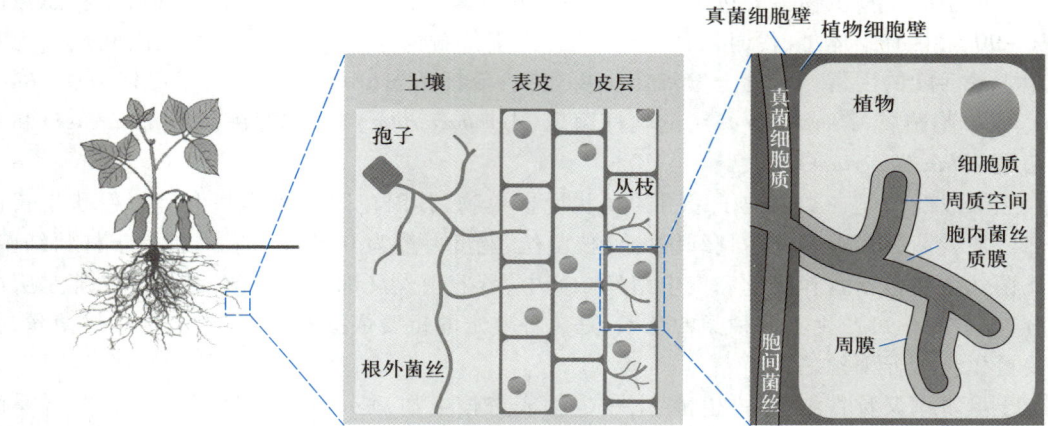

图2-34　丛枝菌根的共生结构示意
资料来源:Parniske,2008。

(二)土壤中的植物根系

土壤中的植物根系根据形态分为直根系和须根系。植物根系的大小及延伸范围由植物类型决定,其中木本植物根系在土壤中的延伸可达10 m以上,而草本植物则相对较小。植物根系结构及分泌物可通过调节土壤微环境及养分供给等过程影响土壤生物多样性。植物根系受到挤压,在根系分泌的草酸、苹果酸和柠檬酸等有机酸作用下,土壤中矿物会溶解而发生相变,这个过程一方面会影响铅、镉和砷等毒性重(类)金属在土壤中的赋存形态,另一方面也会塑造土壤的微观和宏观结构。植物会选择性吸收矿物溶解产生的微量元素而增强其有效性。此外,植物根系分泌物还可以诱导微生物在植物根部繁殖,进而调节微生物群落结构。比如,豆科植物根系可以分泌黄酮类物质而与根瘤菌建立共生互惠关系。值得注意的是,土壤中病原菌在一定条件下可能会导致土传病害,而植物促生菌等土壤益生菌的定殖则可在一定程度上促进植物根系对土壤中营养元素的吸收,进而促进植物的生长(图2-35)。

(三)土壤动物

土壤动物是栖息在土壤中且对土壤环境有一定影响的动物,它们不仅是土壤生态系统

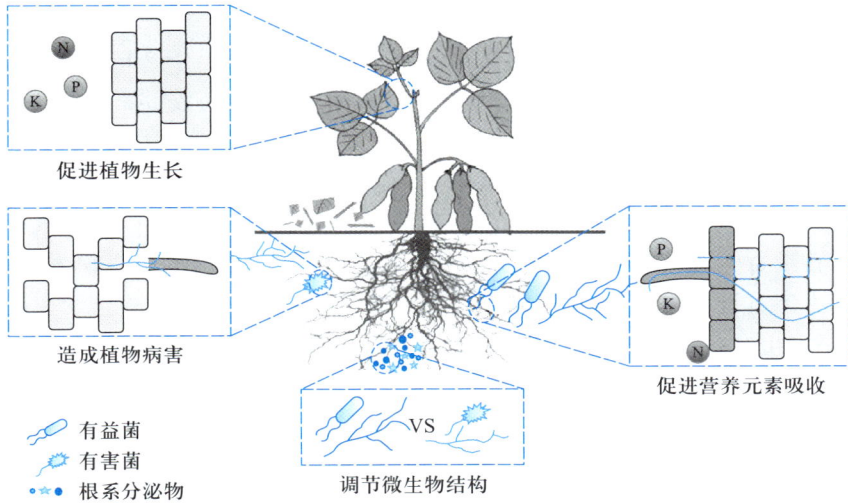

图 2-35　土壤微生物与植物的相互作用效应

资料来源:国家自然科学基金委员会和中国科学院,2016。

的核心组成部分,还会影响土壤细菌、真菌等微生物活性和多样性。虽然鼹鼠等少数脊椎动物也生活在土壤中,但传统意义上的土壤动物特指从原生动物、线虫、蚯蚓到大型节肢动物等非脊椎动物。根据体长,可将土壤动物分为微型土壤动物、中型土壤动物和大型土壤动物。其中,微型土壤动物主要指单细胞原生动物,其平均体长小于 100 μm 且主要生活在土壤或凋落物的充水孔隙中;中型土壤动物主要为线虫、螨类、弹尾目和寡毛纲等小型节肢动物和环节动物,其平均体长小于 2 mm,主要生存在土壤和凋落物的充气孔隙中;大型土壤动物主要为白蚁、蚯蚓和大型节肢动物等。

土壤动物在陆地生态系统的物质循环和能量流动过程中发挥着关键作用。它们在土壤食物网中占有不同的营养级,主要包括腐食性土壤动物、植食性土壤动物和捕食性土壤动物。由于土壤生物具有极其丰富的多样性,其在土壤食物网中的作用及其生态功能也成为当前土壤生物学研究的前沿和热点。土壤动物的环境影响要素主要为土壤性质和土壤外部环境,其中,土壤性质主要包括土壤基本理化性质和土壤污染状况,土壤外部环境主要包括植被、土地利用、地貌和气候等要素。此外,土壤动物还可以影响土壤结构、理化性质和土壤酶活性,进而功能性调控整个土壤生物体系。下面列举重要的土壤动物类群并介绍其主要特征。

1. 微型土壤动物

微型土壤动物主要包括各种类型的原生动物。原生动物是一类单细胞的真核生物,主要类群包括阿米巴、纤毛虫和鞭毛虫等。土壤原生动物是地下动物区系中最丰富的类群,其种类和数量会存在地区及土壤类型的差异,通常其密度为 $10^4 \sim 10^5$ 个/克土。原生动物主要分布在表土且为异养需氧型生物,其长度和体积均比细菌大。它们的主要生态功能包括:① 参与土壤的物质循环和能量转化;② 在食物网中参与对细菌的捕食,从而调控细菌群落;③ 参与土壤养分转化和碳、氮等元素的矿化;④ 促进植物生长。通过对比全球 14 个生态系统的研究结果表明,原生动物生物量可达土壤动物总量的 31%,而呼吸作用更是占到土壤动物呼吸作用的 69%。因此,微型土壤原生动物是陆地生态系统的关键组成部分,在土壤生态系统的物质循环和能量流动中发挥关键作用。

2. 中型土壤动物

中型土壤动物主要包括线虫、螨类、弹尾目和寡毛纲等体长小于 2 mm 的小型无脊椎动物。线虫是土壤动物中十分重要的类群,其在土壤中的种类丰富、数量繁多、分布广泛,且几乎在所有土壤环境中都可以被发现。线虫可以捕食多种土壤生物,包括细菌、真菌和原生生物等。土壤线虫的丰度通常随着土壤深度增加而减少。同时,线虫也会集中分布在植物根系附近。线虫在土壤生态系统中占有多个营养级,其与其他土壤生物可以形成错综复杂的食物网,进而在维持土壤生态系统的稳定、促进物质循环和能量流动等方面发挥重要作用。同时,土壤线虫因具有分布广泛、对环境变化响应快等特点,经常被作为指示生物来评价土壤的健康水平和生态系统的稳定性。微型节肢动物主要包括螨类、弹尾目和寡毛纲等微型无脊椎动物。与线虫类似,微型节肢动物在土壤中含量丰富,每平方米的森林落叶层中包含成千上万的个体。很多微型节肢动物以真菌和线虫为食,因此是土壤微食物网的主要成员。微型节肢动物在不同季节和生态系统中分布差异较大,温带森林地面的微型节肢动物数量会大于热带森林。同时,农业开发、大火和农药等都会显著减少微型节肢动物的种群密度。

3. 大型土壤动物

大型土壤动物包括蚯蚓和大型节肢动物等无脊椎动物。蚯蚓几乎存在于所有陆地生态系统中。蚯蚓由于可以改变土壤环境结构而被誉为"生态系统工程师"。由于蚯蚓以土壤有机质为食,所以蚯蚓粪中有机质及氮、磷等养分含量均明显高于土壤。蚯蚓不仅是土壤重金属污染乃至环境质量的重要指示生物,还对被重金属污染的土壤具有一定的净化能力。同时,蚯蚓通过团聚体的形式排泄植物和土壤残留物,进而有助于土壤团聚体的形成和稳定。此外,蚯蚓通过创造洞穴、石膏及分解有机物质等方式改善土壤物理结构,促进植物的生长。然而,蚯蚓粪也会对土壤造成一定的负面影响,比如土壤中的蚯蚓通道在雨季下渗水的作用下也更易引发养分及水土的流失。

土壤中的大型节肢动物主要包括白蚁、甲虫、蜈蚣、蜘蛛、千足虫等,其体长从几毫米到十几厘米不等。大型节肢动物是土壤生态系统和食物网的重要组成部分,它们的捕食有利于土壤有机质分解并提高土壤肥力。与微型节肢动物相比,大型节肢动物可以直接影响土壤的结构。例如,白蚁、蚂蚁及一些昆虫的幼虫可以明显改变土壤的结构,与蚯蚓一样被称为"生态系统工程师"。同时,很多大型节肢动物参与土壤生态系统的地上和地下部分,是土壤系统地上和地下部分的连接者。其中,蚂蚁对土壤的改变量与蚯蚓相当,具有重要的生态意义。尤其在沙漠地区,蚂蚁的作用更为明显。

(四)土壤生物多样性

土壤被公认为生物多样性最丰富的生境,土壤生物多样性主要包括土壤微生物多样性、动物多样性和植物根系多样性。由于每克土壤微生物数量巨大,种类数以万计,主流观点认为其是土壤生态过程的直接驱动者,现有土壤生物多样性研究其也因此主要关注土壤微生物多样性,而关于土壤动物多样性和植物根系多样性等相关研究则尚处于起步阶段(褚海燕等,2020)。土壤微生物多样性指土壤生态系统中所有微生物类群及其蕴含的基因,以及这些微生物与环境之间相互作用的多样化程度。土壤微生物多样性是土壤生态系统的一个基本生命特征,当前研究常从基因、物种、种群和群落等层面考虑,并重点关注物种多样性、遗传多样性、结构多样性及功能多样性等内容。其中,物种多样性是指土壤生态系统中微生物的物种丰富度和均一度,这是微生物多样性的最直接表现形式;遗传多样性是指土壤微生物在基因水平上所携带的各类遗传物质和遗传信息的总和,这是微生物多样性的本质和最终反映;结构多样性是指土壤微生物群落在细胞结构组分上的多样化程度,这是形成微生物代谢方式和生理功能多样化的直接原因;功能多样性是指土壤微生物群落所能执行的功能范围和这些功能的执行过程,比如分解、营养传递及植物促生等功能(任美锌等,2017)。土壤生物多样性关于生态系统健康和人类福祉,而全球气候变化和人类活动干扰加剧则会给土壤生物多样性保护带来严峻挑战。为了增强人们保护土壤的意识,联合国粮食及农业组织将 2020 年世界土壤日的主题定为"保持土壤生命力,保护土壤生物多样性"。

二、土壤生物的生态功能及环境效应

生态系统服务功能是土壤生物在环境中的根本价值,土壤生物的潜在生态功能及环境效应主要包括构建生物网络、驱动元素地球化学循环、调控土壤结构和肥力、调控全球气候变化和修复土壤生态环境五个方面。

(一) 土壤生物网络与生态服务功能

土壤生物是土壤中最具有生命力的部分(图 2-36),土壤环境中分子、个体、种群、群落乃至生态系统等组织水平上的生物之间存在竞争、捕食、寄生、偏害和互利等互相作用关系,这些营养级关系可从食物链延伸到食物网,进而形成紧密且复杂的生物网络。土壤生物可以通过凋落物分解、养分循环和能量代谢等方式调节自然环境和人类活动,进而在生态系统稳定及植物群落演替等方面发挥重要作用。土壤也因此被认为地球上生物类型最丰富的生境,而土壤提供的产品供应、生态调控和文化服务等功能则很大程度上依赖土壤生物所驱动的生物地球化学循环过程。其中,土壤微生物是土壤生态系统中重要的次级生产者,也是土壤生物区系中最重要的功能组分和土壤生物群落的重要类群。由于生物圈内绝大多数微生物为异养生物,因而它们可以将动植物和微生物残体及各种复杂有机物分解成简单的无机物,比如 CO_2、H_2O、NH_3、SO_4^{2-} 和 PO_4^{3-},而这些无机物又可被自养的初级生产者利用而再次参与物质循环。土壤中的腐殖质和许多人工合成化学物质也主要由微生物分解。作为驱动生物地球化学循环的引擎,土壤微生物可以促进土壤圈与其他各圈层之间发生活跃的物质交换和循环,进而在维系陆地生态系统地上-地下相互作用、过程和功能中至关重要。不仅

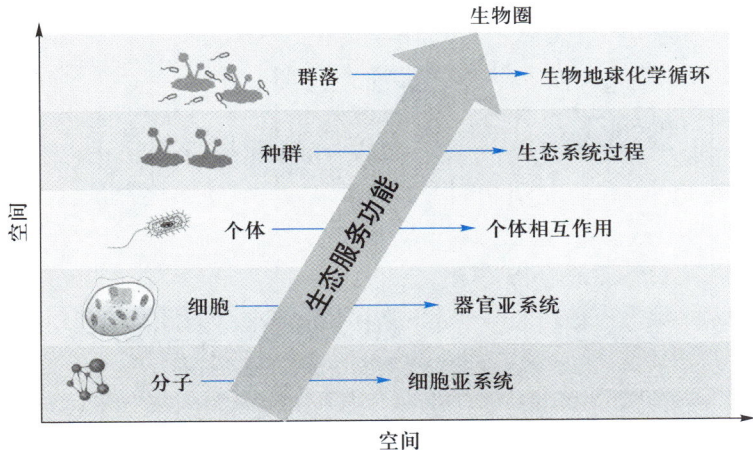

图 2-36　不同水平的生态服务功能

资料来源:国家自然科学基金委员会和中国科学院,2016。

如此,土壤微生物在土壤肥力提升、污染土壤修复和全球环境变化等过程中同样扮演着重要的角色(陆雅海,2015)。土壤群落内的生物相互作用在一定程度上决定了土壤生物的生态系统服务功能。

(二)土壤生物与生源要素的地球化学循环

土壤中富含碳、氮、磷和硫等生源要素,而生物活动是调控和驱动各生源要素迁移与转化等地球化学循环的重要引擎和关键动力,其对物质循环和能量流动至关重要。土壤生物尤其是微生物好比"生物泵"而可调控土壤碳、氮和磷等生源要素的迁移和转化,进而影响生态系统碳、氮和磷等元素循环。现已发现的自养微生物可通过卡尔文循环途径、还原性三羧酸循环途径、厌氧乙酰辅酶 A 途径、3-羟基丙酸途径和琥珀酰辅酶 A 途径等 5 种固碳途径同化 CO_2。微生物驱动的土壤氮循环过程主要包括生物固氮、有机氮氨化作用、厌氧氨氧化、硝化作用、反硝化作用和硝酸盐异化还原作用等类型。其中,生物固氮是指土壤中的固氮微生物将 N_2 转化为生物可利用氮的过程,此过程也是自然界中 N_2 被生物利用的唯一途径。有机氮的氨化作用是细菌、真菌和放线菌等微生物通过酶促反应将土壤中的有机氮水解成铵离子无机氮的过程。反硝化作用则为土壤中的硝酸根在微生物的作用下转化为 NO、N_2O 或 N_2,即生物有效态氮返回大气的过程。硝化作用可以耦合土壤中的生物固氮、有机质矿化和反硝化作用等过程,其主要指 NH_4^+、胺和酰胺等在微生物作用下被氧化为硝酸根离子的生物化学过程(图 2-37)。在土壤-植物体系中,微生物可通过吸附解吸、溶解矿化、生物固定,以及与植物共生等方式驱动土壤磷循环,进而影响农业土壤中磷的生物有效性。微生物主要通过有机硫矿化、无机硫氧化还原等过程驱动土壤中的硫循环。微生物在异化还原硫酸盐的过程中不仅会驱动硫元素的地球化学循环,还会影响土壤中重金属的赋存形态和温室气体排放。此外,在功能微生物作用下,土壤环境中生源要素之间还会发生相互耦合过程,进而对环境中重金属等污染物的地球化学循环产生重要影响。

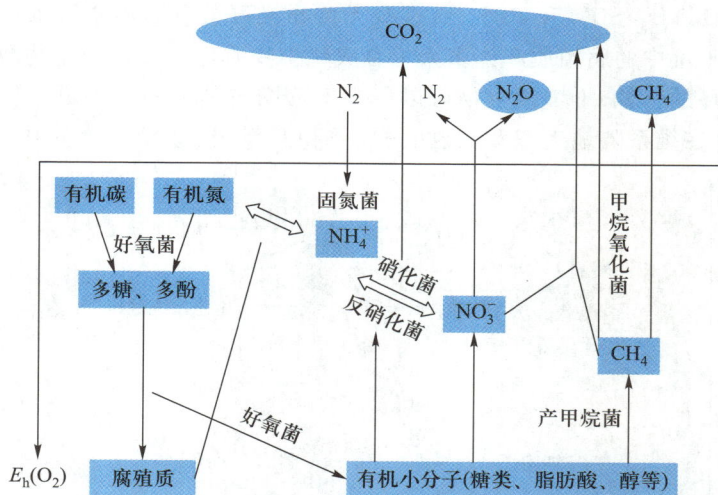

图 2-37   土壤微生物驱动碳、氮循环过程

资料来源:国家自然科学基金委员会和中国科学院,2016。

(三)土壤生物与土壤结构、肥力

在陆地生态系统中,有机质是土壤结构和土壤肥力的重要物质基础,其在很大程度上决定了生态系统服务功能。土壤生物一方面可以生物残体的形式促进土壤有机质的积累,另一方面也可以通过生物矿化和腐殖质形成等过程驱动土壤有机质循环,进而在提升土壤肥力及维持土壤结构稳定性的同时,还能改善其自身的生存环境(图2-38)。生物特别是光合自养型生物是土壤中最活跃的驱动因子,可促使土壤发生层富集太阳能及地球关键带中的养分,进而有助于土壤具备肥力特性和团粒结构。据估算,土壤中的细菌和真菌等微生物可以矿化90%以上的有机物。数量可观的土壤动物在觅食等生命活动过程中可以疏松土壤,从而促进土壤团粒结构形成。以蚯蚓为例,其富含有机质和矿物的粒状排泄物不仅有助于形成土壤团聚体,还可增加土壤养分有效性。此外,土壤动物类型和数量可以在一定程度上指示土壤类型和土壤肥力。

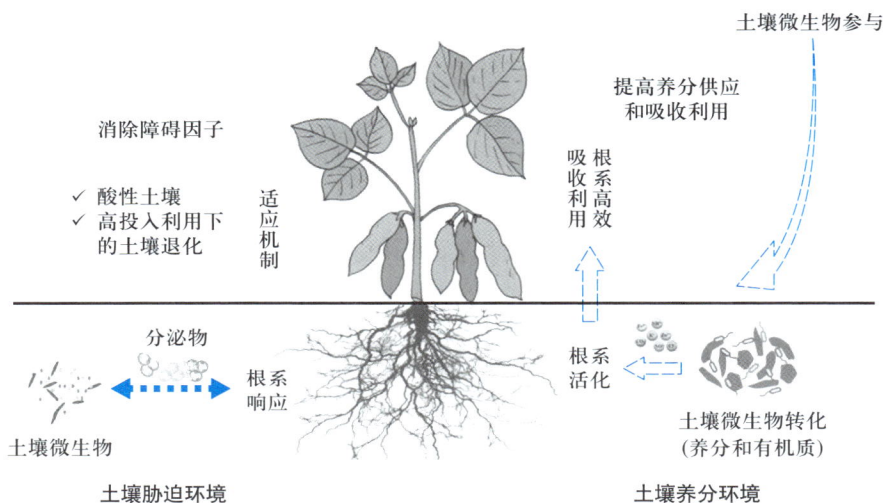

图 2-38　生物驱动土壤肥力提升过程

资料来源:改自国家自然科学基金委员会和中国科学院,2016。

(四)土壤生物与全球气候变化

在自然界中,CO_2,CH_4 和 N_2O 等温室气体的大量排放是引起全球气候变化的直接原因。土壤生物是土壤中有机质分解和养分矿化等碳、氮循环过程的关键驱动者,可以直接反馈全球变化对陆地生态系统的影响(图2-39)。作为土壤中最活跃的组分,土壤生物对环境变化十分敏感。大气中 CO_2 浓度与氮沉降含量的增加会在一定程度上导致土壤酸化,而干旱则会导致土壤生物丰度降低,进而促使生物群落自然演替。在自然湿地和稻田土壤等缺氧环境中,产甲烷微生物可以降解有机质而产生甲烷,上述生境也因此成为大气中 CH_4 的重要"源"。此外,土壤中的 N_2O 也是硝化、反硝化过程共同作用的结果,其致热能力是 CO_2 的269倍。土壤真菌为土壤微生物量的主要组分,不仅可分解有机质,还可为植物提供养分,进而可作为土壤生态系统健康的指示生物。土壤菌根真菌等生物活动对土壤微团聚体的形成至关重要,而土壤团聚体形成则可调控土壤碳固定过程,进而影响土壤的固碳潜力。土壤动物是土壤生态系统的重要组成部分,线虫等土壤动物可作为土壤环境质量的指示因子,进而可用来诊断和评估土壤中的食物网结构特征和营养状况,以及指示土壤食物网结构、功能变化。

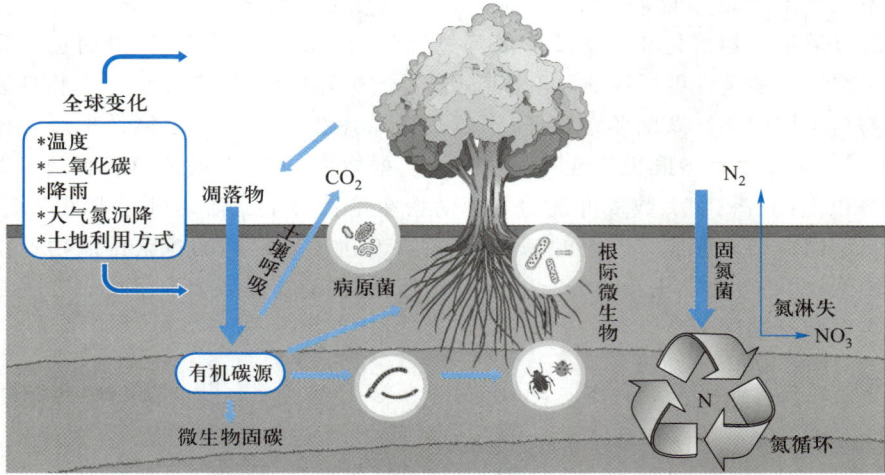

图 2-39   土壤生物与全球变化的交互作用

资料来源：改自国家自然科学基金委员会和中国科学院，2016。

（五）土壤生物与生态环境修复

在人为活动影响下，无机污染物、有机污染物和生物污染物等会进入土壤，当其超过土壤本身的容纳能力和净化速度后就会导致土壤污染。土壤中的无机污染物主要为铅、锌、镉和砷等重（类）金属；有机污染物主要包括多氯联苯、多环芳烃，以及全氟化合物等新污染物；生物污染主要为病原微生物及抗生素抗性基因。具有致毒效应的污染物进入土壤后会影响生物活性及土壤的生态功能。然而，当土壤生物受到重（类）金属等污染物胁迫时，其不仅可通过胞外分泌物固定、液泡区隔化和胞内解毒等方式固定重金属，还可以通过氧化、还原、甲基化和去甲基化等过程改变重金属的化学形态，进而降低重金属的生物有效性及毒性。此外，土壤中微生物可通过生长代谢和共代谢等途径降解有机污染物。生长代谢为微生物利用有机污染物作为能源和碳源物质，共代谢则为微生物在降解有机污染物过程中利用其他底物获取能源和碳源物质。如此，利用土壤生物的代谢活动及其代谢产物富集、固定或降解污染物，就可以实现受污染土壤的绿色、高效生物修复（图 2-40）。

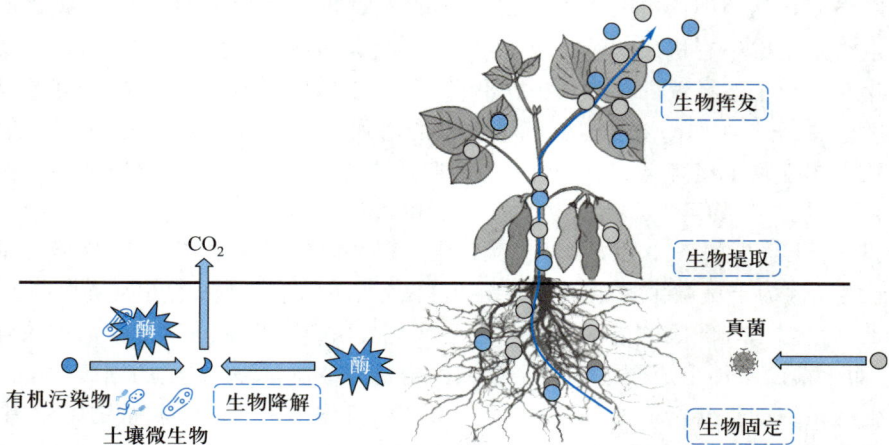

图 2-40   植物-微生物联合修复土壤污染

资料来源：改自国家自然科学基金委员会和中国科学院，2016。

习题与思考题

1. 土壤原生矿物中的硅酸盐矿物主要有哪些种类？其结构如何？

2. 土壤主要黏土矿物种类结构和性质的关系如何？

3. 土壤动物与土壤微生物分别如何影响土壤环境，二者之间的关系如何？

4. 土壤生物促进成土作用的过程有哪些？

5. 土壤粒径与土壤矿物成分之间有何关系？

6. 土壤水分含量有哪些指标？它们与土壤各种孔隙度之间有何关系？

7. 土壤生物主要有哪些生态服务功能？

8. 土壤生物主要通过哪些途径促进土壤肥力的累积？

9. 2020年12月17日凌晨，我国自主研发、设计的月球探测器"嫦娥五号"返回器携带月球样品顺利着陆地球。2021年5月15日7时18分，"天问一号"探测器成功着陆于火星乌托邦平原南部预选着陆区，我国首次火星探测任务着陆火星取得成功。对"月壤"及"火星土"进行探测是一项非常重要的任务，不仅有助于帮助人类理解月球及火星的起源、演变，也有助于人类研究地外天体的宜居性。请你查阅相关资料，结合本章内容，比较地球土壤、"月壤"及"火星土"的成分，从环境、资源及农业等角度，阐释地球土壤对人类的意义。

10. 为应对工业化过程所带来的土壤环境污染、生态系统退化等严峻挑战，我国政府倡导建设生态文明和构建地球生命共同体。面对生态环境问题的挑战，人类同样是一荣俱荣、一损俱损的命运共同体。请思考：工业化过程所带来的环境污染导致的生态系统退化的行为有哪些？作为生命共同体的土壤如何更好发挥自净能力？生态文明理念如何在土壤生命共同体中落地？

11. 土壤是地球上一切生命的源泉，其中栖居着为数众多的土壤微生物和土壤动物。由于土壤体系非常复杂，目前仍然好似一个有趣的"黑箱"。土壤生物活动对土壤肥力的形成及高等植物的营养供给均至关重要。土壤具有强大的缓冲性能，其也是环境中重金属、有机污染物重要的汇。请结合本章内容思考，土壤生物主要通过哪些途径影响土壤的形成及土壤的净化功能？

主要参考文献

[1] 北京师范大学，华中师范大学，南京师范大学无机化学教研室.无机化学：上册［M］.4版.北京：高等教育出版社，2002.

[2] 陈平.结晶矿物学［M］.北京：化学工业出版社，2014.

[3] 褚海燕，刘满强，韦中，等.保护土壤生命力，保护土壤生物多样性［J］.科学，2020，72（06）：38-42.

[4] 国家自然科学基金委员会，中国科学院.土壤生物学［M］.北京：科学出版社，2016.

[5] 黄德文，陈建生，詹泸成.基于颗粒模型的风积砂层降雨入渗深度计算及验证［J］.农业工程学报，2016，32（14）：129-134.

[6] 李敏，陈利顶，杨小茹，等.城乡复合生态系统土壤微生物群落特征及功能差异：研究进展与展望［J］.土壤学报，2021，58（6）：1368-1380.

[7] 陆雅海.土壤微生物学研究现状与展望［J］.中国科学院院刊，2015，30（Z1）：106-114.

[8] 任美霖，王绍明，张霞，等.准噶尔盆地南缘两种典型禾本科植物根鞘土壤微生物群落功能多样性［J］.生态学报，2017，37（17）：5630-5639.

[9] 沈菊培，贺纪正.微生物介导的碳氮循环过程对全球气候变化的响应［J］.生态学报，2011，31（11）：2957-2967.

［10］宋长青,吴金水,陆雅海,等.中国土壤微生物学研究 10 年回顾［J］.地球科学进展,2013,28（10）:1087-1105.

［11］宋旭昕,刘同旭.土壤铁矿物形态转化影响有机碳固定研究进展［J］.生态学报,2021,41（20）:7928-7938.

［12］吴道铭,傅友强,于智卫,等.我国南方红壤酸化和铝毒现状及防治［J］.土壤,2013,45(4):577-584.

［13］伍光和,王乃昂,胡双熙,等.自然地理学［M］.4 版.北京:高等教育出版社,2008.

［14］熊毅.土壤胶体(第一册:土壤胶体的物质基础)［M］.北京:科学出版社,1988.

［15］于天仁.土壤化学原理［M］.北京:科学出版社,1987.

［16］张晶,张惠文,李新宇,等.土壤真菌多样性及分子生态学研究进展［J］.应用生态学报,2004,（10）:1958-1962.

［17］张丽梅,沈菊培,贺纪正.奇妙的古菌——奇古菌（*Thaumarchaeota*）的代谢和功能多样性［J］.科学观察,2015,10（6）:63-66.

［18］张丽梅,贺纪正.一个新的古菌类群——奇古菌门（*Thaumarchaeota*)［J］.微生物学报,2012,52(4):411-421.

［19］Bardgett R D. The biology of soil ［M］. Oxford:Oxford University Press,2005.

［20］Bedini S,Turrini A,Rigo C,et al. Molecular characterization and glomalin production of arbuscular mycorrhizal fungi colonizing a heavy metal polluted ash disposal island,downtown Venice ［J］. Soil Biology and Biochemistry,2010,42（5）:758-765.

［21］Foissner W. Comparative studies on the soil life in ecofarmed and conventionally farmed fields and grasslands of Austria ［J］. Agriculture,Ecosystems & Environment,1992,40(1):207-218.

［22］Oertel C,Matschullat J,Zurba K,et al. Greenhouse gas emissions from soils—A review ［J］. Geochemistry,2016,76(3):327-352.

［23］Hohberg K. Soil nematode fauna of afforested mine sites:genera distribution,trophic structure and functional guilds ［J］. Applied Soil Ecology,2003,22（2）:113-126.

［24］Jayakody J A,Nicholl M J. Hydraulic bridges in unsaturated coarse granular media:Influence of bridge size and conductivity on flow through clasts ［J］. Advances in Water Resources,2016,96:202-208.

［25］Karaca A. Biology of earthworms ［M］. Berlin:Springer,2011.

［26］Liang J-L,Liu J,Yang T-T,et al. Contrasting soil fungal communities at different habitats in a revegetated copper mine wasteland ［J］. Soil Ecology Letters,2020,2（1）:8-19.

［27］Toor M,Jin B,Adsorption characteristics,isotherm,kinetics,and diffusion of modified natural bentonite for removing diazo dye ［J］. Chemical Engineering Journal,2012,187(1):79-88.

［28］Neher D A. Role of nematodes in soil health and their use as indicators ［J］. Journal of Nematology,2001,33(4):161-168.

［29］Parniske M. Arbuscular mycorrhiza:the mother of plant root endosymbioses ［J］. Nature Reviews Microbiology,2008,6（10）:763-775.

［30］Novikau R,Lujaniene G. Adsorption behaviour of pollutants:Heavy metals,radionuclides,organic pollutants,on clays and their minerals（raw,modified and treated）:A review ［J］. Journal of Environmental Management,2022,309:114685

［31］Shu L F,He Z Z,Guan X T,et al. A dormant amoeba species can selectively sense and predate on different soil bacteria ［J］. Functional Ecology,2021,35（8）:1708-1721.

［32］Stevenson F J. Humus chemistry:genesis,composition,reactions ［M］. 2nd Edition. New York:John Wiley and Sons,Inc. ,1994.

［33］Swift M J,Heal O W,Anderson J M,et al. Decomposition in terrestrial ecosystems ［M］. Berkeley:University of California Press,1979.

［34］ Wang X,Feng H,Wang Y,et al. Mycorrhizal symbiosis modulates the rhizosphere microbiota to promote rhizo-bia-legume symbiosis[J]. Molecular Plant,2021,14:503-516.

［35］ Weil R R,Brady N C. The nature and properties of soils［M］. 15th edition. England:Pearson Education,2017.

［36］ Woodward G,Blanchard J,Lauridsen R B,et al. Individual-based food webs:species identity,body size and sampling effects［M］//Woodward G,editor. Advances in Ecological Research. San Diego,CA:Academic Press,2010:211-266.

第三章 土壤化学反应与过程

　　土壤溶液过程化学和土壤胶体表面化学是土壤一系列化学性质的根本原因,也是影响土壤中物质环境行为的关键。发生在土壤溶液和胶体表面的化学反应和过程,控制着各种化学物质的活性、毒性、在土壤中的迁移性及生物可利用性。当进入土壤中的各种物质数量超过了它本身所能承受的容量时,引起土壤系统的成分、结构和功能变化,导致土壤污染。因此,研究土壤溶液及胶体表面的化学反应与过程,是了解化学物质在土壤环境中的化学行为、转化和归趋,以及污染物在土壤-生物系统中的迁移及潜在危害的重要前提和基础。

　　本章从土壤溶液组成和胶体表面结构出发,阐述土壤溶液和胶体表面上发生的有关化学反应与过程,包括酸碱反应、沉淀-溶解反应、氧化-还原反应、吸附-解吸反应(图3-1)。这些表面化学反应与过程,共同决定了土壤本身的环境容量,以及各种污染物进入土壤后的行为和归趋。

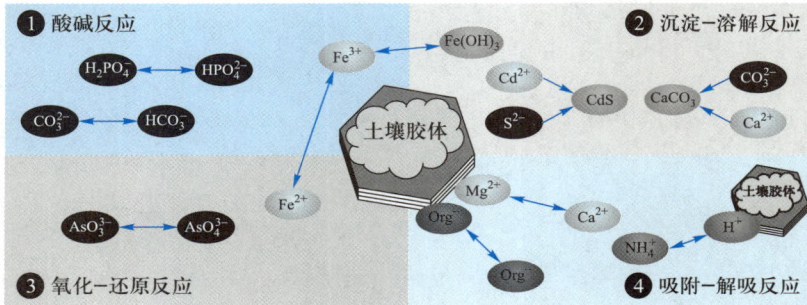

图3-1　土壤溶液及胶体表面的化学反应与过程

第一节　土壤溶液

　　土壤溶液是土壤重要组成部分,是土壤与环境间物质交换的载体,是物质迁移与运动的基础,也是植物根系获取养分的源泉。了解土壤溶液的组成、性质和作用对理解土壤中发生的化学反应和过程具有重要意义。

一、土壤溶液的组成

　　土壤溶液是土壤水分及其所含溶质和悬浮物质的体系,实际上是一种胶体状态的分散体系。土壤溶液中所含的成分,包括可溶性无机盐、可溶性有机物、溶解性气体、胶体颗粒和粗分散物等(图3-2)。土壤中涉及的大部分物理和化学反应都是以土壤溶液作为交换媒介而发生的。

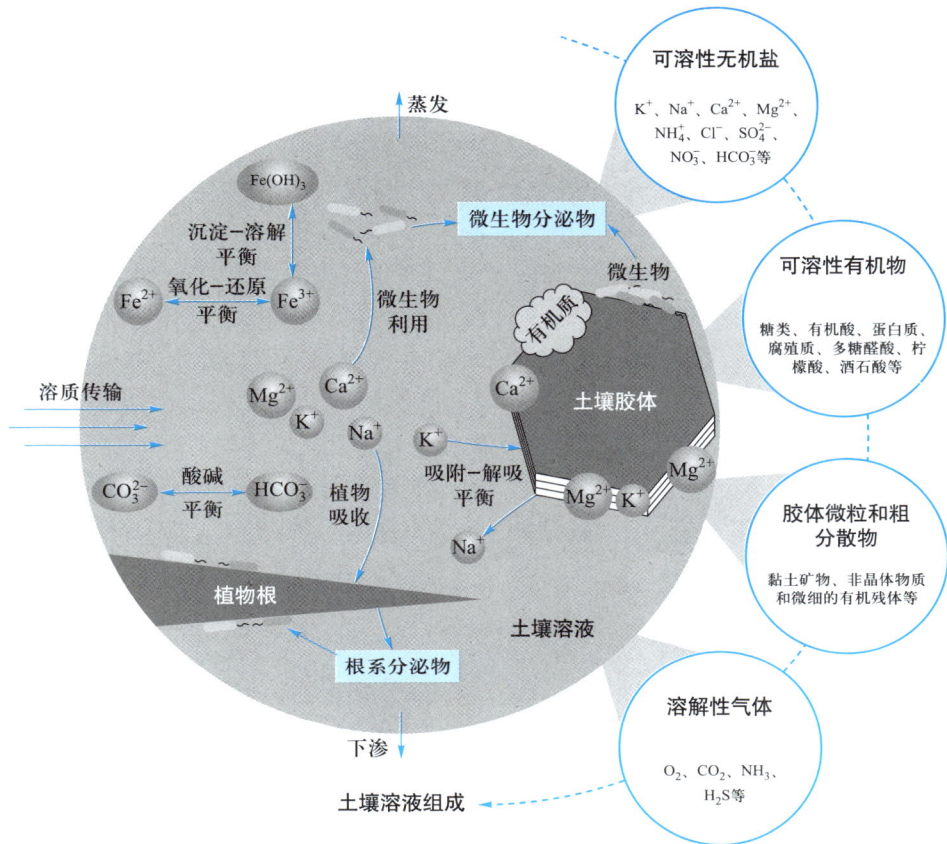

图 3-2 土壤溶液的组成及相关物理、化学、生物反应的动态平衡

土壤溶液中的可溶性无机盐主要包括 K^+、Na^+、Ca^{2+}、Mg^{2+}、NH_4^+、Cl^-、SO_4^{2-}、NO_3^-、HCO_3^- 等。此外,土壤溶液中含有一些溶解度较小的化合物溶解-沉淀平衡时解离出来的离子,如 Fe^{2+}、Al^{3+}、Mn^{2+}、Cu^{2+}、Zn^{2+} 等阳离子以及 PO_4^{3-}、CO_3^{2-} 等阴离子。可溶性有机物包括各种可溶性低分子有机物,如糖类和有机酸;大分子的有机物,如蛋白质和腐殖质;还有部分有机络合物和螯合物,如多糖醛酸、柠檬酸等和金属离子构成的螯合物。溶解性气体主要包括 O_2、CO_2、NH_3 及 H_2S 等。胶体颗粒和粗分散物包括分散在土壤溶液中的黏土矿物、非晶体物质和微细的有机残体等。由此可见,土壤溶液是一个复杂的体系。土壤溶液与土壤的固相、气相紧密相连,并与土壤胶体表面吸附的离子或分子、土壤有机质、生物有机体及土壤空气相互影响,但始终处于动态平衡之中。因此,必须以动态的观点考虑土壤溶液中各成分之间的相互影响和动态平衡。

二、土壤溶液的离子活度

土壤溶液的离子浓度较高,离子之间及离子与溶液的相互作用无法忽略。在溶液中,一个离子(中心离子)周围,异号离子必然占优势,从而形成离子团,这种异号的离子团即是离子氛(ion atmosphere)。由于溶液中离子间存在静电作用,中心离子的自由移动和反应活性受到异号离子团的吸引影响(图 3-3),所以它们在反应中表现出来的有效浓度与实际浓度间存在一定偏差。随着溶液中离子浓度的增高,偏差也越大。因此,为了纠正这一偏差,通常以活度代替浓度。离子活度,一般指其在化学反应中表现出来的有效浓度。离子活度和浓度的比值,称为活度系数,具体可以表示为:

$$f = \frac{a}{c} \tag{3-1}$$

式中:f——活度系数;

　　　a——活度,mg/L;

　　　c——浓度,mg/L。

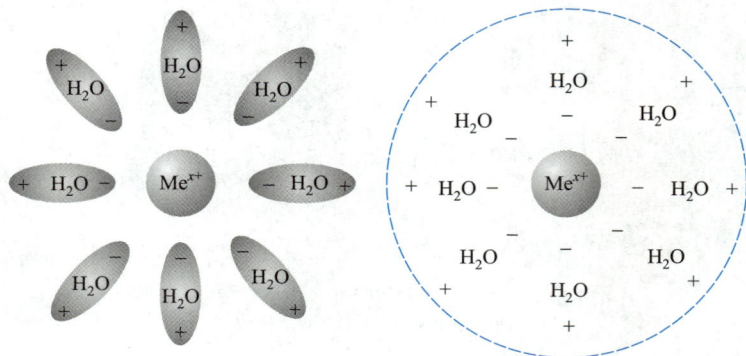

图 3-3　溶液离子氛理论(Debye 和 Hückle ,1923)

资料来源:改自 Lingvay 等,2008。

在理想溶液中,活度和浓度相等,活度系数 f 等于 1。在浓度较高的非理想溶液中,对于电解质,其离子活度系数小于 1,而且随着浓度的增高而减小,但不成比例关系;对于非电解质,比如溶解态的 O_2 等,其活度系数大于 1。

活度是离子的一种固有特性,但目前尚无法测定某一种离子的活度。在含有阳离子和阴离子的盐类溶液中,实际测得的活度系数为两种离子的平均活度系数:

$$f^{\pm} = \left[\left(\frac{a^+}{c^+} \right)^{\nu+} \left(\frac{a^-}{c^-} \right)^{\nu-} \right]^{1/\nu} = \left[(f^+)(f^-) \right]^{1/\nu} \tag{3-2}$$

式中:a^+、c^+、f^+——阳离子活度、浓度和活度系数;

　　　a^-、c^-、f^-——阴离子的活度、浓度和活度系数;

　　　　　ν——价态。

离子活度和活度系数的变化取决于溶液中离子间的相互作用,而离子间相互作用取决于离子的浓度和电荷,量度为离子强度,其计算式为

$$I = \frac{1}{2} \sum_{i=1}^{n} m_i z_i^2 \tag{3-3}$$

式中:I——离子强度,mol/L;

　　　m_i——离子 i 的摩尔浓度,mol/L;

　　　z_i——离子 i 的电荷数。

活度系数可由式(3-4),即 Debye-Hückel 近似公式计算:

$$\lg f_i = -Az_i^2 \frac{I^{\frac{1}{2}}}{I+Bd_iI^{\frac{1}{2}}} \tag{3-4}$$

式中：f_i——各个离子的活度系数；

$\quad z_i$——离子的电荷数；

$\quad I$——离子强度，mol/L；

$\quad d_i$——水化离子的有效直径（常见离子的 d_i 值见表 3-1），nm；

A、B——常数（在 25 ℃时，$A=0.51$，$B=0.33$）。

表 3-1　常见水化离子的有效直径

离子	d_i/nm
NH_4^+	2.5
Cl^-，NO_3^-，K^+	3.0
F^-，HS^-，OH^-	3.5
HCO_3^-，$H_2PO_4^-$，Na^+	4.0~4.5
HPO_4^{2-}，PO_4^{3-}，SO_4^{2-}	4.0
CO_3^{2-}	4.5
Cd^{2+}，Hg^{2+}，S^{2-}	5.0
Li^+，Ca^{2+}，Cu^{2+}，Fe^{2+}，Mn^{2+}，Zn^{2+}	6.0
Be^{2+}，Mg^{2+}	8.0
H^+，Al^{3+}，Fe^{3+}	9.0
COO^-	3.5

资料来源：Kielland，1937。

图 3-4 显示了根据 Debye-Hückel 近似公式计算的土壤溶液中几种常见离子的活度系数与离子强度的关系，一般来说，随着离子强度的下降，其活度系数增加，越来越接近 1。

另外，也可用式（3-5）所述 Davies 公式，来计算活度系数。

$$\lg f_i = -Az_i^2 \left(\frac{\sqrt{I}}{1+\sqrt{I}} - 0.3I \right) \tag{3-5}$$

该公式是在 Debye-Hückel 近似公式的基础上发展出来的，无须提供水化离子的有效直径。一般地，在稀溶液中，离子的活度系数主要与溶液的离子强度有关，而受离子的种类影响较小。当 $I \leqslant 0.02$ 时，在同一离子强度下，价态相同的各种离子有着比较相近的活度系数，可近似认为具同一数值（表 3-2），并可近似应用至 $I=0.2$ 时。

土壤溶液的电解质浓度一般在 0.1 mol/L 以下，该浓度一般可以作为稀溶液处理。但是在某些条件下，溶液浓度可能超过 0.1 mol/L，对离子活度系数有一定影响，对多价离子活度系数的影响更大。

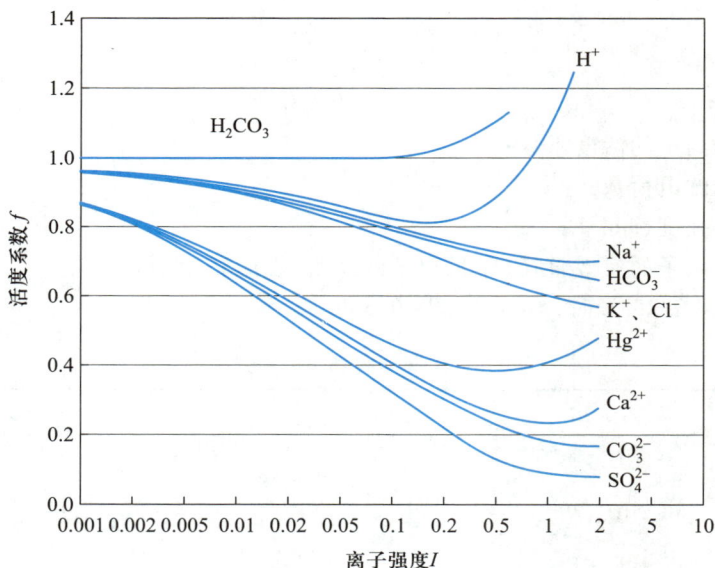

图 3-4　根据 Debye-Hückel 近似公式计算的活度系数与离子强度的关系

资料来源：改自 Freeze 和 Cherry，1979。

表 3-2　不同离子强度溶液中离子的活度系数（f）

离子价	离子强度（I）								
（z）	0.001	0.002	0.005	0.01	0.02	0.05	0.1	0.2	0.3
1	0.97	0.96	0.93	0.90	0.87	0.81	0.76	0.70	0.66
2	0.87	0.82	0.74	0.66	0.56	0.44	0.33	0.24	—
3	0.73	0.64	0.51	0.39	0.28	0.15	0.08	0.04	—
4	0.56	0.45	0.30	0.19	0.12	0.04	0.01	0.003	—

第二节　土壤的酸碱反应

　　土壤中存在着各种酸碱物质，包括多元的弱酸、各种金属水合离子、土壤两性胶体等，因此酸碱平衡是土壤溶液中主要的化学平衡之一。酸碱平衡对土壤的酸碱性质和土壤溶液的组成有很大影响。随着土壤科学的发展，酸碱平衡理论在各种化学反应中的应用也越来越广泛。此外，土壤酸碱平衡也影响土壤中各种污染物，特别是有毒的重金属和类金属的形态、迁移性和生物毒性。

一、酸碱反应的实质

　　什么是酸？什么是碱？什么是酸碱反应？在人类历史上已经探讨了 300 多年。1663年，英国化学家玻意耳根据实验中所得到的酸和碱的性质，第一次提出酸和碱的概念。凡是有酸味，其水溶液能溶解某些金属，与碱接触会失去原有的特性，并能使石蕊从蓝色变为红色的物质，叫作酸；凡水溶液有苦涩味、滑腻感，与酸接触后失去原有的特性，能使红色石蕊试纸变蓝的物质，叫作碱。1814 年，盖吕萨克用互下定义的方法定义酸碱，提出酸是一类可以中和碱的物质,而碱是可以中和酸的物质。

　　1887 年,瑞典化学家阿伦尼乌斯提出了酸碱电离理论,认为酸是在水溶液中能离解出氢离子的物质,碱是能解离出氢氧根离子的物质。然而,实际上有不少的物质在某些介质中并不电离,但也能表现出酸碱的特征。例如,HCl 和 NH_3 在苯溶液中或者在气相中,都能相互反应生成 NH_4Cl,这是酸碱电离理论无法解释的。

　　1908 年,英国科学家拉普斯根据测定水对醇溶液中酯化作用的影响,提出酸是氢离子的供体(即质子的给予体),碱则是氢离子的受体。1923 年,丹麦的布朗斯特和英国的劳莱扩展并完善了这一概念,形成了酸碱质子理论。酸碱电离理论和酸碱质子理论都把酸的定义局限于含氢的物质,而有些物质,如 SO_3,根据上述理论都不是酸,但它确实能发生类似的酸碱反应。例如,SO_3 和 Na_2O 的反应中 SO_3 起到了类似酸的作用。因此,美国化学家路易斯于1923 年提出了酸碱电子理论,但这一理论直到 20 世纪 30 年代才开始在化学界产生影响。

（一）酸碱电离理论

　　阿伦尼乌斯(Arrhenius)于 1887 年提出的电离学说是最基本的酸碱理论。这个理论把在水中能解离出氢离子的化合物叫作酸,而把在水中能解离出氢氧根离子的化合物叫作碱(图 3-5)。能解离出多个氢离子的酸是多元酸,能解离出多个氢氧根离子的碱是多元碱,它们在解离时是分几步进行的。在这些反应中,水的解离是最基本的平衡反应:

$$H_2O \Longrightarrow H^+ + OH^- \qquad K_w = [H^+][OH^-] = 1.0 \times 10^{-14} \qquad (3-6)$$

式中:K_w 为 H_2O 的离子积,

　　上式取对数,则:

$$\lg[H^+] + \lg[OH^-] = \lg 10^{-14} \qquad 或 \quad pH + pOH = 14 \qquad (3-7)$$

　　在纯水中,H_2O 有微弱的解离并产生 H^+ 和 OH^-,但两者的活度相等,即 $pH = pOH = 7$。如果溶液中有酸存在,则发生下列平衡反应:

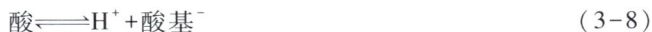

$$酸 \Longrightarrow H^+ + 酸基^- \qquad (3-8)$$

其平衡常数为

$$K_a = \frac{[H^+][酸基^-]}{[酸]} \qquad (3-9)$$

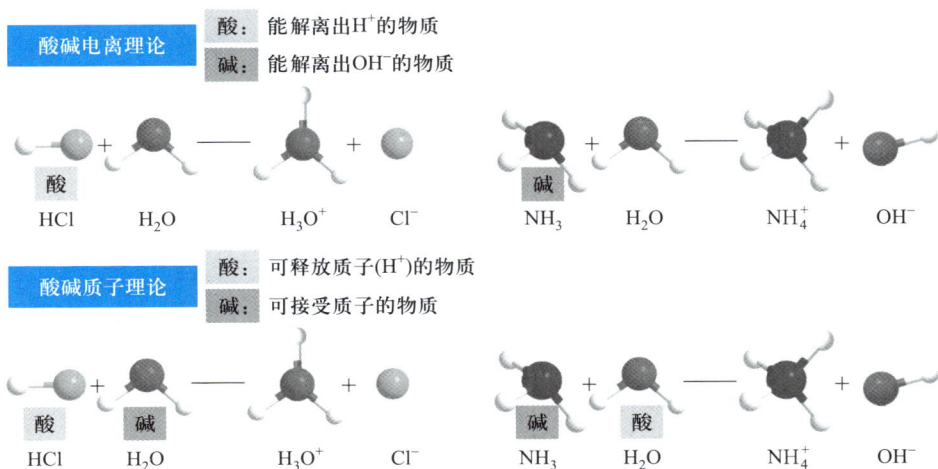

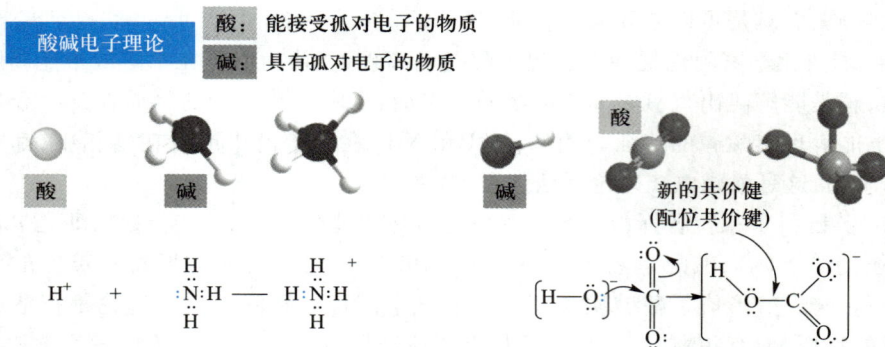

图 3-5　酸碱电离理论、酸碱质子理论和酸碱电子理论对酸、碱的定义

强酸 K_a 值接近 1，弱酸的 K_a 值则小于 1。表 3-3 列出溶液中常见酸碱的 K_a 值。弱酸的 K_a 值，可反映不同 pH 条件下酸和酸基离子的分布。图 3-6 是不同 pH 条件下碳酸溶液各个组分的分布。

表 3-3　溶液中常见酸碱的解离常数值

酸/碱	分子式	一级解离常数 K_{a_1}	二级解离常数 K_{a_2}	三级解离常数 K_{a_3}
碳酸	H_2CO_3	4.47×10^{-7}	4.68×10^{-11}	—
磷酸	H_3PO_4	7.52×10^{-3}	6.31×10^{-8}	4.4×10^{-13}
乙酸	CH_3COOH	1.74×10^{-5}	—	—
乳酸	$CH_3CHOHCOOH$	1.4×10^{-4}	—	—
柠檬酸	$HOCOCH_2C(OH)(COOH)CH_2COOH$	7.4×10^{-4}	1.7×10^{-5}	4.0×10^{-7}
草酸	$HOOCCOOH$	5.4×10^{-2}	5.4×10^{-5}	—
氨水	$NH_3\cdot H_2O$	1.78×10^{-5}	—	—
硫化氢	H_2S	1.3×10^{-7}	7.1×10^{-15}	—
水杨酸	$C_6H_4(OH)COOH$	1.05×10^{-3}	4.17×10^{-13}	—

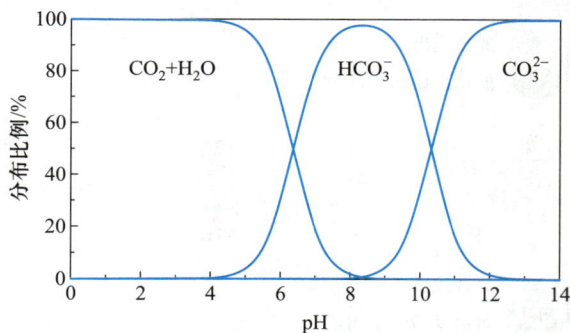

图 3-6　不同 pH 条件下碳酸溶液各个组分的分布

如果溶液中存在碱，则产生下列反应：

$$碱 \Longleftrightarrow OH^- + 碱基^+ \tag{3-10}$$

同样，其平衡常数为

$$K_b = \frac{[OH^-][碱基^+]}{[碱]} \qquad (3-11)$$

阿伦尼乌斯酸碱电离理论首次定量描述了酸碱的性质及其在化学反应中的行为,并指出酸碱均有强弱之分。氢离子是酸性的体现者,酸的强度与其浓度成正比;氢氧根离子则是碱性的体现者,碱的强度与其浓度成正比。酸碱中和作用就是氢离子和氢氧根离子相互作用生成水的反应。1909 年,丹麦化学家索伦森又提出用氢离子浓度的负对数 pH 来表示酸的强度。然而,酸碱电离理论也有很大的局限性。它把酸碱反应只限于水溶液中,把酸碱范围限制在能离解出 H^+ 或 OH^- 的物质,因此许多酸碱平衡无法用酸碱电离理论解释。例如,土壤溶液中碳酸盐并不解离出 OH^-,但它却显碱性。此外,有些物质如 NH_4Cl 的水溶液呈酸性、Na_2CO_3、Na_3PO_4 等物质的水溶液呈碱性,但前者并不含 H^+,后者也不含 OH^-。因此,后续土壤学家多采用布朗斯特和劳莱提出的酸碱质子理论来解释土壤酸碱度。

(二)酸碱质子理论

布朗斯特(J. N. Brönsted)和劳莱(T. M. Lowry)于 1923 年提出酸碱质子理论。根据酸碱质子理论,凡是给出质子的物质(分子或离子)称为酸,而把接受质子的物质称为碱,即酸是质子的给予体,而碱是质子的接受体(图 3-5)。与酸碱电离理论相比,酸碱质子理论把酸碱的范围扩大了。在这一理论中,酸和碱的概念具有相对性,一种物质在酸碱反应中给出 H^+ 时为酸,接受 H^+ 则为碱。例如在图 3-5 中,水既可以是酸,又可以是碱。

按照酸碱质子理论,属于酸的物质包括 HCl、HAc、HPO_4^{2-} 等,属于碱的物质包括 NH_3、$[Al(H_2O)_5OH]^{2+}$、Cl^-、Ac^-、HPO_4^{2-}、PO_4^{3-} 等。可以看出,酸和碱在对质子的关系上能统一,即酸释放出质子后变成碱,而碱接受质子后就变成酸。为了表示它们之间的联系,常把酸碱之间的这种关系叫作共轭酸碱。酸放出质子后形成的碱,叫作该酸的共轭碱;碱接受质子后形成的酸,叫作该碱的共轭酸。把相差一个质子的对应酸碱,叫作共轭酸碱对。按照酸碱质子理论,酸碱平衡反应可用下式表示:

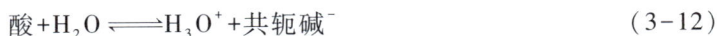

$$酸 + H_2O \Longleftrightarrow H_3O^+ + 共轭碱^- \qquad (3-12)$$

从这一反应式看出,在酸碱质子理论中,酸和碱仅仅是同一物质的不同形态。酸释出 H^+ 后就成了共轭碱,或碱接受 H^+ 后就成了共轭酸。在共轭酸碱对中,酸和碱的强弱是相对的,酸越强则其共轭碱就越弱,反之亦然。同时,酸和碱也不是固定的。在不同条件下,酸可以变成碱,碱也可以变成酸。

根据这一理论,土壤胶体表面,特别是亲水性的水合氧化物表面的羟基(—OH)或者土壤有机质表面的羧基(—COOH)、羟基(—OH)等活性基团,释放 H^+ 时可看成酸;而当土壤胶体接受 H^+ 时则可看成碱(图 3-7)。土壤中的许多两性胶体也都符合这一理论。因此,土壤胶体既是弱酸,又是弱碱。

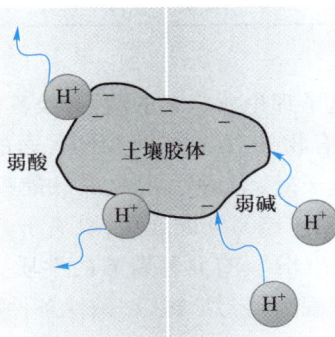

图 3-7　土壤胶体具两性,既是弱酸又是弱碱

注:土壤胶体放出 H^+ 时可视为酸,吸收 H^+ 时则可视为碱。

酸碱质子理论扩大了酸、碱的范围,但也有局限性,即对酸碱的定义限于质子的直接传递,酸碱反应的发生需要含氢化合物的参与,对某些化学现象也无法解释。例如,在 CaO+

$SO_3 \longrightarrow CaSO_4$ 的反应中,SO_3 显然是酸,但并未释放 H^+;CaO 显然是碱,但并未接受 H^+。

（三）酸碱电子理论

路易斯(G. N. Lewis)在 1923 年提出的酸碱电子理论(又称"路易斯酸碱理论")进一步把酸和碱从质子传递的概念扩大到电子传递,将提供电子对的物质(分子、离子、原子团)都称为碱,而把接受电子对的物质都称为酸,可用下式表示:

$$A + :B \longrightarrow A:B \tag{3-13}$$

式中:A 为接受电子对的酸,B 为提供电子对的碱,反应产物 A:B 实际上是配位化合物。酸碱反应实质上是酸从碱接受一对电子,形成配位键的过程。根据这一理论,则所有的金属离子、各种阴离子、中性分子,甚至各种有机化合物,都可以看成是酸、碱或其配合物。为了区别于酸碱电离理论和酸碱质子理论的酸碱,习惯上把电子传递所指的酸碱,称为路易斯酸和路易斯碱。

1963 年皮尔逊(R. G. Pearson)在路易斯酸碱电子理论基础上提出软硬酸碱理论。该理论将体积小、正电荷数高、可极化性低的中心原子称作硬酸;体积大、正电荷数低、可极化性高的中心原子称作软酸。将电负性高、极化性低、难被氧化的配位原子称为硬碱,反之为软碱。除此之外的酸碱称为交界酸碱(表 3-4)。根据软硬酸碱结合的原则,软酸与软碱、硬酸与硬碱易形成稳定的配位化合物。

表 3-4　路易斯酸碱分类

路易斯酸碱	软/硬	代表性物质
路易斯酸	硬酸	H^+、Li^+、K^+、Na^+、Mg^{2+}、Ca^{2+}、Sr^{2+}、Ti^{4+}、Cr^{3+}、Cr^{6+}、MoO^{3+}、Mn^{2+}、Mn^{7+}、Fe^{3+}、Co^{3+}、Al^{3+}、Si^{4+}、CO_2
	交界酸	Fe^{2+}、Co^{2+}、Ni^{2+}、Cu^{2+}、Zn^{2+}、Pb^{2+}
	软酸	Cu^+、Ag^+、Au^+、Cd^+、Hg^+、Hg^{2+}
路易斯碱	硬碱	NH_3、RNH_2、H_2O、OH^-、O^{2-}、ROH、CH_3COO^-、CO_3^{2-}、NO_3^-、PO_4^{3-}、SO_4^{2-}、F^-、Cl^-
	交界碱	$C_6H_5NH_2$、C_5H_5N、N_2、NO_2^-、SO_3^{2-}、Br^-
	软碱	C_2H_4、C_6H_6、R_3P、$(RO)_3P$、R_3As、R_2S、RSH、$S_2O_3^{2-}$、S^{2-}、I^-、CO

注:R 为烷基。

酸碱电子理论所定义的酸、碱及其配位化合物,在土壤溶液广泛地存在。除了常见的金属-有机络合物外,黏粒矿物胶体表面的吸附作用也可用酸碱电子理论解释。其中,硅氧烷表面提供电子对,为路易斯碱,其软硬程度则视电荷来源、密度等而定;水合氧化物表面情况较复杂,是属于路易斯碱或酸,取决于其所结合的金属离子。如 Si—OH 表面,由于 Si 电负性较大,使—OH 具有路易斯酸的性质。而有些则取决于环境的 pH 条件,如 Al—OH,在酸性条件下表现为路易斯碱,在碱性条件下则表现为路易斯酸。土壤有机胶体表面的—NH_2、—OH、—COOH、—SH 都属于路易斯碱,其表面进行的反应也可用酸碱电子理论解释。

二、 土壤酸碱反应的类型及其影响因素

（一）多元酸在土壤溶液中的水解平衡

土壤溶液中,多元酸如 H_3PO_4、H_2SO_4、H_2CO_3、H_2S、H_2SO_3、H_4SiO_4、H_3BO_3、H_2MoO_4 等,

可逐级解离为带不同电荷的离子。在多元酸中,除 H_2SO_4 等强酸外,弱酸的解离程度普遍较小。在不同 pH 条件下,这些多元酸解离成不同的形式存在,其解离程度和它们自身的解离常数有关。

例如,已知磷酸的三级解离常数分别为

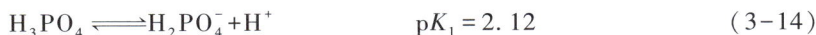

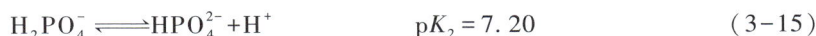

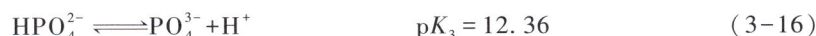

$$H_3PO_4 \Longleftrightarrow H_2PO_4^- + H^+ \qquad pK_1 = 2.12 \qquad (3-14)$$

$$H_2PO_4^- \Longleftrightarrow HPO_4^{2-} + H^+ \qquad pK_2 = 7.20 \qquad (3-15)$$

$$HPO_4^{2-} \Longleftrightarrow PO_4^{3-} + H^+ \qquad pK_3 = 12.36 \qquad (3-16)$$

当离解达到平衡时,各个组分与溶液 pH 的关系为

$$\lg \frac{(H_2PO_4^-)}{(H_3PO_4)} = pH - 2.12 \qquad (3-17)$$

$$\lg \frac{(HPO_4^{2-})}{(H_2PO_4^-)} = pH - 7.20 \qquad (3-18)$$

$$\lg \frac{(PO_4^{3-})}{(HPO_4^{2-})} = pH - 12.36 \qquad (3-19)$$

根据式(3-17)~式(3-19)作图,在 pH 为 5~9 时,磷酸主要以 $H_2PO_4^-$ 和 HPO_4^{2-} 的形式存在(图 3-8)。

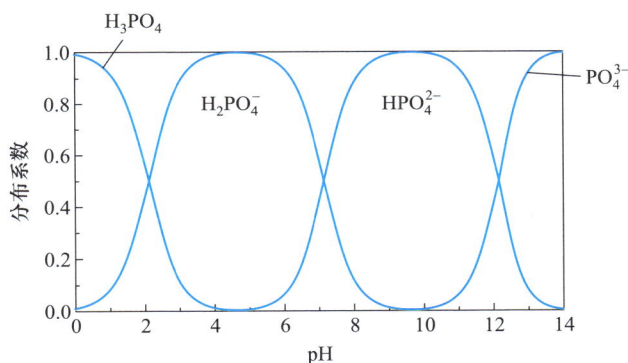

图 3-8 磷酸的多元水解

S^{2-} 是影响还原性土壤溶液中重金属离子含量的重要因素之一,主要来自溶液中 H_2S 的解离。氢硫酸[$H_2S(aq)$]是存在于土壤溶液中的二元酸,由 H_2S 气体溶解而成,其饱和溶液的浓度约为 0.1 mol/L。S^{2-} 在土壤溶液中的浓度受金属沉淀-溶解平衡(如 FeS、ZnS)的控制,通常只有 $10^{-8} \sim 10^{-6}$ mol/L 水平。

H_2S 的二级解离常数为:

$$H_2S \Longleftrightarrow H^+ + HS^- \qquad pK_1 = 7.04 \qquad (3-20)$$

$$HS^- \Longleftrightarrow H^+ + S^{2-} \qquad pK_2 = 14.92 \qquad (3-21)$$

合并式(3-20)、式(3-21)得式(3-22)。

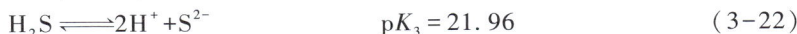

$$H_2S \Longleftrightarrow 2H^+ + S^{2-} \qquad pK_3 = 21.96 \qquad (3-22)$$

由此可见,H_2S 在酸性溶液中主要以 H_2S 的形态存在,在碱性溶液中则主要以 HS^- 形态存在,而 S^{2-} 则始终含量很少。

（二）多价金属离子在土壤溶液中的水解平衡

在土壤溶液中，多价金属（如 Fe、Al、Mn、Mg、Cu、Zn 等）并不是以游离离子的形式存在。这些离子一般都容易发生水解，形成金属的水解离子。从原子之间的关系来看，金属离子的水解作用可看作各种金属离子和质子（H^+）对溶液中氢氧根离子（OH^-）的争夺过程。

例如，Fe^{3+}可以水解形成$Fe(OH)^{2+}$、$Fe(OH)_2^+$、$Fe_2(OH)_2^{4+}$、$Fe(OH)_3^0$、$Fe(OH)_4^-$等多种水解离子。土壤溶液中 Fe（Ⅲ）离子浓度（Fe（Ⅲ）$_T$）是上述可溶性水解离子的浓度总和，即：

$$Fe(Ⅲ)_T = Fe^{3+} + Fe(OH)^{2+} + Fe(OH)_2^+ + Fe(OH)_3^0 + Fe(OH)_4^- + Fe_2(OH)_2^{4+} \quad (3-23)$$

水解离子存在的形式和活度取决于对应水解离子的稳定平衡常数和土壤溶液的 pH。如以$Fe(OH)^{2+}$为例，其水解反应式为

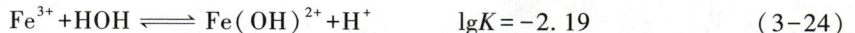

$$Fe^{3+} + HOH \Longleftrightarrow Fe(OH)^{2+} + H^+ \qquad lgK = -2.19 \qquad (3-24)$$

在式（3-24）中，

$$K = \frac{[Fe(OH)^{2+}][H^+]}{[Fe^{3+}]} \qquad (3-25)$$

将平衡常数代入式（3-25），并化为对数式，则得式（3-26）~式（3-27）。

$$lg[Fe(OH)^{2+}] = lg[Fe^{3+}] - lg[H^+] - 2.19 \qquad (3-26)$$

或 $$pFe(OH)^{2+} = pFe^{3+} - pH + 2.19 \qquad (3-27)$$

从式（3-27）可以看出，$Fe(OH)^{2+}$的活度取决于$Fe(OH)^{2+}$的水解常数，并和 pH 及Fe^{3+}的活度有关。$\frac{\Delta Fe(OH)^{2+}}{\Delta pH}$为 1，也就是 pH 每提高 1 个单位，则$Fe(OH)^{2+}$活度降低至原来的 1/10。

其他离子也可用类似的方法来计算。如在无定形的$Fe(OH)_3$相平衡溶液中，各种 Fe（Ⅲ）离子的计算式如式（3-28）~式（3-29）所示。

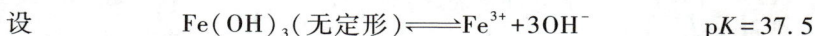

设 $$Fe(OH)_3(无定形) \Longleftrightarrow Fe^{3+} + 3OH^- \qquad pK = 37.5$$

即 $$pFe^{3+} + 3(14-pH) = 37.5 \qquad (3-28)$$

则 $$pFe^{3+} = 3pH - 4.5 \qquad (3-29)$$

将式（3-29）代入式（3-27），可得式（3-30）。

$$pFe(OH)^{2+} = 2pH - 2.31 \qquad (3-30)$$

同理，Fe（Ⅲ）其他水解离子活度与 pH 的关系式也可类似表示。

$$Fe^{3+} + 2H_2O \Longleftrightarrow Fe(OH)_2^+ + 2H^+ \qquad lgK = -5.69 \qquad (3-31)$$

$$pFe(OH)_2^+ = pH + 1.19 \qquad (3-32)$$

$$2Fe^{3+} + 2H_2O \Longleftrightarrow Fe_2(OH)_2^{4+} + 2H^+ \qquad lgK = -2.90 \qquad (3-33)$$

$$pFe_2(OH)_2^{4+} = 4pH - 6.10 \qquad (3-34)$$

$$Fe^{3+} + 4H_2O \Longleftrightarrow Fe(OH)_4^- + 4H^+ \qquad lgK = -21.59 \qquad (3-35)$$

$$pFe(OH)_4^- = 17.09 - pH \qquad (3-36)$$

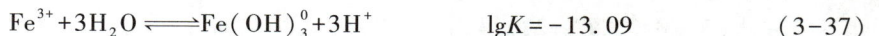

$$Fe^{3+} + 3H_2O \Longleftrightarrow Fe(OH)_3^0 + 3H^+ \qquad lgK = -13.09 \qquad (3-37)$$

$$pFe(OH)_3^0 = 8.59 \qquad (3-38)$$

根据式（3-30）~式（3-38）作图，可得图 3-9。由图 3-9 可知，各类铁离子在溶液中的分布均与 pH 相关，因此，铁离子的总活度也随 pH 发生改变。但铁离子总活度与 pH 的关

系,接近其主要存在离子种类的斜率。因此,确定不同 pH 下主要的金属水解离子种类,对确定在土壤溶液中金属元素总含量具有重要意义。如图 3-9 所示,pH 为 $1.5\sim7.4$ 时,Fe(Ⅲ)以 $Fe(OH)_2^+$ 为主;pH 为 $7.4\sim8.5$ 时,$Fe(OH)_3^0$ 的活度最高,但总 Fe(Ⅲ)离子的含量最低,即无定形 $Fe(OH)_3$ 固相在这一 pH 范围内溶解度最低。在实践中,这一 pH 范围最易导致土壤溶液缺铁。pH 大于 8.5 时,以 $Fe(OH)_3^0$ 为主,Fe(Ⅲ)的溶解度又增高了。此外,在 pH 极低的溶液中,如果铁离子的活度较高,也可形成带正电荷的 $Fe_2(OH)_2^{4+}$。总之,在土壤正常 pH 范围内,溶液中的 Fe(Ⅲ)主要以 $Fe(OH)_2^+$ 的形式存在。因此,$Fe(OH)_2^+$ 对土壤溶液中的 Fe 元素有着特殊的重要性。

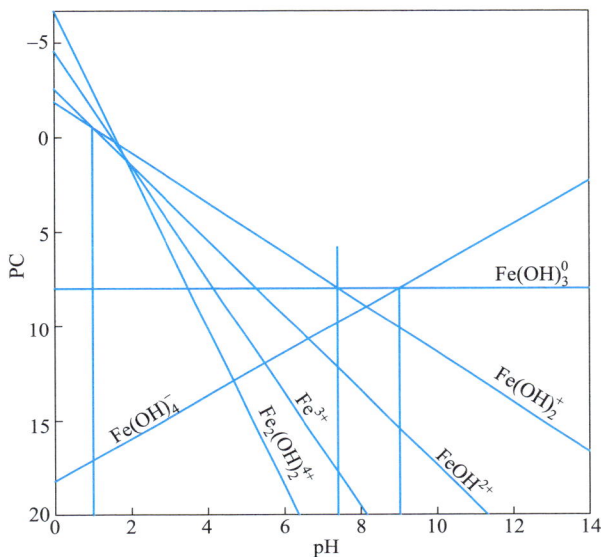

图 3-9 溶液中各种铁离子的 pH 分布图

(三) 无机配体对重金属的络合作用

土壤中存在多种多样的天然或人工合成的配体,能与重金属离子形成稳定性不同的配合物,对重金属的释放、迁移和生物活性都具有重要的意义。金属离子与电子供体以配位键结合而成的化合物,称为配位化合物(简称为配合物),也叫络合物(complex)。其中,提供孤对电子的离子或分子,称为配体(ligand),提供空轨道而接受孤对电子的原子或离子,称为中心原子或配合物形成体。只能提供一对孤对电子与中心原子形成配位键的,称为单齿配体;能提供 2 个或 2 个以上配位原子与中心原子形成配位键的,称为多齿配体。含有多齿配体的配位化合物称为螯合物(chelate)(图 3-10),其作用被称为螯合作用(chelation)。

土壤中重要的配体包括 OH^-、Cl^-、CO_3^{2-}、HCO_3^-、F^-、S^{2-} 等,除了 S^{2-} 外,均属于路易斯硬碱,易与路易斯硬酸结合。例如,OH^- 在溶液中将优先与某些作为中心离子的硬酸(如 Fe^{3+} 等)结合,形成羟基配合物,即前面所述的水解离子或氢氧化物沉淀。而 S^{2-} 作为路易斯软碱,则更易和重金属如 Hg^{2+}、Ag^+ 等软酸形成硫配合物或硫化物沉淀。

氯离子与重金属配位形成的氯配金属离子主要有以下几种形态:

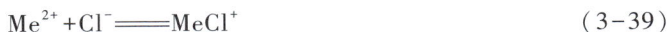

$$Me^{2+} + Cl^- \Longrightarrow MeCl^+ \tag{3-39}$$

$$Me^{2+} + 2Cl^- \Longrightarrow MeCl_2 \tag{3-40}$$

$$Me^{2+} + 3Cl^- \Longrightarrow MeCl_3^- \tag{3-41}$$

$$Me^{2+} + 4Cl^- \Longrightarrow MeCl_4^{2-} \tag{3-42}$$

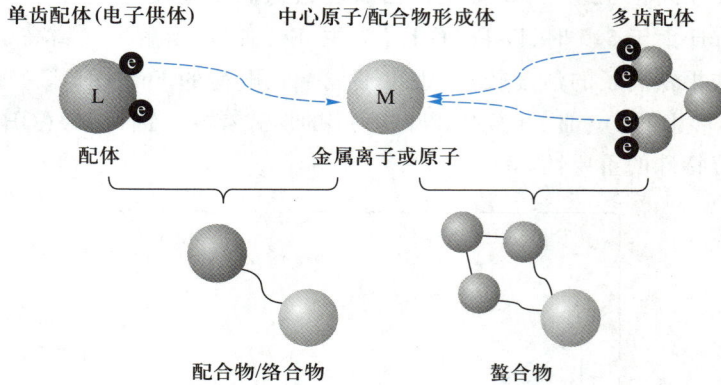

图 3-10　配合物（含螯合物）的形成过程

氯离子与重金属络合的程度既取决于 Cl^- 的活度,也取决于重金属离子对 Cl^- 的亲和力。Cl^- 对 Hg^{2+} 的亲和力最强。如图 3-11 所示,在较低的 Cl^- 活度下,不同配位数的氯配汞离子都可以生成。当 Cl^- 的活度仅为 10^{-8} mol/L 时开始生成 $HgCl^+$,当 Cl^- 的活度大于 10^{-7} mol/L 时生成 $HgCl_2$,这样低的 Cl^- 活度几乎在所有正常土壤溶液中都可遇到。而 Zn^{2+}、Cd^{2+}、Pb^{2+} 只有在较高的 Cl^- 活度条件下,才能形成对应的氯配合物。氯离子对上述四种重金属配合力的顺序为:$Hg>Cd>Zn>Pb$。如图 3-12 所示,在 Cl^- 活度高于 10^{-3} mol/L 时,Cd^{2+} 才形成 $CdCl^+$ 配合物;在 Cl^- 活度高于 10^{-1} mol/L 时 $CdCl_3^-$ 与 $CdCl_4^{2-}$ 配合物才能形成。

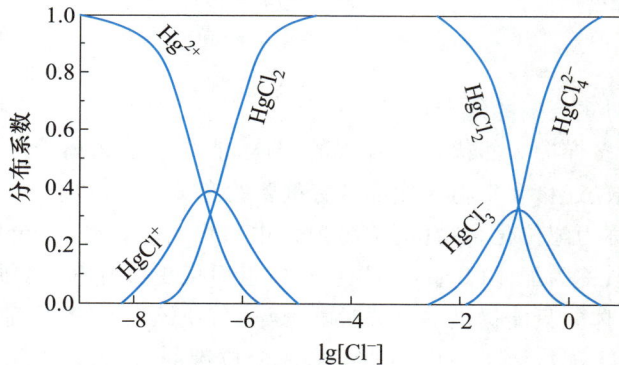

图 3-11　不同氯离子活度下氯配汞离子的形态分布

（四）有机配体对重金属的配合作用

土壤溶液中一般有机物含量不多。例如,脂肪酸浓度仅为 $1 \times 10^{-3} \sim 4 \times 10^{-3}$ mol/L,氨基酸和芳香族酸仅为 $10^{-5} \sim 10^{-4}$ mol/L。这些有机物常常不稳定,容易被微生物降解。但这些有机物是土壤中最活跃的组分,常常与溶液中的金属离子形成配合物。天然有机物的种类很多,较常见的有机配体为柠檬酸和草酸等,它们分布广泛,能与很多金属离子形成较为稳定的配合物,具体的稳定常数见表 3-5。

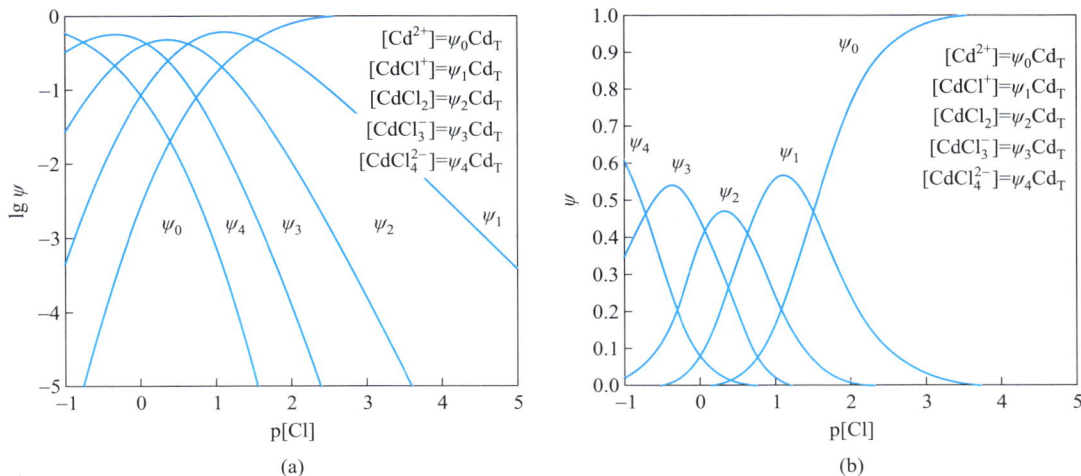

图 3-12　$Cd^{2+}-Cl^-$ 体系的逐级配合作用（ψ 表示氯配汞离子占总溶解性镉 Cd_T 的比率）

（a）$\lg \psi - p[Cl]$ 图；（b）$\psi - p[Cl]$ 图

表 3-5　常见金属有机物络合物的稳定常数（$\lg K$，25 ℃，离子强度 0.01 mol/L）

螯合反应	柠檬酸	草酸	苹果酸	丙二酸	琥珀酸
$H^+ + L \Longrightarrow HL$	6.11	4.11	5.00	5.57	5.53
$Fe^{2+} + L \Longrightarrow FeL$	12.62	8.60	7.85	8.59	7.95
$Cu^{2+} + L \Longrightarrow CuL$	6.65	5.34	3.92	5.50	3.10
$Zn^{2+} + L \Longrightarrow ZnL$	5.73	4.38	3.42	3.46	2.26
$Mn^{2+} + L \Longrightarrow MnL$	4.90	3.70	2.74	2.80	2.14
$Ca^{2+} + L \Longrightarrow CaL$	4.25	2.64	2.46	2.01	1.70
$Mg^{2+} + L \Longrightarrow MgL$	4.42	3.26	2.20	2.61	1.68

　　腐殖质是土壤中最重要的天然有机配体，在土壤有机质中占很高比例，而且也相当稳定。因此，土壤中大多数金属离子的配合物都是其与腐殖质结合而成的。腐殖质含有很多羧基、羟基、羰基、胺基等官能团，其中以羧基和酚羟基最为重要，许多配合反应常常有这两种官能团的参与，形成单齿或多齿的配合物（图 3-13）。

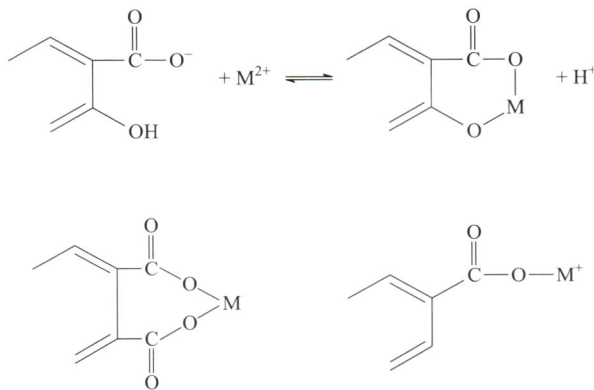

图 3-13　腐殖质官能团与重金属离子的配位络合作用

在腐殖质中,富里酸的配合作用比胡敏酸强,所形成的配合物溶解度也较大。这是因为富里酸的分子量较小、酸性较强。腐殖质与金属离子形成的配合物,其稳定常数随腐殖质种类、官能团含量、金属离子种类和 pH 等条件而改变。其中,二价过渡金属络合物的稳定性大都符合 Irving-Williams 次序,该次序是 1953 年由 Harry Irving 和 Robert Williams 观察到的。对于腐殖酸来说,其金属配合物的稳定次序如下:$Cu>Fe>Pb>Ni>Co>Ca>Cd>Zn>Mn>Mg$。

腐殖质-重金属配合作用还会受到氧化还原电位影响,如 Hg 与硫的配合物仅在低 pH 和低氧化还原电位条件下才稳定,pH 和氧化还原电位升高,硫化物会转变为可溶性硫酸盐。另外,腐殖质-重金属配合物还受土壤溶液中含量较高的 Ca^{2+}、Mg^{2+} 阳离子,以及其他无机配体的影响。尽管 Ca、Mg 络合物的稳定常数低,但它们的高活度使其在竞争配体中占优,从而占据了土壤中绝大多数配体。腐殖质的配合能力虽强于无机配体,但多数情况下,无机配体仍是重要的竞争组分。例如,氯汞配合物仍是汞在土壤中的主要配位形式。

三、土壤酸碱反应的环境意义

(一) 土壤溶液 pH 对土壤中重金属形态的影响

土壤环境中,多价重金属离子的水解离子活度与土壤溶液的 pH 密切相关。例如,Hg^{2+} 在 pH 为 2~6 时水解,在 pH 为 2.2~3.8 时,$HgOH^+$ 为优势产物,当 pH 升至 6 时生成 $Hg(OH)_2$。再比如,镉离子在 pH<8 时为自由 Cd^{2+};pH 为 8 时开始生成 $Cd(OH)^+$,pH 为 8.2~9.0 时,$Cd(OH)^+$ 活度达峰值;pH 为 9 时开始生成 $Cd(OH)_2$,当 pH 升至 11 时达峰值。类似地,铅离子在 pH<6 时主要以 Pb^{2+} 形式存在,在 pH 为 6~10 时,主要以 $Pb(OH)^+$ 形式存在,pH 为 9 时开始生成 $Pb(OH)_2$。锌离子在 pH 为 6 时主要以 Zn^{2+} 形式存在,pH 为 7 时有微量 $Zn(OH)^+$ 生成,pH 为 8~10 时主要以 $Zn(OH)_2$ 形式存在,pH>11 时可生成 $Zn(OH)_3^-$ 与 $Zn(OH)_4^{2-}$。

尽管水解离子种类很多,如 Cu^{2+} 有 $Cu(OH)^+$、$Cu(OH)_2$、$Cu_2(OH)_2^{2+}$、$Cu(OH)_3^-$、$Cu(OH)_4^{2-}$ 等水解离子,但这些离子的活度很小,在正常的土壤 pH 范围内一般不能成为主要离子。一般仅 $Cu(OH)^+$、$Zn(OH)^+$、$Hg(OH)^+$、$Pb(OH)^+$、$Fe(OH)^+$ 等可能在土壤 pH 范围内超过对应的 Cu^{2+}、Zn^{2+}、Hg^{2+}、Pb^{2+}、Fe^{2+} 的活度。土壤溶液中存在的这些水解离子,由于溶解度不同从而影响这些元素在溶液中的含量,同时影响其性质和稳定性。不仅如此,由于水解离子带有的电荷数不同于自由离子,它们被胶体吸附的数量和能量也完全不同,这也影响其在土壤中的迁移。水解离子的这些性质,在一定程度上决定了重金属的淋溶迁移、生物可利用性和生物毒性。

(二) 配合作用对土壤重金属的环境行为的影响

配合作用可大大提高难溶重金属化合物在土壤溶液中的溶解度。以化合物在水中的溶解度为参照当氯离子活度为 1 mol/L 时,Zn、Cd、Pb 化合物的溶解度分别增加 3~39 倍,而 $Hg(OH)_2$ 和 HgS 的溶解度则分别增加 10^5 和 $3.6×10^7$ 倍。当氯离子活度为 $1.0×10^{-3}$ mol/L 时,$Hg(OH)_2$ 和 HgS 的溶解度分别增加 55 倍和 408 倍。氯配重金属离子的生成,使土壤胶体对重金属离子的吸附作用减弱。这在 Hg^{2+} 中尤为突出,特别是当 Cl^- 活度大于 10^{-3} mol/L 时。

腐殖质与金属形成的配合物也对重金属在土壤中的迁移转化有重要影响。研究表明,土壤有机质通过其羧酸盐或酚羟基官能团,与重金属阳离子(如 Cd^{2+}、Co^{2+}、Cu^{2+}、Ni^{2+}、Pb^{2+}

和 Zn^{2+}）及其他二价、三价阳离子形成可溶性配合物，从而阻止氢氧化物和硫化物沉淀的形成。配合作用加速了重金属的迁移（图 3-14）。土壤中的阴离子，如含 As(Ⅲ)、As(Ⅴ) 和 Cr(Ⅵ) 的阴离子，则主要吸附在无定形的铝和铁氧化物上，通过形成腐殖质与这些氧化物的络合物，从而增溶以加速在土壤溶液中的迁移。

人工螯合剂对土壤重金属的影响也得到了广泛研究。例如，EDTA（乙二胺四乙酸）、DTPA（二乙基三胺五乙酸）、CDTA（环乙烷二胺四乙酸）、EDDHA（乙二胺二羟基苯乙酸）、HEDTA（2-羟乙基乙二胺三乙

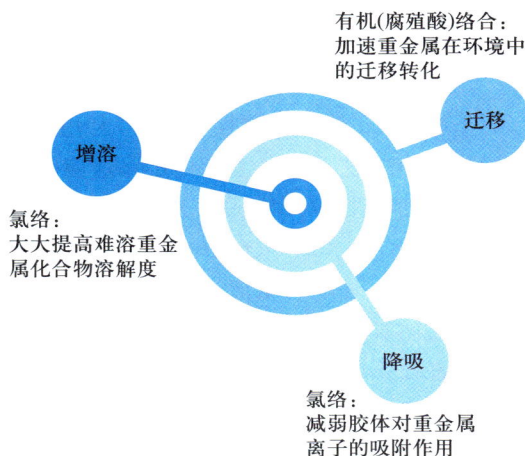

有机(腐殖酸)络合：加速重金属在环境中的迁移转化

氯络：大大提高难溶重金属化合物溶解度

氯络：减弱胶体对重金属离子的吸附作用

增溶　迁移　降吸

图 3-14　配合作用对重金属活性的影响

酸）、NTA（氨三乙酸）、EGTA［乙二醇双（2-氨基乙醚）四乙酸］、柠檬酸、草酸等加入土壤后，土壤常量金属及痕量金属的溶解性能、淋溶与生物有效性都会发生改变。这些螯合剂对金属的溶解和淋溶机理可分为快速配合作用和螯合剂增溶作用两个过程。在快速配合作用阶段，螯合剂通过表面螯合作用快速、直接地破坏金属与土壤间的弱吸附键，之后形成水溶态的金属螯合物，将金属释放到土壤溶液中。在螯合剂增溶阶段，螯合剂被吸附到土壤矿物氧化物或者氢氧化物表面，通过表面配合作用使其失去稳定性，从而间接活化氧化物表面吸附的金属及以氧化物、氢氧化物形式存在的金属。而螯合剂增溶作用又由两个步骤组成：一是自由螯合剂或金属螯合物通过表面配合作用快速吸附到特定的矿物表面位点，使矿物表面的金属氧键失稳的吸附过程；二是金属从氧化物结构中分离的过程。后者的发生非常缓慢，从而限制了螯合剂增溶作用发生的速率。具体过程参考图 3-15。

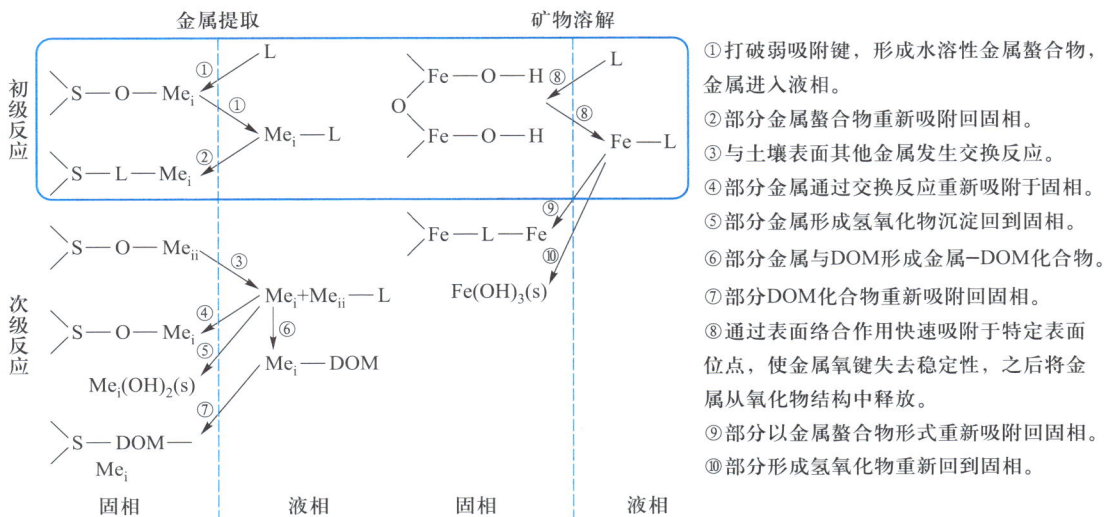

①打破弱吸附键，形成水溶性金属螯合物，金属进入液相。
②部分金属螯合物重新吸附回固相。
③与土壤表面其他金属发生交换反应。
④部分金属通过交换反应重新吸附于固相。
⑤部分金属形成氢氧化物沉淀回到固相。
⑥部分金属与DOM形成金属-DOM化合物。
⑦部分DOM化合物重新吸附回固相。
⑧通过表面络合作用快速吸附于特定表面位点，使金属氧键失去稳定性，之后将金属从氧化物结构中释放。
⑨部分以金属螯合物形式重新吸附回固相。
⑩部分形成氢氧化物重新回到固相。

图 3-15　螯合剂强化金属在土壤中的迁移

资料来源：改自 Zhang 等，2013。

专栏 3-1　Cd 与腐殖酸配合时 Cd 的同位素分馏

土壤中 Cd 的可迁移性、生物可利用性、毒性，取决于它在土壤环境中的形态。Cd 在自然环境中一般不会发生氧化还原反应，因此最有可能影响其流动性的是矿物或有机颗粒的沉淀和吸附/配合过程。Cd 的质子数为 48，在自然界有 6 种稳定的同位素，其中子数分别为 58、60、62、63、64、66。这些同位素原子或化合物之间物理化学性质上的差异（热力学性质、运动及反应速率上的差异等），导致轻、重质的同位素原子或分子在化合物或物相之间发生重新分配，造成各化合物或物相中同位素组成的差异，称为同位素分馏。金属元素在不同的迁移转化过程中呈现出不同的同位素分馏特征，有助于深入反演和解析其在土壤体系中迁移转化的机制。

天然有机物，特别是腐殖酸，在 Cd 的生物地球化学循环中起主要作用。它们形成的有机 Cd 配合物通常是不同生物地球化学界面主要的 Cd 存在形式，比如土壤-植物和沉积物-地表水-海洋，并显著影响它们在环境中的行为和归趋。结合静态实验结果、模型模拟和同位素分馏技术，Ratié 等人发现轻 Cd 同位素倾向于与腐殖酸结合，而将重 Cd 同位素留在溶液中。离子浓度较高时，Cd 的同位素分馏主要依赖与羧酸的络合。随着 Cd 最初的配合反应以及它在溶液中的水解，在平衡时，外层络合（outer-sphere complex）和内层络合（inner-sphere complex）同时发生。离子浓度较低时，静电力导致的非专性 Cd 外层络合起主要作用，促进了 Cd 的同位素分馏（图 3-16）。

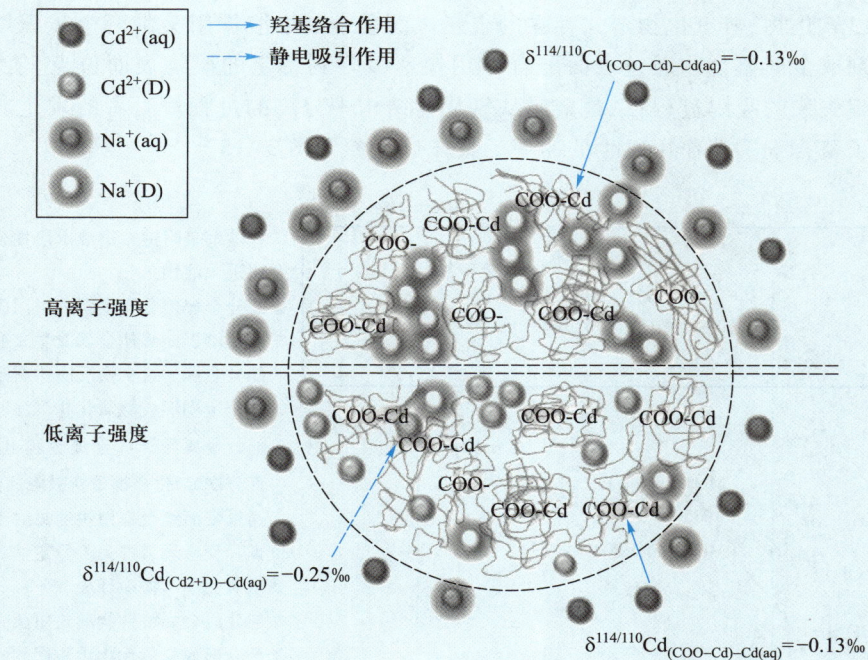

图 3-16　同位素分馏技术确定的不同离子强度下 Cd 和腐殖酸络合的机理

资料来源：改自 Ratié 等，2021。

第三节　土壤的沉淀-溶解反应

沉淀和溶解反应是土壤溶液中极为重要的化学过程。氢氧化物、碳酸盐和硫化物沉淀是土壤溶液中最常见的三类沉淀,影响着土壤中营养元素和重金属元素的淋溶迁移能力和生物有效性。因此,研究土壤溶液的化学组成时,需要考虑各类土壤矿物的溶解及沉淀过程。土壤溶液中沉淀-溶解反应的平衡一般采用溶度积常数 K_{sp} 来表达。溶度积常数可以预测对应矿物的溶解或沉淀方向,也可以计算平衡时溶解或沉淀的量。土壤溶液中的沉淀-溶解反应是一种多相化学反应,且非均相沉淀-溶解过程影响因素十分复杂。

一、沉淀-溶解反应的实质

土壤胶体表面的沉淀作用,一般属于非均相沉淀,土壤胶体本身可为沉淀提供所需的沉淀核。沉淀反应达到平衡时,遵守溶度积原则,可通过溶度积常数进行热力学计算。沉淀-溶解平衡中的平衡常数,就是溶度积常数,数值上等于沉淀-溶解达到平衡时,溶液中阳离子和阴离子的活度乘积。例如,难溶性化合物 A_aB_b 的沉淀-溶解反应为

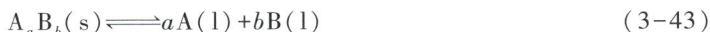

$$A_aB_b(s) \Longleftrightarrow aA(l)+bB(l) \tag{3-43}$$

$$K_{sp} = [A]^a[B]^b \tag{3-44}$$

式中:K_{sp} 为平衡常数,也是这一化合物的溶度积。一般将溶解度小于 $0.01\ g/(100\ g\ H_2O)$ 的物质称为"难溶物"。

溶度积是固相和它的饱和溶液平衡时的平衡常数,其数值大小与固相的溶解度有关。如果阴阳离子的活度乘积大于 K_{sp},将析出沉淀;相反,如果这一乘积小于 K_{sp},则固相将继续溶解进入溶液,直至达到新的沉淀-溶解平衡。一般而言,电荷数越高,半径越小,相互结合的阴阳离子半径越相似,则化合物越难溶解,溶度积越小。

根据溶度积常数计算所得结果与实际观测值常常会有一定的偏差,其原因主要有以下几点:土壤环境中的沉淀溶解过程常常是非均相的,进行得缓慢,在动态环境下不易达到平衡;根据热力学对于一组给定条件所预测的稳定固相不一定就是所形成的相;可能存在过饱和现象,即物质的溶解量大于溶解度极限值的情况;固体溶解所产生的离子可能在溶液中进一步发生反应;引自不同文献的平衡常数有差异等。

二、土壤沉淀-溶解反应的类型及其影响因素

（一）土壤溶液中的沉淀-溶解反应的影响因素

土壤中影响沉淀-溶解平衡的因素主要有土壤空气的组成与分压、土壤溶液的成分与浓度、pH 等。土壤空气中氧气和二氧化碳气体的分压,影响溶液中的氧化还原反应、碳酸含量和 pH,从而影响溶液的性质和成分。例如,在二氧化碳分压高的土壤中,溶液的 pH 降低,碳酸盐含量增高,还原态离子增加,常使固相的溶解度增加。另外,溶液的成分不同,则产生不同的同离子效应;溶液的浓度则影响离子活度,影响平衡反应的移动。在计算土壤中的沉淀-溶解平衡时,以上因素都应加以考虑。

pH 是影响沉淀-溶解平衡最重要的因素,土壤 pH 的升高会直接增加溶液中的 OH^- 浓度,从而导致溶液中重金属离子浓度的下降。土壤中沉淀的重金属离子主要以金属氢氧化

物和氧化物的形成存在,而其氢氧化物的溶解平衡可表示为

$$M(OH)_n \rightleftharpoons M^{n+} + nOH^-$$ (3-45)

溶度积为

$$K_{sp} = [M^{n+}][OH^-]^n$$ (3-46)

$$[M^{n+}] = K_{sp}/[OH^-]^n$$ (3-47)

这是与氢氧化物沉淀共存的饱和溶液中金属离子的活度,也就是在溶液任一 OH^- 活度条件下,或者说在任一 pH 条件下,溶液中可以存在的金属离子的最大活度,即该条件下该种金属氢氧化物的溶解度。各种金属氢氧化物的溶度积及对应的溶解度-pH 关系分别如表 3-6 和图 3-17 所示。

表 3-6 金属氢氧化物的溶度积

氢氧化物	K_{sp}	pK_{sp}	氢氧化物	K_{sp}	pK_{sp}
AgOH	1.6×10^{-8}	7.80	$Fe(OH)_3$	3.2×10^{-38}	37.50
$Al(OH)_3$	1.3×10^{-33}	32.90	$Hg(OH)_2$	4.8×10^{-26}	25.32
$Ba(OH)_2$	5.0×10^{-3}	3.30	$Mg(OH)_2$	1.8×10^{-11}	10.74
$Ca(OH)_2$	5.5×10^{-6}	5.26	$Mn(OH)_2$	1.1×10^{-13}	12.96
$Cd(OH)_2$	2.2×10^{-14}	13.66	$Ni(OH)_2$	2.0×10^{-15}	14.70
$Co(OH)_2$	1.6×10^{-15}	14.80	$Pb(OH)_2$	1.2×10^{-15}	14.93
$Cr(OH)_2$	2.0×10^{-16}	15.70	$Sn(OH)_2$	6.3×10^{-27}	26.20
$Cr(OH)_3$	6.3×10^{-31}	30.20	$Th(OH)_4$	4.0×10^{-45}	44.40
$Cu(OH)_2$	5.0×10^{-20}	19.30	$Ti(OH)_3$	1.0×10^{-40}	40.00
$Fe(OH)_2$	1.0×10^{-15}	15.00	$Zn(OH)_2$	7.1×10^{-18}	17.15

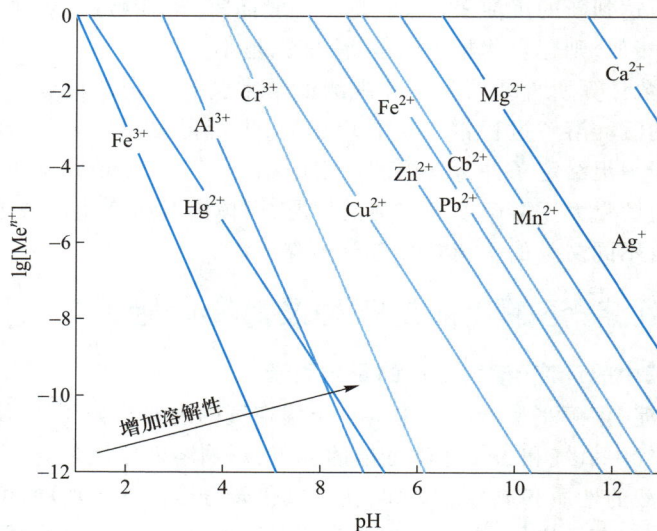

图 3-17 不同 pH 条件下氢氧化物的溶解度

实际上,随着 pH 的增加,溶液中 OH^- 的活度在不断增加,使得与 OH^- 形成的重金属水解离子的量也不容忽视。例如,在多价金属多元水解中,酸性土壤中的 Fe^{3+} 和 Al^{3+} 在 pH 较高的情况下,形成 $FeOH^{2+}$、$Fe(OH)_2^+$、$AlOH^{2+}$ 等可溶性离子,使重金属的溶解度增大。因此,金

属阳离子在土壤溶液中的溶解度常常随 pH 的增加而降低,但在较高 pH 条件下又会逐渐增加(图 3-18)。

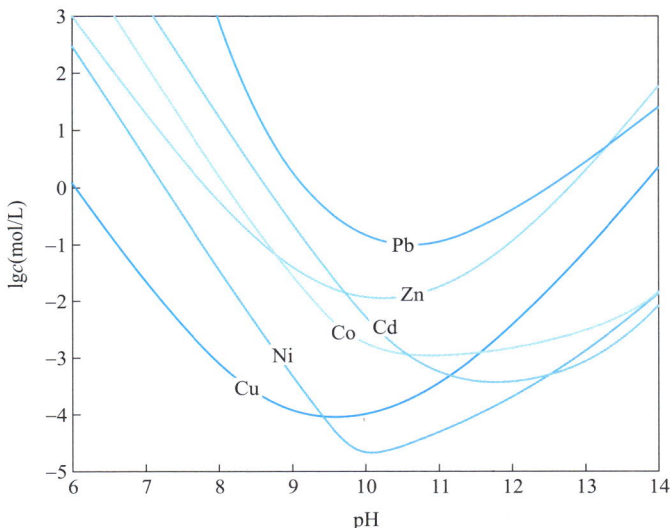

图 3-18 不同 pH 条件下重金属氢氧化物的溶解度(c:金属离子浓度,mol/L)

在饱和溶液中,各种水解离子所能存在的最大活度,同氢氧化物沉淀溶解后解离生成的金属离子最大活度(Me^{n+})一样,直接取决于溶液的 pH。根据金属氢氧化物溶解时金属离子的对数活度线图(pM-pH 图),也可写出各种金属水解离子的对数活度与 pH 的关系式:

$$-\lg\left[MeOH_{(n-1)}^{+} \right] = n\,pH + pK - pK_w \tag{3-48}$$

可依公式作出对数活度 pM-pH 图。这些直线分别表示出不同 pH 条件下饱和溶液中各种金属水解离子的活度,超出这些活度时就会发生沉淀。因此,它们也就是各种金属氢氧化物或者氧化物从溶解态转入沉淀态的分界线。综合这些直线,可以得到如图 3-18 中的一条曲线,它代表饱和溶液中各种溶解态离子活度的总和,也就是金属氢氧化物或者氧化物溶解物的饱和活度。曲线以上区域就是发生沉淀的区域,这种图被称为溶解区域图。例如图 3-19,即 PbO 在不同 pH 下的溶解区域图。

由图 3-19 可以看出,存在某个特定的 pH,使得 Pb 在溶液中的溶解度最低。在低于该 pH 的区域,随 pH 升高 Pb 的溶解度不断下降;在高于该 pH 的区域,随 pH 升高 Pb 的溶解度反而上升。这是因为 Pb 和 Fe 等金属类似,既能形成水解阳离子,也能形成水解阴离子,如 $PbOH^{+}$、$Pb(OH)_3^{-}$ 和 $Pb(OH)_4^{2-}$ 等。随着溶液 pH 的升高,水解阳离子的占比逐渐下降,而水解阴离子的占比逐渐上升,在某 pH 区段,出现最低的 Pb_T 溶解度。而 pH 继续升高时,水解阴离子占比的上升反而使得 Pb_T 的溶解度上升。这类金属氢氧化物被称为两性物质,Pb^{2+}、Zn^{2+}、Cu^{2+}、Fe^{2+} 等都可生成两性氢氧化物。

总之,如上所述,金属离子在高 pH 下水解形成的氢氧化物可大大提高某些金属的溶解度。1973 年,汉恩(Hahne)等发现,水中只可能存在 0.861 mg/L 的 Zn^{2+} 和 0.039 mg/L 的 Hg^{2+},而当这些离子水解成氢氧化物时,水中 Zn(Ⅱ)的总溶解度可达 160 mg/L,Hg(Ⅱ)的总溶解度可达 107 mg/L(表 3-7)。在实际土壤溶液中,重金属无法达到这样高的活度,但其

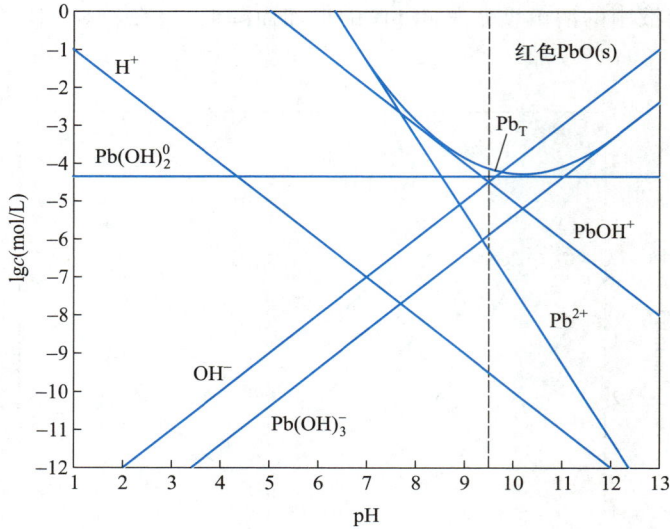

图 3-19 PbO 的溶解区域图

资料来源:改自 Pankow,1991。

表 3-7 Zn、Cd、Hg、Pb 氢氧化物的溶解度

氢氧化物	按溶度积计算		包含有水解离子时的溶解度	
	mol/L	mg/L	mol/L	mg/L
$Zn(OH)_2$	$2.146×10^{-5}$	$861×10^{-3}$	$1.227×10^{-3}$	160
$Cd(OH)_2$	$0.958×10^{-5}$	$384×10^{-2}$	$0.706×10^{-6}$	$158×10^{-3}$
$Hg(OH)_2$	$0.981×10^{-7}$	$393×10^{-4}$	$2.685×10^{-4}$	107
$Pb(OH)_2$	$1.076×10^{-9}$	$431×10^{-6}$	$1.146×10^{-9}$	$474×10^{-6}$

资料来源:Hahne 和 Kroontje,1973。

水解生成的氢氧化物对重金属溶解和迁移的促进作用却是毋庸置疑的。此外,土壤溶液中存在的这些水解离子,带有的电荷数不同于自由离子,因此它们被胶体吸附的数量和键能也与自由离子不同。这既影响了重金属在土壤中的移动性,也在一定程度上影响了重金属的淋溶迁移和生物有效性。

(二) 土壤中主要的沉淀-溶解反应

除了氢氧化物沉淀外,土壤中的碳酸盐和硫化物沉淀也不容忽视。土壤空气中的 CO_2 分压直接影响土壤溶液中的碳酸根离子活度,从而影响碳酸盐类沉淀中金属离子的溶解度。如:

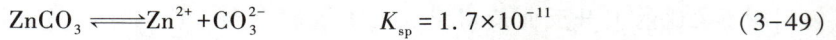

$$ZnCO_3 \rightleftharpoons Zn^{2+}+CO_3^{2-} \qquad K_{sp}=1.7×10^{-11} \qquad (3-49)$$

溶液中 CO_3^{2-} 活度受碳酸解离平衡影响:

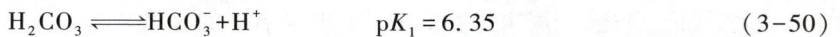

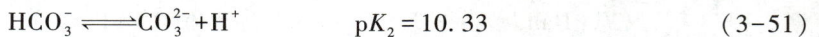

$$H_2CO_3 \rightleftharpoons HCO_3^-+H^+ \qquad pK_1=6.35 \qquad (3-50)$$

$$HCO_3^- \rightleftharpoons CO_3^{2-}+H^+ \qquad pK_2=10.33 \qquad (3-51)$$

而碳酸活度则取决于空气 CO_2 的分压:

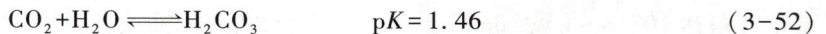

$$CO_2+H_2O \rightleftharpoons H_2CO_3 \qquad pK=1.46 \qquad (3-52)$$

由此可得：

$$pZn^{2+} = 2pH - 7.37 - pp_{CO_2} \qquad (3-53)$$

即溶液中的 Zn^{2+} 活度随 pH 上升而增加，并随 CO_2 分压（p_{CO_2}）升高而降低。一般土壤中 CO_2 分压多在 $0.0003 \sim 0.003$ 个大气压（1 大气压 $\approx 101\,325\ Pa$），在水田土壤中则更高。因此在计算这些碳酸盐平衡时，必须考虑 CO_2 分压。图 3-20 显示的是 CO_2 分压为 0.0003 个大气压（即在大气中的浓度水平）时，土壤中常见金属碳酸盐的溶解度与 pH 的关系。

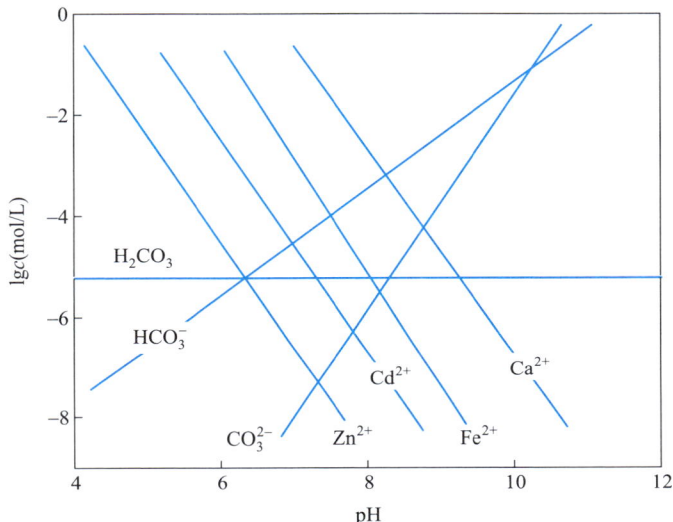

图 3-20　土壤中常见重金属碳酸盐的溶解度

在能与金属离子产生沉淀的土壤阴离子中，S^{2-} 是还原条件下极其重要的离子之一。尤其是重金属硫化物的溶度积一般较氢氧化物更低。当水中有硫化氢（H_2S）存在时，它常常作为二元酸而分级解离：

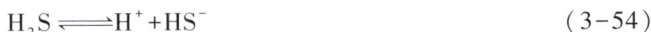

$$H_2S \Longleftrightarrow H^+ + HS^- \qquad (3-54)$$

$$K_1 = \frac{[H^+][HS^-]}{[H_2S]} = 8.9 \times 10^{-8} \qquad pK_1 = 7.05 \qquad (3-55)$$

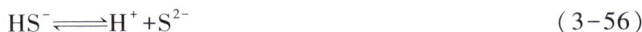

$$HS^- \Longleftrightarrow H^+ + S^{2-} \qquad (3-56)$$

$$K_2 = \frac{[H^+][S^{2-}]}{[HS^-]} = 1.3 \times 10^{-15} \qquad pK_2 = 14.90 \qquad (3-57)$$

两者综合起来：

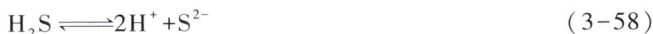

$$H_2S \Longleftrightarrow 2H^+ + S^{2-} \qquad (3-58)$$

$$K_{1,2} = K_1 \cdot K_2 = \frac{[H^+]^2[S^{2-}]}{[H_2S]} = 1.16 \times 10^{-22} \qquad (3-59)$$

由此可见，H_2S 实际上是很弱的酸，其一级解离较微弱，二级解离更微弱。饱和溶液中的活度约为 $0.1\ mol/L$。表 3-8 列举了常见重金属硫化物的溶度积，只要土壤溶液中有 S^{2-} 存在，重金属离子的溶解度一般都很低。

表 3-8　常见重金属硫化物的溶度积

分子式	K_{sp}	pK_{sp}	分子式	K_{sp}	pK_{sp}
Ag_2S	6.3×10^{-50}	49.20	HgS	4.0×10^{-53}	52.40
CaS	7.9×10^{-27}	26.10	MnS	2.5×10^{-13}	12.60
CdS	4.0×10^{-21}	20.40	NiS	3.2×10^{-19}	18.50
Cu_2S	2.5×10^{-48}	47.60	PbS	8.0×10^{-28}	27.90
CuS	6.3×10^{-36}	35.20	SnS	1.0×10^{-25}	25.00
FeS	3.3×10^{-18}	17.50	ZnS	1.6×10^{-24}	23.80
Hg_2S	1.0×10^{-45}	45.00	Al_2S_3	2.0×10^{-7}	6.70

资料来源:转引自汤鸿宵,1979。

三、土壤沉淀-溶解反应的环境意义

(一) 土壤矿物的沉淀和溶解

土壤溶液与矿物质紧密接触,常处于动态平衡中。土壤矿物经过风化、分解,释放元素进入土壤溶液。在其活度达到饱和时,该矿物就会再次沉淀。施肥、排水等农艺管理及土壤蒸发、植物蒸腾等均可导致土壤溶液中某溶质浓度升高,直至沉淀形成。降雨、灌溉、农作物吸收,则可促使溶液中某溶质浓度下降,导致土壤矿物溶解。借助沉淀-溶解反应原理,在一定程度上可量化土壤溶液中的化学元素,继而进一步预测土壤养分元素与污染物的生物有效性。

(二) 土壤重金属的沉淀和溶解

重金属的沉淀和溶解是影响其在土壤中迁移的重要因素。借助溶度积,并结合环境条件(如 pH,Eh 等),可了解其变化规律。例如,在高 Eh 环境中,V 和 Cr 呈现高氧化态,形成可溶性钒酸盐、铬酸盐等,具有高迁移性能;而 Fe 和 Mn 则相反,形成高价难溶性化合物沉淀,具有较低的迁移性能。在强还原条件下,Pb、Cd、Cu 等重金属常与还原态硫形成极难溶的硫化物沉淀,从而降低其活性和生物有效性。pH 更是影响土壤中重金属迁移转化的关键因素,例如土壤中的 Cu、Pb、Zn、Cd 等重金属的氢氧化物沉淀直接受溶液 pH 的控制。

专栏 3-2　利用形成生物菱镁矿和其他碳酸镁矿物沉淀来实现碳捕集

碳酸盐矿物稳定、寿命长,是捕集大气中过剩二氧化碳理想的汇。利用采矿作业中产生的富镁尾矿捕集 CO_2,形成生物菱镁矿和其他碳酸镁矿物沉淀,不但可以抵消采矿时排放的温室气体,也可以赋予尾矿以新的价值。2019 年,McCutcheon 等发现,湿地生物反应器中的蓝细菌能够有效沉淀超镁铁矿尾矿酸浸废水形成的菱镁矿($MgCO_3$)、水菱镁矿 $[Mg_5(CO_3)_4(OH)_2 \cdot 4H_2O]$ 和球碳镁矿 $[Mg_5(CO_3)_4(OH)_2 \cdot 5H_2O]$ 颗粒(图 3-21)。这些沉淀物以微米级矿物颗粒和嵌入丝状蓝细菌的微晶碳酸盐涂层的形式出现。这是首次在实验室实现低温条件下生物菱镁矿沉淀对 CO_2 的捕集。这些发现也证明了微生物分泌的胞外聚合物,在碳酸盐矿物成核中具有重要意义。结果表明,如果在超镁铁矿尾矿储存设施中来捕集 CO_2,每公顷湿地每年可捕集多达 238 t CO_2。

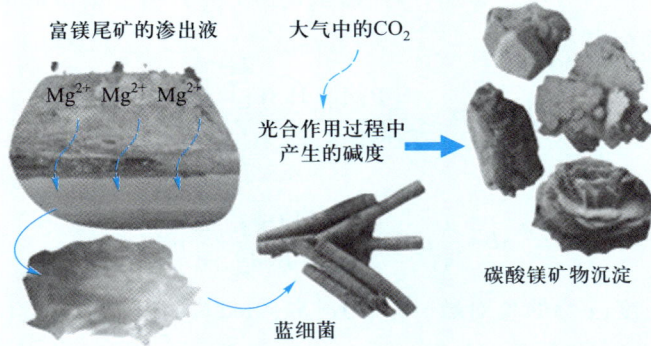

图 3-21 生物菱镁矿捕集 CO_2 原理

资料来源：改自 McCutcheon 等，2019。

第四节 土壤的氧化还原反应

氧化还原反应在土壤化学反应中占有极其重要的地位，影响着土壤中营养元素和污染物的迁移、转化等过程。氧化还原反应的本质为电子传递过程，可以用氧化还原电位进行表征。氧化还原反应通常还受到溶液 pH 的影响，因此常常引入 pE-pH 平衡图，来显示不同氧化还原电位不同 pH 条件下的氧化还原反应。

土壤中主要的氧化还原反应体系包括氮体系、铁体系、锰体系、硫体系、铜体系、碳体系、砷体系、铬体系和汞体系等。这些氧化还原反应受到溶液 pH、氧化态和还原态物质的活度比及其他离子活度的影响。氧化还原反应影响土壤中重（类）金属的形态、毒性，以及有机污染物的降解和归趋。

一、氧化还原反应的实质

18 世纪末，研究人员在总结许多物质与氧的反应规律后，提出了氧化还原反应的概念：与氧化合的反应，称为氧化反应；从含氧化合物中夺取氧的反应，称为还原反应。19 世纪，化合价的概念发展后，化合价升高的一类反应并入氧化反应，化合价降低的一类反应并入还原反应。20 世纪初，成键的电子理论建立，于是又将失电子的半反应称为氧化反应，得电子的半反应称为还原反应。反应中，发生氧化反应的物质，称为还原剂，生成氧化产物；发生还原反应的物质，称为氧化剂，生成还原产物。氧化产物具有氧化性，但弱于氧化剂；还原产物具有还原性，但弱于还原剂。

（一）氧化还原电位

氧化还原电位是用来反映物质的氧化还原性能的指标。通常，氧化还原电位越高，氧化性越强；电位越低，氧化性越弱。氧化还原反应的电子传递过程，与酸碱反应中的质子传递过程相类似，可以用式（3-60）表示：

$$氧化态（Ox）+ne^- +mH^+ \Longrightarrow 还原态（Red）+ \frac{1}{2}mH_2O \qquad (3-60)$$

式中 e^- 为电子，由电子供体提供，在土壤环境中，氧化还原反应的主要电子供体为有机质。

在上述氧化还原反应中,有质子参加,因而溶液的 pH 会影响土壤中的氧化还原反应。式(3-60)的平衡常数 K 为

$$K = \frac{[Red][H_2O]^{\frac{m}{2}}}{[Ox][e^-]^n[H^+]^m} \tag{3-61}$$

两边取对数,可得

$$pE = \frac{1}{n}\lg K + \frac{1}{n}\lg\frac{[Ox]}{[Red]} - \frac{m}{n}pH \tag{3-62}$$

式中:pE——电子活度(e^-)的负对数。若[Ox]和[Red]的比值为 1,且[H^+]为 1,则 $pE = \frac{1}{n}\lg K$。习惯上把 $\frac{1}{n}\lg K$ 称为 $pE^\ominus$,因此,

$$pE = pE^\ominus + \frac{1}{n}\lg\frac{[Ox]}{[Red]} - \frac{m}{n}pH \tag{3-63}$$

另一方面,平衡常数 K 与反应自由能的关系为

$$\Delta G_r^\ominus = -RT\ln K \tag{3-64}$$

而

$$\Delta G_r^\ominus = -nFEh \tag{3-65}$$

故

$$RT\ln K = nFEh \tag{3-66}$$

或

$$Eh = \frac{RT}{nF}\ln K \tag{3-67}$$

由于 $pE = \frac{1}{n}\lg K$,故

$$Eh = \frac{2.303RT}{F}pE = 0.059\ 1pE \tag{3-68}$$

把式(3-68)代入式(3-63),得

$$Eh = Eh^\ominus + \frac{0.059\ 1}{n}\lg\frac{[Ox]}{[Red]} - \frac{m}{n}0.059\ 1pH \tag{3-69}$$

式中,$Eh^\ominus$ 是指某电极与标准氢电极(氢离子活度等于 1)作比较测出的电势,其标准状态下氧化态和还原态的活度均为 1,或其活度比为 1,温度为 25 ℃。体系的 $Eh^\ominus$ 越高,表明该体系的氧化能力越强;反之,则还原能力强。pE 在氧化体系中一般为正值,氧化性越强,pE 也越大;相反,在还原体系中,pE 一般为负值,其还原性越强,则 pE 的负值也越大。旱地土壤的 Eh 一般为 400~700 mV,pE 为 6~12;水田土壤的 Eh 为 200~300 mV,pE 为 3~5。

(二) Pourbaix 平衡图

pE-pH(E-pH)平衡图又叫 Pourbaix 图,是由比利时科学家 Pourbaix 在 1938 年提出的。该图以电极电位为纵坐标,溶液 pH 为横坐标,将给定的元素在体系中全部的反应物和生成物的热力学平衡条件,即元素单质、离子和化合物的稳定化条件,集中表示在一张图上。

在溶液中,各氧化还原体系都与水的氧化还原紧密联系。水可参与氧化还原反应,在水

溶液中进行的所有氧化还原反应通常都不可能超过水的稳定范围。水的氧化还原可以分为两个反应,其一是水在氧化条件下被氧化而放出氧气,其反应式和标准电位为

$$O_2+4H^++4e^- \Longrightarrow 2H_2O \qquad Eh^{\ominus}=1.23 \qquad (3-70)$$

或

$$Eh=1.23+\frac{0.059\ 1}{4}\lg\frac{p_{O_2}[H^+]^4}{[H_2O]^2} \qquad (3-71)$$

当 p_{O_2} 为 1,$[H_2O]$ 为 1 时,则

$$Eh=1.23+\frac{0.059\ 1}{4}\lg[H^+]^4=1.23-0.059\ 1pH \qquad (3-72)$$

则 pE 为

$$pE=20.77-pH \text{ 或 } pE+pH=20.77 \qquad (3-73)$$

水的另一反应是在还原条件下,由 H_2O 离解产生的 H^+ 被还原而产生 H_2,其反应式和标准电位为

$$2H^++2e^- \Longrightarrow H_2 \qquad Eh^{\ominus}=0 \qquad (3-74)$$

或

$$Eh=0+\frac{0.059\ 1}{2}\lg\frac{[H^+]^2}{p_{H_2}} \qquad (3-75)$$

当 H_2 分压为 1 个大气压时,

$$Eh=0+\frac{0.059\ 1}{2}\lg[H^+]^2=-0.059\ 1pH \qquad (3-76)$$

算成 pE 则为

$$pE=-pH \text{ 或 } pE+pH=0 \qquad (3-77)$$

式(3-73)和式(3-77)之间就是水的稳定范围,如图 3-22 所示。

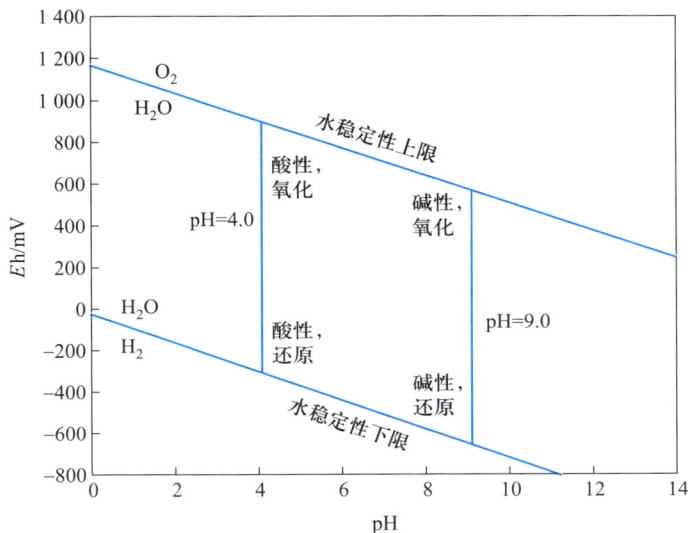

图 3-22　土壤环境中 Eh-pH 的范围

在式(3-69)中可以看出，氧化还原反应中消耗的质子和电子存在一定的联系。一般地，氧化态物质还原时得到一个电子，产生的电荷需要由一个质子来补偿。例如，Fe^{2+} 和 $Fe(OH)_3(s)$ 是土壤中最为常见的两种 Fe 形态，而这两种形态的边界与 pE 和 pH 有关。

$$Fe(OH)_3 + 3H^+ + e^- = Fe^{2+} + 3H_2O$$

$$pE = 13.2 + \lg \frac{K_{sp,Fe(OH)_3}[H^+]^3}{[Fe^{2+}]} \qquad (3-78)$$

如果设定边界条件为 $[Fe^{2+}] = 1.00 \times 10^{-5}$ mol/L，则

$$pE = 22.2 - 3pH \qquad (3-79)$$

作图可得一条斜线，斜线上方为 $Fe(OH)_3(s)$ 稳定区，斜线下方为 Fe^{2+} 的稳定区。$pE + 3pH$ 大于 22.2 时，Fe^{2+} 向 $Fe(OH)_3$ 转化；反之，$pE + 3pH$ 小于 22.2 时，$Fe(OH)_3$ 向 Fe^{2+} 转化。因此，pE-pH 可以作为氧化还原反应的一个重要参数，可以避免 pH 的干扰，较单独用 pE 或 Eh 更加优越。根据各体系的氧化还原反应，可绘出各体系的 Eh-pH 或者 pE-pH 平衡图，即以 pH 为横坐标、Eh 或 pE 为纵坐标，绘制体系中的 Eh 或者 pE 随 pH 改变的趋势，可以看出不同 pH 条件下的临界 Eh 或 pE 及各种形式化合物的稳定存在范围。图 3-23 是各种 Fe 组分在不同 pH 和 pE 条件下稳定存在形式的分布。

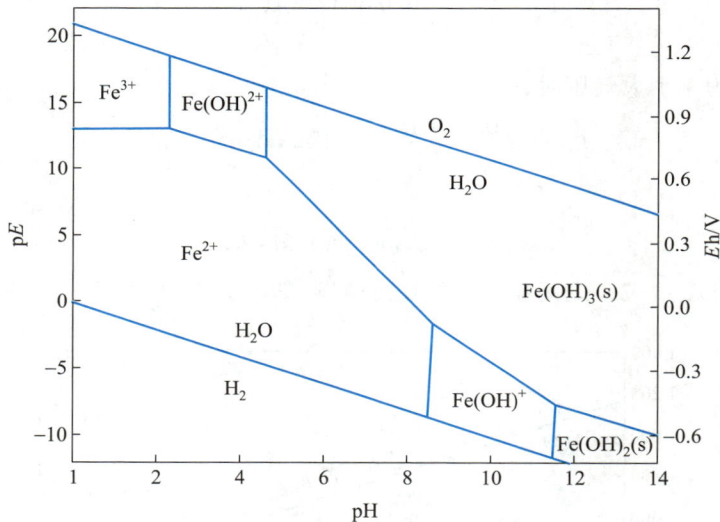

图 3-23　水溶液中 Fe 的 pE-pH 平衡

二、土壤氧化还原反应的类型及其影响因素

（一）土壤中的主要氧化还原体系

土壤中存在着许多氧化还原体系，如氮体系、铁体系、锰体系、硫体系、铜体系、碳体系、砷体系、铬体系等(表 3-9)。理论上土壤中还存在某些氧化还原体系，但因其氧化还原电位较低，实际上不可能存在。例如，Zn^{2+}-Zn^0 体系的氧化还原电位甚至低于 H^+-H_2 体系，故还原态 Zn^0 不能稳定存在。当土壤中存在着不同氧化还原体系时，Eh 高的体系优先进行还原反应，而 Eh 低的体系则进行氧化反应，直至平衡(图 3-24)。

表 3-9　土壤中主要的氧化还原体系

体系	物质状态		代表性反应
	氧化态	还原态	
氧体系	O_2	O^{2-}	$O_2+4H^++4e^- \rightleftharpoons 2H_2O$
有机碳体系	CO_2	CO、CH_4、还原性有机物等	$CO_2+8H^++8e^- \rightleftharpoons CH_4+2H_2O$
氮体系	NO_3^-	NO_2^-、NO、NO_2、N_2、NH_3、NH_4^+	$NO_3^-+10H^++8e^- \rightleftharpoons NH_4^++3H_2O$
硫体系	SO_4^{2-}	S、S^{2-}、$H_2S\cdots$	$SO_4^{2-}+10H^++8e^- \rightleftharpoons H_2S+4H_2O$
铁体系	Fe^{3+}、$Fe(OH)_3$、$Fe_2O_3\cdots$	Fe^{2+}、$Fe(OH)_2\cdots$	$Fe(OH)_3+3H^++e^- \rightleftharpoons Fe^{2+}+3H_2O$
锰体系	MnO_2、Mn_2O_5、$Mn^{4+}\cdots$	Mn^{2+}、$Mn(OH)_2\cdots$	$MnO_2+4H^++2e^- \rightleftharpoons Mn^{2+}+2H_2O$
氢体系	H^+	H_2	$2H^++2e^- \rightleftharpoons H_2$
砷体系	AsO_4^{3-}	AsO_3^{3-}	$2H^++AsO_4^{3-}+2e^- \rightleftharpoons AsO_3^{3-}+H_2O$
铬体系	CrO_4^{2-}	Cr_2O_3	$10H^++2CrO_4^{2-}+6e^- \rightleftharpoons Cr_2O_3+5H_2O$

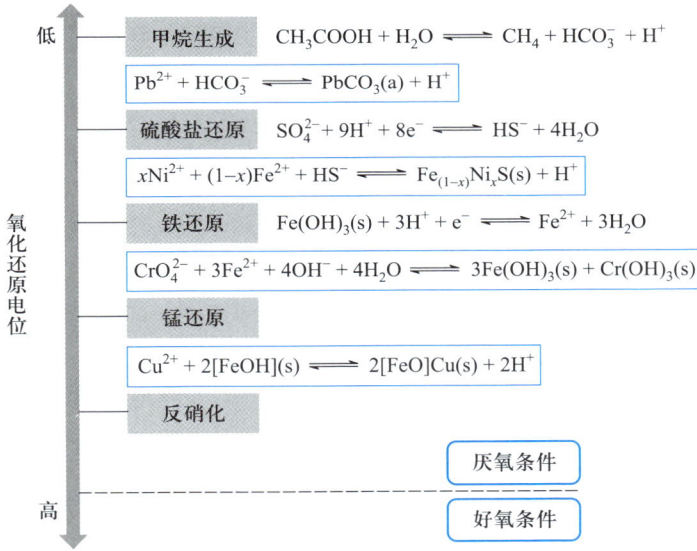

图 3-24　不同氧化还原条件下土壤的主要氧化还原体系

（二）铁体系的氧化还原平衡

铁是土壤中氧化还原反应最活跃的元素之一，它往往决定土壤的氧化还原状况。一般在氧化条件下，土壤中可溶性铁含量极低，而在还原条件下，可溶性铁含量则明显增加。铁体系涉及的氧化还原反应很多，各反应的标准氧化还原电位相差也很大，但经过 pH 校正后，其中很大一部分反应可在土壤的 Eh 范围内进行。

土壤的 Eh 大致在 $-0.2 \sim 0.7$ V，即 pE 在 $-3.38 \sim 11.84$。在表 3-10 所示的铁体系氧化还原反应中，当 pH=7 时，有一些反应的 $Eh^{\ominus}$ 已在土壤的 Eh 范围。例如，电极反应（2）中，无定形 $Fe(OH)_3$ 还原为 Fe^{2+}，$Eh^{\ominus}=1.068$ V，但其 $\Delta Eh/\Delta pH=-0.177$ V。因此，当 pH=7 时，其 $Eh_7^{\ominus}$ 下降至 -0.18 V，这一反应可在还原性土壤条件下进行。相反地，晶形 $Fe(OH)_3$ 还原

为 Fe^{2+}，$Eh^\ominus = 0.693$ V，其 $\Delta Eh/\Delta pH$ 也为 -0.177 V，但其 $Eh_7^\ominus$ 为 -0.55 V，故在 pH 为 5 以上的土壤条件下实际上不可能进行。反应(5)、(12)、(15)、(16)虽然没有 H^+ 参加，但其中的 $[Fe^{3+}]$、$[Fe^{2+}]$ 都是 pH 的函数，$pFe^{3+} = 3pH - 4.5$，$pFe^{2+} = 2pH - 10.8$，把这些代入表中的反应(5)、(12)、(15)、(16)中就可得出相应的 $Eh_7^\ominus$，如反应(5)的 $Eh_7^\ominus$ 为 -0.029 V。可见这一反应的 $Eh_7^\ominus$ 也和 pH 有关。

表 3-10   铁体系的氧化还原反应及其标准电位   单位:V

电极反应	$Eh^\ominus$	$Eh_7^\ominus$	$pE^\ominus$	$pE_7^\ominus$
(1) $Fe_3(OH)_8 + 8H^+ + 2e^- = 3Fe^{2+} + 8H_2O$	1.373	-0.28	23.23	-4.77
(2) $Fe(OH)_3($无定形$) + 3H^+ + e^- = Fe^{2+} + 3H_2O$	1.068	-0.18	17.90	-3.10
(3) $Fe_3O_4 + 8H^+ + 2e^- = 3Fe^{2+} + 4H_2O$	0.976	-0.68	16.51	-11.49
(4) $FeOH^{2+} + H^+ + e^- = Fe^{2+} + H_2O$	0.914	+0.50	15.46	+8.46
(5) $Fe^{3+} + e^- = Fe^{2+}$	0.771	—	13.05	—
(6) $Fe_2O_3 + 6H^+ + 2e^- = 2Fe^{2+} + 3H_2O$	0.737	-0.50	12.47	-8.53
(7) $Fe(OH)_3($晶形$) + 3H^+ + e^- = Fe^{2+} + 3H_2O$	0.693	-0.55	11.73	-9.27
(8) $3Fe(OH)_3 + H^+ + e^- = Fe_3(OH)_8 + H_2O$	0.429	+0.02	7.26	+0.26
(9) $Fe(OH)_3 + H^+ + e^- = Fe(OH)_2 + H_2O$	0.273	-0.14	4.62	-2.38
(10) $3Fe_2O_3 + 2H^+ + 2e^- = 2Fe_3O_4 + H_2O$	0.262	-0.15	4.43	-2.57
(11) $Fe_3(OH)_8 + 2H^+ + 2e^- = 3Fe(OH)_2 + 2H_2O$	0.195	-0.22	3.30	-3.70
(12) $Fe^{3+} + 3e^- = Fe$	-0.036	—	-0.61	—
(13) $Fe_2O_3 + 6H^+ + 6e^- = 2Fe + 3H_2O$	-0.046	-0.46	-0.78	-7.78
(14) $Fe_3O_4 + 8H^+ + 8e^- = 3Fe + 4H_2O$	-0.085	-0.50	-1.44	-8.44
(15) $FeS + 2e^- = Fe + S^{2-}$	-0.101	—	-7.09	—
(16) $Fe^{2+} + 2e^- = Fe$	-0.441	—	-7.46	—
(17) $Fe(OH)_3 + e^- = Fe(OH)_2 + OH^-$	-0.560	-0.97	-9.48	-16.48
(18) $Fe_2S_3 + 2e^- = 2FeS + S^{2-}$	-0.670	-0.88	-11.34	-14.84
(19) $FeCO_3 + 2e^- = Fe + CO_3^{2-}$	-0.755	-0.98	-12.77	-16.57
(20) $Fe(OH)_2 + 2e^- = Fe + 2OH^-$	-0.877	-1.08	-14.84	-18.34
(21) $Fe(OH)^{2+} + H_2O + e^- = FeOH^- + 2H^+$	-0.954	-1.37	-16.14	-23.14

其次，铁体系中氧化态和还原态物质的活度比对 Eh 的影响也很大。铁体系中氧化态固相在标准状态下活度为 1，因此活度比一项主要取决于 $[Fe^{2+}]$。如以反应(2)的 Eh 计算式为例：$Eh = 1.058 + 0.059 \, 1 lg \dfrac{1}{[Fe^{2+}]} - 0.177 pH$，若 Fe^{2+} 活度为 10^{-10} mol/L，则 $Eh_7 = 0.410$ V；若 Fe^{2+} 活度为 10^{-5} mol/L，则 $Eh_7 = 0.114$ V。可见在还原过程中，当 Fe^{2+} 活度不断增加时，该体系的 Eh 也随之不断降低。当然，溶液中铁离子的种类很多，如 Fe^{3+}、$Fe(OH)_2^+$、$Fe(OH)^{2+}$

等,其活度比的变化也不相同。

根据表 3-10 的氧化还原反应及其 pH 影响,可绘出各类反应的 Eh-pH 图,其中有一些反应超出了 H_2O 的稳定范围,故未列入。综合这些反应的 Eh-pH 图,见图 3-25。由图可知,土壤中主要的铁体系是 $Fe(OH)_3$-Fe^{2+}、$Fe(OH)_3$-$Fe_3(OH)_8$、$Fe_3(OH)_8$-Fe^{2+} 和 $Fe_3(OH)_8$-$Fe(OH)_2$,其他氧化还原反应体系如 Fe^{3+}-Fe^{2+}、Fe_2O_3-Fe_3O_4、Fe_3O_4-Fe^{2+} 等,虽然也可能在土壤环境条件下存在,但是相对比较次要。当 pH<2.7 时,主要是 Fe^{3+}-Fe^{2+} 反应;$Eh^\ominus$ 在 0.77 V 上,pH 在 2.7~7.0,主要是 $Fe(OH)_3$-Fe^{2+} 反应,其 $\Delta Eh/\Delta pH = -0.177$ V;当 pH>7 时,产生 $Fe_3(OH)_8$ 沉淀,主要是 $Fe(OH)_3$-$Fe_3(OH)_8$ 和 $Fe_3(OH)_8$-$Fe(OH)_2$ 反应,其 $\Delta Eh/\Delta pH = 0.236$ V。

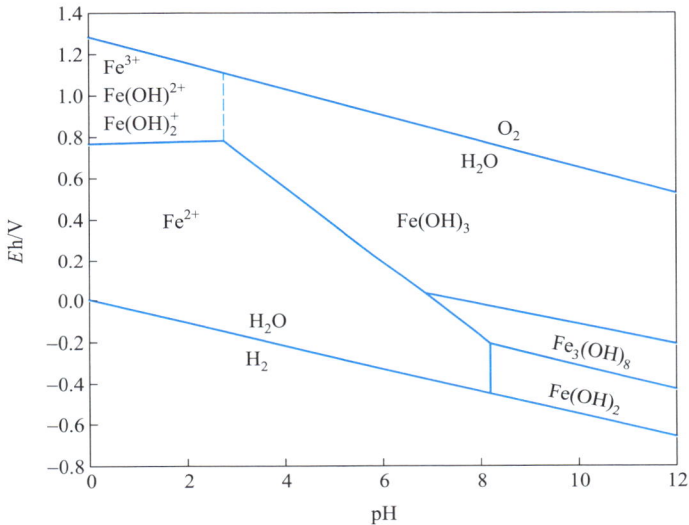

图 3-25　铁体系的 Eh-pH 稳定范围

根据土壤中的实际测定,铁氧化还原的临界 Eh 比较复杂,各个学者的测定结果相差较大。一般认为铁氧化还原的临界 Eh 应在 0.3~0.5 V 以下,但是实际上临界 Eh 应和 pH 相关联,不同 pH 条件下的临界 Eh 应有所不同。Gotoh 和 Patrick(1974)在控制了 pH 的实验条件下测定各种形态铁转化的临界 Eh,结果发现在 pH 为 5 时,临界 Eh 为 0.3 V,pH 为 6~7 时,Fe^{2+} 在 0.3~0.1 V 时大量出现,而在 pH 为 8 时,在-0.1 V 以下才有 Fe^{2+} 出现。可见,铁氧化还原所要求的 Eh 条件随 pH 而改变,这和我国土壤中许多实测资料大致相符。

(三)土壤中氧化还原电位的影响因素

理论上,氧化还原电位的大小,不仅取决于氧化还原体系的种类及其标准氧化还原电位 Eh^0,而且与溶液的 pH、氧化态和还原态物质的活度比及其他离子活度有关。土壤溶液中的氧化作用,主要由分子氧、NO_3^- 和高价金属离子或者化合物所引起。还原作用是由某些有机质的分解产物,厌氧性微生物生命活动及少量的铁、锰等金属低价氧化物所引起的。土壤氧化还原反应涉及的反应平衡,在表 3-9 中已经列出,在此不再重复。

pH 是影响氧化还原电位的一个重要因素,在很多体系中,其影响程度常超过氧化态和还原态物质的活度比。一般土壤的 pH 为 4~9,高于标准状态(pH=0),这常常降低土壤中

的 Eh。为了表征特定 pH 条件下的 Eh,常在 Eh 的右下角注明 pH,如 pH = 7 时的 Eh 即写成 Eh_7(如果活度比为 1,则写成 $Eh_7^\ominus$)。在有的体系中,每改变一个 pH 单位所引起的 Eh 变化 $\Delta Eh/\Delta pH > 1$,则说明 pH 对 Eh 的影响较大。以 $Fe(OH)_3 + 3H^+ + e^- \rightleftharpoons Fe^{2+} + 3H_2O$ 体系为例,其 $Eh^\ominus = 1.058$ V,$\Delta Eh/\Delta pH = 3 \times 0.0591 = 0.177$ V,则在 pH = 7 时,这一体系的氧化还原电位 $Eh_7^\ominus$ 应降低 $7 \times 0.177 = 1.239$ V。

一个土壤体系的氧化还原电位 Eh,并不完全取决于标准氧化还原电位 $Eh^\ominus$,还受氧化态和还原态物质的活度比影响。当这一比值降低时,则 Eh 就下降,反之则提高。例如在 $Fe^{3+} + e^- \rightleftharpoons Fe^{2+}$ 的体系中,$Eh^\ominus = 0.77$ V。但如果 $[Fe^{3+}]/[Fe^{2+}]$ 的比值降低至 1/10,Eh 就降至 0.711 V。在土壤中,当体系的活度比开始变化,即氧化态开始向还原态转化,或还原态开始向氧化态转化时的氧化还原电位,称为临界 Eh。临界 Eh 是土壤中养分的特征指标,它和土壤中存在的氧化还原体系种类、溶液的离子组成和 pH 等有关。临界 Eh 对认识土壤中元素的氧化还原具有重要意义。不同 pH 条件下有不同的临界 Eh,图 3-26 是 pH = 7 时土壤主要氧化还原体系发生转化的临界 Eh。

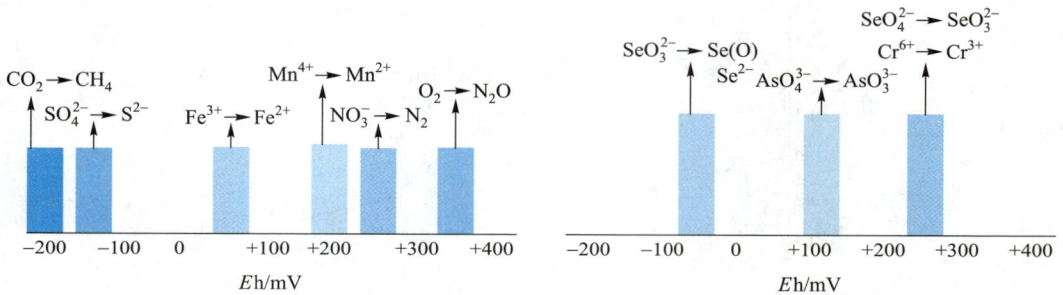

图 3-26   pH = 7 时土壤主要氧化还原体系发生转化的临界 Eh

此外,土壤中影响离子浓度的因素有很多,如吸附作用、沉淀作用、配合作用等。因此,各体系的 Eh 范围也常常因氧化态和还原态物质在土壤中的浓度和形态变化而各有差异。在实践中,以下 5 种因素可显著影响土壤的氧化还原电位。

(1)土壤通气性:这是影响土壤氧化还原状况的关键因素。渍水土壤或排水不良的土壤与大气交换慢,大气氧难以及时补充,土壤中氧分子不断消耗,Eh 下降。土壤 Eh 一般为 $-450 \sim 750$ mV,其中旱地条件下为 $200 \sim 750$ mV,如果旱地低于 200 mV,说明土壤通气不良;水田的 Eh 普遍较低,一般为 $-200 \sim 300$ mV,水稻种植比较适宜的 Eh 为 $200 \sim 400$ mV。

(2)土壤微生物活动:微生物的活动主要为耗氧过程,它一般使土壤空气的分子氧的分压下降,因此土壤中旺盛的微生物活动可导致还原态物质增加,Eh 增加。

(3)易分解有机物的含量:土壤中有机质的分解和矿化也是一个耗氧过程,从而减小土壤 Eh。

(4)植物根系的代谢作用:有些植物根系分泌物可以直接影响根系的氧化还原电位,如水稻等作物的根系能分泌氧,提高土壤的 Eh。

(5)土壤 pH:土壤 pH 和 Eh 的关系很复杂,理论上 $\Delta Eh/\Delta pH = -59$ mV,即在土壤通气条件下,pH 每增加一个单位,Eh 下降 59 mV,但实际情况并不完全如此,一般 Eh 在一定条件下随 pH 的升高而下降。

三、土壤氧化还原反应的环境意义

土壤中的氧化还原反应常常会改变土壤中各种污染物（如有机污染物、重金属）的存在形态，从而影响它们在土壤中的迁移、转化、归趋等。

（一）土壤氧化还原反应对有机污染物的影响

一些有机污染物如酚类和芳香胺，在土壤中容易被氧化降解。尽管此类氧化反应可由土壤溶液中的溶解氧引发，但事实上矿物结构中的 $Fe(III)$ 和 MnO_2 往往可以充当氧化剂或者催化剂，极大地加速反应。例如，联苯胺可以被黏土矿物吸附，从而被矿物结构中的 $Fe(III)$ 氧化。如果是 MnO_2 表面，则催化反应更加迅速，因为 $Mn(IV)$ 比 $Fe(III)$ 的氧化能力更强。酚类也可以被 Mn 和 Fe 的氧化物氧化，但氧化速率受苯环上其他供电子基团的影响。一般这些取代基的供电子能力越强，则越易被氧化。例如，对于对位取代苯酚类化合物，其氧化能力常按如下图的次序排列（图 3-27）。

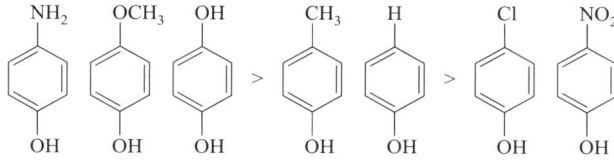

图 3-27　对位取代苯酚类化合物的氧化能力排序图

苯环上的羟基（—OH）具有较强的供电子能力，因此酚类化合物在土壤中较易被氧化。但取代基处于对位的氯酚类物质相对难以被氧化，可以在土壤中存留较长的时间；而处于其他位置的氯酚则较易被 MnO_2 降解，这一过程包括水解（Cl 被 OH 取代）和氧化。

此外，热带、亚热带地区的间歇性阵雨和干湿交替过程，导致土壤的氧化还原电位出现交替，比单纯的还原或氧化条件更有利于有机农药的降解。特别是有环状结构的农药，如滴滴涕（双对氯苯基三氯乙烷，DDT），其开环反应需要有氧参与，而有机氯农药的脱氯过程大多需要在还原环境下才能发生。例如，分解 DDT 适宜的 Eh 为 $-0.25 \sim 0$ V，艾氏剂也只有在 Eh 小于 0.12 V 时才可快速降解。

更多的有机污染物涉及的氧化还原反应，还有微生物通过生长代谢或者共代谢过程参与。其中，微生物的酶体系能有效地加速氧化还原过程。随着对土壤氧化还原过程的深入了解，微生物驱动土壤内部的氧化还原过程，可清晰界定为生物电化学过程，包括土壤微生物、有机质（电子供体）、氧化还原活性物质（铁、锰、硫等组分）、氧化还原反应产生的电子及相关化学表现的完整体系。这是破译土壤生物化学相互作用机制的突破口，为深入解读土壤中的有机污染物转化过程、元素循环、重金属归趋等奠定重要的理论基础。

（二）土壤氧化还原反应对重金属/类金属形态的影响

土壤中大多数重金属元素是亲硫元素，在农田厌氧还原条件下容易形成难溶性硫化物，从而降低其毒性。土壤中低价硫 S^{2-} 主要来源于有机质的厌氧分解和硫酸盐还原反应。当水田中的 Eh 小于 0.15 V 时，S^{2-} 的生成量可达 200 mg/kg。当土壤转为氧化状态，如落干或改旱地时，难溶硫化物逐渐转化为可溶硫酸盐，重金属的生物毒性增加。若水稻在全生育期淹水种植，即使土壤含 Cd 达 100 mg/kg，糙米中 Cd 的浓度大约为 1 mg/kg（Cd 食品上的标准为 0.2 mg/kg）。但若在幼穗形成前后，此水稻田落水搁田，则糙米含 Cd 量可高达 5 mg/kg。这是因为在土壤淹水条件下,形成了 CdS,从而降低了 Cd 的生物有效性。此外,水稻根表由于根系泌氧作用,形成了大量的铁、锰氧化物胶膜,可吸附、氧化还原和固定土壤溶液中大量存在的重金属离子,减少它们的毒害作用。例如,在还原条件下,铁、锰氧化物胶膜可将 As(Ⅴ)还原为 As(Ⅲ),使砷得以活化,导致水稻根际砷的积累。

砷在土壤中以 -3、0、$+3$ 和 $+5$ 四种价态存在,其中三价砷比五价砷的毒性大几倍,甚至几十倍。土壤中微生物对砷的转化涉及四种价态,而土壤中无机砷的氧化还原平衡主要涉及 $+3$ 和 $+5$ 两种价态。在土壤溶液中,砷对氧化还原状况相当敏感,根据能斯特(Nernst)方程,在酸性条件下、$25\ ℃$ 时,As(Ⅴ)和 As(Ⅲ)互相转化的临界 Eh 可用下式估算:

$$Eh = 0.559 + 0.029\ 5 \lg \frac{[H_3AsO_4]}{[HAsO_2]} - 0.059 pH \qquad (3-80)$$

可以看出,Eh 不但取决于砷的标准氧化还原电位 E_0,而且还与 pH 和不同价态砷的活度比有关,不同 pH 条件下砷体系的 E_0 及 Eh-pH 图分别见表 3-11 和图 3-28。

表 3-11   不同 pH 条件下砷体系的 E_0

条件	反应	E_0/V
酸性条件	$AsH_3 \rightleftharpoons As + 3H^+ + 3e^-$	-0.54
	$2H_2O + As \rightleftharpoons HAsO_2 + 3H^+ + 3e^-$	0.25
	$2H_2O + HAsO_2 \rightleftharpoons H_3AsO_4 + 2H^+ + 2e^-$	0.56
碱性条件	$AsO_3^{3-} + 2OH^- \rightleftharpoons AsO_4^{3-} + H_2O + 2e^-$	-0.21
	$4OH^- + As \rightleftharpoons AsO_2^- + 2H_2O + 3e^-$	-0.68
	$4OH^- + AsO_2^- \rightleftharpoons AsO_4^{3-} + 2H_2O + 2e^-$	-0.71
	$3OH^- + AsH_3 \rightleftharpoons 3H_2O + As + 3e^-$	-1.37
其他	$As^{3+} + 3e^- \rightleftharpoons As$	0.30

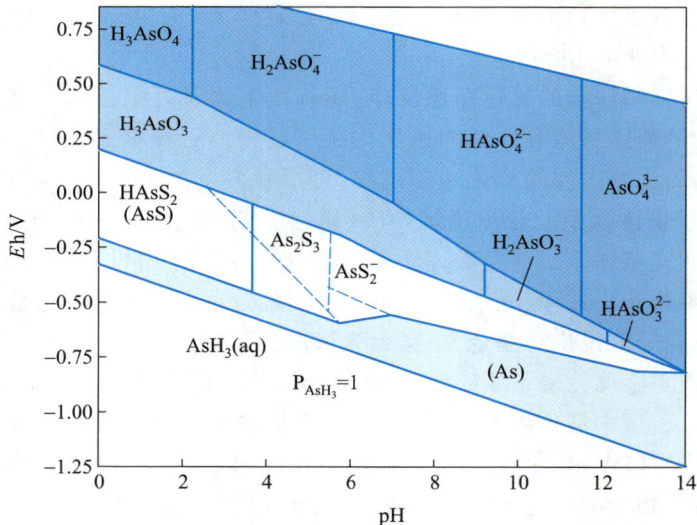

图 3-28   As 在土壤中的 Eh-pH 平衡图

专栏 3-3 土壤自由基

自由基是指包含至少一个未成对电子的原子、分子或基团。由于存在不成对的电子,自由基具有较高的氧化性。从 20 世纪自由基化学建立以来,自由基的研究就受到了研究者们的广泛关注。在 20 世纪,自由基化学主要集中研究以光化学为主的大气自由基和水自由基。进入 21 世纪以来,土壤自由基也引起了人们的重视。

土壤自由基是影响土壤氧化还原反应的重要因素,它包括瞬时型自由基和持久性自由基。瞬时型自由基在土壤中存在时间非常短,其寿命通常为几分之一秒或更短,主要包括羟基自由基($\cdot OH$)和超氧自由基($\cdot O_2^-$);这些自由基具有单电子结构,有形成化学键的强烈趋势和极强的反应活性。而土壤中一些自由基分子具有较长的寿命,在土壤环境中的半衰期可高达 30 天,能够在环境中持久稳定存在,被称为土壤持久性自由基。它主要包括以碳原子为中心的自由基如芳烃类自由基,和以氧原子为中心的自由基如半醌类自由基。

土壤中以活性氧自由基($\cdot OH$、$\cdot O_2^-$)为主的瞬时型自由基可通过非生物过程和生物化学过程两条途径产生。其中,非生物过程产生的 $\cdot OH$ 是在 O_2 与土壤或水体中的还原性溶解性有机物(DOM)和 Fe^{2+} 的氧化还原过程中形成的(图 3-29)。有研究表明,从干燥的高地到潮湿的低地,$\cdot OH$ 的形成速率随着 DOM 和还原性 Fe^{2+} 浓度的增加而增加,在土壤和地表水的好氧-缺氧边界处,$\cdot OH$ 的形成速率最高。在生物化学途径中,土壤中广泛存在的异养细菌通过分泌的胞外氧化还原酶与 O_2 反应产生 $\cdot O_2^-$,该酶由还原形式的烟酰胺腺嘌呤二核苷酸(NADH)激活。以上过程产生的活性氧自由基($\cdot OH$、$\cdot O_2^-$)显著影响了土壤当中的氧化还原反应,对土壤中的多种有机污染物如多环芳烃(PAHs)等起到有效的氧化降解作用。

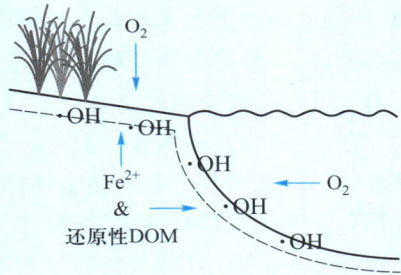

图 3-29 土壤中还原性 DOM 和 Fe^{2+} 形成 $\cdot OH$

资料来源:改自 Page 等,2013。

土壤有机质(SOM)被认为是土壤的电子源和汇,是产生土壤持久性自由基的重要媒介。SOM 是一类组成成分复杂,且具有异质性的物质,在光化学过程、氧化还原反应,以及与污染物相互作用等地球化学过程中具有重要作用,是影响有机污染物在土壤环境中迁移和转化过程的决定性因素。研究者通过电子顺磁共振(EPR)分析发现,土壤腐殖酸中存在持久性自由基,每 1 g 腐殖酸中大约含有 10^{18} 自旋数(spins),以半醌类和氢醌类自由基为主。目前报道的 SOM 中的自由基形成机理主要有:未成对电子与 O_2 之间存在自旋轨道作用;芳香环上的质子发生超精细分裂;醌类和酚类基团之间发生电子转移反应和聚合反应;氢醌在碱性条件下通过自氧化过程生成。研究表明 SOM 结构中 O 原子的电子自旋密度会通过向芳香组分的 C 原子转移产生离域作用,进而形成半醌类自由基且能在环境中持久存在。另外有研究发现,在腐殖化的有机组分中也检测出较强的自由基信号,以半醌类自由基为主,具有较强的氧化活性,这些自由基通过 π 堆叠和疏水结合等局部效应被稳定。除了能形成醌类持久性自由基外,SOM 的一些酚类组分在参与地球化学的过程中能够通过得失电子形成多元酚类持久性自由基。

第五节　土壤胶体和表面电荷

土壤胶体是指土壤中至少一个维度粒径在 1 nm~1 μm 的颗粒。土壤胶体颗粒,多数情况下属于有机-矿物复合体,即核心部分是次生黏土矿物,外面是吸附在矿物胶体表面的有机胶膜。土壤胶体表面是土壤环境过程的主要发生场所,是土壤各种物质最活跃的部分,对土壤性质的影响也最大。

一、土壤胶体

（一）土壤胶体类型

土壤胶体一般可分为无机胶体、有机胶体、有机-无机复合胶体及生物胶体。土壤无机胶体主要是土壤中由黏土矿物形成的胶体物质,包括次生的铝硅酸盐黏土矿物和氧化物,如高岭石、蒙脱石和针铁矿、赤铁矿等。这些黏土矿物表面带有较多负电荷,阳离子交换量较高,对土壤中的离子态污染物具有较强的吸附、固定和离子交换能力。土壤有机胶体主要指的是腐殖质,一般可分为胡敏素、胡敏酸和富里酸。土壤有机胶体表面的羧基和酚羟基易解离出 H^+,因此带有较高的负电荷量,高于无机胶体。土壤中无机胶体和有机胶体往往很少单独存在,而是相互联结在一起的。无机胶体与有机胶体通过表面分子缩聚、阳离子桥接及氢键合等作用联结在一起的复合体称为土壤有机-无机复合体。土壤生物胶体是指土壤中拥有符合胶体定义粒径的病毒、细菌等微生物等。与传统的非生物胶体相比,生物胶体不存在溶解与颗粒形态,且具有生命体特有的繁殖、代谢、对外界刺激产生反应等生物特性。土壤胶体具有较大的比表面积,表面带有电荷,吸附性强,有着较大的缓冲能力。其分散、凝聚、收缩、膨胀及黏结等特性对土壤结构有着较大影响,同时也能够影响污染物的迁移转化过程及土壤的自净过程。

（二）土壤胶体表面类型

土壤胶体的表面可分为内表面和外表面,内表面一般是指膨胀型黏土矿物晶格层间的表面和腐殖质分子聚集体内部的表面;外表面是指黏土矿物、腐殖质和氧化物胶体暴露在外的表面。这两种表面,不仅其活性基团、电荷密度等有所不同,而且由于所处的位置不同,产生反应的难易也有显著区别。一般外表面产生的吸附反应很迅速,而内表面的吸附反应则往往是一个缓慢的渗入过程。高岭石、伊利石和水铝英石等多以外表面为主,而蒙脱石等膨胀型矿物则以内表面为主。有机胶体也有相当多的内表面,但由于它的聚集结构不稳定,比较难以区分内表面和外表面。根据土壤胶体表面活性基团的不同,大致可分为硅氧烷型表面、水合氧化物型表面和有机物表面等三种类型(图 3-30)。

硅氧烷型表面(siloxane surface)由氧离子层紧紧连接着硅离子层而成,此表面为非极性的疏水表面,难以解离。因此,硅氧烷型表面电荷的来源除断键外,主要依靠同晶置换作用,如部分硅离子被铝离子置换从而产生负电荷;这样产生的电荷一般不随溶液 pH 和电解质浓度而变化,属永久电荷。云母的基面是最典型的硅氧烷表面。蒙脱石、蛭石等 2：1 型黏土

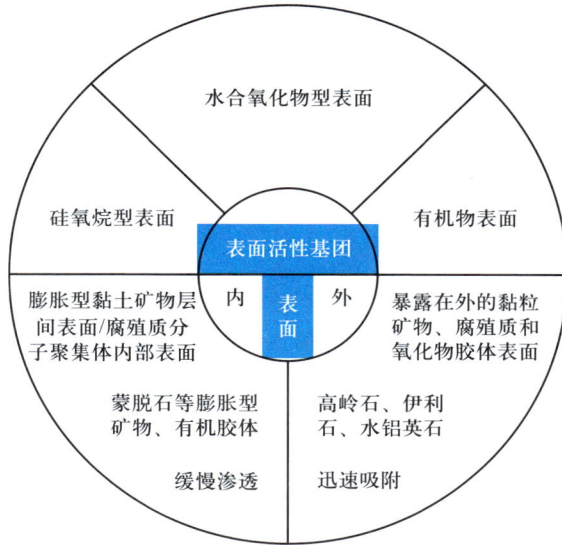

图 3-30 土壤胶体分类

矿物暴露的基面也属于硅氧烷型表面,而高岭石和其他 1∶1 型黏土矿物,则只有 1/2 的表面是硅氧烷表面。

水合氧化物型表面(hydroxyl surface)是以金属离子和氢氧根离子组成的表面。与硅氧烷疏水表面不同,水合氧化物表面是一个极性的亲水表面,氧化物表面羟基可以通过氢键和吸附水结合。水合氧化物表面的羟基可以通过解离产生电荷,并随介质中的 pH 和电解质浓度而变化,属于可变电荷。无定形的水合氧化物、氢氧化物胶体、1∶1 型黏土矿物暴露的铝氧表面,以及硅氧烷基面上由断键而产生的硅烷醇(Si—OH)都属于水合氧化物型表面。

有机物表面具有明显的蜂窝状特征,故总表面积较大;其活性基团主要包括羧基(—COOH)、羟基(—OH)、醌基(═O)、醛基(—CHO)、甲氧基(—OCH$_3$)和氨基(—NH$_2$)等。土壤中的有机胶体如胡敏酸、富啡酸和胡敏素等都具有这一类表面。该类表面上的活性基团易受 pH 的影响,具有两性特性(表 3-12)。

表 3-12 不同胶体表面性质比较

性质	硅氧烷型	水合氧化物型	有机物型
结构/基团	Si—O—Si	M—OH	羧基、羟基、醌基、醛基、甲氧基、氨基
亲/疏水性	非极性疏水	极性亲水	兼具两性
电荷性质	永久	可变	可变
电荷来源	同晶置换(主要)、断键(少)	—OH 质子化或解离	H$^+$ 解离或缔合
pH	无影响	影响	影响
电解质浓度	无影响	影响	—

上述几种表面并非完全独立存在,常常交叉混杂、相互影响。例如在层状黏土矿物表面可包裹部分水合氧化铁、铝胶体或腐殖质胶体,其结果往往使得黏土矿物部分表面被掩蔽,从而表现出氧化物型或有机物型的表面特性。同样地,水合氧化铁、铝也可和腐殖质胶体结合,而彼此影响表面性质。此外,土壤中的胶体也常常混入一些杂质,例如碳酸钙在胶体表面沉淀,使胶体表面性质发生改变,还有一些杂质可进入黏土矿物层间从而改变内表面性质。

(三) 土壤胶体的比表面积

如上所述,土壤胶体表面可分为内表面和外表面,因此土壤胶体表面积一般是指这两种表面的总和,一般用比表面积表示。单位质量比表面积叫质量比表面积,单位为 cm^2/g;单位容积比表面积叫容积比表面积,单位为 cm^2/m^3。

土壤胶体比表面积常用的测定方法有极性有机分子吸附法、N_2 吸附法等。其中,极性有机分子吸附法采用较多。其一般是通过将极性的有机分子,包括乙二醇、乙二醇乙醚、甘油、亚甲基蓝等,以单分子或双分子层的形式吸附在土壤胶体的表面,而后根据被吸附的有机分子的质量、分子大小与所占面积的关系换算出土壤胶体的总表面积。与此同时,将另一份同样的土壤样品进行预处理,例如 600 ℃ 灼烧或加入某种特定的"填充剂",破坏或者阻塞膨胀性晶格,然后同样进行极性有机分子吸附,并计算出该样品的外比表面积。将总比表面积减去外比表面积即为内比表面积。此方法较为简单,可用于具有内表面的土壤胶体,所以在土壤研究中应用广泛。表 3-13 列出了各种常见的土壤矿物胶体的比表面积。一般来说,土壤胶体中有机质含量高,比表面积较大。反之,如果有机质含量低,则表面积较小。

表 3-13　各种常见的土壤矿物胶体的比表面积　　　　　　　　　单位:m^2/g

胶体成分	内表面积	外表面积	总表面积
蒙脱石	700~750	15~150	700~850
蛭石	400~750	1~50	400~800
水云母	0~5	90~150	90~150
高岭石	0	5~40	5~40
埃洛石	0	10~45	10~45
水化埃洛石	400	25~30	430
水铝英石	130~400	130~400	260~800

以高岭石和三水铝石为主的砖红壤,比表面积只有 57 m^2/g,并以外表面为主。以高岭石、水云母为主的红壤胶体,比表面积为 92 m^2/g,其中外表面大于内表面(表 3-14)。以水云母和蒙脱石为主的河湖沉积土胶体,表面积约为 200 m^2/g,以内表面为主。游离氧化铁对土壤胶体表面积的贡献也很大,特别是砖红壤胶体,其表面积中约有 50% 来自游离氧化铁。我国南方的红壤和砖红壤中,游离氧化铁的表观比表面积一般为 170~227 m^2/g。

表3-14　我国几种主要土壤胶体的比表面积

土壤胶体	比表面积/(m²·g⁻¹)	表面类型	胶体类型
砖红壤胶体	50~80	外表面为主	高岭石、三水铝石
红壤胶体	90~150	外表面>内表面	高岭石、水云母
黄棕壤胶体	200~300	内表面为主	水云母、蛭石

二、土壤胶体表面电荷和电荷零点

（一）土壤胶体的表面电荷

土壤胶体表面所带的电荷是土壤具有一系列物理化学性质的根本原因。例如，土壤表面的电荷数量决定着土壤所能吸附的离子数量，也决定了胶粒周围的电场密度。土壤颗粒分散在电解质溶液中形成胶体时，有两种机制可使土壤胶体表面产生电荷：即黏土矿物晶格的同晶置换作用与表面羟基中氢原子的解离或结合。黏土矿物晶格中的同晶置换，如硅氧四面体中部分硅原子 Si(Ⅳ) 被铝原子 Al(Ⅲ) 置换，从而产生负电荷，其数量或强度一般不随胶体溶液的 pH 和电解质浓度而变化，属于永久电荷。而表面羟基中氢离子的解离或结合受到溶液中的 pH 和电解质浓度的影响，因而属于可变电荷。一般地，水合氧化物型胶体表面和有机胶体表面的电荷属于可变电荷，而层状硅铝酸盐矿物胶体表面的电荷既有永久电荷，也有可变电荷。

水合氧化物型表面的可变电荷，来源于表面羟基上氢离子的解离或结合。水合氧化物表面的羟基，在酸性溶液中可和氢离子结合而产生正电荷，反之，在碱性溶液中则解离释放出氢离子而产生负电荷。可变电荷的数量视胶体溶液的 pH 和矿物表面羟基的密度及对氢离子的亲和力而异。一般地，在低 pH 时，氧化铁带的正电荷较多，可达 100~200 mmol/kg，而硅酸凝胶（水合氧化硅）很少；但在高 pH 时，硅酸凝胶可产生较多的负电荷，而铁铝氧化物则较少。

此外，土壤有机胶体如腐殖质表面也可通过官能团中氢原子的解离或结合产生可变电荷，涉及的主要官能团有羧基（—COOH）、醇羟基（—OH）、酚羟基（—OH）、氨基（—NH₂）或者亚氨基（>NH）。羧基的 pK_a 一般为 3~5，其 pH 越高，解离度越大。酚羟基的 pK_a 一般为 9~12，故只有当 pH 大于 7.0 时，酚羟基才解离。糖类分子上羟基的 pK_a 一般大于 13，因此在一般土壤 pH 条件下，其氢离子很难解离。所以，土壤腐殖质产生的负电荷主要来自羧基和酚羟基中氢离子的解离，大约占负电荷总量的 90%~95%。而一般土壤腐殖质带的正电荷很少，这主要来源于氢离子与胺基的结合（$R-NH_3^+$）。

（二）土壤胶体的电荷零点

在某个 pH 时，土壤黏土矿物表面上既不带正电荷，也不带负电荷，其表面电荷等于零时，此时的 pH 称为土壤胶体的电荷零点或者零电荷点（point of zero charge，PZC）。电荷零点是表征胶体表面电荷性质的一个重要参数。当体系中 pH<PZC 时，胶体表面带正电荷；pH>PZC 时，带负电荷；pH=PZC 时，则表面不带电荷（图 3-31）。

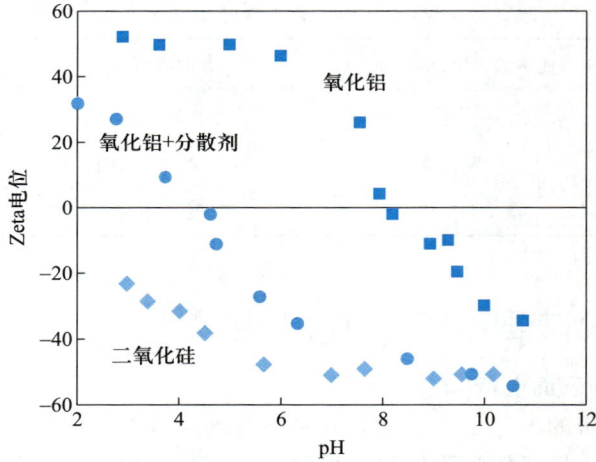

图 3-31 矿物表面电荷与体系 pH 的关系

资料来源：改自 Muneeb，2010。

表 3-15 列出了主要黏土矿物胶体表面的电荷零点。硅铝酸盐黏土矿物的电荷零点都很低，而氧化物的电荷零点有相当大的变化范围，受到中心金属离子对电子亲和力的大小及水化程度的影响，一般水化程度越高，则电荷零点越高。此外还与杂质参与（如氧化硅和氧化铝的混合体系），不同配位数的金属阳离子的结合差异，以及对某些离子的专属吸附等因子有关。

表 3-15 主要黏土矿物胶体表面的电荷零点

土壤黏土矿物	分子式	电荷零点
石英	SiO_2	1~3
蒙脱石	$(OH)_4Si_8Al_4O_{20}$	<2.5
高岭石	$(OH)_8Si_4Al_4O_{10}$	3
高岭石	$(OH)_8Si_4Al_4O_{10}$	7.3（边缘）
二氧化锰	MnO_2	2~4.5
金红石	TiO_2	3.5~6.7
磁铁矿	Fe_3O_4	6.5
磁赤铁矿	$\gamma-Fe_2O_3$	6.7
针铁矿	$\alpha-FeOOH$	5.9~7.2
赤铁矿	$\alpha-Fe_2O_3$	7.8~8.3
无定形氢氧化铁	$Fe(OH)_3$	8.3~9.0
三水铝石	$\alpha-Al(OH)_3$	8.5
一水软铝石	$\alpha-AlOOH$	7.8~9.5
无定形氢氧化铝	$Al(OH)_3$	6.5~9.4

土壤胶体含有多种矿物和有机质，是含有永久电荷和可变电荷的混合体系，常常同时带有正电荷和负电荷。因此，土壤胶体的电荷零点定义为使土壤胶体表面净电荷为零时的体系 pH，也称为土壤电荷零点，其大小则视所含黏土矿物的种类及其数量而异，氧化物含量较

低的土壤,其电荷零点一般较低。如果黏土矿物被有机胶体包裹,则其电荷零点降低。例如,砖红壤的电荷零点为 4.7,如除去其中的腐殖质则电荷零点升高至 5.6 左右,而除去腐殖质和氧化铁则使电荷零点降至 4.2,可见腐殖质使砖红壤的电荷零点降低,而游离氧化铁则使之升高。

(三)胶体的双电层理论

当带电胶粒分散在电解质溶液中时,由于静电引力作用,在胶体微粒外围会形成一异号电荷的离子层。另外,由于粒子热运动的影响,集中在胶粒表面的离子会向远离胶粒的方向扩散。当静电引力与热扩散相平衡时,在胶粒与溶液的界面上,形成了由一层表面电荷和一层异号电荷的离子所组成的双电层。双电层是一个存在于固液界面区域的微观带电体系,在其内部的不同位置,电位也有所不同,但整体上呈电中性。土壤的表面电荷决定着胶体颗粒周围的电场密度,对胶体颗粒周围的双电层有深刻的影响,而双电层是土壤胶体具有一系列物理和化学性质的基础。双电层理论经历了一个半世纪的发展,现今较为公认的版本是经过长期完善的结果。

1879 年亥姆霍兹(Helmholtz)首先提出双电层电容器模型,如图 3-32(a)所示,该模型

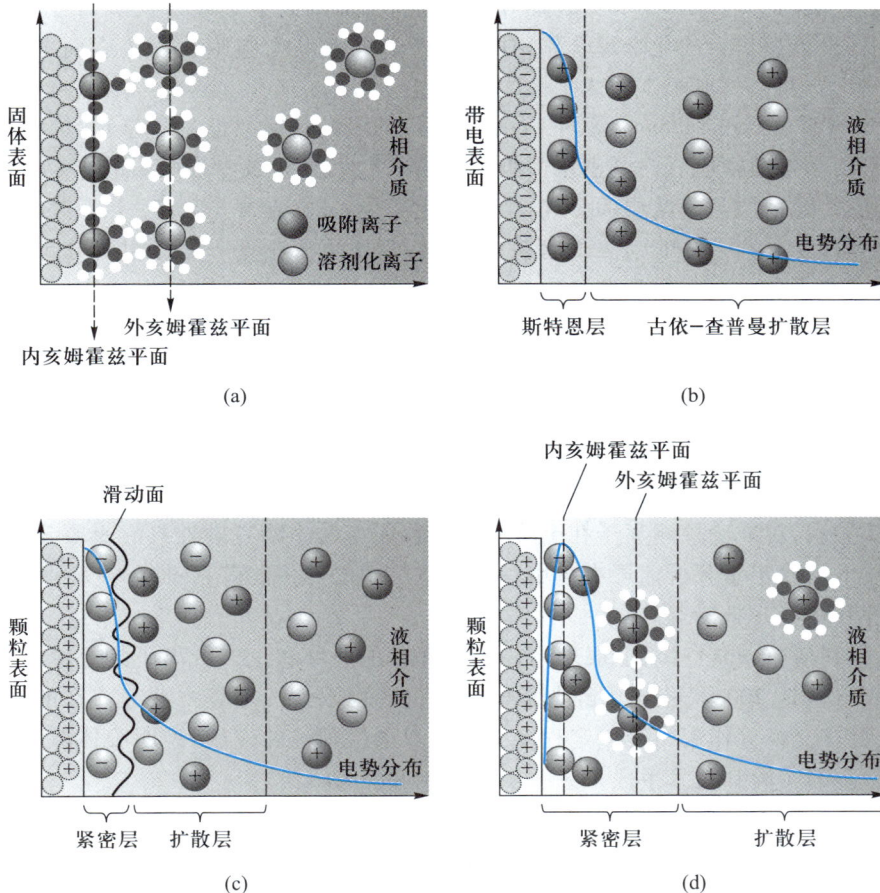

图 3-32　双电层模型

(a)亥姆霍兹双电层模型;(b)古依-查普曼双电层模型;(c)斯特恩双电层模型;(d)格雷厄姆双电层模型

资料来源:改自 Gschwend 等,2020;Saboorian-Jooybari 等,2019;Mortier,2006。

设定双电层是在固液两相的界面上形成的,正负离子分别平行地排列在固液两相界面上,与平行板电容器相似,两层间的距离约与离子的大小相等。如果固体物质是胶体系统的分散相,则在胶体粒子的周围即形成上述的双电层。该模型过于简单,无法解释很多现象,比如带电质点的表面电势 ϕ^0 与质点运动时固液两相发生相对移动时所产生的电势差——ζ 电势(电动电势)的区别,也无法解释电解质对 ζ 电势的影响。

根据古依(Gouy)和查普曼(Chapman)在 19 世纪初提出的扩散双电层理论(图 3-32(b)),固体表面带相反电荷的离子(异电离子、补偿离子),由于离子的热运动,并非全部整齐地排列在一个面上。倘若取溶胶中的胶体的一部分为例,其电荷分布情况即如图 3-32 所示。紧靠固体表面的反离子浓度最大,随着远离固体表面,反离子浓度降低从而形成一个扩散层。在此模型假设中,固体表面可看作无限大的平面,表面电荷分布均匀,溶剂介电常数处处相同。因此,距表面一定距离 x 处的电势 ϕ 与表面电势 ϕ^0 的关系遵守玻耳兹曼定律:$\phi = \phi^0 e^{-\kappa x}$(式中 κ 的倒数具有双电层厚度的含义)。但是,该模型没有考虑反离子专性吸附及离子的溶剂化等现象,也未能反映胶粒界面紧密层的存在。

1924 年斯特恩(Otto Stern)对扩散双电层模型进行修正,认为溶液一侧的带电层应分为紧密层和扩散层两部分。如图 3-32(c)所示,紧密层是溶液中反离子及溶剂分子受到足够大的静电引力、范德华力或化学键合作用(专性吸附),而紧密吸附在固体表面上,形成一个固定的吸附层。其余反离子则构成扩散层。

1947 年格雷厄姆(Grahame)等对 Gouy-Chapman-Stern 模型进一步修正,提出将紧密层分为内紧密层和外紧密层。内紧密层由吸附的溶剂(水)分子及专性吸附的未溶剂化离子组成;外紧密层为紧密层与分散层的分界,由溶剂化离子(水合离子)组成。当胶核表面存在负的剩余电荷时,水合离子并非与表面直接接触,二者之间存在着一层吸附水分子,在这种情况下,水合离子距胶核表面稍远些。由这种离子电荷构成的紧密层称为外紧密层。具体见图 3-32(d)。

胶体双电层理论发展至今,研究者们已经对其有较为清楚的认识。通过将胶体双电层理论应用到土壤中,能够一定程度上了解或预测土壤胶体的稳定性和环境行为。例如,稀土和重金属离子与土壤尤其是与土壤黏粒(具有较高比表面积的带电矿物和有机质等)之间的相互作用是影响土壤溶液中离子活性的重要因素。胶体双电层理论揭示了离子与土壤黏粒之间的互作关系,对准确预测离子在土壤中的迁移能力及生物有效性具有重要意义。由此,通过各项技术手段定量分析离子在土壤黏粒双电层中的比例能够帮助指导实际情况中的土壤肥力管理和环境污染治理。

然而,科利斯(Collis)对双电层理论在同时含有正一价和正二价离子的土壤中的适用性进行了研究(Collis,2001),指出了经典双电层理论的局限性。环境中普遍存在的共价络合、空间位阻、配体交换等作用力会一定程度上影响双电层理论的应用,说明胶体双电层理论还需要结合更多的实验和技术手段来进一步的发展和完善。

第六节　土壤的吸附-解吸反应

土壤是多孔体系,含有大小不一的孔隙结构。而孔隙的状况极其复杂,大小孔隙可相互连接,且孔径弯曲多种多样,因而可以对进入其中的物质起到机械阻留的作用。机械吸附对可溶性的分子和离子,如水溶性养分等不起保存作用。物理化学吸附是发生在土壤溶液和土壤胶体界面上的一种物理化学反应。土壤胶体借助其较大的比表面积和电荷量,把土壤溶液中的离子吸附在胶体的表面上而保存下来。吸附是污染物在土壤中积累的一个主要过程,是一个溶质由液相转移到固相的物理化学过程。土壤的吸附与解吸反应在污染物迁移过程中起到了不可忽视的作用,极大地影响了污染物的迁移转化行为,决定着污染物在土壤中的迁移性、生物有效性和毒性。

一、吸附与解吸反应

当流体(气体或者液体)与(多孔)固体接触时,流体中某一组分或多个组分在固体表面或内部产生积蓄,此现象称为吸附。水相中被吸附的组分为吸附质,能够富集吸附质的固体为吸附剂。在土壤环境中吸附按照土壤(吸附剂)和水中物质(吸附质)之间键合作用的性质,可分为物理吸附、物理化学吸附和化学吸附过程。另外,由于土壤胶体中有机成分的复杂性,疏水性有机物又能在土壤界面发生两相分配作用。

物理吸附,即表面吸附,是指吸附质与吸附剂之间因为分子引力(范德华力)而产生的吸附作用。当物理吸附发生后,吸附剂的表面能降低并放出热量。物理吸附的选择性较差,反应不需要活化能,在常温或者低温环境下就能进行。但是,物理吸附也易发生解吸过程。土壤中有机组分相较于矿物胶体,对农药等有机物(包括林丹、西玛津等化合物)具有更强的吸附能力。例如,土壤腐殖质对马拉硫磷的吸附能力较蒙脱石大 70 倍,还能吸附水溶性差的农药如滴滴涕。它能提高滴滴涕溶解度,滴滴涕在 0.5% 的腐殖酸钠溶液中的溶解度为在水中的 20 倍。因此,腐殖质含量高的土壤吸附有机氯的能力强,土壤质地和土壤有机质含量对农药的吸附具有显著影响。

化学吸附又称专性吸附,其中涉及氢键、共价键等化学键的形成,与化学反应一样。在化学吸附过程中,常常伴随着吸热放热现象,且强化学键的形成往往释放大量反应热,故化学吸附解吸过程所需的活化能也很大。因此,化学吸附常常不可逆。

二、吸附等温式

在温度不变的条件下,吸附质在吸附剂表面的吸附量同与之平衡的流体浓度之间的关系称为等温吸附规律,表达这一关系的数学式称为吸附等温式。根据这种关系绘制的曲线称为吸附等温线。目前在实践中已提出不同类型的各种吸附等温式和吸附等温线,它们各自有不同的适用范围和吸附理论模型。根据国际理论化学与应用化学联合会(IUPAC)公布成果,吸附等温式可以分为图 3-33 中的六类。

Ⅰ型为向上凸的吸附等温线,其特点在吸附质浓度很低的情况下,仍有相当高的平衡吸附量。Ⅱ型为反 S 型的吸附等温线,其特点为低压时呈单分子层吸附,高压时呈多分子层吸附,相对压力接近 1 时可能发生毛细凝聚现象。Ⅲ型等温线特点在于吸附剂和吸附质相互作用很弱,低压时呈多分子层吸附,相对压力越高,吸附量越多,表现出有孔填充,常见于非孔或大孔固体表面及憎水性的表面。Ⅳ型及 Ⅴ型吸附等温线的特点在于低压时呈单分子层或者多分子层吸附,在高压时,有毛细凝聚现象。这两种都有明显的脱附滞后现象。Ⅵ型吸附等温线是阶梯型吸附等温线。当土壤胶体作为吸附剂,其主要的吸附等温线类型如下。

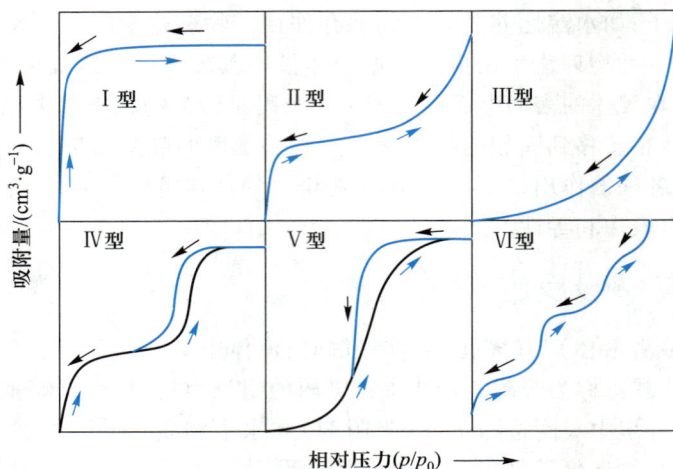

图 3-33   吸附等温线类型

Ⅰ型:80 K 时 N₂ 在活性炭上的吸附;Ⅱ型:78 K 时 N₂ 在硅胶上的吸附;Ⅲ型:351 K 时溴在硅胶上的吸附;
Ⅳ型:323 K 时苯在 FeO 上的吸附;Ⅴ型:373 K 时水蒸气在活性炭上的吸附;Ⅵ型:惰性气体分子阶段多层吸附
资料来源:改自 Kumar 等,2019。

一般情况下,吸附质在土壤胶体表面的吸附量随其在土壤溶液的平衡浓度的增大而增大,但并不成正比关系。土壤胶体表面的吸附等温线最常见的一般形式如图 3-34 所示,吸附平衡时,其纵坐标为吸附量 q,其横坐标为吸附质在溶液中的浓度 C。

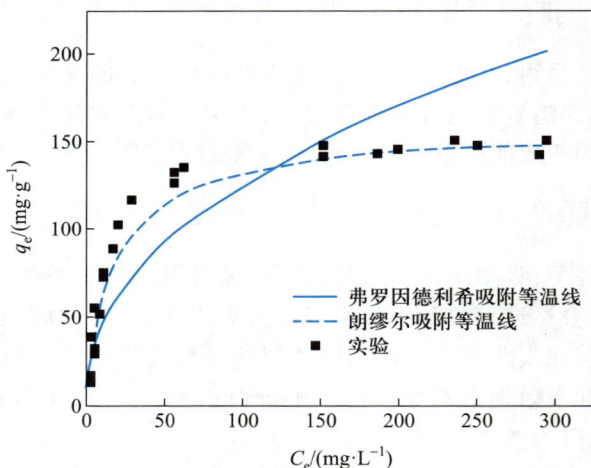

图 3-34   弗罗因德利希、朗缪尔吸附等温线
资料来源:改自 Burks,2013。

(一)朗缪尔吸附理论与吸附等温式

固体吸附理论中运用较广的是单分子层理论,这是由美国化学家朗缪尔提出的。此理论认为,任何固体表面都不是绝对光滑的,而是由大量均匀分布的凸出点组成。凸出点上的原子和离子具有未饱和的价键力,构成了一系列的吸附作用点,称为表面吸附活性位点。只有在这些活性位点上才会发生吸附,也就是说,固体吸附作用的点是有限的。另外,活性位

点的吸附作用范围大致为分子大小,每个活性位点只能吸附一个物质分子。因此,当表面吸附活性位点全部被占满时,吸附量达到最高饱和值,这时在吸附剂表面上分布有吸附质的单分子层。被吸附的物质分子之间不能再进行吸附,它们之间也没有作用,因此不可能再形成第二层被吸附分子。据朗缪尔理论,吸附是一种动态平衡过程,被吸附分子有一定时间停留在活性位点上,然后又脱离开吸附剂。当整个吸附表面上吸附的速度与解吸的速度相等时,吸附过程达到平衡。如图 3-34 所示,该曲线可划分为三段,第 Ⅰ 段为低浓度区,此区内平衡浓度对吸附量的影响最大,二者接近直线比例关系。在继续提高浓度时,吸附量仍随之增长,但增长的速度缓慢尔来(Ⅱ 段)。最后,当浓度很高时,曲线进入第 Ⅲ 段,成为一条几乎与横坐标相平行的直线,也就是吸附量达到饱和的区段。

(二)弗罗因德利希吸附等温式

弗罗因德利希吸附理论是一种描述多相吸附过程的经典模型,适用于非均质表面的多层吸附现象。其基本假设包括:吸附剂表面能量分布不均匀,存在多种吸附位点;吸附质分子可以在已吸附的分子上继续形成多层吸附;随着吸附量增加,吸附位点的能量逐渐降低,吸附热不再恒定。如图 3-34 所示,弗罗因德利希吸附曲线趋势为:吸附量 q 随浓度 C 增加而上升,但增速逐渐减缓,形成一条向下凸(凸向浓度轴)的曲线。与朗缪尔等温线不同,弗罗因德利希曲线不会达到平台期,吸附量随着浓度无限增大而持续增长。这一特性使其在描述多孔或非均匀表面的吸附行为时尤为适用。

三、离子交换吸附与特异性吸附

(一)离子交换吸附

带电荷的土壤胶体会吸附土壤溶液中的带相反电荷的离子,以平衡胶体粒子的电性。土壤中带负电荷的胶体所吸附的阳离子,在静电引力、离子本身的热运动或浓度梯度的作用下,可与土壤溶液中的阳离子以离子价为依据进行等价交换,见图 3-35。通常来说,离子交换吸附分为阳离子交换吸附与阴离子交换吸附。这种能互相交换的阳离子就称为交换性阳离子。这种吸附发生在土壤胶体的扩散层,因此又被称为外层络合作用。

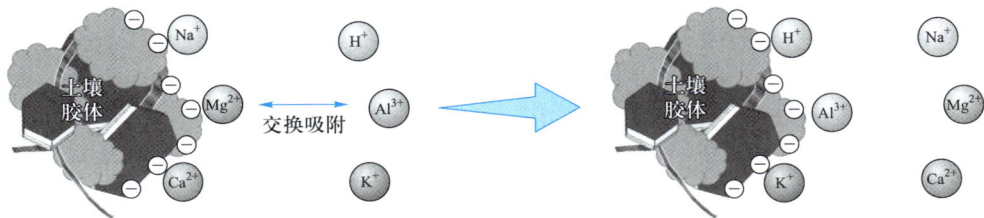

图 3-35　离子交换吸附

离子交换是一种可逆反应,而且迅速地达到可逆平衡,向任何一方的反应都不可能进行到底。由于这个原因,胶体上吸附的交换性离子很少是由一种离子组成的,而往往是存在着多种离子。离子的交换作用以等当量关系进行。离子交换作用不受温度的影响,并且在酸碱条件下均可进行。各种阳离子虽然都能被带负电的胶体所吸附,但它们被吸附的能力是不同的。土壤中一些常见阳离子的交换能力顺序如下:$Fe^{3+}>Al^{3+}>H^{+}>Ba^{2+}>Sr^{2+}>Ca^{2+}>Mg^{2+}>Cs^{+}>Rb^{+}>NH_{4}^{+}>K^{+}>Na^{+}>Li^{+}$。

阳离子交换吸附的亲合力受以下几种因素的影响。

1. 电荷的影响

一般离子电荷数越高,阳离子交换能力越强。即:单价离子的吸附亲和力小于二价离子,二价离子的吸附亲和力小于三价离子。

2. 离子半径及水合程度

进行交换的阳离子在溶液中常常是水合离子。同价离子中,离子半径越大,水合离子半径就越小,产生较高的电荷密度,因而具有较强的交换能力。一价自由离子和水合离子的半径见表 3-16。碱金属与碱土金属交换吸附亲合力的顺序为: $Ba^{2+} > Sr^{2+} > Ca^{2+} > Mg^{2+} > Cs^{2+} > Rb^+ > K^+ > Na^+ > Li^+$。

表 3-16　一价自由离子和水合离子的半径　　　　单位:nm

一价离子	Li^+	Na^+	K^+	NH_4^+	Rb^+
离子的真实半径	0.078	0.098	0.133	0.143	0.149
离子的水合半径	1.008	0.790	0.537	0.532	0.509

3. 水解作用的影响

在土壤溶液常见的 pH 条件下,大部分二价的过渡金属离子和高价阳离子如 Fe 和 Al 等会水解,形成羟基配合阳离子,其交换亲和力也远远大于游离离子和水合离子。因此,对重金属离子的吸附亲和力一般大于对碱土金属和碱金属的吸附力: $Pb^{2+} > Cu^{2+} > Ni^{2+} > Co^{2+} > Zn^{2+} > Mn^{2+} > Ba^{2+} > Ca^{2+} > Mg^{2+} > NH_4^+ > K^+ > Na^+$。

4. 溶质浓度的影响

交换亲合力较小的阳离子,如果在溶液中的浓度较大,也可以置换出交换亲合力较强、但在溶液中浓度较小的阳离子,即交换作用也服从于质量作用定律。

(二) 水合氧化物胶体的专性吸附

水合氧化物胶体表现出的专性吸附作用非常强烈,特别是对重金属离子。被专性吸附的离子一般很难被寻常的离子提取剂(如钠盐、铵盐甚或钙盐溶液)所提取,只能在强酸条件下解吸,或被亲和力更强的重金属离子所置换。由于专性吸附作用,这些水合氧化物可以从常量浓度的碱金属盐溶液中吸附痕量(浓度上低 3~4 个数量级)重金属离子。专性吸附不是静电引力所致,因此,在水合氧化物带正电荷时或不带电荷时均可发生专性吸附。等电点(pl)是一个分子或者表面不带电荷时的 pH。例如人工合成的水锰矿,其等电点为 pH = 1.8,但在 pH < 1 时也能明显地吸附 Co^{2+}、Cu^{2+} 和 Ni^{2+}。通常在 pH 较高的条件下,专性吸附会增强。这是因为专性吸附过程中一般会产生氢离子,较高的 pH 会中和产生的氢离子从而利于专性吸附。例如针铁矿的等电点约在 pH = 7.5,在 pH < 5.2 的介质中可吸附 44% 的 Cu^{2+},pH = 5.9 时其吸附量可达 90%。

除了对金属阳离子,水合氧化物的专性吸附对阴离子(如 $H_2PO_4^-$、SO_4^{2-}、NO_3^-、Cl^- 和 F^- 等)也有效。这些阴离子主要是通过与氧化物表面的羟基或水合基直接形成共价键或配位键结合。土壤中的阴离子依其吸附能力的大小可分为三类:① 易被专性吸附的阴离子,主要有 F^- 及 $H_2PO_4^-$、钼酸根、砷酸根、硅酸根、草酸根等含氧酸根离子。② 专性吸附作用很弱或进行负吸附的阴离子,包括 Cl^-、NO_3^-、NO_2^-。③ 中间类型的离子,主要有 SO_4^{2-} 和 HCO_3^-。这些阴离子被吸收的优先次序为: F^- > 草酸根 > 柠檬酸根 > $H_2PO_4^-$ > HCO_3^- > HBO_3^- > SO_4^{2-} > Cl^- >

NO_3^-。这些阴离子在土壤中的主要吸附机理如图 3-36 所示。

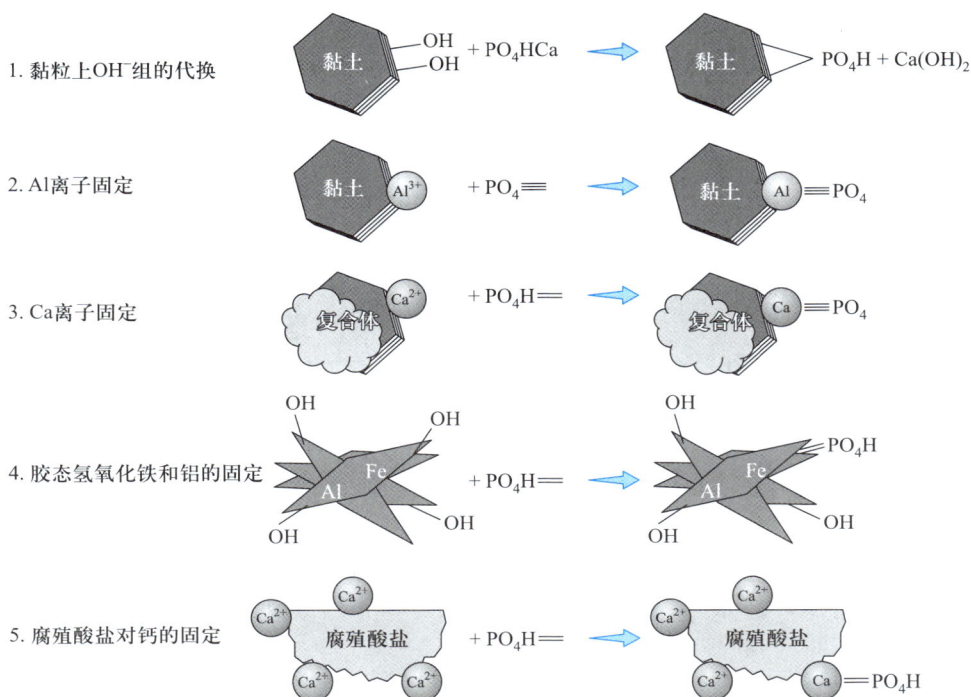

图 3-36　阴离子在土壤中的主要吸附过程

专性吸附对电荷零点有较大影响。当氧化物表面产生专性吸附时,表面金属离子可直接和阴离子通过氧桥(—O—)同阳离子产生配位反应,吸附离子进入内层并改变表面电荷。例如铁和铝水合氧化物的一个重要特性是非常容易和阴离子如硅酸盐、磷酸盐、钼酸盐、硼酸盐和硒酸盐等产生配位反应,使表面的负电荷增加,其结果往往改变了这些氧化物的电荷零点,如磷酸盐被氧化铝吸附后,其电荷零点比原来 Al—OH 的表面低几个 pH 单位。除磷酸盐外,硅酸盐、硫酸盐、钼酸盐、硼酸盐离子等也有同样效果。相反,如果氧化物表面产生阳离子如 Cu^{2+}、Zn^{2+}、Ca^{2+} 等的专性吸附时,则表面正电荷增加,电荷零点升高。

(三)黏土表面的专性吸附

黏土矿物的专性吸附主要是通过与黏土上的 OH^- 进行配体交换进行,这与氧化物表面的专性吸附类似。如图 3-37 所示,磷酸盐在高岭石或三水铝石的铝氧八面体表面通过形成的内层络合物被吸附。

矿物表面的羟基性质比较复杂,虽然一般认为它也属于硬碱,但是在矿物结构中与羟基连接的金属离子不同,羟基的性质也随之变化。例如在 M—O—H 键中,如 M 的电负性很小,则 O—H 之间的共价键很强,—OH 就是硬碱;而如 M 的电负性很大,则 M—O 之间的共价键增强,而 O—H 键减弱,因此 H^+ 就作为—O^- 表面的质子化存在,属于硬酸。可见 M—O—H 既可以是硬碱,也可以是硬酸,视连接的金属离子而异。在 Si—OH 表面,由于 Si 的电负性较大,—OH 具路易斯酸的性质,能络合—OH(离解出 H^+),即 Si—OH→SiO^-+H^+。相反,在 Al—OH 表面,由于 Al 的电负性较小,因此表面—OH 在酸性条件有路易斯碱的一些特性,能配合 H^+,带正电荷。而在碱性条件下则具有路易斯酸的一些特性,能配合—OH(或

离解出 H^+），带负电荷。矿物表面—OH 的性质还和结合的金属离子数量有关。如—OH 只和一个金属离子结合，具有路易斯碱的性质，如和两个或三个金属离子结合，则具有路易斯酸的性质。

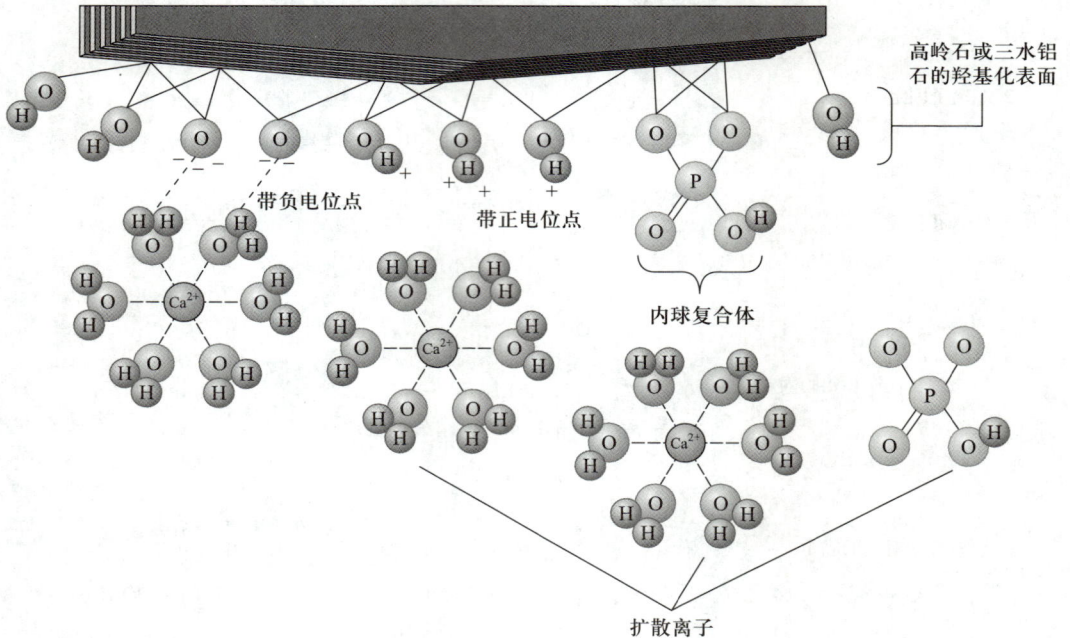

图 3-37   金属离子在黏土表面的吸附

另外，黏土矿物表面的硅氧烷（Si—O—烷基）也可参与专性吸附。硅氧烷是路易斯碱，而其软硬程度与电荷来源有关。如果矿物内部没有由于同晶置换产生的负电荷，则表面的硅氧烷仅是极软的路易斯碱；如果矿物内同晶置换在八面体片产生，则可使表面的硅氧烷的硬度增加；同理，如同晶置换在四面体片产生，则表面可成为较硬的路易斯碱。根据软硬酸碱结合的原则，软碱如与硬酸结合较不稳定，但是碱的硬度增加，则和硬酸形成的络合物就比较稳定。上述的硅氧烷路易斯碱的硬度随着同晶置换和负电荷的来源变化，表面所吸附的阳离子的稳定性也随之改变。这和各种黏土矿物吸附阳离子的规律是一致的。此外，有机胶体表面的—NH_2、—OH、—COOH、—SH 都属于路易斯碱。因此，在有机胶体表面进行的内层络合反应，也可用路易斯酸碱理论解释。

（四）黏土矿物的吸附行为

土壤中的黏土矿物包括层状铝硅酸盐和氧化物，能够显著影响污染物吸附解吸行为及其毒性。其中铝硅酸盐类黏土矿物对重金属和离子态有机农药，以及氧化物类黏土矿物对氟、钼、砷、铬等含氧酸根的吸附（尤其是专性吸附），可起到固定或暂时失活的减毒作用。

重金属吸附总量取决于土壤阳离子交换量，所以与黏土矿物类型有关。在重金属浓度很低时，专性吸附量的比例较大。专性吸附可以显著降低重金属对生物的毒性。表 3-17 是不同土壤组分对重金属选择吸附和专性吸附的强弱顺序。可知 Cd 与其他重金属相比，竞争吸附能力较差，故而相对较易被植物吸收。Zn 的吸附量因加入 Zn 的数量、阳离子交换量

（CEC）、pH 和干湿条件而异,其中膨润土吸附 Zn 的含量显著大于伊利石,后者又显著大于高岭石。高岭石在任何条件下,固定 Zn 的能力均较弱。Cu 被黏土矿物吸附的顺序为高岭石>伊利石>蒙脱石。这是因为铜是通过与硅酸盐表面发生配位作用而被专性吸附。该过程与矿物表面羟基群相关,还受到盐基饱和度的影响,而不直接依赖于黏土矿物的 CEC。不同类型矿物和氧化物与铜的吸附和结合强度差异决定了土壤中被吸附铜的解吸难易（毒性）。用 1 mol/L 的 NH_4OAc 或其他螯合剂作为解吸剂进行处理,发现 98% 吸附于蒙脱石上的 Cu 迅速发生了解吸。然而,专性吸附于铁、铝、锰氧化物上的 Cu"惰性"极强,相当一部分 Cu 不能被同晶置换,只有通过强烈的化学反应才能被活化从而释放出来。

表 3-17　土壤成分对重金属选择吸附和专性吸附排序

土壤成分		选择吸附和专性吸附排序
黏土		$Cr>Cu>Zn \geqslant Cd>Na$
土壤		$Pb>Cu>Cd>Zn>Ca$
泥炭土和灰化土		$Pb>Cu>Zn \geqslant Cd$
针铁矿		$Cu>Pb>Zn>Co>Cd$
氧化铁凝胶		$Pb>Cu>Zn>Ni>Cd>Co>Sr$
氧化铝凝胶		$Cu>Pb>Zn>Ni>Co>Cd>Sr$
土壤有机物		$Fe>Pb>Ni>Co>Mn>Zn$
富里酸	pH 3.5	$Cu>Fe>Ni>Pb>Co>Ca>Zn>Mn>Mg$
	pH 5.0	$Cu>Pb>Fe>Ni>Mn=Co>Ca>Zn>Mg$
胡敏酸	pH 4	$Zn>Cu>Pb \geqslant Mn>Fe$
	pH 5	$Zn>Cu>Pb \geqslant Mn>Fe$
	pH 6	$Zn>Cu>Pb \geqslant Fe>Mn$
	pH 7	$Zn>Cu>Pb \geqslant Fe>Mn$
	pH 8	$Pb>Zn>Fe>Cu \geqslant Mn$
	pH 9	$Zn>Pb>Fe>Cu \geqslant Mn$
	pH 10	$Zn>Fe>Cu>Pb \geqslant Mn$

土壤中铁、铝氧化物是 F^- 的主要吸附剂。氧化物胶体表面与中心金属离子配位的碱性最强的 A 型羟基（$—OH^{-0.5}$）或水合基（$—OH_2^{+0.5}$）,均可与 F^- 发生配位交换反应,从而降低氟的毒性。氧化物对 F^- 的最高吸附量为 SO_4^{2-} 的 3 倍,也高于 PO_4^{3-}、AsO_3^{3-}、$Cr_2O_7^{2-}$ 等。在吸附平衡溶液含 F^- 浓度相同时,$Al(OH)_3$ 胶体吸附氟的量分别比埃洛石和高岭石高出数十甚至数百倍,而 2:1 型蛭石只能吸附微量的氟。这就是红黄壤中,氟的毒性降低、残留态的氟容易富集累积的原因。

黏土矿物类型不同,影响土壤对农药的吸附。农药被黏土吸附后,其毒性大大降低。土壤吸附作用不仅妨碍农药的迁移,而且还减缓化学分解和生物降解速率,因而吸附量大时,其残留量也高。

（五）土壤有机质对污染物吸附的影响

土壤有机质对污染物毒性的影响可通过离子交换吸附和配合作用来实现。近年来,国外学者研究结果认为,土壤中结合态的农药主要是农药及其衍生物与土壤腐殖质缔合后形成了分子量大于 12 000 的高分子难溶物,约占结合态农药总量的 70%。尽管结合态农药的生物活性很低,植物吸收率大多小于 1%,但在蚯蚓体内可大量富集。土壤有机质对重金属的吸附主要通过其含氧官能团进行。羧基和酚羟基是腐殖酸的两种主要含氧官能团,分别占官能团总量的 50% 和 30%,成为腐殖质-金属络合物的主要配位基团。

土壤有机质成分除了依靠配合、分配等方式,近年研究发现其还可以通过多种专性吸附作用来对污染物进行截留。由于有机质成分是由柔性的大分子(如胡敏酸)和高度腐殖化或碳化的刚性结构(如黑炭)组成,因此会形成多种不同尺寸的介孔(~ 50 nm)与微孔(< 10 nm)。这种多孔结构会通过位阻效应或孔隙填充作用来完成对污染物的吸附,并表现出一定的慢速吸附和不可逆吸附能力。当污染物进入到微孔结构中,水分子和化合物本身的介电常数和饱和蒸气压均会发生较大的变化,从而会引起污染物本身的相转化,进而影响整个吸附过程的自由能。这种孔隙导致的吸附过程不仅受到土壤结构的影响,还受到污染物本身分子尺寸、取代基、过饱和温度等性质的影响。另外,土壤有机质中含有大量的苯环和离域的 π 电子以及解离的含氧官能团,会通过 $\pi-\pi$ 键与氢键结合来完成对芳香族化合物或小分子有机酸的吸附。芳香族物质通过在两相苯环分布的电荷-偶极、诱导偶极、色散等作用力下完成 $\pi-\pi$ 键合;其中,π 电子云的极化是成键的关键。当某些吸电子取代基存在时,土壤有机质更容易吸附芳香族物质。另外,土壤有机质中 π 键的离域电子也能够跟很多种阳离子发生电子供体-受体结合。近年来,这种 $\pi-\pi$ 键结合方式被证明是污染物在土壤中截留的重要机制,对于预测污染物的行为和归趋具有重要意义。而某些特殊氢键的存在,也使得小分子酸即使在 pH 较高的环境下,在土壤有机质中也有较好的分配和吸附能力。这一作用主要取决于污染物与土壤有机质分配系数的差值,以及形成氢键和固有库仑力的自由能的大小。随着离子态有机酸类污染物(如抗生素与全氟磺酸)排放的增加,土壤有机质对污染物的吸附机制需要引起更多的关注。

四、吸附-解吸反应的环境意义

吸附-解析反应在土壤中的影响主要体现在对土壤理化性质及对污染物的毒性和生物有效性方面:

(一)对土壤酸度的影响

土壤酸度表示土壤胶体中和 OH^- 的能力,一般采用滴定的方式进行测定。它包括活性酸度和潜性酸度(包括交换性酸及残留酸),详见图 3-38。

土壤活性酸度,就是土壤溶液中的氢离子活度,用土壤 pH 表示。图 3-39 表示的是世界土壤的活性酸度或者土壤 pH 的分布。中国土壤 pH 大多处于 4.5~8.5,在地理分布上有"东南酸西北碱"的规律性,大致可以长江为界(北纬 33°~35°),长江以南的土壤为酸性或强酸性,长江以北的土壤多为中性或碱性。我国土壤的酸碱性南北差异很大,由南向北土壤 pH 相差 7 个单位。如吉林、内蒙古、山西、京津冀地区的碱土 pH 最高可达 10.5,而台湾地区的新八仙山和广东省鼎湖山、五指山的黄壤 pH 低至 3.6~3.8。

土壤潜性酸度,通常指土壤胶体上吸附的 H^+(或 Al^{3+})被盐类溶液中的盐基交换后所表现的酸。在 H^+(或 Al^{3+})未被交换出来以前,酸性无法体现,因而称之为潜性酸度。土壤潜性酸度的大小常用土壤交换性酸度或水解性酸度表示,两者在测定时所采用的浸提剂不同,因而测得的潜性酸度大小也有所区别。其中,交换性酸度是通过加入过量的中性盐溶液(如 1 mol/L 的 KCl 或 NaCl 等)与土壤作用,将胶体表面上的大部分 H^+ 或 Al^{3+} 交换出来,再以标准碱液滴定溶液中的 H^+ 测得。而水解性酸度是通过用弱酸强碱盐溶液(如 1 mol/L 乙酸钠)与土壤作用,所交换出来的 H^+、Al^+ 所产生的酸度即为水解性酸度。

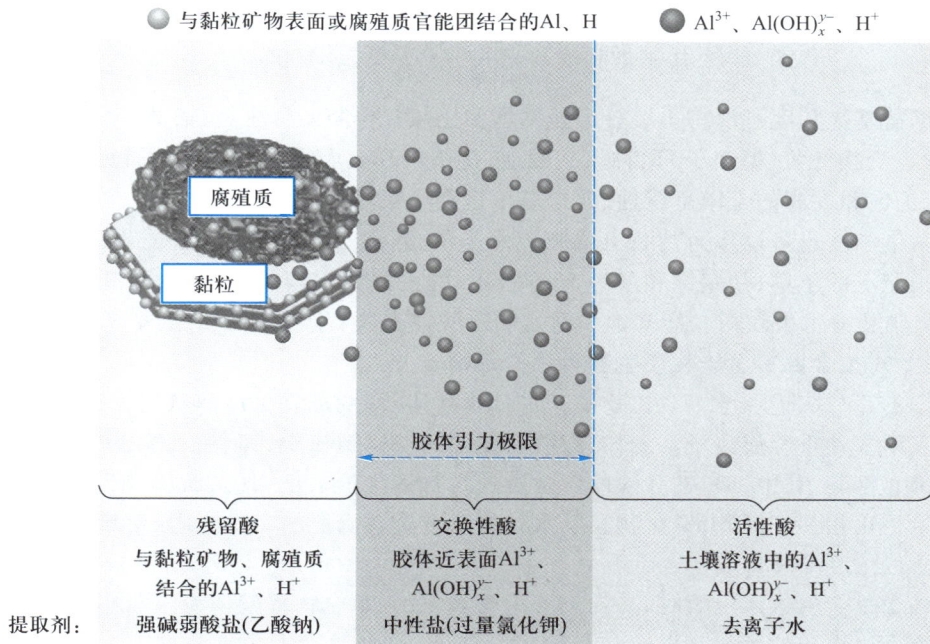

○ 与黏粒矿物表面或腐殖质官能团结合的Al、H　　● Al^{3+}、$Al(OH)_x^{y-}$、H^+

腐殖质

黏粒

胶体引力极限

残留酸	交换性酸	活性酸
与黏粒矿物、腐殖质结合的Al^{3+}、H^+	胶体近表面Al^{3+}、$Al(OH)_x^{y-}$、H^+	土壤溶液中的Al^{3+}、$Al(OH)_x^{y-}$、H^+
提取剂: 强碱弱酸盐(乙酸钠)	中性盐(过量氯化钾)	去离子水

图 3-38　土壤酸度组成

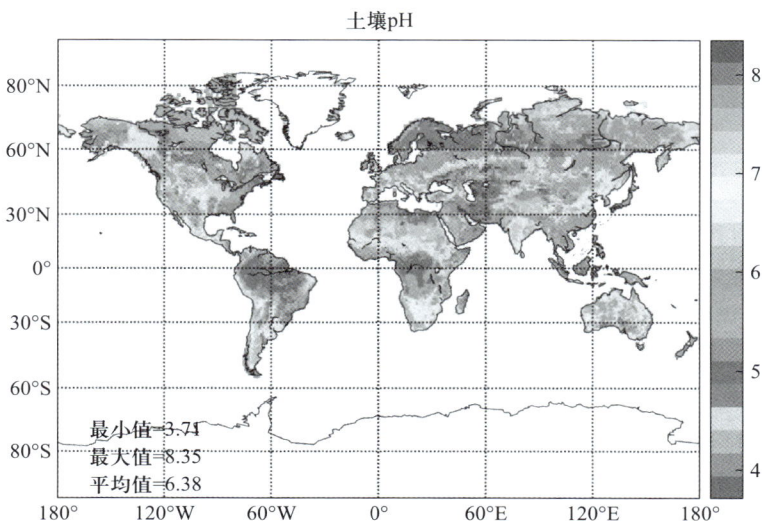

土壤pH

最小值:3.71
最大值:8.35
平均值:6.38

彩图 3-39

图 3-39　世界土壤的酸碱度分布

资料来源:改自 Liu,2021。

（二）对土壤盐基饱和度的影响

在土壤胶体上所吸附的可交换的阳离子中,盐基离子的数量占所吸附可交换阳离子总量的百分数,叫盐基饱和度。这里盐基离子指的是除氢和铝这两种致酸离子以外的阳离子,主要有碱金属离子和碱土金属离子 K^+、Na^+、Ca^{2+}、NH_4^+、Mg^{2+}。其中,某个交换性阳离子占土壤可交换阳离子总量的百分数就叫该离子的饱和度。

$$盐基饱和度 = \frac{交换性盐基总量}{阳离子交换量} \times 100\% \qquad (3-81)$$

依据盐基饱和度可以将土壤分为盐基饱和土壤(不含交换性氢、铝离子)和盐基不饱和土壤(含有交换性氢、铝离子)两种。一般地,盐基饱和土壤呈中性或碱性,钙、镁饱和土壤显微碱性,钠饱和度高的土壤呈碱性,而盐基不饱和土壤则一般呈酸性。

盐基饱和度也可以作为判断土壤肥力水平的指标。盐基饱和度超过80%的土壤,一般认为是很肥沃的土壤,盐基饱和度为50%~80%的土壤为中等肥力水平,而盐基饱和度低于50%的土壤肥力水平较低。盐基饱和度是确定酸性土壤石灰需要量的重要参数。

（三）对重金属等污染物质生物毒性的影响

土壤的锰、铁、铝和硅等氧化物及其水合物胶体,特别是氧化锰和氧化铁,可通过专性吸附有效吸附多种重金属离子。例如,红壤和黄壤的铁锰结核中,锌、钴、镍、钛、铜和钒等重金属元素都有富集,其中,锌、钴和镍的含量发现均与锰含量呈正相关,而钛、铜、钒和钼的含量与铁含量呈正相关。因此,氧化物及其水合物对重金属离子的专性吸附,对调控土壤溶液中金属离子的浓度非常重要。

当外源重金属进入土壤时,易为土壤中的氧化物、水合物等胶体专性吸附所固定。这些吸附的重金属离子的生物有效性和毒性大大降低,一定程度上缓冲和调节这些金属离子从土壤溶液向植物体内的迁移和累积。因而,专性吸附在调控金属元素的生物有效性和生物毒性方面起着重要作用。但是,这些被土壤胶体吸附的重金属,也是重金属的汇,也给土壤带来了潜在的污染风险,因此在研究重金属专性吸附的同时,还需探讨通过土壤胶体专性吸附金属离子的生物学效应问题。

（四）对有机物环境行为及生物有效性的影响

由于土壤胶体的特性,进入土壤的农药等可被黏粒矿物吸附而失去其药性,而当条件改变时,又可释放出来。一般来说,带负电的、非聚合分子有机农药在湿润条件的情况下,不易被黏粒矿物强烈吸附。相反,带有正电荷的有机物则容易被黏粒矿物通过离子交换强烈吸附。例如,杀草快和百草枯等除莠剂呈强碱性,易溶于水而完全离子化,黏粒矿物对这类污染物的吸附与其阳离子交换量密切相关。而有些有机农药呈现弱碱性,其与黏粒上金属离子相交换的能力取决于它们从黏土表面接受质子的能力,同时也受溶液 pH 的影响。

有机污染物与黏粒的吸附,必然影响污染物的生物有效性及其毒性,其影响程度取决于吸附-解吸强度,吸附越强,其毒性越弱。例如,被蒙脱石吸附的百草枯很少呈现出植物毒性,而吸附于高岭石和蛭石的百草枯仍具有生物毒性。此外,溶液中其他的可交换性阳离子的存在也会影响其吸附农药的释放。例如,铜-黏粒-农药复合体最为稳定,因此其中的农药只有少量能逐步释放。而钙-黏粒-农药复合体就不稳定,因此其中的农药能很快释放到溶液中。而铝体系的释放情况介于二者之间。农药本身是否容易解吸或者释放,将直接决定土壤中残留农药的生物毒性的大小。

(五) 对污染迁移的影响

由于土壤胶体具有较强的界面交互能力和迁移能力,在土壤和地下水环境中可以作为污染物(如重金属、有机物及微生物等)迁移的载体。这种胶体携带的污染物迁移称为协同迁移或共迁移。协同迁移过程包括污染物迁移、胶体迁移及胶体与污染物之间的相互作用。与常规的单一胶体迁移相比,这些复杂的过程催生了更为灵活的迁移模型。图 3-40 为饱和水-土介质中的协同迁移机理示意图,其中污染物与胶体、污染物与土壤介质,以及胶体与土壤介质都有吸附-解吸可逆过程的发生,相互作用关系较为复杂。在真实环境中,相较于单一胶体迁移,胶体与污染物的协同迁移现象更为普遍。

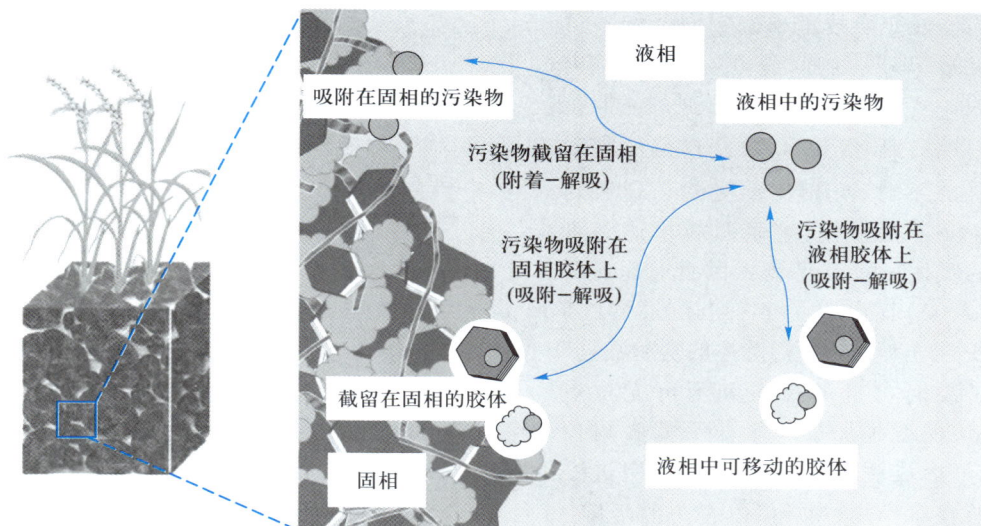

图 3-40　胶体颗粒与污染物协同迁移示意图

在预测土壤胶体行为的数值模型方面,协同迁移数值模型一般基于胶体和污染物的质量平衡方程,描述胶体、污染物和多孔介质之间的各种相互作用,并考虑各种污染物、胶体与土壤介质间的平衡和动力学模型。目前此体系仅考虑存在一种胶体和污染物的情况,且污染物和胶体在迁移中未发生任何化学转化过程。然而,在固-液相间包括了液相的可移动胶体、截留在固相的胶体、液相中的污染物、吸附在固相的污染物、吸附在液相可移动胶体上的污染物,以及吸附在固相截留胶体上的污染物等。污染物和胶体之间的吸附、解吸增加了污染物迁移行为的复杂程度,给解析污染物迁移行为带来了更大的挑战。深入理解胶体与污染物在土壤中的吸附-解吸反应,有助于研究胶体与污染物的协同迁移机理,对于污染防治及地球化学循环过程解析都具有重要意义。

专栏 3-4　土壤中农药的不可逆吸附-解吸过程的分析

若想对农药在土壤中行为和归趋进行准确预测,需要深刻理解农药与土壤的相互作用。吸附是农药在土壤中经历的关键过程,影响农药的效力、浸出、降解和生物吸收。吸附决定了土壤和溶液界面之间的溶质分布,而解吸控制了初始吸附过程的可逆性。众多研究都表明,只有部分吸附是可逆的,一定比例的农药是通过与土壤基质形成不可逆的键合作用而被吸附的。不可逆吸附的研究面临很多的困惑,主要因为使用了粗糙土壤提取过程,在流程上很难将可逆吸附和不可逆吸附区分开来。

Celis 和 Koskinen(1999a)采用原位同位素交换技术来评估农药在土壤上吸附的可逆性。Sander 和 Pignatello(2005)进一步明确了同位素交换过程中吸附质是否被截留在吸附-解吸循环中。该方法依赖建立的吸附平衡,然后通过随后参与的第二个同位素交换来确定吸附的农药残留比例。

Celis 和 Koskinen(1999b)曾经通过同位素交换技术来确定农药的不可逆吸附-解吸过程,发现在 72 小时内有 6%～51% 的吸附是不可逆的。但是他们观察到 ^{12}C 和 ^{14}C 农药样品的吸附模式的不对称;相比于吸附,^{14}C 农药的解吸速度较慢,这表明尚未达到真正的吸附-解吸平衡。因此,Suddaby 等(2003)提出了一个三点位模型(如图 3-41)来重新分析上述的实验数据。除了瞬时可逆的位点和不可逆位点外,该模型添加了一个非平衡吸附位点,可形成缓慢的可逆键合作用进一步解释了 ^{12}C 农药和 ^{14}C 农药的吸附-解吸不对称现象。这个模型在假设不存在不可逆吸附的前提下,能够非常好地拟合实验数据,表明不可逆吸附对土壤农药最后归趋的影响并不显著。

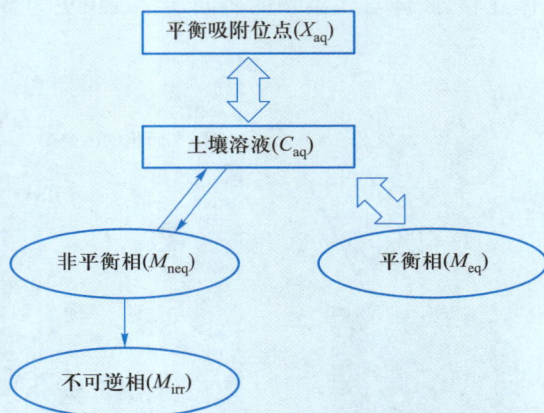

图 3-41　农药吸附动力学的三点位模型示意图。平衡相(M_{eq})包括土壤溶液中的农药浓度(C_{aq}, μg/mL)和在平衡位点(X_{eq})吸附的农药(μg/g)

习题与思考题

1. 土壤溶液中主要的阳离子和阴离子是什么?它们在正常土壤溶液中的活度系数是多少?

2. 100 g 土壤含有 90 mg 交换性钙离子,35 mg 交换性镁离子,28 mg 交换性钾离子,60 mg 交换性铝离子,请问该土壤的 CEC 和盐基饱和度是多少?

3. 将 100 g 土壤通过 pH 为 8.2 的 $BaCl_2$ 缓冲液振荡过滤提取后,将土壤用蒸馏水淋洗去除不可交换的钡离子,再加入 $MgCl_2$ 溶液进行振荡过滤。最终发现了 10 520 mg Mg^{2+} 和 258 mg Ba^{2+},求该土样的 CEC。

4. 什么是土壤胶体的永久电荷、可变电荷和净电荷?什么是土壤胶体的电荷零点?它有什么意义?

5. 如果要消除某 CEC 为 8 cmol/kg,盐基饱和度为 40% 的土壤中的交换性铝,需要施加多少含 90% $CaCO_3$ 的石灰石?

6. 在土壤表层施加石膏,可缓解下层的土壤酸化,其机理是什么?

7. 当土壤溶液氧化还原条件发生变化时,铁和锰离子的价态将如何变化?当它们在土壤剖面中移动时,何种离子先氧化沉淀下来?为什么?

8. 请简述农药被土壤吸附的主要机理,以及农药在土壤中存在哪些迁移、转化过程。

9. 简述土壤有机质对非离子性有机物吸附的影响。

10. 离子交换吸附与特异性吸附各有什么异同?

11. 南方红壤中无定形铁的含量很高,但是土壤溶液中 $Fe(Ⅲ)$ 的含量却不高,为什么?

12. 我国南北方土壤的 CEC 和酸碱度有何差异?为什么会导致这样的差异?这种差异在土壤环境容量和相应的环境管理上有怎样的表现?

13. 如果以某种方法将南方 $1\ hm^2$ 中度酸度红壤(pH 为 5.0 表层土)16 cm 厚度的土壤溶液提取出来,需要多少千克石灰石(按 $100\%CaCO_3$ 来计算)来中和土壤溶液。在田间需要高达 6 t 的石灰石才可以把这些土层的 pH 提高到 6.5。如何解释实验室和田间所需要的石灰石的巨大差异?

14. 水稻 VIP 及 VIP+n 降镉技术作为有效的农田稻米降镉技术,曾在多点试验示范,效果显著,适用于轻中度镉污染农田。其中,V(低吸镉品种):依据不同水稻品种对镉的吸收与积累的差异,筛选及培育一些低镉水稻品种,在轻中度镉污染农田种植,使稻米镉不超标。I(淹水灌溉):依据不同田间水分管理措施对稻米镉积累的影响,主要采用全生育期淹水,可有效降低稻米镉的含量,其中早稻米镉可降低 17% ~ 30%、晚稻米镉可降低 14% ~ 23%。但该技术不可连续多年应用,也不可用于镉—砷复合污染的稻田,其改进办法是湿润灌溉+孕穗期后淹水。P(pH 调控):依据土壤 pH 对土壤有效态镉和稻米镉的影响,土壤 pH<6.5 时,每提高 1 个单位土壤 pH,土壤有效态镉含量可降低 0.086 mg/kg;土壤 pH 与稻米镉积累呈显著负相关,即每提高 1 个单位 pH,稻米镉含量可降低 0.12 mg/kg。n(其他高效技术):施用阻控剂和调理剂等可有效降低稻米镉积累。叶面阻控剂(硅、铁、锌等及其复合制剂)可降低 25% ~ 32%;微生物菌剂可降低 20% ~ 30%;生物质炭及其复配制剂可降低 35% ~ 55%。

请用本章学习的相关知识来,解释一下各个策略背后的作用机理?

主要参考文献

[1] 陈怀满.环境土壤学[M].3 版.北京:科学出版社,2018.

[2] 贾建丽.环境土壤学[M].2 版.北京:化学工业出版社,2016.

[3] 尼尔·布雷迪,雷·韦尔.土壤学与生活[M].李保国,徐建明,译.北京:科学出版社,2019.

[4] 汤鸿霄.用水废水化学基础[M].北京:中国建筑工业出版社,1979.

[5] 吴启堂.环境土壤学[M].北京:中国农业出版社,2011.

[6] 张辉.环境土壤[M].2 版.北京:化学工业出版社,2018.

[7] Baker L A,Herlihy A T,Kaufmann P R,et al. Acidic lakes and streams in the United States:The role of acidic deposition [J]. Science,1991,252(5009):1151–1154.

[8] Bollhorst T,Rezwan K,Maas M. Colloidal capsules:nano–and microcapsules with colloidal particle shells [J]. Chemical Society Reviews,2017,46(8):2091–2126.

[9] Burks T,Uheida A,Saleemi M,et al. Removal of chromium (Ⅵ) using surface modified superparamagnetic iron oxide nanoparticles [J]. Separation Science & Technology,2013,48(8):1243–1251.

[10] Chen R S,De S A,Ye C,et al. China's soil pollution:farms on the frontline [J]. Science,2014,344(6185):691.

[11] Cooke,J D,Hamilton T J,Tipping E. On the acid–base properties of humic acid in soil [J]. Environmental Science & Technology,2007,41(2):465–470.

[12] Fan L R,Song J Q,Bai W B,et al. Chelating capture and magnetic removal of non–magnetic heavy metal substances from soil [J]. Scientific Reports,2016,6(1):9.

[13] Flynn T M,O'loughlin E J,Mishra B,et al. Sulfur–mediated electron shuttling during bacterial iron reduction [J]. Science,2014,344(6187):1039–1042.

［14］Freeze R A and Cherry J A Groundwater［M］. Englewood Cliffs：Prentice-Hall，Inc.，1979.

［15］Gorham E，Underwood J K，Martini F B，et al. Natural and anthropogenic causes of lake acidification in Nova Scotia［J］. Nature，1986，324(6096)：451-453.

［16］Gschwend G C，Girault H H . Discrete Helmholtz model：a single layer of correlated counter-ions. Metal oxides and silica interfaces，ion-exchange and biological membranes［J］. Chemical Science，2020，11，10304-10312.

［17］Guinoiseau D，Galer S J G，Abouchami W. Effect of cadmium sulphide precipitation on the partitioning of Cd isotopes：Implications for the oceanic Cd cycle［J］. Earth and Planetary Science Letters，2018，498：300-308.

［18］Hahne H C H. and Kroontje W. Significance of pH and chloride concentration on behavior of heavy metal pollutants：mercury（Ⅱ），cadmium（Ⅱ），zinc（Ⅱ），and lead（Ⅱ）［J］. Journal of Environmental Quality，1973，2(4)：444-450.

［19］Honma T，Ohba H，Kaneko K A，et al. Optimal soil E_h，pH，and water management for simultaneously minimizing arsenic and cadmium concentrations in rice grains［J］. Environmental Science & Technology，2016，50(8)：4178-4185.

［20］Horner T J，Rickaby R E M，Henderson G M. Isotopic fractionation of cadmium into calcite［J］. Earth and Planetary Science Letters，2011，312(1-2)：243-253.

［21］Huang J Z，Jones A，Waite T D，et al. Fe(Ⅱ) redox chemistry in the environment［J］. Chemical Reviews，2021，121(13)：8161-8233.

［22］Hug K，Maher W A，Stott M，et al. Microbial contributions to coupled arsenic and sulfur cycling in the acid-sulfide hot spring Champagne Pool，New Zealand［J］. Frontiers in Microbiology，2014，5：1-14.

［23］Jones V J，Stevenson A C，Battarbee R W. Lake acidification and the land-use hypothesis：a mid-post-glacial analogue［J］. Nature，1986，322(6075)：157-158.

［24］Kersting A B，Efurd D W，Finnegan D L，et al. Migration of plutonium in ground water at the Nevada Test Site［J］. Nature，1999，397(6714)：56-59.

［25］Kielland J. Individual activity coefficients of ions in aqueous solutions［J］. Journal of the American Chemical Society，1937，59：1675-1678.

［26］Kim Y N，Choi M. Synergistic integration of ion-exchange and catalytic reduction for complete decomposition of perchlorate in waste water［J］. Environmental Science & Technology，2014，48(13)：7503-7510.

［27］Kumar V，Gadipelli S，Wood B，et al. Characterization of adsorption site energies and heterogeneous surfaces of porous materials［J］. Journal of Materials Chemistry A，2019，7，10104.

［28］Krug E C. Acidification of Norwegian lakes［J］. Nature，1988，334(6183)：571.

［29］Larson C. China gets serious about its pollutant-laden soil［J］. Science，2014，343 (6178)：1415-1416.

［30］Lingvay I，Lingvay C，Voina A. Impact of the anthropic electromagnetic fields on electrochemical reactions from the biosphere［J］. Revue Roumaine des Sciences Techniques -Serie Électrotechnique et Énergétique，2008，53(2)：85-93.

［31］Liu F，Wu H，Zhao Y，et al. Mapping high resolution national soil information grids of China［J］. Science Bulletin，2021，67(3)：328-340.

［32］McCutcheon J，Power I M，Shuster J，et al. Carbon sequestration in biogenic magnesite and other magnesium carbonate minerals［J］. Environmental Science & Technology，2019，53，3225-3237.

［33］Mortier T. An experimental study on the preparation of gold nanoparticles and their properties［J］. 2006.

［34］Muneeb M. Chemical-mechanical polishing process development for Ⅲ-Ⅴ/SOI waveguide circuits［D］. Belgium：Ghent University. 2010.

[35] Oremland R S,Stolz J F. The ecology of arsenic [J]. Science,2003,300(5621):939-944.

[36] Page S E,Kling G W,Sander M,et al. Dark Formation of Hydroxyl Radical in Arctic Soil and Surface Waters [J]. Environmental Science & Technology,2013,47(22):12860-12867.

[37] Pankow J F. Aquatic Chemistry Concepts [M]. CRC Press,1991.

[38] Power I M,Kenward P A,Dipple G M,et al. Room temperature magnesite precipitation [J]. Crystal Growth & Design,2017,17 (11),5652-5659.

[39] Ratié G,Chrastný V,Guinoiseau D,et al. Cadmium isotope fractionation during complexation with humic acid [J]. Environmental Science & Technology,2021,55(11):7430-7444.

[40] Reis S,Grennfelt P,Klimont Z,et al. From acid rain to climate change [J]. Science,2012,338(6111): 1153-1154.

[41] Roberts L C,Hug S J,Dittmar J,et al. Arsenic release from paddy soils during monsoon flooding [J]. Nature Geoscience,2009,3(1):53-59.

[42] Rodriguez-Lado L,Sun G F,Berg M,et al. Groundwater arsenic contamination throughout China [J]. Science,2013,341(6148):866-868.

[43] Saboorian-Jooybari H,Chen Z. Calculation of re-defined electrical double layer thickness in symmetrical electrolyte solutions [J]. Results in Physics,2019,15:102501.

[44] Schindler D W,Curtis P J,Parker B R,et al. Consequences of climate warming and lake acidification for UV-B penetration in North American boreal lakes [J]. Nature,1996,379(6567):705-708.

[45] Shi Z Q,Peltier E,Sparks D L. Kinetics of Ni sorption in soils:roles of soil organic matter and Ni precipitation [J]. Environmental Science & Technology,2012,46(4):2212-2219.

[46] Skeffington R. Rapid reversibility of lake acidification [J]. Nature,1989,337(6204):217-218.

[47] Wahman D G,Speitel G E,Katz L E. Bromamine decomposition revisited:a holistic approach for analyzing acid and base catalysis kinetics [J]. Environmental Science & Technology,2017,51(22):13205-13213.

[48] Wang Y H,Frutschi M,Suvorova E,et al. Mobile uranium(IV)-bearing colloids in a mining-impacted wetland [J]. Nature Communications,2013,4(1):77-93.

[49] Wasylenki L E,Swihart J W,Romaniello S J. Cadmium isotope fractionation during adsorption to Mn oxyhydroxide at low and high ionic strength [J]. Geochimica et Cosmochimica Acta,2014,140:212-226.

[50] Wibowo A,Faaz M,Rachmawati S,et al. The influence of chitosan concentration on polyelectrolytes complexes (PECs) of chitosan-poly-2-acrylamido-2-methylprophane sulfonic acid (PAMPS) as potential drug carrier in pulmonary delivery application [J]. IOP Conference Series:Materials Science and Engineering,2019, 547(1):12028.

[51] Weber F A,Voegelin A,Kaegi R,et al. Contaminant mobilization by metallic copper and metal sulphide colloids in flooded soil [J]. Nature Geoscience,2009,2(4):267-271.

[52] Weber K A,Achenbach L A,Coates J D. Microorganisms pumping iron:anaerobic microbial iron oxidation and reduction [J]. Nature Reviews Microbiology,2006,4 (10):752-764.

[53] Wells M L,Goldberg E D. Occurrence of small colloids in sea water [J]. Nature,1991,353(6342):342-344.

[54] Zhang W,Tsang D C W. Conceptual framework and mathematical model for the transport of metal-chelant complexes during in situ soil remediation [J]. Chemosphere,91(9):1281-1288.

深入阅读材料

[1] 李学垣.土壤化学[M].北京:高等教育出版社,2001.

[2] Bleam W. Soil and Environmental Chemistry [M]. 2nd edition. San Diego, CA: Academic Press, 2017.

[3] Chefetz B, Xing B S. Relative role of aliphatic and aromatic moieties as sorption domains for organic compounds: A review [J]. Environmental Science & Technology, 2009, 43(6): 1680-1688.

[4] Gotoh S, Patrick Jr W H. Transformation of iron in a waterlogged soil as influenced by redox potential and pH [J]. Soil Science Society of America Journal, 1974, 38(1): 66-71.

[5] Heyse E, Augustijn D, Rao P S C, et al. Nonaqueous phase liquid dissolution and soil organic matter sorption in porous media: review of system similarities [J]. Critical Reviews in Environmental Science and Technology, 2002, 32(4): 337-397.

[6] Huang J Z, Jones A, Waite T D, et al. Fe(II) redox chemistry in the environment [J]. Chemical Reviews, 2021, 121(13): 8161-8233.

[7] Kumarathilaka P, Seneweera S, Ok Y S, et al. Mitigation of arsenic accumulation in rice: An agronomical, physico-chemical, and biological approach—a critical review [J]. Critical Review in Environmntal Science and Technology, 2020, 50(1): 31-71.

[8] Loganathan P, Vigneswaran S, Kandasamy J, et al. Cadmium sorption and desorption in soils: a review [J]. Critical Reviews in Environmental Science and Technology, 2012, 42(5): 489-533.

[9] Polubesova T, Chefetz B. DOM-affected transformation of contaminants on mineral surfaces: a review [J]. Critical Reviews in Environmental Science and Technology, 2014, 44(3): 223-254.

[10] Sparks D L. Environmental Soil Chemistry [M]. 2nd ed. San Diego, CA: Academic Press, 2002.

[11] Strawn D G, Bohn HL, O'Connor GA. Soil Chemistry [M]. 5th ed. New Jersey: Wiley-Blackwel, 2019.

第四章 土壤形成、分类与分布

嫦娥四号月球巡视探测器在月球背面发现了一层深达 12 m 的月球尘埃（又称表岩屑），包含了各种月球岩石和矿物碎屑。中国科学院国家天文台首次证明月球上没有水，也几乎没有大气。月球尘埃是数十亿年以前的小行星撞击月球表面后沉淀下来的一种类似滑石粉的粉尘状岩石和尘埃。在 12 m 的细尘之下，嫦娥四号漫游车还发现了一层充满岩石的粗糙物质，随后交替出现了高达 40 m 深的粗糙和细腻物质层。由于月球上没有水和大气，因此月球表层的尘埃层是一个没有生命的寂静的世界（图 4-1）。

图 4-1 嫦娥四号月球车巡视月球表面

地球上有水、空气，也就有了生命，地球表面也形成了丰富多彩富有生命的"迷人的地球皮肤"——土壤。本章将讲述地球上的土壤是如何从岩石转变来的，它为什么能够维持地球上的生命，为什么地球表面会形成丰富多彩的不同的土壤，它们在地表有什么样的分布规律以及如何对它们进行分类和合理利用。

第一节　成　土　因　素

19 世纪末，俄国土壤学家道库恰耶夫提出了土壤发生学说。这一理论不断为后继土壤科学工作者所发展，较全面地揭示了土壤与环境的辩证统一性，解释了土壤的起源和形成过程。土壤发生学理论的提出，开启了划时代的近代土壤分类阶段，在此基础上建立了苏联土壤地理发生学派、西欧形态发生学派和美国马伯特分类学派。总体而言，这些土壤分类基本处于定性阶段。1975 年史密斯主编的《土壤系统分类》一书的问世，揭开了土壤分类定量化的新篇章。

随着土壤发生学理论不断演化完善，土壤学家们一致认为土壤的形成是一系列成土因素综合作用的结果。成土因素是影响土壤形成和发育的基本因素,是一种物质、力、条件、关系或它们的组合,已经对土壤形成发生影响并将继续影响土壤的形成演变。在土壤学界,母质、气候、地形、生物、时间五大成土因素是广泛被接受的与土壤物理及生物地球化学过程相关的因素。如果把土壤的形成看作一个函数,那么成土因素则是这一函数的一系列变量。例如,道库恰耶夫(1890)提出 $\Pi = f(K, O, \Gamma, P, T)$,其中 Π、K、O、Γ、P 和 T 分别为土壤、气候、生物、岩石、地形和时间。美国土壤学家詹尼(1948)则提出 $S = f(C, O, R, P, T)$,其中 S、C、O、R、P 和 T 分别代表土壤(soil)、气候(climate)、生物(organism)、地形(topographical relief)、母质(parent material)和时间(time)。随着人类对土壤形成影响因素的认知不断深入,人为因素(H, human)已成为第六大成土因素,土壤形成可以概括为 $S = f(C, H, O, R, P, T)$。本节将论述土壤六大形成因素。

一、母质因素

母质是与土壤有直接联系的母岩风化物或堆积物,母质类型深刻影响着其发育的土壤的基本性状。秦岭—淮河一线以南地区多是各种岩石在原地风化形成的风化壳,并以红色风化壳分布最广。昆仑山—秦岭—山东丘陵一线以北地区的主要成土母质是黄土状沉积物及沙质风积物。各大江河中下游平原的成土母质主要是河流冲积物。平原湖泊地区的成土母质主要是湖积物。在高山、高原地区,除了各种岩石的就地风化物外,还有冰碛物和冰水沉积物等。

(一)母质是土壤形成的物质基础

母质作为土壤形成的物质基础,深刻影响了土壤的矿物组成、化学组成、矿质养分(除氮以外),以及土壤的物理与化学性状(图 4-2)。起源于基性岩、超基性岩如玄武岩母质上的土壤,含橄榄石、角闪石、辉石、黑云母等抗风化力弱的深色矿物较多,铁、锰、镁、钙等元素含量较高,且土壤质地黏重,含粉粒、黏粒较多,砂粒较少,阳离子交换量较高。起源于酸性岩如花岗岩母质上的土壤,则含石英、正长石、白云母等抗风化力强的浅色矿物较多,硅、钠、钾等元素丰富,土壤质地较粗,含砂粒较多而含粉粒、黏粒较少,土壤土质疏松,盐基贫乏且易于淋失,多呈酸性。

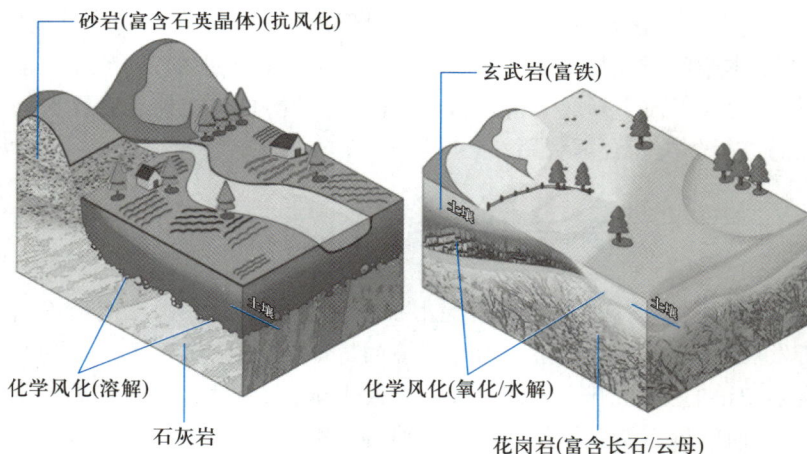

图 4-2 母质是土壤"骨架",与土壤存在"血缘"关系

(二)母质影响黏土矿物组成

表土层黏土矿物是稳定的地表水热条件下的产物,因而受母质影响不如底土层明显。

表土层黏土矿物具有明显的地带性特征,大体上和土壤类型的地带性一致。底土层土壤黏土矿物的组成与母质关系最为密切。如页岩和河流冲积物富含水云母,紫色页岩、湖积物和淤积物多蒙脱石和水云母,片岩和千枚岩的风化物多水云母和绿泥石,含黑云母多的矿物风化时容易产生蛭石或黑云母蛭石夹层矿物。

(三) 母质影响土壤微量元素背景值

大多数地区的土壤微量元素含量取决于母质,且母质因素的影响往往比其他成土因素更显著。因此,土壤微量元素分布常常表现出地方性特征,不像常量元素那样表现出鲜明的地带性分异特征。例如,湖北省恩施土家族苗族自治州是著名的"世界硒都",拥有丰富的天然富硒土地资源。恩施地区富硒土壤分布与地层分布关系密切,其成土母质对土壤硒含量有显著控制作用,其中硅质岩、页岩和灰岩,是富硒土壤的主要成土母质。世界上蛇纹岩广泛分布地区的土壤会出现大面积铬、镍超标现象,这与蛇纹岩含有较高含量的镍和铬等元素有关,其中镍含量高达 0.1% ~ 0.7%。

(四) 母质影响土壤腐殖质组成

母质因素会引起土壤腐殖质含量与化学结构、基团组成的差异,从而影响土壤腐殖质的表面性质、循环周转等特性。石灰岩发育土壤,由于富含钙质,对腐殖质起凝聚作用,可以腐殖酸钙的形式大量保存于土壤中,环境稳定性更高,迁移性更弱。而贫盐基的酸性花岗岩发育的地带性土壤中,腐殖酸铁铝含量较高,胡敏酸/富里酸比值更小,更易迁移。

(五) 母质影响成土过程的进程和方向

在喀斯特地貌发育地区,以石灰岩为主的母质强烈主导土壤的成土进程和方向。在热带和亚热带地区的石灰岩母质上,由于其碳酸钙含量较高,使盐基淋失过程延长,阻碍了脱硅富铝化过程,从而形成石灰土而不是富铝土。

二、气候因素

气候因素决定着成土过程的水、热条件,是影响成土过程方向和强度的最重要因素。气候因素主要通过影响母质的风化过程、物质淋溶过程、有机物质的积累分解过程等对成土过程进行调控(图 4-3)。

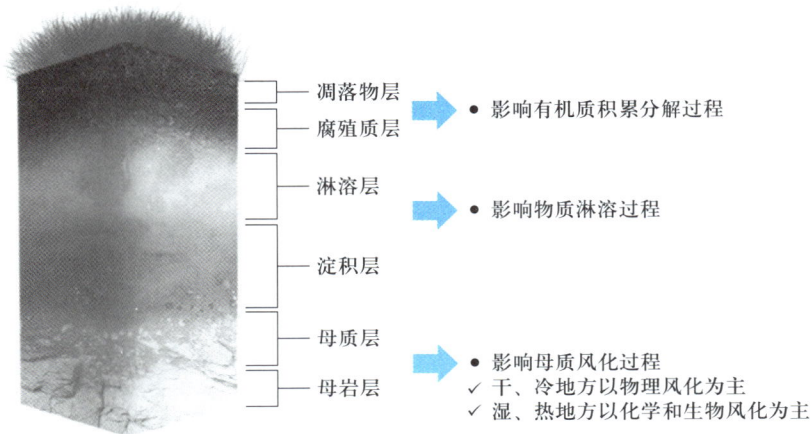

凋落物层
腐殖质层　　➡　● 影响有机质积累分解过程

淋溶层　　　➡　● 影响物质淋溶过程

淀积层

母质层　　　➡　● 影响母质风化过程
母岩层　　　　　✓ 干、冷地方以物理风化为主
　　　　　　　　✓ 湿、热地方以化学和生物风化为主

彩图 4-3

图 4-3　气候因素对成土过程的影响

（一）气候影响母质的风化过程

低温条件下，风化过程和生物过程微弱，母质以物理风化为主，多为碎屑状原生矿物。温带地区的土壤化学风化作用温和，黏粒矿物以伊利石-蒙脱石为主，土壤胶体丰富。湿润和高温条件下，土壤化学风化作用强烈，原生矿物风化淋溶程度较高，形成以高岭石和氧化物为主的黏粒矿物。我国南方湿热气候带下，花岗岩风化壳厚度可达三四十米，甚至更高；而在干旱寒冷的西北高山区，岩石风化壳很薄，常形成粗骨性土壤，母岩风化度和土壤发育度都很低。表4-1介绍了我国七大黏粒矿物分布及其矿物特点。

表4-1 我国七大黏粒矿物分布及其矿物特点

分区名称	分布区域	黏粒矿物特点
水云母区	新疆、内蒙古高原西部、柴达木盆地和青藏高原大部	土壤黏粒矿物以水云母为主，其次为蒙脱石和绿泥石
水云母-蒙脱石区	包括内蒙古高原东部、大小兴安岭、长白山地和东北平原大部	土壤黏粒中蒙脱石明显增多，西部栗钙土地带蒙脱石结晶良好
水云母-蛭石区	青藏高原东南边缘山地、黄土高原和华北平原	西部山地土壤黏粒中多绿泥石，东部多蛭石，华北平原土壤黏粒中有时蒙脱石也不少
水云母-蛭石-高岭区	秦岭山地和长江中下游平原，为一狭长的过渡地带	在适宜条件下，水云母、蛭石和高岭石都可成为土壤黏粒中的主要部分
蛭石-高岭区	四川盆地、云贵高原和喜马拉雅山东南端	土壤黏粒中水云母退居次要成分，以蛭石和高岭石为主。东部蛭石尤多，并多三水铝矿，西部蛭石较少，氧化物含量很高，山地土壤水云母随高度而增多，四川盆地土壤中还有不少蒙脱石
高岭-水云母区	浙、闽、湘、赣大部和粤、桂北部	土壤黏粒部分以结晶差的高岭石为主，并且不少水云母和蛭石伴存，铁铝氧化物含量显著增多
高岭区	贵州南部、闽粤东南沿海、南海诸岛和台湾省	气候湿热，土壤黏粒中以高岭石为主。除玄武岩等古风化壳上的砖红壤外，三水铝矿一般含量不高。氧化铁矿物比上一地区土壤中更多，高者可占黏粒部分的1/5左右。山地黄壤中普遍有较多的三水铝矿。在西沙群岛等南海诸岛还有不少水云母

从以上分区不难看出，水云母（伊利石）是我国土壤中普遍存在的一种黏粒矿物，含量变化幅度也很大。我国黄土和黄土状母质及河流沉积物中伊利石含量很高。淮河以南，随着雨量增多，伊利石含量显著减少，但在富含云母类矿物的母质发育的土壤中，伊利石仍然占重要地位。据中国科学院南京土壤研究所研究，除砖红壤、红色石灰土等少数在基性母岩或石灰岩古风化壳上发育的土壤外，几乎所有的土壤都含有或多或少的伊利石。

蛭石是云母和伊利石等2:1型层状硅酸盐经脱钾作用，降低层间电荷而形成的。我国土壤中蛭石分布也很广泛。贵州高原和川东山地发育于紫色砂岩风化物的黄壤黏粒中，含大量蛭石。半干旱半湿润地区的土壤中有蛭石和伊利石伴随存在。华南红壤和砖红壤含蛭石较少,但山地黄壤往往含有一定量蛭石。

蒙脱石类矿物大部分来自成土母质,但也可由伊利石、蛭石和绿泥石转变而来,或由溶解物质及非晶形物质合成。例如渗透水和径流水会有较多的二价阳离子,有利于蒙脱石的形成。蒙脱石一般分布于黑钙土、栗钙土等草原土壤中。南亚热带和热带地区的土壤中蒙脱石极为罕见,只在某些黑色石灰土、水稻土和发育于新喷出岩的幼年土壤中可少量存在。

土壤中高岭石和埃洛石可以由母质残留下来,也可以由2∶1型层状硅酸盐演变而来。高岭石类矿物是热带和亚热带土壤的一种指示物。我国东北、西北、华北等地土壤也含高岭石类矿物,但数量极少,既非优势矿物也非指示矿物。在黄棕壤和黄褐土地区,土壤黏粒中高岭石类矿物含量逐渐增加,说明脱硅作用已开始,1∶1型层状硅酸盐逐渐形成。在红壤区,高岭石含量显著增加。江西第四纪红色黏土及其所发育土壤,从北而南,伊利石逐渐减少,而高岭石逐渐增加。在海南岛北部的玄武岩古风化壳上形成的砖红壤中,伊利石已很难见到,高岭石成为主要黏土矿物。

(二)气候影响物质淋溶过程

土壤化学物质的迁移状况也取决于气候条件。我国西北内陆地区干旱少雨、水分蒸发量大,土壤中一价盐或氯化物等有明显淋溶,甚至形成一价盐表层积累的盐碱土。内蒙古及华北地区发育的土壤,一价盐多已淋失,二价盐在土壤中也产生明显分异,形成明显的钙积层。至华北东部,降水量进一步增加,二价碳酸盐多已淋出土体。而热带亚热带地区,高温多雨,物质淋溶作用强烈,土壤已发生强烈脱硅和三价氧化物的富集过程。土壤颜色亦因土温或气候带的温差而不同。在冷湿带,土色以灰为主;在暖热半湿润带,常呈棕色至褐色;在湿热带,土色常呈赤色、棕红色或黄色。

(三)气候影响有机物质的积累分解

气候条件决定了不同植被带的年生长量。就我国而言,热带雨林植物生物量可达荒漠带的500~1 000倍,甚至更高。此外,土壤腐殖质含量取决于有机物质的矿质化或腐殖化过程,在水热条件处于中等指标值时,腐殖质含量最高,随着土壤湿度或水分减少、温度上升,腐殖质含量会明显降低,同时胡敏酸与富里酸的比值会表现出不同的区域规律。

三、地形因素

地形在成土过程中,一方面影响水热条件在地表的再分配,另一方面是对地表物质的重新分配。

(一)地形影响水热再分配

海拔越高,气温越低,湿度越大,植被生长与土壤发育随海拔升高出现分异。坡向也会影响水热条件。在北半球,南坡接受光热比北坡强,因此南坡土温及湿度的变化较大;北坡则常较阴湿,平均土温低于南坡,因而影响土壤中的生物过程和物理化学过程。所以,一般情况下,南坡和北坡的土壤发育度,甚至土壤发育类型,均有所不同。

地形还控制着地表径流和水分活动。较高的地形部位只接受大气降水,部分水分形成地表径流从高处流向低处,冲刷地表,引起水土流失。地形低洼处除大气降水外,还可获得从较高处流下的水分及溶解和悬浮的物质,以及矿化度较高的地下水的补给,常可因此造成土壤的盐渍化。

地形影响水热条件重新分配,从而影响物理风化和化学风化程度,同时还控制着风化产物的活动转移,因而会影响黏粒矿物的演变。例如,有些山地黄壤随海拔升高黏粒中三水铝矿的含量增加。又如土壤经干湿交替,可促进铁质矿物的演变等。

(二)地形影响地表物质重新分配

受地表径流的影响,不论基岩风化物或其他地表沉积体,均因地形条件不同而有不同的搬运、冲刷和堆积状况。一般在山地上部或台地常为残积母质,而在坡脚则多为坡积母质(图4-4)。因此,在不同地形部位的土壤发育度及具体属性出现显著分异。一般来说,陡坡土壤薄,质地粗,黏粒易流失,土壤发育度低;缓坡地则与此相反。平原地区的土层较厚,且质地也比较均匀一致。在干旱气候带,不同地形条件下的土壤盐渍化程度各不相同。例如在微起伏的平原小地形区,高凸地的表土积盐现象特别严重,而浅凹地的心土中,常有石灰或石膏淀积层。

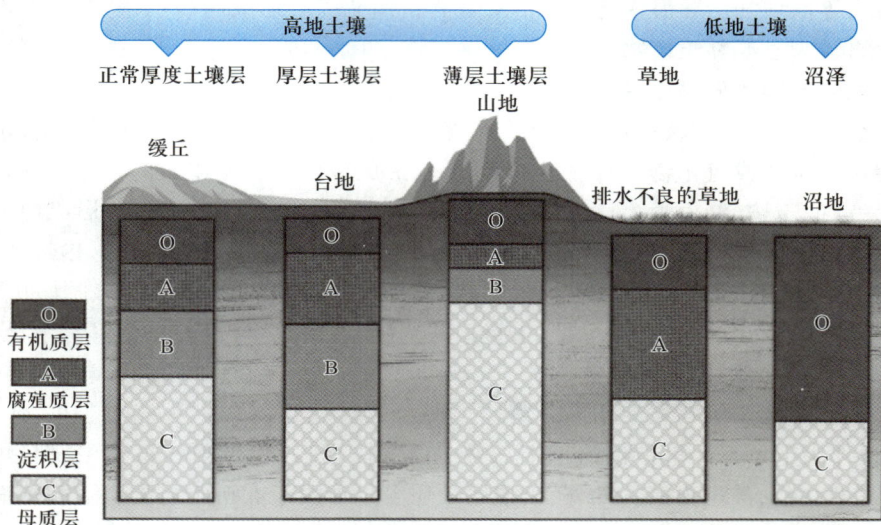

图4-4　地形因素对成土过程的影响

局部地形范围内由于地形部位的不同会引起地理景观和土壤类型的差异,从而形成水分状况、物质与化学组成及理化性状不同的土壤。例如,高大的山体常常出现复杂的土壤类型垂直分异特征。

四、生物因素

生物因素是影响土壤发育的最活跃因素。正是由于生物的作用,才把大量太阳能引进了成土过程,使土壤具备了肥力要素不可或缺的碳素和氮素,并使分散在岩石圈、水圈和大气圈的营养元素向土壤聚积产生腐殖质,形成良好的土壤结构,改造原始土壤的物理性质,从而创造土壤独有的各种特殊生化环境。所以,在一定意义上说,没有生物的作用,就没有土壤的形成。土壤形成的生物因素,包括植物、土壤动物和土壤微生物的作用。

(一)植物

植物在土壤形成中的作用,最重要的是表现在土壤与植物之间的物质和能量的交换过程上。植物,特别是高等绿色植物,可把分散于母质、水圈和大气中的营养元素选择性地吸收起来,利用太阳辐射能,合成有机体,并把太阳能转变为生物质能,储存在植物体内。据估计,陆地上植物每年形成的生物量约为 5.3×10^{10} t,相当于 2.13×10^{17} kcal 的热能。亿万吨的有机质及其所结合的能量,以分散的有机残体和土壤腐殖质的形态存在于土壤中。统计结果表明,陆地上以土壤腐殖质形态存在的结合能可与贮存在陆地上生物体中的能量相当。

不同的植物类型所形成的有机质的性质、数量和积累方式等不同,它们在成土过程中的作用也有不同。如木本和草本植物对土壤的影响就有很大差别。多年生木本植物每年形成的有机质只有一小部分以凋落物的形式堆积于土壤表层之上,形成粗有机质层,不同木本植物类型的有机残体的数量和灰分组成也各不相同(表4-2)。阔叶林灰分中钙、钾含量高,针叶林灰分中硅占优势。

表4-2 木本植物灰分组成的一般特点 单位:%

类别	纯灰分	灰分中氧化物含量大小				
针叶	3~7	SiO_2 > 30~45	CaO > 15~25	P_2O_5 > ≈8	MgO ≈ ≈5	K_2O ≈5
阔叶	9~10	CaO > 20~50	K_2O ≈ ≈20	SiO_2 > ≈20	MgO ≈ 8~17	P_2O_5 > Al_2O_3 ≈ Na_2O 15~20 ≈1 ≈1
针叶树干	1~2	CaO > 40~60	K_2O ≈ ≈20	P_2O_5 > ≈10	MgO > ≈5	SiO_2 2~3
阔叶树干	1~2	CaO > 50~75	K_2O > 15~25	P_2O_5 > 5~15	Al_2O_3 > ≈5	SiO_2 2~3

一般而言,有机残体的数量是热带常绿阔叶林多于温带夏绿阔叶林,温带夏绿阔叶林又多于寒带针叶林;阔叶林灰分和氮的含量较高,灰分中钙、钾等盐基较丰富,C/(N+灰分)的比值较低,而针叶林钙、镁等盐基含量较低,灰分中硅占优势,磷一般比阔叶林少,C/(N+灰分)的比值较高。森林凋落物,特别是针叶林凋落物多以真菌分解为主,分解产物中的盐基不足以使酸得到中和,出现大量可溶性腐殖质富里酸,土壤溶液呈酸性或强酸性反应,使土壤遭受强烈的酸性淋溶。阔叶林凋落物分解产物中盐基较丰富,以细菌分解为主,形成的腐殖质以胡敏酸为主,酸度较低,淋溶较弱,盐基饱和度较高,土壤溶液多呈中到弱酸性反应,土壤所遭受的淋溶程度也相对较弱。

较之木本植物,草本植物每年有大量有机残体进入土壤,其中以死亡的根系为主,这是它与木本植物很大的不同之处。如香根草属于禾本科香根草属,系多年生草本植物,根系发达,且向地下纵深发展,香根草根系一般可深达 1 m 左右,是知名的水土保持和斜坡固定植物(图4-5)。森林土壤剖面中腐殖质的分配,往往是自表土向下急剧地减少,而草原土壤剖面中的腐殖质含量则是自表土向下逐渐减少的(图4-6)。此外,草本植物灰

图4-5 香根草根系一般可深达 1 m 左右

资料来源:徐礼煜等,2003。

分含量(表4-3)较高,在较干旱的气候条件下,残体分解后形成中性或微碱性环境,钙质丰富,利于腐殖质的形成和积累,以胡敏酸钙为主,使土壤形成团粒结构。

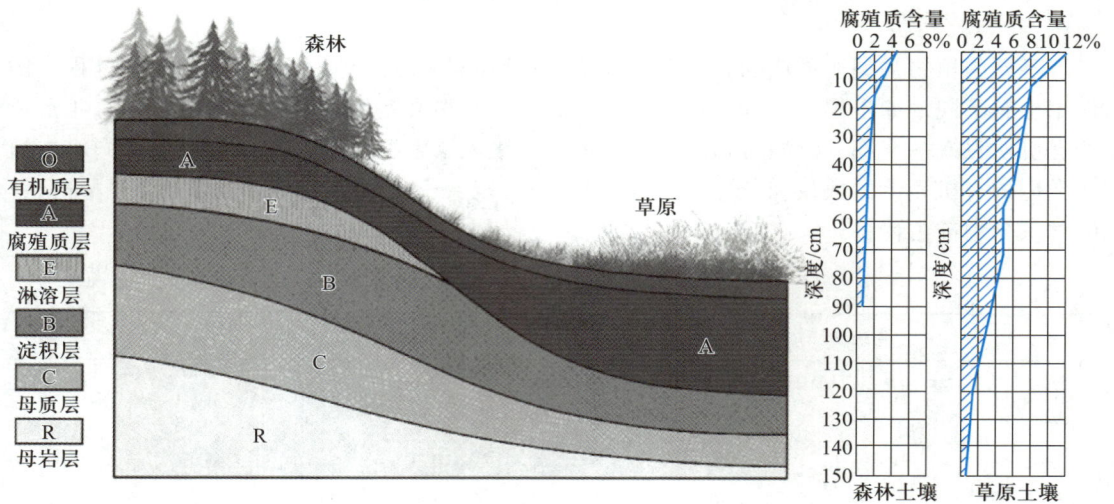

图4-6　森林土壤和草原土壤的腐殖质分布

表4-3　草本植物灰分组成的一般特点

类别	纯灰分/%	灰分中氧化物含量大小
草甸	2~4	$CaO>K_2O>SO_3>P_2O_5>MgO>SiO_2>R_2O_3$
草甸草原	2~12	$SiO_2>K_2O≥CaO>SO_3>P_2O_5>MgO>Al_2O_3>R_2O_3$
干草原	12~20	$Na_2O≈Cl≈K_2O≈CaO≈SO_3≈SiO_2≈P_2O_5≈MgO$

此外,植物在土壤形成中的作用,还表现在植物根系对土壤结构形成的作用,以及凭借根系分泌的有机酸分解矿物从而改变土壤化学组成。植被还可以改变环境条件,特别是水热条件,从而对土壤形成过程产生影响。综上可见,不同植被类型,以及它们和其他因素相结合,影响了土壤形成的方向(图4-7)。

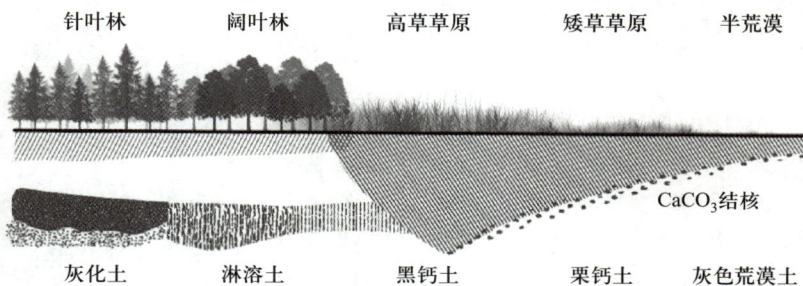

图4-7　不同植被类型影响土壤形成的方向

资料来源:改自 Bridges,1997。

（二）土壤动物

土壤原生动物（属动物区系微生物）中的变形虫和纤毛虫，都是食菌微生物，不能分解土壤中其他有机质。鞭毛虫能从分解土壤有机质获得能量，因此可以参与土壤有机质的转化。土壤动物中的线虫类，有一部分能分解土壤有机质；轮转虫对有机质的分解能力相当强。

土壤中的无脊椎动物种类很多，数量很大，每公顷土地中可达数千到几十万个，其中各种昆虫及其幼虫、蚯蚓、蜘蛛等，对翻动土壤及分解土壤有机质的作用很大。脊椎动物中的蜥蜴、蛇、獾、鼹鼠等翻动土壤的力量也很强。

土壤动物死亡后可以增加土壤有机质，在其生活过程中翻动土壤、消化别的动物和植物有机体形成的粪便能改善土壤的物理性状。如蚯蚓每年生长量巨大，排放的蚯蚓粪便可达 30 t/hm²，显著改善土壤结构，促使土壤肥沃。蚯蚓已被广泛用于我国水土流失严重的红壤地区的土壤改良。热带蚁类常在深厚的红土层内构筑蚁巢，有的高达五六米，宽达十余米，长达几十米，巢内土壤的钙质及有机质增多，提高了土壤盐基饱和度，从根本上改变了红壤的性质。这在热带非洲十分常见（图4-8）。

图4-8　非洲象牙海岸白蚁可筑起直径 15 m，高 2~6 m 的坚固竖立土墩　　彩图4-8
资料来源：Weil 和 Brady，2017。

（三）土壤微生物

微生物对土壤形成发展的作用，可概括为：① 分解有机质，释放各种养分；② 合成土壤腐殖质，改善土壤胶体性能；③ 固定大气中的游离氮素，为土壤增添氮素营养物质；④ 转化矿质养分，如磷、硫、钾等，促进植物吸收利用；⑤ 吸收、分解、转化土壤有机污染物及重金属污染物，部分微生物（如发光杆菌）还可作为土壤污染程度的指示物。

种类繁多、数量极大的土壤微生物，特别是植物区系微生物，在元素的生物小循环中有着重要意义。在这个小循环中，没有绿色植物对于元素的巨大吸收和富集作用，从而合成植物生命体，元素在土壤中的积累就不可能完成；没有微生物对于有机质的分解，也很难设想元素在生命界的无限循环;没有微生物对有机质的分解及合成加工而形成腐殖质,就难以想象土壤中有机胶体及其一系列胶体特性的发展;没有微生物的固氮作用,也很难想象高等植物的繁茂发展。总之,微生物与森林、草甸、草原和各种农作物及土壤动物一起,构成了一个完整的土壤生态系统,在氮素和矿质营养、污染物质循环、能量转化和水热平衡及成土过程中起着不可代替的作用。

五、时间因素

土壤的形成和发育是在各成土因素作用下,随时间不断变化与发展的。土壤发生发育时间的长短,称为土壤年龄。土壤年龄从其开始形成时起直至目前为止的实际年份数,称为绝对年龄。在一定的成土因素综合作用下,土壤个体的发育度,如土壤发生层的分化度,可以说是成土年龄的尺度,即发生层的分化越显著,其相对年龄越长;反之,分化度越弱,其相对年龄越短。这种土壤个体发育程度的概念,就是土壤相对年龄的概念(图4-9)。

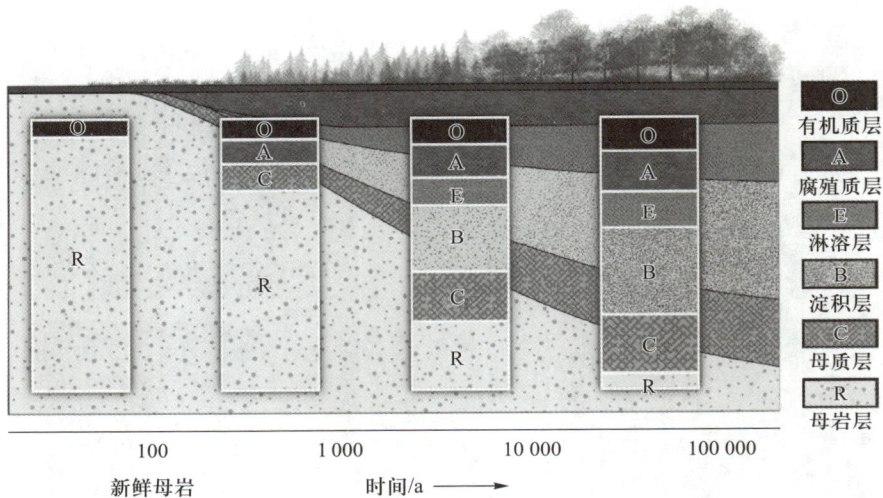

图4-9　土壤相对年龄可说明土壤在历史进程中发生发展和演变的动态过程

但是在不同的成土条件下所产生的不同土壤类型,它们之间的相对年龄就不能这样比较。有些土壤的绝对年龄接近,但土壤的发育程度(相对年龄)却相差很大。如河漫滩地的土壤均是在近代冲积体上发育的。早期形成的高河漫滩地,其土壤剖面分化明显,具有特定的发生层(如淋溶层和淀积层的分化等);但在低河漫滩地上,由于河流泛滥物给予的影响,其成土物质因冲刷和沉积作用而不断被更新,土壤发育一直处于初期阶段,剖面分化极不明显。这种现象在近代河谷平原中普遍存在。

时间因素不仅在土壤个体发育上表现其重要意义,在土壤系统发育上,即土壤类型的转化或土壤发育阶段上,也具有特别重要的意义(图4-10)。近年来,土壤孢粉组成、石英热释光断代等土壤时间研究方法已成为研究全球环境变化的重要技术手段。

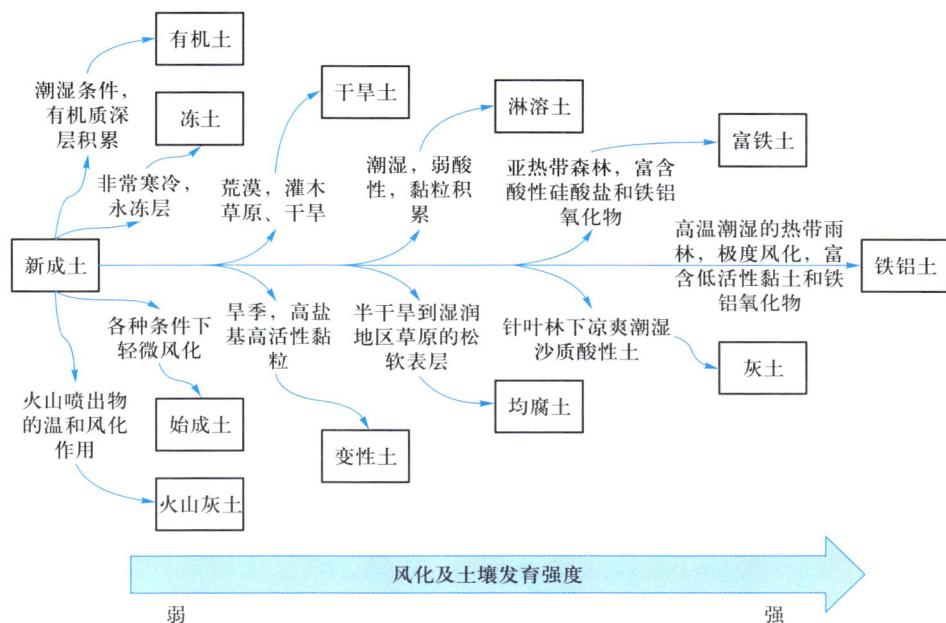

图 4-10 土壤的风化发育随时间不断强化

六、人为因素

与前述各自然因素相比较,人为因素对于土壤形成、演化的影响是十分强烈的。在某种意义上说,人为因素不宜与自然因素并列而作等量齐观,它是一个独特的成土因素。

(一)人类活动对其他成土因素的影响

人类活动可通过改变某一成土因素或因素之间的对比关系来控制土壤发育的方向。例如,消灭原有自然植被,完全代之以人工栽培作物或人工育林,可直接和间接影响物质生物循环的方向和强度;灌溉和排水可改变自然土壤的水热条件,从而改变土壤中物质的运动过程。此外,通过工程措施可直接影响土壤发育,如荷兰的围海造田、长江中下游平原的垛田及圩田、华北和黄土高原的梯田、大型露天矿开采对土壤的剥离、三峡工程对长江中上游土壤的潜育化和沼泽化影响等(图 4-11)。现代工业活动对土壤的物质组成和形态变化产生了更大的影响。

(a)

(b)

图 4-11 梯田建设、矿山开采等活动可主导土壤形成的物质与能量再分配过程

(a)梯田;(b)矿山

（二）人类对农业耕作土壤的影响

在人为长期施肥、灌溉、集约耕作下，自然土壤逐步转变为农业耕作土壤（图4-12）。例如，在陕西关中黄土母质上发育形成的褐土，由于在长期农业生产活动中施用土粪，熟化的耕作层不断加厚，当增厚的土层达到一定厚度时，土壤属性就因表层堆垫层增厚而发生质变，形成新的土壤类型堘土。宁夏银川平原长期引黄灌溉，泥沙淤积到一定厚度而形成灌淤土等。

(a)   (b)

图4-12　人类对农业土壤的影响

（a）广西龙胜梯田；（b）土垫旱耕人为土（陕西杨凌）

资料来源：中国土壤，1998，龚子同，1999。

彩图4-12

人类长期水耕植稻也显著改变了土壤性质。南方红壤改为水田后，经过长期的水耕熟化，使红壤脱离了原来的土壤发育方向，朝着人为水稻土方向演变。由于人为调控活动，使贫瘠的土壤性状得到显著改善，肥力不断提高，土壤剖面发育也形成独特的诊断层与诊断属性。在长期表层淹水、耕作，又不断排干过程中，土壤中氧化、还原交替，土层中局部铁锰氧化淀积与还原离铁作用并存，因而形成特殊的氧化还原性状。同时由于水下耕翻扰动，土粒分散，发生黏粒迁移与淀积，加之耕作机具挤压，在耕层下形成紧实的犁底层等。这些新的发生层段，与原来自然土壤发生层段已产生本质变化。

（三）人类活动对城市土壤的影响

城市是人类密集分布与工业活动的主要空间区域，城市土壤作为人类活动的主要场所和城市生态环境的重要组成部分，其组成、性状和发育也受到人类活动的强烈影响。由于大气沉降、废弃物处置、城市建设、工业活动等导致城市土壤包含与自然和农业土壤截然不同的物质组成，包括水泥、矿渣、炉渣、灰尘、废弃物、生活或建筑垃圾、焦油、污泥、污染物等。这些人为物质与自然土壤物质混合在一起，导致土壤的水力学性质、紧实度、封闭度、养分、微生物活动及污染物载荷显著改变。由于人类活动的强烈影响，城市与工业土壤呈现了显著区别于自然和农业土壤的独特性质和形成过程。此外，人类对土壤不合理的开发利用会导致土壤退化，如土壤沙化、荒漠化、盐碱化、酸化及污染等。

需要强调的是，各种成土因素之间也是相互作用、相互影响的。正是由于这种相互作用，土壤的发生条件更趋于多样和复杂，使一些大的土壤类别产生了某些重要属性的分异，形成各式各样的土壤。成土因素和土壤形成的关系是各个成土因素动态综合作用的结果，这些作用不能加以割裂。各个成土因素是同等重要和不可替代的。各个因素的"同等性"并不意味着每一个因素始终都在同样地影响着土壤形成过程。对于某个具体土壤形成过程,其中必然是某个成土因素起主导作用。同时,土壤类型是发展变化的。随着时间与空间的不同,成土因素及其组合方式也会有所改变,土壤有其发生、发展和演替的规律。

第二节　成土过程

土壤形成过程(成土过程)是指在一定时空条件下,母岩或母质与生物、气候因素及土体内部所进行的物质与能量的迁移和转化过程的总体。成土过程是一个综合的过程,它是物质的地质大循环和生物小循环矛盾统一的结果(图4-13)。土壤类型的形成和演变是成土因素综合作用的结果。在成土因素综合作用下,不同土壤在主导成土过程作用下,形成可以定量化的诊断层和诊断特性等土壤分类指标。因此,对土壤类型的认识依赖于对成土过程和诊断指标的认识。本节重点介绍与土纲划分相关的土壤成土过程。

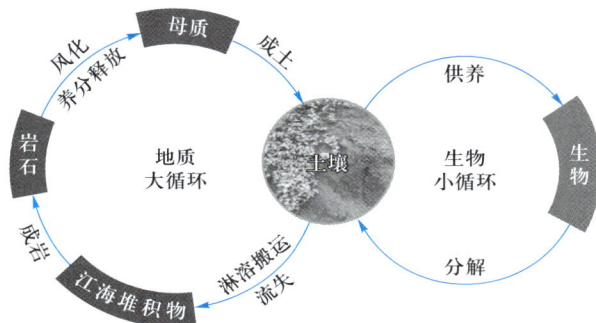

图4-13　地质大循环与生物小循环

一、主要成土过程

(一)原始成土过程

原始成土过程是指在冰雪覆盖、寒冷干燥条件下,从岩石露出地表而有微生物着生开始到高等植物定植之前的土壤形成过程。包括岩漆阶段、地衣阶段及苔藓阶段(图4-14)。在岩漆阶段,微生物主要以自养型微生物,如硅藻、绿藻、蓝藻等为主。在地衣阶段,以异养型微生物(如细菌、黏液菌)与真菌、地衣等共同组成的原始植物群落,使细土和有机质不断增加。在苔藓阶段,开始出现有机细土,可为高等植物的生长提供基础条件。原始成土过程形成的土壤粗骨性强,腐殖质含量低。

(二)有机质聚积过程

有机质在土体中的聚积,是生物因素在土壤中发展的结果。但生物合成的有机质,其分解和积累,又受大气的水热条件及其他成土因素联合作用的影响。所以,作为成土过程的有机质聚积作用,可表现为多种形式。

1. 草毡化及斑毡化过程

草毡化过程,是高山和亚高山带干旱寒冷且有冻土层条件下的有机质聚积方式,其有机质年积累量少,分解程度弱,常呈毡状草皮层,而显示干泥炭化(与过湿的沼泽泥炭不同)

（图 4-15）。斑毡化过程是高山带森林土壤及热带、亚热带和温带低平地森林土壤有机质聚积的共有特色。有机质聚积因气候不同而有区别，但有机质均保持粗质形态覆于地面，如高山冻寒带呈斑毡状，热带、亚热带呈粗松残落物层。

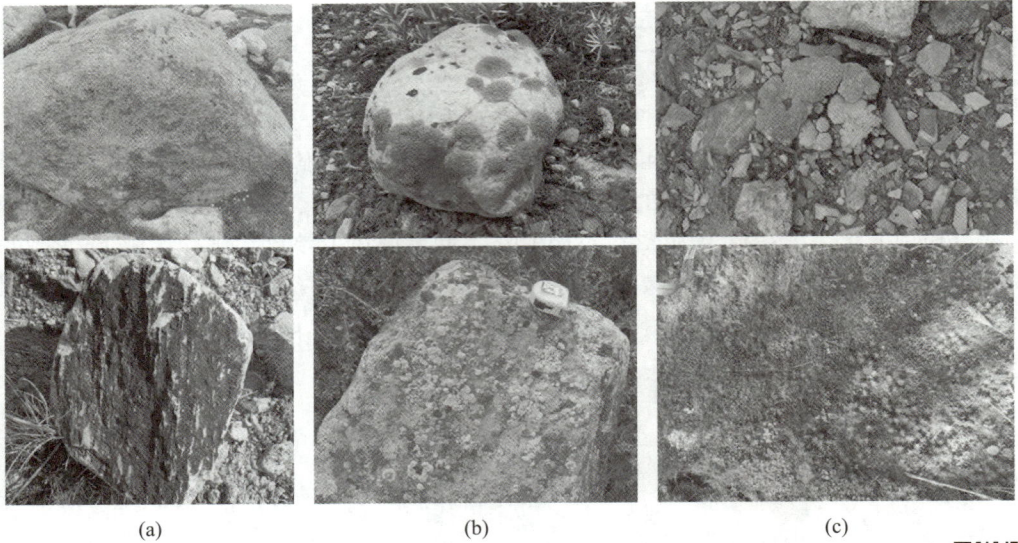

(a)　　　　　　　　　　(b)　　　　　　　　　　(c)

图 4-14　原始成土过程的岩漆、地衣、苔藓阶段

（a）岩漆阶段；（b）地衣阶段；（c）苔藓阶段

（中国科学院南京土壤研究所提供）

彩图 4-14

(a)　　　　　　　　　　　　　　　(b)

图 4-15　草毡化及斑毡化过程典型景观

（a）草毡化；（b）斑毡化

（中国科学院南京土壤研究所供图）

彩图 4-15

在草甸植被下，由于地下水及其带来的丰富养料供给草类，故草本有机质年增长量和枯死的有机质量都相当高，它们在湿润的草甸土壤中，易进行厌氧分解而聚积腐殖质。这样，土壤腐殖质层深厚，而且腐殖质含量也较高。在草原条件下，其情况略有不同，主要是草原气候干旱，又无地下水滋润，草类的有机质年增长量较少，且矿化度较大，但由于根系较发达，仍有一定量腐殖质聚积。草毡化是草甸土形成的主要过程，斑毡化是草原土形成的重要

过程,二者在腐殖质含量及组成上有明显区别。

2. 泥炭化过程

泥炭化过程是湿润带洼地及森林带内斑状分布沼泽土的有机质聚积过程。这些有机质在过湿条件下,不被矿化或腐殖化,而大部分形成了泥炭,其吸水量大,有机质的分解度低,有时可保留有机体的组织原状(图4-16)。

图4-16　泥炭化过程典型景观

(中国科学院南京土壤研究所供图)

彩图4-16

有机质聚积过程所形成的主要诊断指标,包括有机表层和腐殖质表层。有机表层是经常被水饱和,泥炭状有机质含量极高的诊断表层。有机表层按原有植物物质分解程度和种类可细分为五类:纤维质的、半分解的、高分解的、草毡状的和落叶性的。腐殖质表层则表现为土壤有机质的腐殖化程度较高,腐殖质在单个土体中聚积深度较大,由上向下逐渐减少,无陡减现象。其他腐殖质表层不完全具备均腐殖质特性,但腐殖质含量高或较高的表层,称为暗腐殖质表层,而发育程度较差的腐殖质诊断表层,称为弱腐殖质诊断表层(有机质含量<1%)或极弱腐殖质表层(有机质含量<0.5%)。

(三)积钙和脱钙过程

积钙过程(calcification process)是干旱、半干旱地区,土壤中钙的碳酸盐发生移动,并在一定深度的土壤剖面中积累的过程。在季节性淋溶条件下,土壤表层残存的碳酸钙在湿度因素及由生物产生的二氧化碳分压等因素影响下,发生如(4-1)反应,形成碳酸氢钙,在雨季向下移动。当向下淋溶到一定深度,土壤脱水或二氧化碳分压降低的情况下,反应式向左移,溶液中的重碳酸盐转化为难溶的碳酸盐在土壤剖面中部或下部淀积,形成钙积层,其碳酸钙含量一般在10%~20%。碳酸钙淀积的形态有粉末状、假菌丝体、眼斑状、结核状或层状等。

$$CaCO_3+H_2O+CO_2 \rightleftharpoons Ca(HCO_3)_2 \tag{4-1}$$

图4-17显示了积钙过程中石灰积累的深度与年均降雨量的关系。在年均降雨量较高的气候条件下,可以在土壤剖面的深处发现石灰淀积层($CaCO_3$),对植物根系在土壤中的穿透起到阻碍作用。而在年均降雨量低的条件下,土壤中水量过少,无法将石灰向深层运输。在半湿润、半干旱带,钙自土体上层向底层移动也很明显,有时在其下层积聚为碳酸钙淀积层。例如黑钙土、栗钙土等的心、底土层均有这种钙积层。在干旱荒漠环境,有时还可出现

石膏层（$CaSO_4$）和积盐层共存的情况（如棕漠土、灰漠土等）。

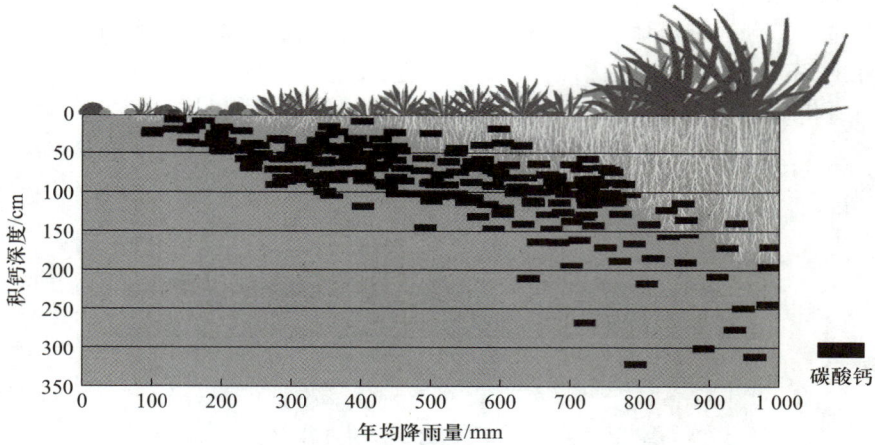

图 4-17　不同气候带年均降雨量的差异对土壤积钙深度造成的影响

资料来源：不列颠百科全书，2007。

与积钙过程相反，在降水量大于蒸发量的生物气候条件下，土壤中的碳酸钙转变为碳酸氢钙从土体中淋失，称为脱钙过程。在高温湿润和植被茂密的生物气候带，钙质极易被彻底淋溶出土体，脱钙作用极为强烈和彻底，使土壤呈高度盐基不饱和态。

与脱钙过程相反，土壤发生过程中也有"复钙作用"，一般是由于灌溉水、地下水将钙质风化液注入土体造成的；也有人为施用石灰、石膏等肥料，或钙质客土（如石灰性紫色土）造成的复钙现象。此外，生物学积累过程对土壤复钙也有一定影响。例如在干旱区，深根植物从底土或地下水吸收钙质，其有机体在表土矿化后，将钙质留在表土，也产生复钙作用，因而其钙积层位可以高至表土。

（四）盐化和脱盐化过程

土壤盐化过程，一般认为是由于降水少，淋溶作用弱，蒸发量大，使基岩或母质风化释出的易溶盐不能被洗出土体而积聚起来；或因矿化度较高的地下水，通过土壤毛细管上升至土壤表层，水分不断蒸发，盐分残留于表土，可造成表土严重积盐（图 4-18）。土壤积盐是干旱少雨气候带及高山寒漠带常见的现象，特别是在暖温带荒漠环境，土壤积盐最为严重。在滨海地区，因海水含盐量高，通过海水浸淹或海滨盐化的地下水上升，也可造成土壤积盐。

与上述作用相反，盐渍土壤中的易溶性盐，可以通过灌水淋洗，结合开沟排水和降低地下水位等措施，下降到一定程度而使土壤脱盐，成为正常土壤。这一过程称为土壤脱盐过程。

（五）碱化和脱碱化过程

碱化和盐化是有密切联系的，但有本质区别。土壤碱化是指土壤胶体上的 Ca^{2+}、Mg^{2+} 被中性钠盐或 Na_2CO_3、$NaHCO_3$ 等碱性钠盐解离产生的 Na^+ 替换，导致复合体上钠的饱和度很高，即交换性钠占阳离子交换量的 20% 以上，水解后，释出碱质（NaOH），土壤 pH 可达 9 以上，其毒害一般植物不能忍受。同时，这种土壤黏粒高度分散，湿时泥泞，干时收缩固结为硬块，土体内闭结，少大孔隙，植物扎根困难（图 4-19）。碱化过程发展的特点是：土壤中易溶性盐被淋溶后集中在碱化层以下，导致表层土含盐量很低。另外，在表层土以下形成柱状碱化层；在碱化层土壤溶液中，含有一定量的苏打（Na_2CO_3）。因此，不含或含少量易溶性盐且呈强碱性反应是碱土的突出特征。

(a)

(b)

图 4-18　土壤盐化过程及盐土景观

（a）土壤盐化过程；（b）盐土景观

资料来源：中国土壤,1998。

彩图 4-18

图 4-19　碱化土壤景观

（中国科学院南京土壤研究所供图）

彩图 4-19

　　土壤碱化过程可分别起源于生物学（如高钠盐含量的旱生蒿草和猪毛草等）过程、生物化学过程（硫酸钠在有机质嫌气分解和硫酸盐还原细菌参与下的还原反应）及土壤胶体化学过程。碱土形成之后,土壤呈强碱性反应,其 pH 可高达 9 以上。另一方面,在土体中部,可形成柱状不透水的碱化层。碱土表层积滞的碱性水分（土壤浸出液）,使土壤腐殖质溶解于碱液而被淋溶,并使表土矿质土粒,特别是黏粒部分的铝硅酸盐矿物发生局部破坏,形成含有 SiO_2、Al_2O_3、Fe_2O_3 和 MnO_2 的碱性溶胶（它们在碱性介质中分散为胶体悬液）,而易于在土体中移动。其结果是使表土层的黏粒含量减少,土色变白（因腐殖质淋失,铁、锰氧化物形成胶体溶液向下迁移）,并有白色无定形二氧化硅的淋溶和淀积。原来的碱化层中,则增加了铁、锰氧化物的凝胶,有时还可形成铁、锰结核。这一过程的发展,促使表层（A 层）变成微酸性、质地变轻,B 层(原碱化层)变成微碱性,有铁、铝、锰胶状物涂染于柱状结构体表面。碱土的这一演变过程,称为脱碱过程。

(六)灰化过程

灰化过程是寒带或寒温带针叶林带普遍存在的成土过程。灰化过程发展的前提是充沛的淋洗水分、强酸性腐殖质及一些多酚类等有机络合物的存在。

在针叶林下,其凋落物富含单宁与树脂类物质,盐基含量较少。在真菌作用下生成酸性很强的富里酸,对原生矿物与次生矿物起着强烈的腐蚀分解作用,又因其凋落物疏松多孔,有利于渗漏降水,故可导致强烈的酸性淋溶。

酸性淋溶的结果是钙、镁、钾、钠等盐基被淋至下层而淀积。亚表土中较难溶的铁、锰氧化物也与有机酸发生强烈的螯合迁移,到达 B 层。同时,该土层残留着不被酸性介质溶解的硅酸,它经过脱水作用,形成白色粉末状二氧化硅。因此,亚表土便显示着松脆性、缺乏黏性的物理特征,并呈灰白至白色,营养元素贫瘠,有强酸性,不利植物根系生长。这样的土层就是灰化层(A_2 层)。土壤灰化过程的各阶段如图 4-20 所示。

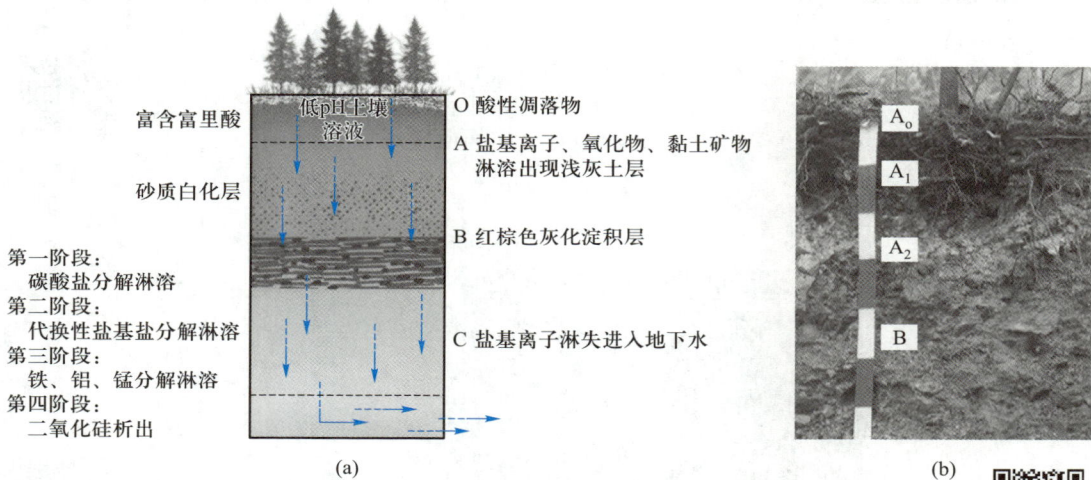

图 4-20 土壤灰化过程及代表性剖面

(a)土壤灰化过程;(b)灰化土剖面

资料来源:龚子同,1999。

彩图 4-20

下行的富里酸盐与溶胶物质,在下层较高 pH 和丰富盐基环境条件下,其中部分盐类和胶体沉淀和聚沉下来,在土壤中、下层形成红棕色的紧实淀积层,或称为灰化淀积层。在灰化层遭受土壤侵蚀或因生草化而缺失的情况下,该层成为鉴定灰化土的重要诊断依据。

灰化过程可使土壤形成暗灰色凋落物层 A_0 和很薄的腐殖质层 A_1,其下为灰白至白色的灰化层 A_2,再下过渡到紧实棕褐色的淀积层 B 和母质层 C 等层次的土体构造。

灰化过程尚未发展到明显的灰化层出现,而实质上却有铁、铝、锰物质的酸性淋溶和淀积作用者,则有"隐灰化过程"之称。而灰化过程(酸性淋溶淀积)与还原离铁、离锰作用以及铁、锰腐殖质的淀积现象伴生者,则称为"漂灰化过程"。这一成土过程在热带、亚热带山地的上部常有出现,其气候特点是冷湿,其植被是藓类—杜鹃—冷杉林。由于藓类及凋亡的地面被覆有机物的持水性强,易造成还原性环境,矿物受酸性蚀变作用而释出铁、锰,继而被还原为低价铁、锰化合物,并在渗漏水中被漂失,使土壤呈白灰或白色。这种土壤的漂白现象,主要是"还原离铁"作用的结果;矿物的蚀变是酸性条件下的水解作用造成的,所以称为"漂灰化过程"(漂白过程和灰化作用相叠加的过程)。

(七) 黏化过程

黏化过程是原生矿物分解,生成次生矿物而形成黏粒,以及黏粒在剖面中积聚的过程。黏粒的形成,不仅仅包括物理性的破碎及化学分解,还包括矿物分解产物的再合成作用,即次生矿物的形成。另外,黏粒的聚积作用也要区分为"残积黏化"和"黏粒淋移淀积"两种情况。前者属于未经迁移的、原地发生的黏化作用;后者是指黏粒受水分的机械淋移,而迁移到一定深度的土层中聚积。黏化是重要的成土过程之一,它在各类土壤中都有不同程度和方式的表现,是研究土壤类型和特性的重要指标之一。一般地讲,在寒冷而干旱的气候带,黏化过程较弱,而在湿热带较强(图4-21)。就母质的影响而言,基性或超基性岩的黏化过程较强,酸性岩则较弱。

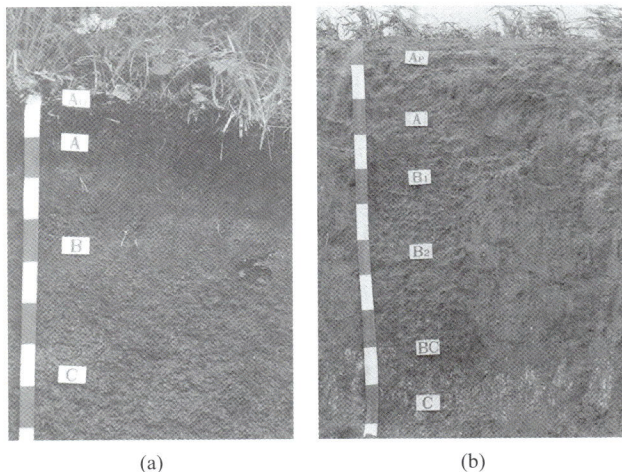

图 4-21 典型剖面的黏化土层

(a) 暗棕壤;(b) 棕壤

资料来源:中国土壤,1998。

彩图 4-21

(八) 脱硅富铝化过程

脱硅富铝化过程,是湿热气候带有一定干湿季分异的地带性土壤的主要成土过程。其发展分为三个阶段。

1. 脱盐基阶段

矿质颗粒在湿热气候条件下,其铝硅酸盐发生强烈水解,释出盐基物质,使风化液呈中性或碱性,可溶性盐基离子不断自风化液中流失。

2. 脱硅阶段

矿物中硅以游离硅酸形式在碱性风化液中溶解扩散,并随盐基一起淋溶。

3. 富铝化阶段

矿物分解,硅酸继续淋溶,铝、铁、锰、钛等元素在微碱性风化液中发生沉淀而滞留于原来的土层中,造成了铝、铁、锰、钛氧化物的残留聚积或富集(图4-22)。其中铝与铁、锰不同,它不受还原作用的影响而移动,在碱性淋溶过程中,始终保持稳定状态。所以,铝的富集和脱硅作用是这一成土过程的典型特征,一般称为"富铝化"或"脱硅富铝化"。富铝化过程中铝、铁的富集是由于铝硅酸盐母质中的硅及钙、镁、钾、钠等盐基离子的淋失而相对富集,而不是铝、铁含量的实质性增积。这和灰化过程中 B 层的铁、铝、锰的淀积有着根本的区别。按脱硅富铝化的发生程度,可依次形成硅铝特性、铁硅铝特性和铁铝特性。

(a)　　　　　　　　　　　　　　　　　　(b)

图 4-22　脱硅富铝化土壤典型景观及土壤剖面

(a) 脱硅富铝化土壤典型景观;(b) 土壤剖面

(中国科学院南京土壤研究所提供)

彩图 4-22

(九) 氧化还原成土过程

土壤中氧化还原状况改变可引起变价元素的化合价变化,进而可引起土壤中物质形态和性质变化。在土壤中,受氧化还原变化主导的成土过程包括潜育化、潴育化及白浆化等。

1. 潜育化

潜育化是指土壤长期渍水,有机质还原分解,铁锰氧化物强烈还原,形成呈蓝灰-青灰色潜育层的过程(4-2)。该过程主要在沼泽土和长期积水的水稻田中发生。常见潜育土景观及剖面如图 4-23 所示。

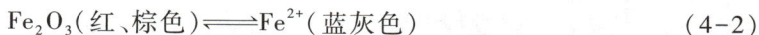

$$Fe_2O_3(红、棕色) \Longleftrightarrow Fe^{2+}(蓝灰色) \tag{4-2}$$

2. 潴育化

潴育化是指在土壤干湿交替过程中引起氧化还原作用交替出现,淹水时铁锰氧化物发生还原并随水分移动,土壤排水时低价铁锰发生氧化沉淀,因此在土体中常出现锈纹、锈斑或铁锰结核(4-3)。该过程常在草甸土和排水良好的水稻土中出现。

$$Fe_2O_3、MnO_2 \Longleftrightarrow Fe^{2+}、Mn^{2+} \tag{4-3}$$

3. 白浆化

白浆化是指土壤表层滞水导致表层和亚表层土壤中的铁、锰被还原并沿缓坡随侧向水流不断淋失的过程。由于铁、锰的淋失,该土层逐渐变成黄色以至白色(4-4)。常见白浆土景观及剖面如图 4-24 所示。

$$含 Fe_2O_3、MnO_2 层 \Longrightarrow Fe^{2+}、Mn^{2+}(淋湿) \Longrightarrow 白色脱 Fe、Mn 层 \tag{4-4}$$

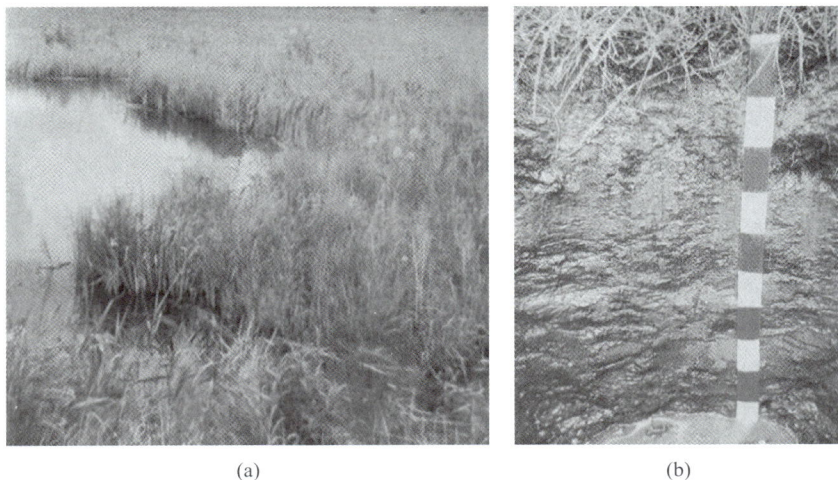

(a)　　　　　　　　　　　(b)

图 4-23　潜育土景观及剖面

（a）有机正常潜育土景观,黑龙江虎林（崔荣浩提供）;（b）有机正常潜育土剖面,黑龙江宝清（张甘霖提供）

资料来源:龚子同,1999。

彩图 4-23

(a)　　　　　　　　　　　(b)

图 4-24　白浆土景观及剖面

（a）白浆土景观;（b）白浆土剖面

资料来源:中国土壤,1998。

彩图 4-24

（十）熟化过程

土壤熟化过程是在耕作条件下,通过耕作、培肥与改良,促进水、肥、气、热诸因素不断协调,使土壤向有利于作物高产方面转化的过程。通常把种植旱作条件下定向培肥的土壤过程称为旱耕熟化过程;而把淹水耕作,在氧化还原作用交替条件下培肥的土壤过程称为水耕熟化过程。

1. 水耕熟化过程

水耕熟化过程是在种植水稻或水旱轮作交替条件下的土壤熟化过程（图 4-25）。其主要特点是:① 土壤表层氧化还原作用交替进行,水稻淹水时是土壤滞水的水分状况,这时土壤上层以还原作用为主;在旱作排水时,土壤上层则以氧化作用占优势。这种交替就形成灰色糊泥化的水耕表层（Ap）。同时，因耕作及水耕土壤表层物质随灌水向下渗透过程中发生机械性、溶解性、还原性和络合性等一系列淋溶作用，在水耕表层下部沉淀形成犁底层（Ap2）。② 表层有机质积累和矿质化交替进行，但有机质积累过程占优势。

(a)   (b)

图 4-25　水稻土景观及剖面

（a）水稻土景观；（b）水稻土剖面

（中国科学院南京土壤研究所提供）

彩图 4-25

2. 旱耕熟化过程

旱耕熟化过程是指在长期种植旱作农作物的过程中促使土壤熟化的过程（图 4-26）。在中国中原地区已经有数千年的人为旱耕熟化历史。根据旱耕熟化过程中人们采取的措施及其对土壤的影响，可以将旱耕熟化过程细分为以下两个过程：① 灌淤熟化过程，指在人为控制下，长期交替地进行灌溉淤积、淋溶和耕种培肥的过程，从而形成了厚层的、壤质的、疏松的和养分丰富的灌淤表土层。② 土垫熟化过程，是指在人们旱耕过程中，施用土粪和厩

(a)   (b)

图 4-26　旱耕人为土景观及剖面

（a）旱耕人为土景观；（b）旱耕人为土剖面

（中国科学院南京土壤研究所提供）

彩图 4-26

肥,年复一年就逐渐形成了土壤性状良好、肥力水平较高的堆垫表土层。这种土垫作用包括复钙、双重淋溶和培肥等作用。例如在陕西关中平原区数千年的土垫熟化过程形成的塿土,其表层就有厚度超过 50 cm 的土垫层。③ 泥垫熟化过程,包括堆垫和培肥两个过程,同时,土壤还具有潜育化作用。在中国亚热带的长江三角洲、珠江三角洲等热性温度状况和潮湿土壤水分条件下,成土母质多是三角洲或江湖沉积物,在水耕泥垫熟化过程中以种植水稻为主,故其形成的水耕土(水稻土)也不同于一般旱地耕作土的泥垫表层。④ 肥熟化过程,指在耕作熟化土壤基础上,因长期栽种蔬菜,并在持续大量施用有机肥的条件下,形成了一个具有深厚腐殖质层且富含磷素的肥熟表层。

(十一) 退化过程

土壤退化过程(soil degradation process)是指因自然环境不利和人为开发利用不当而引起的土壤物质流失、土壤性状与土壤质量恶化,以及土壤肥力下降、作物生长发育条件恶化和土壤生产力减退的过程。赵其国(1991)把土壤退化分为三类,即土壤物理退化(包括坚实硬化、铁质硬化、侵蚀、沙化)、土壤化学退化(酸化、碱化、肥力减退、化学污染)、土壤生物退化(有机质减少、动植物区系减少)。

土壤中的成土过程归根结底就是土壤中各组分经过生物地球化学过程不断演变的结果。本节所涉及的成土过程对应的生物地球化学过程如表 4-4 所示。

表 4-4 受不同因素驱动的主要成土过程

大类	细类	驱动因素/过程
物理过程	黏粒淋溶淀积	黏粒机械移动+凝胶和溶胶转化
	盐化-脱盐化	地形低洼、排水不畅、母质富含易溶盐
	物理风化	大块岩石及粗大风化物机械崩解→细小颗粒
	物理退化	侵蚀、沙化、板结
生物过程	原始成土	N 素+腐殖质+矿质养分
	腐殖化	有机残体经微生物分解并强烈合成
	泥炭化	过湿、沼泽条件
	草毡化	干冷条件
	水耕熟化	水稻种植过程的有机碳积累、养分循环和土壤结构改善
	旱耕熟化	耕作活动和对土壤定向培育
化学过程	化学风化	脱硅富铝化(原生矿物分解→高岭石、Fe_2O_3、Al_2O_3)
		黏化(原生矿物分解→合成不同黏土矿物→Bt 层)
	化学淋溶	灰化(新化学组分产生导致淋溶)
	化合价变化	潜育化(静水浸泡,强还原)
		潴育化(水位上升→还原;水位下降→氧化)
		白浆化(渍水还原)
		漂灰化(有机酸、酚等;苔藓吸水饱和还原)
	物理化学过程	积钙-脱钙
		碱化-脱碱化
	化学退化	酸化、碱化、肥力减退、化学污染

二、土壤剖面

随着土壤形成过程的进行,土体中物质(能量)的迁移、转化与积累过程,使土体逐渐地发生了分异,形成了不同的土壤发生层和土体构型。土壤发生层是指土壤形成过程中所形成的、具有特定性质和组成的、大致与地面相平行的,并具有成土过程特性的层次。识别土壤发生层的形态特征一般包括颜色、质地、结构、新生体和紧实度等。作为一个土壤发生层,应能被肉眼识别,且与相邻的土壤发生层有明显差异。土体构型是各土壤发生层在垂直方向有规律地组合和有序的排列状况。不同的土壤类型有不同的土体构型,因此,土体构型是识别土壤的最重要的特征。

土壤剖面是一个具体土壤的垂直断面,包括土壤形成过程中所产生的发生学层次(发生层)和母质层。土壤剖面形态,即土壤剖面的外部形态特征及其表现的土壤性状,是土壤形成过程的产物,全面反映了土壤发生学过程、物质组成、性质及其综合属性与土壤景观(成土环境条件)的总体特征,已成为诊断土壤性状的基础和进行土壤分类的重要依据。

(一)自然土壤剖面

自然土壤剖面中可能出现的主要层次包括 O、A、B、C、R 等层(图 4-27)。

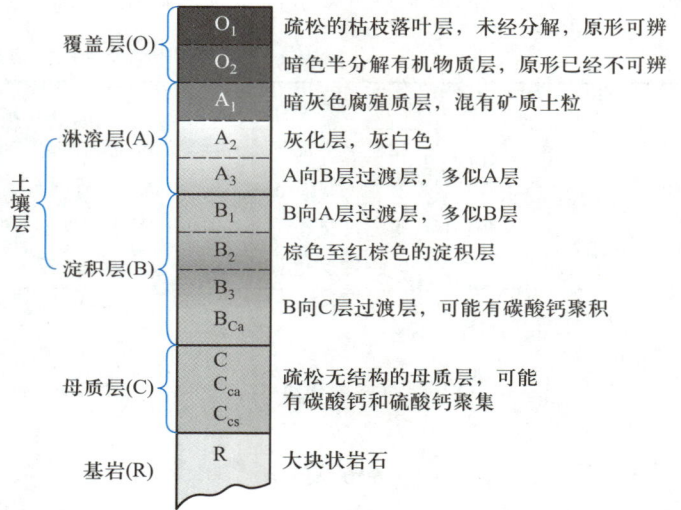

覆盖层(O)
O_1 疏松的枯枝落叶层,未经分解,原形可辨
O_2 暗色半分解有机物质层,原形已经不可辨

淋溶层(A)
A_1 暗灰色腐殖质层,混有矿质土粒
A_2 灰化层,灰白色
A_3 A向B层过渡层,多似A层

淀积层(B)
B_1 B向A层过渡层,多似B层
B_2 棕色至红棕色的淀积层
B_3
B_{Ca} B向C层过渡层,可能有碳酸钙聚积

母质层(C)
C
C_{ca} 疏松无结构的母质层,可能有碳酸钙和硫酸钙聚集
C_{cs}

基岩(R)
R 大块状岩石

(a)　　　　　　　　　　　　　　(b)

图 4-27　自然土壤剖面及示意图

(a)自然土壤剖面(中国科学院南京土壤研究所供图);(b)自然土壤剖面示意图
资料来源:徐启刚,1990。

彩图 4-27

O层:又称枯枝落叶层,是分解程度不同的植物残体大量在地表累积而形成的一种有机物质层,在森林土壤中常见。O层对土壤腐殖质的形成、积累及剖面分化有重要的作用。

A_1层:又称腐殖质层。位于表层或位于 O 层之下。腐殖化的有机质积累较多,颜色较暗。腐殖质与矿质土粒密切结合,多具有良好的团粒或粒状结构,土体疏松,养分含量较高,是肥力性状最好的土层。

A_2层:又称淋溶层。这一层由于受到强烈的淋溶,不仅易溶性盐基淋失,而且难溶性物质,如黏粒,铁、铝氧化物也向下淋溶,使得该层残留物中富含石英砂粒、粉粒或其他抗风化矿物。一般颜色比 A_1 层或下面的发生层都要浅。

B 层:又称淀积层。位于 A_2 层之下,常淀积着由上层淋溶下来的黏粒和氧化铁、锰等物质,故质地较黏,较紧实,常具有大块状或柱状结构。

C 层:又称母质层。位于 B 层之下,由岩石风化物组成。虽然母质层较基岩层松散,但它一般较其上部土层坚硬,以至于植物根系一般难以穿入,甚至铁锹也不易挖开。

R 层:又称基岩层,是坚硬的岩石层。

上述各发生层中,A、B、C 层是土壤的基本发生层。由于自然条件和发育时间及程度的不同,土壤剖面未必具有以上所有的层次,可以出现各种不同的组合。例如,发育时间很短的土壤,剖面构型属 AC 型或 A-AC-C 型;受侵蚀的土壤由于表土冲失,产生 BC 型的剖面;年轻的堆积物如火山物质、黄土、冲积物和风积物等覆盖原有土壤,形成有埋藏土的 AB-CABC 型剖面;只有发育时间很长,而又未受干扰的土壤才有可能出现完整的 OABC 型的剖面(图 4-28)。

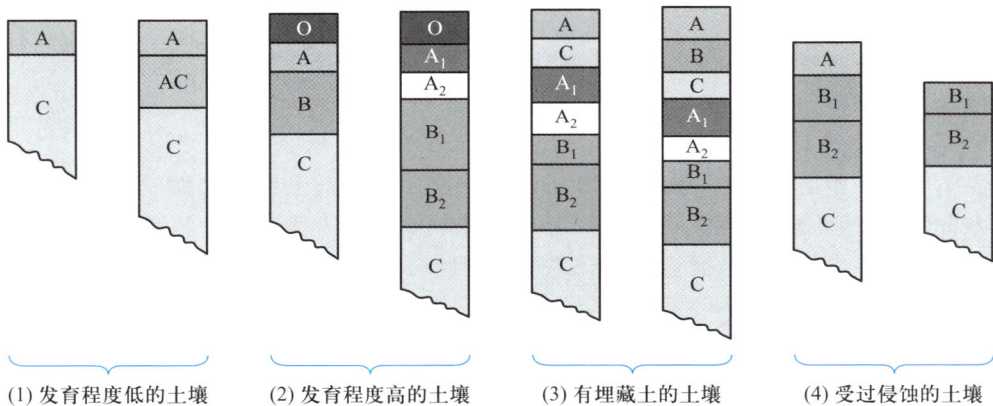

图 4-28　自然土壤剖面的一些构型

资料来源:徐启刚,1990。

(二)农业土壤剖面

农业土壤在自然土壤的基础上,受人类长期耕作、施肥、灌溉等农业活动影响,在土壤的形成过程、演变方向与速度、土壤性质等方面均发生显著的改变。

1. 旱耕人为土

旱地人为土可划分为以下几个发生层(图 4-29)。

(1)耕作层(A_1)

耕作层厚度一般为 20 cm 左右,是受耕作、施肥、灌溉等生产活动及地表生物、气候条件影响最强烈的土层。该层作物根系分布最多,含有机质较多,颜色较深,一般为灰棕色至棕色,而且疏松多孔,物理性状好。有机质多的旱耕层常有团粒或粒状结构,有机质少的旱耕层往往是碎屑或碎块状结构。耕作层的厚薄和肥力性状,常反映人类生产活动熟化土壤的程度。

(2)犁底层(Ap)

犁底层位于耕作层以下,厚度约为 10 cm。由于长期受犁耕的压实及旱耕层中的黏粒被

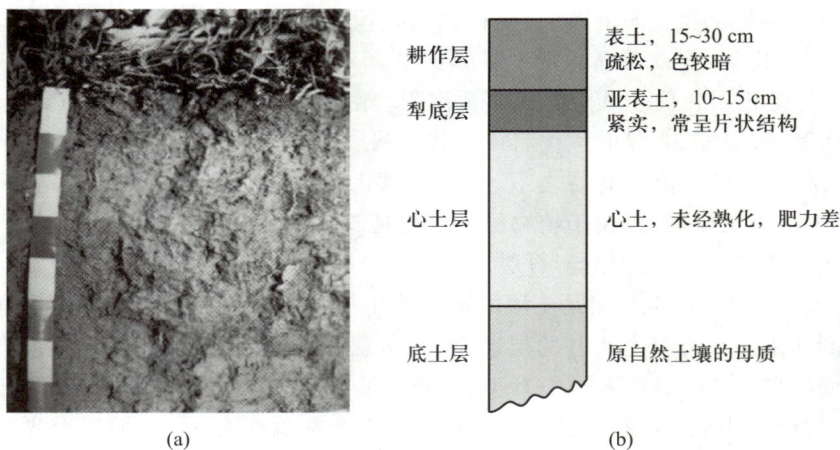

耕作层	表土，15~30 cm 疏松，色较暗
犁底层	亚表土，10~15 cm 紧实，常呈片状结构
心土层	心土，未经熟化，肥力差
底土层	原自然土壤的母质

(a)   (b)

图 4-29   旱耕人为土剖面及示意图

（a）泥垫旱耕人为土剖面；（b）旱耕人为土剖面示意图

资料来源：龚子同等，2007；徐启刚，1990。

降水和灌溉水携带至此层沉积的影响，故土层紧实，一般较耕作层黏重，结构呈片状。此层虽有保水保肥的作用，但会妨碍作物根系的伸展和土壤的通透性，须加以破除。

（3）心土层（B）

心土层位于犁底层之下，厚度为 20~30 cm。此层受上部土体压力而较紧实，通气透水性较差，微生物活动较弱，物质的转化和移动都比较缓慢。有少量植物根系分布，有机质含量极少。旱耕层中的易溶性化合物会随水下渗到此层来，可起保水保肥作用，对作物生育后期的养分供给有重要作用。

（4）底土层（C）

底土层位于心土层以下，一般位于土表 50 cm 以下。受作物和耕作措施的影响很小，但受降雨灌溉、排水水流的影响仍然很大。底土层的性状对于整个土体水分的保蓄、渗漏、供应、通气状况、物质转运、土温变化，都仍有一定程度的影响。该层可供利用的营养物质较少，根系较少，一般常把此层土壤称为生土。在土壤深翻修复时，如将该土层翻至地表，常需培肥土壤，增加肥力，作物才能正常生长。

2. 水耕人为土（水稻土）

水稻土作为一个独立土类，因其年复一年深受人为灌排、水旱耕作和施肥投入等影响，使土壤的水分移动频繁，氧化还原作用多变，物质淋溶和淀积明显，剖面形态分化，层段发育各异。水稻土特有的发生层段与其属性，以及层段组合在土壤剖面上的整体反应，是区分水稻土各亚类的主要依据。

水稻土剖面可划分出以下一些发生层（图 4-30）。

（1）耕作层（A 层）：耕作层属于淹水与脱水（烤田、旱作排水）、水旱频繁交替下形成的发生层段。耕作层在淹水季节，水下耕翻土粒分散，处于还原状态，泥烂而不成型，表层见悬浮状浮泥。排水落干后，通气改善，表面由较分散的土粒组成，其下絮凝成小团聚体状态，多根系和根锈，在大孔隙和孔隙壁上附有铁、锰斑块或红色胶膜（鳝血斑），系游离铁与新生态有机质络合体。

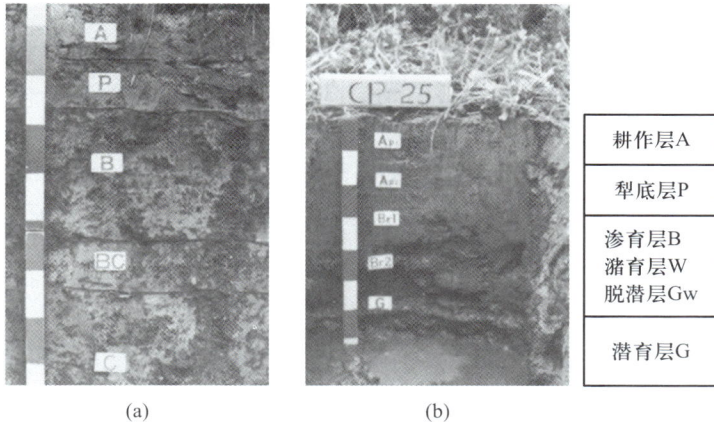

图 4-30 水耕人为土剖面

（a）简育水耕人为土剖面,湖南桃源(崔荣浩供图);（b）简育水耕人为土剖面,湖南湘阴(龚子同供图)

资料来源:龚子同等,1999。

（2）犁底层（P层）:犁底层是长期受耕作机械挤压及静水压的影响而密实化的层段。犁底层与耕作层的容重比为 1.2~1.3,略呈片状结构,结构面上有铁、锰斑纹。部分剖面的犁底层具有潜育斑块。此层的发育厚度和密实度直接与其上层段的物质渗移有关。

（3）渗育层（B层）:渗育层是受田面静水压及上层段饱和水的渗淋,在 A 层下出现的土层,还原态铁、锰氧化物在该层被氧化淀积,其特征是铁、锰新生体呈斑点状,并且分层淀积,即紧接犁底层见薄层、浅黄色或锈点的铁淀积层,其下段土体锰斑点较为密集。层段呈棱块状结构,结构面具有灰色胶膜和锈色斑纹。

（4）潴育层（W层）:潴育层土体内水分的运动方式,既有降水和灌溉水自上而下的渗淋作用,又受周期性地下水升降的双重影响,大量还原态铁、锰氧化物被氧化淀积,其特征是铁、锰新生体呈斑点状或斑纹状,较为密集叠加淀积,呈棱块与棱柱状结构,一般在黄棕色土体的结构面上显现灰色胶膜。

（5）脱潜层（Gw层）:脱潜层是由湖沼沉积体或潜育水稻土排除地表积水和降低地下水位后,在水旱轮作影响下,形成由潜育向潴育过渡的发生层次。土体内的水分状况受降水、灌溉水和地下水的多重影响。其特征是铁、锰氧化物叠加淀积,为斑纹状或斑点状,较为密集,土体呈棱柱状或棱块结构,一般在蓝灰色土体的结构面上显现锈色胶膜。

（6）潜育层（G层）:潜育层受地下水或层间积水影响,长期浸水,处于还原状况。其特征是土色以蓝灰色为主;土粒分散,结持力甚低,土体糊烂,亚铁反应十分显著。

第三节 土壤分类系统

土壤分类指在分析土壤形成发育规律基础上,将外部形态和内在性质相同或相近的土壤并入相应的分类单元、纳入一定的分类系统,以反映它们的肥力和利用价值,为合理利用土壤、改良土壤和提高肥力提供依据。土壤分类代表着土壤学科的发展水平,并随着学科的发展而不断发展。

土壤分类发展大致经历了三个重要阶段:① 古代朴素的土壤分类阶段。我国夏代就按肥力把土壤分为三等九级,春秋战国时把九州土壤分为等、级、种等,周代按土壤利用状况划分为五大类,体现了我国古代"土宜"的分类思想。② 近代土壤发生学分类阶段。③ 定量化的土壤系统分类(或诊断分类)阶段。目前国际上主要的土壤分类体系包括美国土壤系统分类(USDA Soil Taxonomy,ST)、联合国世界土壤图图例单元(FAO/UNESCO)、国际土壤分类参比基础(International Reference Base,IRB)(后来发展为世界土壤资源参比基础,World Reference Base for Soil Resources,WRB)、以俄罗斯为代表的土壤地理发生分类,以及中国土壤分类系统。

本节主要介绍中国土壤分类系统。

一、中国土壤发生分类

中国土壤地理发生分类系统(1992)原则贯彻:① 发生学原则。把成土因素、成土过程和土壤属性(土壤剖面形态和理化性质)三者结合起来考虑,以属性作为土壤分类的基础。只有充分掌握土壤属性的变化,才有可能进行定量分类。② 土壤分类的统一性原则。把耕种土壤和自然土壤作为统一的整体来考虑。③ 科学、生产、群众性三者结合原则。科学指以发生学理论研究成因;生产指注重研究土壤个体间的差异性,分类指导生产,改良培肥;群众性指分类结果要为群众掌握运用,土壤名称通俗明了。

《中国土壤分类系统》从上至下共设土纲、亚纲、土类、亚类、土属、土种和亚种等七级分类单元(表4-5)。其中土纲、亚纲、土类、亚类为高级分类单元,土属为中级分类单元,土种和亚种为基层分类单元,以土类、土种最为重要。高级分类单元反映了土壤发生学方面的差异,而低级分类单元则较多地考虑了土壤在生产利用上的差别。高级分类用来指导小比例尺的土壤调查制图,反映土壤的发生分布规律;低级分类用来指导大比例和中比例尺的土壤调查制图,为土壤资源的合理开发利用提供依据。

各级分类单元划分的依据如下所述。

(1)土纲:土壤分类的最高级单元,土类共性的归纳。土纲的划分突出土壤的形成过程、属性的某些共性,以及重大环境因素对土壤发生性状的影响。如铁铝土是湿热条件下,在脱硅富铁铝化过程中产生的黏土矿物以1∶1高岭石和铁铝氧化物为主的一类土壤。把具有这一特性的土壤(砖红壤、赤红壤、红壤和黄壤等)归集在一起成为一个土纲。该分类系统将中国土壤划分为铁铝土、淋溶土、半淋溶土、钙层土、干旱土、漠土、初育土、半水成土、水成土、盐碱土、人为土和高山土12个土纲。

(2)亚纲:在同一土纲中,根据土壤形成的水热条件、岩性及盐碱的重大差异进行划分。

(3)土类:高级分类的基本单元,根据成土条件、成土过程和由此产生的土壤属性三者的统一和综合进行划分。同一土类的土壤,其成土条件、主导成土过程和主要土壤属性相同。

(4)亚类:土类的续分,根据主导成土过程以外附加的或次要的成土过程划分。

(5)土属:具有承上启下意义的土壤分类单元,根据成土母质类型、岩性及区域水文等地方性因素的差异进行划分。

(6)土种:土壤分类的基层单元,根据土体构型、土壤发育程度或熟化程度划分。

(7)亚种(又称变种):土种的辅助分类单元,在土种范围内根据耕层或表层性状的差异进行划分。

中国土壤发生分类系统采用连续命名与分段命名相结合的方法。土纲和亚纲为一段,以土纲名称为基本词根,加形容词前缀构成亚纲名称,亚纲段名称是连续命名。土类和亚类为一段,以土类名称为基本词根,加形容词前缀构成亚类名称。土属名称不能自成一段,多与土类、亚类连用。土种和变种名称不能自成一段,必须与土类、亚类、土属连用。

表 4-5　中国土壤分类系统(1992)

土纲	亚纲	土类
铁铝土	湿润铁铝土	砖红壤、赤红壤、红壤
	湿暖铁铝土	黄壤
淋溶土	湿暖淋溶土	黄棕壤、黄褐土棕壤
	湿温淋溶土	暗棕壤、白浆土
	湿寒温淋溶土	棕色针叶林土、灰化土
半淋溶土	半湿热半淋溶土	燥红土
	半湿暖温半淋溶土	褐土
	半湿温半淋溶土	灰褐土、黑土、灰色森林土
钙层土	半湿温钙层土	黑钙土
	半干温钙层土	栗钙土
	半干暖温钙层土	栗褐土、黑垆土
干旱土	干温干旱土	棕钙土
	干暖温干旱土	灰钙土
漠土	干温漠土	灰漠土、灰棕漠土
	干暖温漠土	棕漠土
初育土	土质初育土	黄绵土、红黏土、新积土、龟裂土、风沙土
	石质初育土	石灰(岩)土、火山灰土、紫色土、磷质石灰土、石质土
半水成土	暗淡水成土	草甸土
	淡半水成土	潮土、砂姜黑土、林灌草甸土、山地草甸土
水成土	矿质水成土	沼泽土
	有机水成土	泥炭土
盐碱土	盐土	草甸盐土、滨海盐土、酸性硫酸盐土、漠境盐土、寒原盐土
	碱土	碱土
人为土	人为水成土	水稻土
	灌耕土	灌淤土、灌漠土
高山土	湿寒高山土	草毡土(高山草甸土)、黑毡土(亚高山草甸土)
	半湿寒高山土	寒钙土(高山草原土)、冷钙土(亚高山草原土)、冷棕钙土(山地灌丛草原土)
	干寒高山土	寒漠土(高山漠土)、冷漠土(亚高山漠土)
	寒冻高山土	寒冻土(高山寒漠土)

资料来源:第二次全国普查办公室。

二、中国土壤系统分类

（一）中国土壤系统分类的特点

1. 以诊断层和诊断特性为基础

所谓"诊断层"，是用以识别土壤单元、在性质上有一系列定量说明的土层。如果用于分类目的的不是土层，而是具有定量规定的土壤性质（如形态的、物理的、化学的），则称为诊断特性。诊断层和诊断特性是现代土壤分类的核心。中国土壤系统分类在总结国内外经验的基础上一共拟定了 33 个诊断层和 22 个诊断特性，一共 14 个土纲，建立了我国第一个具检索系统功能的土壤分类。

33 个诊断层包括 11 个诊断表层（有机表层、草毡表层、暗沃表层、暗瘠表层、薄表层、灌淤表层、堆垫表层、肥熟表层、耕表层、干旱表层和盐结壳），20 个诊断表下层（漂白层、舌状层、雏形层、铁铝、低活性富铁层、聚铁网纹层、灰化淀积层、耕作淀积层、水耕氧化还原层、黏化层、黏盘、碱积层、超盐积层、盐盘、石膏层、超石膏层、钙积层、超钙积层、钙盘和磷盘）和 2 个其他诊断层（盐积层和含硫层）。

诊断特性包括土壤有机物质、岩性特征、石质接触面、准石质接触面、人为淤积物质变性特征、人为扰动层次、土壤水分状况、潜育特征、氧化还原特征、土壤温度状况、永冻层次、冻融特征、腐殖质特性、火山灰特性、铁质特性、富铝特性、铝质特性、富磷特性、钠质特性、石灰性、盐基饱和度和硫化物物质等。

此外，中国土壤系统分类还把在性质上已发生明显变化，不能完全满足诊断层或诊断特性规定的条件，但在土壤分类上具有重要意义的土壤性状，作为划分土壤类别的依据，称为诊断现象（主要用于亚类一级），如碱积现象、钙积现象和变性现象等。

2. 以土壤发生学理论作指导

土壤的形成过程是以矿物风化为特征的地质大循环和以生物作用为特征的生物小循环矛盾统一的结果。土壤系统分类仍以土壤发生学理论作为指导，并在此基础上进一步发展丰富了土壤发生学理论的内涵，认为土壤发生特性是可以定量度量的。

3. 充分体现了我国特色

我国地跨寒温带到热带，加之地质地貌千差万别，形成了丰富的土壤资源。我国土壤的许多特点是其他国家不具备的。首先是耕作土壤，其中以占世界 1/5 的水稻土尤具特色；其次是热带亚热带土壤，我国拥有 200 多万 km^2 的热带亚热带土壤，类型多、潜力大、前景广阔；再次，西北内陆极端干旱区；最后，被称为世界屋脊的青藏高原，那里的土壤既有类似极地土壤又有不同于极地土壤的特点。

（二）中国土壤系统分类的分类原则

中国土壤系统分类共分六级，其中土纲、亚纲、土类、亚类属于高级分类单元，主要供中小比例尺土壤图确定制图单元；土族和土系属于基层分类单元，主要供大比例尺土壤图确定制图单元。各级别划分的依据如下所述。

土纲根据主要成土过程产生的性质或影响主要成土过程的母质性质划分。共设 14 个土纲，各土纲划分依据具体见表 4-6。根据主要成土过程产生的性质划分的有有机土、人为土、灰土、干旱土、盐成土、均腐土、铁铝土、富铁土、淋溶土、潜育土；根据影响主要成土过程的母质性质划分的有火山灰土。

表 4-6　中国土壤系统分类土纲划分依据

土纲	主要成土过程或影响成土过程的性状	主要诊断层和诊断特性
有机土（histosols）	泥炭化过程	有机表层
人为土（anthrosols）	水耕或旱耕人为过程	水耕表层、耕作淀积层和水耕氧化还原层或灌淤表层、堆垫表层、泥垫表层、肥熟表层
灰土（spodosols）	灰化过程	灰化淀积层
火山灰土（andosols）	影响成土过程的火山灰物质	火山灰特性
铁铝土（ferralosols）	高度铁铝化过程	铁铝层
变性土（vertosols）	土壤扰动过程	变性特征
干旱土（aridosols）	干旱水分状况下,弱腐殖质化过程,以及钙化、石膏化、盐化过程	干旱表层、钙积层、石膏层、盐积层
盐成土（halosols）	盐渍化过程	盐积层、碱积层
潜育土（gleyosols）	潜育化过程	潜育特征
均腐土（isohumosols）	腐殖化过程	暗沃表层、均腐殖质特性
富铁土（ferrosols）	富铁铝化过程	富铁层
淋溶土（argosols）	黏化过程	黏化层
雏形土（cambosols）	矿物蚀变过程	雏形层
新成土（primosols）	无明显发育	淡薄表层

　　亚纲是土纲的辅助级别,主要根据影响现代成土过程的控制因素所反映的性质(如水分状况、温度状况和岩性特征)划分。土类则根据反映主要成土过程强度或次要成土过程或次要控制因素的表现性质划分。亚类是土类的辅助级别,主要根据是否偏离中心概念,是否具有附加过程和母质残留的特性划分。土族是在亚类范围内,主要反映与土壤利用管理有关的土壤理化性质发生明显分异的续分单元。土系是由自然界中形态特征相似的单个土体组成的聚合土体所构成,是直接建立在实体基础上的分类单元,在一定的垂直深度内,土壤的特征土层的种类、形态、排列层序和层位,以及土壤生产利用的适宜性能大体一致。

（三）中国土壤系统分类的命名与检索

　　中国土壤系统分类的命名采用分段连续命名,即土纲、亚纲、土类、亚类为一段,在此基础上加颗粒大小级别、矿物组成、土壤温度状况等,构成土族名称,而其下的土系则另列一段,单独命名。名称结构以土纲名称为基础,其前叠加反映亚纲、土类和亚类的性质术语,分别构成土纲、土类和亚类的名称。例如表蚀黏化湿润富铁土类(亚类),属于富铁土(土纲)湿润富铁土(亚纲)黏化湿润富铁土(土类)。

　　中国土壤系统分类的土纲检索,如表 4-7 所示。土纲类别的检索应严格依照方案规定的顺序进行,否则可能导致错误结果。

表 4-7 中国土壤系统分类的 14 个土纲检索简表

诊断层和/或诊断特性		土纲
1	有下列之一的有机土壤物质（土壤有机碳含量≥180 g/kg 或≥[120 g/kg+（黏粒含量 g/kg×0.1）]覆于火山物质之上和/或填充其间，且石质或准石质接触面直接位于火山物质之下；或土表至 50 cm 范围内，其总厚度≥40 cm（含火山物质）；或其厚度≥2/3 的土表至石质接触面总厚度，且矿质土层总厚度≤10 cm；或经常被水饱和，且上界在土表至 40 cm 范围内，厚度≥40 cm[高腐或半腐物质，或苔藓纤维<3/4 或≥60 cm][苔藓纤维≥3/4]。	有机土
2	其他土壤中有水耕层和水耕氧化还原层；或肥熟表层和磷质耕作沉积淀积层；或灌淤表层；或堆垫表层。	人为土
3	其他土壤在土表下 100 cm 范围内有灰化淀积层。	灰土
4	其他土壤在土表至 60 cm 或至更浅的石质接触面范围内 60%或更厚的土层具有火山灰特性。	火山灰土
5	其他土壤中有上界在土表至 150 cm 范围内的铁铝层。	铁铝土
6	其他土壤中土表至 50 cm 范围内黏粒≥30%，且无石质接触面，土壤干燥时有宽度>0.5 cm 的裂隙，和土表至 100 cm 范围内有滑擦面或自吞特征。	变性土
7	其他土壤有干旱表层和上界在土表至 100 cm 范围内的下列任一诊断层：盐积层、超盐积层、盐磐、石膏层、超石膏层、钙积层、超钙积层、钙磐、黏化层或雏形层。	干旱土
8	其他土壤中土表至 30 cm 范围内有盐积层，或土表至 75 cm 范围内有碱积层。	盐成土
9	其他土壤中土表至 50 cm 范围内有一土层厚度≥10 cm 有潜育特征。	潜育土
10	其他土壤中有暗沃表层和均腐殖质特性，且矿质土表下 180 cm 或至更浅的石质接触面范围内盐基饱和度≥50%。	均腐土
11	其他土壤中有上界在土表至 125 cm 范围内的低活性富铁层。	富铁土
12	其他土壤中有上界在土表至 125 cm 范围内的黏化层或黏磐。	淋溶土
13	其他土壤中有雏形层；或矿质土表至 100 cm 范围内有如下任一诊断层：漂白层、钙积层、超钙积层、钙磐、石膏层、超石膏层；或矿质土表下 20~50 cm 范围内一土层（≥10 cm 厚）的 n 值<0.7；或黏粒含量<80 g/kg，并有有机表层；或暗沃表层；或暗瘠表层；或有永冻和矿质土表至 50 cm 范围内有滞水土壤水分状况。	雏形土
14	其他土壤。	新成土

专栏 4-1 城市和工业土壤分类

城市和工业土壤的发生与自然土壤和农业土壤截然不同。城市土地利用如交通、工业、建筑、城市绿地、垃圾处置场地等显著影响土壤的组成和性质。人为物质与自然土壤物质混合在一起，导致土壤的水力学性质、紧实度、封闭度、养分、微生物活动及污染物载荷显著改变。受人类活动的强烈影响，城市和工业土壤呈现出显著区别于自然和农业土壤的独特的性质和形成过程，因此有必要对该类土壤进行详细研究。

Bockheim 认为城市和工业土壤是指由于人为的非农业活动(如土地的混合、填埋或污染)而形成的厚度大于或等于 50 cm 层次的城区、郊区或工业区土壤。在城市生态系统中,城市和工业土壤对城市环境质量与人类的健康起着举足轻重的作用,其分类在世界范围内已经引起多国土壤科学家的关注。

联合国 FAO 和 UNESCO 在 1988 年正式出版了《世界土壤图图例(修订本)》。该分类系统的一级单元包括了受人类活动(农业和非农业)影响的人为土(anthrosols),指由于人类活动诸如搬移或搅动表层土壤、挖土或填土、长期增添有机质和连续灌溉等活动,造成原有土壤层次被明显改变或埋藏的土壤。在人为土一级单元中,划分 4 个二级单元,其中包含的城镇人为土(urbic anthrosols),指有厚度大于 50 cm 的工矿废渣、城镇垃圾及城镇开发废弃物等累积层的人为土。

在 1998 年出版的世界土壤资源报告《世界土壤资源参比基础》(WRB)中,高级土壤分类单元中没有划分人为土,受人类活动深刻影响的土壤归属于松性岩性土(regosols),并提出了诊断土壤物质。在诊断土壤物质中,包括人为地貌土壤物质(anthropogeomorphic soil material),它是指由于人类活动而产生的,来源于土地填埋、开矿挖出的泥土、垃圾堆积、城市填埋和清淤等未固结的矿物质或有机物质。由于这些物质形成时间短,土壤发育过程表现还不明显。在松性岩性土高级单元中,按耕翻扰动的、垃圾堆积的、还原的、废弃土状的、城镇的人为地貌土壤物质特征的优先顺序续分受人类活动影响的土壤。

2006 年,WRB 在高级分类单元中开始引入了一个用于城市和工业土壤分类的全新的参比土类——工程土(technosol)(图 4-31)。它的中心概念是强调人类工业活动对土壤性质和功能的主导作用,WRB 定义工程土的诊断物质包括:① 人工制品(artefacts),指人类在工业或手工制造过程中生产或改进的物质。人工制品包括砖、陶器、玻璃、碎石、石料、木板、工业废弃物、垃圾、石油加工产品、沥青、矿山弃土、原油等。② 人工建造的

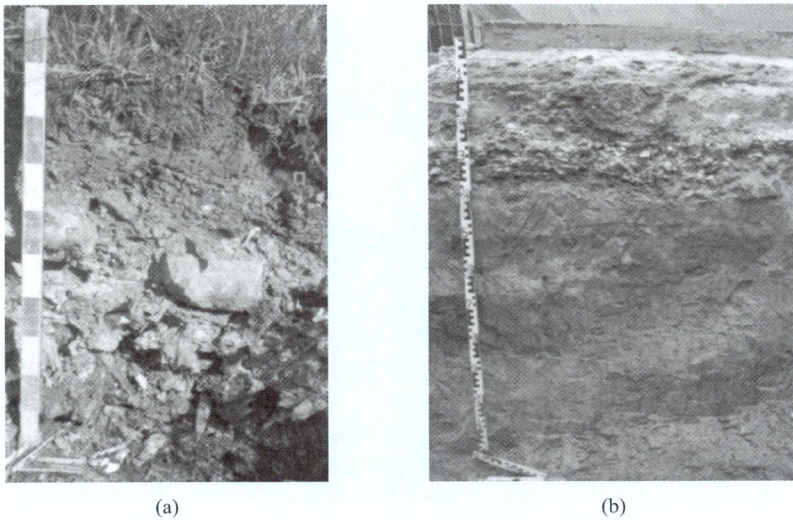

(a)　　　　　　　　　　　　　　　　　　　(b)　　　　　　彩图 4-31

图 4-31　城市和工业土壤

(a)还原性垃圾性工程土;(b)还原性废弃土状封闭工程土

资料来源:Schad,2018。

连续的不透水地质隔膜（层）（geomembrane）。③工业硬质材料,包括工业过程中产生的硬化材料,如人行道路面。

我国对城市和工业土壤分类的研究,相对滞后于我国场地污染土壤修复工作,这是土壤分类研究新的领域和方向。

第四节　土壤分布规律

土壤分布研究的是土壤类型在地球表面随空间变异而发生的分布规律,以及产生这种空间分布规律的原因。在全球尺度上,与广域的生物气候条件相适应,土壤表现出广域的水平分布规律(纬度地带性和经度地带性)和垂直地带性分布规律。在区域尺度上,土壤与地质构造、地形、水文等相适应,表现为中域和微域的土壤分布规律。对土壤分布规律的认识,还受土壤分类思想的影响。从土壤地理发生学分类的角度,土壤分布规律遵循土壤与大的生物气候带相适应的地带性规律;但从土壤系统分类的角度,在同一生物气候带,并非只有一种土壤类型,更多的是多种土壤类型的组合。

一、土壤纬度地带性

土壤纬度地带性指土壤带和纬度基本上平行的土壤分布规律。由于不同纬度地面接收到的太阳辐射量不同,引起温度、降水等气象要素和气候类型及生物类型由赤道向两极变化,从而引起土壤类型随纬度出现更迭。这一现象在亚欧大陆表现最明显(图4-32)。道库恰耶夫早在1893年就首次提出了平行于纬度的五个土壤带。一是延续于全球的土壤地带,即所有大陆均具有的世界性土壤地带,这些土壤地带不仅横跨整个大陆,而且大致同纬线相

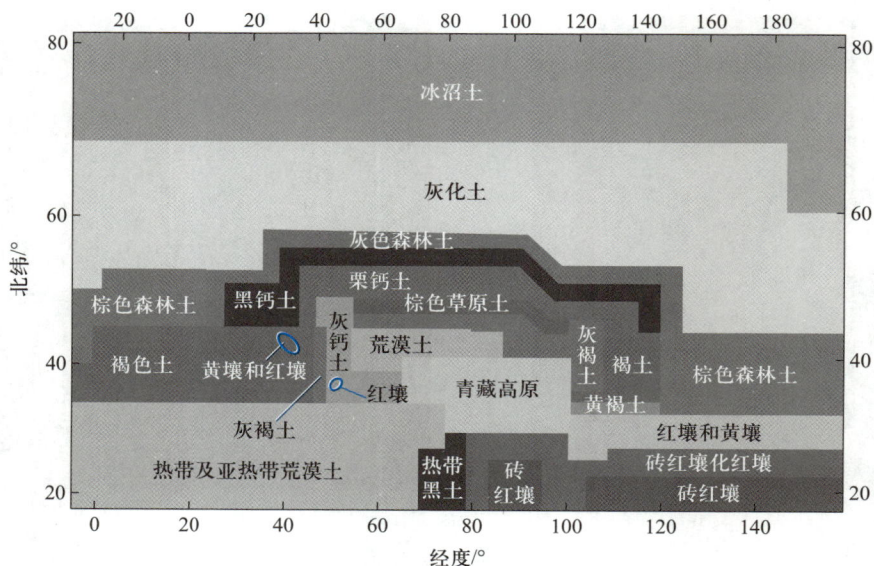

彩图4-32

图4-32　亚欧大陆土壤纬度分布模式图

资料来源:马溶之,1957。

平行,如冰沼土地带、灰化土地带、砖红壤地带等。二是区域性土壤地带,即土壤地带受区域性成土因素的影响,仅出现于大陆边缘或大陆内部。区域性土壤地带又可细分为沿海型和内陆型两种,这种土壤地带在温带地区表现得最为典型。

在北半球欧洲大陆上,由北向南相当整齐地排列着冰沼土带→灰化土带→黑钙土带→黄土性土壤间有盐渍土带→红壤及砖红壤带(图4-33(a))。与之相对应的,在俄罗斯的欧洲部分,由北向南顺次呈现下列生物气候带:北极苔原→亚寒原灌木林→寒带针叶林→寒温带针、阔叶林→温带阔叶林→暖温带及温带森林草原→温带漠境。平均气温及蒸发量由北向南顺次增高,湿润度则是中部针叶林及针、阔叶林带最大,而南部的漠境最为干旱。

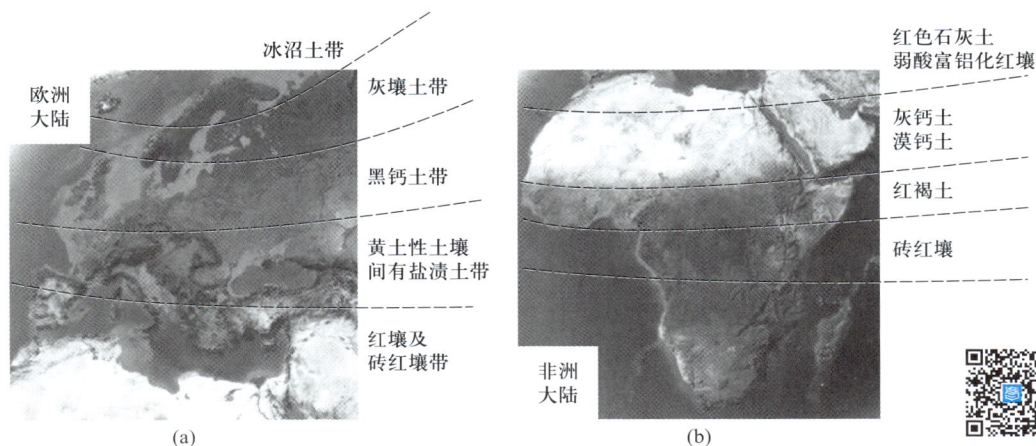

图4-33 欧洲及非洲大陆土壤的纬度地带性分布

彩图4-33

非洲大陆的土壤纬度带也比较分明(图4-33(b))。大陆中部横贯着赤道,气候湿热,形成东西向的砖红壤带(包括几内亚直到刚果(金))。赤道带向北,气候的干燥度急剧增加,形成稀树草原红褐土(淋溶性较弱的硅铁铝土)带;再向北为撒哈拉沙漠的灰钙土及漠钙土带,面积很大;最北端濒临地中海,气候为冬凉多雨,夏热干燥,其土壤为红色石灰土及弱富铝化红壤型土壤。非洲大陆的南半球部分,从赤道附近起为砖红壤带,一直延伸到南非。但在南非西南侧,因洋流影响,气候干燥,形成大片的卡拉哈里大沙漠,成为灰钙土或漠境干沙土带。非洲的东南部及南端,气候属湿润亚热带,土壤为红壤。因此,非洲大陆以赤道为中心,呈南北对称型土壤带排列。

沿海型土壤纬度地带走向与纬线有些偏离,分布位置多在中纬大陆边缘,土壤地带谱由森林土壤系列组成,如中国东部沿海型纬度地带谱由北而南依次为:灰土(灰化土)→淋溶土(暗棕壤、棕壤、黄棕壤)→富铁土(红壤、黄壤、赤红壤)→铁铝土(砖红壤),如图4-32所示。内陆型土壤纬度地带的特点是位于温带大陆内部的土壤地带谱主要由草原土壤系列、荒漠土壤系列组成。如亚欧大陆内部由北而南,土壤依次为淋溶土(灰色森林土)→均腐土(黑土、黑钙土、栗钙土)→干旱土(棕钙土、灰钙土、荒漠土)。

二、土壤经度地带性

土壤水平带亦因所在大陆的外形、山脉走向、风向、洋流、海拔等地理因子的不同和干扰,使之偏斜于纬度圈,而与经度基本上相平行,称经度地带性。北美洲大陆的土壤水平带

（图 4-34（a））。

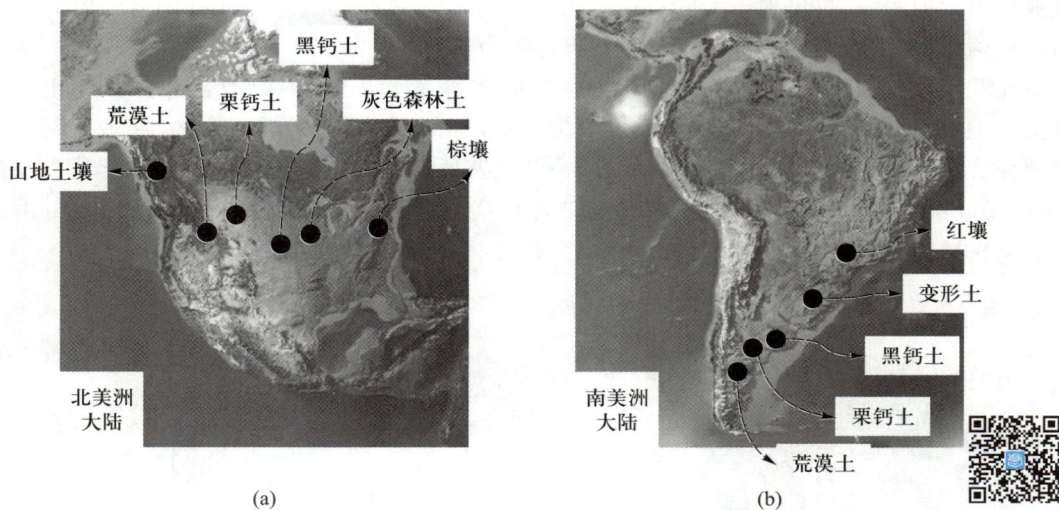

(a)　　　　　　　　　　　　　　　(b)

图 4-34　北美洲及南美洲土壤的经度地带性分布　　　　　　彩图 4-34

在北美洲大陆的东西两侧，分别有阿巴拉契亚山脉和落基山脉阻挡着海洋湿度，造成其大陆中部偏西地带最为干旱。全大陆的湿润度由中部向东西两侧渐增，从而造成生物气候带及土壤水平带略呈南北纵向，与纬度圈有较大的偏斜。由东向西，依次出现棕壤、灰色森林土、黑钙土、栗钙土、荒漠土和山地土壤。

南美洲大陆的土壤水平带，也有显著偏斜于经度的趋向（图 4-34（b））。除北部亚马孙河流域为红壤砖红壤，并呈广幅分布外，在大陆西侧有安第斯山脉，纵贯南北。受山脉走向影响，南部土壤分布由东向西依次为红壤、变形土、黑钙土、栗钙土和荒漠土等，略呈经度水平带分布。

三、其他土壤分布规律

（一）土壤垂直地带性

在一定高度限度内，随着山体海拔高度的增加，其温度下降、湿度增高；植被及其他生物类型也发生相应改变。这种因山体的高度不同引起生物气候带的分异所产生的土壤带谱，就称为土壤垂直带。一般来讲，土壤的垂直带谱因山体所处的气候带不同而有差异。湿热的热带、亚热带气候区，垂直带谱由下而上为：砖红壤和红壤带→黄壤和灰化黄壤带→黄棕壤和棕壤带→暗棕壤或灰土、漂灰土带。在温带半湿润区，其垂直带谱是山麓为草甸草原黑钙土带，向上演变为棕壤或高山草甸土带。如图 4-35（a）所示，喜马拉雅山南坡土壤带的垂直分布随海拔高度抬升发生变化。

高原面上由于河谷等负地形的出现，以高原面水平分布的土壤为起点，河谷谷坡自上而下依次出现其他土壤类型，通常称为负向垂直分布。我国青藏高原的雅鲁藏布江谷地和云贵高原的金沙江谷地均有土壤负向垂直带谱。雅鲁藏布江在其向南大拐弯处底杭峡一带的河谷谷坡上即出现土壤向下垂直带谱（图 4-35（b）），其结构自上而下依次是亚高山灌丛草甸土→山地漂灰土→山地暗棕壤→山地黄棕壤→山地黄壤。土壤向下垂直带谱中往往出现较为干旱的土壤类型，这与下沉气流具有焚风效应有关。

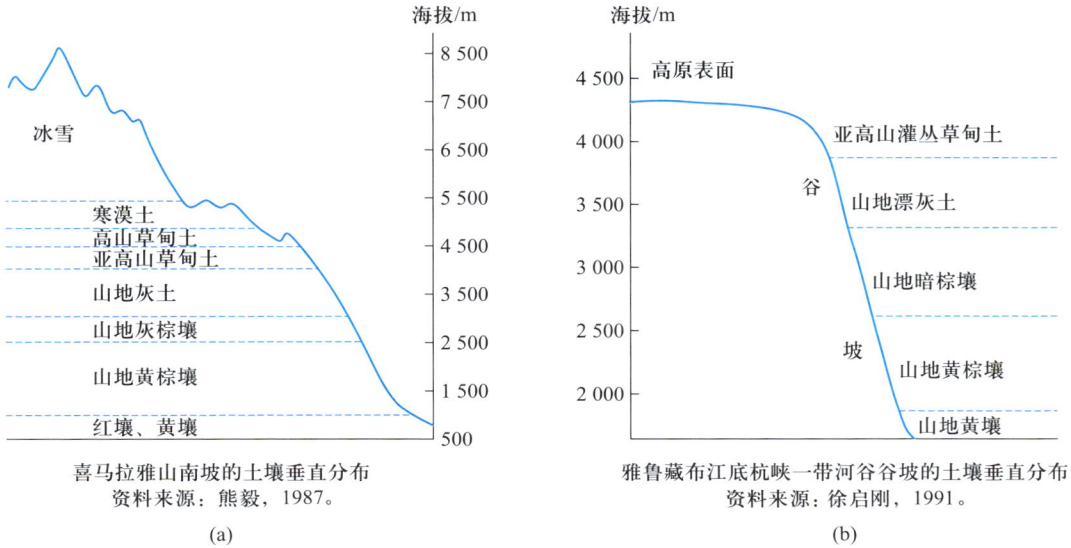

喜马拉雅山南坡的土壤垂直分布
资料来源：熊毅，1987。

(a)

雅鲁藏布江底杭峡一带河谷谷坡的土壤垂直分布
资料来源：徐启刚，1991。

(b)

图 4-35　典型的土壤垂直分布带谱

（二）土壤的垂直-水平复合分布规律

土壤的垂直-水平复合分布规律指在水平地带基础上出现的垂直分布规律，或在垂直带基础上又出现水平分布规律。这是高原上土壤分布的重要特点，在青藏高原上这一规律表现得尤为典型。在青藏高原面上，由南向北依次出现高山草甸土、高山草原土和高山荒漠土三个水平地带；高原面上崛起的山地则又出现了垂直地带分异，形成了相对简单的土壤垂直带谱，即基带土壤-寒漠土-冰川雪被；在高原的谷地中又随谷地的位置、深度不同而出现不同类型的土壤向下垂直带谱。

（三）土壤的区域性分布规律

土壤除受到生物气候因素制约而呈现广域的分布规律之外，还受地形、母岩与母质、水文地质、成土年龄和人为活动等区域性因素的影响，呈现土壤区域性分布规律。土壤区域性分布规律主要包括中域性分布规律和微域性分布规律。

土壤的中域性分布规律，指在中尺度地区的范围内，受地形和地质条件的影响，地带性土类（亚类）和非地带性土类（亚类），按一定的方向有规律地更替的现象。例如在荒漠土壤带，由山麓到盆地中心的土壤常依次为灰棕漠土（或棕漠土）、草甸土、盐土等；在较小的盆地范围内，如栗钙土地带，从高处向湖泊周围依次分布有栗钙土、碱土和盐土。

土壤的微域性分布规律，指在微地形和人活动影响下，在小空间范围内，亚类、土属、土种或变种既重复出现又依次更替的现象。土壤的微域性分布具有变异微小而复杂的性质，只有大比例尺土壤图上才能反映这种规律。

人类活动对土壤分布的影响模式大致可归结为：① 同心圆式分布，即耕种土壤一般以居民点为中心，越靠近居民点，受人为影响越强烈，土壤熟化度越高。② 阶梯式分布，一般在山岭和丘陵区，人们在不同地形部位采取不同耕作措施，从而形成不同的耕种土壤。如长江中游的丘陵区，由丘顶到沟底，人们依次建成了"岗地""田"和"冲田"，并相应地形成黄土和死黄土（属黄棕壤类）、板浆白土（水稻土类）、马肝土或青泥土（属水稻土类）等。③ 棋盘式分布，在平原地区，平整土地、开挖灌排沟渠体系使土地逐步规格化，形成棋盘式分布，如华北平原。

四、我国土壤带分布及其环境意义

我国位于北纬 53°33′到 3°51′,由北而南跨越五个热量带,即寒温带、温带、暖温带、亚热带和热带。东西幅宽为 5 200 km,经度跨越超过 60°。由于各气候类型及湿润度的变化,生物群落结构也随之变化,从而导致土壤类型发生更迭,出现土壤纬度地带性和经度地带性分布规律。

(一)水平土壤带

我国东部沿海型土壤纬度地带谱由北而南顺次排列着:灰化土(黑龙江大兴安岭)→暗棕壤(黑龙江、吉林为主)→棕壤(辽宁及山东半岛)→黄棕壤(江苏、安徽、河南西部、湖北、湖南等)→红壤、黄壤(长江以南至南岭,云南、贵州、四川等)→赤红壤、砖红壤(南岭以南,包括台湾地区)(图 4-36)。

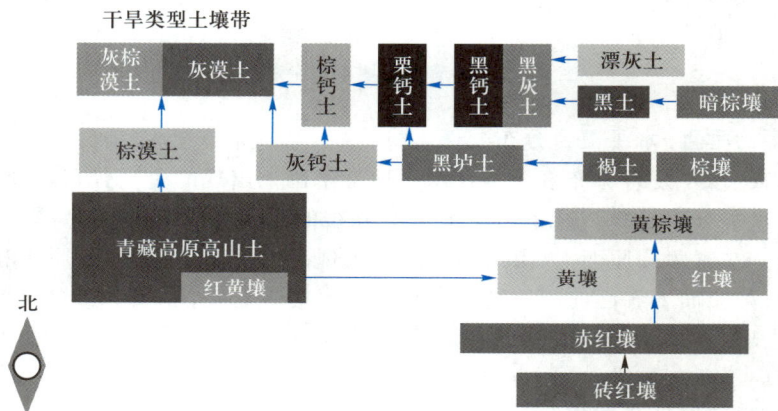

图 4-36   中国土壤发生分类水平地带分布模式
资料来源:中国科学院《中国自然地理》编辑委员会,1981。

在我国所处的温带和暖温带,由东部沿海向西部内陆,大气湿度渐减,干燥度渐增,生物气候类型依次由温带季风针阔混交林、温带季风森林草原向温带草原和温带荒漠更替;土壤也由东向西表现出显著经度地带性,温带由暗棕壤(东北大小兴安岭)向黑钙土(黑龙江大兴安岭西侧起)、栗钙土(内蒙古、宁夏一部分)、棕钙土(甘肃)、灰漠土(河西走廊、新疆及宁夏一部分)、漠境土壤(塔里木、柴达木等盆地)等旱境土壤带顺次更替(图 4-36,图 4-37,表 4-8)。暖温带从东到西依次为:棕壤(辽宁、山东)→褐土(华北平原)→黑垆土(西北黄土高原)→灰钙土(甘肃、宁夏) → 棕漠土(新疆)。这种经度地带性规律仅在中纬温带、暖温带地区表现显著,在高纬和低纬地带则不存在这一规律。

砖红壤

赤红壤

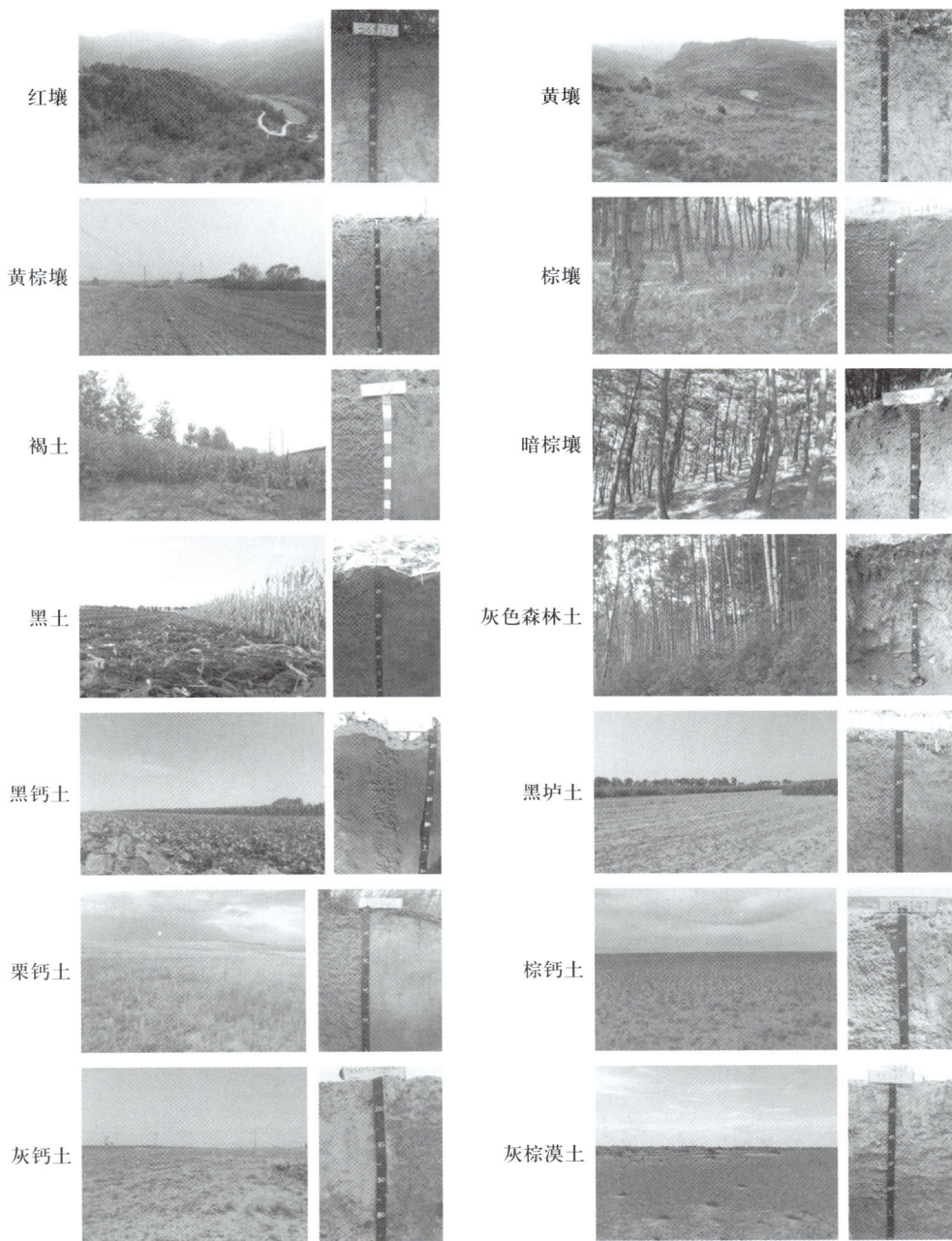

图 4-37 我国主要的土壤类型剖面图
（中国科学院南京土壤研究所供图）

彩图 4-37

　　我国水平土壤带的排列受季风及地形走向的影响很明显。龚子同等（1996）提出了中国土壤系统分类高级单元的分布规律（图 4-38）。我国是典型的季风气候国家，冬季在西北气流控制下，广大地区干燥而寒冷；夏季受东南季风和西南季风的共同影响，东部及中部地区高温而多雨。这种气候类型使中国东部地区（大兴安岭→太行山→青藏高原东部边缘一线

表 4-8   中国温带自东向西大气湿度递减对土壤带分布造成的影响

气候大区	年干燥度	自然景观	土壤类型
湿润	<1.0	森林	黑土
半湿润	1.0~1.6	森林草原	黑钙土 栗钙土
半干旱	1.6~3.5	草原	棕钙土（灰钙土）
干旱	3.5~16.0	半荒漠	灰漠土 灰棕漠土
极干旱	>16.0	荒漠	棕漠土

资料来源：中国科学院《中国自然地理》编辑委员会，1981。

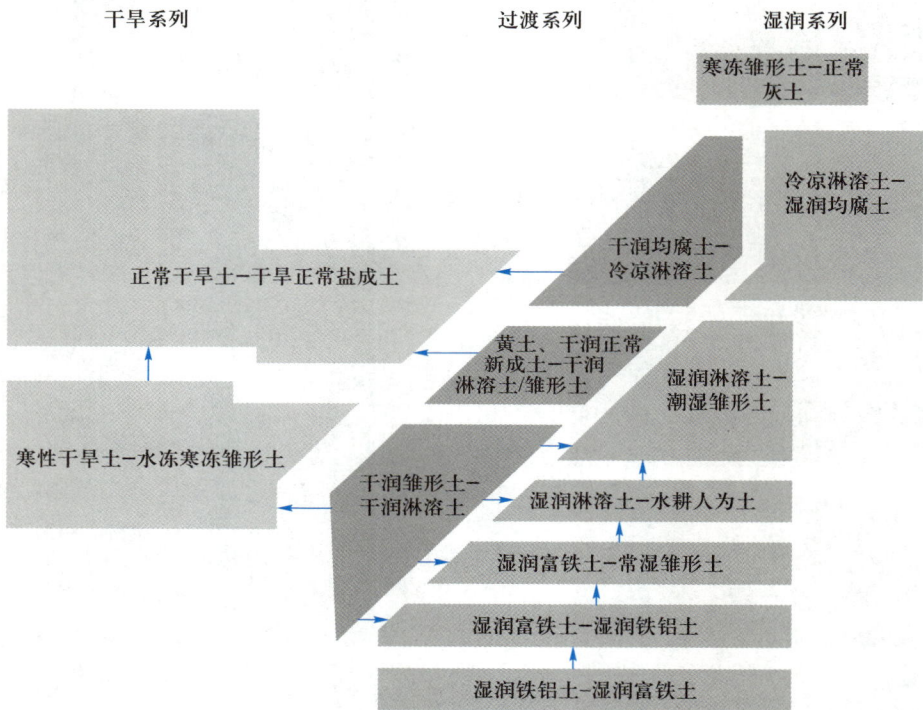

图 4-38   受季风及地形走向影响的中国土壤系统分类水平地带分布模式

资料来源：龚子同，1999。

以东的广大地区）出现纬度地带性的湿润土壤系列，由北向南分布的土壤依次为：灰土、淋溶土、铁铝土和富铁土；中部地区（包括内蒙古高原东南部、黄土高原大部和青藏高原东部边缘部分地区，从东北向西南延伸，跨越接近 20 个纬度）属于温带半干旱、暖温带半湿润至半干旱气候类型，形成了具有中国自然环境特色的干润土壤系列，自东北向西南延伸由干润均腐土、干润淋溶土、新成土和雏形土构成的干润土壤系列；西部则因地处大陆内部，受青藏高原和高山的影响，其土壤主要是由正常干旱土、正常盐成土、寒性干旱土、寒冻雏形土构成的干旱寒冻土壤系列。

(二) 垂直土壤带谱

我国土壤垂直带谱的组成,因其基带(山体所在地的生物气候带)不同而异。例如热带的五指山由下而上的垂直带谱是:砖红壤→山地红壤或砖红壤性红壤→山地黄壤。暖温带的太行山的垂直带谱是:褐土→山地淋溶褐土→山地棕壤。台湾地区的玉山南坡的带谱是:砖红壤性红壤→山地黄壤→山地黄棕壤→山地草甸土。

另外,作为自然地理分界线的山体南北两侧,其土壤垂直带谱的组成各异。这主要是因为它们的基带土壤互不相同。在山体上部,则渐趋于一致。例如秦岭南坡随海拔升高依次是土垫旱耕人为土(黄褐土)→简育干润雏形土→铁质湿润淋溶土/雏形土(黄棕壤-山地黄棕壤)→简育湿润淋溶土/雏形土(山地棕壤)→暗沃冷凉(简育)湿润雏形土(暗棕壤-白浆化暗棕壤)→有机正常潜育土(黑毡土)→有机潜水常湿雏形土(草毡土);北坡是土垫旱耕人为土(塿土)→简育干润雏形土(褐土)→简育干润淋溶土(山地褐土)→简育湿润淋溶土/雏形土(山地棕壤)→暗沃冷凉(简育)湿润雏形土(暗棕壤-白浆化暗棕壤)→有机潜水常湿雏形土(草毡土)。

(三) 典型土壤的环境特性

温带地区的土壤如棕壤、褐土、黑垆土、暗棕壤、黑土、黑钙土等,氧化铁的含量一般在5%以下,主要黏土矿物是水云母、蒙脱石和蛭石。对于这类土壤,主要是永久负电荷决定着其表面化学性质,所以称为恒电荷土壤。

热带和亚热带地区的大部分土壤如砖红壤、赤红壤、红壤、黄壤的黏土矿物主要是高岭石。这种矿物的永久表面负电荷量仅为 $3 \sim 10$ cmol/kg,氧化铁的含量在 5% 以上,有的达 20% 甚至更多,并含有大量的氧化铝。由于黏土矿物本身的表面电荷少,腐殖质对土壤的表面电荷的贡献与温带地区的土壤相比显得重要得多。这类土壤的表面电荷就表现出明显的可变性,而且正电荷对土壤的表面性质具有极为重要的作用。因此,把这类以高岭石为主并含有大量氧化铁、铝的土壤称为可变电荷土壤。

热带和亚热带地区可变电荷土壤 pH 较低,由于含有较多的铁、铝、锰氧化物,表面通常既带正电也带负电,但负电荷显著低于恒电荷土壤,因此既可吸附阳离子也可以吸附阴离子。与之不同,温带地区的土壤表面主要带大量永久负电荷,并具较高土壤 pH,能够吸附更多阳离子态重金属,但对阴离子态重(类)金属如铬酸根、砷酸根的吸附容量则比可变电荷土壤少得多。因此,恒电荷土壤中的阳离子态重金属活性比可变电荷土壤低得多,但阴离子态重(类)金属活性则比可变电荷土壤高得多。

我国南方稻田土壤是一个氧化还原性质剧烈变化的界面环境,氧化还原过程将导致氧化还原敏感元素的溶解与沉淀。由于土壤中锰含量极少,其中主要是铁、硫、碳元素的氧化还原循环过程将驱动着稻田土壤微量元素溶解、释放与固定的动力学过程。在水成土、半水成土及水稻土这些氧化还原剧烈变化的环境中,元素尤其变价元素的生物地球化学变化均十分显著。例如水稻土长期淹水时有机碳在严格的还原条件下易于产生甲烷并向大气排放;稻田氮素在一定条件下发生反硝化作用,释放 N_2O,这些温室气体的排放及控制与全球气候变化关系密切。

南方红壤区由于长年高温多雨,盐基流失严重,加之施肥、酸雨等因素影响,土壤酸化严重。而在干旱半干旱地区,青海、新疆的漠境盐土,西北内陆盐土,东北平原盐碱土,黄淮海平原盐碱土,东部沿海的滨海盐土及海涂,碱化度普遍较高,推动盐碱化防治成为这些地区重要的农业和土壤问题。

北方干旱土栗钙土、棕钙土和灰钙土分布区,由于气候干旱、风力侵蚀严重,生态非常脆弱,若利用不当,极易向荒漠化、盐碱化方向退化。东北黑土、黑钙土是我国最肥沃的土壤,但因气候因素影响(夏季降水集中),极易发生表层土壤水土流失,致使土壤退化。西北黄土高原黄绵土、棕壤、褐土、垆土、栗钙土分布区水力侵蚀严重,北部地区水力侵蚀和风力侵蚀交错。南方红壤区也极易发生水力侵蚀,局部地区崩岗发育,存在滑坡、泥石流风险。

专栏4-2　衡山土壤的垂直地带特征

按照发生学观点,中亚热带土壤分布与分类历来存有争议,就衡山土壤而言,存在不同看法。特别是海拔1 000 m以上,有人认为应划为铁铝土纲准黄壤土类,有的则认为应划为淋溶土纲的山地黄棕壤土类。其原因是发生学分类强调生物气候条件,对土壤性质特征缺乏严格的划分标准,特别是缺乏严格的诊断层和诊断特性指标。根据衡山各土壤剖面诊断层和诊断特性指标,以系统分类的观点对衡山土壤进行分类。针对诊断层,海拔1 000 m以下土壤B层,存在低活性黏化层。黏土矿物以高岭石、绿泥石等1∶1的黏土矿物为主,三水铝石含量减少,阳离子交换量小于24 cmol/kg,游离铁的含量大于20%,铁的游离度接近或大于40。符合低活性富铁层的诊断指标。据此,海拔1 000 m以下土壤为富铁土纲,其中海拔550 m以下,为黏化强育湿润富铁土,相当于发生学分类的红壤。海拔550~780 m,为黄色富铝湿润富铁土,相当于发生学分类的黄红壤。海拔780~1 000 m,为普通黏化常湿富铁土,相当于发生学分类的黄壤。

海拔1 000~1 200 m地区,气候温凉湿润,土壤发育程度及发育强度较弱,处于硅铝化阶段。土壤黏土矿物组成及阳离子交换量(CEC)等与山地黄壤形成了差异,土壤中B层黏粒淋溶淀积明显。黏土矿物以蛭石、蒙脱石等2∶1型的黏土矿物为主,并含有较多的三水铝石,铁的游离度低于40%,CEC较高,接近淋溶土高活性黏化层诊断指标,且土壤水分状况为常湿润。据此,衡山1 000 m以上土壤为常湿淋溶土,包括普通铝质常湿淋溶土和腐殖质常湿淋溶土(山地黄棕壤或准黄壤)。在各山峰顶部或陡坡处,水土容易流失;加之风大或人类影响,植被以灌丛草甸群落为主,土壤发育草甸过程明显,但发育时间短,土层浅薄,剖面B层黏粒含量低,黏化不明显,不具备高活性黏化层特性,更不具备低活性富铁层特性,而符合雏形层诊断指标,故划为腐殖酸性常湿雏形土,相当于发生学分类的山地草甸土。此外,受人为因素影响,在海拔700 m以下的山间谷地,可发现水稻土,其发育及剖面形态与种植历史、所处地形部位等有关。综上所述,衡山土壤类型垂直分布有一定规律:海拔500 m以下为湿润富铁土(山地红壤)、海拔550~780 m为黄色湿润富铁土(山地黄红壤)、海拔780~1 000 m为常湿富铁土(山地黄壤)、海拔1 000 m以上为常湿淋溶土(山地黄棕壤或准黄壤)、山峰顶部及陡坡处为酸性常湿雏形土(山地草甸土)(图4-39)(专栏内容改编自吴甫成,方小敏,2001)。

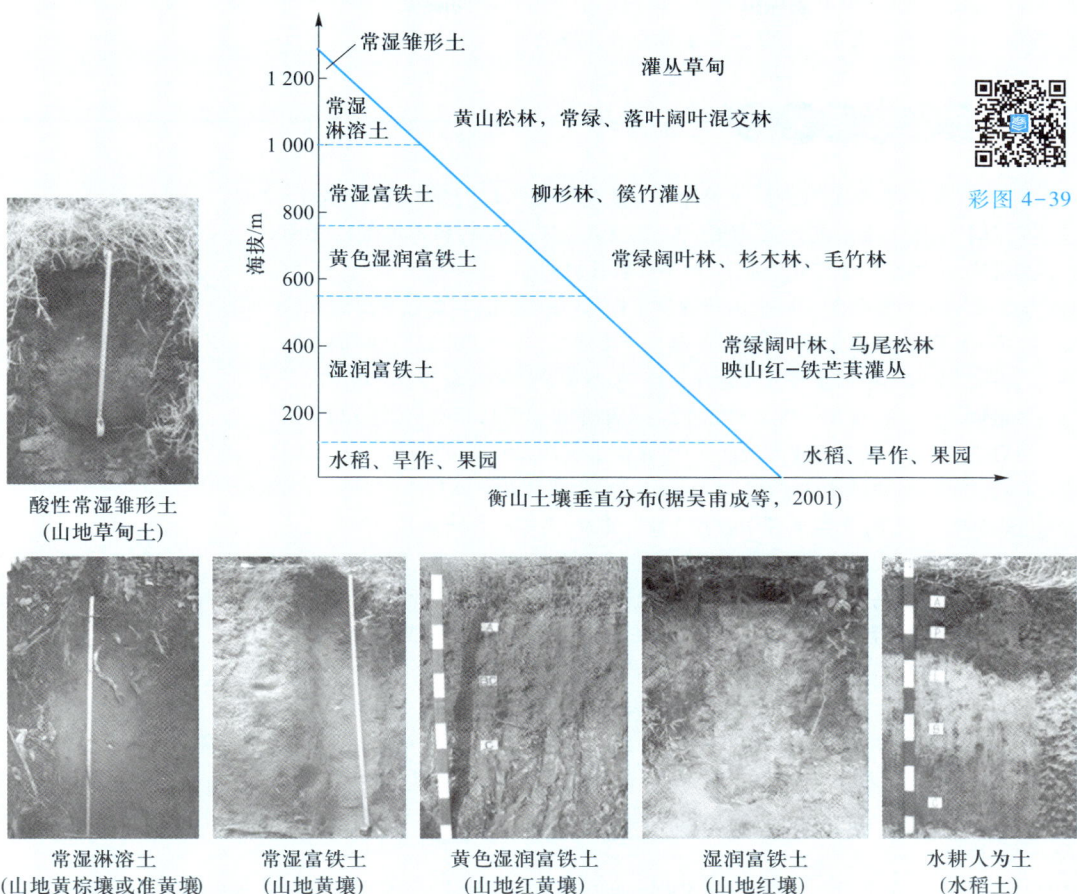

常湿雏形土

灌丛草甸

常湿
淋溶土

黄山松林，常绿、落叶阔叶混交林

彩图 4-39

常湿富铁土

柳杉林、篌竹灌丛

黄色湿润富铁土

常绿阔叶林、杉木林、毛竹林

常绿阔叶林、马尾松林
映山红-铁芒萁灌丛

湿润富铁土

水稻、旱作、果园

水稻、旱作、果园

海拔/m

衡山土壤垂直分布(据吴甫成等，2001)

酸性常湿雏形土
(山地草甸土)

常湿淋溶土
(山地黄棕壤或准黄壤)

常湿富铁土
(山地黄壤)

黄色湿润富铁土
(山地红黄壤)

湿润富铁土
(山地红壤)

水耕人为土
(水稻土)

图 4-39　衡山土壤垂直分布及不同类型土壤剖面

习题与思考题

1. 简述成土因素学说的主要内容。

2. 为什么说土壤形成过程的实质是地质大循环和生物小循环的统一？

3. 各成土要素如何影响土壤的形成、性质与分布？

4. 分析五大成土因素之间相互关系？为什么说没有生物的发展，就没有土壤的形成？

5. 试分析各成土过程主要特点及分布区域。

6. 试述中国现行土壤发生分类的分类原则及主要特点。

7. 试述中国土壤系统分类的主要特点，分类和命名原则是什么？

8. 试分析我国土壤发生分类的水平分布规律及成因。

9. 试分析我国土壤系统分类的水平地带分布模式及成因。

10. 试收集衡山地区生物、气候、母质、地形等成土环境条件资料，分析各成土因素对该地区土壤形成与分异的影响。

11. 据有关资料：2000 年中国黄河干流河水中悬浮物浓度高达 1 500~5 500 mg/L,试分析黄河流域生物、气候、母质因素对黄河上下游土壤形成发育的影响。

主要参考文献

[1] 龚子同,张甘霖,陈志诚,等.土壤发生与系统分类[M].北京:科学出版社,2007.

[2] 龚子同.中国土壤系统分类:理论.方法.实践[M].北京:科学出版社,1999.

[3] 李庆逵.中国水稻土[M].北京:科学出版社,1992.

[4] 李天杰,赵烨,张科利,等.土壤地理学[M].3 版.北京:高等教育出版社,2004.

[5] 卢瑛,龚子同.城市土壤分类概述[J].土壤通报,1999,30(12):60-64.

[6] 马溶之.中国土壤的地理分布规律[J].土壤学报,1957,5(1):1-19.

[7] 吴甫成,方小敏.衡山土壤之研究[J].土壤学报,2001,38(3):256-265.

[8] 吴启堂.环境土壤学[M].北京:中国农业出版社,2011.

[9] 熊毅,李庆逵,中国土壤[M].2 版.北京:科学出版社,1987.

[10] 徐启刚,黄润华.土壤地理学教程[M].北京:高等教育出版社,1991.

[11] 于天仁,陈志诚.土壤发生中的化学过程[M].北京:科学出版社,1990.

[12] 于天仁,季国亮,丁昌璞,等.可变电荷土壤的电化学[M].北京:科学出版社,1996.

[13] 于天仁,等.水稻土的物理化学[M].北京:科学出版社,1983.

[14] 张辉.环境土壤学[M].2 版.北京:化学工业出版社,2018.

[15] 张乃明.环境土壤学[M].北京:中国农业大学出版社,2013.

[16] 中国科学院《中国自然地理》编辑委员会.中国自然地理-土壤地理[M].北京:科学出版社,1981.

[17] 全国土壤普查办公室.中国土壤[M].北京:中国农业出版社,1998.

[18] 徐礼煜,方长久,万明等,香根草系统及其在中国的研究与应用[M].中国香港:亚太国际出版有限公司,2003.

[19] 不列颠百科全书(Encyclopaedia Britannica)[M].国际中文版.美国不列颠百科全书公司.北京:中国大百科全书出版社,2007.

[20] Binkley D,Menyailo O. Tree species effects on soils:implications for global change[M]. Dordrecht:Kluwer Academic Publishers,2005.

[21] Buol S W,Southard R J,Graham R C,et al. Soil genesis and classification[M].6th ed. New York:Wiley-Blackwell,2011.

[22] E. M. Bridges,World Soils[M].3rd ed. London,UK:Cambridge University Press,1997.

[23] Fanning D S,Fanning C B. Soil:Morphology,Genesis,and Classification[M]. New York:John Wiley and Sons,1989.

[24] Food and Agricultural Organization. Soil map of the world:revised legend[R]. World soil resources report 60. FAO,Rome. 1988.

[25] ISSS-ISRIC-FAO. World reference base for soil resources[R]. World soil resources report 84. FAO,Rome,1998.

[26] Jenny H. The soil resource:origin and behavior[M]. Ecological Studies,Vol. 37. New York:Springer-Verlag,1980.

[27] Rossiter D G. Classification of urban and industrial soils in the world reference base for soil resources[J]. Journal of Soils and Sediments,2007,7(2):96-100.

[28] Schad P. Technosols in the world reference base for soil resources-history and definitions[J]. Soil Science and Plant Nutrition,2018,64(2):138-144.

［29］ Soil Survey Staff. Keys to soil taxonomy ［M］. 12th ed. Washington：USDA－Natural Resources Conservation Service，2014.

［30］ Weil R R.，Brady N C.，The Nature and properties of soils ［M］. 15th ed. England：Pearson Education Limited，2017.

［31］ Xu R K. Interaction between heavy metals and variable charge surfaces ［J］. Molecular environmental soil Science：progress in soil science，2013，193－228.

第五章　土壤元素循环及其环境影响

　　土壤碳库是陆地生态系统中最大的碳库,对全球气候变化和人类生存环境有重要影响。由土壤呼吸作用向大气环境中释放的 CO_2 占据了陆地生态系统与大气间碳交换总量的 2/3,远远超过化石燃料燃烧每年向大气排放的量。因此,控制土壤呼吸作用释放的 CO_2 是缓解全球变暖的重要途径,而这一过程受到土壤碳循环的显著调控。除碳循环外,土壤中还存在着氮循环、磷循环、硫循环等过程,这些过程共同构成了土壤与其他圈层之间的物质能量循环。

　　土壤中各元素不会单独存在,土壤各元素循环也不会孤立进行,而是相互联系、相互影响的。土壤碳循环所主导的光合作用与呼吸作用是土壤物质循环的基础,植物通过光合作用将二氧化碳、水等无机物转化为有机物并将光能固定在有机物中,呼吸作用则通过消耗这些有机物为氮、硫、铁循环提供必要的化学能。钙的溶解会直接或在能量上间接和光合作用、呼吸作用联系在一起。硝化作用和硫氧化作用所产生的酸有助于磷的溶解,增加其生物有效性,而这与光合作用和呼吸作用紧密相连。这种元素循环之间的相互联系使得我们在研究元素循环造成的环境效应时,不能孤立地研究单一元素,而应该同时研究各元素之间的协同效应。

　　从元素循环造成的环境效应上讲,各种环境问题往往是多个元素循环失调的共同作用。碳循环释放的 CO_2 与 CH_4 显著影响全球气候变暖,因氮循环释放的 N_2O 的贡献同样不可忽视。农业面源排放过多的氮、磷是造成水体富营养化的重要因素,会对水生生态造成严重危害。与硫循环密切相关的酸沉降会造成土壤酸化,从而增加土壤矿物的溶出,而这又会进一步影响植物元素吸收,最终通过食物链影响人体健康。由于长期以来在土壤开发利用过程中忽视了对土壤的保护,导致土壤元素循环失衡,产生的环境问题已经成为制约社会经济可持续发展的重要因素之一。

　　本章将介绍重要元素在土壤中的赋存形态,植物选择性吸收特征;介绍各元素在土壤中的循环转化过程;同时介绍各元素在循环过程中对自然环境及人类健康的影响。每种元素都会以其独特的方式影响着地球不同圈层的生态过程,学习土壤圈不同元素生物地球化学循环过程的转化规律及机理,可以更加经济有效、可持续地利用土壤。

第一节　土壤碳循环及其环境影响

　　碳在土壤中主要以有机碳形式存在,在富含碳酸盐矿物的土壤中,无机碳含量也占有相当大的比例。土壤碳库是陆地生态系统中最大的碳库,大约是大气碳库的 3.3 倍,生物碳库的 4.5 倍,对全球气候变化和人类生存环境有重要的影响。由于温室气体与碳循环密切相关,土壤碳含量变化及预测已成为当前全球气候变化研究的热点之一。

一、土壤碳含量与形态

（一）土壤碳含量

碳在地壳中的丰度比氧、硅、铝、铁、钙等元素的丰度低得多,约为 0.027%。土壤碳库可以分为有机碳库和无机碳库,全球土壤有机碳储量约 1 500~2 000 Pg C,无机碳库为 700~1 000 Pg C。亚洲陆地面积最大,有机碳储量也最大,其次是北美洲,虽然其面积小于非洲,但其有机碳的储量却高于非洲。

全球土壤有机碳的储量在不同生态系统中分布不同(表 5-1),这主要受到土壤的植被类型、面积以及单位面积的土壤碳密度影响。从植被类型上看,一般在沙漠、雨林以及稀树草原等所占比例较高的地区,土壤碳储量的比例较小;而湿地占比比较高的地区,土壤碳储量的比例则相对较高。

表 5-1 全球不同生态系统中土壤有机碳储量

植被类型	面积/(10^3 km^2)	面积百分比/%	有机碳储量/(Pg C)	储量百分比/%
热带森林	15 400	12.7	184.5	13.2
温带森林	12 000	9.9	104.3	7.5
寒带森林	11 100	9.1	181.9	13.0
热带疏林及稀树草原	24 000	19.8	129.6	9.3
温带疏林草原	4 800	4.0	149.3	10.7
沙漠	21 400	17.6	84.0	6.0
冻土苔原	8 800	7.2	191.8	13.8
耕地	21 200	17.4	167.5	12.0
湿地	2 800	2.3	202.4	14.5
总计	121 500	100.0	1 395.3	100.0

资料来源:Post 等,1982。

全球不同类型土壤有机碳储量见表 5-2,其中有机土的面积比例最低,仅为 1.3% 左右,但土壤有机碳储量比例最高(22.7%),而干旱土与之相反,这两者分别相当于湿地生态系统和沙漠生态系统。

表 5-2 全球不同类型土壤中有机碳储量

土纲	面积/(10^3 km^2)	面积百分比/%	有机碳储量/(Pg C)	有机碳储量百分比/%
有机土	1 745	1.3	357	22.7
始成土	21 580	16.0	352	22.3
新成土	14 921	11.0	148	9.4
淋溶土	18 283	13.5	127	8.0
氧化土	11 772	8.7	119	7.6
干旱土	31 743	23.5	110	7.0

续表

土纲	面积/ (10^3 km²)	面积百分比/ %	有机碳储量/ (Pg C)	有机碳储量百分比/ %
老成土	11 330	8.4	105	6.7
火山灰土	2 552	1.9	78	4.9
软土	5 480	4.0	72	4.6
灰土	4 878	3.6	71	4.5
变性土	3 287	2.4	19	1.2
其他土壤	7 644	5.7	18	1.1
总计	135 215	100.0	1 576	100.0

资料来源:Eswaran 等,1993。

如表 5-3 所示,我国 0~1 m 深度土壤的有机碳和无机碳含量预估分别为 83.8 Pg C 和 77.9 Pg C,总碳含量约占世界的 6.6%;从整个土壤剖面上看,我国土壤有机碳和无机碳含量分别为 147.9 Pg C 和 234.2 Pg C,分别占世界土壤有机碳和无机碳含量的 5.5% 和 8.3%。

表 5-3 中国不同省份土壤有机碳和无机碳分布

省份	面积/ km²	0~1 m 深度		土壤全剖面	
		有机碳(Pg C)	无机碳(Pg C)	有机碳(Pg C)	无机碳(Pg C)
安徽	140 100	1.09	0.52	1.86	2.25
湖北	185 900	1.78	0.29	2.77	0.87
江西	166 900	1.39	0.12	2.46	0.13
湖南	211 800	1.88	0.24	3.35	0.83
广东	179 725	1.62	0.06	2.75	0.20
海南	35 400	0.27	0.01	0.48	0.01
香港	1 114	0.01	0.00	0.01	0.00
澳门	33	—	—	—	—
四川	485 968	5.61	3.36	9.83	9.39
重庆	82 402	0.95	0.57	1.67	1.59
广西	237 600	2.27	0.26	3.56	0.64
贵州	176 167	1.97	0.11	3.07	0.37
云南	394 100	3.74	0.66	6.55	0.99
西藏	1 228 400	10.44	14.08	19.01	48.95
江苏	107 200	0.73	0.54	1.30	1.78
上海	6 340	0.05	0.01	0.09	0.04
福建	124 000	1.05	0.05	1.97	0.15
浙江	105 500	0.83	0.19	1.49	0.42
台湾	36 014	0.04	0.00	0.07	0.00
河北	188 800	1.31	1.68	2.42	5.07
河南	167 000	1.05	1.15	1.89	3.86

续表

省份	面积/ km²	0~1 m 深度		土壤全剖面	
		有机碳(Pg C)	无机碳(Pg C)	有机碳(Pg C)	无机碳(Pg C)
山东	155 800	0.93	1.32	1.65	3.76
北京	16 418	0.11	0.14	0.22	0.49
天津	11 934	0.08	0.10	0.15	0.42
吉林	187 400	2.52	0.83	4.04	2.55
辽宁	148 000	1.03	0.70	1.76	1.62
黑龙江	473 000	6.93	1.02	11.56	3.06
甘肃	425 800	3.00	5.87	5.73	17.91
内蒙古	1 183 000	9.32	12.75	16.07	36.38
宁夏	66 400	0.30	0.86	0.57	2.83
青海	722 300	10.43	6.73	18.94	21.15
山西	156 700	1.15	2.05	2.23	6.74
陕西	205 600	1.42	1.90	2.52	6.33
新疆	1 664 900	8.52	19.76	15.90	53.41
总计	9 677 715	83.8	77.9	147.9	234.2

资料来源:Li 等,2007。

需要说明的是,由于全球缺乏统一的土壤分类系统,对不同土壤类型和植被类型土壤碳储量的估算不够准确。不同学者之间,由于方法、参数等不同,也会导致全球土壤碳储量估算结果出现较大的差异。其中,面积和密度是引起误差最主要的原因,这取决于研究者所选用的土壤图和土壤数据的来源。因此,目前全球土壤碳库储量尚无较为一致的数值。

(二) 土壤碳形态

1. 土壤有机碳

土壤有机碳的存在形态与其在土壤中的稳定性有很大关系,同时关系到土壤圈与地球其他圈层之间的物质能量循环,并且与大气环境温室效应具有直接联系。基于化学性质的差异(第二章第二节),可将土壤有机碳组分分为腐殖质和非腐殖质。土壤腐殖质是土壤有机质的主要组成部分,占土壤总有机质的 85%~90%,而腐殖酸又占腐殖质的 80% 以上。土壤非腐殖质是一些结构简单、易被微生物分解、具有明确物理化学性质的物质,如糖类,有机酸,木质素,含氮、磷、硫有机物等。除化学性质之外,土壤有机碳还可以分为轻组有机碳、重组有机碳、微生物碳和溶解性有机碳。

(1) 轻组有机碳与重组有机碳。轻组有机碳是土壤中未和矿物结合的游离有机碳,是土壤中易分解的碳库,对种植制度、耕作方式、施肥措施、气候变化等响应较为敏感。重组有机碳是与土壤矿物结合形成的有机无机复合有机碳,该部分受到土壤矿物的保护,是土壤中分解较慢的碳库,对土壤肥力的保持和土壤碳的固持具有重要意义。由于二者密度上存在差别,可以通过一定密度的重液进行分离。

(2) 微生物碳。该形态碳是指土壤微生物所包含的碳,一般不包括土壤中的植物体和动物体。微生物碳是一个含量可变的碳库,其含量的高低可以综合反映土壤有机质的丰缺、土壤温度、土壤湿度、土壤污染状况等环境条件。

（3）溶解性有机碳。溶解性有机碳（DOM）指能溶解于水中的有机碳,是陆地生态系统中一种重要的活跃化学组分,是土壤圈与相关圈层（如水圈、生物圈）发生物质交换的重要形式。土壤水分对溶解性有机质的产生起决定性作用,干燥的土壤环境难以形成溶解性有机质。

2. 土壤无机碳

土壤无机碳主要包括气态无机碳、液态无机碳和固态无机碳。气态无机碳是指土壤空气中的 CO_2,来自大气、生物的呼吸作用或土壤有机碳的分解。液态无机碳是指土壤溶液中的 CO_3^{2-} 或 HCO_3^-,主要来自 CO_2 或溶解性碳酸盐在土壤溶液中的溶解。固态无机碳是指土壤中的碳酸盐类矿物,包括碳酸氢盐和碳酸盐,土壤中固态无机碳主要以碳酸钙形式赋存。

二、土壤碳循环转化

如果将土壤碳库作为一个整体来看,那么这个碳库始终处于动态变化之中,也就是外界的含碳物质不断输入土壤中,经过多级分解、合成等过程,产出新的土壤有机碳或土壤无机碳;同时土壤中的含碳物质也在不断输出,使土壤碳库中原有的碳含量逐渐降低。如果将土壤有机碳的合成当作输入过程,有机碳的分解当作输出过程,那么当输入大于输出时,土壤碳库中有机碳的含量就会增加,反之则会降低。土壤碳库中的碳一直处于合成与分解的循环（图 5-1）。

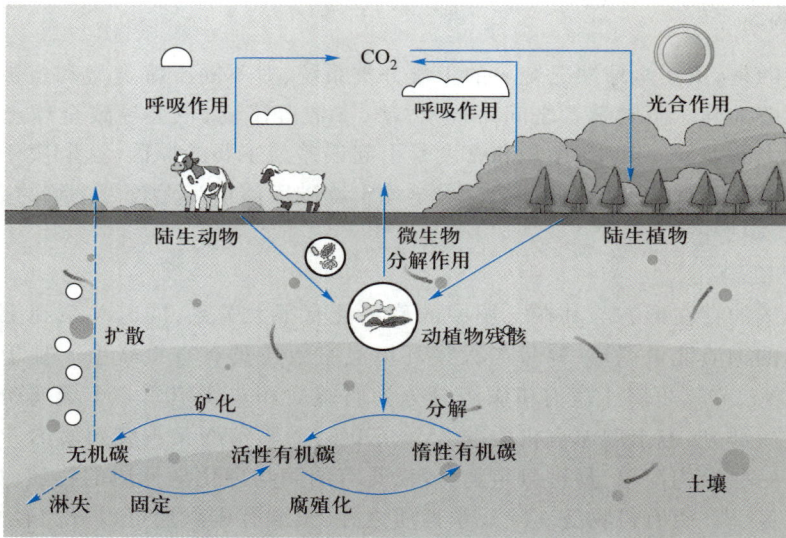

图 5-1　土壤碳循环过程

（一）土壤有机碳的合成

动物残体、植物根茎叶、有机肥料等进入土壤环境后,成为土壤有机碳合成的物质基础。这些含碳物质经微生物分解之后,形成土壤有机碳的一部分。通常,这些输入性有机物的生物稳定性与其碳/氮比、碳/磷比相关。碳/氮比、碳/磷比越小,表明氮、磷含量较高的物质（如蛋白质类、磷脂类、生物碱类）含量越高,越容易被微生物分解;相反,比值越大,则代表氮、磷含量较低的物质（如木质素、果胶、蜡质等）含量较高,难以被微生物降解。输入土壤的各类有机物,经微生物分解后,大部分碳素以 CO_2 形式释放到土壤与大气中,小部分进入微生物体内,形成微生物碳。另外有一部分碳通过不同途径聚合成其他形态的土壤有机碳,例如在微生物作用下形成的腐殖质。

从土壤有机碳或者有机质的检测角度而言,土壤中的微生物也属于土壤有机质的范畴。因此,当微生物死亡后,其与土壤中其他输入性有机质没有本质区别,同样会被土壤中存活的其他微生物分解利用,因此其转化形成土壤有机碳的机制与其他输入性有机质类似。

（二）土壤有机碳的分解

土壤有机碳的分解又称为土壤有机碳的矿化过程,根据氧气是否充足一般可以分为好氧分解和厌氧分解。在全球范围内该过程每年释放的 CO_2 为 50~76 Pg C,占陆地生态系统与大气直接碳交换的 2/3,约为大气碳库的 1/10,超出陆地生态系统净初级生产力吸收的碳量 30%~60%,远远超过了化石燃料燃烧每年向大气排放的 9.6 Pg C。

1. 有机碳的好氧分解

土壤有机碳的好氧分解通常在土壤通气良好、氧气供应充足的条件下进行。在该条件下,好氧微生物数量增加、活性增强,对土壤有机碳分解彻底,最终将大部分有机碳完全转化为 CO_2 形式。有机碳中的糖类较易分解,根据参与的微生物种类不同,最终产物也有所差异,其主要反应为式(5-1)~式(5-6);含氮化合物的好氧分解主要通过水解作用(式(5-7))和氨化作用(式(5-8)~式(5-9));脂肪类物质先被分解为甘油和脂肪酸,之后继续被好氧微生物分解为 CO_2 和水;木质素和腐殖质通常难以被微生物分解,但可以被土壤中的真菌和放线菌缓慢分解。土壤有机碳的好氧分解有利于养分和能量释放,但不利于有机碳的积累。

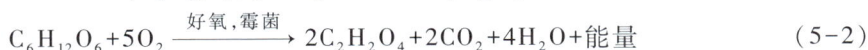

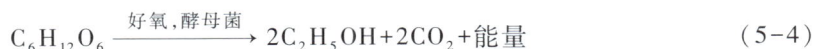

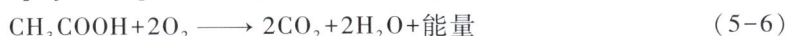

$$(C_6H_{10}O_5)_n + nH_2O \xrightarrow{\text{水解}} nC_6H_{12}O_6 \tag{5-1}$$

$$C_6H_{12}O_6 + 5O_2 \xrightarrow{\text{好氧,霉菌}} 2C_2H_2O_4 + 2CO_2 + 4H_2O + \text{能量} \tag{5-2}$$

$$2C_2H_2O_4 + O_2 \longrightarrow 4CO_2 + 2H_2O \tag{5-3}$$

$$C_6H_{12}O_6 \xrightarrow{\text{好氧,酵母菌}} 2C_2H_5OH + 2CO_2 + \text{能量} \tag{5-4}$$

$$C_2H_5OH + O_2 \longrightarrow CH_3COOH + H_2O + \text{能量} \tag{5-5}$$

$$CH_3COOH + 2O_2 \longrightarrow 2CO_2 + 2H_2O + \text{能量} \tag{5-6}$$

$$\text{蛋白质} + H_2O \longrightarrow RCHNH_2COOH \tag{5-7}$$

$$RCHNH_2COOH + O_2 \xrightarrow{\text{氧化酶}} RCOOH + CO_2 + NH_3 \tag{5-8}$$

$$RCOOH + O_2 \longrightarrow CO_2 + H_2O + \text{能量} \tag{5-9}$$

2. 有机碳的厌氧分解

有机碳的厌氧分解是指在氧气不足的条件下,有机碳分解缓慢且不彻底,并最终形成甲烷(CH_4)、硫化氢(H_2S)等一些还原性或有害物质的分解过程。与好氧分解相反,厌氧分解虽然不利于土壤中养分和能量的释放,但有利于有机碳在土壤中的保存。地球上绝大部分土壤有机碳分解属于好氧分解,但在自然湿地、人工湿地、湿冻平原等厌氧环境下,土壤有机碳分解则以厌氧分解为主。

厌氧环境下,土壤中的好氧微生物活动受到抑制,厌氧微生物占据优势,土壤有机碳进行缓慢的厌氧分解,产物主要是 CH_4。CH_4 的产生有两条主要途径,一是在专性矿质化学营养产甲烷菌的参与下,以氢气(H_2)(式(5-10))或有机分子作为氢供体还原 CO_2,或者直接利用甲酸(HCOOH)和一氧化碳(CO)形成 CH_4;二是在甲基营养产甲烷菌的参与下,对含甲基化合物(主要是乙酸(CH_3COOH),式(5-11))进行脱甲基作用,该路径是 CH_4 的主要形成路径,占70%左右。土壤中复杂有机物在厌氧条件下分解生成 CH_4 的过程见图5-2。

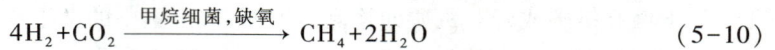

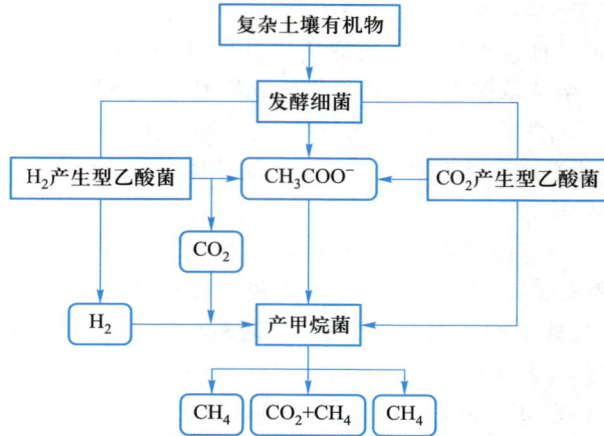

$$4H_2+CO_2 \xrightarrow{\text{甲烷细菌,缺氧}} CH_4+2H_2O \tag{5-10}$$

$$CH_3COOH \xrightarrow{\text{厌氧}} CH_4+CO_2 \tag{5-11}$$

图5-2　土壤中复杂有机物厌氧分解生成甲烷的过程

资料来源:张乃明,2013。

(三)土壤有机碳的自然损失

土壤有机碳的自然损失主要包括土壤有机碳的扩散、风蚀和水蚀。对耕作土壤而言,有机碳主要富集在0~20 cm的表层土壤中,容易受到水蚀和风蚀,土壤有机碳含量随之发生变化。

1. 土壤有机碳的扩散

有机碳在土壤中的扩散主要包括三个方面。① 生物作用:土壤动物和微生物活动促进土壤有机碳的迁移。土壤动物如蚯蚓、蚂蚁等通过挖掘和移动,有助于有机碳在土壤中的混合和分散。微生物则通过分解有机物质,释放有机碳,进一步促进其在土壤中的扩散。② 化学作用:土壤中的有机碳通过吸附、交换和分解等化学反应进行迁移。有机碳可以被土壤颗粒吸附,也可以在土壤溶液中以溶解态存在,通过这些化学过程,有机碳在土壤中得以重新分布。③ 物理作用:溶解性有机质随着土壤水分的流动而迁移。土壤水分的流动带动溶解性有机质在土壤中扩散,尤其是在降雨或灌溉后,水分的渗透作用会加速这一过程。通常,土壤表层由于微生物活动较为活跃,土壤结构相对疏松,因此土壤有机碳的扩散率较高。随着土层深度的增加,微生物活动减弱,土壤结构可能变得更加紧密,这会导致土壤有机碳的扩散率降低。这种垂直方向上的扩散差异对土壤有机碳的分布和循环具有重要影响。

2. 土壤有机碳的风蚀

土壤风蚀是指土壤表层物质被风吹起、搬运和堆积的过程,以及地表物质受到风吹起的颗粒的磨蚀等。风蚀作用一方面可直接减少土壤有机碳的含量,另一方面也对土壤结构造成破坏,加速了土壤有机碳的分解,造成肥力损失。因此,风蚀会引起大规模的土壤有机碳空间重分布和土壤 CO_2 释放。

3. 土壤有机碳的水蚀

土壤水蚀是指在水流的冲刷作用下,土壤及其母质经历破坏、分离、搬运和沉积等一系列过程。在水蚀作用下,土壤中的有机质和较粗的颗粒更容易受到侵蚀和破坏,导致土壤有机碳的释放。在径流直接作用下的初期阶段,土壤中的溶解性有机质、轻质植物残体等物质首先被冲刷流失。这些物质的流失会减少土壤中的有机碳储量。随着侵蚀的加剧,表层土壤中的颗粒被剥蚀和搬运,导致富含有机碳的表层土壤大量流失。这种流失会进一步降低土壤的有机碳含量。当表层土壤流失后,表土与亚表层土壤混合,导致高有机碳含量的土壤粗颗粒与低有机碳含量的亚表层土壤混合。这不仅会减缓土壤的渗透性,还可能增加地表径流,形成一种恶性循环,进一步加剧水蚀对土壤的破坏。

(四)土壤无机碳迁移转化

1. 土壤二氧化碳的产生与扩散

土壤中 CO_2 的含量取决于土壤呼吸强度与土壤通气性。土壤呼吸作用,严格意义上讲是指未受扰动的土壤中产生 CO_2 的所有代谢作用,包括 3 个生物学过程(植物根呼吸、土壤微生物呼吸及土壤动物呼吸)和一个非生物学过程(含碳矿物质的化学氧化作用)。土壤呼吸释放的 CO_2 中一般有 30%~50% 来自根系的活动或自养呼吸作用,其余部分主要源于土壤微生物对有机质的分解作用,即异养呼吸作用。

土壤呼吸作用的变化可以显著减缓或加剧大气中 CO_2 的增加。环境因子对土壤呼吸的影响方式一方面体现为影响土壤中的生物活动状况,另一方面体现为影响土壤中 CO_2 传输的物理过程。影响土壤呼吸的环境因素主要有温度、湿度、植被状况、土壤理化性质等,植物还可以通过根系分泌物对土壤异养呼吸产生激发效应,表现在土壤呼吸时空变异的宏观层面上可归纳为气候因素、土壤因素和植被因素(图5-3)。

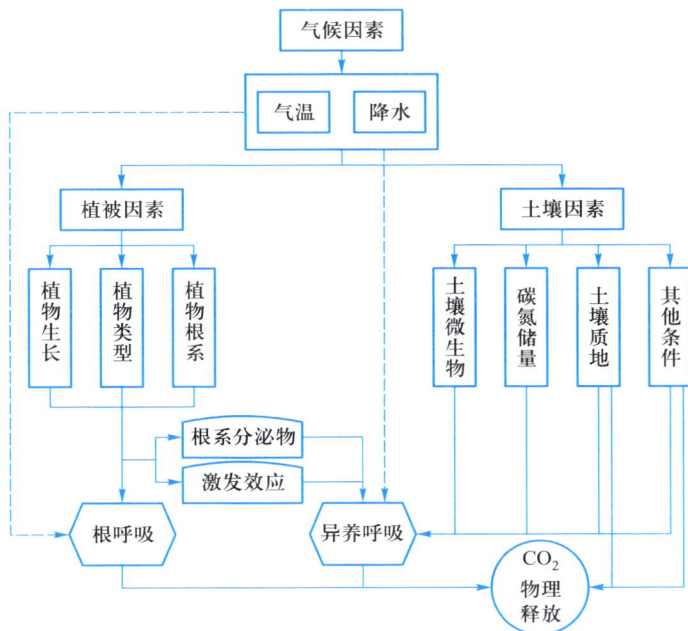

图 5-3 土壤呼吸时空变异的影响因素

资料来源:陈书涛等,2011。

土壤呼吸作用产生的 CO_2 可以经对流与扩散的形式,释放到大气环境中。通常情况下,扩散是土壤 CO_2 进入大气的主要方式,该过程受到土壤 CO_2 分压和土壤通气性的影响。此外,CO_2 可以溶于水,因此土壤空气中和土壤溶液中的 CO_2 存在化学平衡,并受到土壤 CO_2 分压与土壤溶液温度的影响。

2. 土壤碳酸盐的来源与形成

土壤中的碳酸盐可以分为两类,一类是土壤成土的产物,一般称为发生性碳酸盐;另一类是来自岩石中的碳酸盐,一般称为岩生性碳酸盐。在干旱炎热地区,土壤中植物残体的分解率高达 $80\% \sim 90\%$,矿化速率相比湿润地区更加迅速,加上干旱地区土壤母质中富含碳酸盐,并在成土过程中形成钙基层,导致无机碳在该地区的土壤中大量累积。在这类地区的土壤中,存在明显的"土壤有机碳－CO_2－土壤无机碳"的微循环系统。动植物残体在被分解过程中产生 CO_2,部分转化为碳酸盐沉淀下来,使得这些地区的有机碳库向无机碳库迁移。这种发生性碳酸盐的形成对干旱地区乃至全球碳循环具有重要意义。

三、土壤碳的环境效应

土壤碳循环影响着整个地球系统的能量平衡,关乎全球气候变化。而气候变化反过来又会影响土壤碳循环,会给土壤碳库的碳平衡带来不确定性。气候变化对土壤碳库的影响主要体现在两个方面:一是温度的升高和降水格局的变化会影响植物的生长,从而影响凋落物和根系分泌物的质量,而凋落物和根系分泌物是土壤碳库的重要碳源;二是影响植物凋落物及其他碎屑生物质的分解速率。因此,气候变化制约着土壤碳库外源碳的输入质量和过程,同时土壤碳的矿化也受到温度和湿度的制约,土壤碳循环与全球气候变化有着十分密切的关系。

（一）二氧化碳释放与气候变化

土壤 CO_2 释放又叫土壤呼吸,即土壤中的碳以 CO_2 的形式向大气环境中释放。土壤 CO_2 释放对大气 CO_2 浓度上升具有巨大的影响。特别在北半球北部,大面积的泥炭地是一个巨大的碳库,约为 $455\,Pg\,C$,而这一地区又是气候变暖影响最大的地区,温度升高将会促进泥炭地的碳释放,从而进一步加速大气 CO_2 浓度的上升,形成恶性循环。

由土壤呼吸所释放的 CO_2 占总生物圈呼吸相当大的一部分。在全球尺度上,土壤呼吸释放碳的速率显著大于人类活动释放碳的速率。土壤呼吸从土壤碳库中释放碳,土壤碳库是大气碳库的 4 倍。因此,土壤呼吸很小的变化就可以严重改变大气 CO_2 浓度的平衡。自然土壤把碳保存在很稳定的微粒中,除非环境条件改变或稳定的土壤结构被破坏,否则将保存成千上万年。耕作活动,如犁地,会打破土壤团聚体,使最初在土壤中受到保护的有机质暴露出来,被微生物利用,从而加速分解作用与呼吸作用释放到大气中的碳。耕作所导致的土壤退化使土壤更易加速侵蚀,侵蚀作用把碳带到河流和海洋中,之后通过排气作用把这些碳中的一部分释放到大气中。因此,可通过减少土壤耕作来缓解土壤 CO_2 释放。但随着世界人口总量的增加,客观上需要更多的粮食,因而更多的土地将被开垦作为农业用地。额外增加的耕作用地将导致有机碳流失及 CO_2 释放,可能是导致未来 CO_2 浓度上升的一个重要原因。

从农业利用的角度上讲,采用完全免耕技术并不可行,因此由于耕作带来的土壤扰动现象不可避免,但可以通过人为增加土壤有机碳含量的方法实现碳固定。基于植物碳输入增加、土壤分解速率下降或二者兼而有之的原则,土壤碳可通过多种农艺管理技术增加。不同耕作措施对农田土壤呼吸及作物根呼吸有显著影响。例如,不同耕作措施对平均土壤呼吸速率的影响表现为翻耕>深耕>旋耕>免耕(图5-4)。通过种植生物量高的作物,让更多的作物生物量在原地分解,增加地下净初级生产力,在一年中的部分时间里种植覆盖作物,这些均可使碳输入增加,使得农业土壤由目前的碳源向碳汇转变。近年来,生物炭被视为一种优异的碳汇材料,受到学者们的广泛研究。将生物炭添加到土壤中,也可以在一定程度上实现碳固定。

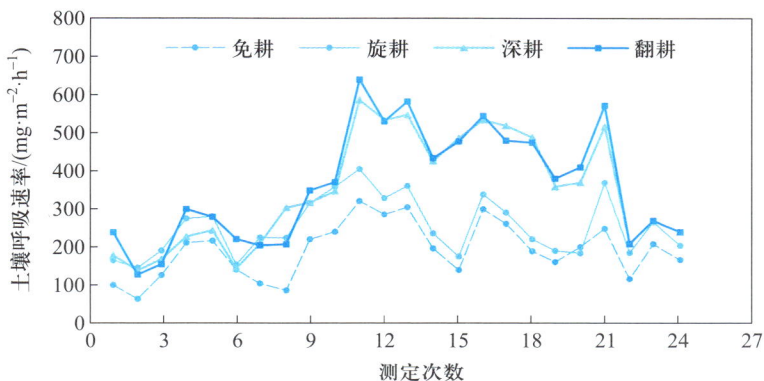

图 5-4　不同耕作措施下土壤呼吸速率的动态变化

资料来源:禄兴丽和廖允成,2015。

气候变化是人类所面临的主要挑战之一。为应对该挑战,全球市场上诞生了进行碳交易的商机。这一市场的动机是为了让那些欲履行《京都议定书》中规定义务的国家,也包括《京都议定书》之外志愿的国家与地区,减少 CO_2 排放。《京都议定书》,全称为《联合国气候变化框架公约的京都议定书》,是《联合国气候变化框架公约》(UNFCCC)的补充款,于 1997年在日本京都签署。该公约已被大多数发达国家所认可,并作为一项国际性公约于 2005 年2 月生效。按照这一公约,到 2008—2012 年,签约国应依法使本国温室气体排放减少 1990年水平的 5.2%。清洁发展机制(Clean Development Mechanism,CDM)是《京都议定书》下的一种灵活合作机制,旨在帮助发达国家实现其温室气体减排承诺的同时,为发展中国家提供资金和技术,促进其可持续发展。《京都议定书》规定的减排义务及提出的 CDM 催生了碳排放权交易。自 2002 年,以碳交易为目的的全球变化市场就已经存在。2002 年,在欧盟国家该市场交易额约为价值 1 000 万美元的排放配额。2015 年,国际社会在巴黎达成了《巴黎协定》,其设定的国际转让减排成果(ITMOs)和国际航空和航海减排机制(CORSIA)为碳市场提供了新的活力。据路孚特发布的 2021 年碳市场回顾报告(中文版),2021 年全球碳市场排放配额达 8 000 亿美元,其中欧盟国家交易额达 7 189 亿美元。根据《2023 年碳市场年度回顾》数据,2023 年全球排放市场约有 125 亿吨碳许可证交易,价值达到创纪录的 8 810 亿欧元。我国 2023 年碳市场交易额也达到了 144.44 亿元。这个日益显现出来的市场潜力使得捕获和减缓陆地生态系统 CO_2 释放具有一个清晰的金融价值。按照《京都议定书》,在碳市场,对人工林碳汇的经营管理可能赢得金钱回报。人工林碳汇可增大的森林蓄积量和土壤碳汇,可通过对人工林进行管理以增加碳汇强度和减少大气 CO_2 排放。碳市场也为农民和林业工人增加了获利机会,他们可以把排放信用卖给那些想要部分地抵消 CO_2 限排义务的人。买方可能发现把要在天然碳汇中完成的限排任务部分地外包出去,要比用其他方式减排所需的花费更少。这种市场交易的做法使得卖方有了新的金融动力去从事保护环境的土地管理和森林重建工作。

(二)甲烷释放与气候变化

土壤有机碳通过厌氧分解可以产生 CH_4,CH_4 是一种非常重要的温室气体,它对全球变暖的贡献在温室气体中位列第二,约占 20%。土壤处于长期淹水条件时,氧化还原电位(Eh)通常比较低,与厌氧环境接近,为 CH_4 的形成提供了条件。这种情况下,有机质含量的高低会直接影响 CH_4 的释放量。已有研究表明,在相同的淹水条件下,土壤 CH_4 的释放量与有机质的含量呈正相关,而有机质的种类、结构、氮磷等营养元素的含量是重要影响因素。

湿地生态系统长期处于淹水环境,是 CH_4 释放的主要来源,其中人工湿地(如稻田)生态系统受人类活动的影响程度较大,深入了解该系统 CH_4 的释放规律及影响因素,有利于调控 CH_4 的释放。总体而言,稻田 CH_4 释放的影响因素主要包括土壤理化性质、土壤温度、施肥状况、水分管理等。

1. 土壤理化性质

CH_4 的形成主要是通过微生物作用,土壤的理化性质会影响微生物的种类及活性,从而进一步影响 CH_4 的释放。从土壤类型角度分析,CH_4 释放量一般是泥炭土>冲积土>火山灰土。从土壤 pH 角度分析,一般中性土壤有利于 CH_4 的产生。从土壤氧化还原电位角度分析,当 Eh 下降到 $-100 \sim -150$ mV 时 CH_4 便可以形成,当 Eh 在 $-150 \sim -230$ mV 时 CH_4 释放量将随 Eh 的降低呈指数增加。

2. 土壤温度

土壤温度会影响产甲烷微生物活性及土壤有机质的分解,以及 CH_4 的传输。大多数产甲烷菌在温度为 30 ℃ 以上时活性最高,温度降低或温度过高通常会抑制产甲烷菌的活性。

3. 施肥状况

向土壤中施加有机肥可以为产甲烷菌提供必要的物质基础。同时,有机肥的快速分解作用会进一步降低土壤的 Eh,从而为 CH_4 的产生创造适宜的环境条件。然而,有机肥的施加不仅影响土壤的氧化还原状态,还会对土壤结构等其他因素造成影响。因此,并不是有机肥施加得越多,就一定能产生越多的 CH_4。如果在施加有机肥后立即创造淹水条件,这将显著降低土壤的 Eh,从而有利于 CH_4 的产生和释放。这说明,在管理土壤 CH_4 排放时,需要综合考虑有机肥的施用量和土壤环境条件的调控。

4. 水分管理

当水稻田表面存在一定厚度的淹水层时,会限制大气中的氧气向土层传输,形成接近厌氧的环境条件,为 CH_4 的产生提供最基本的条件(图 5-5)。CH_4 在长期处于淹水状态水稻田的产生量,远大于相同条件下旱田或干湿交替的水稻田。根据水稻不同生理阶段对水分的需求,定期灌水、排水,能有效减少土壤向大气中的 CH_4 排放总量。

(三)碳酸盐环境效应

碳酸钙是土壤碳酸盐的主要存在形式,对土壤的物理、化学、生物性状起着重要的作用。含有碳酸钙的土壤,其交换性阳离子几乎全为 Ca^{2+},显著影响土壤结构稳定性、导水性和 pH。石灰性土壤的 pH 主要受土壤中的碳酸盐控制,并且由于存在碳酸钙-水-CO_2(分压)

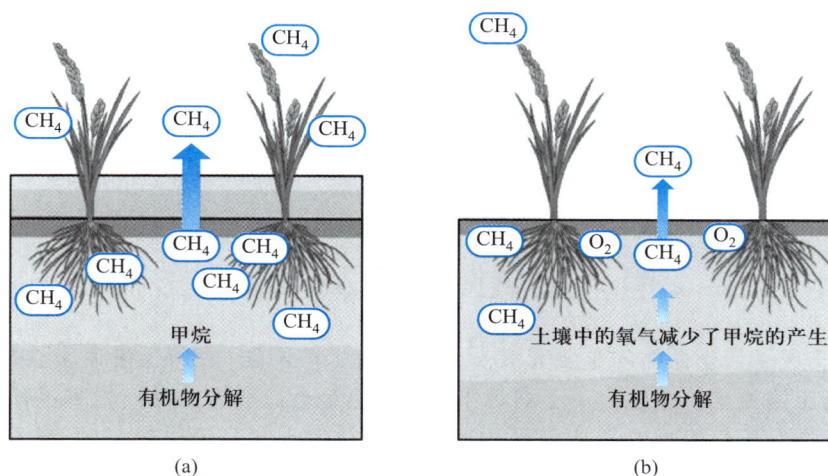

图 5-5　淹水层对水稻田产生 CH_4 的影响

（a）淹水状态；（b）排水状态

资料来源：Heredia 等，2021。

的平衡，该类土壤具有一定的酸碱缓冲能力，缓冲的 pH 一般在 8.5~6.7。土壤中许多营养元素和重金属元素的生物有效性在很大程度上也受到碳酸钙调控，在酸性或者不含碳酸钙的土壤中营养元素和重金属元素的活性较大，易被植物吸收；而在富含碳酸钙的土壤中，营养元素或重金属易形成氢氧化物和难溶的碳酸盐或易被土壤吸附固定，活性较低。此外，土壤中的碳酸盐通常使得土壤表现为微碱性，进而影响土壤中的微生物群落。

专栏 5-1　非均匀气候与土壤碳循环的关系

所有生物化学过程几乎都受温度的调控，全球气候变暖对土壤碳循环同样具有深远的影响。例如，气候变暖可通过改变植物生长直接影响陆地初级生产力，也可以通过增加土壤养分矿化、改变土壤水分可用性、延长生长季节、改变群落结构和改变干扰机制来间接影响陆地初级生产力。但是，气候变暖速率在不同季节和昼夜之间有很大差异。这种不同季节、地区和一天中不同时间的气候变暖的不均匀速率，可能是生态系统碳循环对变暖响应存在区域差异的基础。

为了更好地了解气候变暖与土壤碳循环之间的关系，有学者通过分析 1948—2010 年间季节性平均温度和每日最高温度、最低温度，并结合基于卫星的净初级生产力估计值与季节性或昼夜温度之间的偏相关性，同时，使用面向过程的陆地生物圈模型评估了季节性变暖对碳循环的影响。数据分析显示，春季变暖将增强高纬度地区生态系统的碳吸收能力，并减少这些地区季节性温度变化的幅度；而夏季和秋季变暖更有可能减少热带生态系统的碳吸收，并放大季节温度变化的幅度。昼夜变暖对绿色植被碳吸收的影响因地区而异，白天变暖增加了苔原和北方森林大多数地区的碳吸收，但大多数草原和沙漠则减少了碳吸收；夜间变暖增强了草地和沙漠等干旱生态系统的碳吸收，对其他地区的碳吸收则有负面影响。然而昼夜变暖对土壤碳循环的潜在影响机制仍不清楚。

确定不均匀气候变暖对陆地碳循环的影响是当前碳循环研究领域面临的一项紧迫挑战。除了不均匀的变暖,气候变化还包括其他方面,如野火等干扰事件的增加、极端温度事件的频繁发生、温度的年际变化以及区域气候带的变化。为了全面理解气候变化对土壤碳素循环的影响,需要进一步研究这些变化如何影响生态系统的碳收支。

第二节 土壤氮循环及其环境影响

氮素是构成一切生命体的重要元素。出于农业生产需要,农田土壤通常会施加大量的氮肥,以提高土壤氮素供应能力。土壤对作物供氮不足会造成农产品产量和品质下降,但氮素肥料施用过剩,不仅影响农产品品质,还会影响水体和大气环境质量,引发温室效应、水体富营养化、酸雨等环境问题。了解氮循环及土壤氮的来源、形态、转化等特性,对理解土壤氮素的环境效应具有重要意义。

一、土壤氮含量与形态

(一)土壤氮含量

氮是农业生产中重要的养分限制因子,通常多数土壤中氮含量较低。地球上约有 $1\,972 \times 10^{20}$ g 氮,其中 97.82% 存在于岩石圈,1.96% 存在于大气圈中,仅 0.02% 存在于生物圈内。在生物圈内的氮素,海洋底部的有机氮占 47.04%,海洋无机氮占 5.23%,海洋生物氮占 0.05%,土壤有机氮占 39.72%,土壤无机态氮占 7.32%,地球表面植物和动物氮占 0.64%。生物圈内约有 86.7% 的氮处于惰性状态,只有在微生物作用下,才可以缓慢地变成植物有效氮,而岩石圈内氮素十分分散,并且难以被植物利用。

据统计,亚欧大陆北部与欧洲地区土壤氮素含量较高,为 12~21 g/kg,南美洲、非洲、大洋洲氮素含量较低,普遍低于 1.2 g/kg。我国未受侵蚀的自然植被土壤全氮含量为 0.4~7.5 g/kg,平均含量为 2.9 g/kg;耕地土壤全氮含量为 0.4~3.8 g/kg,平均为 1.3 g/kg。我国土壤全氮含量在青藏高原东部、东北黑土地区和天山山脉的含量最高,而在西北沙漠地区较低。大部分土壤全氮含量在 2.0 g/kg 以下,其中山东、山西、河北、河南、新疆等 5 省份严重缺氮面积占其总耕地面积的 1/2 以上。

(二)土壤氮形态

1. 土壤无机氮

土壤无机氮主要包括铵态氮(NH_4^+)、硝态氮(NO_3^-)、亚硝态氮(NO_2^-)和气态氮等。其中,与土壤肥力密切相关的是 NH_4^+ 和 NO_3^-,二者是土壤氮素的主要存在形式,决定了土壤无机氮的含量。NH_4^+ 和 NO_3^- 主要来自含氮有机物的分解及施肥,通常占土壤全氮的 2%~5%。NO_2^- 主要是厌氧条件下反硝化作用的产物,在土壤中含量较低,而且稳定性差。气态氮一般是氧化氮(NO)、氧化亚氮(N_2O)、二氧化氮(NO_2)、分子态氮(N_2)等,对土壤氮素营养贡献相对较小,且会影响土壤氮素平衡。

2. 土壤有机氮

土壤中的有机氮是土壤全氮的主体部分,含量一般高于 90%。目前人们对有机氮的认识还十分有限,仍然没有一种方法可以在不破坏土壤有机氮组分的情况下,将不同化学形态的有机氮分离出来。根据有机氮溶解与水解的难易程度,可将其分为水溶性、水解性和非水解性有机氮三类。

(1)水溶性有机氮:主要是简单的游离氨基酸、氨基盐、酰胺类等,占氮含量的5%左右,其中少数物质如氨基酸可以被植物直接吸收利用,但大多数需要经过转化之后才可以被植物利用,因此该类有机氮少数属于速效养分,多数属于缓效养分。

(2)水解性有机氮:该类有机氮在用酸、碱或酶处理时,能够水解成简单的水溶性化合物,包括氨基糖氮、α-氨基酸氮和未知态氮,水解性有机氮属于缓效或者迟效养分。

(3)非水解态有机氮。通常该类有机氮矿化速率很低,有效性低,如胡敏酸氮、富里酸氮和杂环氮。

二、土壤氮循环转化

氮素以不同的形态广泛存在于自然界各个圈层,其中大气是氮最大的储存库。大气中的分子态氮及氮的各种氧化物,在生物固氮作用及自然界物理化学作用下,转化为 NO_3^- 与 NH_4^+,进入土壤的内循环,最后又从土壤回归到大气(图5-6)。

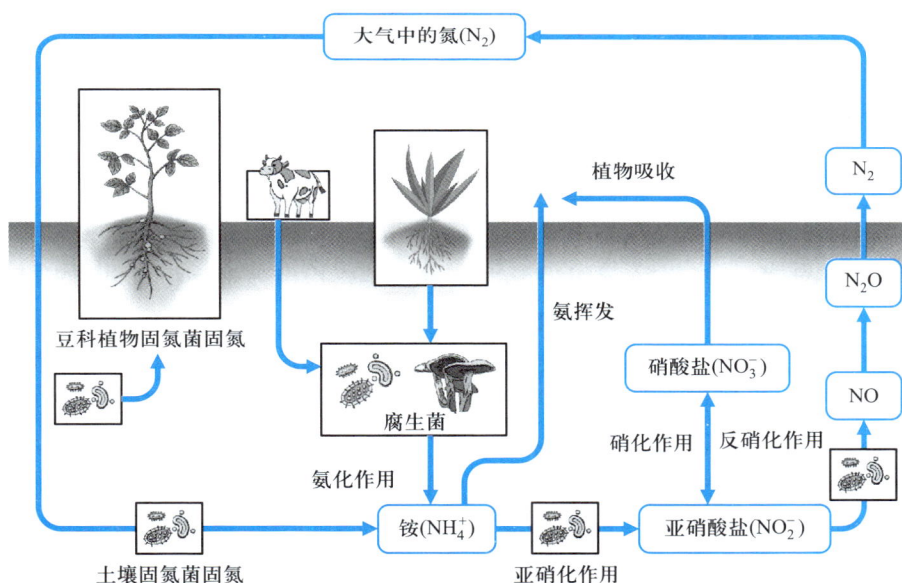

图5-6　土壤中氮循环主要过程

(一)有机氮矿化(氨化作用)

土壤有机氮在微生物的矿化作用下分解转化为无机氮的过程,称为氨化作用。该过程主要分为两个阶段。第一阶段是复杂的有机氮化合物(如蛋白质、核酸、氨基糖及多聚体等)经过微生物酶的作用,逐级分解而形成简单的氨基化合物的过程,称为氨基化阶段(氨基化作用)。其过程可以简单表示为:

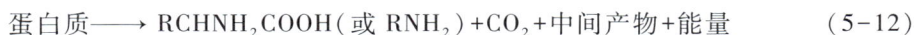

$$蛋白质 \longrightarrow RCHNH_2COOH(或\ RNH_2) + CO_2 + 中间产物 + 能量 \qquad (5-12)$$

第二阶段是在氨化细菌作用下,各种简单的氨基化合物被分解成氨的过程,称为氨化阶段(氨化作用)。氨化作用可以在不同的条件进行。

通气充分条件下,

$$RCHNH_2COOH+O_2 \longrightarrow RCOOH+NH_3+CO_2+能量 \tag{5-13}$$

厌氧条件下,

$$RCHNH_2COOH+2H^+ \longrightarrow RCH_2COOH+NH_3+能量 \tag{5-14}$$

$$RCHNH_2COOH+2H^+ \longrightarrow RCH_3+CO_2+NH_3+能量 \tag{5-15}$$

水解条件下,

$$RCHNH_2COOH+H_2O \xrightarrow{\text{酶}} RCH_2OH+CO_2+NH_3+能量 \tag{5-16}$$

$$RCHNH_2COOH+H_2O \xrightarrow{\text{酶}} RCHOHCOOH+NH_3+能量 \tag{5-17}$$

有机氮的矿化是在多种微生物共同作用下完成的,包括细菌、真菌、放线菌等,这些微生物均以有机质中的碳素作为能源,在好氧或者厌氧的条件下进行。在通气良好,温度、湿度及酸碱度适中的砂质土壤中,有机氮的矿化速率较快,同时积累的中间产物有机酸较少;而在通气性较差的黏质土壤中,有机氮矿化速率较慢,容易积累中间产物有机酸。对于多数矿质土壤而言,有机氮的年矿化率为 $1\%\sim3\%$。有机氮的矿化在氮循环中意义重大,施入土壤的有机肥、落入土壤的作物根茎叶、还田的农作物秸秆等外源含氮物质,均需要通过矿化作用完成氮循环。

(二)无机氮的生物固定

进入土壤的 NH_4^+ 和 NO_3^-,以及某些简单的氨基态氮($-NH_2$),被微生物吸收并转化成为有机氮的过程,称为无机氮的生物固定。该过程与有机氮的矿化是土壤中两个同时进行但方向相反的过程,二者的相对强弱受到环境中众多因素的影响,尤其是受可供微生物利用的有机质(即能源物质)数量与种类的影响。当土壤中易被分解的有机质过量存在时,无机氮的生物固定作用就强于有机氮的矿化作用。只有在矿化作用强于生物固定作用时,才能有多余的无机氮供给植物营养。此外,有机质种类(主要是碳氮比)对生物固定作用影响显著,一般有机质的碳氮比低于 $20\sim30$ 时,微生物不能固定土壤中的无机氮;当碳氮比高于 $20\sim30$ 时,才可以发生固定作用。禾本科植物秸秆的碳氮比高于 80,在微生物分解过程中,需要补充充足的无机氮,才可以满足其代谢需求。被微生物利用固定到其体内的氮素,在微生物死亡后,可进一步转化为无机氮和较为稳定的有机氮,后者可以通过腐殖化过程进一步转化为稳定的腐殖质。

(三)硝化作用

在有氧条件下,土壤中的氨(NH_3)或 NH_4^+ 经微生物氧化生成 NO_3^- 或者 NO_2^- 的过程,叫作硝化作用。自养微生物与异养微生物均可以进行该过程,其中自养微生物是土壤氨硝化作用的主要参与者,而异养微生物在实际土壤环境中所起到的作用十分有限。化能自养硝化菌利用土壤环境中的无机碳源,将 NH_4^+ 氧化成为 NO_3^-。该过程主要分为两步进行,第一步是在亚硝化细菌的参与下,将 NH_4^+ 氧化成 NO_2^-,总的化学反应式是:

$$2NH_4^+ + 3O_2 \xrightarrow{\text{亚硝化细菌}} 2NO_2^- + 2H_2O + 4H^+ + 660\ kJ \tag{5-18}$$

第二步是硝化细菌的作用下,将 NO_2^- 氧化 NO_3^-,反应式为:

$$2NO_2^- + O_2 \xrightarrow{\text{硝化细菌}} 2NO_3^- + 167\ kJ \tag{5-19}$$

通过硝化作用产生的 NO_3^- 与 NH_4^+ 一样,都容易被植物吸收利用,但 NO_3^- 容易淋失进入地下水。同时,在硝化作用过程中可能会产生 N_2O,破坏臭氧层。目前对于硝化作用过程中 N_2O 的生成机制仍然存在争议,以下两个过程可能与硝化作用产生 N_2O 有关:① 铵氧化细菌在缺氧条件下,利用 NO_2^- 作为电子受体产生 N_2O;② 介于 NH_4^+ 与 NO_2^- 之间的中间体或者 NO_2^- 本身可能化学分解产生 N_2O。植物根系分泌物中也发现含有硝化作用抑制剂,可以减少农田土壤中 N_2O 的排放(图 5-7)。

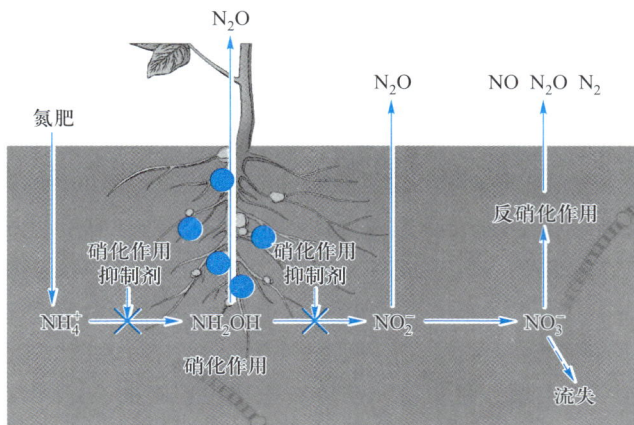

图 5-7　硝化作用抑制剂降低 N_2O 排放

资料来源:Gabriela 等,2021。

硝化作用受到多种因素影响。由于硝化作用主要在微生物的参与下进行,所以能够影响硝化作用微生物活性的土壤和环境因素都可以影响硝化反应的进程,如土壤湿度、温度、有机质含量、通气性、酸碱度等。在排水良好的中性或者微酸性土壤中,NO_2^- 氧化成 NO_3^- 的速率要快于 NH_4^+ 转化成 NO_2^- 的速率,因此,土壤中易积累 NO_3^-。土壤湿度大小会影响土壤的通气性,从而限制硝化细菌的活性,影响硝化作用进程,当土壤水分含量在 50%~60% 时,土壤中硝化作用最为旺盛。30~35 ℃为硝化作用最适宜温度,当温度低于 5 ℃或高于 40 ℃时,硝化作用会受到强烈抑制。在硝化作用旺盛的土壤环境中,NH_4^+ 会转变为 NO_3^-,之后随水流失,不仅会导致植物养分的损失,而且会对地表水和地下水环境造成污染。

(四) 反硝化作用

土壤环境中可以发生反硝化作用,包括生物反硝化作用与化学反硝化作用,其中生物反硝化作用占据主导地位。

1. 生物反硝化作用

生物反硝化作用是指在厌氧条件下,由兼性好氧的异养微生物,利用相同的呼吸传递电子系统,以 NO_3^- 作为电子受体,将受体逐步氧化为 N_2 的 NO_3^- 异化过程。其生化过程可以简单表示为:

$$2NO_3^- \rightarrow 2NO_2^- \rightarrow 2NO \rightarrow N_2O \rightarrow N_2 \tag{5-20}$$

生物反硝化作用是通过反硝化微生物的作用进行的。目前土壤中已知的反硝化微生物共有 24 个属,如不动杆菌属、微球菌属、噬纤维菌属、黄杆菌属等,绝大多数属于异养微生物,少数是自养微生物。反硝化作用是由反硝化微生物分泌的酶体系来催化的,与其他生物催化的酶促反应类似,需要酶和底物参与,并需要适宜的温度和酸碱度。因此,土壤有效氮的含量、有机质作为底物的含量会影响 NO_3^- 的供应量;土壤通气性、湿度会影响反硝化微生物的活性;土壤温度、酸碱度既会影响酶的活性,也会影响反硝化微生物的活性。

2. 化学反硝化作用

化学反硝化作用是指 NO_3^- 或 NO_2^- 被化学还原剂还原为 N_2 或氮氧化物的过程。在多数旱地土壤中,NO_2^- 氧化成 NO_3^- 的速率要快于 NH_4^+ 转化 NO_2^- 的速率,NO_2^- 难以在土壤中大量累积。当土壤中施用大量的碳酸氢铵、尿素等肥料时,会造成局部土壤环境暂时呈强碱性,NO_2^- 常大量累积。但 NO_2^- 稳定性差,容易通过化学反应生成 N_2 或氮氧化物挥发损失。化学反硝化作用反应方式可能有四种:NO_2^- 与胡敏酸反应生成 N_2 或者 N_2O;NO_2^- 与氨基酸反应生成 N_2;NO_2^- 与 NH_3 反应生成 NH_4NO_2,之后进行复分解反应,生成 N_2;NO_2^- 发生化学歧化反应,生成 NO_3^- 和 NO。

干燥的土壤环境有利于 NO_2^- 转化成 N_2,并且会促进 NO 和 NO_2 向大气扩散。化学反硝化作用生成的含氮气体通常是 NO,生成 N_2O 的量极少,远远小于硝化作用与生物反硝化作用生成的量。

（五）铵的矿物固定

NH_4^+ 的矿物固定属于土壤无机氮固氮反应。土壤中存在的 2:1 型次生铝硅酸盐矿物,容易发生吸水膨胀,处于吸附交换态的 NH_4^+ 容易扩散到层状铝硅酸盐的层间,进入矿物层间表面由氧原子形成的六边形孔穴之中。当硅酸盐矿物失水之后,NH_4^+ 被对应的六边形孔隙固定。从 NH_4^+ 的养分有效性角度来看,处于吸附交换态的 NH_4^+ 属于速效氮,被硅酸盐矿物固定后则转变成缓效氮。不同土壤对 NH_4^+ 的固定能力不同,与下列因素有关。

（1）土壤矿物类型:蛭石对 NH_4^+ 的固定能力最强,其次是水云母,蒙脱石较小,1:1 型的高岭石矿物基本上不固定 NH_4^+。

（2）土壤质地:土壤对 NH_4^+ 的矿物固定一般随着黏粒含量的增加而增加;在土壤剖面中,表土的固铵能力要低于心土和底土。

（3）土壤中钾的状态:土壤矿物层间 K^+ 含量越高,土壤对 NH_4^+ 的固定能力越低。多数土壤由于种植作物携带出部分 K^+ 而使得固铵能力增强。因此向土壤施加钾肥对 NH_4^+ 的固定具有一定的影响。

（4）NH_4^+ 的浓度:土壤中 NH_4^+ 的固定能力随铵肥施用量的增加而增加,但施入 NH_4^+ 的固定率会随着肥料施用量的增加而减小。尽管 NH_4^+ 的固定过程在土壤中可以持续一段时间,但通常在施用后的几个小时内就能达到显著的固定效果。

（5）水分条件:施用铵肥后土壤变干时,可以增加 NH_4^+ 的固定率和固定量。蛭石和水云母在大多数情况下可以固定 NH_4^+,但蒙脱石只能在干旱条件下才可以固定 NH_4^+。土壤的干湿交替可以促进土壤 NH_4^+ 的固定作用;土壤结冻与解冻可能与干湿交替的作用相似。

（6）土壤 pH:土壤酸碱度与 NH_4^+ 固定能力之间的关系尚未确定。但随着 pH 的增加,如通过施用石灰,NH_4^+ 的固定趋向于略微增加。一般强酸性土壤（pH<5.5）固定的 NH_4^+ 很少。施用铵肥后,土壤中形成的"新固定态铵"有效性较高;而土壤中"原有固定态铵"的有效性则较低,可以释放出的数量很少。

（六）土壤氨的挥发

土壤中的氮素除了会因为反硝化作用导致挥发外,在石灰性土壤,特别是在表层施加 NH_4^+ 和尿素等化学氮肥时,会通过 NH_3 的形式挥发。这是因为土壤中的 NH_3 和 NH_4^+ 之间存在平衡:

$$NH_3 + H^+ \rightleftharpoons NH_4^+ \tag{5-21}$$

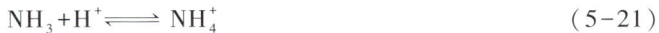

NH_4^+ 易溶于水,易被土壤吸附,而 NH_3 容易挥发。该反应的平衡受土壤 pH 的调控,当土壤 pH 接近或低于 6 时, NH_3 被质子化,在土壤中几乎全部会以 NH_4^+ 的形式存在;当土壤 pH 等于 7 时, NH_3 约占 6%;当土壤 pH 为 9.2~9.3 时, NH_3 和 NH_4^+ 在土壤中的含量约各占一半。 NH_3 的挥发还与土壤性质和施用的化肥有关,在石灰性土壤上施用硫酸铵时,会形成溶解度低的硫酸钙,同时释放出较多的 NH_3,因此在这类土壤上施加氯化铵和硝酸铵会降低 NH_3 的挥发量。土壤黏粒和腐殖质可以吸附 NH_4^+、阻止 NH_3 的挥发,在阳离子交换量低的砂质土施加 NH_4^+,其 NH_3 的挥发量会比黏质土壤大。此外,将化肥施加方式从表施改为深施、粉施和粒施,都可以减少 NH_3 的挥发。

（七）土壤硝酸盐淋失

土壤中的 NO_3^- 与 NH_4^+ 具有很强的水溶性。由于同晶置换的原因,土壤黏粒表面带负电荷居多,很难继续吸附带有负电荷的 NO_3^-,因此 NO_3^- 容易随水流失,通过地表径流进入地表水,或者随渗透水、淋溶水进入下层土壤或地下水。自然条件下, NO_3^- 的淋失取决于土壤、气候、施肥和栽培管理等条件。在作物种植密集或化肥施用量较少的土壤中,氮的淋失很少,因为土壤中 NO_3^- 含量较低,易被植物吸收利用;在湿润和半湿润地区的土壤中,氮的淋失较多;在半干旱地区, NO_3^- 很少淋失;而在干旱地区,除砂质土壤外,几乎没有淋失。 NO_3^- 淋失与地表植被覆盖也有密切关系。草地土壤地区根系密集,吸氮强烈,土壤中很少有 NO_3^- 累积,即使是在湿润地区,氮的淋失也较弱;相反,地表植被贫乏地区淋失作用则较强。 NH_4^+ 带有正电荷,容易被土壤黏粒表面吸附,但在吸附过程中, NH_4^+ 容易与土壤颗粒表面达到吸附平衡,所以土壤溶液中还会存在一部分的 NH_4^+,这部分 NH_4^+ 也会随着径流和淋溶进入地表水或地下水。因此,径流和淋溶造成的氮素流失,不仅包括 NO_3^-,同样包括一部分 NH_4^+,开发农业缓释肥就是为了降低氮素的流失。

三、土壤氮的环境效应

土壤氮素损失对环境的影响可以简单概括为三个方面,一是通过径流与淋溶流失的可溶解态氮对地表水与地下水环境的污染,二是气态氮对大气环境的影响,三是土壤中 NO_3^- 累积对农产品品质的影响。

（一）对地表水与地下水环境的污染

随着经济的发展和人民生活水平的提高,工业"三废"和城市生活垃圾的污染治理已引起人们的重视,点源污染已逐步得到控制,但由降雨特别是暴雨所造成的农业面源污染,已经成为水体富营养化和地下水污染日益严重的首要贡献者。

与点源污染相比,农业面源污染具有随机性、分散性、复杂性、难监测等特征。排放时间、频率和组成的不确定性,被称为农业面源污染的"三大不确定性"。农业面源污染主要是以扩散的方式发生,一般与降雨径流(或农田排水)、渗漏的发生有关,其规模和强度与降雨-径流过程密切相关,而降雨-径流过程具有随机性,所以由此产生的农业面源污染必然具有随机性。再加上流域内土地利用状况、地形、地貌、水文特征、田间管理水平等的不同,导致农业面源污染在时空分布上具有不均一性。农田土壤中的氮素被吸附在土壤颗粒或者溶解在水中,随地表径流、土壤侵蚀、农田排水、地下淋溶等形式进入受纳水体,给水体功能带来负面影响。

1. 地表径流

农田土壤氮素的径流流失是指农田表层土壤氮素在降雨、灌溉作用下迁移进入径流的过程,是农田氮素面源污染的重要途径之一,也是引起农田周边水体富营养化的直接原因。表5-4列出了太湖跨界区农业面源入水污染负荷,农田径流在其中的占比为27.6% ~ 32.0%。农田氮素径流损失受到降雨、地势地形、土壤状况、植被覆盖等环境因素的影响,同时受到肥料种类、施用方法、灌溉、作物品种等种植及管理因素的影响。其中降雨和施肥是影响农田氮素流失的两个主要因素。

表 5-4　太湖流域跨界区农业面源入水污染负荷

年份	总氮/(10^3 t)			
	农田径流	农村生活污水	畜禽养殖	总计
2010	974.5	148.45	2 305.7	3 428.65
2011	981.9	156.00	2 423.1	3 561.00
2012	985.5	151.43	2 372.4	3 509.33
2013	1 056.0	149.94	2 089.1	3 295.04

资料来源:彭兆弟等,2016。

已有的研究结果表明,降雨产流是影响农田氮素流失的主要因素。在降雨过程中,当土壤入渗速度大于降雨强度时,表层土壤氮素组分便随着雨水向下层进行迁移。随着降雨量的增加,表层土壤含水量逐渐达到饱和,土壤入渗能力逐渐减弱,进而产生地表径流,土壤颗粒也随之进行迁移。此时,土壤氮素组分便以溶解态和颗粒态的形式进入地表径流,进而引发周边环境问题。一般来说,降雨强度越高、降雨时长越长,氮素流失量越大。同时,降雨强度也会影响氮素的流失形态。降雨强度较高时,氮素流失主要以颗粒结合态氮流失为主;降雨强度较小时,氮素流失以溶解态氮和颗粒结合态氮为主,其中,溶解态氮占比较大。

氮肥是径流氮素的主要来源,因此,氮肥用量的增加必然导致氮素径流流失量的增加。目前,适用于农业生产的氮肥种类繁多,主要包括常规化学氮肥、有机肥、复合肥、缓控释肥等。不同氮肥由于其自身性质、释放机理的不同,流失损失差异较大。常规化肥及复合肥为速溶性肥料,施入土壤后养分迅速释放,导致土壤中的 NH_4^+ 和 NO_3^- 浓度迅速升高,若遇降雨或灌溉,其流失量明显增加;缓控释肥因其特有的缓控释机制,能减少化学养分与土壤的直接接触,可有效控制肥料释放速率,且肥料颗粒较大,不易随水流失,因此施用缓释肥后农田氮素径流流失较小。农田施肥方式、耕作方式等也会对氮素径流流失产生影响。在降雨径流发生过程中,土壤表层溶解性氮最易进入土壤径流,但随着土壤深度的增加,氮素进入径流的概率呈指数递减,因此肥料深施或穴施相比表施可显著降低氮的径流流失量。

土壤性质会通过影响水分流失侵蚀发生过程及其产流产沙量来影响地表径流。土壤的渗透能力是影响径流量大小的重要因素,与土壤粒度、结构、孔隙度、有机质含量、土壤水分含量等相关。一般而言,砂质土壤较其他土壤易发生径流流失。植被覆盖主要是通过减小雨滴的动能,拦截雨量,对降雨进行再分配,改变产流过程及发生条件,从而影响土壤氮素的径流流失。在植被覆盖度高的情况下,植物拦截了一部分降雨,使得雨水落入地表及向地下渗漏的时间延长,从而减少了地表径流的发生。

2. 淋溶损失

氮素的淋溶损失是指在降雨或灌溉的作用下,土壤中的氮随水分向下迁移至根系活动层以下,不能被作物根系吸收而造成的氮素损失,这部分损失的氮素直接渗入到深层土壤和地下水中,从而引起一系列的环境问题。通常情况下,土壤中氮素的淋溶损失是以 NO_3^- 为主要形态,因 NO_3^- 带负电荷,易溶于水,且难于被土壤颗粒吸附,是旱地农田氮素淋溶的主要形态。氮素淋溶损失是农田氮素损失的重要途径之一,可达施氮量的 5% ~ 49%。

农田氮素向下淋溶受到降雨、灌溉、肥料类型、施肥模式、作物种植体系、田间管理模式等多因素影响,其中降雨、灌溉和施肥是影响农田氮素淋溶损失的三个重要因素。降雨是农田氮素淋失的主要因素之一,降雨量越大,农田 NO_3^- 的淋失量也越大。灌溉对土壤氮素淋失的影响与降雨类似,灌溉强度、灌溉时间等都会显著影响氮素的迁移和下渗。而农田土壤的施肥强度、肥料品种、施肥时间和方式等也会影响土壤氮素的淋溶损失。传统化肥淋溶损失量要显著高于缓控释肥;施肥前灌溉造成的氮素淋失要比施肥后灌溉低。也有研究表明生物炭的施用可以大幅度降低氮素的淋失(图 5-8)。随着生物炭施用量的增加,NO_3^- 的淋失量显著降低。与对照土壤淋失量相比,1 000 t/km^2 生物炭的施用量(1%)使黑钙土和紫色土 NO_3^- 淋失量分别增加了 15% 和 60%。5 000 t/km^2 生物炭施用量(5%)使两种土壤的 NO_3^- 淋失量分别降低了 15% 和 27%,10 000 t/km^2 生物炭施用量(10%)使两种土壤 NO_3^- 的淋失量分别降低了 54% 和 70%。因此在适当的施用量条件下,生物炭可以大幅度地降低土壤氮素的淋溶作用。

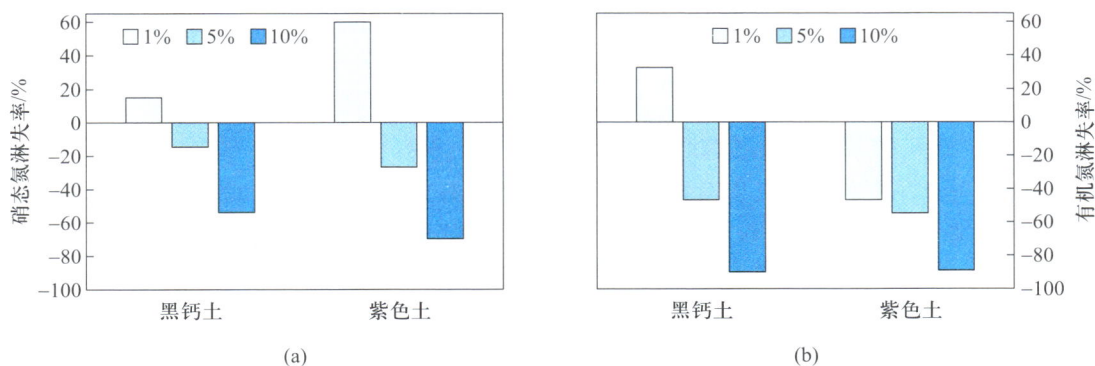

图 5-8　生物炭施用量对土壤中 NO_3^-(a)和有机氮(b)淋溶作用的影响

资料来源:周志红,2011。

(二)对大气环境的影响

除引起水体污染外,土壤氮素流失还能对大气环境产生影响。土壤通过各种过程释放的含氮气体主要包括 N_2O、NO、NO_2,后两种总称为氮氧化物(NO_x)。N_2O 作为一种重要的温室气体,不仅可以产生温室效应,还对臭氧层具有破坏作用,因此其浓度变化及其对全球气候变化的影响备受关注。据估计,大气中 70% 的 N_2O 来自土壤,其中农田土壤是全球最主要的 N_2O 排放源。反硝化作用、硝化作用、生物反硝化作用及 NO_3^- 异化还原成铵作用等微生物过程均能生成 N_2O,其中反硝化作用和硝化作用被认为是农田土壤释放 N_2O 的最重要途径。图 5-9 为微生物作用下土壤 N_2O 的排放过程。

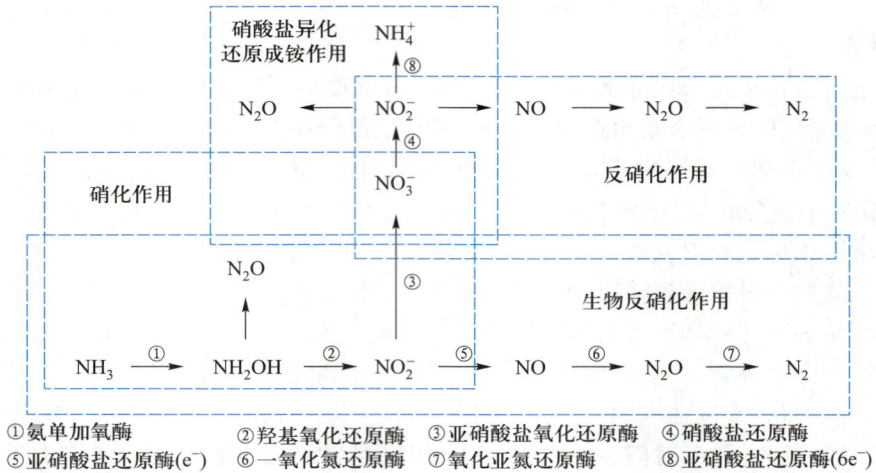

① 氨单加氧酶　　② 羟基氧化还原酶　　③ 亚硝酸盐氧化还原酶　　④ 硝酸盐还原酶
⑤ 亚硝酸盐还原酶(e⁻)　　⑥ 一氧化氮还原酶　　⑦ 氧化亚氮还原酶　　⑧ 亚硝酸盐还原酶(6e⁻)

图 5-9　微生物作用下土壤 N_2O 的排放过程

资料来源:朱永官,2014。

NO_x 不是温室气体,但会参与大气中一系列的化学反应,影响大气中其他物质的浓度,并破坏臭氧层,因而也是影响大气环境的重要气态污染物。土壤中 NO_x 的产生与氮素的微生物转化过程密切相关。土壤中 NO_x 的释放主要来自土壤中的硝化作用与反硝化作用,释放量取决于硝化作用与反硝化作用的反应速率、产物中 NO_x 的比例,以及在释放到大气前土壤中 NO_x 的扩散和被还原程度。据统计,全球 NO_x 的排放总量为 14 Tg/a(以 N 计),自然土壤和施肥土壤中 NO_x 排放总量分别是 6 Tg/a 和 1.5 Tg/a,占全球排放总量的43%和11%,因此土壤中的 NO_x 排放不可忽略,有效控制土壤中的 NO_x 形成及释放有助于改善大气环境。

(三)对农产品品质的影响

土壤中 NO_3^- 的累积也会对农产品品质造成影响。粮食作物通常具有较长的生长周期,在此期间,可食用部分主要是以有机物的形式积累在籽粒中,因此很少出现 NO_3^- 和 NO_2^- 的积累,相应地,它们对健康的危害相对较小。然而,蔬菜由于生长周期短、施肥频繁以及对氮素的高吸收率,更容易在组织中积累这两种化合物,从而带来人体健康风险。蔬菜中硝酸盐和亚硝酸盐的积累主要受以下因素影响。

(1)蔬菜种类:作物各器官对 NO_3^- 的累积量一般是根>茎叶>果实,在农产品的可食部分,大量累积 NO_3^- 的作物主要属于十字花科和葫芦科。同一种蔬菜的不同品种对 NO_3^- 的累积差异也很大。

(2)肥料种类:一般来说,施加铵肥时,植物体内的 NO_3^- 含量就较低。而相较于化学氮肥,施加有机肥可以明显降低蔬菜中 NO_3^- 的含量。其他肥料也可降低作物 NO_3^- 含量,如充足的磷肥也可以限制 NO_3^- 在作物体内的积累,而钾肥可以促进作物体内的氮转变为蛋白质,从而降低 NO_3^- 含量。

(3)氮肥用量:作物中 NO_3^- 含量随着施肥量的增加而增加,呈显著正相关。施加适量氮肥时,植物蛋白质含量随氮肥施加量增加而逐渐上升,NO_3^- 含量增加缓慢;但施用量超过一定值后,蛋白质含量下降,NO_3^- 含量急剧上升。

（4）收获时间:蔬菜中 NO_3^- 的积累量随着收获时间的推迟而逐渐降低。作物在生长期,根系活力高,吸收 NO_3^- 能力强;成熟期活力降低,吸收 NO_3^- 的能力减弱。此外,蔬菜后期生长个体增大,在一定程度上会稀释 NO_3^- 在作物体内的含量。

（5）环境因素:主要包括水分、温度、光照。水分会影响作物的生长而影响 NO_3^- 的累积,温度与光照则是通过影响作物体内 NO_3^- 还原酶的活性来影响 NO_3^- 的含量。

专栏 5-2　未来氮循环展望

自从地球在 25 亿年前开始氮循环以来,人类活动对该过程产生了最大的影响。由微生物调控的自然反馈,可能会在几十年的时间尺度上使得氮循环产生新的稳定状态。例如,由人类添加的过量氮素将不再积累,将会以与添加速率相当的速率去除。但是,基于目前人口数量增长的预测,至少到 2050 年人口仍然会持续增加,因此需要同时增加土壤中用于作物生长的氮素输入来养活相应增加的人口。增加土壤中氮素输入的一个潜在后果将是增加氮从河流到沿海地区的通量,进而导致生物生产力提高、沿海缺氧加剧、对水质的不利影响及 N_2O 向大气的通量增加。

在 20 世纪,人类为了提高作物产量,通过工业手段大量地将氮气还原为铵。同时由于固氮作物的培育,单独农业每年就会固定 $2×10^{12}$ mol 的氮。从 1960 年到 2000 年,氮肥的施用量增加了 800%,然而氮肥的利用率往往低于 40%,这意味着大量的氮肥要么从植物根系附近流失,要么在被作物同化为生物质之前通过反硝化作用流失到大气中。世界上将近 90% 的氮肥是铵肥,而铵会被硝化细菌转化为迁移性更强的硝酸根,这会造成氮的流失和周围水体的富营养化,在世界各地形成水体缺氧区。

实施一些新措施或者历史上已广泛采用的可持续方法可以大大减少人类工业活动对氮循环的干扰。这些措施包括:① 系统的作物轮作,例如,在种植玉米的农田轮作豆科作物来提供所需的氮,而不是采用工业化肥。豆科作物用于提供固定氮作为肥料氮的替代品。采用这种轮作可以通过减少田间施氮肥的频率和数量,以及由于更有利的土壤条件而更有效地利用所施氮肥,从而减少土壤中的残留（过量）氮。② 合理优化施肥时间和施肥量,从而增加氮肥被作物吸收的效率。首先,依据作物不同生长阶段需肥特征,分次撒施以提高作物吸收,减少氮素在土壤中的累积。其次,调整 N、P、K 的施肥比例,选用长效肥和缓释肥。最后,优化施肥时间与方式,采用混施、深施或叶面喷施,也可以提高氮肥的利用率,降低人类对氮循环的干扰。③ 通过传统育种技术提高重要粮食作物（如小麦、大麦和黑麦）生产硝化抑制剂的能力,或是施加硝化抑制剂。硝化抑制剂又被称为氮肥增效剂,可以抑制土壤中 NH_4^+ 向 NO_3^- 的转化,从而抑制土壤微生物硝化和反硝化过程产生的 N_2O。目前常用的硝化抑制剂包括双氰胺、3,4-二甲基吡唑和乙炔等。但需要指出的是,虽然硝化抑制剂对降低农田土壤 N_2O 的排放具有巨大的潜力,但在特定田间条件下的作用效果及其有效量,仍然需要深入研究。④ 进一步开发具有内共生固氮细菌的谷物和其他作物,以满足其对氮的需求。⑤ 市场力量可能会推动这些改进,因为氮肥不断上升的经济和环境成本将加速提高农业氮肥利用率的需求。

第三节 土壤磷循环及其环境影响

磷是作物生长必需营养元素之一,是生物圈的重要生命元素。在早期的农业生产中,磷是最重要的养分限制因子。随着磷肥的应用,这种状况已有所改变。但随着磷肥长期大量地施用,土壤有效磷的含量逐渐升高,磷素迁移转化途径受到影响,同时也增加了土壤磷素向水体环境释放的风险,许多有毒有害的重金属元素也随着磷肥的施用进入土壤和水体。土壤磷的循环转化,磷肥施用对水体、土壤生态环境及农产品质量的影响,已成为当今环境土壤学研究的重点内容之一。

一、土壤磷含量与形态

(一)土壤磷含量

地壳中磷的平均含量为 1.2 g/kg,但大多数土壤中磷的含量远低于地壳中磷的含量。美国地质调查局 2015 年公布的磷矿报告显示,全球磷矿石储量约为 670 亿 t,主要分布在非洲、北美洲、亚洲、中东、南美洲的 60 多个国家与地区,其中 85% 以上的经济储量集中在摩洛哥、中国、美国、南非与约旦五个国家。仅摩洛哥一国就占全球总量 75% 以上。从世界范围来看,陆地天然土壤总磷浓度范围为 1.4~9 636.0 mg/kg。随土壤深度增加,总磷含量呈下降趋势。苔原与北方森林土壤总磷浓度最高,地中海与温带土壤总磷浓度中等,沙漠与热带土壤总磷浓度相对较低。自然土壤中总磷含量同时受风化程度及环境条件的影响,随着土壤风化程度升高,总磷含量逐渐下降。

我国土壤总磷含量为 0.2~1.1 g/kg,位居世界前列。但根据第二次全国土壤普查,我国土壤有效磷含量相对匮乏。总体上,我国土壤总磷含量自东南沿海地区向其他地区呈增加趋势,自湿润地区向干旱、半干旱地区呈增加趋势。我国南部土壤中总磷含量要明显低于其他地区,这是由于这些地区土壤高度风化,以及土壤有机质浸出导致的。此外,土壤中总磷含量随着土壤深度的增加而降低,因为植物根系会从土壤深部吸收磷并以有机残留物的形式返回土壤表层。

(二)土壤磷形态

土壤中磷的存在形态主要分为有机磷和无机磷,两者之间可以相互转化,均是植物营养的重要来源。

1. 土壤有机磷

从全球范围来看,土壤有机磷占总磷比例为 15%~80%,我国土壤中有机磷一般占总磷20%~50%。土壤中有机磷主要来自有机质,其来源包括动物、植物、微生物的生物残体和有机肥料,因此其在土壤中的含量一般与有机质含量呈正相关。此外,土壤中有机磷含量还受到母质的总磷量、总氮量、地理气候条件、土壤理化性质、耕作管理措施等因素的影响。目前,土壤有机磷的化学组成,大部分仍为未知,已探明的形态主要有以下三种。

(1)植素类:通常由植酸与钙、镁、铝、铁等离子结合而成,普遍存在于植物体的含磷化合物中,在植物种子中含量尤其丰富。土壤中的植素类化合物与植物体内的不完全相同,是在微生物作用下改造而成的。在中性或碱性钙质土壤中,植素通常以植酸钙、植酸镁的形式存在;在酸性土壤中多以植酸铁、植酸铝的形式存在。它们在植素酶和磷酸酶的作用下,分解脱去部分磷酸离子,为植物提供有效磷。植酸钙和植酸镁的溶解度较大,易被植物吸收利用;植酸铁、植酸铝溶解度较小,难以被植物利用。植素类磷一般占土壤有机磷总量的20%~30%,部分土壤可以超过50%,是土壤有机磷的主要类型之一。

(2)核酸类:是一类含磷、含氮的复杂有机物。土壤中的核酸类物质与生物体内的核酸在化学组成和性质上基本类似,因此多数人认为土壤核酸直接由动植物残体,特别是微生物体中的核蛋白质分解而来的。核酸类磷在土壤中有机磷的占比报道不一,多数认为占比在1%~10%。核酸态磷需要经微生物酶系的作用分解为磷酸盐后,才能为植物所吸收。

(3)磷脂类:是一类醇、醚溶性的有机磷化合物,普遍存在于动植物及微生物组织中。在土壤中的含量较低,一般不足土壤有机磷含量的1%。磷脂类容易分解,有的甚至可以通过自然纯化学反应分解,简单和复杂磷脂类水解后均可以产生甘油、脂肪酸和磷酸。

2. 土壤无机磷

虽然有机磷在有些土壤中含量很多,但在大多数土壤中,无机磷含量占主导地位,一般占土壤总磷的50%~90%,是构成土壤矿物的一部分。土壤中的无机磷几乎全为正磷酸盐,除了少量的水溶态外,绝大部分以吸附态和固体矿物态存在。在土壤磷素的分级中,可根据无机磷在不同化学提取剂中的选择溶解性,对无机磷进行分组。

(1)磷酸铝类化合物(Al-P):可以被氟化物($0.5\ mol/L\ NH_4F$)提取,如磷铝石,以及富铝矿物(如三水铝石、水铝英石等)等结合的磷酸根。

(2)磷酸铁类化合物(Fe-P):能溶于$NaOH(0.1\ mol/L)$提取液,如粉红磷铁矿及吸附于水合氧化铁等富铁矿物表面的非闭蓄态磷。

(3)磷酸钙(镁)类化合物(Ca-P):主要指各种酸溶性($0.25\ mol/L\ H_2SO_4$)的磷酸钙(镁)盐,包括磷灰石类,同时包括磷酸二钙、磷酸八钙等。

(4)闭蓄态磷:或称还原性磷,包括被水合氧化铁胶膜包被着的各种磷酸盐,可用$0.3\ mol/L$柠檬酸钠和连二硫酸钠溶液浸提,连二硫酸钠可将包被在磷外的氧化铁胶膜还原为亚铁,并用柠檬酸钠的配位反应使包膜破坏而提取磷。

土壤中无机磷的形态一直是人们密切关注的关键问题之一,如果可以确切地知道土壤中各种磷的化学形态,就有可能根据含磷化合物的化学性质推断其固、液相之间的分配规律,从而判断其环境行为。但目前对于土壤中天然存在的含磷矿物形态鉴定仍存在较大的技术困难,磷的形态问题仍然需要进一步深入研究。

二、土壤磷循环转化

磷的生物地球化学循环属于沉积型循环。生态系统中磷的主要来源不是生物作用,而是源于缓慢的矿物岩石(主要是钙磷灰石和氟磷灰石)风化作用。磷在土壤中的难溶性和难移动性使得在大多数自然生态系统内磷的流失量很低。磷的生物地球化学循环主要是生态系统(陆地、水体)内部的生物化学循环,系统内部生态过程控制着磷的动态。陆地生态系统磷循环指磷以各种途径输入、输出生态系统,以及磷在系统内部生物-土壤之间和营养级生物之间的迁移转化。土壤中不同形态磷的转化和植物对磷的吸收利用一直是陆地生态系统磷循环研究的重点。

土壤中磷的价态(+5价)很稳定,几乎无氧化还原作用,但有机磷和无机磷的种类多,并且无机磷占总磷的比例较有机磷大得多。由于土壤溶液中可溶性磷酸盐易于被土壤矿物、有机质等吸附、络合、沉淀以及土壤微生物吸收固定,因此 95%～99% 的磷以难利用态存在,参与生物循环的磷仅是土壤总磷的很小部分。土壤磷素内循环过程主要包括有机磷矿化、无机磷生物固定、磷的物理化学固定和磷的释放(图 5-10)。

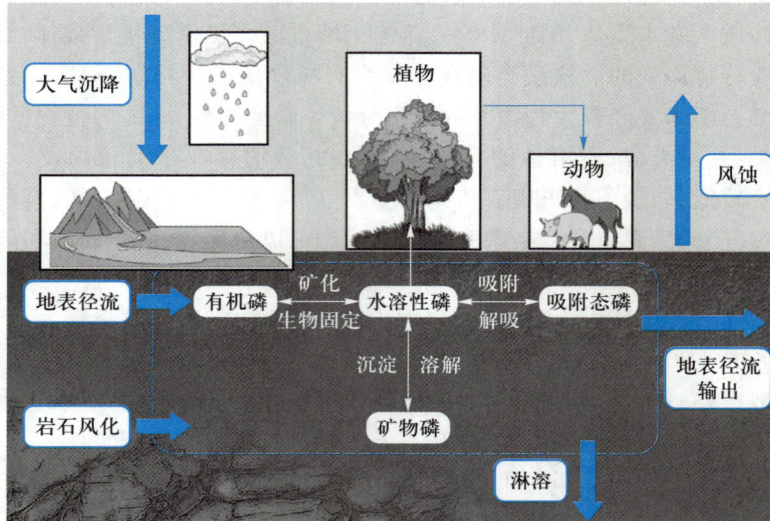

图 5-10　土壤磷素主要循环过程

资料来源:赵琼,2005。

(一) 有机磷矿化与无机磷生物固定

土壤有机磷的矿化和无机磷的生物固定是两个方向相反的过程,前者使得有机磷向无机磷转化,后者可以使无机磷转化为有机磷。

土壤中的有机磷除一部分可以被植物直接吸收利用外,大部分需要经过微生物矿化分解为无机磷之后,才可以被植物吸收利用。土壤中有机磷的形态主要是以正磷酸为基础,三个羟基发生酯化反应与其他有机物结合,形成不同种类和数量的磷酸酯化合物。

土壤中有机磷的矿化主要是土壤中的微生物和游离酶、磷酸酶共同作用的结果。与有机氮矿化速率一样,有机磷的矿化速率也取决于土壤温度、湿度、通气性、pH、无机磷和其他营养元素及耕作技术、根系分泌物等因素。当土壤温度在 30～40 ℃时,有机磷的矿化速率随着温度的增加而增加,最适宜温度是 35 ℃,当土壤温度低于 30 ℃时,磷的固定速率会大于矿化速率。干湿交替会促进有机磷的矿化,淹水可以加速六磷酸肌醇的矿化,氧分压低、通气性差时,矿化速率变小。磷酸肌醇在酸性条件下易与活性铁、铝形成难溶性化合物,降低其水解作用;同时核蛋白的水解也需要一定量的钙离子,所以酸性土壤施加石灰后,可以调节 pH 和 Ca/Mg 比,从而促进土壤有机磷的矿化;施用无机磷对有机磷的矿化具有一定促进作用。有机质中磷的含量,是决定磷是否发生纯生物固定和纯矿化的重要因素,其临界值约为 0.2%,大于该值时发生纯矿化,小于该指标时发生纯生物固定。C/P 比与 N/P 比同样影响有机磷的矿化,当 C/P 比或 N/P 比较大时,发生纯生物固定,较小时发生纯矿化。土壤供硫过多也会发生纯生物固定。土壤耕作能降低磷酸肌醇的含量,因此多耕的土壤中有机磷含量比少耕或者免耕的土壤少。植物根系分泌的易同化的有机物能增加强曲霉、青霉、毛霉、根霉和芽孢杆菌、假单胞菌属等微生物的活性,使之产生更多的磷酸酶,加速有机磷的矿化。可见,土壤有机磷的矿化是一个生物作用的过程,矿化速率受到土壤微生物活性的影响,环境条件适宜微生物生长时,土壤有机磷的矿化速率就会加快。

土壤无机磷的生物固定作用,即使在有机磷矿化过程中也可以发生,因矿化有机磷的微生物本身也需要有机磷才能生长和繁殖。当土壤中有机磷含量不足或者 C/P 比过大时(一般认为 ≥300),就会出现微生物与植物竞争磷的现象,发生磷的生物固定。

(二) 土壤中磷的物理化学固定

土壤中磷的物理化学固定机理主要是土壤对 PO_4^{3-}、HPO_4^{2-} 及 $H_2PO_4^-$ 等含磷阴离子吸附作用及这些阴离子与阳离子结合形成含磷化合物的沉淀作用。当土壤中磷的浓度较高,同时有大量可溶态阳离子存在和土壤 pH 较高或较低时,沉淀作用是主要作用。相反,在土壤中磷浓度较低,土壤溶液中阳离子浓度也较低时,吸附作用占主导地位。此外,吸附与沉淀的另一个重要区别是,在吸附作用下,液相磷的浓度决定了磷的吸附量;而在沉淀作用下,液相中磷的浓度受到溶解度最小的含磷化合物(例如金属磷酸盐)的影响。因此在实际情况中,只有磷进入土壤很短的时间内,沉淀作用可能占主导地位,而在以后的大部分时间内,控制土壤中磷在固液相之间分配的主要是吸附和解吸作用。

由于土壤固相性质不同,吸附过程又可以分为专性吸附和非专性吸附。非专性吸附是在酸性条件下,土壤中的铁、铝氧化物,能从介质中获得质子而使本身带正电荷,并通过静电引力吸附磷酸根等阴离子的过程。

$$M(金属)—OH+H^+ \longrightarrow M—[OH_2]^+ \tag{5-22}$$

$$M—[OH_2]^+ + H_2PO_4^- \Longrightarrow M—[OH_2]^+ \cdot H_2PO_4^- \tag{5-23}$$

除上述自由正电荷引起的吸附外,磷酸根离子还可以置换土壤胶体(黏土矿物或铁、铝氧化物)表面金属原子配位壳中的—OH 或—OH_2 配位基,同时发生电子转移并共享电子对,进而被吸附在胶体表面上,即专性吸附。专性吸附不管黏粒带正电荷还是带负电荷,均能发生,其吸附过程较为缓慢。随着时间的推移,由单键吸附逐渐过渡到双键吸附,从而出现磷的“老化”,最后形成晶体状态,使磷的活性降低。在石灰性土壤中,也会发生这种专性吸附。当土壤中的磷酸根离子局部浓度超过一定限度后,经过化学力作用,使碳酸钙形成无定形的磷酸钙。随着碳酸钙表面不断渗出钙离子,无定形磷酸钙便逐渐转化为结晶型,经过较长时间后,结晶型磷酸盐逐渐形成磷酸八钙或者磷酸十钙。

土壤中含磷化合物的沉淀作用也是磷在土壤中固定的重要机制,在不同的土壤中,该作用受不同的体系调控。在石灰性土壤和中性土壤中,磷的沉淀作用受钙镁体系控制,土壤溶液中的含磷阴离子以 HPO_4^{2-} 为主要存在形态,它与土壤胶体上交换性钙离子经化学作用产生 Ca-P 化合物。如水溶性钙,在石灰性土壤中最初形成磷酸二钙,磷酸二钙继续发生交换作用,逐渐形成磷酸八钙,最后转变成稳定的磷酸十钙。随着这一转化过程的继续进行,生成物的溶度积常数相继变大,溶解度变小,生成物在土壤中趋于稳定,磷的有效性降低。而在酸性土壤中,磷的沉淀作用由铁铝体系控制,土壤溶液中的磷以 $H_2PO_4^-$ 为主要存在形式,它与活性铁、铝或者交换性铁、铝及赤铁矿、针铁矿等化合物作用,形成一系列的溶解度较低的 Fe(Al)-P 化合物,如磷酸铁铝、盐基性磷酸铁铝等。

根据热力学理论,磷和土壤反应的最终产物在碱性土壤和石灰性土壤中是羟基和氟基磷灰石,而在中性土壤和酸性土壤中是磷铝石和粉红磷铁矿。当土壤不断进行风化时,土壤pH降低,这时磷酸钙就会向无定形和结晶的磷酸铝盐转化,而磷酸铝盐则进一步向磷酸铁盐转化。因此,土壤中各种磷肥和土壤的最初反应产物都将按照热力学规律向着更加稳定的状态转化,直至变为最终产物。

(三) 土壤中磷的释放

土壤中磷的释放是一个复杂的过程,主要包括解吸与溶解两种机制,其中解吸作用扮演着尤为关键的角色。解吸是指磷从土壤的固相部分向液相部分转移的过程,这一过程对于土壤磷的释放至关重要。在自然条件下,土壤中的磷浓度往往处于较低水平,难以满足植物生长对磷元素的大量需求。因此,植物主要依赖吸附态磷的解吸来获取所需的磷营养。

当植物根系吸收土壤溶液中的磷时,会导致土壤溶液中磷的浓度下降,打破原有的化学平衡,促使土壤中的磷通过溶解或解吸的方式重新进入溶液,以补充被植物吸收的磷。此外,竞争吸附也是磷素释放的一个重要途径。在土壤中,当其他阴离子的浓度超过磷酸根离子的浓度时,这些阴离子会与磷酸根离子竞争吸附位点。通过这种竞争吸附作用,原本吸附在土壤颗粒上的磷会被解吸出来,并沿着浓度梯度向外扩散,最终进入土壤溶液中,从而增加土壤溶液中磷的可用性。

植物根系分泌物在磷的解吸过程中也发挥着重要作用。植物根系能够分泌多种有机物质,这些分泌物可以改变根系周围土壤的化学环境。例如,某些根系分泌物可以降低土壤的pH,从而增加土壤中磷的溶解度。同时,这些分泌物还可以与土壤中的金属离子形成络合物,减少金属离子对磷的固定作用,进而促进吸附态磷的解吸。通过这种方式,植物根系分泌物不仅能够提高土壤中磷的释放速率,还能增加磷在土壤中的移动性,使其更容易被植物根系吸收利用。总之,土壤中磷的释放是一个受多种因素影响的动态过程,解吸、竞争吸附以及植物根系分泌物的促进作用共同发挥作用,确保了植物能够从土壤中获取足够的磷营养以支持其生长和发育。

三、土壤磷的环境效应

土壤磷的环境效应主要表现为土壤磷流失导致的水体富营养化,由此引发的大规模水华(图 5-11)和赤潮已经成为我国湖泊和沿海地区突出的环境问题。一般认为,水体中磷的浓度达到 0.02 mg/L 时即可产生富营养化,但同时也取决于 N/P 比。一般当 N/P 比大于 4~5 时,水体富营养化限制因素是磷,富营养化程度取决于磷浓度的增加;当 N/P 比小于 4~5 时,限制因素可能是氮,水体中磷浓度的升降对富营养化的影响程度就会相对较小。

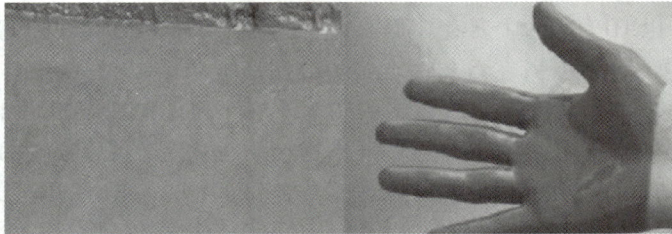

彩图 5-11

图 5-11　滇池水华

资料来源:谢平,2015。

土壤中的磷素既可以随地表径流流失,也会被淋溶流失,其中前者为主要的流失途径。径流中的磷素按其形态可以分为溶解态磷和颗粒态磷两大类。溶解态磷主要以正磷酸盐的形式存在,可被藻类直接吸收利用,所以对地表水环境质量有着最为直接的影响。农田中磷的损失很大一部分是以颗粒态损失的。在一些地区,以农业排磷为主的面源污染往往是水体中磷最主要的来源。由于土壤特别是下层土壤有足够大的吸持磷的能力,使得实际进入地下水的磷很少,除了施肥过量的土壤或者地下水位较高的砂质土壤外,大部分磷都被保持在耕层中,因而随径流流失是土壤中磷流失的主要途径。已有研究表明,表层土壤中含磷量与地表径流中的磷浓度有正相关关系,此外气候因子(降雨量、降雨时间、降雨强度)、土地利用方式、施肥状况等因素均会影响面源污染中磷流失的程度。面源污染中磷的另一种流失方式是地下淋溶损失,在土壤中的磷达到吸附饱和的时候,才会发生强烈的淋溶损失,主要包括渗透流(通过土壤基质流的地下淋溶渗滤)和优势流(通过土壤优先流通道即土壤中的大孔隙到达地下水系统)两种途径,其影响因素主要有土壤结构、土壤水分含量和溶质的施加速率等。农田排水中的总磷含量一般在 $0.01 \sim 1$ mg/L,其中溶解态的磷不超过 0.5 mg/L。通常农田土壤中磷的流失只占化肥施用量的 2% 左右,低于 1 kg/(hm² · a),从农学意义上讲,这一流失量对农业经济影响不大,但由此产生的水环境质量问题却不容忽视。磷肥的施加量会显著影响径流磷流失量(表 5-5)。在水稻的生长周期内,当施磷量低于 90 kg/hm² 时,田面径流磷素流失不明显,当施磷量超过 90 kg/hm² 时,田面径流磷素流失量显著增加。

表 5-5 水稻全生育期内田面径流总磷流失量

施磷量/ (kg · hm⁻²)	田面径流总磷流失量/(g · hm⁻²)						
	16 d	20 d	31 d	37 d	58 d	79 d	总计
0	291	357	249	238	110	394	1 638
45	410	428	401	386	158	454	2 238
90	692	553	438	315	231	561	2 789
180	784	1 154	935	561	218	620	4 272
360	1 498	1 703	1 672	986	307	709	6 875
合计	3 675	4 195	3 695	2 486	1 024	2 738	17 812

资料来源:秦伟,2012。

需要注意的是,磷肥的当季利用率一般在 $10\% \sim 25\%$,大部分施入土壤中的磷肥不能被当季作物吸收利用而积累在土壤中,即磷肥在土壤中的积累性。积累态磷是指化肥磷未被植物利用而积累在土壤中的那一部分磷素,是"后天"积累起来的,是磷肥和土壤发生了一系列复杂反应的产物,其性质不同于土壤中原有的磷素。自我国大量施加磷肥以来,土壤中积累态磷含量迅速上升,达到了 $6\,000$ 万 t P_2O_5 左右。这一方面提高了土壤中磷的供应能力,另一方面农田磷素对环境的潜在威胁也大大增加。所以径流中的磷含量不仅受到当季磷肥的影响,也受到土壤中已经积累的磷含量的影响。

影响径流中磷含量的主要因素是磷肥的施用和积累态磷的不断增加。因此,防止农田磷对环境不利影响的主要途径是控制径流和合理施用磷肥。控制地表径流是水土保持的一个主要任务,可以采用生态措施或者工程措施(排水池网、沉沙池等集水设施和前置库、氧化塘等水处理设施)进行控制。在施肥的角度上,将有机肥和磷肥混合施加到土壤中,可以大幅增加土壤中总磷含量,并且可以有效促进无效磷向有效磷的转化,从而提高作物对磷的利用率(图5-12)。此外,采用控释或者缓释肥料进行深施、多次施肥等科学合理的水肥管理措施,根据作物需水习性、土壤质地等条件合理控水灌溉,以及采取适当的耕作方式等,从源头上控制径流损失的磷,可以有效减少进入水环境中的磷。

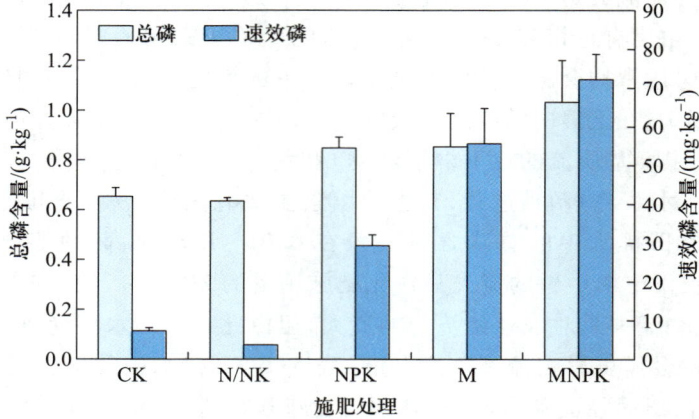

CK: 不施肥;N/NK: 无磷化肥;NPK: 含磷化肥;M: 有机肥;MNPK: 有机肥与化肥

图5-12 不同施肥处理对农田土壤中总磷和速效磷含量的影响

资料来源:王永壮,2013。

土壤中磷素引发的另一个间接环境效应是磷肥施入导致的重金属污染。由于磷矿中含有少量的镉及其他重金属,在磷肥加工过程中,一般有60%～95%的重金属会转移到磷肥中。据测定,我国磷矿中镉含量在0.1～571 mg/kg,但大部分在0.2～2.5 mg/kg,平均值为0.98 mg/kg,在国际上属于较低浓度。镉在土壤中无法被微生物分解,会在土壤中累积,通过土壤进入食物链。自然界的磷矿石除钙的磷酸盐矿物外,还含有一定数量的杂质,这些杂质直接影响磷矿和磷肥中重金属的含量,使其通过食物链进入人体的概率大大增加。

专栏5-3 磷短缺与粮食安全

从历史上看,作物生产依赖于土壤磷的自然水平和当地可获得的有机物质的添加,如粪便和人类排泄物。由于20世纪人口的快速增长,粮食需求增加,动物粪肥被广泛应用于粮食作物生产。图5-13概述了粮食生产中磷肥的历史来源。磷矿开采量的快速增加使得全球磷的稀缺性受到关注,因为磷矿的形成需要数百万年的时间,这使得磷在现代文明时间的尺度上是一类十分有限的资源。全球磷的稀缺性通常是通过将世界总磷储量除以每年的磷消耗量来衡量的。2011年美国地质调查局(USGS)将全球磷酸盐储量估计值从16 Pg更新至65 Pg后,最新估计磷酸盐储量的供给时间为300～400年,这表明在接下来的几个世纪,整个世界将不会面临全球磷短缺的问题。

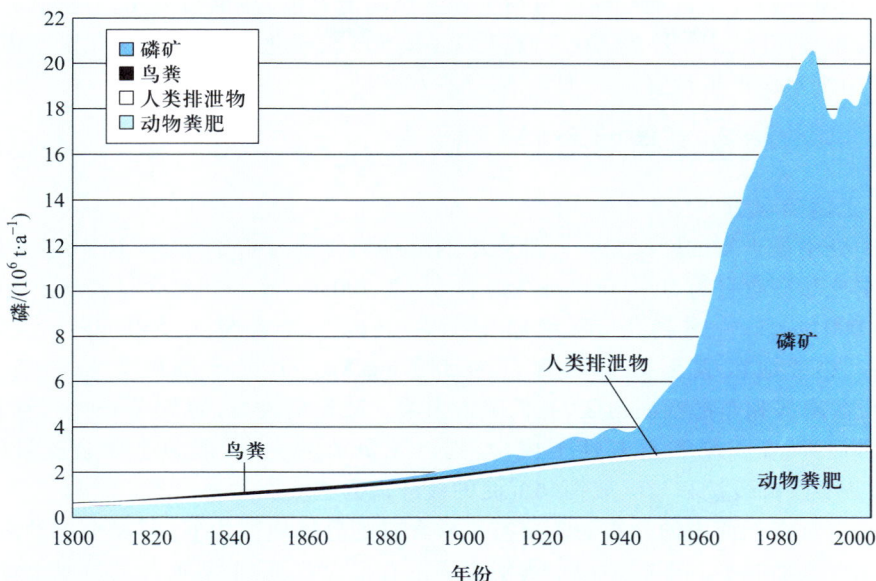

图 5-13　全球磷肥的历史来源(1800—2000)

资料来源：Cordell, 2009。

　　尽管全球磷酸盐储量短期内不会枯竭,但区域磷短缺可能会更加严重,并对未来的粮食安全造成压力。区域磷短缺导致许多地区,特别是印度和巴西等人口大国,对磷的需求更加依赖于少数富磷岩石生产商。国际贸易在纠正区域磷短缺方面发挥着重要作用。全球磷矿石产量的 1/3 从七大供应国(摩洛哥、中国、俄罗斯、美国、约旦、沙特阿拉伯、秘鲁)扩散到世界其他地区,占磷贸易总量的 82%,磷贸易的 58% 流向了前七大进口国(印度、巴西、加拿大、印度尼西亚、澳大利亚、阿根廷、巴基斯坦)。随着中国和美国等供应商磷酸盐储量的减少,磷供应在空间上将更加集中,预计到 2100 年,摩洛哥将提供全球 80% 的磷矿石。

　　由于粮食生产中没有磷的替代品,磷的稀缺与未来粮食安全直接相关。首先,2015—2050 年世界人口预计增加 32%,因此粮食需求定会随之增加。其次,全球饮食正朝着更多的肉类和奶制品转变。从生命周期的角度而言,动物源性食品需要的磷是作物所需的 7~10 倍,不断变化的饮食结构意味着磷需求量不断增加。根据世界卫生组织的建议,成人磷摄入量为 0.7~1.0 g/d,2050 年磷的需求量预计将增加为目前磷需求量的 42.3%。再者,现代农业更多地依赖磷矿,并且磷的利用率越来越低,特别是在施肥过多的地区。科学家对粮食生产所需的磷进行模拟,预计到 2100 年,全球粮食生产对磷的需求将增加到 2015 年的两倍,也有科学家预测到 21 世纪中后期,全球超过 50% 的矿物磷库将会被耗尽。因此,磷短缺对粮食安全的威胁仍需持续关注。

第四节　土壤硫循环及其环境影响

　　硫同样是植物生长所必需的元素之一,在植物细胞结构和生理生化功能中具有不可替代的作用,土壤中硫含量过低会导致植物生理生化功能紊乱,甚至枯萎死亡。同时土壤硫素在循环过程中会产生二氧化硫(SO_2)、硫化氢(H_2S)、硫氧化碳(COS)等有害气体,造成酸雨、酸性矿山废水等严重危害。

一、土壤硫含量与形态

(一)土壤硫含量

硫是地壳中最丰富的元素之一。地壳中的硫平均含量为 0.06%~0.10%,其丰度位于第 13 位。世界土壤硫含量为 30~1 600 mg/kg,平均值为 700 mg/kg 有机质含量多的土壤硫含量可以超过 5 000 mg/kg。黑钙土、湿草原土的表土硫平均含量为 540 mg/kg;淋溶土为 210 mg/kg。热带地区表土硫平均含量为 110 mg/kg。中国土壤硫含量一般为 100~500 mg/kg,在南部和东部湿润地区,有机硫占土壤全硫比例较高,为 85%~94%,且常随土壤有机质含量而异;在干旱和石灰性土壤中,则以无机硫为主,一般为土壤全硫量的 39%~62%,且以易溶性硫酸盐和与碳酸钙共沉淀的硫酸盐为主。

土壤硫含量在剖面中的分布和土壤有机质含量的分布规律相似,即表土含量最高,随土层深度加深而逐渐减少。不同类型土壤硫含量也有很大差异,土壤硫含量与成土母质、风化程度、降水量、土壤质地、有机质含量等因素密切相关。一般黏性母质如石灰岩、第四纪红色黏土和板岩等发育的土壤黏粒含量较高,硫平均含量高于砂性母质(如花岗岩、砂岩和沉积物等)发育的土壤(表 5-6)。

表 5-6 不同母质发育的土壤硫平均含量　　　　　　　　　单位:mg/kg

母质类型		有效硫	全硫	有机硫
黏性母质	石灰岩	38.2(281)	414(143)	374
	第四纪红色黏土	38.3(193)	310(96)	273
	板岩	25.1(22)	273(14)	243
	平均	37.7(498)	368(252)	330
砂性母质	花岗岩和片麻岩	23.9(98)	268(57)	244
	砂岩和砾岩	30.4(494)	291(248)	260
	砂性冲积物	27.4(245)	252(131)	223
	平均	28.7(843)	275(440)	246

注:( )为标本数。

资料来源:刘崇群,1995。

(二)土壤硫形态

1. 土壤无机硫

无机硫是指以无机物形式存在的硫,主要包括以下几类:

(1)单质硫:以硫单质形式存在,是硫化物经过氧化反应形成的中间产物,可能会短期存在于土壤。

(2)硫化物:在排水良好的土壤中,硫酸盐是硫最稳定的存在形式,但也会存在少量的硫化物;在淹水土壤中的厌氧条件下,会积累因有机质分解产生的 H_2S。土壤中存在的硫酸根也可以作为硫酸盐还原菌的电子受体被还原成 H_2S。

（3）易溶性硫酸盐：指易溶于土壤溶液的硫酸盐。几乎所有排水良好的土壤中的无机硫均以钙、镁、钾、钠等阳离子结合的硫酸根离子态存在。除富集硫酸盐类的干旱地区外，一般认为大多数土壤易溶性硫酸盐含量低于土壤全硫的 25%，表土中可能仅为 10% 或更少。

（4）吸附性硫酸盐：土壤具有吸附硫酸盐的能力，尤其当土壤含有大量黏粒和铁、铝水合氧化物时更是如此。土壤对硫酸盐的吸附能力受到土壤活性氧化物表面的性质、黏粒含量、黏粒矿物的类型及土壤 pH 的影响。

（5）与天然碳酸钙共沉淀的硫酸盐：通常是石灰性土壤中硫的重要组成部分，很可能以碳酸钙共沉淀或共结晶的杂质出现。共离子效应在生成这种类型的硫酸盐时具有重要作用。

（6）其他形态硫酸盐沉淀：如透石膏，还有一些土壤中极难溶的钡、锶等硫酸盐及黄钾铁矾、针绿矾等。

2. 土壤有机硫

在湿润、半干旱、温带和亚热带地区等排水良好的农业土壤表层中，硫大多是有机态。目前土壤中的有机硫大部分仍为未知，根据土壤有机硫对还原剂稳定性的相对大小，可以将其分为以下三大部分（图 5-14）。

（1）碘化氢可还原硫（酯键硫）：平均约 50% 的有机硫属于该组，可以被碘化氢还原为 H_2S。这种硫不直接受碳束缚，是土壤有机硫中较为活跃的部分。

（2）碳键硫：可以被 Ni-Al 合金加热还原的有机硫部分，其可以直接键合在碳原子上。碳键硫比较稳定，对当季作物无效，但在长期耕作条件下，可以通过酯键硫转化为无机硫。

（3）惰性硫：土壤中既不能被碘化氢还原也不能被 Ni-Al 合金加热还原的有机硫。通常占总有机硫的 30%~40%，这部分硫异常稳定。

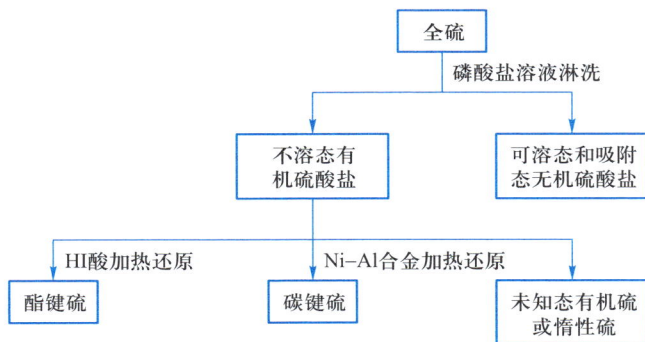

图 5-14 土壤硫素的分级流程
资料来源：李书田，2001。

二、土壤硫循环转化

硫在土壤中主要以硫铁矿（FeS_2）和硫酸钙（$CaSO_4$）的形式存在，这些形态的硫可以被植物和微生物吸收，并在生物体内积累。当生物死亡后，在厌氧条件下，其残体分解过程中会释放硫化氢（H_2S）到大气中。土壤硫循环的关键环节包括有机硫的矿化、无机硫的生物固定、硫的氧化还原反应，以及硫的吸附与解吸过程（图 5-15）。在整个硫循环中，微生物发挥着至关重要的作用，它们通过代谢活动促进硫的转化和循环。

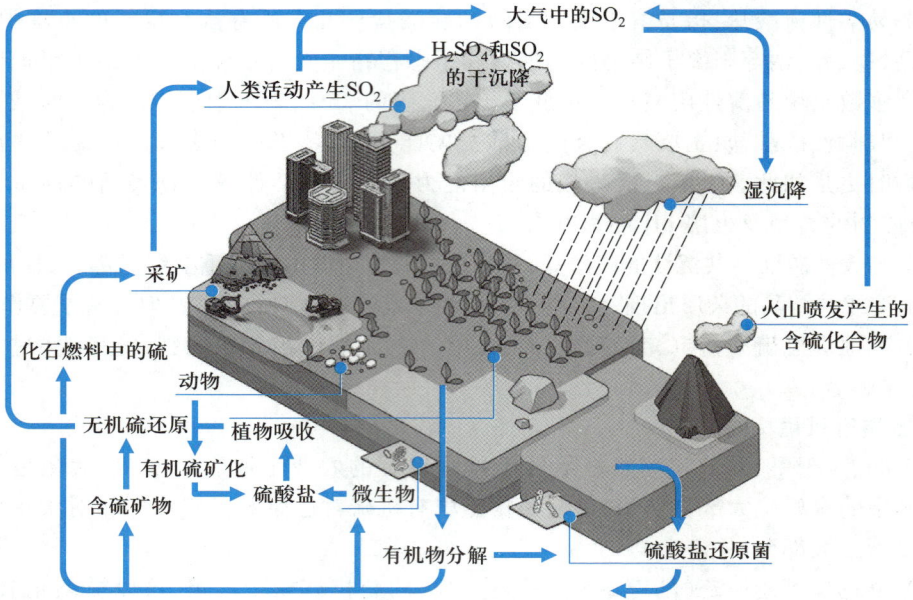

图 5-15 硫素循环

资料来源：Muyzer，2008。

（一）土壤有机硫矿化

土壤中有机硫的矿化是指在微生物的作用下，含硫简单有机物被转化成无机硫的过程。在好氧条件下，土壤中的有机硫化合物通过微生物的分解作用被转化为无机硫，主要是硫酸盐，可能包括以下四个过程。① 微生物分泌酶分解有机硫，释放出 H_2S 或其他硫化物；② 硫氧化细菌等好氧微生物将这些硫化物氧化成硫酸盐，这是植物可吸收利用的硫形式；③ 硫酸盐在土壤中积累，可供植物吸收用于合成含硫生物分子，或与土壤中的金属离子结合形成不溶性硫酸盐矿物，暂时固定在土壤中；④ 植物死亡后，其残体中的硫再次进入土壤，开始新的矿化循环。在厌氧条件下，土壤中的有机硫化合物通过微生物的代谢活动被分解，与好氧条件不同，这个过程不涉及硫化物向硫酸盐的氧化。相反，厌氧微生物将有机硫转化为 H_2S 或其他硫化物，这些硫化物可能在土壤中积累或进一步转化为其他形态的硫。由于缺乏氧气，H_2S 不会被氧化成硫酸盐，而是可能通过厌氧微生物的作用转化为甲烷硫醇等其他硫化合物，或者在特定条件下与土壤中的金属离子形成金属硫化物。这个过程在湿地、水稻田和淹水土壤等缺氧环境中尤为显著，对土壤硫循环和硫的生物可利用性有重要影响。

由于土壤中有许多微生物可参与有机硫矿化，目前尚无法精确追踪矿化途径，因此土壤有机硫矿化机制仍未充分明晰。任何影响微生物生长的因素均会改变硫的矿化，主要包括以下四个方面。

（1）有机质 C/S 比：该比值等于或低于 200：1 时，将发生硫的净矿化；高于这一比值特别是大于 400：1 时，有利于硫酸根生物固定为各种有机形态。

（2）温度和水分：低温会显著降低胞内、胞外酶的活性，从而影响矿化速率。温度低于 10 ℃时，矿化作用受到抑制；在 10～35 ℃时矿化量随着温度升高而增大。土壤湿度影响硫酸酯酶活性、硫矿化速率、硫释放形态和硫酸根移动。当土壤水分含量为最大持水量的 60% 时，矿化作用最强，小于最大持水量的 15% 或大于最大持水量的 80% 时均会显著减弱。田间持水量和萎蔫点之间湿度的逐渐变化一般很少影响硫的矿化。但在一些土壤中,水分条件的急剧变化可能会造成一部分硫的矿化,这部分硫主要是土壤有机硫中的硫酸酯。因此,农田中的干湿交替对提高硫的有效性具有重要意义。

(3)土壤 pH:土壤 pH 为 7.5 左右时矿化量最大,在此 pH 以下,矿化随着 pH 降低而减少,酸性土壤有机硫的矿化随着石灰施用量增多而增加。

(4)施肥和作物效应:种植作物可以加速土壤硫的矿化,同时也会影响硫组分之间的相对平衡。种植活动可使土壤硫含量趋于下降,但在一定时间后达到平衡。向土壤中施加无机硫肥可以减少有机硫的矿化,施加有机氮肥则会增加有机硫的矿化。

(二)土壤无机硫生物固定

土壤无机硫生物固定是指硫从无机态被微生物同化固定为有机态的过程。通常,C/S比越大,越有利于该过程的发生。生物固定的硫束缚于土壤腐殖质、微生物细胞和微生物合成的副产品中。土壤无机硫生物固定与有机硫的矿化作用相伴进行但方向相反,这两个作用的相对速率决定着土壤有效硫养分的含量。当矿化作用速率大于生物固定速率时,发生硫的净矿化,使土壤中无机态硫量增多,从而为作物生长提供较多的有效硫养分;当生物固定作用速率大于矿化作用速率时,则发生硫的净固定,使得土壤中无机态硫逐渐转化成有机态,有效硫养分含量降低。

(三)土壤硫的吸附解吸

土壤硫的吸附解吸一般是指无机硫酸盐的吸附和解吸。可变电荷土壤可以吸附硫酸根,但硫酸根的吸附只可以在正电荷表面发生,涉及的吸附机制包括静电吸附和配位基交换。考虑到可变电荷土壤吸附硫酸根过程中伴随着羟基释放和表面负电荷的升高,因此一般认为配位基交换是主要机制。第四纪红壤对硫酸根的吸附可以用朗缪尔方程、弗罗因德利希方程及特姆金方程拟合,在土壤吸附位点饱和之前是专性吸附,饱和之后以非专性物理吸附为主要过程。

土壤中硫酸根配位基交换反应的主要载体是铁、铝氧化物胶体,在去除这部分物质后,土壤对硫酸根的吸附量明显下降。有机质会影响铁、铝氧化物的结晶度或竞争吸附点位而干扰硫酸根的吸附。层状铝硅酸盐矿物对硫酸根的吸附量为高岭石>伊利石>蒙脱石。不同质地潮土对硫的吸附能力为黏质潮土>壤质潮土>砂质潮土。此外,土壤 pH 也会影响土壤对硫酸根的吸附量,pH 上升则硫酸根吸附量下降。

(四)土壤硫的氧化还原

土壤硫的氧化还原对硫在土壤中的循环具有非常重要的作用,主要包括硫酸根在渍水、缺氧土壤中的还原,以及还原态硫(包括 S^0)的氧化(最终产物为硫酸根)等过程。这些反应大多有微生物参与,但同时受到环境条件的制约。

微生物对硫的还原过程起主要作用。硫的生物还原包括同化还原和异化还原两条途径。同化还原是指在一系列酶的作用下,环境中的无机硫被生物体吸收,之后被同化还原成各种含硫化合物,组成蛋白质或释放出 H_2S 的过程;异化还原则是指硫作为电子受体氧化有机质,作用相当于有氧呼吸中的氧。水稻土壤大多处于还原状态,硫酸盐的异化还原成为硫循环的重要环节,其代谢途径及所涉及的关键酶类如图 5-16 所示。硫酸盐是最稳定的硫氧化物形式,在腺苷三磷酸(ATP)的推动下首先转化为腺苷磷酸硫酸酯(APS),可见 APS 是硫酸根还原过程的起始物。之后,APS 的还原有两条路径:一是以有机物(主要是乙酸)和氢气作为电子受体直接接受 6 个电子还原为 H_2S(图中路径 1、2、3);二是先转化为三硫磺酸盐和硫代硫酸盐中间产物,再还原为 HS^-(图中路径 1、2、4、5、6)。目前,土壤中硫的还原研究主要聚焦于硫酸根还原和 H_2S 的形式,这两个过程对农业生产和环境具有重要影响。

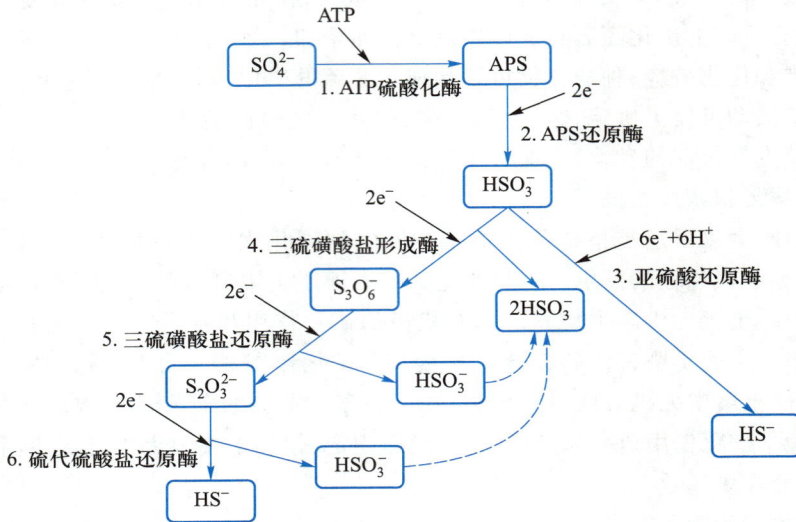

图 5-16   异化硫酸盐还原代谢途径

资料来源:刘新展,2009。

在强还原性土壤和沉积物中,硫酸根可以作为电子受体,在微生物的参与下还原为硫化物。该过程受到土壤 Eh 和 pH 的影响,从化学平衡的角度分析,硫酸根还原为 H_2S 的过程需要消耗氢离子,所以低 pH 有利于反应的进行。此外,有机质的还原降解也可以产生 H_2S,如在无氧环境中,微生物可以将胱氨酸和半胱氨酸分解为 H_2S,带自由巯基的化合物与硫代半胱氨酸反应也可以产生 H_2S。土壤中生成的 H_2S 会在土壤-水体系中发生各种转化,并受到配位解离、沉淀溶解、氧化还原等反应平衡的影响。由于这三种平衡受到 pH 的影响,所以土壤的 pH 对土壤中 H_2S 的浓度具有决定性作用。土壤中的 H_2S 含量一般随土壤 pH 的上升而下降。还原条件下形成的硫化物(包括 H_2S)在特定条件下,会被土壤中的氧及铁锰氧化物直接氧化,也会被一些微生物氧化而进入硫的生物地球化学循环,对大气中的酸沉降和某些地区中的土壤酸化具有一定的影响。

硫的氧化是一个十分复杂的过程,从 S^{2-} 到 SO_4^{2-},中间产物包括 FeS_2、S^0、SO_2、$S_2O_3^{2-}$、$S_4O_6^{2-}$ 等。硫处于负二价或正四价时,其氧化主要是生物化学反应,速度快;而其他中间产物的氧化则主要是由硫氧化菌和其他微生物参与的生物氧化。依据氧化主体,硫的氧化可以分为非生物氧化和生物氧化。

硫的非生物氧化是游离的硫离子氧化为硫酸根离子,或者是与游离的羟基氧化铁发生如下反应:

$$2FeOOH+3H_2S \Longleftrightarrow 2FeS+S^0+4H_2O \qquad (5-24)$$

$$2FeOOH+2H_2S+2H^+ \Longleftrightarrow Fe^{2+}+FeS_2+4H_2O \qquad (5-25)$$

式(5-24)形成的单质硫又可以直接与一些硫化物,比如 FeS 反应,生成 FeS_2,该反应在土壤溶液中可以迅速发生,但在缺水的固相体系中,反应则十分缓慢。反应生成的 FeS_2 可

以被氧和三价铁继续氧化。在中性的水溶液中,FeS_2 与氧的反应为

$$FeS_2(s)+3.5O_2+H_2O \Longrightarrow Fe^{2+}+2SO_4^{2-}+2H^+ \qquad (5-26)$$

在硫酸盐的形成过程中,土壤环境的 pH 下降,使得环境中的 Fe^{2+} 增多,Fe^{2+} 可以继续被氧化形成 Fe^{3+}。在土壤 pH 低于 4.5 时,土壤中的 Fe^{3+} 可能是 FeS_2 的重要氧化剂。

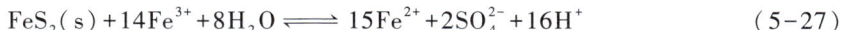

$$FeS_2(s)+14Fe^{3+}+8H_2O \Longrightarrow 15Fe^{2+}+2SO_4^{2-}+16H^+ \qquad (5-27)$$

该反应过程中,大量的 Fe^{3+} 被消耗,因此 Fe^{3+} 的浓度是 FeS_2 通过该路径氧化的限制因子。此外,Fe^{3+} 还可以将 $S_2O_3^{2-}$ 氧化为 $S_2O_6^{2-}$,在氧气供给充足的条件下,S^{2-} 连续氧化生成 S^0 的反应十分迅速,最终生成 SO_4^{2-}。

硫的生物氧化是在微生物的控制下发生的过程。自养微生物和异养微生物均会参与该过程。硫的氧化受到诸多因素的影响,包括温度、水分、pH、氧化还原电位、微生物、硫形态和硫矿物学性质等。

三、土壤硫的环境效应

(一)对大气环境的影响

土壤中约有 $1×10^{14}$ g/a 的气态硫化物进入大气,这些气态硫化物包括 SO_2、H_2S、二硫化碳(CS_2)、硫化碳(COS)、甲硫醇(CH_3SH)、二甲基硫 $[(CH_3)_2S, DMS]$、二甲基二硫 $[(CH_3)_2S_2]$ 等。$(CH_3)_2S$、H_2S、CS_2、COS 等含硫气体释放后在大气中迁移转化并参与各种化学反应过程,影响全球变化,但也受到全球变化的负反馈影响(图 5-17)。SO_2 是大气酸沉降的主要来源,在大气中经光氧化反应、自由基反应、非均相反应等转为硫酸或者硫酸盐。我国大气酸沉降的主要成分中,硫酸和硫酸盐的占比可达 70%~90%。H_2S、CS_2 等在大气中可以被羟基自由基、臭氧等氧化为 SO_2。COS 在大气中的寿命可达两年,其浓度仅次于 SO_2,

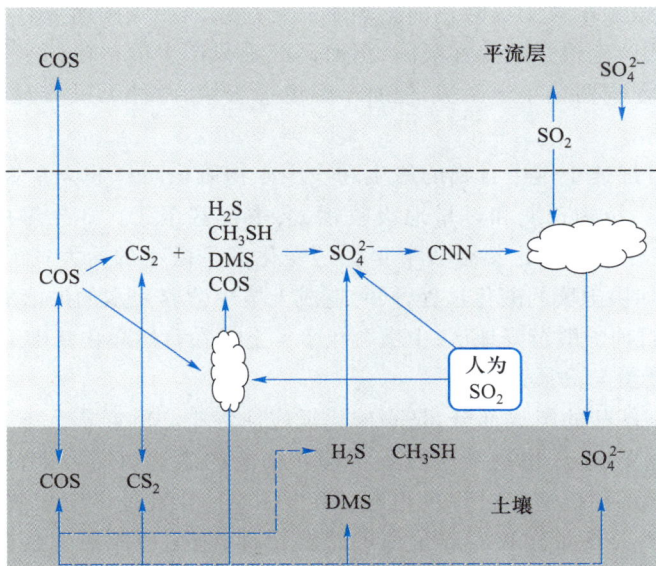

图 5-17　陆地生态系统硫气体循环

资料来源:杜云鸿,2016。

可进入臭氧层与臭氧反应被氧化成硫酸或硫酸盐,从而对臭氧层的破坏也有一定作用。大气环境酸化和酸沉降增加是当前人类面临的重要环境问题之一。

植物可以通过根系吸收土壤中的硫,也可以通过叶片的气孔组织吸收大气中的含硫化合物。同时植物可以通过呼吸作用向大气释放一定量的含硫气体,在植物或有机质分解过程中也可以直接释放出硫,这些向大气排放的硫化物主要是还原态气体。气态硫化物在大气中可以被氧化为氧化物和酸。大气中的硫氧化物有一半是来自该过程,另外一半则来自人为活动。

(二)对水环境的影响

在采矿活动或尾矿堆放过程中,矿石和尾矿中以 FeS_2 为主的硫化矿物暴露于地表,经生物化学氧化作用产生大量的酸性矿山废水。此类废水的 pH 通常低至 3 以下,含有高浓度的铁离子、硫酸根及一定浓度的重(类)金属离子,对陆地生态系统或水生生态系统常造成严重危害。

虽然 O_2 与 Fe^{3+} 均可以氧化硫铁矿,然而 Fe^{3+} 对硫铁矿的氧化速率却显著大于 O_2 对硫铁矿的氧化速率。因此,酸性矿山废水形成的限制因素是 Fe^{3+} 浓度。虽然 Fe^{2+} 能够被 O_2 氧化为 Fe^{3+},然而在 pH 小于 4.0 的酸性条件下,这一反应速率非常缓慢。酸性矿山废水体系存在的嗜酸性铁氧化细菌(如氧化亚铁硫杆菌)可以在酸性条件下通过氧化 Fe^{2+} 获取能量用于自身的生长繁殖,加速 Fe^{2+} 向 Fe^{3+} 快速转化,显著提高硫铁矿的生物氧化速率,进而极大地促进酸性矿山废水的形成。因此,铁氧化细菌的 Fe^{2+} 氧化能力是酸性矿山废水形成的关键影响因素。

(三)对土壤环境的影响

硫对土壤环境的污染主要是酸化土壤。酸性沉降物对土壤酸化的影响取决于土壤本身的 pH 或土壤溶液的石灰位、酸雨数量与土壤缓冲能力的关系、土壤阳离子交换反应速率。酸雨中的硫酸根与硝酸根对土壤酸化的影响不完全一致。在我国南方红壤中含有大量的氧化铁,可以对硫酸根产生很强的专性吸附,但对硝酸根只产生静电吸附。因此在这类土壤中硫酸对土壤酸化的影响明显小于硝酸,但对于恒电荷土壤,两种无机酸对土壤酸化的影响则没有明显的差别。

土壤酸化后,可加速土壤中含铝的原生和次生矿物风化而释放大量铝离子,形成植物可吸收的含铝化合物。植物长期和过量地吸收铝,会中毒甚至死亡。土壤中存在自然酸化的过程,但这种土壤酸度的年变化甚至数十年内的变化都是微小的。大气酸沉降污染物(如酸雨)进入土壤后,会加快土壤的酸化过程,同时造成土壤中营养元素的淋溶和流失,并影响微生物群落的结构。在目前的酸沉降地区,土壤酸化事实上是在自然酸化基础上的加速酸化作用。

(四)对作物产量与品质的影响

硫是蛋白质、氨基酸的组成部分,是酶催化反应活性中心的必需元素,是叶绿素、谷胱甘肽、辅酶等合成的重要成分,植物细胞质膜结构和功能的表达也需要硫的参与。此外,硫在植物的生理调节、解毒和抗逆等过程中也起一定的作用,并且是影响植物品质的重要因素。植株的氮硫比(N/S)是衡量作物营养价值的重要指标,施用硫肥可以使蛋白质的含量和质量都得到提高。在缺硫地区施用硫肥,可以大幅提高作物的产量,但缺硫或硫过多对植物生长都不利。在淹水土壤中硫的还原产物,特别是产生的 H_2S,对植物根系有极大的破坏作用,对植物吸收养分、植物体内一些酶的活性、碳代谢和光合作用都有较大的影响。

专栏 5-4　酸雨对土壤化学性质的影响

通常情况下,pH 低于 5.6 的降雨被称为酸雨(acid rain)。除了酸性降雨以外,酸雨还包括了大气中的雾、雪及露。酸雨主要来自人类活动与生产,受到社会工业化的影响,经过汽车尾气排放、化石燃料(煤、石油和天然气等)燃烧等活动产生污染物质。被释放到大气中的硫氧化物,经过一系列复杂的化学物理过程,形成三氧化硫或者硫酸,随降雨下降到地表形成酸雨。酸雨作为大气中的一种污染物具有迁移性,除了本地区外,还能经过长距离迁移对其他地区产生污染。

酸雨对土壤的化学性质有明显的影响,造成的土壤酸化在 pH 上表现得最直接。目前研究表明,酸雨进入土壤之后,会改变土壤 pH、化学性质等,从而使土壤酸化。研究者通过模拟酸雨来观测其对土壤 pH 的影响,发现施酸后土壤的 pH 会出现先下降后逐渐上升的变化特征,但始终低于原土壤的 pH;还有研究发现,模拟酸雨对土壤 pH 的影响取决于酸雨的临界值,土壤 pH 变化的程度随酸雨浓度偏离临界值的程度增加而显著增强。酸雨作用下土壤 pH 的变化与土壤缓冲能力有关,土壤胶体上吸附的盐基离子与有机质等构成了缓冲物质,能够抵消部分酸性物质,减缓土壤 pH 的降低。目前研究中,当 pH>3 时,主要的缓冲物质是土壤有机质、交换性 Al^{3+} 等(初级缓冲体系),当 pH<3 时,土壤的主要缓冲机制为土壤矿物质的风化(次级缓冲体系)。土壤缓冲能力决定了在酸雨作用下 pH 下降的速度与幅度。

目前大量的研究表明,土壤中的盐基阳离子(如钾、钙、钠和镁等离子)会因酸雨淋溶而流失,造成土壤养分的下降。酸雨作用下,盐基离子被氢离子置换出来,输入的氢离子越多,盐基离子的浓度也越大。在酸雨的淋溶下,土壤中的钠、钾和铵离子显著增加,在土壤中呈现吸附的状况;而钙离子呈现显著降低的状况,并且流失量最大(图 5-18)。除了盐基离子之外,酸雨可能也会改变土壤中有机碳、氮循环和磷循环等而造成土壤养分元素含量的变化。目前的研究表明,酸雨导致的土壤 pH 降低会抑制凋落物分解效率和微生物活动,并减少微生物的生物量与土壤呼吸,引起土壤中有机碳的积累。酸雨还会影响土壤氮素的矿化过程,如氨化过程、硝化过程,对土壤氮元素的含量造成影响。总之,酸雨能够破坏土壤中各种化学元素的平衡,影响土壤碳、氮、磷的养分循环,改变土壤养分与肥力,干扰土壤微生物、植被等正常生长发育,进而影响整个土壤生态系统。

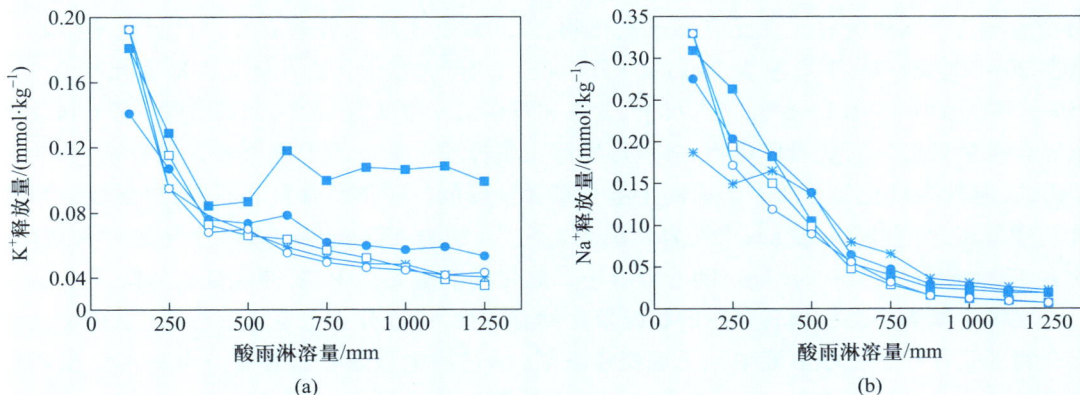

(a)　　　　　　　　　　　　　　(b)

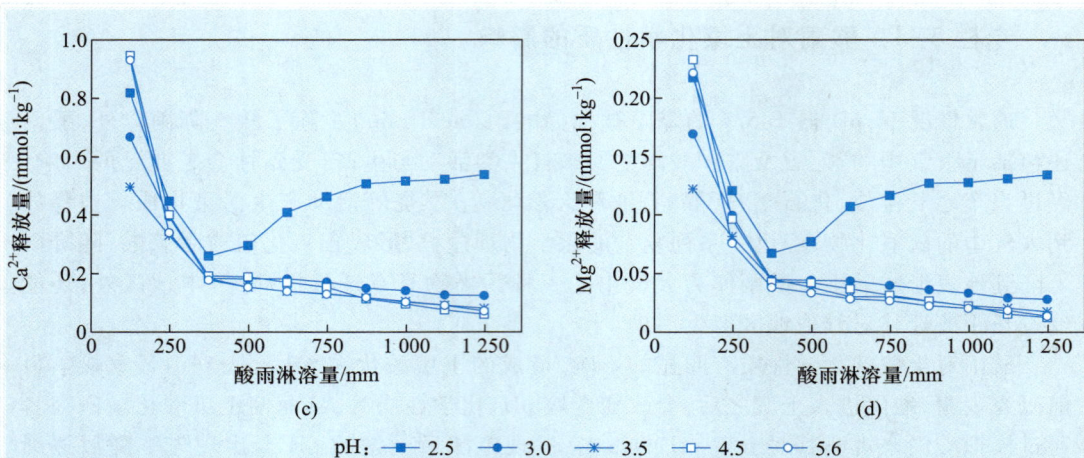

pH: ■ 2.5 ● 3.0 ✳ 3.5 □ 4.5 ○ 5.6

图 5-18 不同酸度酸雨淋溶下盐基离子的释放变化

资料来源:刘俐等,2008。

第五节 其他元素循环及其环境影响

除碳、氮、磷、硫之外,土壤中还含有多种其他元素。这些元素在土壤中通常可以被反复循环和利用。典型的再循环过程包括:植物从土壤中吸收营养元素,植物的残体归还土壤,土壤微生物分解植物残体、释放营养元素,营养元素再次被植物吸收。可见土壤元素循环过程是在微生物的参与下,从土壤到植物再到土壤的循环,是一个复杂的生物地球化学过程。本节选取土壤中对动植物生长发育与人体健康具有显著影响的非金属元素氟、碘、硒及金属元素钾、钙、镁、铝、铁进行概述。

一、土壤部分非金属元素循环及其环境影响

(一)土壤氟循环及其环境影响

1. 土壤氟含量与形态

氟具有很强的氧化能力,是典型的负电元素,也是最活泼的非金属元素,可以直接或者间接地与几乎其他所有元素反应形成氟化物,因此氟在土壤中普遍存在。世界土壤全氟含量在 20~700 mg/kg,平均值为 200 mg/kg。我国土壤(A 层)全氟含量为 50~3 467 mg/kg,95%范围为 191~1 012 mg/kg。石灰土、黄壤和黄棕壤中氟含量较高,而砖红壤、漠土和栗钙土等含氟量较低。石灰岩风化物、海积母质等土壤母质上形成的土壤全氟含量较高,而在风沙母质、基性岩风化物母质上形成的土壤全氟含量较低。在各类含氟岩石中,以酸性岩平均含氟量最高,约为 800 mg/kg;中性岩和沉积岩次之,约为 500 mg/kg;基性及超基性岩较低,约为 370 mg/kg 及 100 mg/kg。随着岩石中二氧化硅含量的减少,氟的含量也降低。

土壤中氟素形态根据其存在的状况及生物有效性,可以分为土壤水溶态氟(以离子或者配合物形式存在于土壤溶液中)、土壤交换态氟(通过静电吸附保持在带正电荷的土壤颗粒表面)、土壤专性吸附态氟(被土壤中铁、锰、铝等氧化物和黏土矿物以配体交换等方式吸附

的氟）、土壤有机态氟（与土壤有机质配合或者吸附结合的氟）和土壤矿物态氟（存在于土壤矿物晶格中的氟）。

2. 土壤氟循环转化

岩石矿物中的氟经过风化作用释放出来，进入土壤溶液，土壤溶液中的氟又可以与土壤中的一些金属离子发生沉淀、配合等反应，被土壤中的铁、锰、铝氧化物和黏土矿物吸附而失去活性，土壤溶液中的氟还可以向水体和植物体迁移。土壤氟素的这些行为，会影响生物与环境。

（1）土壤氟素沉淀溶解：土壤中的氟多以矿物态存在，这些矿物态氟较为稳定，尤其在 pH 大于 5.0 时更为稳定，但也有一些溶解度较高的含氟矿物如 NaF、KF、ZnF_2 等，在土壤中不会长久存在。存在于土壤中游离的氟离子，易与土壤中的钙离子发生沉淀作用。在气候比较干旱、土壤钙质化活跃的地区，由于整个土壤剖面都含有碳酸岩，土壤溶液和地下水也被钙、镁所饱和，使得通过土壤的氟被拦截，在钙积层形成氟化钙（镁）沉积，但这种作用是可逆的，一旦外部土壤条件发生变化，它们会重新溶解释放出氟。

（2）土壤氟素配位解离：在一些富铝化的酸性土壤中，由于存在大量的游离铝离子，氟阴离子可以与其发生配位反应，生成一系列的氟铝配合物。在土壤溶液 pH 小于 6.0 时，Al-F 配合物是土壤溶液中氟的主要存在形态；在极酸性土壤中 Fe-F 配合物是可溶态氟的主要形态。此外，土壤溶液中的氟离子还可以与铜、铅、钠、钾、钴等金属离子形成稳定的配合物，但这些配合物没有 Al-F、Fe-F 稳定。土壤中氟离子的配位反应对氟生物有效性的维持具有重要作用，因为这种氟配合物对生物是高度或者中度有效的，它的形成不利于沉淀反应的进行，而有利于土壤中一些含氟矿物溶解。

（3）土壤氟素吸附解吸：土壤中氟的吸附解吸对土壤-水-植物系统中氟的迁移与积累有重要作用。氟被吸附后活性下降，生物有效性降低，可使环境中的氟维持在较低水平。

3. 土壤氟的环境效应

土壤氟主要通过影响水环境氟水平和植物氟状况影响人体健康和动物生长发育，同时对土壤胶体稳定具有一定的影响。

（1）对土壤理化性质的影响：氟使土壤黏粒稳定性增强，土壤胶体临界聚沉浓度增大。土壤中氟浓度升高对土壤胶体临界聚沉浓度增大的影响程度因土壤类型不同而不同，表现为红壤大于水稻土（图 5-19）。其机制是土壤胶体对氟配位吸附放出的羟基使溶液 pH 升高，增大了胶体负电荷间的静电斥力，土壤胶体趋于稳定。所以氟污染不利于土壤颗粒聚沉，而且使其他污染物质易从土壤进入水体。

（2）对动植物的影响：土壤氟污染对动植物的危害是慢性、积累性生理障碍。氟能抑制植物的新陈代谢，例如抑制马来酸脱氢酶的活性。植物过量吸收氟所造成的影响，主要表现为植物生育前期干物质的积累减少、分蘖减少、分蘖成穗率降低、伤害营养吸收组织和光合作用组织、成熟期籽粒产量下降等。动物长期摄入过多氟会造成氟中毒，主要表现为发育迟缓、厌食、繁殖率下降、骨质易折、肝脏损害等。

（3）对人体健康的影响：氟是人体必需的微量元素之一，适量的氟有利于儿童生长发育及老年人骨质疏松病的防护，可改善机体甲状腺、胰腺、肾上腺等的内分泌功能，从而避免各种器官的损伤，对人体生长发育表现出积极意义。但氟摄入量过高会造成肾脏损害，出现尿石症，影响人体免疫功能。高氟对人体影响最大的、具有流行特征的是地氟病。地氟病也称

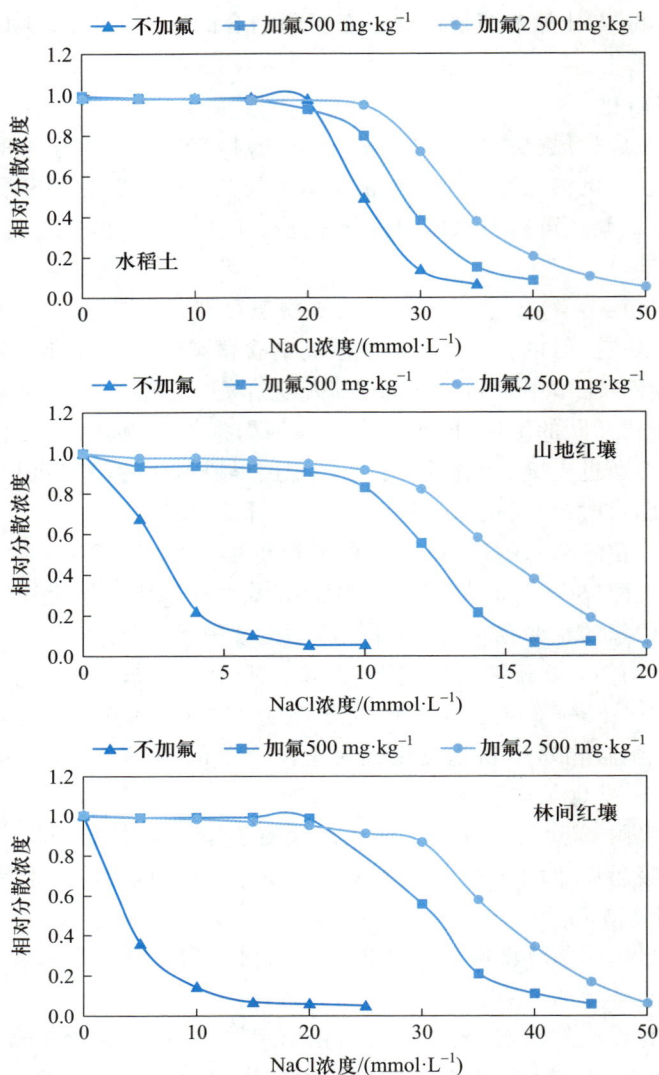

图 5-19　氟对土壤黏粒的影响

资料来源：许中坚等，2002。

为地方性氟中毒，指因长期生活在高氟环境下，摄入含氟量过高的水、空气、食物，从而导致人体中氟元素蓄积，引发氟斑牙（图 5-20）、氟骨症等牙齿和骨骼病变的现象。

（二）土壤碘循环及其环境影响

1. 土壤碘含量与形态

　　碘是一种化学性质活泼并有极强生物活性的元素，在地表的迁移能力很强，可以多种形态分布在大气、水、土壤和生物体内。碘在地壳中

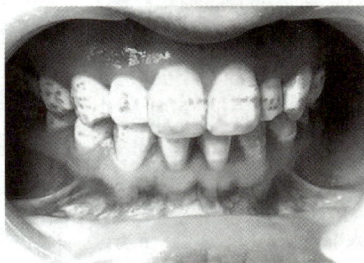

图 5-20　氟斑牙

资料来源：孟庆飞等，2017。

彩图 5-20

的平均含量为 0.3~0.6 mg/kg,世界土壤碘含量为 0.1~25 mg/kg,中值为 5 mg/kg。我国土壤(A 层)碘含量范围为 0.13~33.1 mg/kg,其中 95%的范围在 0.39~14.71 mg/kg,算术平均值为 3.76±4.44 mg/kg。不同类型土壤中碘含量不一致,一般沼泽土、腐殖土、黑钙土、盐渍土含碘量较高,而灰化土、砂土、黄土等含碘量则较低。另外,泥炭土、腐殖土含碘量虽较高,但由于其中的碘多与有机物牢固结合,或存在于植物半分解的残体中,不能为生物所吸收,实际上也成为缺碘的土壤。

土壤中的碘按存在形态可以分为可溶态、可交换态、铁和锰氧化物态、有机束缚态和残余态,其中可溶态和可交换态的碘含量较低,但这部分碘对植物、动物、微生物及人体均有效。按照化学组成可分为碘化物、碘酸盐和单质碘,一般碘化物是土壤中碘素的主要存在形式,占土壤总碘的 85%以上。

2. 土壤碘循环转化

碘素在土壤环境中可以发生沉淀溶解、氧化还原、吸附解吸等转化过程。土壤中的碘可以通过发生氧化还原反应向单质碘转化,以及在微生物作用下形成甲基碘两种途径,向大气挥发。由于碘蒸气的相对密度是空气的 8 倍,所以土壤挥发出来的碘通常会在近地表空气中富集,植物茎叶可以直接吸收富集于周围的这些碘,而植物死亡腐烂后,又可以将碘返还给土壤,由此构成土壤中碘循环的一个重要过程。但土壤中挥发出来的碘也会因为空气流动和分子扩散运动而与大气中的碘混合,造成土壤中碘素的损失。

土壤中碘素的另一个重要转化过程是吸附解吸,该过程受到土壤物质类型、数量和土壤理化性质的影响。土壤中的碘均可以被土壤铁铝氧化物、有机质和黏土矿物所吸附,造成其活性大幅降低,同时避免了土壤中过量的碘对植物生长的危害。需要指出的是,这种吸附作用会降低缺碘地区土壤中碘的生物有效性,使得植物对碘的吸收能力降低。

土壤中碘的形态转化、迁移及生物有效性等行为受到许多土壤因素如有机质、矿物、水分含量、温度、pH 等的影响。土壤有机质对碘的吸附能力较强,通常土壤有机质的含量越高,被吸附的碘也越多。土壤微生物是土壤有机质组成部分,土壤微生物与其分泌物也能吸附碘。黏土矿物含量较高的土壤可以固定较多的碘,另外,土壤中的铁铝氧化物是吸附碘的主要物质之一。

3. 土壤碘的环境效应

(1) 对植物的影响:植物体内的碘含量一般较低,并且受到植物种类和环境条件的影响。碘是植物某些酶的组分,影响光合作用、呼吸作用和糖类代谢,可以增强植物抗性等,因此适量的碘有利于植物的生长。但土壤碘素过高时会抑制植物生长,甚至产生毒害。碘的毒害作用首先是影响植物的生理生化活性,并从植物外观上体现出来,如叶片黄化、变形、易脱落等毒害症,以及生物量或者产量的降低。

(2) 对动物的影响:碘对动物的生长发育具有重要影响,可以刺激动物 DNA、RNA 和蛋白质的合成,参与机体新陈代谢,调控神经系统、骨骼系统、心血管系统的发育,同时可以促进组织分化生长,维持动物良好的繁殖性能。

(3) 对人体健康的影响:碘是人体所必需的微量元素之一,是合成甲状腺激素的重要成分。人体对碘的摄取量过多或过少均会引起甲状腺疾病,这种疾病主要是由于土壤或水环境中的碘素缺乏或者过量造成的,被称作地方性甲状腺肿(简称地甲病),可分为碘缺乏病(如粗脖子病、克汀病等)和碘过多病两类。地甲病会导致人体生化功能紊乱和生理功能异常,表现为甲状腺肿大、体力和智力下降、细胞代谢异常、中枢神经发育不全等,严重者会出现呆、矮、失聪、瘫痪等症状,严重危害人类健康(图5-21)。

图 5-21 甲状腺肿大

资料来源:黄正瑜等,2019。

彩图 5-21

缺碘型地甲病的发生与土壤、地下水、地质地貌等地质环境因子存在着密切的关系,多见于山区、丘陵地带。这些地区的土壤、大气和水中碘含量低,导致粮食、蔬菜、饲草中缺碘,进而使人从动植物食品中获得的碘量降低。就土壤碘含量而言,地甲病区与非病区之间存在着明显的差异。非病区土壤碘含量平均为 2.75 mg/kg,而病区仅为 0.61 mg/kg。食物中的碘是人体摄入碘的主要来源,约占80%以上。食物中碘含量受土壤碘含量、形态和土壤理化性质影响。当土壤碘含量低、有效性差时,植物的碘含量也会低。在缺碘型地甲病流行的地区,食物中的碘含量普遍低于非地甲病地区。

(三)土壤硒循环及其环境影响

1. 土壤硒含量与形态

自然界中没有单独存在的硒矿,通常是以含硒化合物的形式作为杂质存在于金属硫化矿中。地壳中硒的平均含量为 0.05 ~ 0.09 mg/kg,世界土壤硒含量为 0.01 ~ 12 mg/kg,中值是 0.4 mg/kg。我国土壤(A 层)硒含量为 0.006 ~ 9.13 mg/kg,95%范围在 0.047 ~ 0.993 mg/kg。土壤硒含量受气候、土壤性质等因素的影响。气候影响成土过程,而成土过程往往改变土壤母质中硒的最初含量、存在形态及其空间分布。土壤性质对土壤硒含量影响较为复杂,一般情况下,土壤全硒量与土壤有机质、黏粒和碳酸钙等含量呈正相关,土壤质地越黏重,硒含量就越高。土壤全硒量与土壤 pH 呈负相关,酸性条件有利于硒的富集,而在碱性条件下硒的活性更强。

土壤中的硒有多种形态,根据应用场景的不同,分类方法也不同。根据硒在土壤中的存在状况和生物有效性,可以将其分为水溶态、吸附态、有机态、单质态、碳酸盐结合态、硫化物结合态和残余态等形态;根据操作定义,即按与土壤组分结合方式,可以划分为吸附态、铝型、铁型、钙型四种形态;用连续分级浸提法可细分为水溶态、交换态、有机结合态、酸溶性铁锰氧化物结合态、硫化物态、硅酸盐结合态。根据硒的价态,可以将其分为单质态硒(Se^{0})、硒化物(Se^{2-})、硒酸盐(SeO_4^{2-})、亚硒酸盐(SeO_3^{2-})、含硒有机物、挥发态硒。

2. 土壤硒循环转化

土壤中的硒可以发生沉淀溶解、吸附解吸、氧化还原和配位解离等转化过程,其中吸附解吸和氧化还原是硒循环转化的重要过程。硒在土壤中的各种存在形态,主要取决于 Eh,当土壤的 Eh 高于 270 mV 时,土壤溶液中硒的主要存在形态是 SeO_4^{2-} 和 $HSeO_3^{-}$。在土壤中可以吸附硒的物质中,氧化铁的吸附作用最强;在黏土矿物中,1∶1型的高岭石比2∶1型的蛭石和蒙脱石吸附硒的能力强;而在石灰性土壤中,吸附硒的主要物质是方解石。土壤对硒酸盐的吸附主要是非专性吸附,对亚硒酸盐的吸附则包括专性吸附和非专性吸附,其中非专性吸附硒的生物有效性较高。土壤中的吸附态硒主要是亚硒酸盐。

此外,土壤中的硒有一个特殊的形态转化过程,即甲基化过程,土壤中的无机硒在微生物的作用下,通过好氧或者厌氧过程发生甲基化,可以生成不同形态的甲基化合物。

3. 土壤硒的环境效应

(1)对植物的影响:硒有刺激植物生长、增强植物体抗氧化性、拮抗重金属、抵御逆境和增强植物抗性的作用。植物硒含量主要受土壤硒含量和植物种类影响。通常情况下,土壤硒含量越高,植物体内硒含量也会越高(图5-22)。硒主要以硒代蛋氨酸和硒代半胱氨酸的形式存在。目前硒影响氨基酸组成的主要原因可能是蛋氨酸和半胱氨酸中含有硫元素,硒与硫的吸收相似且代谢途径相同,两者呈竞争关系,因此硒可能会取代含硫氨基酸残基中的硫元素并与其相结合,导致氨基酸和蛋白质含量发生变化。

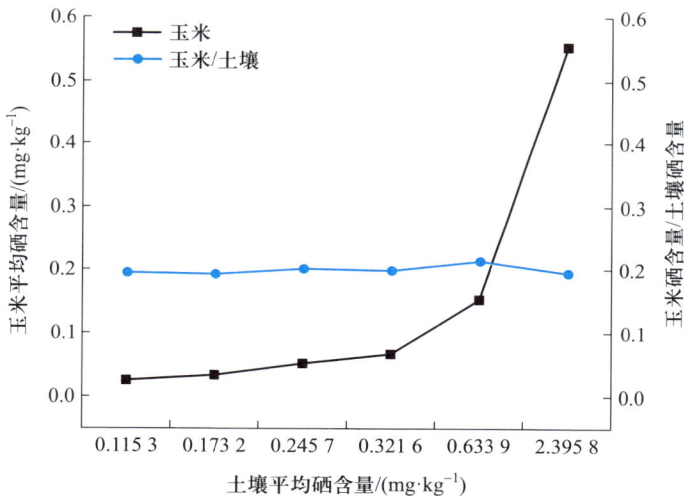

图5-22　不同硒含量土壤的玉米平均硒含量

资料来源:廖彪,2021。

(2)对动物的影响:硒主要存在于动物的肾、肝、胰腺和毛发中,动物肝中硒的含量对饮食中硒水平的变化十分敏感。可溶性含硒盐和硒代氨基酸最容易被动物吸收,而硒化物和一些有机硒则较难被动物吸收,单质硒几乎完全不吸收。硒被动物吸收以后,主要与蛋白质结合,一般以硒代半胱氨酸、硒代蛋氨酸、二甲基硒化合物等形成存在于动物体内。硒对动物的生理功能主要是抗氧化作用、蛋白质合成、辅酶A和辅酶Q的合成等。当动物硒摄入量不足时,会造成缺硒症,主要表现为犊牛白肌病,还会影响动物繁殖。动物对硒摄入量过多时,会有硒中毒的危险,急性硒中毒主要表现为视觉障碍、腹痛,最后瘫痪、呼吸衰竭;而慢性硒中毒主要表现为蹄和角生长障碍、贫血、肝功能障碍等。

(3)对人体健康的影响:硒是人体中红细胞谷胱甘肽过氧化氢酶的组成部分,可以保护细胞膜的稳定性和正常通透性,并对心肌组织的正常功能和代谢有一定的保护作用。人体缺硒会导致克山病和大骨节病（图 5-23）。克山病是一种以心肌损伤为主要病变的地方性心肌病。硒病区人发中的硒含量显著低于非病区人发中的硒含量,主要是由于土壤水溶性硒含量较低导致粮食含硒量低而造成的。大骨节病是一种以发育期儿童软骨变性坏死为主要病理特征的慢性关节畸形病。发病时表现为关节疼痛、肌肉萎缩、运动障碍等。人体含硒量过高时,会引发硒中毒。过量的硒会在体内蓄积,损害肝脏及骨髓功能,阻碍氟的作用引起龋齿病。硒中毒的主要症状表现为食欲减退、肝损害、四肢发麻、牙有黄褐斑导致中枢神经系统和消化功能紊乱、造成贫血等。高硒有致突变作用,导致癌症发生。

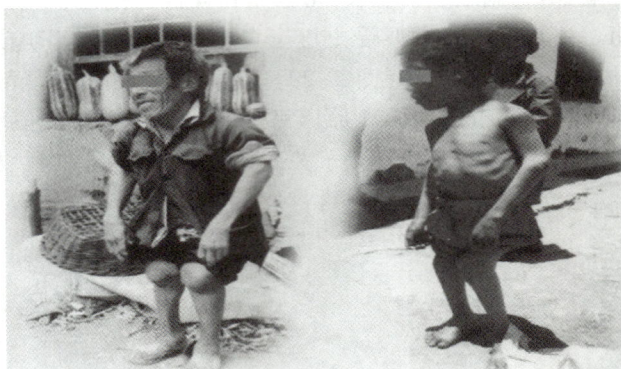

图 5-23　大骨节病

资料来源:王治沦,2019。

二、土壤金属元素循环及其环境影响

（一）土壤钾循环及其环境影响

1. 土壤钾含量与形态

钾是一种银白色、质软、有光泽的金属元素,对动植物的生长和发育起很大的作用,是植物生长的三大营养元素之一。地壳中的钾丰度为 2.59%。土壤中钾的含量由于母质、气候等成土条件不同,差异很大。总体上,从南到北,总钾含量呈现上升的趋势,并在高山地区含量较高,主要是由于其含量与土壤矿物的风化密切相关。总钾含量随着土壤深度的增加而增加,这可能是由于上层土壤中的矿物钾更容易释放和溶出。依据化学组分,钾在土壤中的形态可以分为水溶性钾、交换性钾、非交换性钾、矿物钾。根据植物营养有效性可以分为无效钾、缓效钾和速效钾。

2. 土壤钾循环转化

土壤中钾的循环包括两个方面,一是水溶性钾与交换性钾的固定,二是非交换性钾与矿物钾的释放。

（1）水溶性钾与交换性钾的固定:水溶性钾与交换性钾进入黏土矿物晶层间转化为非交换性钾即称为钾的固定。土壤固定钾通常有三种方式:① 钾离子进入伊利石、蒙脱石和蛭石等 2:1 型黏土矿物的层间,当晶层失水收缩时被固定。② 在蒙脱石、拜来石及过渡性矿物中由于三价铝对四价硅的同晶置换,产生负电荷,可以强烈地束缚钾离子。③ 某些风化而造成缺钾的矿物含有"开放性钾位",可以被钾离子占据,也可以视为钾的固定。

（2）非交换性钾与矿物钾的释放:非交换性钾的释放是指土壤中含钾原生矿物和次生

矿物,在物理化学、生物化学及生物作用下,通过风化作用和分解作用释放钾的过程。矿物钾的释放一般有两种,一是扩散,二是矿物分解。在酸性条件下,金云母和黑云母的分解是钾释放的主要机制;在中性条件下,扩散作用增强。

此外,有学者发现缺钾胁迫环境会诱导植物根系大量分泌柠檬酸、草酸、苹果酸等低分子量有机酸,这些有机酸释放到土壤,通过酸化、配位交换和还原作用活化土壤矿物态钾,促进钾的有效释放。在研究有机酸对土壤速效钾释放的影响(图5-24)时发现,有机酸含量低时,土壤溶液中的氢离子较少,不足以酸化溶解活化缓效钾,土壤钾素活化主要依赖于有机配体的配合作用,但是作用效果较小,随着时间增加和物质消耗,配合作用与酸化作用对土壤钾素的释放差异逐渐减小,最终趋于相等。有机酸含量较高时,不同的有机酸溶液氢离子和有机配体的数量差异较大,当两者数量均较多且酸度高时,活化效果最强。

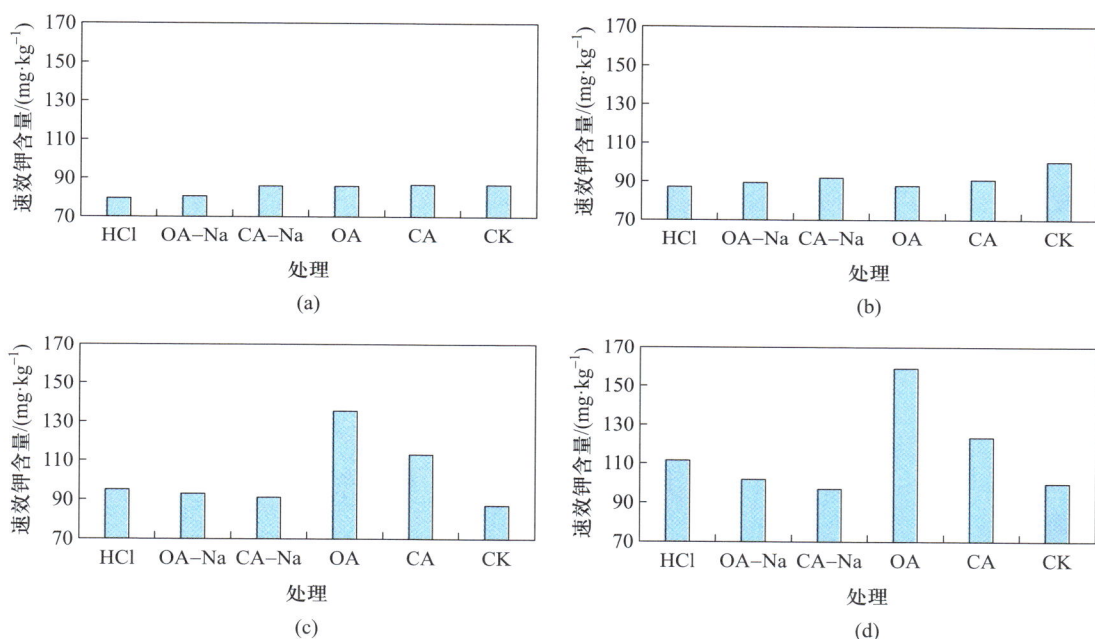

HCl:盐酸;OA-Na:草酸钠;CA-Na:柠檬酸钠;OA:草酸;CA:柠檬酸;CK:空白

图5-24 不同浓度酸溶液处理后的土壤速效钾含量

(a)0.025 mol/L溶液培养3天;(b)0.025 mol/L溶液培养25天;

(c)0.25 mol/L溶液培养3天;(d)0.25 mol/L溶液培养25天

资料来源:何冰等,2015。

3. 土壤钾的环境效应

钾在植物体内无法形成稳定的化合物,通常以离子形态存在。因此钾在植物体内十分地活跃,易流动,再分配的速度很快。钾可以调节植物细胞水势,是构成植物细胞渗透势的重要无机组分。同时,植物体内的钾可以调节气孔运动,有利于植物经济用水。钾还可以调节植物的光合作用,提高CO_2的同化率。此外,钾是植物体内许多酶的活化剂,可以促进植物的新陈代谢,同时可以提高植物的抗逆性。植物缺钾初期会出现生长减缓、叶片呈暗绿色的现象。缺钾严重时会在叶尖或者叶缘出现黄色或褐色斑点或条纹,并逐渐向脉间组织扩散,之后发展为坏死组织。缺钾的植物往往根系发育不良,可能会出现腐烂,植物的种子与果实较小、产量降低、品质变差。

钾对动物和人体是一种重要的微量元素,主要储存在细胞内,与细胞外的钠共同协作起着维持细胞内外正常渗透压和酸碱平衡。同时,钾有助于维持神经和肌肉的正常功能,并对心肌正常运动具有重要作用。缺钾会导致肌肉兴奋性下降,妨碍肌肉的收缩和放松,进而导致精神和体力的下降。当人体钾摄入量不足时,钠会携带大量水分进入细胞内,导致细胞破裂并引发水肿。血液中缺钾还可能导致血糖偏高,导致高血糖症。此外,人体内缺钾会对心脏造成严重伤害。

(二)土壤钙循环及其环境影响

1. 土壤钙含量与形态

钙是银白色轻金属,化学性质活泼。地壳中的钙平均含量为 36.4 g/kg,按含量列为第五位。土壤含钙可以从痕量到 4% 以上,取决于母质、气候及其他成土因素。从岩石风化发育成土壤,所处的成土条件不同,土体中的钙含量可能与成土母质差别极大。在我国热带多雨湿润地区,由于风化和酸性淋溶作用强烈,尽管母岩中钙含量高达 8.84%～36.70%,但土壤中的钙仅为痕量;而在同一地带的干旱、半干旱地区,虽然母岩中氧化钙含量仅为 0.58%,但土体中仍然有 0.1% 的氧化钙。在淋溶作用弱的干旱、半干旱地区,土壤钙含量通常为 10 g/kg,有的高达 100 g/kg 以上,其中以棕漠钙土和灰漠钙土中钙含量最高。有些土壤含游离碳酸钙,这种土壤称为石灰性土壤。

钙素在土壤中的存在形态主要包括:① 水溶态钙,存在于土壤溶液中的钙离子,含量因土而异。② 交换性钙,吸附在土壤胶体表面的钙离子,是土壤中主要的交换性盐基之一,是植物可利用钙。③ 有机态钙,存在于土壤中或者生物体、腐殖质、植物残体和土壤颗粒表面的有机胶结物中。④ 非交换性钙,通常与土壤矿物紧密结合,不易被释放,但能被较低浓度的酸浸提出来。⑤ 矿物态钙,存在于土壤矿物晶格中,不溶于水,也不易为溶液中其他阳离子所代换。

2. 土壤钙循环转化

土壤中的钙可以发生交换吸附、专性吸附,形成配合离子或者生成难溶性沉淀,并且容易发生淋溶损失。土壤含钙矿物容易风化,或者是具有一定的溶解度,使得钙以钙离子的形式进入溶液,其中大部分被淋失,一部分被土壤胶体吸附成为交换性钙,因此矿物是土壤中钙素的主要来源。

土壤中的矿物晶格对钙并没有明显的固定作用,次生黏粒矿物晶格中也很少有钙存在,但在伊利石或者蒙脱石的层间可能会存在一些难交换性钙离子,高岭石晶格中几乎不含钙。钙的另一部分以较为简单的碳酸钙、硫酸钙的形态存在,溶解度较大。硫酸钙通常存在于干旱地区土壤,碳酸钙则只存在于 pH 大于 7.0 的土壤中。

随着外界条件的变化,土壤中钙形态会发生改变。钙形态在土壤中的转化受到土壤条件与施加钙肥种类的影响。水溶态钙和吸附钙转化量为砂壤质>壤质>黏质,而非交换态和非酸溶态钙则与之相反。这可能由于质地黏重的土壤比表面积较大,其发生的土壤反应较为复杂,钙结合形态亦趋复杂化。硝酸钙所转换的非溶态钙组分多于非交换态钙,而硫酸钙则反之。这可能是由于土壤中的硫酸钙解离形成的钙离子和硫酸根离子,易于形成难溶于水的硫酸钙矿物质(如无水硫酸钙),阻碍了其进一步的转化;而硝酸钙所解离的钙离子有较大活性,可形成较多的难溶性含钙物质及发生专性吸附。

3. 土壤钙的环境效应

钙是减少植物病害发生、帮助植物抵抗病原物侵染的一个重要矿质元素,主要表现在:① 维持并提高细胞膜的稳定性,从而减轻病菌的侵染和繁殖;② 有效抑制多聚半乳糖醛酸酶的活性,从而降低病原物的侵染,增强植物的抗病能力;③ 提高植物体内多种酶的活性,从而在提高植物抗病性方面产生间接影响。一般大田作物缺钙的现象并不多见,但在含钙较少的酸性砂质土上,种植需钙多的花生、蔬菜、果树等作物时则需要重视钙的供应。此外在石灰性土壤上的果树、蔬菜有时也会出现缺钙现象。植物缺钙时根系生长受到显著抑制,根短而多,灰黄色,细胞壁黏化,根延长部细胞遭受破坏,以至局部腐烂;幼叶尖端变钩形,呈深浓绿色,新生叶很快枯死;花朵萎缩;核果类果树易得流胶病和根癌病。钙在树体中不易流动,老叶中含钙比幼叶多。有时叶片虽不缺钙,但果实已表现缺钙。苹果苦痘病、梨黑心病、桃顶腐病及葡萄裂果等,都与果实中钙不足有关。

对于动物与人类而言,钙是骨骼、壳质最主要的组成元素,也是各种肌体组织和细胞的活性元素。虽然钙在体内的含量很低,但对于维持肌体内的许多生理生化过程具有重要作用。钙可以增加内分泌腺的分泌,维持细胞膜的完整性和通透性,促进细胞的再生,增强肌体抵抗力。钙浓度过低会引起神经冲动的自动发送而导致动物的惊厥,同时钙对于血液凝固也具有重要作用。人体缺钙会导致骨质疏松、骨质增生、儿童佝偻病等疾病。

(三) 土壤镁循环及其环境影响

1. 土壤镁含量与形态

地壳中镁的平均含量为 21 g/kg,土壤中镁的平均含量为 5 g/kg。由于受到母质、气候、风化程度、淋溶作用和耕作培肥等因素的影响,土壤镁含量的区域性差异较大,在 0.5~40 g/kg 不等,但大多数土壤的含镁量为 3~25 g/kg。我国南方地区土壤全镁含量一般为 0.6~19.5 g/kg,平均为 5 g/kg;北方土壤含镁量一般为 5~20 g/kg,平均为 10 g/kg。从不同母质发育的土壤来看,玄武岩和花岗岩发育的土壤全镁量多在 2 g/kg 以下,浅海沉积物发育的土壤全镁量不足 1 g/kg。另外,有机质含量高的土壤中镁含量高于有机质含量低的土壤。

土壤镁素存在形态主要包括:① 溶液态镁,指土壤溶液中的镁离子。② 交换性镁,被土壤胶体吸附并可以被一般交换剂(如 1 mol/L NH_4Ac)交换出来的镁,一般认为以石灰岩和紫色砂岩发育的土壤交换性镁含量最高;玄武岩、第四纪红土、砂页岩、第三纪红砂岩发育的土壤交换性镁含量中等;以浅海沉积物、花岗岩酸性岩成分高的母质发育的土壤交换性镁含量较低。但具体在某个区域其测定结果可能有差别,如广西不同成土母质发育的土壤交换性镁,以石灰岩和第四纪红色黏土发育土壤镁含量最高,大于 140 mg/kg;而紫色砂页岩所发育的土壤则处于中等程度。一般认为溶液态镁和交换态镁对植物是有效的,合称有效镁,可以被植物吸收利用。我国南方红泥质红壤(有效镁 17.1 mg/kg)、硅质红壤(有效镁 20.0 mg/kg)供镁能力为低;麻砂质红壤(有效镁 44.8 mg/kg)、泥质红壤(有效镁 49.4 mg/kg)、暗泥质发育的砖红壤(有效镁 50.5 mg/kg)供镁能力为中等;棕色石灰土(有效镁 59.3 mg/kg)、水稻土(有效镁 100.8 mg/kg)供镁能力为高。③ 有机态镁,含量很少,平均不到全镁量的 1%。④ 非交换态镁,这部分可以用较低浓度的酸浸提出来的镁叫作非交换性镁,又被称为缓效镁。⑤ 矿物态镁,存在于矿物晶格中的镁,主要包括原生含镁矿物如橄榄石、辉石、角闪石、黑云母和次生含镁黏土矿物如蒙脱石、蛭石和伊利石中的晶格镁和层间镁,占全镁量的70%~90%,是土壤镁的主要来源。

2. 土壤镁循环转化

土壤镁循环主要分为土壤中镁的固定与释放。

土壤镁能被原生矿物如角闪石、黑云母、橄榄石等,次生矿物如绿泥石、蛭石、伊利石、蒙脱石等,及腐殖质吸附和固定。不同次生矿物对镁的吸附能力不同,以拜来石吸附能力最高,其次为蒙脱石和高岭石,伊利石最小。

土壤 pH 会显著影响土壤溶液中镁的浓度。酸性条件下,pH 的减小将伴随着可溶性镁浓度数量级的增长。这可能是由于酸性条件下,进入硅酸盐矿物层间的氢离子或水氢离子能代换出水镁石中的镁;而当 pH 增高时,溶液中的 Mg^{2+} 可能会进入层间,形成水镁石,从而产生镁的固定。另外,pH 上升后,酸性土壤中可能形成一些新的沉淀或无定形的羟基铝聚合物,表面负电荷增加,增强对镁的吸附。

土壤含水量会影响镁的固定。在土壤湿润时,土壤中形成无定形氢氧化物,使镁离子进入溶液中;当土壤干燥时,无定形氧化物单体聚合为水合氧化物,从而形成结晶态氧化物;当土壤老化时,土壤溶液中镁离子聚合在其中,从而造成镁的固定。另一种解释是,土壤中层状硅酸盐矿物的层间在湿润时膨胀,水化镁离子进入层间;在干燥时,由于晶层脱水和收缩使得水化镁离子本身脱水而使镁封闭在层间不易被交换,从而造成镁的固定。

土壤镁素释放是指从非交换态转化为交换态,释放速率随着时间的推移而逐渐减慢。非交换态镁的释放是一个酸溶解过程,原生矿物和次生矿物都能在酸性条件下释放镁。铁镁类矿物如角闪石、橄榄石在碳酸作用下首先会解离出 Ca^{2+}、Mg^{2+} 等。一般以高岭石和伊利石为主要矿物种类的土壤中镁释放量较低,以蒙脱石、蛭石、绿泥石为主要矿物种类的土壤能释放较多镁。另外,化学风化过程中的化学反应往往也会影响镁的释放。

3. 土壤镁的环境效应

镁在植物体内是叶绿素的重要组成成分,是被绿色植物叶绿素 a 和叶绿素 b 的卟啉环所束缚的中心原子,也可以参与光合磷酸化和磷酸化作用。此外,镁也是植物酶的重要组成部分,是植物体内多种酶的活化剂,Mg^{2+} 与 ATP 或 ADP 和酶分子之间呈桥式结合,这样可能有利于键的断裂,促进磷酸化作用,主动参加不同的代谢过程如光合作用、呼吸作用等。

镁在植物体内易移动,植物缺镁首先表现在中下部老叶片上。在双子叶植物上,表现为脉间失绿,并逐步由淡绿色变成黄色或者白色,还会出现大小不一的褐色或者紫红色斑点,但叶脉保持绿色,严重时出现叶片的早衰与脱落。禾本科植物表现为叶基部出现暗绿色斑点,其余部分淡黄色,严重缺镁时,叶片褪色有条纹,叶尖出现坏死斑点。实验研究也发现,施加镁肥不但可以增加白菜产量,还可以有效减轻白菜叶斑病。

对于动物与人体而言,镁是正常生命活动及代谢过程必不可少的元素。机体内的镁素可以参与能量代谢、蛋白质和核酸的合成,影响细胞内酶的活性,同时参与维持基因组的稳定性等细胞功能。

(四) 土壤铝循环及其环境影响

1. 土壤铝含量与形态

铝在地壳和土壤中的含量仅次于氧和硅,是土壤中含量最为丰富的金属元素,约占地壳元素总量的 7.1%。在自然界中,铝通常以难溶的硅酸盐或者氧化铝的形式存在于一系列含铝矿物中,如云母、长石、蒙脱石等。由于矿物的结构不同,其铝含量和抗风化能力也不尽相同。矿物中铝的含量直接影响土壤中铝的含量。

通常而言,铝在土壤溶液中与其他元素及一定量有机质形成复杂的混合物和化合物,从而使铝在土壤中的存在形态十分复杂。其形态主要包括:① 水溶性铝,指存在于土壤溶液中的铝,主要受 pH 影响。在 pH 小于 5 时,土壤溶液中的铝主要以 Al^{3+} 的形式存在;随着土壤溶液 pH 的上升,其存在形态逐渐以 $Al(OH)^{2+}$、$Al(OH)_2^+$ 为主;当 pH 接近中性时,则以固态氢氧化铝的形式存在;在碱性土壤中,以 $Al(OH)_4^-$ 或者铝酸盐的形式存在。② 交换性铝,指吸附在土壤颗粒表面的铝。③ 活性羟基铝,指溶液中铝被强碱中和时产生的羟基铝和聚合羟基铝;④ 有机络合态铝,与有机物相结合的铝。一般来说土壤交换性铝和水溶性铝是高活性铝,对植物生长的影响最大,是导致植物铝中毒最主要的原因,而有机络合态铝则减弱了铝在土壤中的移动性,同时降低了其对生物的毒性。

2. 土壤铝循环转化

原生矿物与次生矿物中的铝经风化作用与酸性物质的溶蚀作用,释放到土壤中。人为因素和天然酸性物质对含铝矿物的溶蚀作用,也可以使土壤和水体环境中的沉积物和悬浮物释放出交换性铝,形成有机络合态铝。土壤中的铝经水解、聚合、络合、沉淀和结晶等反应,转化为不同结构、性质和形态的铝,包括从水溶态铝到结构态铝的各种存在形态,其中仅部分是游离态铝。

土壤中氧化物及氢氧化物矿物中的铝与土壤溶液中的铝通常处于平衡状态,三价铝离子的活性随 pH 变化而变化。铝离子具有两性化学特性,土壤溶液中的铝离子首先生成水合铝络合离子,之后会在土壤溶液中发生一系列的水解反应,释放氢离子,导致土壤溶液 pH 降低。土壤溶液中的单体羟基铝离子具有强烈的聚合倾向,易发生聚合反应生成二聚体、低聚体及高聚体等多种聚合形态。该过程受到土壤溶液 pH 的控制,最终会形成氢氧化铝的无定形沉淀物。此外铝离子可以同土壤中其他阴离子及天然有机配体(如富里酸、多酚类等)络合,增加铝在土壤溶液中的溶解度。但也有学者研究发现,添加不同浓度的茶多酚对土壤中活性铝和络合铝含量并没有显著的影响,这可能是由于茶多酚对铝的络合能力有限或是由于土壤对 pH 的缓冲能力阻碍了茶多酚对铝形态的影响(图 5-25)。

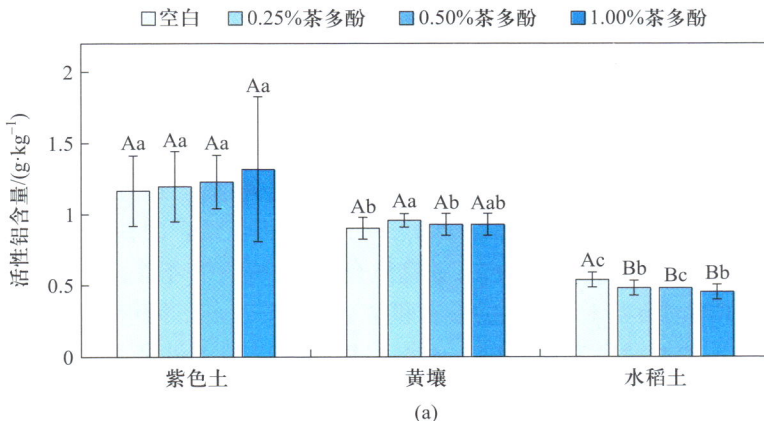

(a)

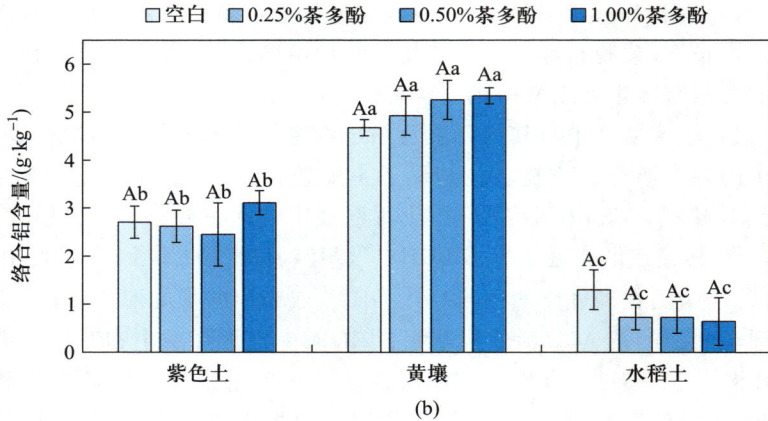

图 5-25 茶多酚浓度对土壤活性铝和络合铝含量的影响

（a）茶多酚浓度对土壤活性铝含量的影响；（b）茶多酚浓度对土壤络合铝含量的影响

资料来源：母媛，2016。

不同大写字母表示同一土壤不同茶多酚浓度间差异性显著（$P<0.05$），不同小写字母表示
同一茶多酚浓度不同土壤间差异性显著（$P<0.05$）

3. 土壤铝的环境效应

土壤铝素的环境效应与酸雨、土壤酸化、铝毒效应密切相关。酸雨使土壤酸化，土壤中各种形态的铝发生溶解，成为可溶性铝进入土壤溶液，从而对植物生长产生危害。

铝可以在植物体内移动，但移动性很小。植物体内铝过量时，会抑制有丝分裂与 DNA 的合成，破坏膜结构和功能，影响植物体内酶的活性，阻碍离子通道，从而对植物产生直接或者间接的毒害作用。由于植物吸收的铝主要分布在植物根内，只有极少量的铝会被转移至地上部分，因此铝对植物根系的危害最为严重。

动物体内铝含量过高会扰乱或者破坏生物的正常代谢活动，降低其血磷、进食量等，还会造成骨质疏松、小细胞性贫血。对于人体而言，铝含量过高会沉积在大脑造成脑损伤与记忆力衰退，抑制骨细胞的活性和骨的基质合成，以及造成非缺铁性贫血等。

（五）土壤铁循环及其环境影响

1. 土壤铁含量与形态

铁在地球上具有广泛的分布，约占地壳质量的 5.1%，在元素分布序列中位列第四位，仅次于地壳中的氧、硅、铝。土壤中的铁含量变化很大，一般含量为 1%~4%，部分土壤铁含量可以高达 5%~25%。土壤中的铁大多数以铁的硅酸盐矿物形态存在，岩石和矿物风化释放的铁可以沉淀为氧化物或氢氧化物，少量的铁存在于土壤有机质和次生矿物中。

依据选择性溶解法可以将铁分为游离态铁（Fe_d，土壤发生过程中形成的次生铁氧化物）、活性铁（Fe_o，无定形铁氧化物）及络合铁（Fe_p，与有机质结合的铁）。也有学者将土壤中的铁分为水溶态、离子交换态、碳酸盐态、铁锰结合态、腐殖酸结合态、强有机结合态及残渣态 7 种形态，并调查了不同类型土壤中铁的形态和含量（表5-7）。不同的土壤类型，因理化性质的差异，各种形态铁的含量也有所不同。水溶态铁含量以碱土最高，淡黑钙土最低；离子交换态铁、碳酸盐态铁和铁锰结合态铁含量以碱土最高，草甸土最低；腐殖酸结合态铁含量以风沙土最高，草甸土最低；强有机结合态铁含量以淡黑钙土最高，碱土最低；残渣态铁含量以草甸土最高,碱土最低。

表 5-7　不同类型土壤中铁的形态和含量

铁形态	草甸土/ (mg·kg^{-1})	风沙土/ (mg·kg^{-1})	碱土/ (mg·kg^{-1})	淡黑钙土/ (mg·kg^{-1})
水溶态	4.983	14.874	16.934	4.328
离子交换态	2.341	3.208	3.307	2.478
碳酸盐态	8.773	153.230	436.500	132.451
铁锰结合态	190.633	299.600	374.200	296.446
腐殖酸结合态	609.033	1 249.386	901.019	868.019
强有机结合态	102.417	101.650	72.800	103.573
残渣态	11 992.667	9 848.286	8 657.533	10 627.757

资料来源:梁硕等,2016。

2. 土壤铁循环转化

铁元素具有多种价态,在自然界中既可以被氧化,也可以被还原。土壤中的三价铁可以被酚类还原为二价铁,同时将酚类氧化为酸。二价铁又可以重新被氧化,形成的三价铁则同剩余的酚类化合物形成配合物或发生还原反应。这些反应主要发生在无光的黑暗土壤中,当铁和还原态碳接受太阳光能时也可以发生。土壤中的铁在发生氧化和碱性反应时,会促使铁沉淀;在发生还原和酸性反应时,则会促使铁溶解。一般情况下,释放出的铁会迅速沉淀为氧化物和氢氧化物。这些铁的氧化物和氢氧化物可以形成小的颗粒或者与矿物表面结合,在富含有机物的土壤中主要以螯合物的形态存在。

近期研究表明,微生物对铁的转化也有一定的影响(图 5-26)。微生物的异化还原是厌氧环境中铁氧化物生物转化的主要形式,是一种以 Fe(Ⅲ)作为终端电子受体的微生物代谢过程,异化还原的产物为 Fe(Ⅱ)。土壤中广泛分布的铁还原细菌对铁的还原起着重要作用,尽管 Fe(Ⅲ)在近中性条件下很难溶解,但是 Fe(Ⅲ)仍然是主要的电子受体。Fe(Ⅲ)还原细菌可以通过五种方式实现电子从细胞到难溶电子受体表面的转移(图 5-26):① 通过铁螯合剂分泌和释放来增加 Fe(Ⅲ)的溶解;② 细胞表面附属物与 Fe(Ⅲ)的黏附作用;③ 铁还原酶和细胞色素参与的与含铁矿物的直接互相作用;④ 电子穿梭子协助从细胞到 Fe(Ⅲ)的电子转移;⑤ 依靠生物膜中存在的辅酶因子实现与含铁矿物的互相作用。

土壤中铁的形态转化受到酸度、水分、温度、碳酸钙、有机质、磷酸盐和重金属的影响。这些因子通过控制土壤的氧化还原电位、氧化铁的水化和脱水,进而调控铁循环。

3. 土壤铁的环境效应

铁在土壤结构形成中起着重要的胶结作用。土壤在形成过程中进行着多种化学和生物化学反应,其中氧化还原反应占有重要地位。季节性渍水导致氧化还原交替进行,使土壤剖面的氧化还原状况产生差异,从而形成了土壤层次的分化。其标志之一是富含铁、锰的还原淋溶层和氧化淀积层。湿地土壤剖面中的黑色或灰色层次表明了有机质的累积和铁氧化物的还原,具有锈纹、锈斑的层次表明了湿地土壤中的铁被氧化、发生移动或局部淀积,这些层次对地下水的波动具有指示性作用。土壤中铁的含量及其转化对土壤结构的形成十分重要,在湿地土壤中由于其经常受干湿交替的影响,氧化铁的老化和活化频繁交替,对维持土壤结构良好十分重要。

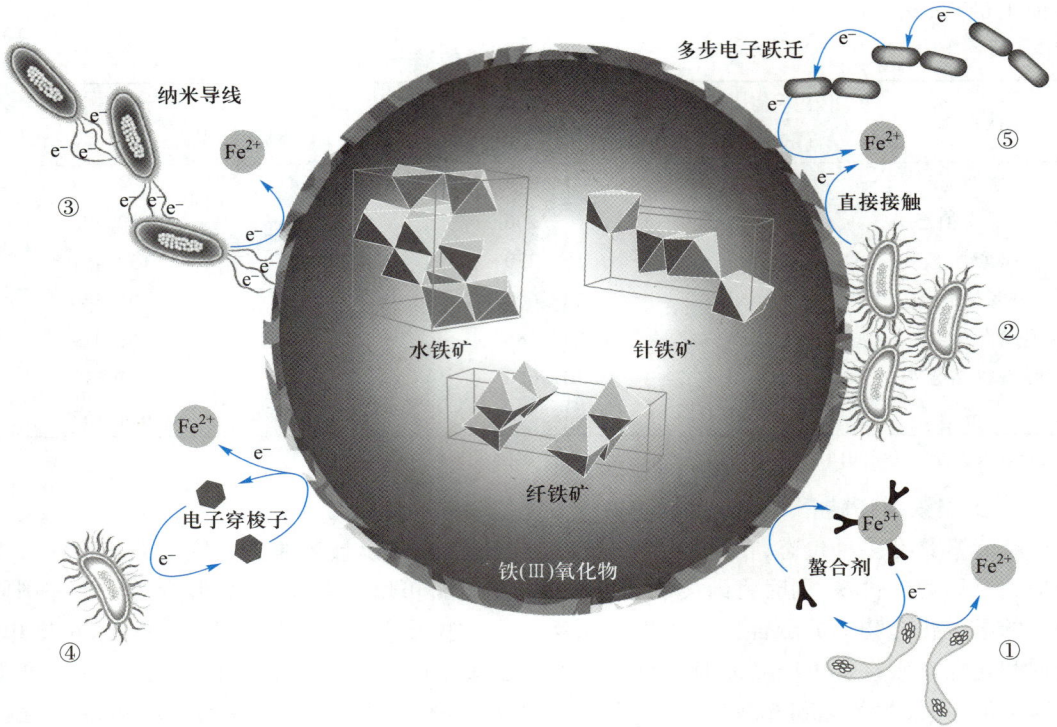

图 5-26   微生物到矿物的电子传递机制

资料来源：陈蕾等，2016。

铁在植物体内可以形成螯合物，铁离子在植物体内有价态变化，这两个特征使得铁具有许多重要的生理功能。虽然铁不是叶绿素的成分，但会影响叶绿素前体物的合成继而影响叶绿素的合成。铁可以通过电子传递链直接参与光合作用，植物体内的铁有 80% 集中在叶绿体内。同时，铁也是固氮酶的主要成分，与呼吸作用有关的酶均含铁，因而铁会直接影响呼吸作用。当植物缺铁时，会表现为缺铁症，首先出现在幼嫩部位，在叶片上表现最典型的症状为失绿症（图 5-27）。

图 5-27   葡萄缺铁

资料来源：于会丽，2020。

彩图 5-27

铁对动物和人体健康同样具有重要的影响,是最早被证实与动物和人健康有关的微量元素之一。在动物体中,铁含量约为 40 mg/kg,许多不同种的动物的血红蛋白所含有的铁是相近的。缺铁会使人患贫血病,尤其是孕妇和儿童更容易发生缺铁性贫血。

专栏 5-5　植物对硒的吸收转化

硒是动物和人体生长发育所必需的痕量营养元素,一直以来被誉为"生命火种",参与人体 20 多种蛋白质的合成,在增强人体免疫力、预防癌症、心脑血管疾病等方面具有积极的作用。植物类农产品中吸收累积的硒是人体补充硒素的重要来源,而土壤中硒的生物有效性决定了植物吸收累积硒的多少,土壤有效硒越多越有利于植物对硒的吸收。目前发现植物主要吸收三种形态的硒。

(1)硒酸盐。硒酸盐在氧化性和碱性土壤中较为常见,且生物有效性较高。硒酸盐是硫酸盐的化学类似物,因此可以通过硫酸盐转运蛋白通过主动吸收进入根细胞并在整个植物中转运。

(2)亚硒酸盐。亚硒酸盐在大多数土壤中的生物可利用性通常低于硒酸盐,因为亚硒酸盐容易被铁和铝的氧化物/氢氧化物及黏土和有机物强烈吸附。有研究发现,亚硒酸盐主要通过磷转运蛋白转运被植物吸收,是一种能量驱动的主动吸收,因此减少磷酸盐的添加能够显著促进植物对亚硒酸盐的吸收。这表明亚硒酸盐与磷酸盐共用同一个蛋白通道,它们之间存在竞争吸收关系。植物对亚硒酸盐的代谢转化通路尚不明确,但是目前多数学者认为其代谢转化通路和硒酸盐相同。

(3)含硒有机物。有机硒肥的施用能够显著增加作物中硒的累积。植物能够吸收有机硒,如硒代蛋氨酸(SeMet)和硒代半胱氨酸(SeCys)等。大多数植物对有机硒的吸收利用率要显著高于亚硒酸盐和硒酸盐。到目前为止,植物吸收有机硒的具体机制尚不明确。有研究推测植物可能通过根系的蛋氨酸转运蛋白吸收硒代蛋氨酸,也有学者推测水稻根系可能通过水通道被动吸收硒代蛋氨酸,通过水通道和钾离子通道共同参与主动吸收硒代蛋氨酸氧化物。

习题与思考题

1. 土壤碳素组成包括哪些组分?

2. 土壤碳素循环包括哪些过程?

3. 土壤中氮素的来源主要有哪些路径?

4. 土壤氮素损失会引发哪些环境问题?

5. 请叙述土壤磷素的吸附固定过程。

6. 概述土壤磷素损失造成的环境效应。

7. 简述土壤硫素氧化过程。

8. 土壤中过量的氟、碘、硒会引发哪些地方病?

9. 土壤固定钾有哪几种方式?

10. 土壤微生物会参与哪些元素循环过程?

11. 在北美洲的墨西哥湾中有一片面积为 20 015 km² 的神秘水域,其中除了茂盛的水藻之外没有任何生物,即使刚刚投入的鱼类也会立即逃离这片水域。那些总是空网而归而失望至极的渔民们干脆称之为"死亡水域"。那么"死亡水域"形成的真正原因是什么呢? 多年来,人们作出了种种猜测:有人认为水域中有水怪存在,也有人怀疑是有外星人在作祟。但美国政府公布的研究报告指出,造成"死亡水域"的真正罪魁是上游的密西西比河从沿岸的农田和养殖场带来的氮肥残渣。请据此进一步解释"死亡水域"形成的原因,并对如何治理"死亡水域"提出建议。

12. 请从土壤元素循环的角度论述人类农耕行为对环境产生了哪些不利影响,为避免这些环境问题可以采取哪些措施?

主要参考文献

[1] 陈怀满. 环境土壤学 [M]. 3 版. 北京:科学出版社,2018.

[2] 陈蕾,张洪霞,李莹,等. 微生物在地球化学铁循环过程中的作用 [J]. 中国科学:生命科学. 2016,46(09):1069-1078.

[3] 陈书涛,胡正华,张勇,等. 陆地生态系统土壤呼吸时空变异的影响因素研究进展 [J]. 环境科学,2011,32(08):2184-2192.

[4] 杜云鸿,谢文霞,杜慧娜,等. 湿地生态系统还原性硫气体自然释放研究 [J]. 地球与环境,2016,44(2):231-236.

[5] 何冰,薛刚,张小全,等. 有机酸对土壤钾素活化过程的化学分析 [J]. 土壤,2015,47(01):74-79.

[6] 胡宏祥. 环境土壤学 [M]. 合肥:合肥工业大学出版社,2013.

[7] 黄昌勇. 土壤学 [M]. 3 版. 北京:中国农业出版社,2010.

[8] 黄正瑜,田雅云,冯楠楠,等. 甲状腺肿大案 [J]. 中国针灸,2019,39,94-95.

[9] 李书田,林葆,周卫. 土壤硫素形态及其转化研究进展 [J]. 土壤通报,2001,32(3):132-135.

[10] 梁硕,李月芬,汤洁,等. 吉林西部土壤铁形态分布及其与土壤性质的关系研究 [J]. 世界地质,2016,35(02):593-600.

[11] 廖彪. 玉米硒含量与土壤硒含量的相关性 [J]. 贵州农业科学,2021,49(1):34-37.

[12] 刘崇群. 中国南方土壤硫的状况和对硫肥的需求 [J]. 磷肥与复肥,1995(03):14-18.

[13] 刘俐,周友亚,宋存义,等. 模拟酸雨淋溶下红壤中盐基离子释放及缓冲机制研究 [J]. 环境科学研究,2008,21(2):49-55.

[14] 刘新展,贺纪正,张丽梅. 水稻土中硫酸盐还原微生物研究进展 [J]. 生态学报,2009,29(8):4455-4463.

[15] 骆亦其. 土壤呼吸与环境 [M]. 北京:高等教育出版社,2006.

[16] 禄兴丽,廖允成. 不同耕作措施对旱作夏玉米田土壤呼吸及根呼吸的影响 [J]. 环境科学,2015,36(06):2266-2273.

[17] 孟庆飞,张甲第,孟箭. Opalescence 皓齿美白联合 ICON 渗透树脂治疗氟斑牙的疗效观察 [J]. 口腔医学研究,2017,33,987-990.

[18] 母媛,袁大刚,兰永生,等. 茶多酚浓度对土壤 pH、酚酸及铁铝形态转化的影响 [J]. 土壤通报,2016,47(04):954-958.

[19] 彭兆弟,李胜生,刘庄,等. 太湖流域跨界区农业面源污染特征 [J]. 生态与农村环境学报,2016,32(03):458-465.

[20] 秦伟,陆欢欢,王芳,等. 太湖流域典型农田系统土壤中磷的流失 [J]. 江苏农业科学,2012,40(06):321-323.

[21] 王永壮,陈欣,史奕. 农田土壤中磷素有效性及影响因素 [J]. 应用生态学报,2013,24(01):260-268.

［22］王治伦.硒与大骨节病关系研究［J］.中国地方病防治杂志,2019,34,494-500.

［23］吴启堂.环境土壤学［M］.北京:中国农业出版社,2011.

［24］谢平.蓝藻水华及其次生危害［J］.水生态学杂志,2015,4,1-13.

［25］许中坚,刘广深,王红宇,等.氟污染对土壤胶体稳定性影响的研究［J］.中国环境科学,2002,22(3):218-221.

［26］于会丽,徐国益,申公安,等.葡萄缺铁及矫正［J］.果农之友,2020,4,34-36.

［27］张乃明.环境土壤学［M］.北京:中国农业出版社,2013.

［28］赵琼,曾德慧.陆地生态系统磷素循环及其影响因素［J］.植物生态学报,2005,29(1):153-163.

［29］周志红,李心清,邢英,等.生物炭对土壤氮素淋失的抑制作用［J］.地球与环境,2011,39(02):278-284.

［30］朱永官,王晓辉,杨小茹,等.农田土壤 N_2O 产生的关键微生物过程及减排措施［J］.环境科学,2014,35(02):792-800.

［31］Canfield D E,Giazer A N,Falkowski P G. The evolution and future of earth's nitrogen cycle［J］. Science, 2010,330(6001):192-196.

［32］Cordell D,Drangert J.-O,White S. The story of phosphorus:global food security and food for thought［J］. Global Environmental Change-human And Policy Dimensions,2009,19,292-305.

［33］Eswaran H,Event V D B,Paul R. Organic carbon in soils of the world［J］. Soil Science Society of America Journal,1993,57:192-194.

［34］Gabriela I,Jacobo A,Jonathan N,et al. Biological nitrification inhibition by rice root exudates in two different soils of Uruguay［J］. Acta Agriculturae Scandinavica,Section B—Soil & Plant Science,2021,71 772-782.

［35］Heredia M C,Kant J,Prodhan M A,et al. Breeding rice for a changing climate by improving adaptations to water saving technologies［J］. Theoretical and Applied Genetics,2021,135,17-33.

［36］Li Z P,Han F X,Su Y,et al. Assessment of soil organic and carbonate carbon storage in China［J］. Geoderma, 2007,138(1-2):119-126.

［37］Muyzer G,Stams A J M. The ecology and biotechnology of sulphate-reducing bacteria［J］. Nature Reviews Microbiology,2008,6(6):441-454.

［38］Post W M,Emanuel W R,Zinke P J,et al. Soil carbon pools and world life zones［J］. Nature,298:156-159.

深入阅读资料

［1］陈怀满.环境土壤学［M］.3版.北京:科学出版社,2018.

［2］黄昌勇.土壤学［M］.3版.北京:中国农业出版社,2010.

［3］Canfield D E,Giazer A N,Falkowski P G. The evolution and future of earth's nitrogen cycle［J］. Science, 2010,330(6001):192-196.

［4］Daims H,Lebedeva E V,Pjevac P,et al. Complete nitrification by Nitrospira bacteria［J］. Nature,2015,528 (7583):504-509.

［5］Johnson D B,Hallberg K B. Acid mine drainage remediation options:a review［J］. Science of The Total Environment,2005,338(1-2):3-14.

［6］Ravikumar D,Zhang D,Keoleian G,et al. Carbon dioxide utilization in concrete curing or mixing might not produce a net climate benefit［J］. Nature Communications,2021,12:855.

［7］Sheoran A S,Sheoran V. Heavy metal removal mechanism of acid mine drainage in wetlands:a critical review ［J］. Minerals Engineering,2006,19(2):105-116.

［8］Spivak A C,Sanderman J,Bowen J L,et al. Global-change controls on soil-carbon accumulation and loss in coastal vegetated ecosystems［J］. Nature Geoscience,2019,12(9):685-692.

［9］ Xia J,Chen J,Piao S,et al. Terrestrial carbon cycle affected by non-uniform climate warming ［J］. Nature Ge-
　　　oscience,2014,7(3):173-180.
［10］ Yuan Z,Jiang S,Sheng H,et al. Human perturbation of the global phosphorus cycle:changes and conse-
　　　quences ［J］. Environmental science & technology,2018,52(5):2438-2450.

第六章　土壤污染与环境容量

土壤是经济社会可持续发展的物质基础,关系人民群众身体健康和美丽中国建设,保护土壤环境是推进生态文明建设和维护国家生态安全的重要内容。随着工业化、城市化、农业集约化的快速发展,大量污染物通过多种途径进入土壤系统,并在自然因素的作用下汇集、残留于土壤环境中,造成土壤污染。土壤污染往往比较隐蔽,需要通过土壤样品分析、农产品检测,甚至人畜健康的影响研究才能确定,被形象地称作看不见的污染。日本"痛痛病"事件、美国"拉夫"运河事件等严重的土壤污染事件无不警示着人们要重视土壤环境保护。本章将介绍土壤污染定义、土壤环境背景值、土壤环境容量等。

第一节　土　壤　污　染

一、土壤污染定义

土壤污染是指由于自然原因或人为活动产生的污染物质,通过各种途径进入土壤,积累到一定程度,超过土壤本身的自净能力,破坏了自然动态平衡,从而导致土壤的组成、结构和功能发生变化,土壤质量下降的现象。

当前,我国土壤环境状况总体不太乐观,部分地区土壤污染较为严重,已成为中国式现代化建设的突出短板之一。2005年4月至2013年12月,环境保护部会同国土资源部开展了首次全国土壤污染状况调查。结果显示,全国土壤总的点位超标率为16.1%(图6-1),其中轻微、轻度、中度和重度污染点位比例分别为11.2%、2.3%、1.5%和1.1%;从污染分布情况看,南方土壤污染重于北方;长江三角洲、珠江三角洲、东北老工业基地等部分区域土壤污染问题较为突出,西南、中南地区土壤重金属超标范围较大;镉、汞、砷、铅4种无机污染物含量分布呈现从西北到东南、从东北到西南方向逐渐升高的态势。土壤污染已对我国生态环境质量、食品安全和社会经济持续发展构成严重威胁。土壤污染给农产品、人类和生态系统造成的危害如下几方面。

(1)土壤污染影响农产品的产量和品质,导致严重的经济损失。农作物吸收、富集某种污染物,影响农产品质量并造成减产,给农业生产带来巨大的经济损失。

(2)土壤污染危害人体健康和人居环境安全。土壤污染使污染物在农作物中积累,并通过食物链富集,最后进入人体,危害人体健康。住宅、商业、工业等建设用地土壤污染还可能通过呼吸和接触等多种方式给有关人群造成长期的危害。

(3)土壤污染威胁生态环境安全。土壤污染影响植物、土壤动物(如蚯蚓)和微生物(如根瘤菌)的生长和繁殖,不利于土壤养分转化和肥力保持,影响土壤的正常功能。土壤中的污染物可能发生迁移转化进而影响其他环境介质,如农田污水和生活污水中的 N、P 等营养物质会随土壤水流向湖泊、内海等水体,使水体发生富营养化,引起藻类等水生生物过度繁殖,破坏生态环境。

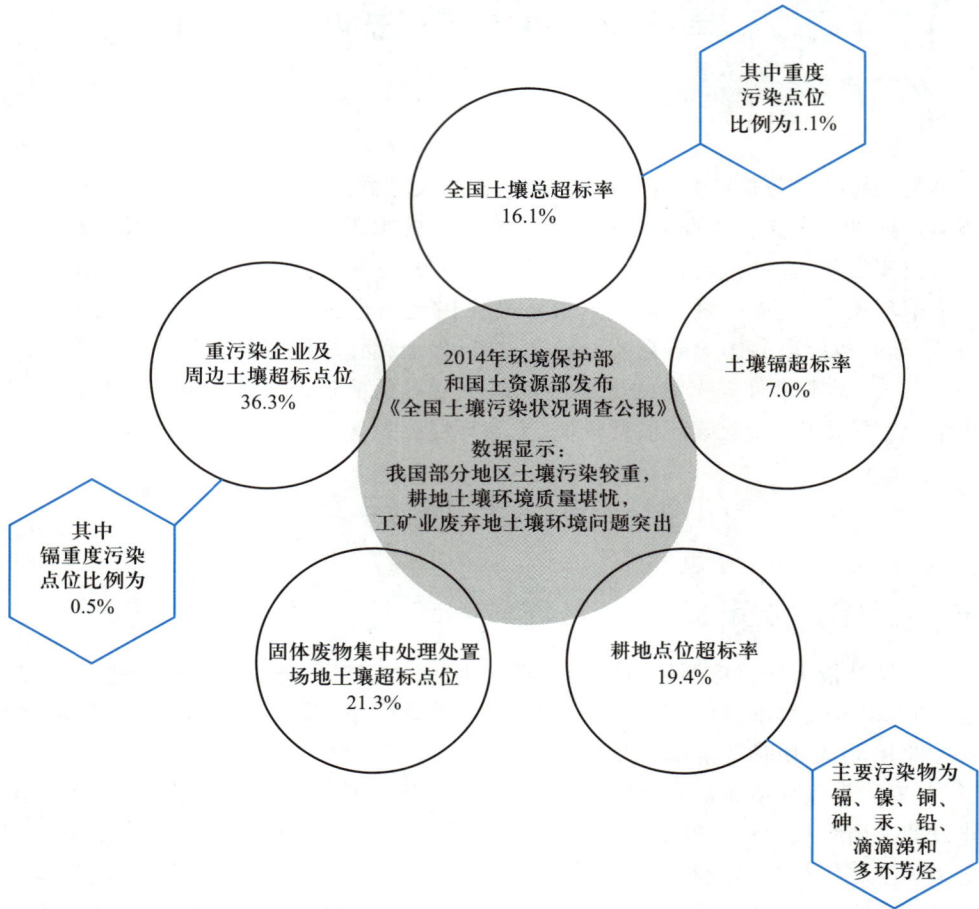

图 6-1　从数字看我国土壤污染现状

二、土壤污染物及污染源

（一）土壤污染物

土壤污染物是指进入土壤并引起土壤化学、物理、生物等方面特性改变,进而影响土壤功能和有效利用,危害公众健康或破坏生态环境的物质。土壤污染物一般可以分为无机污染物、有机污染物、生物污染物、放射性污染物和新型污染物等。我国土壤污染物以无机污染物为主,有机污染物次之,无机污染物超标点位数占全部超标点位的 82.8%。下面主要介绍无机污染物、有机污染物和生物污染物。

1. 无机污染物

自然过程（地壳变迁、火山爆发、岩石风化等）和人为活动（生产和消费活动）均可使无机污染物进入土壤环境。由于地质和土壤过程,重金属、放射性核素、石棉等无机污染物自然存在于土壤中,不受人为影响。而采矿、冶炼、机械制造、建筑、化工等行业则可导致大量的无机污染物进入土壤。土壤中的无机污染物可分为金属类和非金属类。

（1）金属类

土壤重金属污染是指由于人类活动使金属进入土壤中,致使土壤中重金属含量明显高于原有含量,并造成生态环境质量恶化的现象。最常见的土壤重金属污染物是 As、Cd、Cr、Cu、Hg、Pb、Ni、Zn 等。虽然 Fe、Cu、Zn、Mn、Ni、B、Se 和 Mo 是土壤微生物、植物和动物必需的微量营养元素,但在强还原条件下,Fe、Mn 的毒害作用亦应引起足够重视。

由于重金属在土壤中移动性差、滞留时间长,且不能被微生物降解,土壤一旦遭受重金属污染,其自然净化和人工治理都十分困难。不同重金属离子的形态和输入量将直接影响重金属在土壤中的迁移、转化及植物效应。

一些常见的土壤无机污染物的主要来源见表 6-1。

表 6-1 常见的土壤无机污染物及其来源

土壤无机污染物	主要来源
镉	冶炼、电镀、染料等工业废水、污泥,含镉废气,肥料
铜	冶炼、铜制品生产等废水,含铜农药
铬	冶炼、电镀、制革、印染等工业废水、污泥
汞	制碱、汞化物生产等工业废水,含汞农药,金属汞蒸气
砷	含砷农药,硫酸、化肥、医药、玻璃等工业废水、污泥
铅	冶炼、颜料等工业废水、污泥,农药
锌	冶炼、镀锌、炼油、染料工业废水、污泥
镍	冶炼、电镀、炼油、染料工业废水、污泥
氟	氟硅酸钠、磷酸及磷肥生产等工业废水
盐碱	纸浆、纤维、化学工业等废水
酸	硫酸、石油化工、酸洗、电镀等工业废水

（2）非金属类

非金属类无机污染物主要是指含量超标会对土壤理化特性造成不良影响的酸、碱、盐类等物质。

我国土壤 pH 大多在 4.5～8.5,由南向北 pH 递增。酸碱类物质会影响土壤 pH,不同植物有各自适宜的 pH 生长环境,大多数植物在 pH>9.0 或<2.5 的情况下都难以生长。土壤 pH 还会影响土壤溶液中各种离子的浓度,影响各种元素对植物的有效性。我国碱土和碱化土壤的形成,大部分与土壤中碳酸盐累积有关,因而碱化度普遍较高,严重的盐碱土壤地区植物几乎不能生存。

（3）放射性物质

人类活动排放出的放射性污染物可通过多种途径污染土壤,如放射性废水排入土壤、大气中的放射性物质沉降、科研用的放射性固体废物处置后埋藏在地下、核企业的放射性排放事故等,使土壤放射性水平高于天然本底值或超过国家规定标准而造成土壤污染。

放射性污染物是指各种放射性核素,如具有放射性 α、β 粒子和 X、γ 射线的物质。放射性物质进入土壤后能在土壤中积累,形成潜在的威胁。高浓度的放射性铯-137 能通过食物链进入人体,可造成人体内照射损伤,发生癌变。我国伴生放射性矿开发区主要分布在湖南、广东、广西、江西、云南、贵州、内蒙古等区域。

2. 有机污染物

有机污染物包括天然有机污染物和人工合成有机污染物。土壤天然有机污染物除了土壤母质的风化作用外,还可能来自其他自然过程,如森林火灾后大气沉降。人工合成有机污染物主要包括农药、矿物油类、废塑料制品、有机卤代物等。有机物根据是否含有卤素可分为卤代物和非卤代物,又可按照烃基结构特征分为脂肪族化合物和芳香族化合物。脂肪族化合物按照烃基可以分为饱和化合物、不饱和化合物,如烯烃类、烷烃类、醇类、醚类、酮类、醛类、酯类等。芳香族化合物是具有芳香性苯环或杂环的碳氢化合物,可分为单环芳烃和多环芳烃(PAHs)两类。

有机污染物可危及农作物的生长和土壤生物的生存。人类接触污染土壤后,严重时可出现皮疹、头晕、恶心等症状。相比于重金属和放射性核素等无机污染物,有机污染物有多种异构体,污染物体系庞大,其持久性和迁移能力使其分布具有广泛性,主要集中在工业区。一些常见的土壤有机污染物的主要来源见表6-2。我国大面积轻微有机污染主要分布在农业地区,尤其是黄淮海平原、山东半岛、长江中下游地区、四川盆地、湘江流域、江汉平原与洞庭湖周边;小面积较重污染主要分布在东南沿海、京津冀、辽中南城市群、长江三角洲与珠江三角洲等重要经济区。土壤中有机污染物主要可分为农药、石油类污染物和新型污染物。

表 6-2　常见的土壤有机污染物及其来源

土壤有机污染物	主要来源
酚类	炼油、合成苯酚、橡胶、化肥农药生产等工业废水
石油	石油开采、炼油厂、输油管道的漏油
有机农药	农业生产及使用
多氯联苯类	人工合成品及生产工业废气废水、变压器油、电子垃圾
多环芳烃	石油、炼焦等工业废水

（1）农药

农药是各种杀菌剂、杀虫剂、杀螨剂、除草剂和植物生长调节剂等农用化学制剂的总称,其品种繁多,且大多为有机化合物。目前大量使用的农药有50多种,按化学结构可分为有机氯、有机磷、氨基甲酸酯、拟除虫菊酯、脲类化合物、醚类化合物、酚类化合物、苯氧羧酸类、苯甲酸类、有机金属化合物类以及新烟碱类等。近年来,新烟碱类杀虫剂因为对那些对传统杀虫剂已产生抗药性的害虫具有良好的活性,是取代那些对哺乳动物毒性高、有残留和环境问题的有机磷类、氨基甲酸酯类、有机氯类等高毒高残留杀虫剂的较好药剂之一。但是随着世界范围内广泛、大量、频繁地使用新烟碱类杀虫剂,其作为新型农药类污染物所造成的生态环境问题开始凸显。

农药对农田土壤的污染程度与土壤质地、农药使用量及类型、作物种类有关。通常农药的溶解度越大,越容易被作物吸收。人类食用含有残留农药的各种食品后,有毒有害物质在人体内经过长期积累会引起内脏机能受损,使肌体的正常生理功能发生失调,造成慢性中毒,影响身体健康,引起致畸、致癌、致突变的"三致"问题。通常,农药在土壤中的残留时间可作为农药残留性的指标之一,见表6-3。影响农药在土壤中残留的因素包括温度、土壤质地、水分含量、有机质含量和耕作制度等。例如,六六六残留水平依次是果园土壤>棉田土壤>牧草土壤>蔬菜土壤>水稻土壤>茶树土壤>烟草土壤。

表 6-3　常见农药在土壤中的残留时间

农药	半衰期/a
有机铅、砷、汞农药	10~20
有机氯农药	2~4
有机磷农药	0.02~0.2
氨基甲酸酯农药	0.02~0.1
均三氮苯类除草剂	1~2
取代脲类	0.3~0.8
二氯苯氧乙酸、三氯苯氧乙酸	0.1~0.4

（2）石油类污染物

石油是现代工农业生产和生活中最不可或缺的资源之一。石油类污染物主要成分是脂肪烃和芳香烃，还有微量的含硫或含氮有机物。石油烃经常作为各种杀虫剂、防腐剂和除草剂的溶剂或乳化剂等，当使用这些农药时，石油烃类污染物就同时进入土壤，造成土壤石油烃污染。2014 年公布的《全国土壤污染状况调查公报》显示，我国 13 个采油区的土壤点位中，超标点位占 23.6%，主要污染物为石油烃和多环芳烃。石油烃是含有多种化合物的复杂混合物，具有高毒性和持久性，可以分为四馏分：饱和烃、芳香烃、沥青质和树脂。在石油生产、贮运、炼制加工及使用过程中，由于事故、不正常操作及检修等原因，都会造成土壤石油烃污染。多环芳烃（PAHs）是指含两个或两个以上苯环的芳香烃。它们主要有两种组合方式，一种是非稠环型，其中包括联苯及联多苯和多苯代脂肪烃；另一种是稠环型，即两个碳原子为两个苯环所共有。多环芳烃具有遗传毒性、突变性和致癌性，对人体可造成多种危害，被认定为影响人类健康的主要有机污染。多环芳烃的来源分为自然源和人为源。自然源主要来自陆地、水生植物和微生物的生物合成过程以及森林和草原火灾、火山喷发等自然现象。此外，化石燃料、木质素和底泥中也存在多环芳烃；人为源主要来自矿物燃料（如煤、石油和天然气等）、木材、纸以及其他含碳氢化合物的不完全燃烧或热解过程。

石油类污染物可以进入土壤的孔隙，影响土壤的通透性，破坏土壤水、气、固三相结构，影响土壤微生物的生长，也影响土壤中植物根系的呼吸及水分养料的吸收，甚至使植物根系腐烂坏死，严重危害植物的生长。

（3）新型有机污染物

新型有机污染物是指近期被发现或合成的，在环境中难以降解、具有生物积累性并对生物体有毒害作用的有机化合物，主要包括药物及个人护理品、全氟及多氟化合物、微塑料等。

① 药物及个人护理品

药物及个人护理品（pharmaceuticals and personal care products，PPCPs）是一类新型环境有机污染物。近年来，随着心血管疾病、恶性肿瘤等慢性非传染疾病发病率不断增高以及人们生活质量的提升，药物及个人护理品使用量不断增加。PPCPs 种类繁多，主要包括用于治疗人类和动物疾病的药物制剂，如抗生素、抗癫痫药、止疼药、降压药、避孕药、催眠药、减肥药等，以及人类日常生活中使用的各种护理品，包括肥皂、洗面奶、洗手液、洗发水、洗洁精、护手霜、牙膏、化妆品等。

PPCPs 自身具有较强的生物活性、旋光性和极性等，虽然在环境中经挥发、降解等途径后其检出浓度仅在纳克级到毫克级之间，但持续性的环境输入可造成与持久性污染物同等的暴露潜力。研究表明,部分 PPCPs 在人体及动物体内的代谢率极低,未被吸收部分可随排泄物暴露于环境中,并可经污水、再生水灌溉、污泥及粪便农田施用等方式进入土壤乃至地下水,并对土壤及地下水环境造成危害。PPCPs 具有生物累积性和准持续性,对环境具有长期潜在且不可恢复的影响。当进入环境系统后,对细菌、植物、无脊椎动物、鱼类等的正常生理活动均有显著影响。

② 全氟及多氟烷基化合物

全氟及多氟烷基化合物(per-and polyfluoroalkyl substances,PFASs)是碳链上的氢原子全部或部分被氟原子取代的一类持久性有机污染物,不但具有亲水性功能基团及疏水性烷基侧链,还具备耐火性、高稳定性和持久性,被广泛用于表面活性剂、乳化剂、消防泡沫灭火剂、纺织以及食品包装等领域中。PFASs 可通过多种途径进入土壤介质,如工厂污水排放、大气干湿沉降、含 PFASs 污水/污泥农用等。

全氟烷基酸类(perfluoroalkyl acids,PFAAs)按末端基团差异可分为全氟烷基羧酸(perfluoroalkyl carboxylic acids,PFCAs)与全氟烷基磺酸(perfluoroalkyl sulfonic acids,PFSAs)。长碳链 PFAAs 因其稳定的化学性质而在全球范围内被广泛使用,但对植物、动物甚至是人体存在毒害作用(图 6-2)。因此全球许多国家和地区对 PFAAs 进行了严格的管控,例如全氟辛烷羧酸(perfluorooctane carboxylic acid,PFOA)和全氟辛烷磺酸(perfluorooctane sulfonates,PFOS)已分别在 2017 年和 2009 年列入斯德哥尔摩公约,并在全球范围内限制使用。2022 年 12 月,生态环境部公布的《重点管控新污染物清单》(2023 年版),将 PFOS、PFOA、全氟己基磺酸(PFHxS)等三种 PFASs 物质作为重点管控新污染物列入清单。由于市场发展需求,新型 PFASs,即短链 PFAAs(碳原子数小于 7 的 PFCAs 和碳原子数小于 6 的 PFSAs)与新型多氟化合物逐渐被用作长链 PFAAs 替代物而被大量生产及使用。短链 PFAAs 不具备生物累积与生物放大潜力,且在生物体内半衰期比长链 PFAAs 短。

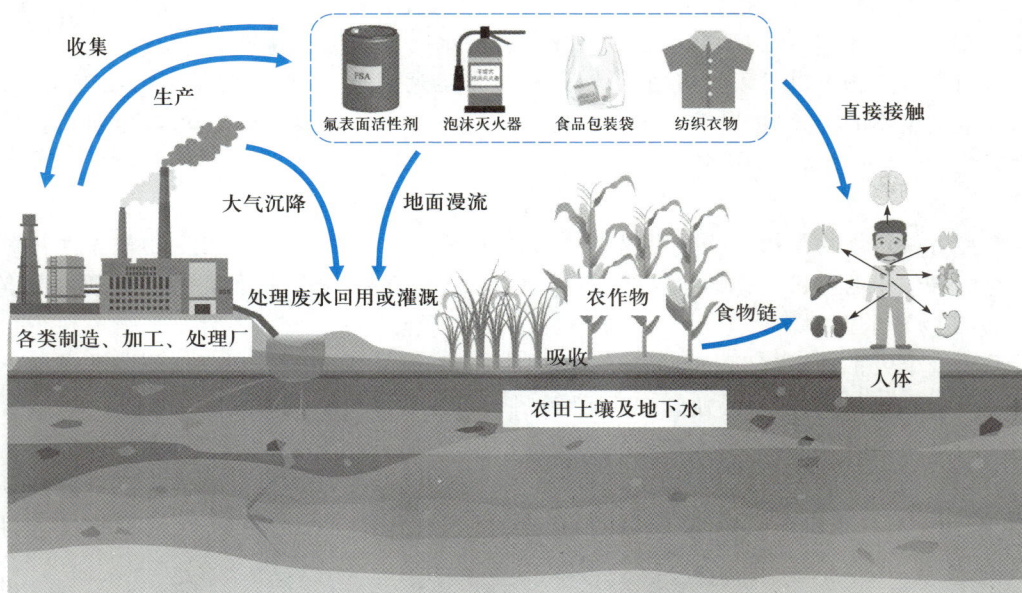

图 6-2　土壤中 PFASs 的来源及潜在危害

资料来源:改自陈雷等,2021。

多氟化合物主要类型包括氯代或氢代多氟类（chlorinated or hydrogenated polyfluorinated）、氟调聚醇类（fluorotelomer alcohols，FTOHs）及全氟聚醚类（perfluoropolyethers，PFPEs）。氯代或氢代多氟化合物即利用氯、氢原子取代碳链上的 1 个或多个氟原子。而全氟聚醚类则是在分子骨架中引入醚键，插入醚键使得新型多氟化合物在保持碳原子数和官能团不变的情况下，又被赋予一定的可降解性。目前，对于此类新型多氟化合物的降解特性仍需进一步研究。

③ 微塑料

塑料是一种化学稳定性高、可塑性强的有机合成高分子材料，其耐用性、低成本、优异的防潮性能和质量轻等优势使其用途极为广泛，主要应用于包装、医药、纺织及农业生产等行业。塑料是从石油产品中制得的，它是由多种合成或半合成有机物组成的聚合物材料，最常见的塑料包括聚乙烯（PE）、聚氯乙烯（PVC）、聚苯乙烯（PS）、聚丙烯（PP）、聚酰胺（PA）和聚酯类（PET）等。

我国是世界上最大的塑料生产国，2011 年我国废弃塑料总量为 2×10^8 t，仅回收了 1.5×10^7 t，回收比例不到 10%，超过 90% 的塑料垃圾最终被填埋，或由于管理和回收不善而被释放到环境中，造成严重的污染问题，危害生态环境健康。进入环境中的塑料会受到紫外线照射和机械磨损等作用而逐渐破碎，转化为无数小颗粒的塑料。2004 年，汤普森等在海洋水体和沉积物中发现了塑料碎片，首次提出了"微塑料"的概念，指的是直径小于 5 mm 的塑料碎片和颗粒。实际上，微塑料的粒径范围从几微米到几毫米，是形状多样的非均质塑料混合体。与较大的塑料碎片相比，微塑料具有更大的比表面积、微小的粒径，在环境中可长距离迁移，导致的危害更大。

自德国科学家 Rillig 最早发现土壤中微塑料污染问题以来，土壤中的微塑料越来越受到关注。微塑料进入土壤环境中会对土壤功能、土壤理化性质及生物多样性产生影响。同时，作为海洋微塑料的主要来源，土壤微塑料污染问题已被列为环境与生态领域的第二大科学问题。微塑料本身含有多种添加剂，如邻苯二甲酸酯（PAEs）等增塑剂是农业常用塑料薄膜的主要添加剂，且微塑料会吸附有机污染物、重金属和抗生素等产生复合污染，复合污染物会随微塑料迁移或沿食物链传递，对土壤生物和人类健康构成潜在风险。

3. 生物污染物

在土壤环境中，凡是有害于土壤生态环境和人体健康的动物、植物、微生物均被称为土壤生物污染物。这些污染物（如传染性细菌、病毒、虫卵）侵入土壤后大量繁殖，可破坏土壤生态系统的平衡，引起土壤质量下降，造成植物体细菌性病原体病害，甚至通过食物链或其他途径对人体健康产生威胁，引起人体患有各种细菌性和病毒性的疾病。土壤生物污染物种类繁多，但对于人体健康来说，以土壤致病微生物和寄生虫最为重要。

（1）土壤致病微生物

土壤致病微生物包括细菌、真菌、病毒、螺旋体等微生物，其中致病细菌和病毒带来的危害较大。致病细菌包括来自粪便、城市生活污水和医院污水的沙门氏菌属、志贺氏菌属、芽孢杆菌属、拟杆菌属、梭菌属、假单胞杆菌属、丝杆菌属、链球菌属、分枝杆菌属细菌，以及随患病动物的排泄物、分泌物或其尸体进入土壤而传播炭疽、破伤风、恶性水肿、丹毒等疾病的病原菌。土壤中的致病真菌主要有皮肤癣菌（包括毛癣菌属、小孢子菌属和表皮癣菌属）及球孢子菌。土壤致病病毒主要有传染性肝炎病毒、脊髓灰质炎病毒、人肠细胞病变孤儿病毒和柯萨奇病毒等。由于病毒比细菌小得多，在通过多孔土壤时较难被过滤净化，病毒对土壤、沉积物等复杂环境系统的污染都不容忽视。被病原体(包括细菌、放线菌、真菌)污染的土壤能传播伤寒、副伤寒、痢疾和病毒性肝炎等疾病。

（2）寄生虫

寄生虫的种类很多，其中土壤中的寄生虫主要包括原虫和蠕虫。寄生原虫是单细胞真核生物，包括鞭毛虫、阿米巴、纤毛虫和孢子虫。寄生蠕虫是动物界中的环节动物门、扁形动物门、线形动物门和棘头动物门所属的各种自由生活和寄生生活的动物，习惯上统称为蠕虫，包括吸虫、绦虫、线虫和棘头虫。土壤中常见的蛔虫、钩虫属于线虫。土壤中的各种病原微生物和寄生虫不仅可以通过食物链进入人体，使人感染发病，还可直接通过皮肤接触由土壤进入人体，危害人体健康。某些寄生虫卵在温暖潮湿的土壤中经过几天孵育出感染性幼虫，然后再通过皮肤接触进入人体，尤其是从伤口进入，从而导致继发性疾病。

（二）土壤污染源

土壤是一个开放体系，土壤与其他环境要素间进行着物质和能量交换，因而造成土壤污染的来源极为广泛，大致可分为天然污染源和人为污染源。天然污染源是指自然界向环境排放的有害物质或造成影响的场所，比如正在喷发的火山等。人为污染源是指人类活动所形成的污染源，是土壤污染研究的主要对象。

目前，我国土壤污染已表现出多源、复合、量大、面广、持久和毒害的现代环境污染特征，由常量污染物转向微量持久性污染物，从局部蔓延到区域，从城市城郊延伸到乡村，从单一污染扩展到复合污染，从点源污染到点源与面源污染共存，以及生活污染、农业污染和工业污染叠加的态势。大量有毒有害物质通过大气沉降、废水和污水排放、工业固废和城市垃圾倾倒、化学农药施用等途径进入土壤，受污染的土壤作为二次污染源向周围空气、地表水、地下水以及海洋等二次排放，对生态环境和人体健康造成危害。

土壤人为污染源包括农业污染源、工业污染源、生活污染源、战争污染源和放射性污染源等。

1. 农业污染源

农业生产活动是造成耕地土壤污染的重要原因。农用地膜、化肥、农药等农业投入品的不合理使用，污水灌溉和畜禽养殖等，导致耕地土壤污染。地膜覆盖因具有提高水分利用率、改善作物生长温度条件等优势，成为国际广泛使用的农业种植技术。地膜是一种高分子聚合物，在短期内难降解，其残留可能会破坏土壤团聚体的结构，降低土壤通气性和透水性，从而影响植物的根系生长和生产能力。目前我国农田地膜的残留污染较为严重，一般农田残留量可达 $60\sim300\ kg/hm^2$，少数地块甚至超过 $450\ kg/hm^2$。

化肥和农药对提高作物产量、促进作物生长具有明显作用，但大量的农药和化肥会破坏正常的土壤生态健康，而未被利用的农药和化肥则会污染环境。其中农药污染土壤的主要途径有：

（1）将农药直接施入土壤，或以拌种、浸种和毒谷等形式施入土壤；

（2）向作物喷洒农药时，农药直接落到地面上或附着在作物上，经风吹雨淋落入土壤；

（3）大气中悬浮的农药以气态形式或经雨水溶解和淋洗作用落入土壤；

（4）死亡的动植物残体或污水灌溉将农药带入土壤。

农药进入土壤后，一部分被植物、土壤动物及微生物快速吸收，一部分通过物理、化学及生物化学作用逐渐从土壤中消失、转化或钝化，还有一部分则以保留其活性的形式残留在土壤中。

随着农田土壤健康越来越受到关注,人们开始有针对性地控制农业污染源。联合国环境规划署(UNEP)关于农药和肥料的报告指出,单位农田农药活性成分的使用率从 1990 年的 1.9 kg/hm^2 增加到 2016 年的 3.3 kg/hm^2,增长近 75%。我国从 2013 年开始,农药使用量逐年递减,2019 年使用量相较于 2013 年减少 23%。此外,我国于 2015 年正式实行《到 2020 年化肥使用量零增长行动方案》,农用化肥施用折纯量从 2015 年的 6 023 万 t 降低到 2020 年的 5 251 万 t,减量成果显著(图 6-3)。

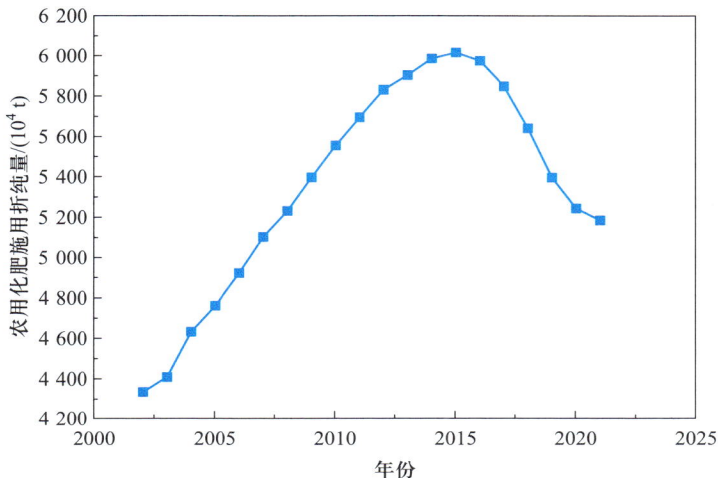

图 6-3　2002—2021 年全国农用化肥施用折纯量

资料来源:国家统计局,2022。

2. 工业污染源

工业生产过程中,如造纸、食品、化工、钢铁冶炼、电力、纺织行业及矿业开采等排放的废水、废气和废渣是造成其周边土壤污染的主要原因。有色冶金行业的重金属排放量占重金属排放总量的近 1/2。工业废水或者危险废物未达标排放,填埋以及垃圾焚烧厂、燃煤电厂等未净化合格的尾气沉降,均会造成对土壤的长期污染。1955 年在日本富川平原上发现了一种怪病,患者全身多处骨折,身高缩短。直到 1963 年才查明,这种"骨痛病"的罪魁祸首是三井矿业公司排放的含镉选矿废水污染了河水,使其下游用河水灌溉的稻田土壤受到污染,产生了"镉米",人们长期食用"镉米"而得病。

石油的开采、冶炼、使用和运输过程的污染和遗漏事故,含油废水的排放、污水灌溉,以及各种石油制品的挥发、不完全燃烧物飘落等,会引起一系列土壤石油污染问题。目前我国正在勘探和开发的油气田有 400 多个,覆盖面积达 3.2×10^5 km^2,约 4.8×10^4 km^2 的土壤受到不同程度的石油污染。

矿业开采也会对土壤环境造成一定的污染和破坏。一方面矿业开采破坏了土壤层和土壤结构,轻则需要一段时间来恢复,重则导致土地退化;另一方面,采矿释放出的有害物质会进入土壤、大气和水体,造成生态环境污染。

3. 生活污染源

生活污染源指人类由于消费活动产生的废水、废气和废渣造成的土壤环境污染。随着我国城镇化的迅速发展,城市和人口密集的居住区是人类消费活动的集中地,是主要的生活污染源,包含居民生活、服务行业、医院等所产生的废水废物等。部分生活污水直接排放或未达标处理进入土壤造成污染,城市生活垃圾的随意倾倒和填埋,会导致土壤受到污染。垃圾中的组分在分解过程中会产生大量的渗滤液,其中含有重金属、有机污染物等有害物质,这些物质会渗透到土壤中并造成污染。

4. 战争污染源

遭受轰炸的化工厂、炼油厂等泄漏物也造成对土壤的污染。例如,在 1990—1991 年的海湾战争中,伊拉克发生石油泄漏,被毁军用车辆的废弃金属、军火中使用贫铀等军事活动对土壤环境造成了严重污染,大约 1.9 吨的贫铀在伊拉克南部被焚毁,包括四乙基铅在内的5 000 多吨化学品泄漏。

5. 放射性污染源

放射性污染源包括天然污染源和人为污染源。在自然界如岩石、土壤,甚至是动植物和人体内都有天然放射性核的存在。人为污染源主要是指核工业产生的核废料、核武器试验及意外事故、放射性同位素的应用等。随着科学技术的蓬勃发展,放射性同位素从医学、科研、军事等领域逐渐渗透到日常生活中,如添加了放射性物质的夜光产品、电器产品等。与核相关的"副产物"通过多种途径进入土壤,使土壤具有放射性并丧失土壤的功能。绝大多数放射性核素对环境和生物体具有不可逆转的长期毒害性,放射性活度只能通过自然衰变而减弱,产生的效应会遗传给后代。切尔诺贝利核电站事故对数万平方千米的肥沃良田都造成了污染。而完全消除这场浩劫对自然环境的影响,至少需要 800 年,核辐射危险将持续 10 万年。

(三)世界范围内土壤污染现状

全球范围内,不同国家和地区的土壤污染程度存在差异,一般污染程度为欧洲>北非>亚洲>北美>南非和拉丁美洲。2021 年 6 月,联合国粮食及农业组织与联合国环境规划署联合发表的《全球土壤污染评估》报告指出,不断增长的农业和工业生产的需求,以及日渐庞大的全球人口,导致了严重的土壤污染问题,因此造成了广泛的环境退化。当前,这一问题仍在加剧,威胁着未来全球的粮食生产以及人类和环境的健康,需要全球即刻行动起来,共同努力应对全球土壤污染挑战。

2018 年 5 月,联合国粮食及农业组织发布题为《土壤污染:隐藏的现实》的报告,指出欧洲经济区和西巴尔干地区约有 300 万个潜在的污染场地,美国有 1 300 多个污染场地被列入超级基金国家优先治理清单(superfund national priorities list),澳大利亚约有 8 万个土壤污染场地。另据《全球土壤污染评估》报告,2019 年仅欧盟地区的农业领域就消耗了 70.8 万 t非包装用塑料;2017 年全球工业化学品的年产量较 2000 年已经翻番,预计到 2030 年还将增长 85%;截至 2021 年,全球每年产生的废弃物约为 20 亿 t,预计到 2050 年将增长至 34 亿 t。现存的大面积污染场地和不断增加的污染物质,对土壤环境是极大的潜在危害,提高土壤污染预防和治理能力刻不容缓。

为应对日益严重的土壤污染,联合国粮食及农业组织和环境规划署组织于 2021 年启动"联合国生态系统恢复十年(2021—2030)"行动计划,倡议以更强大的执行力落实全球环境保护公约,在农业领域推动可持续实践,支持使用环保的杀虫剂,治理工业污染,从源头有效遏制土壤污染的蔓延速度,大力发展可行的污染土壤修复技术。2016 年 5 月,我国国务院印发《土壤污染防治行动计划》,要求对农用地实施分类管理,保障农业生产环境安全;实施建设用地准入管理,防范人居环境风险。

三、土壤污染的特点

土壤作为复杂的气液固三相共存体系,污染特征不明显。污染物在土壤中可与矿物、有机质等相结合,部分污染物可被土壤生物分解或吸收。当土壤中有害物质迁移至农作物,将通过食物链损害人类健康。土壤污染具有如下几个特点。

(一) 隐蔽性和滞后性

土壤污染往往要通过对土壤样品进行分析化验和农作物的残留检测,甚至通过研究对人畜健康状况的影响才能确定。土壤污染也是一个较长的逐步积累过程,因此,土壤从产生污染到其危害被发现有一定的隐蔽性和滞后性。

(二) 累积性和地域性

污染物在土壤环境中并不像在水体和大气中那样容易扩散和稀释,而是由于土壤的吸附和固定作用使得污染物在一定区域的土壤中不断积累和聚集而达到很高的浓度导致超标,从而使得土壤污染具有很强的地域性特点。

(三) 难可逆性

土壤污染的难可逆性主要表现为:一是难降解污染物进入土壤环境后,很难通过土壤自净过程在土壤环境中稀释或消除;二是对生物体的危害和对土壤生态环境破坏的影响难以恢复。国际公认的持久性有机污染物(POPs),如多氯联苯(PCBs)、多环芳烃(PAHs)、多氯代二苯并-对-二噁英(PCDDs)等,具有高稳定性、低水溶性和难降解性,一旦污染,很难消除。

(四) 治理艰巨性

积累在污染土壤中的难降解污染物则很难靠稀释作用和自净作用来消除。土壤一旦被污染,即使切断污染源也很难自我修复,通常需要采取必要的治理修复技术才能消除污染。有时要靠换土、淋洗土壤等方法才能解决问题。总体来说,治理土壤污染的成本高、周期长、难度大。

专栏 6-1　土壤污染防治法律法规体系的完善

土壤是经济社会可持续发展的物质基础,关系人民群众身体健康,关系美丽中国建设,保护好土壤环境是推进生态文明建设和维护国家生态安全的重要内容。为切实加强土壤污染防治,逐步改善土壤环境质量,2016年5月,国务院发布《土壤污染防治行动计划》,具体要求如下。

(1) 开展土壤污染调查,掌握土壤环境质量状况;

(2) 推进土壤污染防治立法,建立健全法规标准体系;

(3) 实施农用地分类管理,保障农业生产环境安全;

(4) 实施建设用地准入管理,防范人居环境风险;

(5) 强化未污染土壤保护,严控新增土壤污染;

(6) 加强污染源监管,做好土壤污染预防工作;

(7) 开展污染治理与修复,改善区域土壤环境质量;

(8) 加大科技研发力度,推动环境保护产业发展;

(9) 发挥政府主导作用,构建土壤环境治理体系;

（10）加强目标考核,严格责任追究。

2018 年我国颁布《中华人民共和国土壤污染防治法》,同年生态环境部发布两项国家标准《土壤环境质量 农用地土壤污染风险管控标准（试行）》（GB 15618—2018 代替 GB 15618—1995）、《土壤环境质量 建设用地土壤污染风险管控标准（试行）》（GB 36600—2018）。

2019 年,生态环境部发布《建设用地土壤污染状况调查技术导则》（HJ 25.1—2019）、《建设用地土壤污染风险管控和修复监测技术导则》（HJ 25.2—2019）、《建设用地土壤污染风险评估技术导则》（HJ 25.3—2019）、《建设用地土壤修复技术导则》（HJ 25.4—2019）和《建设用地土壤污染风险管控和修复术语》（HJ 25.5—2019）5 项国家环境保护标准。

2021 年国务院印发《关于深入打好污染防治攻坚战的意见》,对"十四五"时期进一步加强生态环境保护作出了全面部署,对以更高标准打好净土保卫战提出了具体要求。

第二节　土壤环境背景值

一、土壤环境背景值的概念

土壤环境背景值是指在没有或很少受到人类活动影响的情况下,土壤环境中化学元素或化合物的固有含量。土壤是一个复杂的开放体系,处于不断的发展演变中,天然土壤背景值是可变的,取决于土壤母质的矿物组成和成土（土壤形成）过程。因此,土壤背景值只能代表土壤在某一发展和演变阶段的相对意义上的概念,其数值是一个范围值,而不是一个确定值。目前,在全球环境受到污染冲击的情况下,要获得绝对不受污染的土壤背景值是非常困难的。因此,土壤背景值实际上只是一个相对的概念,只能是相对不受污染情况下土壤的基本化学组成和含量。

（一）国外土壤环境背景值

土壤环境背景值因地而异表现为不同地点某一元素的值有所不同。20 世纪 60 年代环境问题在世界上引起广泛关注,环境污染的调查和监测需要明确土壤环境背景值。联合国环境规划署于 20 世纪 70 年代初提出开展全球性环境监测行动计划,做了大量土壤化学元素分布的研究。各个国家通过对本国土壤、沉积物、植物、岩石等进行研究分析,都发展了类似于土壤环境背景值的概念,如美国的土壤筛选水平（soil screening levels）、澳大利亚的生态调查值（ecological investigation levels）、英国的土壤指导值（soil guideline values）、荷兰的干预值（intervention values）、日本的环境质量标准（environmental quality standards）和巴西的质量参考值（quality reference values）。

美国在《生态土壤筛选值与制定方法》（American ecological soil screening levels and formulation method,Eco-SSL）中严格筛选出高可信度的文献数据,如土壤的理化性质等,充分考虑动植物活动影响,但不考虑土壤微生物过程,推导得出筛选值。土壤 Eco-SSL 用于指导识别可能对陆生生物产生不可接受风险的污染物。

澳大利亚的生态调查值（ecological investigation levels,EILs）（mg/kg）的计算公式为:

$$EILs = ACL + ABC \qquad (6-1)$$

式中：ACL——添加污染物水平，mg/kg；

　　ABC——土壤环境背景值，mg/kg。

EILs 的适用范围为：① 具有生态价值的地区；② 城市住宅区和公共区域；③ 商业和工业用地。由于农用地需要评估土壤类型、污染物在土壤和作物中的迁移关系等因素，所以 EILs 并不适用于农用地土壤。

（二）我国土壤环境背景值发展历程

1976 年，中国科学院、农业主管部门等先后对北京市、南京市、天津市等多个地区的土壤环境背景值进行了调查研究。1982 年，国家环境保护局下达水和土壤环境背景值的研究课题；"六五"和"七五"期间，国家科技攻关项目支持开展农业土壤背景值、全国土壤环境背景值和土壤环境容量等研究；"七五"期间，全国采集 4 095 个典型剖面，测定了砷、镉、铬、铜、钴、氟、汞、锰、镍、铅、硒、钒、锌等元素的土壤环境背景值，为我国土壤环境背景积累了宝贵数据，在此基础上制订并于 1995 年发布了我国首个《土壤环境质量标准》。"十五"以来，国家相关部门也组织开展了土壤环境基础调查工作。1999 年，国土资源部开展了多目标区域地球化学调查。截至 2014 年，已完成调查面积 150.7 万 km²，其中耕地调查面积 13.86 亿亩（1 亩 ≈ 666.7 m²），占全国耕地总面积的 68%。

2018 年 8 月 1 日开始实施《土壤环境质量　农用地土壤污染风险管控标准（试行）》（GB 15618—2018），同时废止《土壤环境质量标准》（GB 15618—1995），不再规定统一的土壤环境背景值。2018 年 8 月 31 日，第十三届全国人民代表大会常务委员会第五次会议通过《中华人民共和国土壤污染防治法》，提出支持开展土壤环境背景值研究。深圳在全国率先开展地方性土壤环境背景值标准探索研究，2020 年 7 月 1 日正式实施全国首部《土壤环境背景值》（DB4403/T 68—2020）地方标准。2021 年 8 月，生态环境部发布《区域性土壤环境背景含量统计技术导则（试行）》（HJ 1185—2021），以加强区域土壤环境背景值研究，进一步推动完善地方土壤污染防治标准。

二、土壤环境背景值的研究方法

土壤背景值研究以土壤学为基础，涉及多学科的知识与技术，包括信息检索、野外采样、样品处理和保存、实验室分析质量控制、分析数据统计检验和制图技术等。《区域性土壤环境背景含量统计技术导则（试行）》（HJ 1185—2021）适用于区域性土壤环境背景含量的统计，规定了土壤环境背景含量统计工作程序以及数据获取、数据处理分析、统计与表征等技术要求，工作流程如下。

（一）土壤环境背景值布点方法

土壤环境背景点是指用于获取土壤环境背景值监测数据的采样地点和位置，是反映长时间序列土壤环境质量变化情况的对照点位。科学合理地布设土壤环境背景点位，是获取土壤环境背景值的重要条件。

1. 调查单元划分

调查单元是指按照土壤类型、成土母质（岩）类型、流域、行政区域或土地利用类型等划分的空间单元。土壤类型采用《中国土壤分类与代码》（GB/T 17296—2019）规定的分类方法，可按照土类、亚类、土属、土种的顺序，结合工作目标进行逐级细化，同一调查单元可能在空间上分布不连续。

2. 调查点位布设

（1）基础样本和数量

由变异系数和相对偏差计算样本数量，计算公式为：

$$N = \frac{t^2 C_v^2}{m^2} \tag{6-2}$$

式中：N——基础样本数量，个；

　　t——选定置信水平（土壤环境监测一般选定为95%）一定自由度下的 t 值；

　　C_v——变异系数，从已有的其他研究资料中估计，%；

　　m——可接受的相对偏差，土壤环境监测一般限定为 20～30，%。

（2）布设点位数量

① 实际工作中土壤布点数量要根据调查目的、调查精度和调查区域环境状况等因素确定；

② 各调查单元的布点数量应同时满足基础样本数量和统计单元最少样本量 30 个的要求。对于以历史上某一时间段为目标时间范围的，若点位数不满足要求，应注明点位数量，所得结果作为参考；

③ 考虑到土壤变异的不确定性和可能出现异常值等因素，为保证统计数据的有效性，布点数量宜适度增加；

④ 获取土壤环境背景含量数据后，若实际变异系数大于设定 C_v 且反算的 m 值不可接受时，应考虑补充点位后重新统计；

⑤ 当调查项目为多个元素或化合物时，可按照最大变异系数来确定布点数量，协调布设调查点位。

（3）布点方法

针对调查区域内的调查单元，一般采用系统布点或系统随机布点方法并结合专业判断进行布点，在保证样点相对均匀分布的情况下，也可以单独采用专业判断布点法。

① 系统布点：将调查单元划分成面积相等的网格，网格的数量等于布点数量，每个网格内布设 1 个采样点。适用于既有认知较少，自然因素变异较大，或者目标元素或化合物含量变化较大的区域，也适用于同一土壤类型、流域类型；

② 系统随机布点：将调查单元划分成面积相等的网格，网格的数量大于布点数量 2 倍，对每个网格进行编号，从中随机抽取满足布点数量的网格，每个网格内布设 1 个采样点。可以利用掷骰子、抽签、查随机数表的方法随机抽取网格。适用于土壤类型、成土母质（岩）类型单一，地形相对平坦，其他自然因素差异较小的区域。当随机布设的点位分布不均时，需适当增加或调整点位；

网格间距 L 按式（6-3）计算：

$$L = \left(\frac{A}{N}\right)^{1/2} \tag{6-3}$$

式中：L——网格间距，km 或 m；

　　A——调查单元面积，km^2 或 m^2；

　　N——布点数量，个。

③ 专业判断布点：在对调查单元有较充分了解的基础上，可以自主选择具有代表性样点进行采样。

（4）点位选择

① 采样点自然景观应符合土壤环境背景研究的要求。采样点选在所采土壤类型特征明显、地形相对平坦、稳定、植被良好的地点；坡脚、洼地等具有从属景观特征的地点，一般不布设采样点；

② 不宜在多种土类、多种成土母质（岩）交错分布、面积较小的边缘地区布设采样点；

③ 采样点以剖面发育完整、层次较清楚为准，不在水土流失严重或表土被破坏处设采样点；

④ 现状及历史上的城镇、住宅、工矿企业、交通运输、水利设施、殡葬、粪坑等人为干扰大的区域及其影响范围内不宜设采样点，其对周边的影响范围应根据实际情况进行综合判断，工矿企业、交通运输的影响范围可参考表 6-4 初步确定；

⑤ 农用地一般应在播种和施肥前或农作物成熟后采样，采样点尽量避免在肥料、农药集中使用位置，以使样点尽可能少受人为活动的影响。

表 6-4　土壤环境背景含量主要人为影响源影响范围

主要人为影响源	影响范围
工矿企业	工矿企业周边 5 000 m
交通运输	铁路两侧 500 m
	二级以上公路两侧 350 m
	农村道路两侧 50 m

资料来源：《区域性土壤环境背景含量统计技术导则（试行）》（HJ 1185—2021）。

（二）土壤环境背景值数据处理

1. 统计单元划分

统计单元是指用于土壤环境背景含量数据统计的单元，按照影响土壤环境背景含量的主导因素划分，使统计单元内土壤环境背景含量的变异性相对较小。

（1）按照影响土壤环境背景含量的主导因素将土壤环境背景含量数据划分为不同统计单元，使统计单元内土壤环境背景的变异性相对较小。

（2）可根据工作目标要求，按照划分单元的流域、行政区域或土地利用类型等划分统计单元。

（3）基于统计单元内每层土壤环境背景含量数据，进行数据分布类型检验、异常值判断与处理以及统计与表征，未检出值按检出限的一半参与统计。

2. 数据分布类型检验

（1）区域性土壤环境背景含量数据的分布类型大致分为正态分布、对数正态分布和其他分布。

（2）数据的正态性检验按照《数据的统计处理和解释正态性检验》（GB/T 4882—2001）的规定执行。

（3）非正态分布的数据，进行适当的正态转换后再进行正态性检验。

3. 异常值判别与处理

常用判别样本异常值的方法包括格拉布斯（Grubbs）检验法、狄克逊（Dixon）检验法、T（Thompson）检验法、箱线图法和富集系数法。对于所判断的异常值，按照以下方式进行处理。

（1）检查原始记录，若是在样品采集、分析检测、数据输入等环节导致了异常数据，应予更正或剔除。

（2）根据目标元素或化合物含量特征结合实地情况分析，若判断异常值来源于污染，则剔除；若来源于高背景，应予以保留。

（3）若判别出的异常值不止一个，按异常值数字从大到小的顺序逐个判断，逐个处理。

（4）对于呈现多峰的数据，应根据实际情况判断异常值原因，谨慎处理。

（三）土壤环境背景值统计与表征

1. 区域性土壤环境背景含量统计

对异常值处理后的数据，再检验数据分布类型，进行区域性土壤环境背景含量统计（图6-4）。统计样点数量、最小值、最大值、分位数（2.5%、5%、10%、25%、50%、75%、90%、

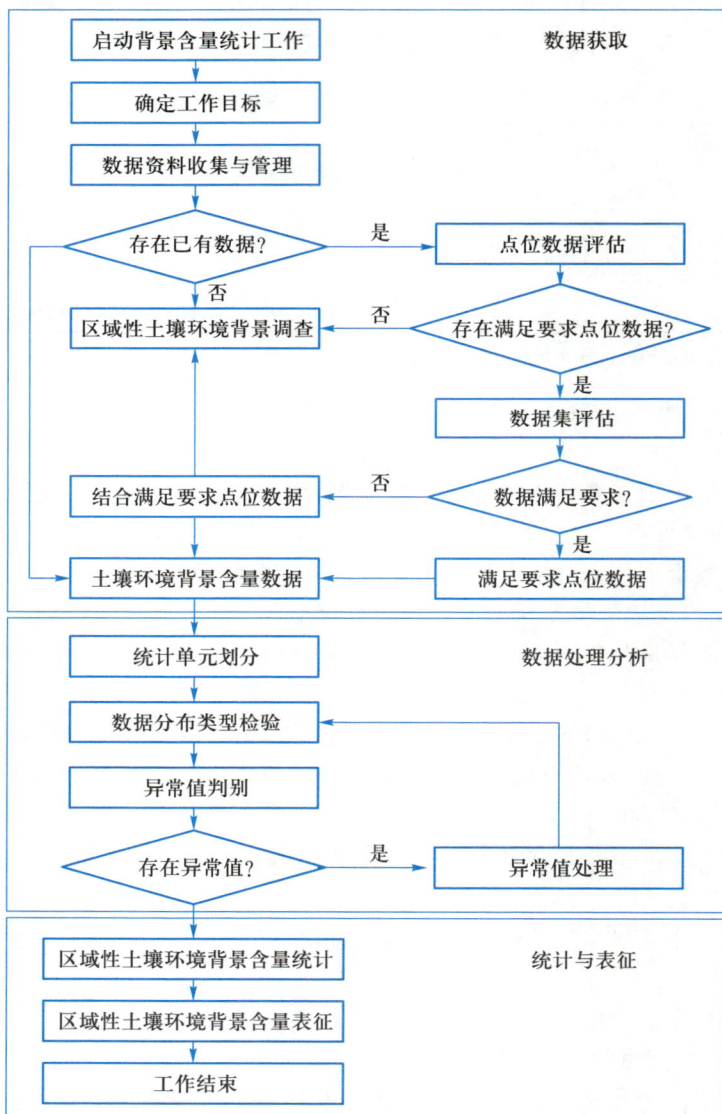

图6-4　区域性土壤环境背景含量统计工作程序

资料来源：《区域性土壤环境背景含量统计技术导则（试行）》（HJ 1185—2021）。

95%、97.5%)、算术平均值 $\bar{x}$、算术标准差 S、$\bar{x}+2S$、$\bar{x}-2S$、几何平均值 M、几何标准差 D、M/D^2、MD^2 等统计量。

2. 区域性土壤环境背景含量表征

区域性土壤环境背景含量可以绘制统计单元分布图或结合表格呈现。表格应包括统计单元名称、编号、样点数量、最小值、最大值、分位数(5%、10%、25%、50%、75%、90%、95%)、$\bar{x}$、S、M、D、95%置信范围和数据分布类型。同时对调查区域、调查项目、调查单元划分、采样时间、布点数量及方法、样品采集方法、统计单元划分、数据分布类型和异常值判别与处理的概况进行必要的说明。

工作最后编制区域性土壤环境背景含量统计技术报告。内容包括工作目标、工作程序、调查区域概况(包括自然地理条件、成土母质(岩)类型、土壤类型、土地利用类型等内容)、数据资料收集与整理、已有数据评估、区域性土壤环境背景调查、数据处理分析和统计与表征,记录区域性土壤环境背景含量统计过程。

三、土壤环境背景值分异的影响因素

土壤环境背景值分异的影响因素很多(图6-5),其中最主要的包括成土母质、土壤类型、地形与气候、生物、时间等。同一种成土母质和土壤类型总体上化学组成相对稳定,元素含量水平与变化幅度也相对固定,因此土壤环境背景值也具有一定的背景特征。

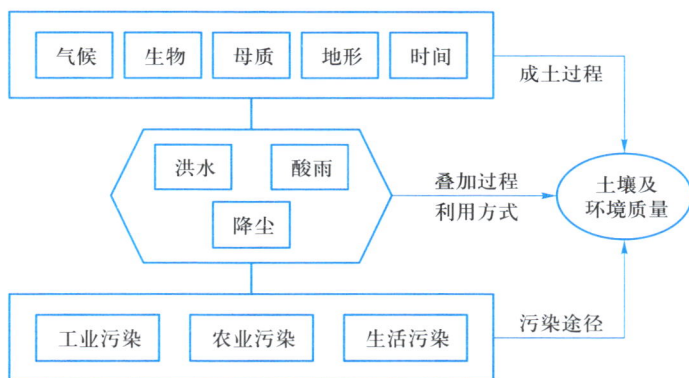

图6-5　影响土壤环境质量状况的主要因素

资料来源:郭书海等,2017。

土壤环境背景值分异影响因素主要有以下几个方面。

1. 成土母质与土壤类型

成土母质是形成土壤的物质基础。母质(地质体)的矿物成分和化学组成直接影响土壤中无机元素的含量,基性岩地区土壤中铁、锰、镁、钙等元素含量高,酸性岩地区土壤中硅、钠、钾等元素含量高,硫化物等有色金属矿床、煤层和黑色岩系集中地区土壤中镉、铅、铬、镍、钨、锡等元素含量高。在研究成土母质与土壤环境背景值的关系时,可以发现成土过程、土壤类型和土壤性质对土壤环境背景值存在一定的影响。矿物风化形成的土壤会继承成土母质的矿物成分和化学组成,在南京郊区8种成土母质上发育的3种土壤中,10余种金属元素的背景浓度在母质相同的各类型土壤中比较接近,而在母质不同的同类型土壤中则相差很大;广州郊区土壤中稀土元素也基本上继承了其在母质中的含量和分布特性。在风化成土过程中,成土母质中主要易溶成分钾、钠、钙、镁等大量淋失,造成成土母质体积减缩,使相对难迁移的元素在土壤中富集。如我国西南岩溶地区成土母质为碳酸盐岩,在形成土壤的过程中,岩石的主要化学成分碳酸钙发生溶解淋失,而在岩石中含量很低的砷、镉、铅、汞强烈富集,导致它们在土壤中的含量比成土母质高10~20倍,从而使西南岩溶地区成为我国土壤中砷、镉、铅、汞等有害元素含量较高的地区之一。

2. 地理与气候

地理与气候会影响土壤元素的淋溶与沉积,成土母质在不同自然地理单元和不同气候条件下所形成的土壤类型会有较大差异。另外,不同地带的土壤淋溶程度有强弱,各元素的淋溶程度也有差异。土壤中元素的背景浓度在水平和垂直方向上均有较大的变化,呈现出明显的区域性特征。通常情况下,由母质风化和河流搬运形成的土壤中,重金属元素的分布范围比较大。当河流上游汇水地区存在富含镉、铅等重金属元素的母质时,岩石经过物理、化学和生物风化形成的碎屑等,由河水运送到下游并沉积下来,这些沉积物和在此基础上发育的土壤也会继承汇水地区母质中镉、铅等重金属元素的高含量。另外,地理与气候也会通过降雨、温度等外界环境影响土壤环境性质,进而在一定程度上影响土壤中元素的"有效性"。

四、土壤环境背景值的应用

土壤背景值是土壤环境质量评价,特别是土壤污染综合评价的基本依据,也是研究和确定土壤环境容量,辅助制定土壤环境质量标准的基本依据。

(一)土壤环境质量标准制定

土壤环境质量标准是为了保护土壤环境质量,保障土壤生态平衡,维护人体健康而对污染物在土壤环境中的最大允许含量所做的规定。在制定环境质量标准时,首先要研究土壤环境质量的基准值。土壤环境质量基准与土壤环境质量标准是两个密切联系而又不同的概念。土壤环境质量基准是由污染物同特定对象之间的剂量反应关系确定的,原则上土壤环境质量标准规定的污染物容许剂量或浓度小于或等于相应的基准值。以下为土壤环境背景值在我国土壤环境质量标准制定过程中的应用。

1.《土壤环境质量标准》

土壤环境质量标准是以土壤环境质量基准为依据,并考虑社会、经济和技术等因素,经过综合分析制定的,由国家管理机关颁布,一般具有法律的强制性。我国于1995年首次颁布《土壤环境质量标准》(GB 15618—1995),其中一级标准为保护区域自然生态,维持自然背景的土壤环境质量的限制值。一级标准采用自然背景值,有利于严格保护自然区域的土壤生态,但对于不同区域、不同污染条件下的自然土壤,该标准难以灵活应用。该标准在我国土壤环境保护和管理中发挥了重要基础性作用,但已无法满足农用地和建设用地风险管控的实际工作需要。

2.《土壤环境质量　农用地土壤污染风险管控标准(试行)》

2006年环境保护部启动标准修订工作,并于2018年发布了《土壤环境质量　农用地土壤污染风险管控标准(试行)》(GB 15618—2018)代替《土壤环境质量标准》(GB 15618—1995)。新标准增加了"农用地土壤污染风险筛选值"和"农用地土壤污染风险管制值"概念。农用地土壤污染风险筛选值见表6-5,风险管制值见表6-6。通过与(GB 15618—

1995)中的土壤环境质量标准值对比,发现农用地土壤污染风险筛选值和管制值虽然不是完全按照土壤背景值进行制定,但同样在考虑土壤背景值的基础上进行确定。

表 6-5 农用地土壤污染风险筛选值 单位:mg/kg

污染物项目		风险筛选值			
		pH≤5.5	5.5<pH≤6.5	6.5<pH≤7.5	pH>7.5
镉	水田	0.3	0.4	0.6	0.8
	其他	0.3	0.3	0.3	0.6
汞	水田	0.5	0.5	0.6	1.0
	其他	1.3	1.8	2.4	3.4
砷	水田	30	30	25	20
	其他	40	40	30	25
铅	水田	80	100	140	240
	其他	70	90	120	170
铬	水田	250	250	300	350
	其他	150	150	200	250
铜	果园	150	150	200	200
	其他	50	50	100	100
镍		60	70	100	190
锌		200	200	250	300
六六六总量		0.10			
滴滴涕总量		0.10			
苯并[a]芘		0.55			

资料来源:《土壤环境质量 农用地土壤污染风险管控标准(试行)》(GB 15618—2018)。

表 6-6 农用地土壤污染风险管制值 单位:mg/kg

污染物项目	风险管制值			
	pH≤5.5	5.5<pH≤6.5	6.5<pH≤7.5	pH>7.5
镉	1.5	2.0	3.0	4.0
汞	2.0	2.5	4.0	6.0
砷	200	150	120	100
铅	400	500	700	1 000
铬	800	850	1 000	1 300

资料来源:《土壤环境质量 农用地土壤污染风险管控标准(试行)》(GB 15618—2018)。

3.《土壤环境质量 建设用地土壤污染风险管控标准(试行)》

为加强建设用地土壤环境监管,管控污染地块对人体健康的风险,保障人居环境安全,我国于 2018 年发布《土壤环境质量 建设用地土壤污染风险管控标准(试行)》(GB 36600—2018)。该标准提出了"建设用地土壤污染风险筛选值"和"建设用地土壤污染风险管制值"概念,具体地块土壤中污染物检测含量超过筛选值,但等于或者低于土壤环境背景值水平的,不纳入污染地块管理。例如第一类建设用地砷的筛选值为 20 mg/kg,但不同类型土壤中砷的背景含量不同,如水稻土、红壤、黄壤、棕壤等类型土壤中砷的背景值为 40 mg/kg,即某些一类建设用地土壤中砷的检测含量超过 20 mg/kg,但等于或低于该类型土壤中砷的背景值 40 mg/kg,该地块不纳入污染地块的管理。在《土壤环境质量　建设用地土壤污染风险管控标准(试行)》(GB 36600—2018)附录中标注了砷、钴和钒的土壤环境背景值,见表 6-7。

表 6-7　各主要类型土壤中砷、钴和钒的土壤环境背景值

土壤类型	砷背景值/(mg·kg^{-1})
绵土、塿土、黑垆土、黑土、白浆土、黑钙土、潮土、绿洲土、砖红壤、褐土、灰褐土、暗棕壤、棕色针叶林土、灰色森林土、棕钙土、灰钙土、灰漠土、灰棕漠土、棕漠土、草甸土、磷质石灰土、紫色土、风沙土、碱土	20
水稻土、红壤、黄壤、黄棕壤、棕壤、栗钙土、沼泽土、盐土、黑毡土、草毡土、巴嘎土、莎嘎土、高山漠土、寒漠土	40
赤红壤、燥红土、石灰(岩)土	60

土壤类型	钴背景值/(mg·kg^{-1})
白浆土、潮土、赤红壤、风沙土、高山漠土、寒漠土绵土、塿土、黑垆土、黑土、灰色森林土、灰钙土、磷质石灰土、栗钙土、盐土、莎嘎土、棕钙土	20
暗棕壤、巴嘎土、草甸土、草毡土、褐土、黑钙土、黑毡土、红壤、黄壤、黄棕壤、灰褐土、灰棕漠土、绿洲土、水稻土、燥红土、沼泽土、紫色土、棕漠土、棕壤、棕色针叶林土	40
石灰(岩)土、砖红壤	70

土壤类型	钒背景值/(mg·kg^{-1})
磷质石灰土	10
风沙土、灰钙土、灰漠土、棕漠土、塿土、黑垆土、灰色森林土、高山漠土、棕钙土、灰棕漠土、绿洲土、棕色针叶林土、栗钙土、灰褐土、沼泽土	100
莎嘎土、黑土、绵土、黑钙土、草甸土、草毡土、盐土、潮土、暗棕壤、褐土、巴嘎土、黑毡土、白浆土、水稻土、紫色土、棕壤、寒漠土、黄棕壤、碱土、燥红土、赤红壤	200
红壤、黄壤、砖红壤、石灰(岩)土	300

资料来源:《土壤环境质量　建设用地土壤污染风险管控标准(试行)》(GB 36600—2018)。

(二)土壤环境质量评价

土壤环境背景值是评价土壤环境质量的基本依据,如评价土壤环境质量、划分质量等级、评价土壤是否已受到污染、划分污染等级等,均必须以区域土壤环境背景值作为对比的基础和评价的标准,并用以判断土壤环境质量和污染程度,以制定土壤污染的防治措施。土壤污染情况的判断依据为土壤环境背景值、污染元素含量和背景值间的差值。

在 2005—2013 年,进行了全国土壤污染状况调查,利用“七五”时期全国土壤环境背景值调查的点位坐标进行土壤元素含量对比,其中土壤环境背景对比调查所关注的污染物主要包括砷、镉、钴、铬、铜、氟、汞、锰、镍、铅、硒、钒、锌等 13 种无机污染物。调查表明表层土壤中无机污染物含量增加比较显著,其中镉的含量在全国范围内普遍增加,在西南地区和沿

海地区增幅超过 50%,在华北、东北和西部地区增加 10%~40%。

(三)农田科学施肥

土壤环境背景值反应了土壤中化学元素的丰度,在研究化学元素特别是微量元素的生物有效性时,土壤背景值是预测元素丰缺程度,制定施肥规划、方案的基础数据。

通过土壤背景值,可以了解土壤中各种元素的自然含量,有助于确定作物所需的额外养分,避免过度施肥。土壤环境背景值还可提供土壤肥力的基础数据,基于此可优化施肥方式,例如采用局部施肥或精准施肥技术,以提高肥料利用率。通过定期检测土壤中的养分含量并与背景值进行比较,可以评估施肥效果,有助于农民调整施肥策略,确保作物获得适量的养分。

(四)地质隐伏矿勘探

土壤背景值是母岩、母质化学特征的反映,土壤中某些化学元素背景值异常,可能是成矿元素的指示标志,可作为区域找矿的依据。不同金属在矿体地质上具有不同的异常特征,铜、锌、砷相比于铅和锶指示作用更强。

在复杂地质情况下,矿床的上覆土壤中可能存在个别元素的低弱地球化学异常,这容易被岩性之间的元素含量差异掩盖。在岩性复杂地区,统一化探背景上限的传统方法会导致低弱异常被掩盖,又或导致高背景区被错划为异常。异常含量的高低或异常含量超过背景值的程度,可以用异常的峰值、平均值、衬度等表示。衬度是化探常用异常标志值,指的是元素含量与背景值之比。矿床原生矿石中金属元素的平均含量与周围岩石中该元素的背景值之比称为原生衬度。通过衍变,可以将衬度的单点数据与其相邻数据均值进行差值计算,然后以所在地质单元的背景值为基础计算出变差衬度值(关键是各地质单元分别计算背景值),再绘制全区的变差衬度值等值线图,以突出异常。通过地质异常变化结合相关矿床模式理论,如成矿系统、成矿模式,以及成矿动力学等,来科学有效地勘探隐伏矿,有利于矿产资源的开采和利用。

专栏 6-2 土壤背景值如何影响人体健康?

土壤背景值反映了区域土壤生物地球化学元素的组成和含量。通过对元素背景值的分析,可以找到土壤、植物、动物和人群之间某些元素的相互关系。

1907 年,黑龙江省出现了一种地方性心肌病——克山病,当地又叫作"绝户病",患者发病之时会出现呼吸困难,血压降低、胸闷恶心等症状,发病极快,死亡率极高。那时刚医科大学毕业的于维汉拒绝了公费留学机会,志愿留在东北攻克"绝户病"。由于病情复杂,发病机理不明确,于维汉早出晚归深入病区走访病患,检查接触了 60 万余人,花了整整 20 年的时间,于维汉终于找到了治疗方法:亚冬眠和适当补液疗法,以及服用洋地黄具有明显的治疗效果,大大减少"绝户病"的死亡率,这是历史性的突破,折磨了东北人民大半个世纪的"绝户病",终于有药可医。于维汉决心要找到这个"绝户病"的发病原因。病理学中的一条理论引起了他的注意:心肌代谢的过程中需要多种物质综合,如果身体缺少某一种物质,那么心肌代谢就会失衡。于维汉立即对病区展开了膳食理疗,在带着医疗团队挨家挨户送豆腐过程中,发现当地作物和饮食中缺少硒元素,而富含硒元素的黄豆能够有效改善患者状况,发病率也得到降低。克山病的分布具有明显的地区性,基本上沿兴安岭、长白山、太行山、六盘山到云贵、康藏高原的山脉分布,多发生于海拔200~2 000 m的山区、丘陵及其邻近地区。这是因为当地土壤缺硒,使整条食物链缺硒,最终导致人体内硒营养失常,危害人体健康。1981年于维汉提出了"营养性生物地球化学病因说",该学说从根本上解决了肆掠东北地区长达半个世纪的"瘟神"! 如今"绝户病"已成为了历史。

地方病发生与食物、土壤、水体中元素的丰缺有密切的关系。例如:克山病与 Se、Fe,肺心病与 Zn、Mg、Ca,乳牙龋与 Fe、F、Zn、Ca,食管癌与 Se、Fe、Mn、Cu、Zn,肝硬化及肝癌与 Ni、Zn、Cu、Se,儿童智商低、厌食、口腔疾病与 Zn 等关系密切。土壤背景值对人类健康的影响,尚有大量的问题没有被揭示,是一个很有实际意义的研究领域。

第三节 土壤环境容量

一、土壤环境容量的概念

环境容量是环境的基本属性和特征,指在人类生存和自然生态不致受害的前提下所容纳的污染物的最大负荷量。环境容量可作为制定环境标准、污染物排放标准、污泥施用与污水灌溉量与浓度标准,以及区域污染物的控制与管理的重要依据,并可用于对工农业合理布局和发展规模作出判断,以利于区域环境资源的综合开发利用和环境管理规划的制定,达到既发展经济,又能发挥环境自净能力,保证区域环境系统处于良性循环状态的目的。

污染物在土壤中,需要累积到一定程度,才表现出明显的生态效应和环境效应,衡量土壤中污染物允许量时需要有一个基准含量水平。这个基准含量水平即是指一定环境单元,达到环境标准时,土壤容纳污染物的量,称为土壤标准容量又称土壤静容量。土壤环境的静容量虽然反映了污染物生态效应所容许的最大容纳量,但尚未考虑土壤环境的自净作用与缓冲性能,如污染物的输入与输出、吸附与解吸、固定与释放、累积与降解等。目前环境学界认为,将土壤的这一部分净化的量(土壤环境动容量)与静容量相加构成了土壤环境容量。前者可以反映在土壤自净作用下真实的污染物容纳量,后者能够衡量土壤环境容量的基准含量水平。基于上述分析,可将土壤环境容量定义为"一定土壤环境单元,在一定时限内遵循环境质量标准,既维持土壤生态系统的正常结构与功能,保证农产品的生物学产量与质量,又不产生次生环境污染时,土壤环境所能容纳污染物的最大负荷量"。环境容量源于土壤本身的自净和缓冲能力,受限于自身的性质,也取决于其所处环境条件,反映了污染物进入土壤圈后对土壤本身、土壤生物(动物、植物或微生物)或人类产生的生态效应,同时也揭示了污染物进入土壤后对其他环境要素产生的次生环境效应。

随着可持续发展理念的提出,人们对土壤环境容量的认识不断深入。为满足土壤环境管理需求,土壤环境容量被细化、归纳为土壤静态、动态、相对环境容量和安全容量。

(1)土壤静态环境容量:是指仅考虑当前土壤环境中污染物或元素的量而没有外源污染物干扰时,单位土壤环境所能容纳污染物最大负荷量,但其忽略了土壤环境的自净和缓冲作用,具有一定局限性。土壤静态环境容量通常用来反映某一时刻的土壤环境容量。

(2)土壤动态环境容量:土壤动态环境容量是在土壤静态环境容量的基础上,综合考虑了污染物在环境中的迁移转化,指一定土壤环境单元,受外源污染物或元素干扰时,土壤环境对污染物具有的最大容纳量。土壤动态环境容量不仅反映了某一时段内土壤环境中发生污染物输入—输出、累积、降解等动态变化,也能用来预测未来若干年内土壤环境容量的变化。

(3)土壤相对环境容量:土壤静态、动态环境容量仅能反映单一污染物或元素的容量,而实际土壤环境容量是多种污染物或元素共同作用的结果。由此,相对环境容量的概念被提出,即基于选定的容量标准计算综合判断区域或土壤环境单元的多种污染物综合环境容量。

(4)土壤安全容量:在一定安全系数范围内,既保证土壤环境质量不被损害,又不致影响初级生产者的质量和产量以及人与自然的可持续发展,土壤环境所能容纳污染物的最大负荷量称为土壤安全容量。通常用于指导土壤安全利用或评估对人和环境是否产生了危害。

我国在区域环境质量评价中,曾根据单一作物的试验提出的土壤临界含量,结合土壤背景值计算出土壤环境容量。1983年以来,我国通过"六五"和"七五"国家科技攻关项目,支持开展农业土壤背景值、全国土壤环境背景值和土壤环境容量等研究,曾两度对全国主要类型土壤重金属环境容量进行系统研究,确立了土壤环境容量研究内容和方法,提出了我国主要类型土壤的重金属环境容量值。随着研究工作的深入,人们发现土壤重金属环境容量在不同土壤间有很大差异,受土壤性质、污染历程、环境因素、污染物类型等的影响。

综上,土壤环境容量是一个不断发展的概念,以环境和生物能忍受、适应和不发生危害为准则。就环境污染而言,污染物存在的数量超过最大容纳量,这一环境的生态平衡和正常功能就可能会遭到破坏。

二、土壤环境容量的研究方法

土壤环境容量的确定是通过对自然环境、社会经济与环境状况的调查,对污染物生态效应、环境效应和物质平衡进行研究,确定土壤临界含量。在此基础上,建立土壤中污染物的物质平衡数学模型,从而确定各污染物元素的土壤环境容量。

(一)自然环境、社会经济与污染状况调查

土壤环境容量具有显著的自然环境与社会经济依存性,保持良好的自然环境和社会经济的持续发展,是土壤环境容量研究的主要目标之一。同时,不同自然环境与社会经济的发展,可能对环境容量的确定产生重要的影响,从而使其具有显著的区域性特征。污染源的调查是预测区域环境污染物的种类、来源与污染物控制所必需的内容,与环境质量现状有着十分密切的关系。

(二)污染物生态效应研究

外源物质进入土壤生态系统后,不仅可能影响作物的产量与品质,也可能会影响土壤动物、微生物以及酶的组成与活性。进入土壤的外源物质生态效应是通过不同浓度的物质对生物生长的影响,及其在生物各器官(尤其是可食部分)中残留积累的量来考察的。研究表明,不同污染载体但相同浓度的重金属污染进入土壤后的植物效应有着明显的差异,当土壤以直接添加纯化学物质为污染载体时,植物受到的影响最大;而以尾矿和污泥为载体时所受的影响相对较小,这是因为尾矿砂的重金属有效态较低,而污泥对重金属的毒性有较大的缓冲性。重金属以纯化学物质的形式添加到土壤中时,其可提取量最大,水稻吸收的镉、铜、铅和锌最多;而以污泥为污染载体的土壤中,植物吸收的镉、铅和锌最少。

（三）污染物环境效应研究

污染物环境效应的研究主要是指土壤作为次生污染源,对地表水、地下水和大气环境质量的影响,而在土壤环境容量的研究中,着重于考察外源物质进入土壤后对地表水和地下水的影响。通过模拟试验和研究区的实际调查与监测来获得临界含量,也可利用陆地水文学中地表径流研究的成果和水文站观测资料,结合实际污染物进行综合分析与比较。

（四）物质平衡研究

土壤接受来自外源的所有污染物,同时通过自身的净化功能,包括外源物质在土壤中的迁移转化、形态变化及其影响因素等,以及向水、大气和生物体的输出,使土壤中的物质处于动态平衡过程中,从而影响土壤环境容量。

（五）土壤污染物临界含量

土壤临界含量,又称基准值,是土壤所能容纳污染物的最大浓度,是决定土壤环境容量的关键因子。目前,临界含量是以特定的参比手段来获取的,是特定条件下的结果,随着环境条件的改变,该值有较大的变化。目前,比较通用的方法是利用土壤中物质的剂量-效应关系来获取,而且大多采用剂量-植物产量或可食用部分的卫生标准来确定。

（六）土壤环境容量的数学模型

土壤环境容量可以用土壤生态系统与周围环境参数定量表示,体现土壤环境容量范畴客观规律。

土壤环境标准限制一定土壤环境单元中污染物达到限度的总量,作为该区域土壤环境的标准容量(C_i),将容许的污染量这个基准含量水平称为土壤环境静容量(C_{so})。当环境容量标准确定后,可由下式获得土壤环境静容量:

$$C_{so} = M(C_i - C_{bi}) \tag{6-4}$$

式中:C_{so}——土壤环境静容量,mg/kg;

　　　M——耕层土重($2\,250\ \text{t/hm}^2$);

　　　C_i—— i 元素的土壤环境标准,mg/kg;

　　　C_{bi}—— i 元素的土壤背景值,mg/kg。

式(6-4)是土壤在不考虑外界环境影响和内部动态变化时,反映土壤污染物生态效应和环境效应所容许的水平。它不是实际的土壤容量,但因其参数简单而具有一定的应用价值,是一种理想状态下的参考值。

某些污染物在土壤中持续累积,只有累积到一定程度,方能表现出明显的生态效应和环境效应。实际上,各种元素在土壤中都处于一个动态平衡过程。一是土壤本身含有一定的量值,即土壤背景值。这一量是成土过程自然形成的,它虽处于人为的元素循环中,但它具有自然的相对稳定的特征。二是元素的输入是多途径的、多次性的或连续的过程。三是输入的元素将因淋溶的作用、地表侵蚀而损失,作物富集也会带走一部分。输出部分一方面影响了土壤元素的存在,另一方面也反过来影响着以后的允许输入量。因此需要考虑在土壤自净作用下土壤中污染物的输入与输出,吸附与降解等动态变化过程,在土壤静容量的基础上,将土壤自净过程所净化的污染的量也考虑在内的量,是土壤动态的、全部容许的量,称为土壤环境动容量,是能够反映土壤环境真实情况的土壤环境容量。

以土壤重金属为例,根据其输入和输出的量,可用物质平衡方程和微分方程式提出土壤动容量的模式。现以物质平衡方程为例:

$$Q_1 = Q_0 + Q - Y_1 - Y_2 - Y_3 \tag{6-5}$$

式中：Q_1——第一年后土壤含量，mg/kg；

$\quad\quad Q_0$——土壤起始含量，mg/kg；

$\quad\quad Q$——每年输入量，mg/kg；

Y_1、Y_2、Y_3——作物吸收输出量、地表径流输出量、淋溶输出量，mg/kg。

这里的 Y_1、Y_2 和 Y_3 分别与土壤重金属含量成相关方程关系。

由于影响因素的复杂性，因而土壤环境容量不是一个固定值而是一个范围值。它受到多种因素的影响，土壤性质、指示物的差异、污染历程、环境因素、化合物的类型与形态是容量研究中已知的重要影响因素，它们在土壤污染物临界含量的确定中均予以考虑。但目前土壤环境容量研究的基础仍然建立在黑箱理论上，仅考虑输入和输出而不涉及所发生的过程。而这些过程却是影响土壤环境容量的重要因素，应在今后的研究中注意引入相应过程的参数，在土壤这样一个多介质的复杂体系中，逐步完善环境容量的计算模型。

三、土壤环境容量的影响因素

(一) 土壤性质的影响

土壤是一个十分复杂、不均匀的体系，不同类型土壤如元素组成，机械组成，有机质和矿物质的成分、含量，pH，氧化还原电位等对环境容量的影响是显而易见的。即使同一母质发育的不同地区的同一类土壤，虽然它们的性质差异不大，但对重金属的土壤化学行为的影响和生物效应却有着显著差异。土壤污染物不仅受到土壤特性的影响，也受制于该土壤存在的自然条件，因此污染物在不同自然地理条件下的土壤中，其行为、效应及其环境容量是不同的，因此不同类型土壤的环境容量具有区域分异特征。土壤环境容量就数值而言，很大程度上取决于土壤的临界含量。因此，土壤环境容量的区域分异，与土壤临界含量的区域分异相类似。下面以 Cd、Cu、Pb、As 为例探讨土壤性质对其区域分异的影响（表 6-8）。

表 6-8 土壤中 Cd、Cu、Pb、As 临界含量分区

元素	区号	区临界含量/ (mg·kg^{-1})	土壤区域	土壤带或土壤类别
Cd	I	0.5~1.0	富铝质土区	砖红壤带、赤红壤带、红壤、黄壤带、黄棕壤带
	II	1.0~2.0	硅铝质土区	棕壤、褐壤、黑垆土带、黑土、暗棕壤、黑钙土带（棕灰土带）
	III	2.0~2.5	干旱土区域	砖红壤带、赤红壤带、红壤、黄壤带
Cu	I	50~100	富铝质土区	砖红壤带、赤红壤带、红壤、黄壤带
	II	100~200	富铝质土区 硅铝质土区 干旱土区域	黄棕壤带、棕壤、褐土、黑垆土带、灰钙土、棕钙土、 栗钙土带（灰棕漠土带、棕漠土带）
	III	200~300	硅铝质土区	黑土、暗棕壤、黑钙土、栗钙土带
Pb	I	200~300	富铝质土区	砖红壤带、赤红壤带、红壤、黄壤带
	II	300~500	干旱土区 硅铝质土区	灰钙土、棕钙土、栗钙土带（灰棕漠土带、棕漠土带）、 棕壤、褐土、黑垆土带、黑土、暗棕壤、黑钙土带、黄棕壤

续表

元素	区号	区临界含量/ $(\text{mg} \cdot \text{kg}^{-1})$	土壤区域	土壤带或土壤类别
As	I	20~40	硅质铝质土区 干旱土区	棕壤、褐土、黑垆土带、灰钙土、棕钙土、栗钙土带(灰棕漠土带、棕漠土带)
	II₁	40~60	富铝质土区	砖红壤带、赤红壤带、红壤、黄壤带、黄棕壤、
	II₂		硅铝质土区	黑土、暗棕壤、黑钙土带(漂灰土带)

资料来源:生态环境部,1995。

(1)对于 Cd 来说,黄棕壤以南的酸性土壤其动容量都大致在相近的低值。黄棕壤以北的诸土壤大约由南到北(如黄棕壤→棕壤→褐土),由东到西(如黑土→灰钙土),其动容量是逐渐增大,具有较明显的分异规律。

(2)土壤中 Cu 的容量从南到北随土壤类型的变化逐渐增大,其中黑土对 Cu 的容量较高,这可能与黑土中较高的有机质含量有关。此外,相对于黑土,灰钙土的容量也偏低一些,这可能与灰钙土区生态脆弱,影响到作物抗性有关。

(3)土壤中 Pb 的容量在南部酸性土中容量一般较低,在长江以北中性或微酸性土壤(如黄棕壤、棕壤、黑土)较高,而在石灰性碱性土壤中,则又较低。这可能与该区生态脆弱,作物对 Pb 的抗性较低所致。

(4)土壤中 As 的动容量具有明显的区域分异规律。黄棕壤以南酸性土壤的容量一般较高。而北部土壤一般较低,至灰钙土已减少至 30 g/(亩·年)左右(1 亩 $\approx$ 667 m^2)。

(二)污染历程的影响

从化学角度看,重金属和土壤中任何元素一样,可以溶解在土壤溶液中、吸附于胶体表面、闭蓄于土壤矿物之中或与土壤中其他化合物产沉淀,所有这些过程均与外源物质的侵袭、累积或污染历程有关。随着时间的推移,土壤中重金属的溶出量、形态和累积程度均会发生变化。土壤的吸附使得土壤中重金属的溶出浓度越来越小,相对来说对生物的危害也越来越轻。污染历程的影响亦表现在土壤中重金属形态的变化。吸附态 As 随着时间的推移有减少趋势,而闭蓄态 As 却明显地上升,在 30 d 的渍水平衡过程中,由 6.4% 上升到 33%。形态的变化势必影响植物的吸收,因而对土壤临界值具有明显的影响。

(三)环境因素的影响

污染物的生态环境效应受环境因素的影响很大。对植物吸收重金属机理的研究表明,植物对一些重金属的吸收为被动吸收,因而当环境湿度和温度变化时,势必影响水分的蒸腾作用,从而影响了植物对重金属的吸收。除环境湿度和温度外,环境 pH 和 Eh 对于污染物的生态环境效应也存在一定程度的影响。一般说来,随着 pH 的升高,土壤对重金属阳离子的固定增强,例如下蜀黄棕壤对 Pb 吸附的试验表明,随着 pH 的上升,土壤对 Pb 的吸附能力明显增加。As 为变价元素,随着渍水时间延长,pH 上升和 Eh 下降,从而使水溶性 As 在一定时间内明显上升,所有这些变化最终都影响到土壤环境容量。

(四)土壤环境质量标准与临界含量影响

由土壤环境容量的定义和模型不难看出,土壤污染物的静容量主要受污染物土壤质量标准和背景值影响,在背景值一定的条件下,土壤污染物质量标准值或临界含量值的大小与土壤环境容量值的大小呈正相关。在土壤环境容量的制定中,是从某一特定的目标出发,选用特定的参照物作为指示物,由于指示物不同,所得的土壤容量可能发生较大的变化。例如稻麦之间的差异。以蜀土为例,在土壤中添加相同浓度的重金属时,糙米和麦粒中重金属的含量显然不同,对 Cd 和 Pb 来说,麦粒中含量大于糙米,而 As 和 Cd 与此相反,因而若以糙米和麦粒含量来确定临界值量,必然会产生容量上的差异。此外,重金属及其他污染物对不同类型微生物的影响也存在差异,例如土壤中添加 Cd 在 $0.5\sim100$ mg/kg 时,对真菌有极显著的抑制作用,而对放线菌无抑制作用。

(五)污染物化合物类型的影响

化合物类型对土壤环境容量有着明显的影响,这主要是由于不同化合物类型的污染物进入土壤,在土壤中迁移、转化行为及对作物产量和品质的影响不同,最终影响到污染物标准值和临界含量。例如 $CdCl_2$ 和 $CdSO_4$,在一定浓度范围内使水稻的平均减产率分别为 3% 和 7.8%。不同 Pb 化合物对水稻产量和籽实中吸收量有明显的影响,这显然是由于阴离子的作用所致。此外,复合污染和农产品质量标准对土壤环境容量的变化有明显的影响。国家制定的食品中污染限量标准随着时间的推移有变动,则土壤环境容量要作出相应的调整。

四、土壤环境容量的应用

(一)制定土壤环境质量标准

土壤环境质量标准是制订国家、地区环境区划、规划的重要依据,也是环境质量评价和影响评价、监督检查环境质量以及污染源排污是否符合要求的重要依据。土壤环境质量标准的制定是一个十分复杂的过程,通过土壤环境容量的研究,在以生态效应为中心,全面考虑环境效应、化学形态效应及元素净化规律基础上,提出各元素的土壤基准值,该基准值是区域性土壤环境标准制定的关键依据。在获得土壤污染物的各种生态效应、环境效应及各单一体系的临界含量后,采用各种效应的综合临界指标,得出整个土壤生态系统的临界含量,以此作为国家制定土壤环境标准的依据(图6-6)。

(二)制定农田灌溉水质及污泥施用标准

随着工业、农业的迅速发展,我国水资源短缺和农田蓄水量大的矛盾日益突出。对一些采用再生水灌溉的农田,土壤环境容量可以应用于控制和预测农田污染是一个重要的参考指标。在土壤环境容量的制订过程中,由于既考虑了土壤污染物的生态效应,又考虑了土壤污染物的环境效应以及化学形态效应,且它的量值又含有环境的净化作用,故通过土壤环境容量研究得出的农田灌溉水质临界浓度较全面、准确。且用土壤环境容量制定农田灌溉水质标准,既能反映区域性差异,也能因区域性条件的改变而制定地方标准。

随着我国农业生产和农村经济的快速发展,农业环境污染和灌溉水资源短缺问题也日益加剧。长期以来,特别是在干旱季节,农业灌溉用水的水质安全往往难以保证。1972 年在石家庄召开的全国污水灌溉会议,确定了"积极慎重"的发展方针,并制定了污水灌溉暂行水质标准。到 80 年代末,我国污灌面积已达 140 万 hm^2,先后形成了北京、天津武宝宁、辽宁沈抚、山西惠明及新疆石河子五大污灌区。

1985 年我国首次发布了《农田灌溉水质标准》(GB 5084—1985),并于 1992 年和 2005 年分别进行了两次修订。2021 年生态环境部、市场监管总局联合进行第三次修订,新发布的

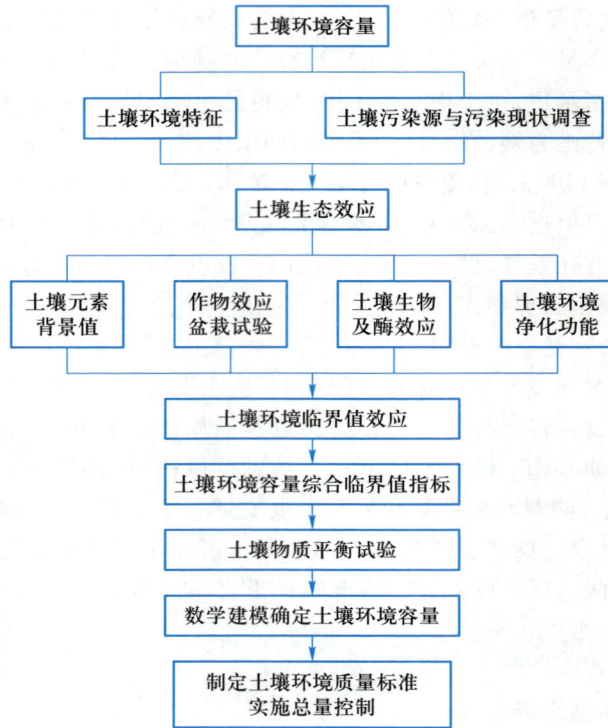

图 6-6　土壤环境容量建立程序

《农田灌溉水质标准》（GB 5084—2021）在禁止向农田灌溉渠道排放工业废水和医疗污水的基础上，要求混有工业废水和医疗污水的城镇污水也禁止进入农田灌溉渠道，为防范有毒有害物质通过灌溉渠道进入农田提供了底线保障。现行标准（GB 5084—2021）控制项目由2005 版本的 27 项增加至 36 项，分为基本控制项目（16 项）和选择控制项目（20 项），见表 6-9和表 6-10。

表 6-9　农田灌溉水质基本控制项目限值

序号	项目类别		作物种类		
			水田作物	旱地作物	蔬菜
1	五日生化需氧量/（mg/L）	≤	60	100	40[a]，15[b]
2	化学需氧量/（mg/L）	≤	150	200	100[a]，60[b]
3	悬浮物/（mg/L）	≤	80	100	60[a]，15[b]
4	阴离子表面活性剂/（mg/L）	≤	5	8	5
5	水温/℃	≤	35		
6	pH		5.5~8.5		
7	全盐量/（mg/L）	≤	1 000（非盐碱土地区） 2 000（盐碱地区）		
8	氯化物/（mg/L）	≤	350		
9	硫化物/（mg/L）	≤	1		
10	总汞/（mg/L）	≤	0.001		

续表

序号	项目类别		作物种类		
			水田作物	旱地作物	蔬菜
11	总镉/(mg/L)	≤		0.01	
12	总砷/(mg/L)	≤	0.05	0.1	0.05
13	铬(六价)/(mg/L)	≤		0.1	
14	总铅/(mg/L)	≤		0.2	
15	粪大肠菌群数/(MPN/L)	≤	4 000	4 000	2 000[a],10 000[b]
16	蛔虫卵数/(个/10 L)	≤		20	20[a],10[b]

a 加工、烹饪及去皮蔬菜。

b 生食类蔬菜、瓜类和草本水果。

资料来源:《农田灌溉水质标准》(GB 5084—2021)。

表 6-10　农田灌溉水质选择控制项目限值

序号	项目类别		作物种类		
			水田作物	旱地作物	蔬菜
1	氰化物(以 CN⁻计)/(mg/L)	≤		0.5	
2	氟化物(以 F⁻计)/(mg/L)	≤		2(一般地区),3(高氟区)	
3	石油类/(mg/L)	≤	5	10	1
4	挥发酚/(mg/L)	≤		1	
5	总铜/(mg/L)	≤	0.5	1	
6	总锌/(mg/L)	≤		2	
7	总镍/(mg/L)	≤		0.2	
8	硒/(mg/L)	≤		0.02	
9	硼/(mg/L)	≤		1[a],2[b],3[c]	
10	苯/(mg/L)	≤		2.5	
11	甲苯/(mg/L)	≤		0.7	
12	二甲苯/(mg/L)	≤		0.5	
13	异丙苯/(mg/L)	≤		0.25	
14	苯胺/(mg/L)	≤		0.5	
15	三氯乙醛/(mg/L)	≤	1	0.5	
16	丙烯醛/(mg/L)	≤		0.5	
17	氯苯/(mg/L)	≤		0.3	
18	1,2-二氯苯/(mg/L)	≤		1.0	
19	1,4-二氯苯/(mg/L)	≤		0.4	
20	硝基苯/(mg/L)	≤		2.0	

a 对硼敏感作物,如黄瓜、豆类、马铃薯、笋瓜、韭菜、洋葱、柑橘等。

b 对硼耐受性较强的作物,如小麦、玉米、青椒、小白菜、葱等。

c 对硼耐受性强的作物,如水稻、萝卜、油菜、甘蓝等。

资料来源:《农田灌溉水质标准》(GB 5084—2021)。

随着环境保护和农业环境保护研究工作的进一步开展,提出了一些新的观点和方法,这为我国农田灌溉水质标准的修订和完善提供了理论基础和实用方法。制订农田灌溉水质标准,应遵循以下原则。

(1)在研究制订农田灌溉水质标准过程中,首先要以农田土壤生态为中心。农田土壤生态系统由地上植物和土壤中微生物、动物等组成。在研究污水灌溉对土壤生态系统的影响时,不仅要研究污水带来的污染物对农作物的影响,而且还应研究污染物对土壤微生物的影响,因为土壤中的微生物对污染物的分解、转化、迁移对土壤肥力特征有较大的影响。

(2)应研究土壤中污染物的环境效应,以避免农田灌溉水质可能产生对地表水和地下水的次生污染。当污水灌溉的污染物进入土壤以后,有时随地表径流进入江、河、湖、海。当径流中的污染物浓度较高或较长时期的径流,往往会污染地表水。

(3)要综合考虑灌溉水质造成的生态环境的短期效应或急性危害和一定时限的较长期效应或慢性危害的问题。污水灌溉产生的急性危害显而易见,容易引起人们的注意并给予重视。而慢性危害,在短期内污染物浓度尚达不到污灌试验所证明的危害或临界浓度,但经过一个较长的时期后,最终将造成土壤生态环境受到破坏。

(4)要考虑污水灌溉过程中有害物质的动态变化过程。在污水灌溉过程中,污染物进入土壤后,因其自身的化学性质以及与土壤环境因子的作用,污染物处于动态的变化过程之中。有一些污染物在土壤中的净化率很大,以至于不需要考虑它在土壤中的残留危害,有的甚至不需要考虑它对作物可能造成的一次性灌水浓度的影响。

(5)要考虑我国自然条件的差异。我国幅员辽阔,自然条件多变,土壤性质各异。受土壤性质、自然条件的影响,污染物进入土壤后的物理、化学、生物过程及表现出的毒性程度和迁移、转化、净化等特性都是不同的。在制定国家农田灌溉水质标准时,对一些极为显著的地带性差异至少要加以考虑。

当获得土壤临界含量或土壤基准后,求一定年限内的灌溉水质标准 C 的公式如下:

$$C = \frac{C_0}{YQ_w} \tag{6-6}$$

式中:C_0——土壤临界含量,$g/(hm^2 \cdot a)$;

$\quad Y$——灌溉年限,a;

$\quad Q_w$——年灌溉水量,m^3;

$\quad C$——灌溉水质标准,mg/L。

考虑到实际上除灌溉外,大气降尘、降水、施肥等输入项,用允许污灌水带入农田的量减去这些正常的量值,得到允许农田灌溉的水质浓度或水质标准为

$$C = \frac{Q - r - f}{Q_w} \tag{6-7}$$

式中:Q——土壤某元素的动容量,$g/(hm^2 \cdot a)$;

$\quad r$——降水、降尘带入的某元素量,$g/(hm^2 \cdot a)$;

$\quad f$——施肥带入某元素的量,$g/(hm^2 \cdot a)$;

$\quad Q_w$——年灌水量,m^3。

（三）制订农田污泥施用标准

随着我国经济、社会的发展、城市污水处理率的提高,污泥的产生量也大大增加。污泥安全处理、处置及其资源化利用,是各国研究的热点问题之一,在确保农田土壤环境安全前提下污泥有效还田是一种合理的资源化处理方式。

由于污泥中含有大量的重金属、有机污染物等,若直接施用于农田中可能会造成农田污染,从而影响农作物的生长和农产品质量。我国 1984 年发布的《农用污泥中污染物控制标准》(GB 4284—84),第一次从污染物控制角度对污泥中 9 种重金属、2 种有机污染物指标提出了限值要求,2018 年发布新的《农用污泥污染物控制标准》(GB 4284—2018),根据污染物的浓度将污泥产物分为 A 级和 B 级(表 6-11),并限定了允许使用的农用地类型(表 6-12)。

表 6-11　污泥产物的污染物浓度限值

序号	控制项目	污染物限值	
		A 级污泥产物	B 级污泥产物
1	总镉(以干基计)/(mg·kg^{-1})	<3	<15
2	总汞(以干基计)/(mg·kg^{-1})	<3	<15
3	总铅(以干基计)/(mg·kg^{-1})	<300	<1 000
4	总铬(以干基计)/(mg·kg^{-1})	<500	<1 000
5	总砷(以干基计)/(mg·kg^{-1})	<30	<75
6	总镍(以干基计)/(mg·kg^{-1})	<100	<200
7	总锌(以干基计)/(mg·kg^{-1})	<1 200	<3 000
8	总铜(以干基计)/(mg·kg^{-1})	<500	<1 500
9	矿物油(以干基计)/(mg·kg^{-1})	<500	<3 000
10	苯并[a]芘(以干基计)/(mg·kg^{-1})	<2	<3
11	多环芳烃(PAHs)(以干基计)/(mg·kg^{-1})	<5	<6

资料来源:《农用污泥污染物控制标准》(GB 4284—2018)。

表 6-12　允许使用污泥产物的农用地类型和规定

污泥产物级别	允许使用的农用地类型
A 级	耕地、园地、牧草地
B 级	园地、牧草地、不种植食用农作物耕地

资料来源:《农用污泥污染物控制标准》(GB 4284—2018)。

由于污泥施入农田的量决定着带入土壤中污染物的量,污泥允许每年施用的量决定于污染物含量以及农田土壤每年、每亩容许输入污染物最大量,即土壤变动容量或年容许输入量,而土壤环境容量是计算该值的一个重要参数。由下式可求得不同施用污泥量下的污泥标准:

$$C_s = \frac{Q - R - F - W}{Q_s} \qquad (6-8)$$

式中：C_s——污泥标准，mg/kg；

Q——土壤变动容量，g/(hm^2·a)；

Q_s——污泥施用量，t/(hm^2·a)；

R——降水、降尘带入的某元素量，g/(hm^2·a)；

F——施肥带入某元素量，g/(hm^2·a)；

W——灌溉水带入量，g/(hm^2·a)。

（四）控制土壤污染物排放总量

1. 在总量控制上应用

土壤环境容量对于环境污染地区的土壤环境规划与管理具有特别重要的意义。土壤环境容量充分体现了区域环境特征，是实现污染物总量控制的重要基础，在此基础上可以经济、合理地制订污染物总量控制规划，也可以充分利用土壤环境的纳污能力。

总量控制是相对于环境质量标准控制的基础上发展起来的。对区域土壤而言，它实际有两种作用，一种以区域能容纳污染物的总量作为污染治理的依据，使污染治理的目标明确，达到合理治理。另一种是以区域容纳的能力来控制一个地区单位时间容许输入量。这实际上为农田灌溉水质标准和污泥施用标准提供了基础，使它们更具有区域性特点，即可制定出区域性的标准。

污染源总量控制是一个十分复杂而又极其重要的课题，一般遵循以下规则进行。① 要进行对目标工业区的污染源调查和污染物排放量的测定与预测工作，这就需要在工业区的污染物排放系统中寻找能控制各排放源或各分区系统的合适位置，设立测试点；② 若要获得污染物的迁移、净化效率及进行污染物的排放量的预测工作，则可适当增加控制点，利用时空关系，对各测点进行水量和污染物含量的监测；③ 计算不同污染源污染物的排放量和分担率，利用土壤环境容量，确定其削减量；④ 将某污染物的削减量与该污染物的分区排放量对比，找出一个或若干个主要削减区，继而在此分区寻找主要削减源，再根据污染物排放分担率，以及削减的技术路线制订削减分担量（率）。

2. 区域土壤污染物预测

土壤污染预测是制订土壤污染防治规划的重要依据。目前，大多数预测模型是基于土壤残留率设计的。土壤动态环境容量充分考虑土壤环境中元素或污染物的累积过程中输入和输出、固定和释放、累积和降解等行为，可结合污染物年平均残留率来预测单元环境预期某污染物或元素的总量。

在物质平衡模型中，其累积方程可预测模型：

$$W_t = W_0 K^t + Q_t K \frac{1-K_t}{1-K} \tag{6-9}$$

式中：W_t——单元土壤环境预期某污染物或元素的总量，kg/hm^2；

W_0——初始污染物或元素的总量，kg/hm^2；

Q_t——土壤年均环境动态容量，kg/(hm^2·a)；

K——污染物年平均残留率；

t——控制年限，a。

当获得 Q_t 时，代入方程式，即可知 t 年后土壤中某污染物或元素的总量 W_t。

专栏 6-3　土壤环境容量建模

随着科学的发展,计算机建模已经得到越来越多的重视,可以节省人力物力和时间。土壤环境容量本身就是多种因素的函数,这些因素包括:

(1) 土壤类型的剖面构型、机械组成、元素成分、有机质和矿物质的组分与含量、酸碱度、可溶盐、Eh 等;

(2) 污染物的赋存形态及其物理、化学性质;

(3) 区域自然条件,如气候、植被与地形等;

(4) 土壤与大气、水、生物和岩石等环境要素的物质迁移通量与界面反应;

(5) 社会经济因素,如灌溉、施肥及改土措施等。

通过对土壤环境容量建模,可将上述具有空间和动态特征的信息,以一定格式贮存在计算机中,通过快速模拟各种环境过程,进行环境预测,为总量控制提供决策信息。土壤环境容量模型主要由以下几个部分构成:① 数据输入与自动维护功能;② 数据管理与查询功能;③ 数据统计、计算、综合分析功能。又可细分为:① 统计程序;② 评价模型;③ 环境容量模型;④ 预测模型;⑤ 总量控制计算程序。

习题与思考题

1. 简述土壤污染的定义及其特性。

2. 列举污染土壤的主要污染物质及其来源。

3. 论述土壤污染有哪些危害。

4. 简述土壤背景值的调查方法。

5. 简述土壤环境背景值的形成与影响因素。

6. 简述土壤背景值的应用。

7. 简述环境本底值、背景值和基线值的概念及其区别与联系。

8. 简述土壤背景值与环境质量的关系。

9. 什么是土壤质量,如何理解这一概念?

10. 土壤环境质量评价方法有哪些?

11. 如何提高土壤环境质量?

12. 简述土壤环境容量的概念及其计算方法。

13. 简述土壤环境容量的调查方法。

14. 确定土壤临界含量的依据有哪些?

15. 简述土壤环境容量的应用。

16. 研究土壤背景值有何意义?

17. 简述我国修订《土壤环境质量　农用地环境质量标准》(GB 15618—2018)和《土壤环境质量标准　建设用地环境质量标准》(GB 36600—2018)的背景、意义和原则。

18. 论述土壤环境质量与农业可持续发展的关系。

19. 分析土壤环境污染对农业生产的影响。

20. 我国即将进入新的发展阶段,必须坚定不移继续贯彻落实新的发展理念,加快构建新的发展格局。简述"三新"视角下"十四五"土壤污染防治思路的思考。

主要参考文献

[1] 陈雷,戴玙芽,陈晓婷,等.全氟及多氟化合物在土壤中的污染现状及环境行为研究进展［J］.农业环境科学学报,2021,40(8):1611–1622.

[2] 陈美军,段增强,林先贵.中国土壤质量标准研究现状及展望［J］.土壤学报,2011,48(5):1059–1071.

[3] 陈海健.金属矿山隐伏矿的物探异常特征及找矿探究［J］.新疆有色金属,2021,44(06):25–26.

[4] 郭书海,吴波,李宝林,等.中国土壤环境质量区划方案［J］.环境科学学报,2017,37(8):12.

[5] 郝爱红,赵保卫,张建,等.土壤中微塑料污染现状及其生态风险研究进展［J］.环境化学,2021,40(04):1100–1111.

[6] 乔显亮,骆永明,吴胜春.污泥的土地利用及其环境影响［J］.土壤,2000(02):79–85.

[7] 孙景信,王玉琦,朱惠民.土壤中元素背景值异常与找矿指示作用的研究［J］.中国环境监测,1993,03:44–46.

[8] 魏复盛,陈静生,吴燕玉,等.中国土壤环境背景值研究［J］.环境科学,1991,12(4):12–19.

[9] 王世耆,蔡士悦.土壤环境容量数学模型:I 土壤污染动力学模型［J］.环境科学学报,1993,13(01):51–58.

[10] 王秀玲,崔迎.环境化学［M］.上海:华东理工大学出版社,2013.

[11] 王光华,刘俊杰,朱冬,等.土壤病毒的研究进展与挑战［J］.土壤学报,2020,57(06):1319–1332.

[12] 吴健芳,王红梅,李宇婷.土壤环境容量理论、核算方法及其应用进展［J］.生态经济,2023,39(6):182–188.

[13] 谢鹏宇.土壤污染现状与修复方法［J］.农业与技术,2021,41(03):55–57.

[14] 夏增禄.中国土壤环境容量［M］.北京:地震出版社,1992.

[15] 徐建明.环境学［M］.北京:中国农业出版社,2015.

[16] 张小敏,张秀英,钟太洋,等.中国农田土壤重金属富集状况及其空间分布研究［J］.环境科学,2014,35(02):692–703.

[17] 郑丽萍,王国庆,李勛之,等.基于保护生态的土壤基准值制订关键技术研究——以美国和澳大利亚为例［J］.生态毒理学报,2021,16(01):165–176.

[18] Fu Q G,Wang W,Wang H Y,et al. Stereoselective fate kinetics of chiral neonicotinoid insecticide paichongding in aerobic soils［J］. Chemosphere:Environmental toxicology risk assessment,2015,138(11):170–175.

[19] Fu Q G,Sanganyado E,Ye Q F,et al. Meta–analysis of biosolid effects on persistence of triclosan and triclocarban in soil［J］. Environmental Pollution,2016,210(05):137–144.

[20] Lehmann J,Kleber M. The contentious nature of soil organic matter［J］. Nature,2015,528(7580):60–68.

[21] Qu C,Shi W,Guo J,et al. China's soil pollution control:choices and challenges［J］. Environmental Science & Technology,2016,50(24):13181–13183.

深入阅读材料

[1]《中华人民共和国土壤污染防治法》

[2]《土壤环境质量　农用地土壤污染风险管控标准》(GB15618—2018)

[3]《土壤环境质量　建设用地土壤污染风险管控标准》(GB36600—2018)

[4] 徐建明.环境学［M］.北京:中国农业出版社,2015.

[5] Matthew M L,Hans P,et al. The global threat from plastic pollution［J］.Science,2021,373(6550):61–65.

［6］ Rillig M C,Lehmann A,et al. Microplastic in terrestrial ecosystems ［J］. Science,2020,368(6498):1430-1431.

［7］ Hu Q,Zhao X T,Yang X J,et al. China's decadal pollution census ［J］. Nature,2017,543(7646):491.

［8］ Hou D Y,Ok Y S,et al. Soil pollution-speed up mapping of soil pollution ［J］. Nature,2019,566(7745):455.

［9］ Caplin A,Ghandehari M,et al. Advancing environmental exposure assessment science to benefit society ［J］. Nature Communications. 2019,10:1236.

［10］ Khan S,Naushad M,et al. Global soil pollution by toxic elements:Current status and future perspectives on the risk assessment and remediation strategies-a review ［J］. Journal of hazardous materials. 2021,417(5):126039.

第七章 土壤污染物环境过程和迁移转化规律

2005 年至 2013 年,环境保护部会同国土资源部开展了首次全国土壤污染状况调查,并于 2014 年发布了《全国土壤污染状况调查公报》。此次调查范围为中华人民共和国境内(未含香港特别行政区、澳门特别行政区和台湾地区)的陆地国土,调查点位覆盖全部耕地及部分林地、草地、未利用地和建设用地,实际调查面积约 630 万 km^2。调查显示,全国土壤总的超标率为 16.1%,其中轻微、轻度、中度和重度污染点位比例分别为 11.2%、2.3%、1.5% 和 1.1%。污染类型以无机型为主,有机型次之,复合型污染比重较小,无机污染物超标点位数占全部超标点位的 82.8%。镉、汞、砷、铜、铅、铬、锌、镍 8 种无机污染物点位超标率分别为 7.0%、1.6%、2.7%、2.1%、1.5%、1.1%、0.9%、4.8%。六六六、滴滴涕、多环芳烃 3 类有机污染物点位超标率分别为 0.5%、1.9%、1.4%。从污染分布情况看,南方土壤污染重于北方;长江三角洲、珠江三角洲、东北老工业基地等部分区域土壤污染问题较为突出,西南、中南地区土壤重金属超标范围较大。全国土壤环境状况总体不容乐观,工矿业、农业等人为活动以及土壤环境背景值高是造成土壤污染或超标的主要原因。

2016 年,中华人民共和国国务院印发《土壤污染防治行动计划》提出:到 2020 年,全国土壤污染加重趋势得到初步遏制,土壤环境质量总体保持稳定;到 2030 年,全国土壤环境质量稳中向好,农用地和建设用地土壤环境安全得到有效保障,土壤环境风险得到全面管控;到 21 世纪中叶,土壤环境质量全面改善,生态系统实现良性循环。要实现这些目标,深入理解土壤污染物的环境过程和迁移转化规律是重要的基础科学问题。土壤污染物的环境风险不仅与其全量有关,更与其存在形态密切关联。土壤中重金属等污染物一般分为水溶及可交换态、碳酸盐结合态、铁锰氧化物结合态、有机物结合态以及残渣态。相对于其全量而言,水溶及可交换态被认为是一种具有高迁移性、高生物有效性和高环境风险性的形态。污染物在土壤中的迁移、形态转化、降解等环境行为不仅与污染物的内在特征、浓度和形态有关,还和土壤性质密切相关。

本章将介绍土壤中主要污染物的种类、特征及其在土壤环境和生物体内的含量、存在形态和来源,阐述调控污染物归趋的土壤环境因子。根据污染物的化学性质和污染程度,主要介绍重金属(铜、锌、镉、汞、铅、铬、砷、镍)、有机污染物(农药、石油烃、多环芳烃、苯系化合物、卤代化合物)和其他污染物(稀土、放射性物质、抗生素与土壤抗性基因、颗粒性/胶体态污染物和土壤病原体等)的环境过程和迁移转化规律。

第一节 重金属在土壤中的行为与环境效应

重金属是一组具有相对较高密度且在较低水平下也具有毒性的金属和类金属,包括铜、锌、镉、汞、铅、铬、砷和镍等。尽管土壤天然存在重金属元素,但如果这些元素超过一定浓度或以某些化学形态存在,则会对环境和人类健康造成危害。这些重金属通过火山爆发、工业排放、汽车尾气排放和采矿等自然和人为活动释放到环境中。重金属具有生物不可降解、易积累的特性,是潜在的致癌物。长期和持续接触重金属,会对人体产生各种健康危害。此外,重金属还可以不同的价态存在(例如,三价砷和五价砷),或形成生物可利用的金属有机化合物(如甲基汞或四甲基铅),从而改变重金属的生物有效性和毒性。土壤重金属污染对生态环境和人体健康构成巨大威胁,已经成为制约区域土地可持续开发利用和影响生态安全的主要因素。本节主要介绍铜、锌、镉、汞、铅、铬、砷、镍等重金属在土壤环境中的来源和迁移转化规律。

一、环境中的重金属

土壤中的重金属含量通常较低,其浓度以微克每千克或毫克每千克土壤(μg/kg 或 mg/kg)计。自然土壤中不同重金属的丰度差异较大,可能从小于 1 mg/kg(如汞、镉)到 100 mg/kg 以上(如镍)(表 7-1)。由于铜、锌、镉、汞、铅、铬、砷和镍在世界范围内广泛分布,且其在较低浓度时也可能会对人类和其他生物产生毒性作用,因此受到高度关注。

表 7-1　常见重金属的主要矿物,及在自然环境中的丰度

元素	矿物	地壳/ ($mg \cdot kg^{-1}$)	土壤/ ($mg \cdot kg^{-1}$)	水体/ ($\mu g \cdot L^{-1}$)
铜(Cu)	常见矿物有辉铜矿、黄铜矿、赤铜矿、黑铜矿和孔雀石等	60.0	22.6	1.0~3.0
锌(Zn)	闪锌矿、磁闪锌矿、菱锌矿、红锌矿	70.0	50.0	1.0~100.0
镉(Cd)	镉的矿物常与锌矿共生,并主要以 CdS、$CdCO_3$ 或 CdO 形态存在	0.1~0.2	<0.1	0.1~1.0
汞(Hg)	辰砂、黑辰砂及硫汞锑矿	0.08	0.038	<1.0
铅(Pb)	方铅矿分布最广,而白铅矿和铅矾则为次生矿物	16.0	26.0	0.1~3.0
铬(Cr)	铬铁矿	10.0~50.0	61.0	<1.0
砷(As)	砷黄铁矿、雄黄、雌黄	1.5~2.0	11.0	1.0
镍(Ni)	镍黄铁矿、硅镁镍矿、针镍矿、红镍矿、暗绿蛇纹石等	180.0	35.0	1.0

资料来源:改自 Kabata-Pendias 等,2005。

(一) 土壤中的重金属

人类或自然活动导致土壤重金属含量异常,并对人体健康和生态环境质量构成风险的现象,称为土壤重金属污染。土壤中重金属元素的含量主要取决于母岩风化、淋滤和侵蚀等自然成土过程,以及采矿、冶炼、矿石加工、污水灌溉、肥料生产和化石燃料燃烧等人为活动。表 7-2 详细描述了常见重金属的自然和人为来源及其用途。

表 7-2 常见重金属的自然和人为来源及其用途

元素	自然来源	人为来源	用途
铜(Cu)	硫化物、氧化物、碳酸盐矿物	工业废弃物、矿山废弃物、畜牧业粪便、金属工业、杀菌剂	电力行业、电镀、杀菌剂、木材处理试剂、铜管网、车辆制动衬片
锌(Zn)	闪锌矿、菱锌矿和锌铁尖晶石等	铅锌矿开采、铅锌冶炼厂以及电镀(镀锌)工业的"三废"排放	锌合金、锌碳电池、防腐蚀层、化妆品等
镉(Cd)	铅锌矿物、磷矿	矿山废弃物、电镀、金属工业、汽车尾气、矿物磷肥	电池、油漆/陶瓷/塑料中的颜料、锌涂层中的镉杂质
汞(Hg)	硫化汞(朱砂,HgS)、温泉、火山	化石燃料(尤其是煤)、矿冶活动等	气压计和压力计、水银开关和其他电气设备、汞蒸气灯、医药、杀真菌剂
铅(Pb)	含铅矿物	电池、工矿业废弃物	电池、合金
铬(Cr)	含铬矿物	电镀、金属工业、工业模具	电镀、合金、防腐剂、农药、洗涤剂
砷(As)	尘埃、火山喷发、地质活动、森林火灾、富砷矿物	矿山开采与冶炼、煤的开采与使用、农药、木材加工、烟火燃放	木材防腐剂、兽药添加剂、半导体掺杂剂
镍(Ni)	超基性岩体如蛇纹岩的风化释放	矿冶、电镀行业排放的废水、废气及废渣等	钢铁、镍基合金、电镀及电池等领域

资料来源:Rahman 等,2019。

　　工矿业活动产生的污水进入灌溉系统等是导致农业土壤重金属污染的重要原因之一。例如铅锌矿开采、铅锌冶炼以及电镀(镀锌)过程中含锌废水排放,可导致农业土壤锌、铅、镉等重金属污染。随污水灌溉而进入土壤的重金属,会以不同的方式被土壤截留而累积。农业生产中化肥和农药等的长期不合理使用,也会导致土壤重金属污染。重金属是肥料尤其是磷肥中报道最多的污染物。农药滥用在造成农残污染的同时,因某些农药组成中含有汞、砷、铜、锌等重金属,也会带来土壤重金属污染。生活垃圾中的废旧电池、电子产品等是含重金属元素较多的固体废弃物,如果被长期堆放于开放空间,在雨水淋洗下会向土壤中释放有毒重金属元素。空气中的重金属污染物也会转移到土壤中。例如燃煤、采矿和冶炼等活动将含重金属污染物的废气排放到空气中。这些污染物可在重力和风的共同作用下,直接沉降至地面,也可通过降雨、降雪等湿沉降过程渗入土壤中。

　　铜(Cu)在环境中多以一价或二价化合物形式存在,其中一价铜多存在于矿物中,二价铜多存在于其他环境介质中。地壳中铜的平均值为 60 mg/kg,我国土壤铜含量约为 20 mg/kg。土壤含铜量主要取决于成土母岩,其含量大小顺序一般为基性火山岩>中性火山性>酸性火成岩。

　　锌(Zn)在自然界分布较广,地壳中锌的平均含量为 70 mg/kg,其中玄武岩、辉长岩、沉积岩锌含量最高,而砂岩、石灰岩锌含量较低。我国土壤锌含量约为 50 mg/kg,土壤类型及不同母岩类型对土壤锌含量影响较不明显。水体和土壤环境中锌十分活泼,多以二价离子(Zn^{2+})形态存在,Zn^{2+}在天然水 pH 范围内能水解,生成多核羟基配合物。

　　镉(Cd)广泛存在于环境中,岩石圈中镉的含量平均为 0.1~0.2 mg/kg。由于镉与锌的化学性质相似,所以镉的矿物常与锌矿共生,并主要以 CdS、$CdCO_3$ 或 CdO 形态存在。土壤中镉含量多在 0.05~5.0 mg/kg 范围内。我国土壤含镉量通常为 0.1 mg/kg,然而石灰土中镉可达 1 mg/kg。

汞（Hg）是室温下唯一的液体金属，且易蒸发并释放到大气中。汞还可以形成以气态和固态颗粒状态存在的化合物，改变其在空气、水和土壤之间的分配。土壤和深海水域分别是全球汞污染的源和汇，汞沉积和挥发之间的平衡由汞在空气、水和土壤之间的分配控制。汞是一种影响人类和生态系统健康的全球污染物，是造成水俣病的主要污染物。汞是稀有的分散元素，以低含量存在于岩石中。岩石中含汞量变化范围很大，为 0.01～20 mg/kg。土壤中的汞主要来源于成土母岩，我国土壤中汞平均含量低于 0.05 mg/kg。

土壤中汞的人为污染源可分为工业污染源和农业污染源两大类。某些煤和其他化石燃料中存在高含量的元素汞，是汞的主要来源之一（图 7-1）。据估计全世界每年约有 1 600 多吨的汞是通过煤和其他化石燃料燃烧而释放到环境中的，成为重要的汞污染源。因为汞是亲硫族元素，在自然界中汞常伴生于铜、铅、锌等有色金属的硫化物矿床中。在这些金属冶炼过程中，汞通过挥发作用进入废气中，因此，在这些金属冶炼厂附近的土壤中汞污染相对比较严重。世界上大约有 80 多种工业产品把汞作为原料，或辅助原料。另外，在仪表和电气工业中常使用金属汞；在纸浆造纸工业中常使用醋酸苯汞、磷酸乙基汞等作防腐剂。在这些工业中，汞蒸气污染和含汞废水污染也相对较为严重。除工业污染源以外，汞的化合物也曾作为农药使用，主要有赛力散（醋酸苯汞）、西力生（氯化乙基汞）、富民隆（磺胺苯汞）、谷仁乐生（磷酸乙基汞）等。直到 20 世纪 50 年代由于汞污染发生"水俣病"事件，以及瑞典使用含汞农药拌种，误食种子而导致大量人员死亡的事件发生后，含汞农药的生产和使用才大大减少，许多国家已不再生产，并禁止在农业上使用。

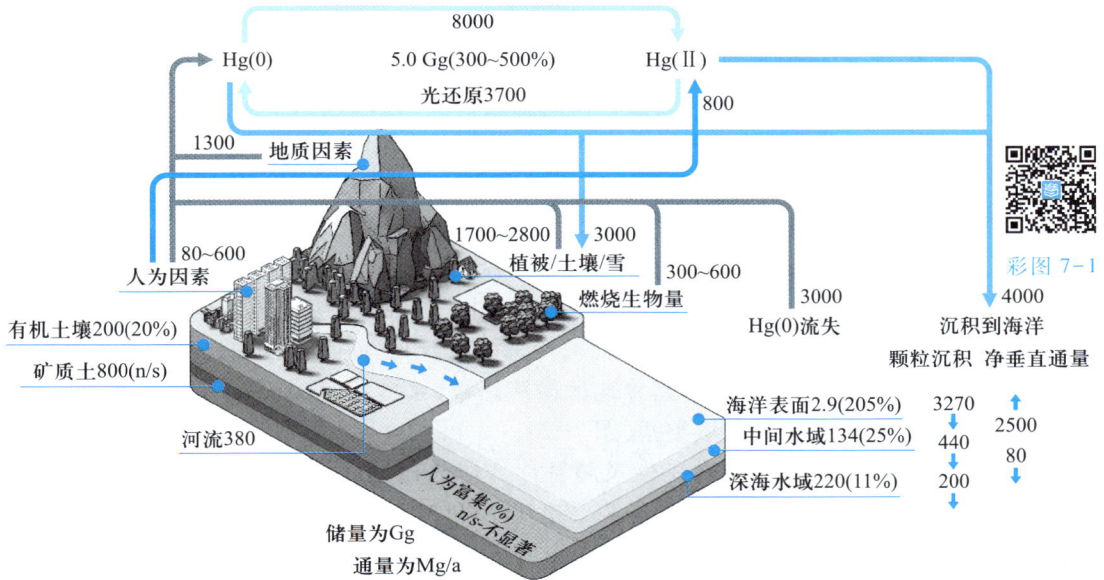

括号中的百分比表示过去 150 年间人类活动导致的储量和通量估算值。

通量单位为 Mg/a（1 Mg = 10^6 g），储量单位为 Gg/a（1 Gg = 10^9 g）。

图 7-1　地球表面汞通量估计

资料来源：改自 Driscoll 等，2013。

铅（Pb）是熔点（328℃）较低的重金属，其单质在干燥的空气中不易发生化学变化，但在潮湿的空气中会形成类似锌的碱式碳酸盐保护膜。地壳中铅的平均含量为 16 mg/kg，以花岗岩和沉积岩含量较高，而玄武岩等基性岩含量较低。土壤铅含量主要取决于母岩，我国土壤铅含量平均值约为 26 mg/kg。环境中的铅常以二价离子形态存在，多数铅盐均难溶或不溶于水。铅是全球污染场地数据库中最常报告的土壤污染物。

铬（Cr）在自然环境中有多种价态，如二价、三价和六价。二价铬在空气中能被迅速氧化，三价铬和六价铬则在水溶液中可相互转化。土壤中铬主要来自成土母岩，发育于蛇纹岩的土壤中铬含量非常高。土壤中铬的污染来源主要是某些工业的"三废"排放。进入大气的铬污染源主要是铁铬工业、耐火材料工业和煤的燃烧。进入水体的铬污染源主要是电镀、金属酸洗、皮革鞣制等工业废水。电镀厂是六价铬（$Cr_2O_7^{2-}$ 和 CrO_4^{2-}）废水的主要来源，其次是生产铬酸盐和三氧化铬的工厂。皮革厂的铬鞣车间、染料厂的还原咔叽 2G 车间、制药厂的对硝基苯甲酸车间等都是产生三价铬废水的主要来源。此外，生活垃圾和农用化肥也是环境中铬的可能来源。例如垃圾焚烧灰中含铬可达 100 mg/kg，某些磷肥中含铬达 30～3 000 mg/kg。

砷（As）是地壳中丰度排名第 20 位的元素。环境中砷的化合物种类很多，有固体、液体、气体三种，一般以 +5、+3、0、−3 四种价态存在。自然界的富砷矿物砷含量一般为 20%～60%，砷矿的开采与冶炼，使得大量的砷进入到环境中。工矿企业的"三废"排放是土壤砷污染最主要的原因。工业上排放砷的行业主要有化工、冶金、炼焦、火力发电、造纸、皮革、电子工业等，其中以化工、冶金排砷量最高。有色金属冶炼工业，同样由于矿石中砷含量高，排放的"三废"中含砷量达每升几十毫克。农业生产曾广泛使用含砷农药作杀虫剂和土壤处理剂，其中用量较多的是砷酸铅和砷酸钙，其次是亚砷酸钙和亚砷酸钠等。另外，也有一些有机砷被用作杀菌剂，如稻脚青、苏农 6401、苏化 911 等。砷还存在其他新的污染源，如由地热发电的开发可能导致周边水体的砷含量升高。亚洲许多国家（包括中国）的热液活动频繁，导致某些地区天然来源的砷浓度较高。未经处理使用此类高砷含量的地下水已在世界许多地区引起健康问题。

镍（Ni）的土壤污染通常来自自然污染源，如超基性岩体蛇纹岩的风化释放，或来自工业污染源，如矿冶、电镀行业排放的废水、废气及废渣等。部分土壤中的镍含量甚至可达 0.1%～0.7%，具有潜在的环境风险。调查显示，除我国之外，镍污染土壤在全球也广泛分布，特别是在"一带一路"共建国家及地区，如菲律宾、马来西亚、印度尼西亚、伊朗、阿拉伯半岛以及地中海沿岸。这些自然风化形成的富镍地区横跨热带、亚热带、温带等多个气候带，涉及砖红壤、红壤、棕壤、褐土等多种土壤类型（图 7-2）。

全球镍污染土壤，特别是源自基性及超基性岩体的自然风化土壤，其性质主要受到气候、成土母质、地形以及植被等因素的影响。超基性岩体（镍含量 0.12%～0.38%）一般存在于温带地区，其岩体始成土主要以蛇纹石矿物为主，其土壤淀积层的镍含量通常与母质类似；在风化过程中由于镁的大量流失导致部分蛇纹石向蒙脱石转化。在地中海气候区，由于风化作用的加强，富镍土壤则以次生矿物蒙脱石和蛭石为主，其土壤镍含量通常可达 0.6%～0.8%。而在热带地区，由于硅的流失导致次生矿物如蒙脱石/蛭石向高岭石、铁氧化物的持续转化，从而导致镍在铁锰氧化物的富集。通常情况下，富镍土壤中的次生矿物是镍的主要赋存矿物，也是植物可利用镍的主要来源，而原生矿物吸附的镍则不容易被植物所吸收利用。

彩图 7-2

(a)　　　　　　　　　　　　　　　　　　(b)

图 7-2　自然发育的富镍土壤

（a）云南蛇纹岩发育土壤（刘文深提供）；（b）湛江玄武岩发育土壤（孙升升提供）

（二）生物体内的重金属

铜、锌、镍都是植物生长发育的必需微量营养元素,是各种氧化酶如多酚氧化酶、氨基氧化酶等的核心元素,但过量的铜、锌、镍对植物有毒害作用。例如,植物缺铜会导致叶绿素减少,叶片失绿;但过量铜会阻碍植物对其他元素的吸收,还会使酶失活,以及破坏膜的结构和功能。

铜和锌也是人体内蛋白质和酶的重要组分,如碳酸酐酶、胰羧肽酶、DNA 聚合酶、铜蓝蛋白、细胞色素氧化酶等。锌在植物体内的含量为 $1 \sim 60$ mg/kg,呈现出从低等到高等植物逐渐降低的趋势。小麦、玉米、燕麦和水稻等种子锌含量一般为 $10 \sim 30$ mg/kg,水果和蔬菜中锌含量则通常低于 5 mg/kg（表 7-3）,成年人体内一般含有 $2 \sim 3$ g 锌。锌是人体中数百种酶的组成部分,如醛脱氢酶、谷氨酸脱氢酶、苹果酸脱氢酶、乳酸脱氢酶、碱性磷酸酶、丙酮酸氧化酶等。

表 7-3　常见食品中锌含量　　　　　　　　　单位：mg/kg（干重）

果蔬	锌含量	肉类	锌含量
面包	9.9	肉制品	46.5
杂粮	9.4	内脏	23.0
稻米	15.0	鱼肉	7.67
叶菜	3.26	家禽肉	16.3
水果	0.61	鸡蛋	11.4
坚果	31.0	牛奶	3.71

资料来源：改自 Kabata-Pendias 等，2005。

相比锌、铜和镍,镉、汞、砷、铅等重金属元素毒性更大,在痕量浓度下即可影响生物正常的生长发育。镉在植物中的浓度一般为 $0.2 \sim 0.8$ mg/kg。镉是毒性较大的微量元素,主要通过竞争和抑制钙、镁、磷、钾的吸收,以及改变植物对水分的吸收,从而对植物生长产生危害。镉很容易对动物和人体产生危害,镉中毒首先使肾及肝受损害,然后引起骨骼软化,形成"骨痛病"。铅在植物中的含量较低,一般低于 10 mg/kg,但某些水生植物如紫背萍、水葫芦铅含量可达 100 mg/kg。铅具有蓄积性毒性,在血液中可以磷酸氢盐、蛋白复合物或铅离子等形态随血液循环而迁移,随后大部分的铅以较稳定的不溶性磷酸铅形态储存于骨骼系统。正常人血液中铅含量约为 0.15 mg/kg。当血液中铅含量达 0.6 mg/kg 时会对全身各系统和器官均产生危害,尤其是神经系统、造血系统、循环系统和消化系统(表 7-4)。

表 7-4 人体铅中毒的临床症状

序号	器官/系统	临床症状
1	眼睛	部分视野失明、幻觉
2	耳朵	听觉丢失
3	嘴巴	味觉异常、言语不清、牙龈出现蓝线
4	肾	结构损坏和失效、排泄功能异常
5	肝	黄疸、氧化应激、肝功能下降、微泡和大泡脂肪变性、含铁血黄素沉着和胆汁淤积
6	皮肤	苍白
7	中枢神经系统	失眠、食欲不振、性欲减退、沮丧、易怒、认知缺陷、记忆丧失、头痛、性格变化、谵妄、昏迷、脑病
8	生殖器官	精子质量下降、妊娠并发症、早产
9	腹部/胃	疼痛、恶心、腹泻、便秘
10	血液	贫血
11	骨头	骨骼矿化、骨密度降低

资料来源:Kumar 等,2020。

不同形态的汞、砷、铬在生物体内的行为差异显著。汞在多数植物中的含量为 $1 \sim 100$ μg/kg,其中木本植物汞含量较高。甲基汞(CH_3Hg)是汞的甲基化产物,是一种具有神经毒性的环境污染物。这种有机形态的汞很容易随食物链发生生物累积,人类和其他动物因食用受污染的海产品而接触到甲基汞。水稻等湿地作物也容易吸收甲基汞,从而影响人类健康。砷在多数陆生植物中的含量低于 1.0 mg/kg。砷可通过食物链从土壤进入人体(图 7-3)。对人体而言,三价砷的毒性远远高于五价砷的毒性。在生物体内不同价态的砷可以互相转化,并且无机砷在生物体内还可以发生甲基化作用,生成毒性更大的三甲基砷。铬在植物体内含量较低,一般海生植物含铬量为 1 mg/kg,浮游植物、藻类可达 3.5 mg/kg,多数陆生植物则在 0.5 mg/kg 以下。铬在人体内的总量约为 7 mg,主要分布于骨骼、皮肤、肾上腺、大脑和肌肉之中。三价铬是人体调节血糖的重要元素,有助于胰岛素促进葡萄糖进入细胞内的效率,帮助维持身体中所允许的正常葡萄糖含量。六价铬毒性通常远高于三价铬。

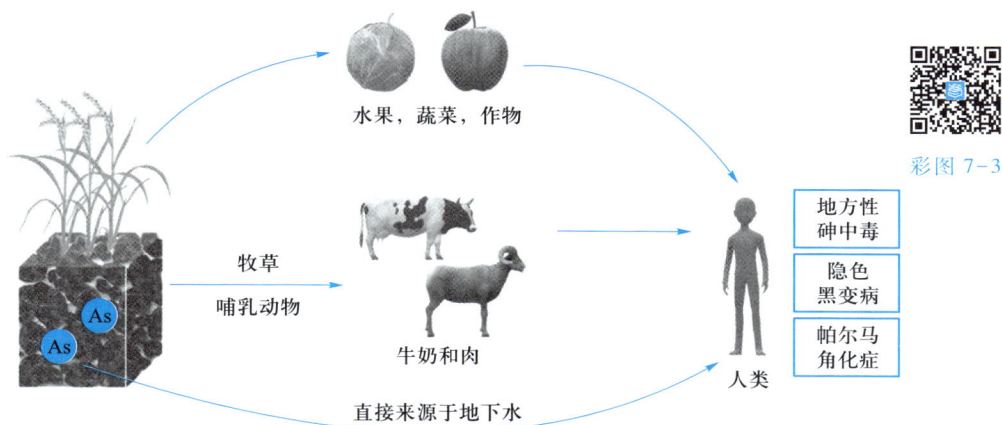

图 7-3　砷通过食物链从土壤转移到人体示意图

资料来源:改自 Singh 等,2015。

二、土壤重金属的环境行为

重金属进入土壤环境后会以各种形态存在,其中大部分与土壤中的无机、有机组分发生吸附、络合、沉淀等作用,形成碳酸盐、磷酸盐、铁锰氧化物结合态等形式,只有少部分以水溶态和离子交换态存在。相对重金属元素的总量,重金属的有效性往往能更好地说明其在环境中的化学活性、再迁移性、生物可利用性以及最终对生态系统或生物的影响。土壤重金属的有效性取决于重金属的形态,重金属的形态则受到吸附-解吸、沉淀-溶解/络合-解离等土壤物理化学过程的调控(图 7-4)。除此之外,一些重金属由于价态和性质的多样性,存在甲基化、价态转化和气态传输等迁移转化过程。

(一)重金属的吸附、沉淀及络合

土壤中重金属的环境行为主要受有机质含量、铁锰氧化物含量、黏土矿物的种类和含量、土壤酸度、土壤氧化还原电位等土壤理化性质的影响。

土壤中的重金属大部分存在于黏粒内或被黏土矿物吸附,有机质和铁锰氧化物也能吸附较多的重金属离子。土壤溶液中的离子态重金属,可与土壤黏粒结合形成交换性重金属,与土壤中腐殖质形成络合态重金属,或与铁锰氧化物结合形成包蔽态重金属,以及与土壤中硫化物结合形成硫化物沉淀。

土壤吸附或络合状态重金属含量与有效性取决于土壤组成化学,一般而言,土壤有机质含量越高,土壤吸附重金属的能力越强。研究表明,对铜的吸附能力表现为腐殖酸>蒙脱石>伊利石>高岭石。土壤中铁和锰的氢氧化物,对重金属阳离子有强烈的专性吸附能力,对重金属在土壤中的迁移转化以及活性和毒性影响较大,是控制土壤溶液中重金属浓度的重要因子。此外,土壤胶体负电荷的总量、重金属的离子势,以及原来吸附在土壤胶体上的其他离子的离子势也是影响重金属行为的重要因子。

土壤溶液中重金属含量主要取决于土壤 pH,随土壤 pH 的升高而降低(图 7-5)。土壤溶液中的重金属在碱性条件下则形成氢氧化物、碳酸盐和硅酸盐沉淀(如 $Zn_4Si_2O_7(OH)_2 \cdot H_2O$、$Pb(OH)_2$、$PbCO_3$ 和 $Pb_3(PO_4)_2$)。此外,提高土壤 pH,可增加土壤表面可变负电荷而

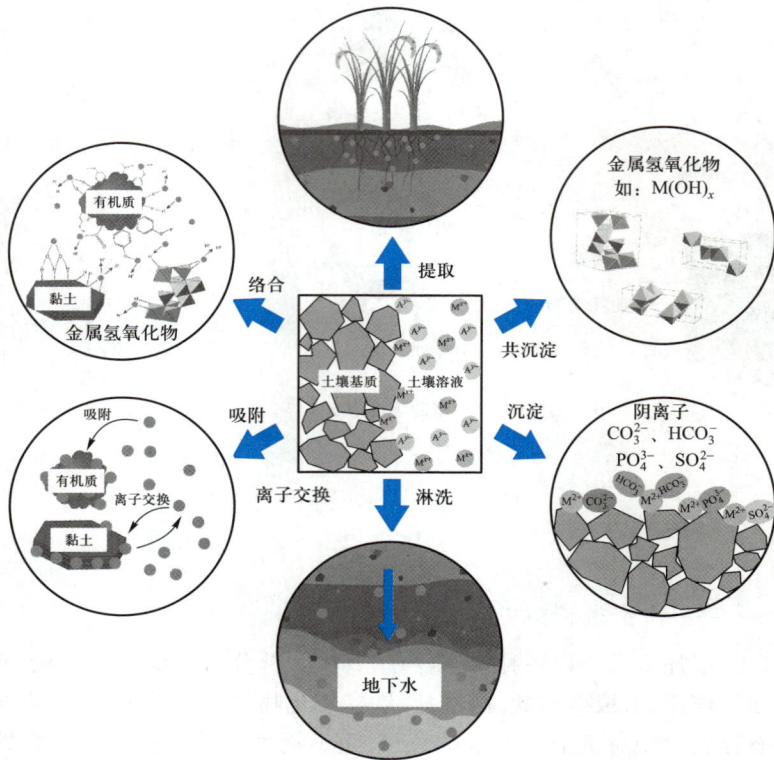

图 7-4 重金属在土壤中的环境行为及影响因素

资料来源:改自 Hamid 等,2019。

彩图 7-4

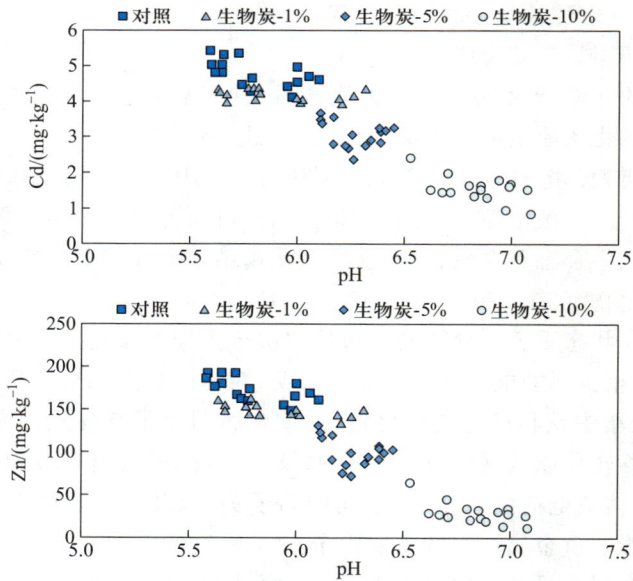

图 7-5 生物炭添加下,土壤 pH 与 0.01 mol/L $CaCl_2$ 提取态镉、锌含量的关系

资料来源:改自 Houben 等,2013。

增加对重金属的吸附,从而大大降低土壤溶液中重金属的浓度。当土壤为酸性时,被黏土矿物吸附的重金属易解吸,同时土壤中部分不溶的重金属沉淀可与酸作用,转变成可溶态。

土壤氧化还原电位也影响着土壤溶液中重金属含量。对农田土壤中镉形态的转化研究表明,淹水后交换态镉所占比例明显下降,下降幅度与土壤氧化铁活化度呈极显著负相关,下降的部分向活性较低的有机结合态、晶形氧化铁结合态及石灰性土壤的碳酸盐结合态转化。回旱后,各形态基本上恢复到淹水前,但其中的有机结合态普遍高于淹水前。淹水后酸性土壤pH升高,有机质官能团对镉的络合能力增强、CdS沉淀的形成是土壤镉活性降低的主要原因。

带负电荷的胶体可以通过离子交换吸附以阳离子形式存在的重金属离子(如 Zn^{2+}、Cd^{2+}、Cr^{3+}、$Cr(H_2O)_6^{3+}$ 等),而带正电荷的胶体可通过离子交换吸附以阴离子形式存在的重金属离子(CrO_4^{2-}、$Cr_2O_7^{2-}$、CrO_2^-、$HgCl_3^-$、AsO_4^{3-} 和 AsO_3^{3-})。土壤矿物对 Cr(Ⅵ)吸附机制可能和 PO_4^{3-} 相似,大部分 Cr(Ⅵ)以专性吸附式进行,难以被 Cl^- 和 NO_3^- 解吸下来,吸附过程中伴随着氢氧根的释放。土壤对 Cr(Ⅵ)的吸附量和游离氧化铁含量成正相关。带负电荷的砷酸根和亚砷酸根可被带正电荷的氢氧化铁、氢氧化铝等土壤胶体吸附用。铝硅酸盐黏土矿物表面上的铝离子也可以吸附含砷的阴离子(AsO_4^{3-} 和 AsO_3^{3-})。有机质由于带负电荷,对砷无明显的吸附作用。

(二) 汞和砷的甲基化

1. 汞的甲基化

汞的甲基化作用一般是在厌氧性微生物作用下进行的。瑞典学者詹森和吉尔洛夫于1968年推测污泥中厌氧微生物可将无机汞转化为甲基汞(Jensen 和 Jernelöv,1968),其反应式如下:

$$Hg^{2+}+2R—CH_3 \longrightarrow (CH_3)_2Hg \longrightarrow CH_3Hg^+ \tag{7-1}$$

或

$$Hg^{2+}+R—CH_3 \longrightarrow CH_3Hg^+ \xrightarrow{R—CH_3} (CH_3)_2Hg \tag{7-2}$$

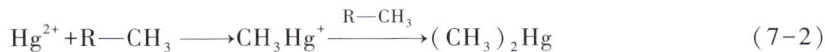

美国的伍德等同年利用甲烷细菌的细胞提取液(Wood 等,1968),研究证实了上述两种反应的观点,并提出二甲基汞可在弱酸条件下进行下列反应:

$$R—Hg—R+HX \longrightarrow R—Hg—X+RH \tag{7-3}$$

伍德之后又研究了 Hg^{2+} 被甲基钴胺素的非酶甲基化作用和酶催化汞的甲基化作用机理。甲基钴胺素是厌氧和好氧细菌体内的一种含维生素 B_{12} 的辅酶,其化学结构很复杂,分子中含有一个金属钴离子(Co^{3+}),这个 Co^{3+} 可能是起转化甲基作用的位点(Law 和 Wood,1973)。在缺氧条件下,可使 Hg^{2+} 转化成一甲基汞和二甲基汞,从而证明了瑞典学者的假说。其反应过程如下:

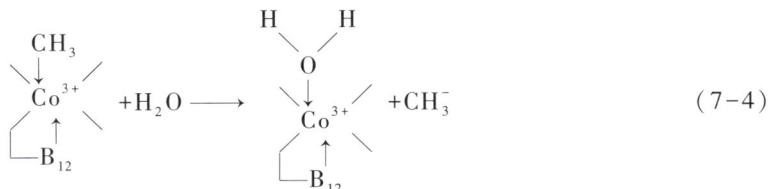

$$\begin{array}{c} CH_3 \\ \downarrow \\ Co^{3+} \\ | \\ B_{12} \end{array} +H_2O \longrightarrow \begin{array}{c} H \quad H \\ O \\ \downarrow \\ Co^{3+} \\ | \\ B_{12} \end{array} +CH_3^- \tag{7-4}$$

甲基钴胺素中的甲基以 CH_3^- 形式转移给 Hg^{2+},形成甲基汞:

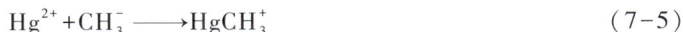

$$Hg^{2+}+CH_3^- \longrightarrow HgCH_3^+ \tag{7-5}$$

$$HgCH_3^+ + CH_3^- \longrightarrow CH_3-Hg-CH_3 \qquad (7-6)$$

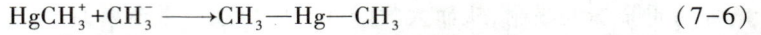

汞除了可在微生物作用下发生甲基化作用外,还可在非生物因素作用下进行,只要存在甲基供体,汞就可以被甲基化。

土壤的温度、湿度、质地,以及土壤溶液中 Hg^{2+} 的浓度,对汞的甲基化作用都有一定影响。一般说来,在土壤水分较多、质地黏重、地下水位过高的土壤中,甲基汞的产生比砂性、地下水位低的土壤容易得多。另外,从灭菌和未灭菌的土壤试验中都发现了土壤结构对甲基汞形成的影响。黏土含甲基汞最多,壤土次之,砂土最少。其原因可能是随着黏土含量的增加,有机物的含量也有所增加,而甲基化作用正是由于有机物或与黏土结合的有机物的存在,在有利于微生物生长的条件下,会促进甲基汞生物合成速度。甲基汞的形成与挥发度都和温度有关。温度升高虽有利于甲基汞的形成,但其挥发度也随之增大。

土壤中的甲基汞等有机汞化合物,也可以被降解为无机汞。苏联弗鲁卡娃和托纳姆拉从苯汞污染的土壤中分离出假单胞杆菌属（*Pseudomonas*）K-62 菌株（Furukawa 和 Tonomura,1973）。这种菌株能吸收无机汞和有机汞化合物,并将汞还原为金属汞排出体外。可见,元素汞及其各种类型的化合物,在土壤环境中可相互转化,只是在不同的条件下,其迁移转化的主要方向有所不同。汞在土壤环境中迁移转化的复杂性,给汞污染的治理工作带来许多困难。

2. 砷的甲基化

无机砷包括亚砷酸盐［As（Ⅲ）］和砷酸盐［As（Ⅴ）］,可通过甲基化作用形成单甲基砷酸［MMA（Ⅴ）］,甲基砷酸可进一步氧化和甲基化形成二甲基砷酸［DMA（Ⅴ）］和三甲基砷（TMAs）。无机砷的代谢包括由谷胱甘肽介导的五价砷到三价砷的双电子还原,然后氧化甲基化形成五价有机砷（图 7-6）。土壤中微生物也起着促进土壤中砷形态变化的作用。一些微生物可将无机砷转化为有蒜臭味的三甲基砷气体:细胞内 As（Ⅲ）在砷甲基转移酶作用下,以 *S*-腺苷甲硫氨酸或者甲基钴胺素（甲基维生素 B_{12}）作为甲基体,将 As（Ⅲ）转化为一甲基砷和二甲基砷化合物,或者进一步生成挥发性的三甲基砷化物等。

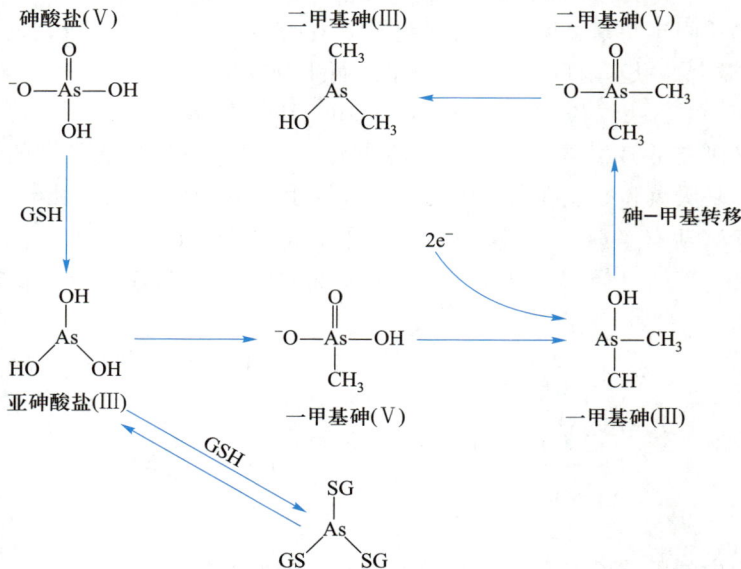

图 7-6　无机砷的代谢途径

资料来源:Jomova 等,2011。

（三）铬和砷的价态转化

1. 铬的形态转化

土壤中的铬主要以三价铬（Cr^{3+}）和六价铬（$Cr_2O_7^{2-}$ 和 CrO_4^{2-}）形式存在,其中以正三价铬（如 $Cr(OH)_3$）更稳定。通常在土壤淹水条件下,六价铬可以迅速还原为三价铬。在强酸性土壤中一般很少存在六价铬化合物,因为六价铬化合物的存在须具有很高的氧化还原电位（pH 为 4,$Eh > 0.7V$ 时）。但在弱酸性和弱碱性土壤中,可有六价铬化合物存在。如在 pH 为 8、Eh 为 0.4V 的荒漠土壤中,发现有可溶性的铬钾石（K_2CrO_4）存在。

土壤中的三价和六价铬可以相互转化。$Cr(VI)$ 可被二价铁离子、溶解性的硫化物和某些带羟基的有机化合物还原为 $Cr(III)$。一般当土壤有机质含量大于 2% 时,$Cr(VI)$ 几乎大部分被还原为 $Cr(III)$。根据标准电极电位的大小,在通气良好的土壤中,$Cr(III)$ 可被 MnO_2 氧化,也可被水中溶解氧缓慢氧化而转变为 $Cr(VI)$。其相互转化的方向和程度主要决定于土壤环境的 pH 和 Eh。不同价态和形态铬之间的相互转化可用下列式子表示:

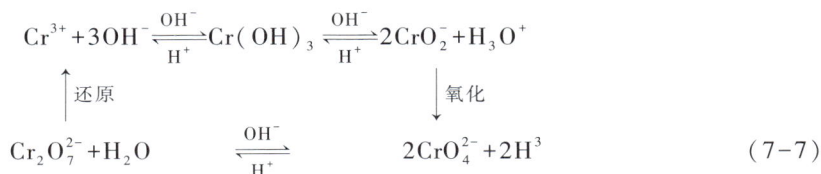

$$Cr^{3+} + 3OH^- \underset{H^+}{\overset{OH^-}{\rightleftharpoons}} Cr(OH)_3 \underset{H^+}{\overset{OH^-}{\rightleftharpoons}} 2CrO_2^- + H_3O^+$$

↑ 还原　　　　　　　　　↓ 氧化

$$Cr_2O_7^{2-} + H_2O \underset{H^+}{\overset{OH^-}{\rightleftharpoons}} \quad\quad 2CrO_4^{2-} + 2H^3 \quad\quad (7-7)$$

在自然土壤环境中,MnO_2 是 $Cr(III)$ 氧化的主要电子受体。不同氧化锰对 $Cr(III)$ 的氧化能力是:$\delta\text{-}MnO_2 > \alpha\text{-}MnO_2 > \gamma\text{-}MnOOH$。土壤对 $Cr(III)$ 的氧化能力与土壤中易还原性氧化锰含量呈显著正相关,而与溶液中 $Cr(III)$ 浓度无相关性。MnO_2 对 $Cr(III)$ 的氧化机制包括:① $Cr(III)$ 从溶液扩散到 MnO_2 颗粒表面;② MnO_2 表面吸附 $Cr(III)$,由于 MnO_2 吸附力的作用,有利于 $Cr(III)$ 失去电子,降低 $Cr(III)$ 氧化的活性能;③ $Cr(III)$ 和 MnO_2 表面高活性锰发生电子转移,$Cr(III)$ 失去电子成为 $Cr(VI)$,Mn^{4+} 接受电子成为 Mn^{2+};④ 由于 $Cr(VI)$ 以阴离子形式存在,MnO_2 对它的吸附能力减低,$Cr(VI)$ 从 MnO_2 颗粒解吸下来;⑤ 释放 $Cr(VI)$ 从 MnO_2 表面扩散到溶液中。在低 pH 条件下,随着 $Cr(III)$ 被氧化,溶液中 Eh 值有所升高,pH 略有上升,由此推测 MnO_2 和 $Cr(III)$ 氧化还原反应式可能是:

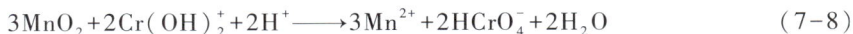

$$3MnO_2 + 2Cr(OH)_2^+ + 2H^+ \longrightarrow 3Mn^{2+} + 2HCrO_4^- + 2H_2O \quad\quad (7-8)$$

$$3MnO_2 + 2Cr(OH)^{2+} \longrightarrow 3Mn^{2+} + 2HCrO_4^- \quad\quad (7-9)$$

在低 pH 条件下,Cr^{3+} 还原性很弱,不容易被氧化;而在高 pH 条件下,虽然 Cr^{3+} 有较强的还原性,但由于加入的 Cr^{3+} 立即形成絮状的 $Cr(OH)_3$ 沉淀,MnO_2 表面和 Cr^{3+} 反应概率减少,此时 Cr^{3+} 的浓度成为 Cr^{3+} 氧化的限制因素。

由于 Cr^{3+} 需要被吸附到 MnO_2 表面才能被氧化,不同形态三价铬在溶液中存在形态不同,它们被氧化的难易程度也不同。在相同 Cr^{3+} 浓度下,MnO_2 对无机 Cr^{3+} 的氧化量比有机络合形态铬大;沉淀态铬、蒙脱石和高岭石吸附态的铬转移到 MnO_2 表面后再被氧化,这时转移速率成为体系中 Cr^{3+} 氧化速率的控制步骤（图 7-7）。

2. 砷的形态转化

在一般的 pH 和 Eh 范围内,砷主要以 +3 价和 +5 价存在于环境中。水溶性砷多为 AsO_4^{3-}、$HAsO_4^{2-}$、$H_2AsO_4^-$、AsO_3^{2-}、$H_2AsO_3^-$ 等阴离子形态,总量常低于 1 mg/kg,一般只占土壤

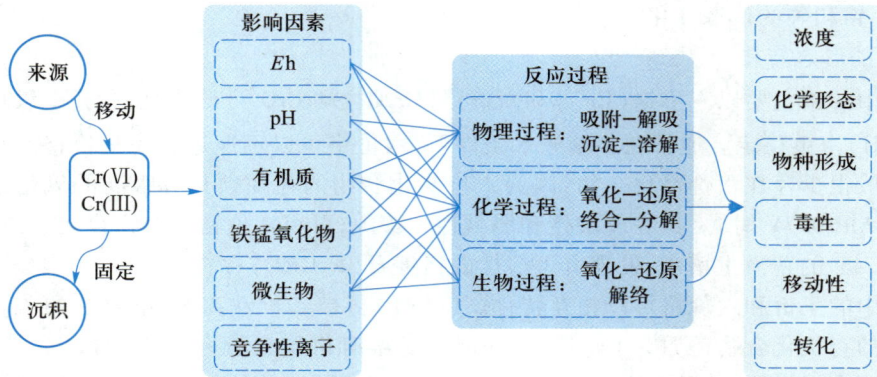

图 7-7 铬在土壤环境中的行为影响因子概述

资料来源：Ao 等，2022。

全砷的 5%～10%。

土壤中吸附态砷转变成溶解态的砷化合物，主要与土壤的 pH 和 Eh 有关（图 7-8）。土壤中砷在 Eh 降低、pH 升高时，可显著地增加其可溶性。在碱性土壤中，土壤胶体上的负电荷减少，对砷的吸附能力降低，可溶性砷的含量增高。由于砷酸盐比亚砷酸盐更易被土壤吸附固定，如果土壤中的砷以亚砷酸盐状态存在，其砷的溶解性增加。土壤中亚砷酸盐的存在还取决于土壤的氧化还原状态。旱田土壤及干土处于氧化状态，土壤中的亚砷酸盐可氧化成砷酸盐，砷多数以砷酸盐存在，增加了土壤固砷量。相反，水田土壤处于淹没状态，随着水田土壤 Eh 降低，土壤中大部分砷以亚酸盐形态存在，促进砷的可溶性迁移。在水田土壤的实际 pH 范围内，砷酸盐和亚砷酸的变化可用下式表示：

$$Eh = 0.666 + 0.024\ 5\lg\frac{\left[H_2AsO_4^-\right]}{\left[HAsO_2\right]} - 0.088\ 5pH \qquad (7-10)$$

根据上式计算，如果 $pH = 6$，$\left[H_2AsO_4^-\right] = \left[HAsO_2\right]$，则 $Eh = 0.135$ V，此值为水田土壤的砷酸转变为亚砷酸的比还原电位。

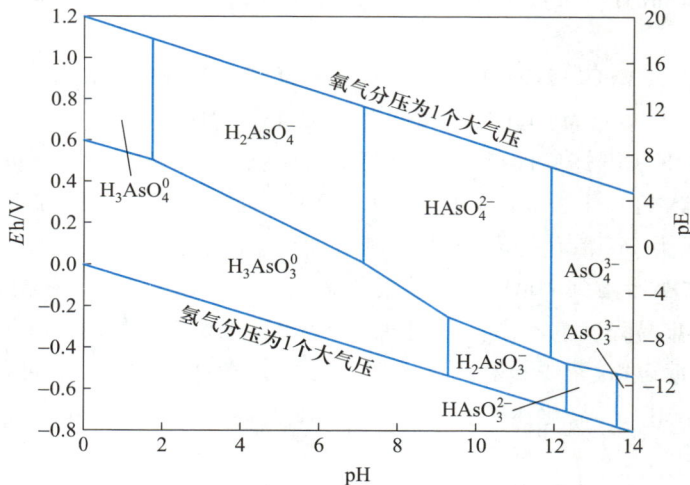

图 7-8 25 °C 温度和 1 个大气压下，砷在不同 pH 和 Eh 条件下的形态

资料来源：Smedley 等，2001。

（四）汞和铅的气态传输

1. 汞的气态传输

汞（Hg）是室温下唯一的液体金属，在 0℃ 时就会产生汞蒸气，因而汞易蒸发并释放到大气中。在还原条件下更有利于土壤中单质汞的生成。由于单质汞在常温下有很高的挥发性，除部分存在于土壤中以外，还以蒸气形态挥发进入大气圈，参与全球汞循环。此外，由于二甲基汞（CH_3HgCH_3）的挥发度较大，被土壤胶体吸附的能力也相对较弱，更易发生大气迁移。

2. 铅的气态传输

除开采、冶炼工业外，汽油燃烧是大气中铅污染的主要来源。自从铅用作汽油添加剂以来，人类环境中铅的浓度不断增高。各种汽油铅含量一般超过 200 mg/L，因此，公路沿线、繁华市区往往是大气铅污染的重点地方。煤燃烧产生的废气也是环境中铅污染的重要来源，煤炭燃烧后产生的飘尘铅含量约 100 mg/kg。中国自 2000 年起全面禁止含铅汽油，全球范围内于 2021 年正式终结含铅汽油使用。

第二节 有机污染物在土壤中的行为与环境效应

我国是全球第一大化工生产及销售国。2000—2017 年，中国化工生产力年平均增长率为 11.8%。化工产品中，超过 70% 为有机物，其中不乏具有潜在高毒性、高累积、难降解、可远距离迁移的有机物。作为自然环境中重要的物质迁移与转归介质，土壤往往是有机污染物主要的聚积库。目前，土壤中主要的有机污染物大多属于持久性有机污染物或优先控制污染物范畴（石油烃除外）。一旦有机污染物通过土壤进入食物链，将会对生物及人体健康造成严重的威胁。因此，了解有机污染物在土壤环境中的时空分布、污染来源、迁移转化关键过程，以及它们的生态效应，对这些有毒有害物质的防控与治理至关重要。本节将主要介绍土壤中重要有机污染物的种类特性、污染现状、环境行为及其环境效应。

一、土壤有机污染物的种类与污染现状

（一）农药

农药，是指农业上用于防治病虫害及调节植物生长的化学药剂，广泛用于农林牧业生产、环境和家庭卫生除害防疫、工业品防霉与防蛀等。农药按照其使用目的可以分为杀虫剂、杀菌剂、除草剂、杀螨剂、杀鼠剂、熏蒸剂、增效剂、植物生长调节剂、解毒剂等（表 7-5），其中杀虫剂、杀菌剂、除草剂的应用最为广泛。若根据农药的成分划分，有机氯农药和有机磷农药最具代表性。近十几年来，新烟碱类农药因其独特的作用机理和高效的杀虫性能，逐渐成为国内外使用量增长最快的农药类型之一。

表 7-5 常用农药的用途及成分

用途	成分
杀虫、杀线虫剂	有机氯、有机磷、氨基甲酸酯、拟除虫菊酯等
杀菌剂	杂环类、三唑类、苯类、有机磷类、硫类、铜汞类、有机锡砷类、抗菌素类等
除草剂	苯氧类、苯甲酸类、酰胺类、甲苯胺类、脲类、氨基甲酸酯类、酚类、二苯醚类、三苯醚类、杂环类等

续表

用途	成分
杀螨剂	三氯杀螨醇、克螨锡、哒螨灵等
杀鼠剂	安妥、敌鼠钠盐、磷化锌等
熏蒸剂	溴甲烷、氯化苦、二氯乙烷
增效剂	增效磷
植物生长调节剂	矮壮素、赤霉素、多效唑等
解毒剂	解草安

有机氯农药最早于 20 世纪 30 年代开始应用于植物保护,是一类广谱高效的杀虫剂。大部分有机氯农药含有至少一个苯环的含氯衍生物,其化学性质稳定,高残留,在环境中不易分解,具有高生物富集性。有机氯农药主要有 DDT、林丹（γ-六氯环己烷）、氯丹、艾氏剂、狄氏剂、六氯苯、七氯、灭蚁灵、毒杀芬等。图 7-9 列出了六种代表性的有机氯农药的分子结构式。

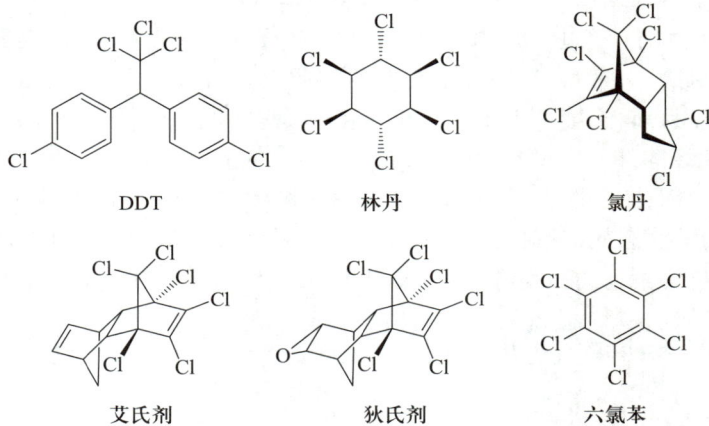

DDT 林丹 氯丹

艾氏剂 狄氏剂 六氯苯

图 7-9 有机氯农药(DDT、林丹、氯丹、艾氏剂、狄氏剂、六氯苯)的分子结构式

有机磷农药是在第二次世界大战后研发出的一类药性强的广谱杀虫除草剂,部分是磷酸的酯类或酰胺类化合物,其化学通式可表示为

$$\begin{array}{c} R1 \quad\quad O(\text{或 S}) \\ \diagdown \ \ \diagup \\ P \\ \diagup \ \ \diagdown \\ R2 \quad\quad X \end{array} \tag{7-11}$$

其中 R1 和 R2 常见为烷氧基、氨基等,X 常见为—OR′或—SR′(R′为带取代基的烃基及杂环基)。根据化学结构,有机磷农药可分为以下几类:磷酸酯类、硫代磷酸酯类、膦酸酯和硫代磷酸酯类、磷酰胺和硫代磷酰胺类。常见的有机磷农药包括敌敌畏、马拉硫磷、敌百虫、甲胺磷,其化学结构如图 7-10 所示。目前世界上有数百种有机磷农药,约占农药总量的 1/3。有机磷农药多为液体,难溶于水,易溶于有机溶剂(如乙醇、丙酮、氯仿等),比有机氯农药更易降解,但毒性较高,大部分有机磷农药对生物体内胆碱酯酶具有抑制作用,某些品种

因为毒性较大,可导致人畜急性中毒。

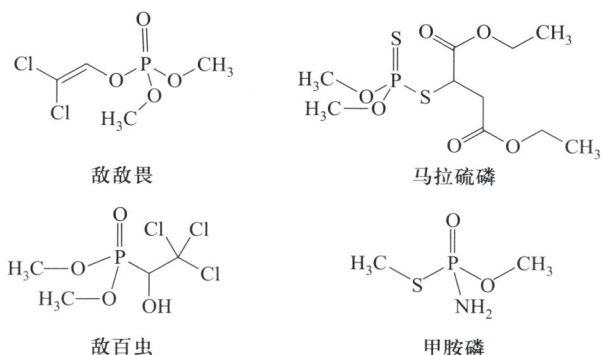

图 7-10　常见有机磷农药(敌敌畏、马拉硫磷、敌百虫、甲胺磷)的分子结构式

　　据统计,目前世界上生产和使用的农药有几千种,世界农药的施用量每年以 10% 左右的速度递增。20 世纪 60 年代末,世界农药年产量在 400 万 t 左右,90 年代则超过 3000 万 t。我国是一个农业大国,农药使用量居世界第一,每年达 50 万~60 万 t,其中 80%~90% 最终进入土壤环境,约有 87 万~107 万 hm² 的农田土壤受到农药污染。我国农药使用量较大的地区有上海、浙江、山东、江苏和广东,其中上海和浙江用药量最高,分别达到 10.8 kg/hm² 和10.41 kg/hm²。以小麦为主要农作物的北方干旱地区施药量小于南方水稻产区;蔬菜、水果的用药量明显高于其他农作物。目前,农药污染已成为我国影响范围最大的一类有机污染,且具有持久性和农产品富集性。随着使用量和使用年数的增加,农药残留逐渐增加,呈现点-线-面的立体式空间污染态势。

(二)石油烃

　　石油烃是环境中广泛存在的有机污染物之一,包括汽油、煤油、柴油、润滑油、石蜡和沥青等,是多种烃类(正烷烃、支链烷烃、环烷烃、芳烃)和少量其他有机物的混合物。由于石油烃类是基于方法定义的目标物,因此使用不同分析方法标准规定的条件就会产生不同石油烃类的定义。目前国内外各类环保标准还没有关于"石油烃类"或者"石油类"的统一定义。石油烃组成中烃类占绝大部分(一般为 80%~90%),以烷烃和环烷烃为主,芳香烃类占比小。主要石油烃组分结构如图 7-11 所示。

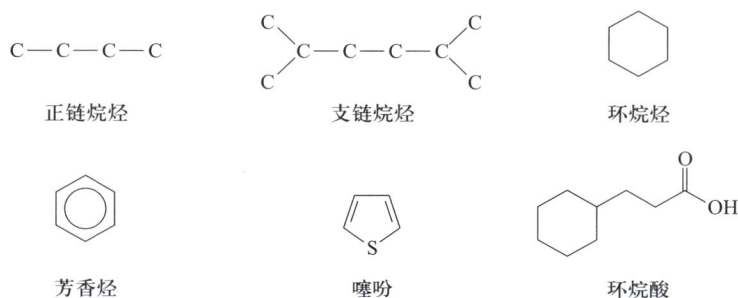

图 7-11　主要的石油烃组分及结构

　　土壤中石油烃污染主要来源于石油钻探、开采、运输、加工、储存、使用及其废弃等人为

活动。全世界平均每年石油总产量约为 40 亿 t,每生产 1 t 石油约有 2 kg 石油烃类污染物进入环境。因此,全世界每年约有 800 万 t 石油烃类污染物进入环境,而这些污染物最终会通过各种途径进入土壤环境,造成土壤污染。

(三)多环芳烃

多环芳烃指含两个或两个以上苯环的化合物,根据苯环连接方式可分为:① 非稠环型:苯环与苯环之间各有一个碳原子相连,如图 7-12 中的联苯和二苯甲烷等;② 稠环型:两个碳原子为两个苯环所共有,如图 7-12 中的蒽、菲等。多环芳烃一般指稠环型化合物,所以又称稠环芳烃或稠环烃。本节所述多环芳烃多指稠环芳烃。

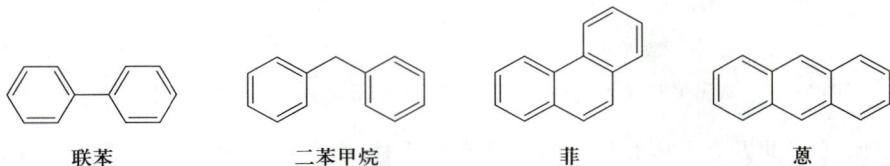

| 联苯 | 二苯甲烷 | 菲 | 蒽 |

图 7-12　常见的多环芳烃结构

多环芳烃主要来源于各种矿物燃料及有机物的热解或不完全燃烧。近 150 年来,土壤(尤其是城市地区土壤)的多环芳烃浓度不断增加,已经成为多环芳烃一个重要的汇。我国土壤中多环芳烃污染普遍存在,《全国土壤污染状况调查公报》显示,多环芳烃点位超标率达 1.4%,是耕地的主要污染物之一。各区域含量分布存在较大差异,16 种多环芳烃含量总和的均值按华北(1 250.3 ng/g)>东北(900.6 ng/g)>中南(877.8 ng/g)>西北(547.5 ng/g)>华南(503.0 ng/g)>西南(404.9 ng/g)的顺序递减(尚庆彬,2019)。

(四)苯系化合物

苯系化合物,广义上是指芳香族有机化合物,包括苯及其衍生物。在环境领域,一般狭义上认为苯系物主要包括苯、甲苯、乙苯和二甲苯。此外,重要的苯系化合物还包括苯酚、硝基苯和苯胺。典型苯系化合物的物理化学性质如表 7-6 所示。

1. BTEX

BTEX 是苯(benzene)、甲苯(toluene)、乙苯(ethylbenzene)和二甲苯(xylene)的缩写,是苯系化合物中最重要的一类污染物。BTEX 被广泛应用于化学、制药工程、产品制造等领域。BTEX 具有易溶解、易挥发、迁移能力强等特点。BTEX 对土壤和地下水的污染通常与地下储罐的石油泄漏、溶剂型涂料和油漆的生产以及天然气工厂的活动有关。BTEX 的排放量占石化工厂 VOCs 排放量的 80%,占汽油类污染物排放总量的 59%,排放进入大气的 BTEX 最终通过淋溶和沉降作用进入土壤。地下储罐石油的泄漏,使大量 BTEX 进入土壤和地下水中。例如在我国苏南地区抽查的 29 个地下储油罐中,有 21 座储油罐存在不同程度的泄漏,占被调查加油站总数的 72.4%。矿物油泄漏后,泄漏严重的地区土壤中的 BTEX 浓度可高达 100 mg/kg。欧洲环境署的一项研究表明,2006 年欧洲约 34% 的污染场地受到了矿物油的影响,包括多环芳烃和 BTEX 等常见石油物质,2011 年此数据增加到 53%。根据美国国家环境保护署(USEPA)的数据显示,从 1982 年到 2005 年,BTEX 是污染场地非常普遍的污染物,占比达 25%,仅次于卤代烃(占 42%)。

表 7-6 苯系化合物的理化性质（20℃）

物质	苯	甲苯	乙苯	邻二甲苯	间二甲苯	对二甲苯	苯酚	硝基苯	苯胺
分子式	C_6H_6	C_7H_8	C_8H_{10}	C_8H_{10}	C_8H_{10}	C_8H_{10}	C_6H_6O	$C_6H_5NO_2$	C_6H_7N
化学结构									
分子量	78.11	92.13	106.16	106.16	106.16	106.16	94.11	123.11	93.13
沸点/℃	80.10	110.60	136.20	144.40	139.30	137.00	182.00	210	184.40
熔点/℃	5.50	-95.00	-94.97	-25.00	-47.40	13.00	40.50	5.70	-6.20
蒸气压/mmHg	95.19	28.40	4.53	6.60	8.30	3.15	0.40	0.20	0.70
密度/(g·mL⁻¹)	0.88	0.87	0.87	0.88	0.87	0.86	1.071	1.205	1.022
溶解度/(mg·L⁻¹)	1 791.00	535.00	161.00	175.00	146.00	156.00	84 000	1 900.00	36 000
亨利常数/(kPa·m³·mol⁻¹)	0.557	0.660	0.843	0.551	0.730	0.690	1.090	—	—

2. 苯酚

苯酚是煤焦油的主要成分之一,也是炼油厂废物中常见的成分,在室温下具有挥发性,并且具有刺激性气味。苯酚可溶于大多数有机溶剂,在水中也具有很高的溶解度。苯酚是一种重要的有机化工原料,主要用于制造酚醛树脂、双酚 A、除草剂 2,4-D 等,同时也是制造尼龙、环氧树脂、涂料、油漆、香料、合成洗涤剂及增塑剂等的原料。2004 年,美国国家环境保护署(USEPA)年度报告指出,在 1982 年至 2002 年期间,美国 863 个超级基金项目中有 172 个涉及非卤代半挥发性有机物(包括苯酚)污染的场地。由于土壤对苯酚的吸附性较低,苯酚可以通过土壤进入地下水,并随着地下水的流动进行迁移。目前,在工业废水、污水、污泥、实验室大规模的生物反应器中均可检测到苯酚。

3. 硝基苯

硝基苯是一种无色或微黄色,苦杏仁味的油状液体,已广泛用于制药、染料、石化等行业,同时也是合成苯胺的重要原料。硝基苯结构稳定,较难降解,密度大于水,在水体中会以黄绿色油状物沉入水底,渗入土壤和地下水中,长时间保持不变。环境中的硝基苯主要来源于人类活动的排放。在化工厂、染料厂排出的废水废气,尤其是苯胺生产厂中排出的废水含有大量的硝基苯。

全世界每年排入环境中的硝基苯超过 10 000 t。化学事故是硝基苯污染的主要来源。例如,2005 年,中国石油天然气股份有限公司吉林石化分公司双苯厂硝基苯精馏塔发生爆炸,向松花江排放了约 100 t 有毒化学物质(主要是硝基苯)。事故发生 12 天后,松花江中硝基苯浓度高达 0.581 mg/L。我国《地表水环境质量标准》(GB 3838—2002)中规定,集中式生活饮用水地表水源地硝基苯标准限制为 17 μg/L,事故造成水体污染浓度超过了标准的 34 倍。在环境取样调查中发现,除少数受工业污染较为严重的地区外,硝基苯通常在地表水环境中的浓度较低,一般为 0.1 ~ 1 μg/L。

4. 苯胺

苯胺又名阿尼林油,是最常见的芳香胺,无色或浅黄色透明油状液体,暴露在空气中或日光下易变成棕色,具有刺激性气味。苯胺微溶于水,易溶于乙醇、乙醚、氯仿等有机溶剂,是一种重要的有机化工原料,是聚氨酯、橡胶加工化学品、除草剂、染料和颜料等产品的原料。在染料行业,苯胺系染料已超过 700 种,有 100 余种染料直接消耗苯胺;在橡胶行业,苯胺主要用于生产抗氧化剂、硫化剂、促进剂、稳定剂等多种橡胶助剂。

美国每年生产的苯胺超过 45.7 万 t,中国每年生产的苯胺超过 8 万 t。由于工业排放不当,全世界每年排入环境中的苯胺超过 3 万 t。据应急管理部的资料记载,2002 年 8 月江苏境内发生苯胺大量泄漏事件,污染 6 条河流并危及长江水质,造成鱼类、水生植物和家禽死亡;2012 年,山西长治天脊煤化工集团股份有限公司发生苯胺泄漏事故,造成浊漳河污染,波及河南、河北等省市,给当地和下游地区水体和土壤造成了极大的危害。

(五)卤代化合物

卤代化合物是指含有卤素元素的化合物。其中,卤代有机物常作为原材料、中间体、溶剂等被广泛应用于人类生产生活中。然而,卤代有机物具有环境持久性、生物积累性、高毒性、长距离迁移、难生物降解的特点,在环境中广泛分布,威胁生态安全与人体健康。其中,多氯联苯、多溴联苯醚、全氟和多氟烷基化合物是环境中常见的卤代有机污染物的重要组成部分。

1. 多氯联苯

多氯联苯(polychlorinated biphenyls,PCBs)是氯化联苯的总称,依据联苯上取代氯原子的位置与个数的不同,共有 209 种异构体(图 7-13)。多氯联苯作为一种人工合成的氯代芳香烃类持久性有机污染物,被广泛应用于印刷电路板、医疗设备、高功率机械设备、照明、汽车和航空航天工业等产业领域,其中应用最为广泛的领域是电子产品。不

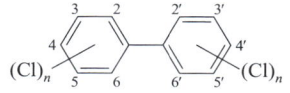

图 7-13　多氯联苯结构

恰当的电子废物处理方式使大量 PCBs 进入并蓄积在土壤或者沉积物中,造成严重的环境污染。2021 年,全球 180 多个国家签订了《斯德哥尔摩公约》,禁止多氯联苯生产,并约定在 2028 年之前全面禁用多氯联苯。

我国电子垃圾拆解场地的土壤中 PCBs 污染浓度较高,浙江台州土壤 PCBs 平均浓度为 24 mg/kg,广东贵屿土壤 PCBs 平均浓度为 2.7 mg/kg,广东清远土壤 PCBs 平均浓度为 27 mg/kg。我国 2018 年公布的《土壤环境质量　建设用地土壤污染风险管控标准(试行)》(GB 36600—2018)中明确指出,第一类用地的 PCBs(总量)筛选值为 0.14 mg/kg,管制值为 1.4 mg/kg,第二类用地的 PCBs(总量)筛选值为 0.38 mg/kg,管制值为 3.8 mg/kg。可见浙江台州和广东清远的土壤 PCBs 平均浓度已远远超过第二类用地的管制值,广东贵屿土壤 PCBs 平均浓度超过了第一类用地的管制值。

2. 多溴联苯醚

多溴联苯醚(polybrominated diphenyl ethers,PBDEs)是一类溴代阻燃剂类产品,在高温条件下释放自由基阻断燃烧反应,具有良好的阻燃性能。PBDEs 价格低廉,20 世纪 70 年代开始在电子电器、纺织和建材等行业得到广泛应用,PBDEs 年生产量从

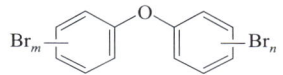

图 7-14　多溴联苯醚结构

1992 年的 40 000 t 上升到 2001 年的 67 000 t。多溴联苯醚结构如图 7-14 所示,其中以四溴联苯醚、五溴联苯醚、八溴联苯醚和十溴联苯醚的应用及环境分布最为广泛(图 7-15)。

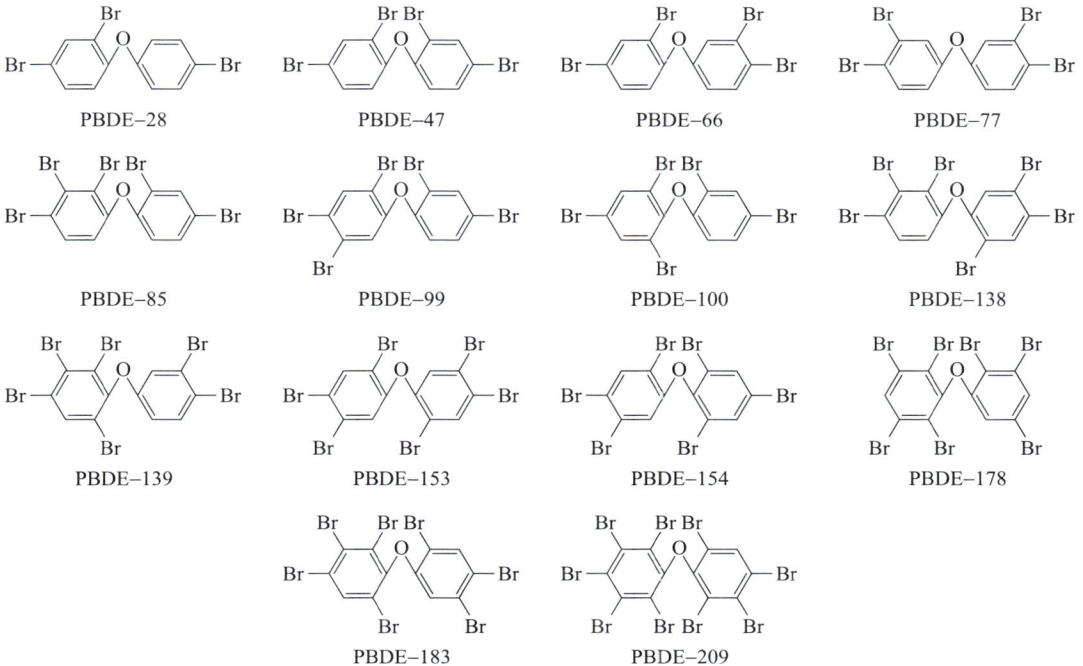

图 7-15　环境中分布广泛的 PBDEs

我国的一些电子垃圾拆解场由于采用露天焚烧、酸洗等原始的拆解手段,导致大量的PBDEs释放到环境中,造成部分地区土壤和水体中的PBDEs浓度超标严重,威胁当地居民健康。在我国浙江、广东等电子垃圾拆解场地,土壤中PBDEs含量高于其他地区几百倍。例如,在浙江台州某电子垃圾拆解场地土壤中,PBDEs含量为0.625 mg/kg,BDE-209为主要的污染单体,约占PBDEs质量的90%。此外,污水处理厂的活性污泥作为土壤改良剂加入土壤中,也是土壤中PBDEs的重要来源。例如,美国每年生产约800万t活性污泥,其中一半多的活性污泥被当作改良剂应用在农田和其他场地土壤中。在提供有机物质的同时,活性污泥中含有大量的有机污染物也进入到土壤中。

3. 全氟和多氟烷基化合物

全氟和多氟烷基化合物(PFASs)是一类合成的氟化有机化合物,这一类物质中至少含有一个全氟甲基($—CF_3$)或全氟亚甲基($—CF_2$)。PFASs从20世纪40年代开始生产,现在已广泛应用在化妆品、消防泡沫、食品包装、纺织皮革、医疗器、石油生产、农药制剂等行业,目前已知的PFASs有12 000多种,其中最常见的是包含8个碳原子的全氟辛烷磺酸(perfluorooctane sulfonate, PFOS)和全氟辛烷羧酸(perfluorooctanoic acid, PFOA)。由于氟原子电负性强,原子尺寸小,C—F键极其稳定(C—F键键能为485.3 kJ/mol)。PFASs具有极强的稳定性,疏水疏油,在环境中难以降解。

在过去的20年中,PFASs在中国的产量急剧增加,中国已成为生产和消费PFASs的大国,PFASs在土壤中也被普遍检出。研究结果表明,居民居住地区土壤中的PFASs浓度为244~13 564 pg/g,样品浓度低于天津沿海工业区(1 300~11 000 pg/g)和江苏工业中心(750~28 000 pg/g)。在所有居民居住地区土壤样品中均检测到C4和C5的全氟羧酸(PFCAs)化合物,C6—C14的PFCAs化合物有≥80%的检出率,主要贡献者是PFOA(平均浓度为354 pg/g,占所有PFASs的27.5%)和全氟丁烷羧酸(PFBA)(平均浓度为261 pg/g,占所有PFASs的20.3%)。

▍二、土壤有机污染物的环境行为

有机污染物进入土壤前后,主要经历以下几个过程:挥发和随土壤颗粒进入大气、土壤颗粒的吸附与解吸、渗滤至地下水或者随地表径流迁移至地表水中、生物和非生物降解、生物富集(图7-16)。其中,吸附、移动、挥发和降解等过程是主要的迁移转化行为。

(一) 吸附

1. 土壤吸附有机污染物的机制

有机污染物在土壤中的吸附过程非常复杂,不同有机污染物在土壤中吸附的差异主要与有机污染物和土壤的类型、功能基团结构等密切相关。值得注意的是,当土壤吸附某种有机污染物时,上述多种机制可能会同时发生,共同作用于吸附过程。

土壤对有机污染物的吸附作用主要包括物理吸附和化学吸附等。物理吸附主要依赖静电力、范德华力等起作用,而化学吸附则由有机污染物与土壤颗粒物之间形成吸附化学键引起。对于有机污染物在土壤中的吸附机制,目前主要有吸附和分配两种理论。吸附理论是指有机污染物通过静电力、范德华力、氢键等分子间作用力与土壤颗粒物表面的吸附位点作用,从而吸附于土壤颗粒物表面。而分配理论则认为有机污染物是在土壤溶液和土壤有机质之间进行的分配。

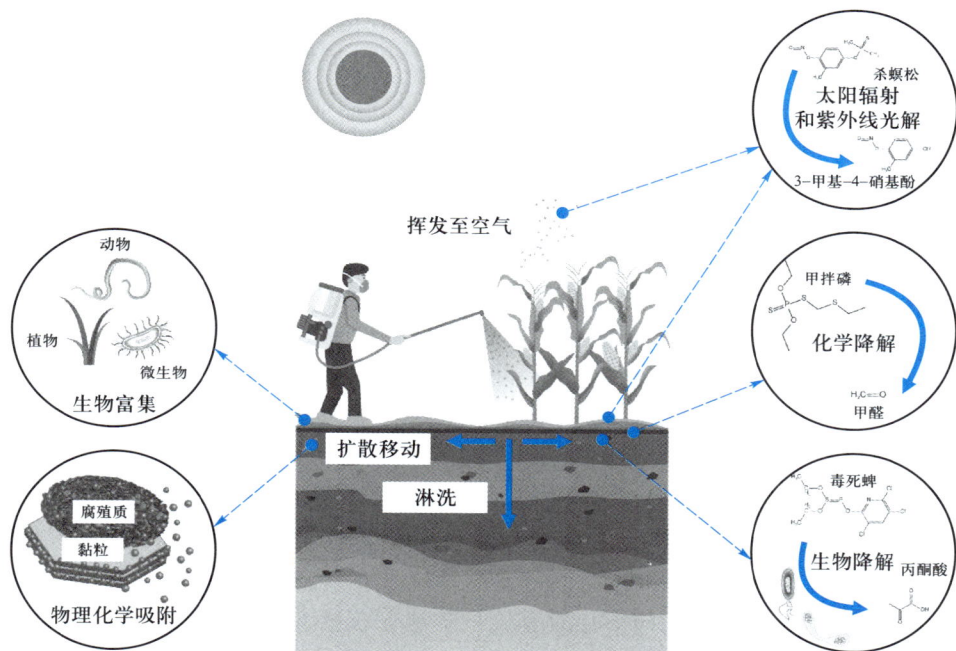

图 7-16 有机污染物在土壤中的环境行为(以农药为例)

彩图 7-16

土壤吸附有机污染物的机制有以下几种(图 7-17)。

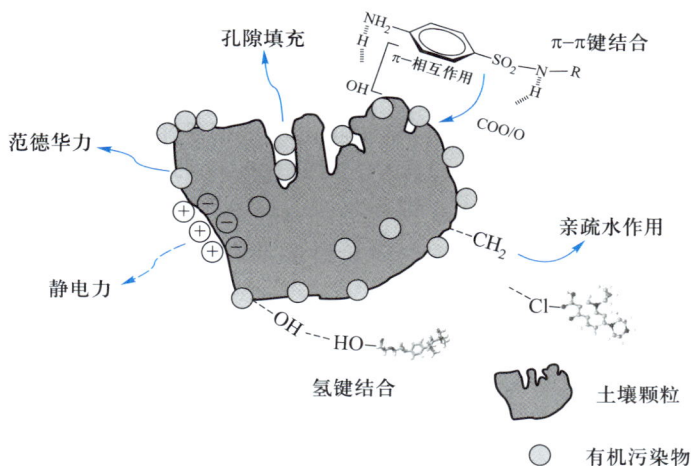

彩图 7-17

图 7-17 有机污染物在土壤结构中的吸附机制

资料来源:改自汪立刚,2011。

(1)范德华力:范德华力是分子间或原子间的弱相互作用,比化学键(如共价键、离子键)弱得多,但起着重要作用。如多环芳烃可通过范德华力在土壤腐殖质中的吸附。

(2)孔隙吸附:土壤有机污染物可以通过迁移进入土壤孔隙,进而填充孔隙吸附于土壤结构中。

(3)疏水性结合:有机污染物中的非极性或弱极性基团容易吸附于土壤有机质的疏水

部位。DDT 等有机氯农药与土壤有机质之间存在疏水作用。

（4）静电吸附：离子型有机污染物可以在土壤（水）溶液中解离成离子形态,例如阳离子型农药被带负电荷的土壤有机质或者黏土矿物吸引,以离子键的形式吸附于土壤中。

（5）氢键结合：由于土壤矿物或有机质中含有大量的羟基或氧原子,因此有机污染物可以通过形成氢键与土壤颗粒结合。一般认为这种方式是非离子型极性有机污染物与土壤黏土矿物和有机质吸附的重要作用机制。

（6）π-π 键结合或电子转移：土壤中富电子位点或缺电子位点通过电子供受机理与具有供电子或受电子特性的有机污染物形成电荷转移型配合物。

2. 土壤吸附有机污染物的影响因素

影响土壤吸附有机污染物的因素主要有以下几种：

（1）有机污染物理化性质：有机污染物的理化性质是影响其吸附的主要因素。其中,有机污染物的水溶性和疏水性与其吸附性能密切相关。对于非离子型有机污染物如多环芳烃等,污染物的疏水性越强,吸附量也越大,而对于离子型有机污染物,一般水溶性较大,电离后的有机污染物可以与表面带电的土壤矿物和胶体发生静电吸附等作用,最终导致其吸附量也较大。

（2）土壤有机质：土壤有机质不但对有机污染物有增溶作用,还可通过有机质中的特殊位点与有机污染物结合从而将其吸附。土壤对有机污染物的吸附与土壤有机质含量呈正相关,这主要是由于吸附位点会随着土壤有机质含量增加而增加,从而增加了有机污染物的吸附。

（3）土壤 pH：一般认为,土壤 pH 下降会促进离子型有机污染物的吸附,当 pH 接近有机污染物的 pKa 时,土壤吸附量最大。对于非离子型有机污染物,其吸附机制中的氢键吸附机理也与土壤 pH 相关。

（4）土壤温度：土壤温度可通过改变有机污染物的水溶性和表面吸附活性来影响有机污染物的吸附特性。有研究表明,有机污染物在土壤中的吸附量随温度升高而减弱。有机污染物如农药的吸附常常是一个放热的过程,升高温度会破坏吸附的平衡,使平衡向吸热的脱附方向偏移。

以农药为例,根据《化学农药环境安全评价试验准则 第 4 部分:土壤吸附/解吸试验》（GB/T 31270.4—2014）,采用 K_{oc}（以有机碳含量表示的土壤吸附系数）表征农药在土壤中的吸附特性等级,可以分为 5 级（表 7-7）。

表 7-7　农药吸附特性等级划分

等级	土壤吸附系数 K_{oc}/(mL·g^{-1})	吸附性
I	$K_{oc} > 20\,000$	易吸附
II	$5\,000 < K_{oc} \leqslant 20\,000$	较易吸附
III	$1\,000 < K_{oc} \leqslant 5\,000$	中等吸附
IV	$200 < K_{oc} \leqslant 1\,000$	较难吸附
V	$K_{oc} \leqslant 200$	难吸附

（二）移动性

土壤中的有机污染物除了发生吸附外,还能随着土壤水、气等介质向四周扩散。一般而言,根据土壤水溶液的流动方向,可以将有机污染物的移动分为垂直方向的运动(淋溶)和水平方向的运动(径流)两种形式。前者会带动有机污染物向下迁移至土壤底层甚至地下水,而后者则使有机污染物转移至水沟、河流等地表水体中,这两个过程是有机污染物在环境中迁移最重要的途径。污染物一般先经过包气带(包气带是指地面与潜水面之间的地带)再向下迁移,包气带对有机污染物有输送和储存功能,还有延缓或衰减污染的作用。

以农药为例,根据《化学农药环境安全评价试验准则　第 5 部分:土壤淋溶试验》(GB/T 31270.5—2014),研究农药在土壤中迁移的方法一般有土壤薄层层析法和土柱淋溶法。

(1)土壤薄层层析法

土壤薄层层析法利用自然采集的土壤作为吸附剂,将其涂布于层析板上,厚度一般为 0.5~0.75 mm。农药点样后,以纯水作为展开剂,待农药在层析板上展开后,每隔一段距离从土壤薄层位置取样测定农药含量。以 R_f 值来衡量农药在土壤中的移动性,其计算公式如下:

$$R_f = L / L_{max} \tag{7-12}$$

式中:R_f——农药移动性指标;

　　L——农药在土壤薄层上从原点开始迁移的最大距离,mm;

　　L_{max}——展开剂在土壤薄层上从原点开始迁移的最大距离,mm。

根据 R_f 大小可将不同农药的移动性分为 5 个等级(表 7-8)。

表 7-8　农药移动性等级划分

等级	移动距离比	移动性
I	$0.90 < R_f \leq 1.00$	极易移动
II	$0.65 < R_f \leq 0.90$	可移动
III	$0.35 < R_f \leq 0.65$	中等移动
IV	$0.10 < R_f \leq 0.35$	不易移动
V	$R_f \leq 0.10$	不移动

(2)土柱淋溶法

将一定质量的土壤装入淋溶柱后,取已知浓度或质量的农药放置于土柱的表面,也可将农药与少量土壤混匀铺陈在土柱的顶部,使用纯水进行模拟降水淋溶,收集土柱底下的渗滤液。淋溶试验结束后将土柱取出按一定距离分段采样,测定各段土壤以及渗滤液中农药的含量。根据不同深度分段的农药含量,可预测农药在环境中的移动性强弱,其计算公式如下:

$$R_i = (m_i / m_0) \times 100\% \tag{7-13}$$

式中:R_i——不同深度土壤和淋出液中农药含量(淋出率),%;

　　m_i——不同深度土壤及淋出液中农药的质量,mg;

　　m_0——农药的总添加量,mg。

$i = 1$、2、3 和 4 分别代表 0~10 cm、10~20 cm、20~30 cm 的土壤和淋出液。

根据 R_i 的大小可将农药在土壤中的淋溶性分为 4 个等级(表 7-9)。

表 7-9　农药淋溶性等级划分

等级	淋出率/%	淋溶性
I	$R_4 > 50$	易淋溶
II	$R_3 + R_4 > 50$	可淋溶
III	$R_2 + R_3 + R_4 > 50$	较难淋溶
IV	$R_1 > 50$	难淋溶

有机污染物在土壤中的移动主要受土壤吸附和土壤含水量的影响。有机污染物进入土壤后会被土壤吸附,吸附作用越强则有机污染物越难往深层土壤迁移。此外,自然降水和灌溉都会增加土壤含水量,有机污染物一方面可以随地表水径流向远距离迁移;另一方面,土壤中的有机污染物在雨水的淋溶作用下从表层往深层移动,从而污染地下水。

(三) 挥发

1. 土壤中有机污染物的挥发

有机污染物在土壤中的挥发作用是指该物质以分子扩散形式,通过气-液界面发生传质过程从土壤逃逸进入大气中的现象。该过程是大气有机污染的重要途径之一。有机污染物的挥发性会影响其在土壤中的持留以及相应的归趋。挥发性较大的有机污染物通常在土壤中持留时间短,但它对周围环境的影响范围较大,也容易造成周边生物的污染。

农药挥发是其在田间损失的重要途径,其挥发的大小与农药自身的蒸气压、土壤类型、气候条件等有关。《化学农药环境安全评价试验准则　第 6 部分:挥发性试验》(GB/T 31270.6—2014)规定了测定农药在土壤表面挥发性的方法,并用以下公式计算挥发率:

$$R_v = (m_v / m_0) \times 100\% \tag{7-14}$$

式中:R_v——挥发率,%;

　　m_v——目标化合物的挥发质量,μg;

　　m_0——开始加入土壤中的目标化合物质量,μg。

根据挥发率的大小可将农药的挥发性划分为 4 个等级(表 7-10)。

表 7-10　农药挥发性等级划分

等级	挥发率/%	挥发性
I	$R_v > 20$	易挥发
II	$10 < R_v \leqslant 20$	中等挥发性
III	$1 < R_v \leqslant 10$	挥发性
IV	$R_v \leqslant 1$	难挥发

土壤中农药的挥发速率与自身理化性质(包括蒸气压、溶解度等)、土壤含水量以及土壤对农药的吸附作用有关,具体可用以下公式计算:

$$v_{sw/a} = c_a / c_w (1/r + K_d) \tag{7-15}$$

式中:$v_{sw/a}$——农药从土壤中挥发的速率;

　　c_a、c_w——农药在土壤水溶液和空气中的浓度;

　　r——土壤中固相和水的质量比;

K_d——土壤对农药的吸附系数。

$v_{sw/a}$ 越小,农药的挥发性越强,越容易从土壤中向大气挥发;反之,$v_{sw/a}$ 越大,农药越难挥发。从式(7-15)可以看出,当土壤吸附系数 K_d 越大,$v_{sw/a}$ 也越大,即农药越难从土壤中挥发。

2. 土壤中有机污染物挥发的影响因素

土壤中有机污染物的挥发受到众多因素的影响,包括有机污染物自身蒸气压、进入土壤的方式、土壤的吸附作用、土壤水分含量、土壤的紧实度以及土壤表面的气流状况等。有研究表明,农药从土壤中挥发的速率随着化合物的浓度、空气流速、温度和农药的蒸气压的增加而增加。

在众多参数中,蒸气压是影响挥发的主要因素之一,且受温度影响较大。挥发是一个相变过程,当气液两相共存时,在一定温度下引起液化所需要的压力,即为这个温度时的饱和蒸气压(简称蒸气压)。任何有机污染物的蒸气压是温度的唯一函数。研究证实温度每升高 10℃,挥发性增大 4 倍。

有机污染物在土壤中的挥发损失也和土壤孔隙率、界面性质相关。土壤紧实度越高,孔隙率越低,有机污染物的挥发扩散系数也越低。有研究表明,农药林丹在不同类型土壤中的扩散损失程度按大小依次为:沙土>壤砂土>壤土>黏土(图 7-18)。

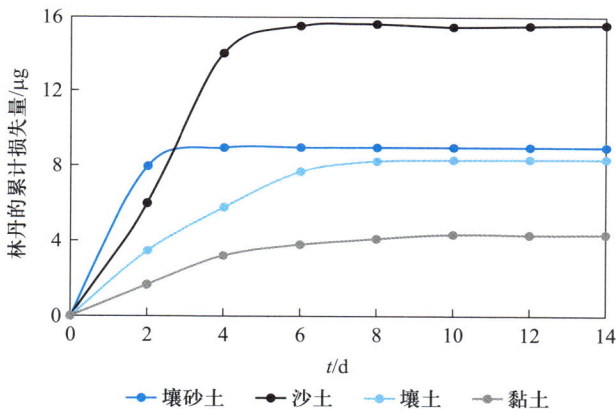

图 7-18　农药林丹在不同类型土壤中的扩散损失量

土壤湿度对农药的挥发也有影响。土壤胶体对农药有一定的吸附作用,当土壤湿度较大时,土壤胶体的吸附位点被水分子所占据,不影响农药的挥发。但是当土壤湿度下降至不能在土壤表面形成一个单分子层时,会显著削弱农药的挥发。这是由于土壤胶体吸附的水分子减少而吸附的农药分子增加,从而减少农药的挥发。如果此时增大土壤湿度,水分子又重新与农药分子一起竞争吸附位点,导致农药的挥发重新增大。

(四) 降解

有机污染物在土壤中的降解包括生物降解与非生物降解两大类。生物降解是指通过生物的作用将有机污染物转化为其他物质的过程,而非生物降解主要指有机污染物在土壤环境中发生的光解、水解、氧化还原等化学过程。

有机污染物在土壤中的降解过程与其自身结构、理化性质和土壤环境相关。以农药为例,根据《化学农药环境安全评价试验准则　第 1 部分:土壤降解试验》(GB/T 31270.1—

2014），将农药等供试化合物添加到不同特性土壤中，在一定温度湿度下避光培养，定期采样、测定农药在土壤中的残留量，以获得农药在不同性质土壤中的降解曲线，从而求得农药的土壤降解半衰期（$t_{1/2}$, d），以此来表征该农药在土壤中的降解性（表 7-11）。

表 7-11　农药土壤降解性等级划分

等级	半衰期 $t_{1/2}$/d	降解性
I	$t_{1/2} \leq 20$	易降解
II	$30 < t_{1/2} \leq 90$	中等降解
III	$90 < t_{1/2} \leq 180$	较难降解
IV	$t_{1/2} \geq 180$	难降解

生物降解以微生物降解为主。微生物可通过矿化作用和共代谢作用降解有机污染物。矿化作用指有机污染物在一种或多种微生物的作用下彻底分解为 H_2O、CO_2 和简单无机化合物的过程。矿化作用是彻底的生物降解，可以从根本上消除有毒污染物的环境污染。微生物在通过矿化作用降解污染物的同时可以从污染物中获取生长所需的能源、碳源、氮源、磷源、硫源等（图 7-19）。共代谢作用是指一些难降解的有机污染物不能直接作为碳源或能源被微生物利用，当其他可利用的碳源或能源存在时，这些难降解的有机污染物才能被微生物利用。环境中能够完全矿化污染物的降解菌占总降解菌菌群的数量不到 10%，大多数微生物通过共代谢作用降解污染物。

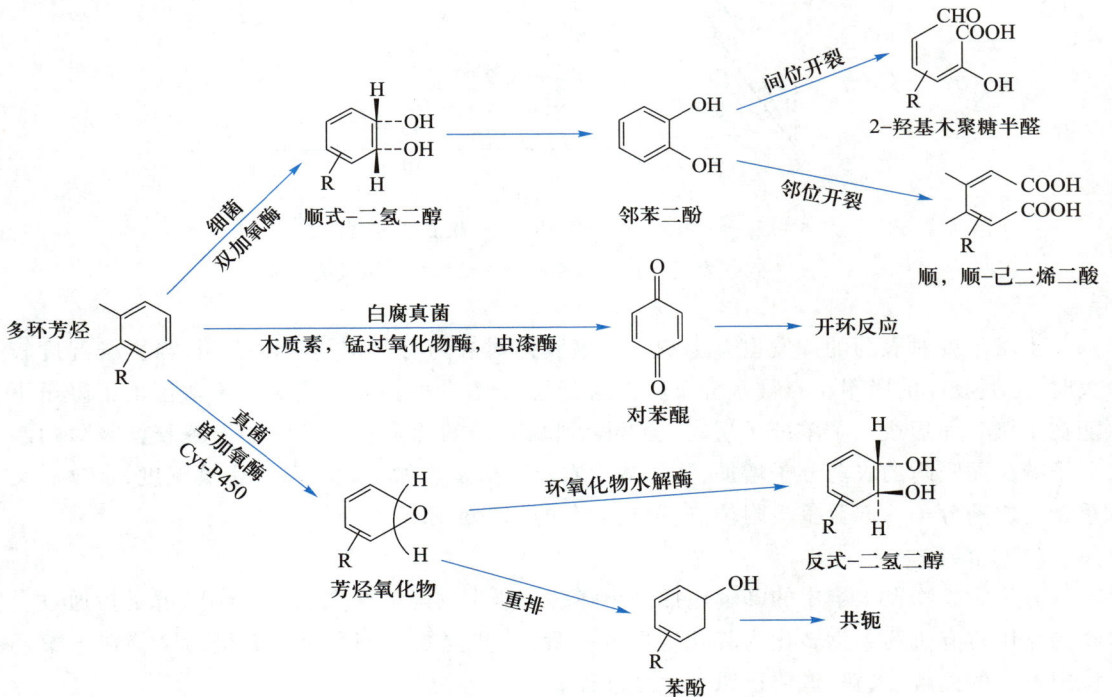

图 7-19　细菌和真菌生物降解多环芳烃的路径

资料来源：Shit 等，2022。

　　植物可以从土壤中直接吸收有机污染物,将其代谢分解,并经过木质化作用使其成为植物的一部分,如木质素等;或经过矿化作用使其彻底分解为 CO_2 和 H_2O。植物的根系分泌物可加速土壤的生化反应过程,促进有机污染物的降解。例如,根系分泌的营养物质,如糖类、醇、蛋白质等,供土壤微生物生存从而促进微生物降解有机污染物;根系分泌的特殊化学物质,如有机酸,可以改变土壤 pH,有利于污染物的降解;根系分泌到土壤中的酶也可以直接降解有机污染物。研究表明,植物根系中的硝基还原酶可降解含硝基的有机污染物,脱卤酶和漆酶可降解含氯有机污染物(Macek 等,2000);Vergani 等(2017)研究表明,植物促生菌可促进植物在受污染土壤中生长。同时,植物根系分泌物可促进降解菌生长,植物的次生代谢物可诱导降解菌 *bph* 基因表达,强化生物降解过程(图 7-20)。

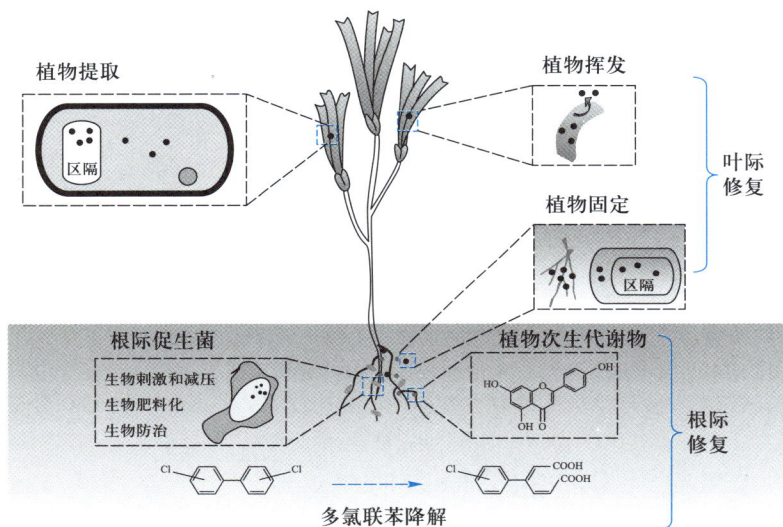

图 7-20　植物与细菌在多氯联苯污染土壤中的相互作用

资料来源:Vergani 等,2017。

　　土壤中的一些大型动物,如蚯蚓和某些鼠类可以积累土壤中残留的有机污染物,并通过其自身的代谢作用把部分有机污染物分解为低毒或无毒的产物。研究表明,蚯蚓可以通过刺激土壤微生物生长的方式来加速 PAHs 生物降解,也可以通过被动吸收和生物富集的方式移除 PAHs。此外,蚯蚓还可以促进除草剂、杀虫剂等多种农药的降解。蚯蚓主要通过消化、改善土壤理化性质、促进土著微生物对 DDT 的降解等多种方式,增强 DDT 的生物降解过程(Vlckova 和 Hofman,2012)。

　　土壤中有机污染物的化学降解途径主要有土壤表面的光解作用和土壤中的水解作用。有机污染物在土壤中的光降解受到光照强度、土壤理化性质、污染物本身物质性质及周围环境的影响。Thomas 等(2003)研究了甲苯中 13 种 PBDEs 混合物在日光下的降解作用,光照 14 天后 BDE 209 几乎完全降解,但是五溴以下的低溴代联苯醚几乎不降解,六至七溴的同类物发生一定程度的降解,降解率一般为 10% ~ 20%。由于光照只能照射在土壤表面,因此光降解作用一般只发生在土壤表层,光降解作用对土壤内层几乎没有影响。水解作用也是土壤有机污染降解的一个重要途径。水解作用可由生物酶引起,也可以是纯化学水解。

土壤中有机污染物的实际降解通常包括两个或多个作用过程。如涕灭威在土壤中可同时发生氧化、裂解与水解等作用,其在土壤中的降解途径如图 7-21 所示。

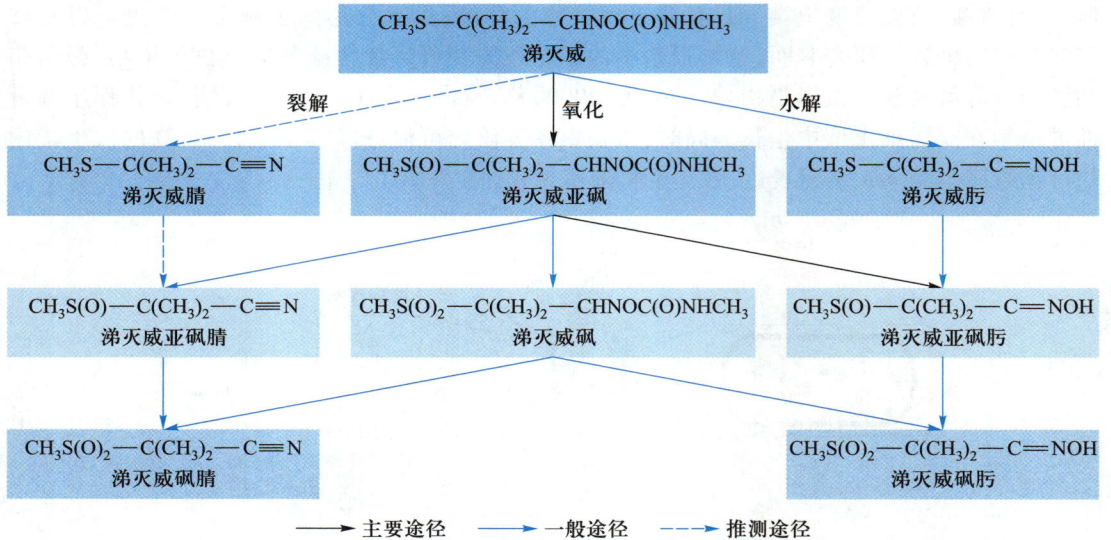

图 7-21　农药涕灭威在土壤中的降解途径

资料来源:改自陈怀满,2018。

三、土壤有机污染物的环境效应

(一)农药

农药的使用可以减少害虫、杂草等对农作物生产的影响,但同时也会对人类和环境带来潜在的风险。部分农药使用过量时会导致环境污染以及食品农药残留问题,尤其是残留的农药超过标准时会对人体健康产生危害。据统计,农田中施用的农药仅有 30% 左右附着在农作物上,其余 70% 左右扩散到土壤和大气中,导致土壤中农药残留量及衍生物含量增加,造成农田土壤污染。这不仅会破坏土壤的生物多样性,还会通过饮用水或土壤–植物系统经食物链进入人体,危害人体健康。

农药可以在动植物生长、食品加工和流通等环节产生污染。农药通常直接喷洒于蔬菜瓜果的茎、叶、花和果实表面,但由于农药的利用效率较低,大部分施用的农药会进入土壤,作物通过根部吸收土壤中残留的农药,并在作物体内或可食农产品部位进行累积。此外,残留的农药常常可以通过食物链传递发生生物富集或生物放大作用,导致农产品中农药的高度残留。例如,受农药污染的植物体制成的饲料喂食禽畜后会导致肉类产品农药超标;蜜蜂采集受农药污染的花蜜后,生产出来的蜂蜜也会有农药残留。喷洒的农药落入土壤后也会被农作物根部吸收后转运至其他的部位。

据报道,农药污染导致全球每年约有 1 200 万人发病,约 20 万人死亡。人体中约 90% 的农药是通过污染食品的摄入而造成的。高毒性农药如有机磷和氨基甲酸酯农药会引起人体急性中毒,严重时会危及生命。而长期食用受农药污染的食品也会导致慢性中毒,损害神经系统、生殖系统以及肝肾等器官,危害极大。另外,部分农药已被证实存在"三致作用"。

(二)石油烃

作为能源和石化副产品的主要来源,石油被广泛应用于生产生活中。石油勘探、开发及运输和使用过程中带来的环境污染与危害引起了人们的关注。土壤石油烃污染已经成为一类量大面广、危害严重、亟待控制的环境问题。据估计,亚太地区约有几百万个污染场地,其中一半的场地受到了石油烃的污染。土壤中石油烃超标会破坏土壤生态系统,降低土壤肥力,从而造成植物生长减缓。土壤中的石油烃会随着地表径流进入地表水体,引起江河湖泊污染;通过降雨淋溶、渗透作用进入深层土壤和地下水,造成地下水污染;石油烃中许多化合物具有挥发性或半挥发性,会由土壤或地表水再次进入空气中,引起大气光化学污染。这些有机污染物可通过呼吸、皮肤接触、食物摄入等方式进入人体或动物体内,不仅对生活在场地周边的人群存在很大的健康威胁,还会对生态环境产生严重的潜在危害(图7-22)。因此,石油烃已被列入中国环境监测总站提出的58种环境优先控制有机污染物清单。

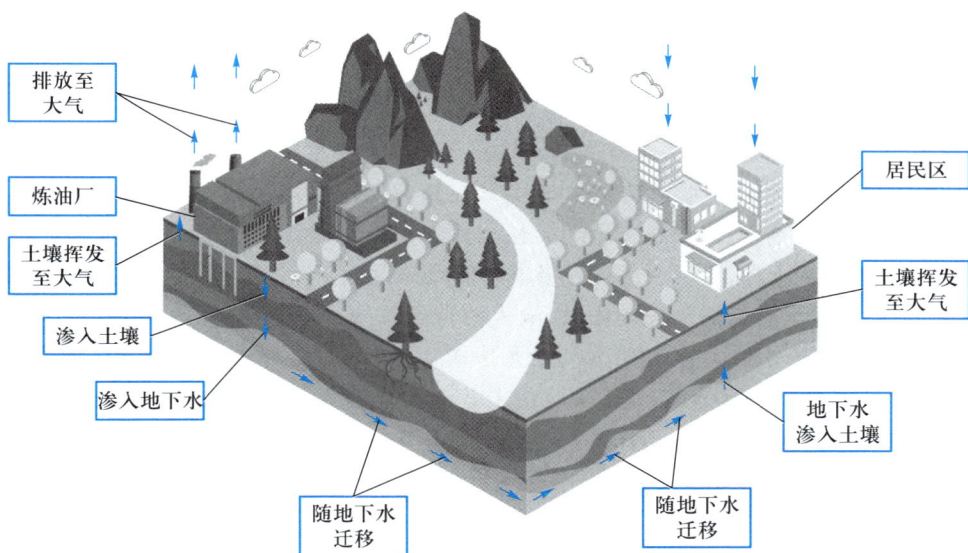

图7-22　石油烃泄漏和人体暴露途径

资料来源:改自 Yang 等,2017。

(三)多环芳烃

多环芳烃多以混合物形式存在,是最早发现且数量最多的致癌物,目前已发现的致癌性多环芳烃及其衍生物已超过400种,其中16种被列入美国国家环境保护署(USEPA)优先控制污染物名单,分子名称和结构式如图7-23所示。多环芳烃对人体具有致癌、致畸、致突变的"三致"毒性,可损害中枢神经、破坏淋巴细胞微核率、肝脏功能和 DNA 修复能力,对内分泌系统也有一定干扰作用,对人类的生存和繁衍构成威胁。

随着苯环数的增多,结构越复杂,多环芳烃的致癌活性上升,水溶性降低,在环境中存在时间越长。具有稠合多苯结构的多环芳烃具有与苯相似的化学稳定性,呈直线排列的多环芳烃化学性质较活泼,反应活性随苯环增多而增强,呈角状排列的多环芳烃反应活性相对较小。

萘　　　　芘烯　　　　芘　　　　芴　　　　苯并(b)荧蒽　　　　苯并(k)荧蒽

菲　　　　蒽　　　　荧蒽　　　　芘　　　　苯并(a)芘　　　　茚苯(1, 2, 3−c, d)芘

苯并(a)蒽　　　　䓛　　　　二苯并(a, h)蒽　　　　苯并(g, h, i)芘

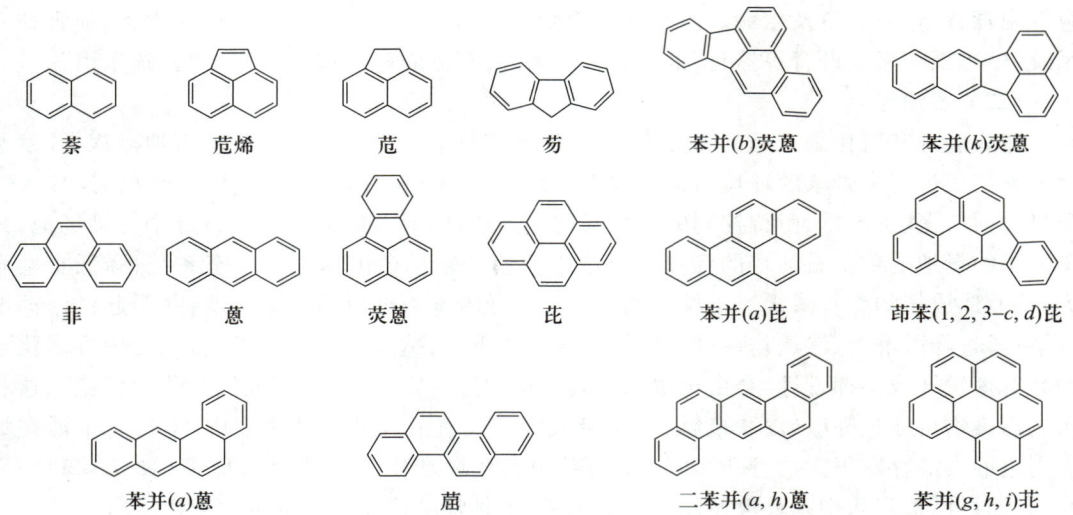

图 7-23　USEPA 优先控制污染物名单中的多环芳烃

（四）苯系化合物

1. BTEX

BTEX 因其具有较高的毒性而被广泛关注。苯是其中毒性最强的物质,1993 年被世界卫生组织(WHO)列为致癌物。吸入高浓度苯蒸气在短时间内可以使人昏迷,发生急性苯中毒。苯是一种有效的诱变剂,可能导致再生障碍性贫血和急性骨髓性白血病;苯还具有脂溶性,可以通过皮肤接触进入人体,吞咽或进入呼吸道可能致命,可能导致遗传性缺陷。甲苯是高度易燃的液体和蒸气,接触会造成皮肤刺激,影响人的神经系统,可引起昏睡或眩晕。乙苯会造成皮肤刺激和严重的眼刺激,对生育能力和胎儿造成伤害,还可能致癌。二甲苯接触会造成皮肤刺激,具有低毒性。Bolden 等(2015)评估了普通人群在大气环境中暴露于 BTEX 时对健康的影响(图 7-24),结果表明,BTEX 暴露会显著影响人体激素分泌,导致哮喘、孕妇早产、氧化应激、代谢功能障碍、心血管疾病、精子畸形、免疫反应、婴儿低出生体重等病症。

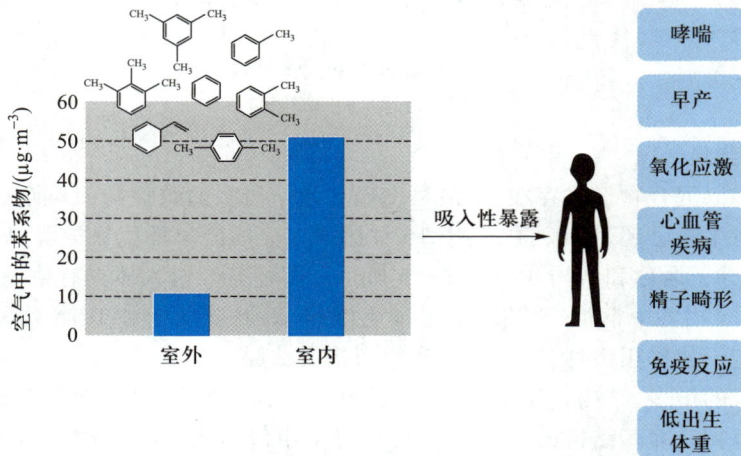

图 7-24　普通人群在大气环境中 BTEX 暴露的健康影响

资料来源:改自 Bolden 等, 2015。

2. 苯酚

苯酚被认为是影响空气、地表水、土壤、地下水最严重的环境污染物之一,即使在低浓度条件下对人和生态系统都有巨大的危害。苯酚具有腐蚀性和毒性,吞咽、吸入或皮肤接触会引起中毒,造成皮肤和眼睛损伤,长期或反复接触可能损害器官,也可能造成遗传性缺陷。苯酚水溶性较强,可在水环境中迁移,沿着水系统蔓延。苯酚会抑制微生物的生长速率,干扰生态系统平衡,从而影响有机物和营养物质的生物地球化学循环(Cordova-Rosa 等,2009)。

3. 硝基苯

硝基苯具有高毒性,难以降解,进入环境中的硝基苯易吸附并不断积累在土壤中,抑制土壤正常功能,同时,还会通过食物链对人体健康和生态环境造成威胁。长期暴露于硝基苯污染环境中,会损害肝、肾、神经系统。硝基苯可以诱发高铁血红蛋白血症和肝肾损伤,通过肺、皮肤、被污染的食物和水迅速进入人体,其中皮肤吸收是人类接触硝基苯最常见的途径。我国以及其他国家已将硝基苯列入优先检测、控制的污染物名单(Zasada 和 Karbownik-Lewinska,2015)。

4. 苯胺

苯胺毒性较高,具有致癌性,已被 USEPA 列为优先控制的 129 种污染物之一,也被列入我国 14 类环境优先控制污染物黑名单中(Zhang 等,2010)。苯胺可在血液中发生反应,将血红蛋白转化为甲基血红蛋白以阻碍血液中氧气的摄入,苯胺还会损害脾能力,导致膀胱癌,长期反复接触会对器官造成伤害。

(五) 卤代化合物

1. 多氯联苯

由于 PCBs 具有较高的化学稳定性和半挥发性,极易在环境中迁移。PCBs 的半挥发性使其能够进入大气,并在沉降之前被空气输送到远离污染源的地方,从而形成 PCBs 的全球再分配。大气中的 PCBs 在雨水冲洗和干、湿沉降作用下从大气向水体或土壤转移。PCBs 还可以通过鱼类洄游和鸟类的迁徙等生物携带的途径迁移(图 7-25)。

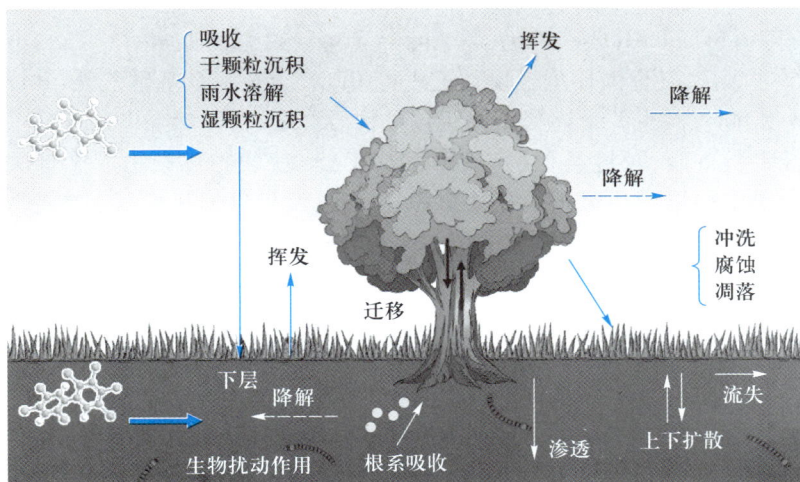

图 7-25　多氯联苯在环境介质中的迁移转化过程

资料来源:改自 Terzaghi 等,2018。

彩图 7-25

PCBs 具有高亲脂性和生物蓄积性,极易通过食物链传递,最终在人体和其他生物体内富集,对生物具有发育毒性、内分泌干扰性、生殖毒性以及致癌性等多种慢性毒性效应。USEPA、卫生与公众服务部(DHHS)和国际癌症研究署(IARC)已将 PCBs 归类为"疑似人类致癌物"。历史上曾发生过多起 PCBs 污染的公害性事件,其中以 1968 年日本"米糠油"事件、1979 年中国台湾油症事件,以及 1986 年加拿大 PCBs 泄漏事件最为典型,对生态环境与人体健康造成了极大危害(Caspersen 等,2016)。

2. 多溴联苯醚

PBDEs 结构稳定,具有生物蓄积性、远距离迁移性、环境持久性,对人类和其他生物都具有毒性危害。随着溴原子取代数量的增多,挥发性减弱,水溶性降低,脂溶性升高,因此低溴代联苯醚在水、沉积物和生物体中检出较多,高溴代联苯醚主要存在于土壤和沉积物中,具有较低的挥发性、水溶性和强吸附性。2009 年 5 月,瑞士日内瓦举行的斯德哥尔摩公约缔约方大会第四届会议将商用五溴联苯醚和商用八溴联苯醚列入《关于持久性有机污染物的斯德哥尔摩公约》管控名录中,标志着这两类商品将被公约缔约国禁止生产和使用。

PBDEs 作为一种典型的环境内分泌干扰物,会影响人体的神经系统和生殖系统功能,对儿童的成长发育造成不良影响。研究表明,相关职业暴露人群,如电子垃圾拆解地区以及 PBDEs 生产企业工人体内的 PBDEs 浓度显著高于对照人群,并且在这些人群中发现了较高含量的 BDE-209 存在,这说明相关职业人群面临的 PBDEs 暴露风险更为严峻。

3. 全氟和多氟烷基化合物

无论是在工业生产、农业活动,还是日常生活中,PFASs 的应用都非常广泛。人类对 PFASs 的暴露风险较大(图 6-2)。其中,全氟辛酸(PFOA)和全氟辛烷磺酸(PFOS)已被证明对生态系统和人体健康有不利影响。通过动物实验证明,PFASs 的毒性作用主要表现在肝毒性、发育毒性、免疫毒性,影响激素水平。在啮齿动物怀孕期间,PFOS(2～20 mg/kg)和 PFOA(1～40 mg/kg)的高暴露会导致幼崽出生后存活率降低,出生体重降低,幼崽生长减慢,甲状腺功能紊乱。流行病学研究表明 PFASs 对人类生殖和内分泌功能具有毒性作用,一些 PFASs 可以穿过胎盘,影响胎儿发育,增加新生儿低体重风险,可能会引起甲状腺功能衰竭和神经发育障碍(Goudarzi 等,2016)。

2009 年 5 月 9 日,联合国环境规划署正式将 PFOS 及全氟辛基磺酰氟(PASF)等列为持久性有机污染物,同意减少并最终禁止使用该类物质。之后,国际上迅速开展了 PFASs 替代品研究并取得实质进展,短链类似物以及其他 PFASs 替代物逐渐引起全球关注。与长链 PFASs 相比,短链 PFASs 具有较低的生物累积性和毒性,但它们也显示出高持久性和远距离迁移潜力。许多研究证实,土壤中短链 PFASs 和其他 PFASs 替代物的浓度升高,其毒性和环境风险还有待进一步探究。

> ## 专栏 7-1　环境中的全氟/多氟烷基物质
>
> 全氟/多氟烷基物质(per-and polyfluoroalkyl substances,PFASs),是一类污染物。由于其具有极强的稳定性和疏水疏油性,PFASs 被广泛地应用于工业采矿、食品生产和消防泡沫等两百多个领域中。据统计,全球含氟聚合物的产量超过 23 万 t/a,且估计全球全氟烷基酸累计排放量 ≥46 000 t。由于 PFASs 具有生物积累性,排放到环境中的 PFASs

会通过食物链在生物体内积累,目前 PFASs 已在水生和陆生生物体内广泛检出。虽然已经实施了大规模的监测研究,但 PFASs 对生态和人类健康的影响机制还尚不明晰。此外,PFASs 在迁移转化过程中产生的大量中间产物也给全面了解这类物质带来了一定的困难。因此需要对 PFASs 的生产过程、环境迁移与转化、环境暴露和修复方法等问题进行更深入研究,为进一步的防治提供科学依据。

(1)生产:PFASs 属于有机氟化物中的一类,经济合作与发展组织(OECD)将其定义为"含有至少一个完全氟化的甲基或亚甲基碳原子的氟化物"。PFASs 由两种技术合成,一种是直接氟化(如电化学氟化),另一种是低聚化(如氟端粒化)。直接氟化过程中会发生如碳链的缩短和重排的其他化学反应,产生大量副产物,而低聚化会产生一系列同源的目标化合物。这些非目标产物构成了人类和环境暴露的重要组成部分,值得关注。

(2)环境稳定性和转化:环境中的 PFASs 前体物质会经过水解、氧化、还原、脱羧和羟基化等过程最终产生更稳定的 PFASs。如在大气中,虽然 PFASs 的蒸气压低且水溶性高,但在某些条件下也可以存在于气相之中,使得大气和光化学转化成为可能;在土壤-水环境中,某些微生物可以在有氧或厌氧条件下促进 PFASs 官能团的转化;在植物体内,植物的特异性酶也可以介导不稳定的 PFASs 的生物转化。

(3)环境流动性和分布:PFASs 的挥发性、反应性、分子量及其蒸气-颗粒分配情况,会影响其在大气中的停留时间并决定其传输的距离。大气运输和水体蒸发扩散导致 PFASs 在全球分布。大气对离子型 PFASs 的运输距离可大于 400 km。在陆地环境中,PFASs 的运输通常通过水平流发生,天然有机物、矿物和流体-流体界面(特别是空气-水)的吸附会减慢其迁移过程。如硅铝酸盐黏土具有永久的表面负电荷,为 PFASs 提供潜在的吸附位点;铁和铝的氢氧化物在 pH 约为 8 时带正电荷,可以吸附阴离子型 PFASs。PFASs 还能通过多种途径向陆生植物迁移,其中研究最多的途径是根系吸收。被植物吸收的 PFASs 会通过草食类动物进入食物链,最终对人类造成威胁。

(4)环境暴露:人群暴露于 PFASs 可能引起生殖毒性、内分泌毒性、神经毒性、血脂异常和免疫毒性等疾病。由于 PFASs 功能多样、数量众多,常作为复杂混合物存在,且前体化合物具有多种转化途径,对 PFASs 风险的评估非常复杂。特定的理化性质会导致 PFASs 在生物组织中的不同分布。生物积累模型表明,蛋白质相互作用和脂质分配都是准确评估 PFASs 的重要参数。目前,许多中等或长链 PFASs 已被证明会引起不同程度的氧化应激,甚至会改变无脊椎动物的抗氧化防御系统,诱导神经毒性和重复毒性效应,并在生物体内长时间滞留。随着链长的增加,PFASs 的毒性、生物积累性和持久性不断增强。

(5)修复方法:由于其独特的化学性质,PFASs 的治理和修复具有挑战性。PFASs 的干湿沉降、含 PFASs 的废水排放、含 PFASs 的产品经垃圾填埋场渗漏等途径,均可能导致 PFASs 进入土壤介质中。土壤中 PFASs 的迁移对附近的水源构成威胁,而受 PFASs 影响的饮用水往往是人类接触 PFASs 的主要途径。

受污染的土壤可以进行异位或原位修复。PFASs 的永久解决方案是氟的破坏以及矿化。

第三节   其他污染物在土壤中的行为与环境效应

一、稀土元素在土壤中的行为与环境效应

稀土元素(rare earth element,REE)是指元素周期表中ⅢB族的15种镧系稀土元素镧(La)、铈(Ce)、镨(Pr)、钕(Nd)、钷(Pm)、钐(Sm)、铕(Eu)、钆(Gd)、铽(Tb)、镝(Dy)、钬(Ho)、铒(Er)、铥(Tm)、镱(Yb)和镥(Lu),以及与其物理化学性质相似的钇(Y)和钪(Sc)。根据其理化性质的相似性和差异,这17种稀土元素可分为轻稀土元素(LREEs,即镧、铈、镨、钕、钷、钐、铕)和重稀土元素(HREEs,即钆、铽、镝、钬、铒、铥、镱、镥和钇和钪)。稀土元素广泛应用于现代高科技和清洁能源产业,如电动汽车电池和风力发电涡轮机。此外,稀土曾作为一种肥料被广泛应用于我国农业生产。随着稀土矿山大量开采以及含稀土材料的广泛使用,大量稀土元素进入环境中,使得稀土已成为一类新型污染物。因此,探究稀土元素在环境中的归趋和迁移转化行为,对于稀土污染的防控与治理尤为重要。

(一)环境中的稀土

1. 土壤中的稀土

镧系稀土元素在地壳和土壤中的含量见表7-12。从其含量可以看出,稀土元素并不稀少,其中地壳中铈的含量(63 mg/kg)与铜(60 mg/kg)、锌(70 mg/kg)相近;土壤中铈的含量(57 mg/kg)与土壤中铬(60 mg/kg)和锌(70 mg/kg)含量相近,土壤中镧(27 mg/kg)、钕(26 mg/kg)含量与铜(26 mg/kg)相近,土壤中镨的含量(7 mg/kg)与砷(6.8 mg/kg)相近。

表 7-12   稀土元素名称、符号、原子序数、原子量及其在地壳和表土中的含量

名称	符号	原子序数	原子量	地壳/(mg·kg^{-1})	表土/(mg·kg^{-1})
钪	Sc	21	44.96	14.0	12.0
钇	Y	39	88.91	21.0	23.0
镧	La	57	138.9	31.0	27.0
铈	Ce	58	140.1	63.0	57.0
镨	Pr	59	140.9	7.1	7.0
钕	Nd	60	144.2	27.0	26.0
钷	Pm	61	150.0	—	—
钐	Sm	62	150.4	4.7	4.6
铕	Eu	63	152.0	1.0	1.4
钆	Gd	64	157.3	4.0	3.9
铽	Tb	65	158.9	0.7	0.6
镝	Dy	66	162.5	3.9	3.6
钬	Ho	67	164.9	0.8	0.7
铒	Er	68	167.3	2.3	2.2
铥	Tm	69	168.9	0.3	0.4
镱	Yb	70	173.0	2.0	2.6
镥	Lu	71	175.0	0.3	0.4

由于稀土元素化学性质相近,不同的稀土往往共存于矿物中,使得难以分离单一稀土。目前发现稀土广泛存在于超过 200 种矿石中,其中独居石、氟碳铈矿、磷钇矿和离子型稀土矿等矿石是主要的稀土矿物(表 7-13)。

表 7-13　主要的稀土矿物及其稀土丰度和分布

矿石种类	组成		分布
	成分	稀土丰度	
	轻稀土(LREE)-矿石		
独居石 (monazite)	$(LREE)PO_4$	49%~74% LREE 1%~4% Y	中国、澳大利亚、印度、巴西、刚果(布)、南非、美国、俄罗斯
氟碳铈矿 (bastnaesite)	$(LREE)FCO_4$	65%~70% LREE <1% Y	中国、美国、俄罗斯
	重稀土矿石		
黑稀金矿 (euxenite)	$(Y)(Nd,Ta)TiO_6 \cdot H_2O$	13%~35% Y 2%~8% Ce	澳大利亚、美国
磷钇矿 (xenotime)	$(Y)PO_4$	54%~65% Y ~0.1% Ce	澳大利亚、挪威、巴西
硅铍钇矿 (gadolinite)	$(Y)_2M_3^{II}Si_2O_{10}$	35%~48% Y	瑞典、挪威、美国
离子型稀土矿 (ion-adsorption REE deposits)	$(kaoline)^{3-}RE^{3+}$	0.05%~0.2%	中国和缅甸、老挝、马达加斯加等(亚)热带地区国家

中国拥有极为丰富的稀土资源,储量大且稀土矿物种类丰富,包括主要分布在内蒙古的氟碳铈矿和独居石矿,以及主要分布在江西、广东、福建等地的离子型稀土矿。离子吸附型稀土矿又称风化淋积型稀土矿,由含稀土花岗岩或火山岩经多年风化而形成,矿体覆盖浅,矿石较松散,颗粒相对较细。不同于其他金属矿,离子型稀土矿中 60%~95% 的稀土元素以离子态吸附在高岭土等黏土矿物上;吸附在黏土矿物上的稀土阳离子在强电解质如 NaCl、$(NH_4)_2SO_4$、NH_4Cl、乙酸铵等溶液中能发生离子交换并进入溶液中。

中国土壤和地壳中的稀土元素平均浓度(各种稀土元素的总浓度)分别为 177 mg/kg 和 189 mg/kg。但是,我国的一些稀土矿区及其周边地区的土壤稀土浓度较高。例如,中国南方离子型稀土矿尾矿的稀土元素浓度为 300~1 200 mg/kg。在我国北方内蒙古包头市的另一个稀土矿白云鄂博中,稀土尾矿坝附近土壤中的镧和铈浓度分别高达 11 100 mg/kg 和 23 600 mg/kg,分别比当地土壤的平均稀土浓度高 344 和 481 倍。

水体中稀土元素的浓度非常低,范围为 $10^{-3}~10^{-1}$ μg/L。然而,部分污染河流水体稀土含量通常很高。譬如,某地离子型稀土矿区河流水体稀土总量达 4.83~13 600 μg/L,是当地未污染河水的数百倍以上;再如,医院核磁共振中广泛使用的含 Gd 显影剂,也会导致一些河流水体和底泥的稀土污染。在中国和世界其他一些国家,稀土元素污染已成为日益突出的环境问题。

2. 生物体内的稀土

稀土元素一般富集在普通植物根系,难以转运至植物地上部和果实,因此植物地上部稀土含量通常很低。在地上部,普通植物单个稀土含量高低顺序通常与土壤单个稀土含量的高低顺序一致,即:铈>镧>钕>镨,且轻稀土含量高于重稀土含量。

有一些植物,其地上部可以富集非常高含量的稀土元素,为稀土超富集植物。稀土超富集植物是指植物地上部或者叶片稀土总量比普通植物地上部稀土总量高 2~3 个数量级,达到或者超过 1 000 mg/kg(干重)。此外,其稀土的生物富集系数(BF;地上部稀土浓度/基质稀土浓度)大于 1。到目前为止,科学家们共发现 21 种稀土超富集植物,其中大部分(18种)是蕨类植物。在这些稀土富集植物中,蕨类植物芒萁(*Dicranopteris linearis*,里白科)羽叶对稀土富集量高达 0.7%(图 7-26),其叶片易富集轻稀土,是现有报道中稀土富集量最高的物种。另一种稀土超富集植物美洲商陆(*Phytolacca americana*)地上部稀土富集量达 1 040 mg/kg,其叶片易富集重稀土。

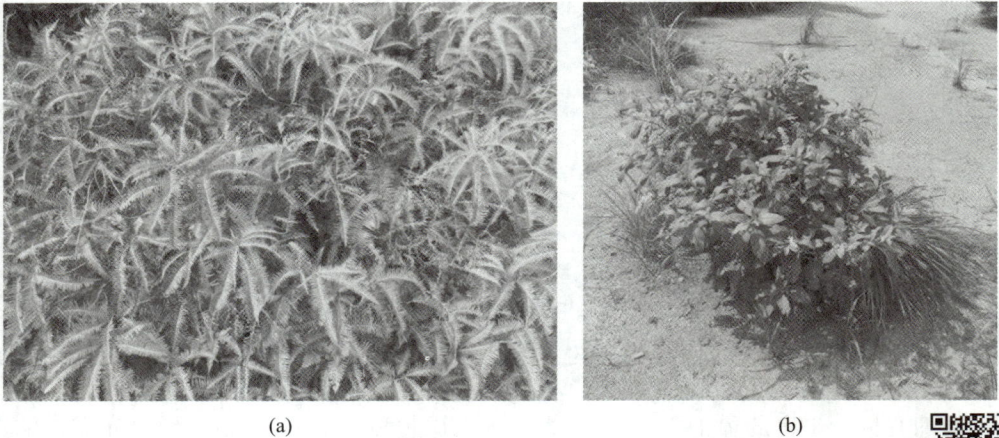

(a)   (b)

图 7-26   两种典型的稀土超富集植物芒萁(a)和美洲商陆(b)

彩图 7-26

海藻中的稀土元素浓度可达 1 mg/kg,比陆地普通植物高 10~20 倍或者是海水的 10^2~10^6 倍。鱼类(如鲤鱼)的不同组织(内部器官、腮、骨骼、肌肉)均可检出镧、铈、镨、钕和钐,且其生物富集因子(鱼类稀土元素浓度/测试水样稀土浓度)随暴露时间增加而增加。

(二) 土壤环境中稀土的迁移转化行为

1. 稀土的化学性质

除铈具有 +3、+4 价,铕具有 +2、+3 价外,稀土元素一般呈稳定的 +3 价。而过渡金属元素如铜、锌、镉、镍等一般呈稳定的 +2 价,价态的不同将导致稀土元素与过渡金属元素在土壤、水体以及生物体的行为具有明显差异,其地球化学行为及生态毒性也不尽相同。此外,与过渡金属相比,稀土元素阳离子对氟化物、氢氧化物和其他含氧配体具有更高的亲和力。

在无机稀土盐中,镧系元素形成的氢氧化物、碳酸盐、磷酸盐、草酸盐和氟化物不溶于水,而它们的氯化物、硝酸盐和高氯酸盐可溶(表7-14)。盐的溶解度差异性可应用于将稀土金属与伴生金属分离,以及将不同稀土元素分离。稀土与不同种类有机酸形成的配合物具有不同的稳定常数。与只有一个羧基的单羧酸如乙酸酯或乳酸相比,具有两个羧基的二羧酸例如丙二酸酯、琥珀酸酯、戊二酸酯或富马酸酯与稀土形成的配合物更稳定。含三羧酸的有机酸,如柠檬酸与稀土形成的络合物的稳定常数范围从 La^{3+} 的 $2.8×10^9$ 到 Eu^{3+} 的 $6.3×10^9$,比二羧酸盐具有更高的稳定性。有机酸因广泛存在于生物体内中,能够改变稀土元素在生物体内的生理行为而备受关注。在根际中常见的小分子量有机酸如柠檬酸、苹果酸、乙酸等,被认为是影响稀土对植物生物可利用性的重要因素。

表 7-14　稀土络合物在水中的溶解性

配体	轻稀土	重稀土
$Cl^-,Br^-,I^-,NO_3^-,ClO_4^-,BrO_3^-,C_2H_3O_2^-$	可溶	可溶
F^-	难溶	难溶
OH^-	难溶	难溶
PO_3^-	难溶	难溶
HCO_2^-	微溶	一般可溶
$C_2O_4^{2-}$	难溶	难溶
CO_3^{2-}	难溶	难溶

资料来源:Redling,2006。

2. 稀土在土壤环境中的迁移转化

稀土在土壤中的迁移能力、生物效应以及环境化学行为,在很大程度上取决于其存在形态而非总量。影响土壤重金属形态转化的因素主要可分为两类:① 土壤 pH、Eh、有机质含量、矿物类别和土壤质地等非生物因子;② 植物根系、土壤微生物和土壤动物等生物因子。稀土在土壤中的迁移转化主要包括吸附-解吸、沉淀-溶解、络合-解离、矿化-风化、吸收-降解等过程。

污染土壤中稀土的生物有效性高于未污染土壤。在离子型稀土矿尾砂地土壤中,稀土主要以可交换态和残渣态存在,其次是碳酸盐结合态、铁锰氧化物结合态和有机质结合态。土壤 pH 是影响尾砂地稀土有效性的主要非生物因子之一,酸雨显著增加稀土的淋出。土壤有机质是调控土壤稀土配分的另一个非生物主控因子。研究发现离子型稀土矿尾砂地植被修复后,土壤有机结合态稀土显著增加;而在土壤有机质较高的矿区农田中,有机结合态是稀土最主要的存在形态。

中碱性土壤中的大多数 Ce(Ⅲ)容易被氧化成 CeO_2 沉淀(图7-27),Eu(Ⅱ)能够代替土壤原生矿物如长石中的 Ca^{2+}、Na^+、Sr^{2+}。湿地土壤产生不断变化的有氧-缺氧环境,这些氧化和还原过程导致铁锰形态发生转化,从而对污染物的形态和固定-释放产生影响。因此,铈和铕的生物利用度均低于其相邻稀土元素,并且很可能在植物中显示出异常。

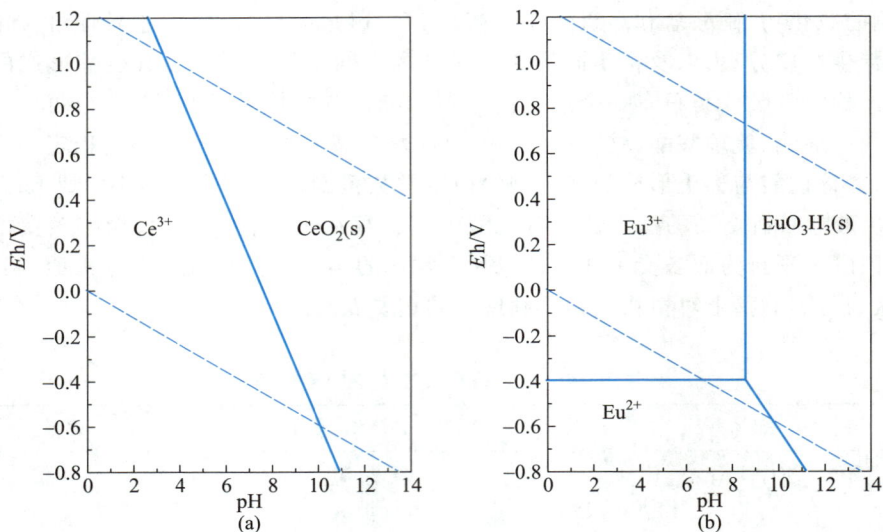

图 7-27 Ce-O-H(a)和 Eu-O-H(b)体系 Eh-pH 图
资料来源：Migaszewski 和 Galuszka，2015。

二、放射性物质在土壤中的行为与环境效应

（一）环境中的放射性物质

土壤中放射性核素有三个来源。第一个来源是地球诞生后剩余的原始放射性核素，其半衰期通常在数亿年左右，例如铀 235、铀 238、钍 232 和钾 40 等。这些放射性核素最终会作为自然土壤形成过程的一部分进入土壤，例如岩石风化以及生物体的分解。第二个来源是通过宇宙射线不断轰击稳定核素产生的宇宙成因放射性核素，主要存在于大气中。大多数宇宙成因的放射性核素具有比原始放射性核素更短的半衰期，包括碳 14、氚 3 和铍 7；在世界范围内，宇宙辐射是这些放射性核素的主要来源。放射性核素进入土壤的第三个来源是人为活动，例如核武器大气试验中的沉积物和切尔诺贝利事故等放射性事件。放射性物质处置不当也可能导致土壤受到放射性核素的污染。受污染场地的主要放射性核素是锶 90、铯 137 和钚 239，其半衰期分别为 29 000、30 000 和 24 000 年。放射性锶和铯与钙和钾等营养元素性质相似，很容易被植物、动物和人类吸收，因此对动植物和人类危害更大。锶可以替代钙在骨骼中积累，导致骨骼和关节系统发生营养不良性变化。

天然放射性元素所造成的人体内照射剂量和外照射剂量都很低，对人类的生活没有表现出不良影响。自第二次世界大战后，人工放射性物质大量出现，使地球上的放射性污染发生了明显的变化。当前，土壤环境中放射性污染主要来自下列四个方面。

1. 核试验

核试验产生的含放射性物质的颗粒物是迄今土壤环境的主要放射性污染源。放射性落下灰的沉降可分为三种情况：① 局部沉降，放射性落下灰在爆炸后最初 24 小时内沉降到临近爆心的地方；② 对流层沉降，含放射性物质的颗粒物在爆炸后 20~30 天内沉降到地面，在爆心的同一纬度附近造成带状污染；③ 同温层沉降，百万吨级或百万吨级以上的大型核爆炸，产生的放射性物质进入同温层，然后再返回地面，平均需 0.5~3 年的时间。前两种沉降造成的局部污染较严重，而后者是全球性污染的主要来源。

核爆炸时大约有 170 种放射性同位素被带到对流层中,其中主要是铀和钍的裂变产物:在核爆炸后近期内主要裂变产物是 ^{80}Sr、^{131}I、^{140}Ba;在爆炸后较长的时期内,主要裂变产物是半衰期长、裂变产额高的 ^{90}Sr 和 ^{137}Cs。寿命中等或短促的放射性元素,如 ^{140}Ba、^{144}Ce、^{131}I、^{238}U 和 ^{95}Zr、^{89}Sr、^{103}Ru、^{106}Ra 一般在进入土壤前即已衰变,但雨季时,雨滴会加速这些元素的沉降而具备一定危险性。其中 ^{90}Sr 和 ^{137}Cs 的半衰期分别为 28 年和 30 年,是土壤环境中主要的长寿命放射性物质。

2. 核反应堆、核电站、核原料工厂的核泄漏事故

建立核反应堆、核电站是和平利用原子能采取的有效方法。但是,各类核工厂除排放放射性废物外,还可能发生各种泄漏事故,因而成为重要的潜在污染源。例如,1957 年 10 月英国的温茨凯尔一反应堆因火灾使燃料棒熔融,造成大量的放射性物质泄漏,污染波及欧洲大陆许多国家。又如 1986 年 4 月 26 日,苏联切尔诺贝利核电站发生了当时世界上最大的一次核泄漏事故。该核电站 4 号反应堆发生猛烈爆炸,引起熊熊大火,泄漏了大量放射性物质,西欧各国乃至世界大部分地区都测到了该核电站泄漏的放射性物质。据估计该地区十几年内不能住人,周围土地不能种庄稼。2011 年 3 月日本东北太平洋地区发生里氏 9.0 级地震,继而引发海啸,该地震导致福岛第一核电站、福岛第二核电站受到严重的影响。2011 年 4 月,日本原子力安全保安院将福岛核事故等级定为核事故最高分级 7 级(特大事故),与切尔诺贝利核事故同级 ^{137}Cs 的排放如图 7-28 所示。2021 年 7 月,福岛核电站再次发生核废弃物泄漏。

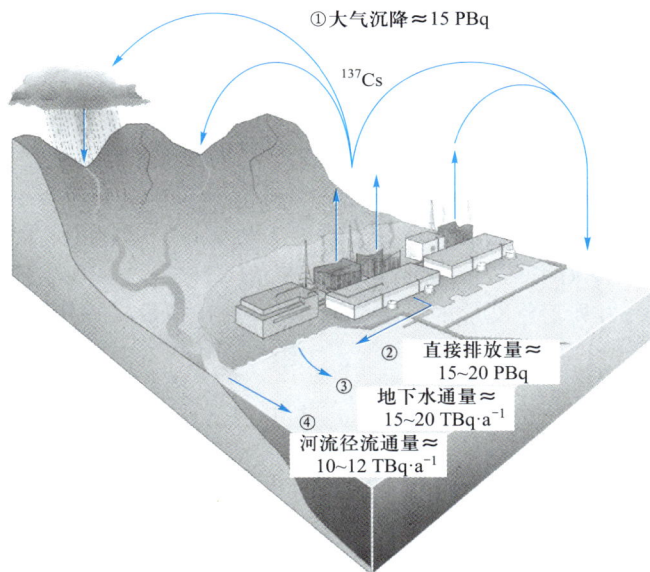

图 7-28　日本福岛第一核电站引发的 ^{137}Cs 排放示意图

资料来源:Buesseler 等,2016。

第一年的大气沉降物①和直接排放量②以 PBq 为单位,地下水通量③和
河流径流通量④以 TBq 为单位,该单位是 PBq 的 1/1 000

3. 铀、钍矿的开采和冶炼

铀、钍矿开采时的矿坑水、铀或钍的提炼、纯化、浓缩和燃料元件的生产,以及核废料的后处理过程,均产生放射性废水和废物。其他工业如稀土工业、稀有金属工业等,由于使用

的矿物中有一定量的铀、钍、镭等天然核素,在生产过程中也产生一定数量的放射性废物。

4. 放射性同位素的生产和应用

放射性同位素愈来愈广地应用于工业、农业、医学和科研等方面,因而产生的放射性废物种类越来越多、数量越来越大。目前,医学上同位素的应用产生的废物较多,如利用 ^{198}Au、^{131}I、^{32}P、^{60}Co、^{99}Mo、^{177}Lu、^{90}Y 等放射性同位素诊断、治疗癌症和其他疾病。如果放射性同位素被口服或注射进入人体,有些很快就从人体排出,因此,对病人的排泄物如不妥善处理,将会产生污染。

(二)放射性物质在土壤环境中迁移转化

放射性物质进入土壤后,随着时间的推移,可逐渐衰变而减少,半衰期短的放射性物质在土壤中的积累量少,半衰期长的则易在土壤中积累。此外,不同的土壤对放射性物质的吸附率不同。例如,我国东北地区的土壤对 ^{90}Sr 的吸附率依次为:黑土黏粒>白浆土黏粒>暗棕色森林土黏粒。美国纽约州的黏壤土中 Sr 的积累量约为砂土的 5 倍。

众多放射性物质中,^{90}Sr 易被土壤有机质固定,并形成不溶性的螯合物。在大多数土壤中提高土壤 pH 和交换性阳离子钙、钾的数量会促进 ^{90}Sr 的吸附。但是在泥炭土中提高土壤 pH 则导致 ^{90}Sr 大量解吸。黏土矿物也能固定 ^{90}Sr,^{137}Cs 则不易被土壤有机质固定,且可溶性有机质可减弱黏土矿物对 ^{137}Cs 的固定。

^{90}Sr 和 ^{137}Cs 具有极长的衰变期,这两种放射性元素在土壤中的归宿及其向植物的移动,对保护人体健康来说具有特别重要的意义。

专栏 7-2　放射性药物

放射性药物(radio pharmaceutical)是指用于临床诊断或者治疗的放射性核素制剂或者其标记药物,可分为诊断和治疗两大类。其中诊断用放射性药物又可分为单光子放射性药物和正电子放射性药物,它们可结合单光子。断层扫描仪(SPECT)或正电子断层扫描仪(PET)在分子水平研究药物在活体内的功能和代谢过程,实现生理和病理过程的快速、无损、实时成像,为真正意义上的早期诊断、及时治疗提供新方法、新手段(图 7-29)。

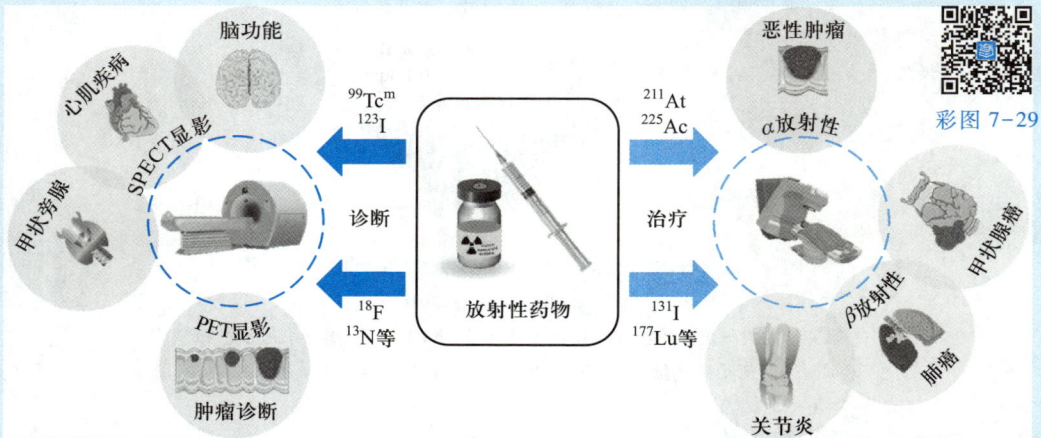

彩图 7-29

图 7-29　放射性药物的分类和用途

1. 诊断放射性药物

诊断放射性药物是将放射性药物与在特定器官中收集的化合物结合,对放射性药物发射的伽马射线进行成像或绘制强度图表的药物,可用于诊断疾病和测试组织功能。该测试称为核医学测试或放射性药物测试,根据所用放射性药物的性质,有 SPECT 测试和 PET 测试。诊断用核素药物是用于获得体内靶器官或病变组织的影像或功能参数,进行疾病诊断的一类核素药物,可用作显像剂或示踪剂。

诊断用核素药物中锝[^{99}Tc^{m}]及其标记化合物占 80% 以上,广泛用于心、脑、肾、骨、肺、甲状腺等多种疾患的检查;此外,碘[^{131}I]、镓[^{67}Ga]、铊[^{201}Tl]、铟[^{111}In]等放射性核素及其标记物也有较多的应用;随着 PET/CT 显像仪器的推广应用,碳[^{11}C]、氮[^{13}N]、氧[^{15}O],尤其以氟[^{18}F]等短半衰期正电子放射性核素的应用也逐年增多。

2. 治疗性放射性药物

治疗性放射性药物是一种用于放射疗法的药物,它使放射性药物与收集在特定细胞中的化合物结合,并通过从放射性药物发出的 β 射线破坏特定的细胞,例如肿瘤。之所以称其为放射性药物内部疗法或同位素疗法,是因为它是通过进入人体的药物发出的辐射进行治疗的。治疗用核素药物是指在有载体或无载体情况下能够高度选择性聚集在病变组织产生局部电离辐射生物效应,从而抑制或破坏病变组织,发挥治疗作用的一类体内核素药物。

治疗用核素药物的种类也很多,碘[^{131}I]是治疗甲状腺疾病的常用核素药物;锶[^{89}Sr]、钐[^{153}Sm]、铼[^{188}Re]等核素药物在骨转移癌治疗中可缓解疼痛症状,碘[^{131}I]和钇[^{90}Y]标记单克隆抗体等分子药物可用于治疗霍奇金淋巴瘤。

3. 放射性药物副作用和安全问题

放射性药物发出的辐射易检测,因此一项诊断所需的放射性药物数量非常少。就某种物质的含量而言,许多产品在一次检查中的使用量少于几毫克。在辐射下表达对人体影响的单位称为 Sievert(Sv)。从"宇宙射线""食物""地球"等接收的所有辐射的总和称为自然放射性,一年中大约为 2.4 mSv。使用"放射性药物"进行核医学检查的量为 0.2~8 mSv/次,通常不影响人体。然而,放射性药物生产、销售、使用放射性同位素和射线装置应严格遵守相关法律法规,例如《放射性同位素与射线装置安全和防护条例》,以免引起辐射损伤。

三、抗生素与土壤抗性基因

抗生素(antibiotic,图 7-30)是 20 世纪医学领域最重要的发现之一,是一种用于预防或

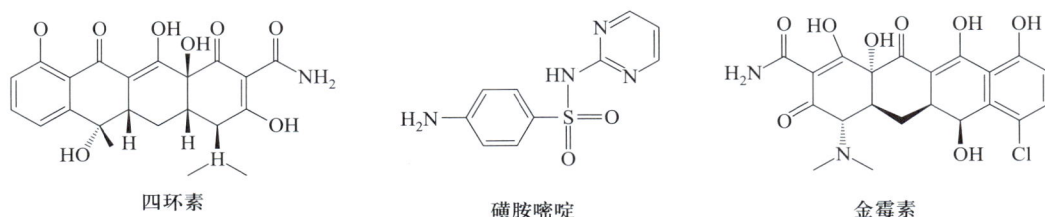

四环素　　　　磺胺嘧啶　　　　金霉素

图 7-30　代表性抗生素

治疗人体或动物细菌感染的抗菌药物,广泛应用于人类医疗、水产养殖业及畜牧养殖业,在疾病的预防与治疗中发挥了不可替代的作用。同时,在全球范围内,越来越多的抗生素被生物医学使用。然而,大部分抗生素在人体及动物体内使用后不能被完全吸收,会以母体及代谢产物的方式排出进入环境,对人类健康和生态环境产生威胁。

(一)土壤中抗生素及抗性基因的来源

土壤中抗生素来源主要包括农用(农业、畜牧业和水产养殖业)抗生素、医用抗生素、制药工厂排放等。农用抗生素主要经由注入过抗生素的动物尿液和粪便排出,可直接进入水体和土壤环境,对土壤造成污染。医用抗生素进入人体后,以母体及代谢产物的形式经由人体尿液和粪便排出体外,进入城市污水厂。大多数抗生素并不能被污水厂完全去除,会进一步排入水体在污泥中富集,最终通过污水灌溉及污泥施肥的方式进入土壤环境,而工厂排放的废水和废弃物以及人为丢弃的抗生素药物也可进入到水体和土壤环境。

抗生素在使用过程中会诱导产生具有耐药性的抗性菌株,细菌耐药性的产生和扩散对环境和人体健康产生了潜在威胁。抗生素的大量使用所引起的细菌耐药性和抗生素抗性基因问题已成为近年来的关注热点。抗生素抗性基因(antibiotic resistance genes,ARGs)定义为一类新型环境污染物,指某些环境微生物本身携带或从其他菌株获得的能够通过编码不同功能蛋白质以去除抗生素效应的基因。

土壤中抗性基因主要来源于抗生素的长期使用,目前,已经在污水处理厂、河水、沉积物和土壤等多种环境介质中检测到抗性基因,动物粪便施肥后的土壤中抗性基因数量明显增加。抗生素对耐药菌株抗性基因的诱导具有专一性,因此抗性基因的环境行为在理论上应该与抗生素本身在环境中的迁移、转化及归趋等环境行为具有很大的相似性和一致性。一些研究也证实了抗性基因与抗生素的使用存在很强的相关性。

(二)抗生素及抗性基因的环境行为及效应

1. 吸附过程

抗生素进入土壤环境以后,其在土壤中的迁移及其与土壤微生物的作用均与其在土壤中的吸附–解吸过程密切相关。抗生素在土壤中的吸附能力的大小,可通过用土壤固液相分配系数(K_d)进行评价,K_d值越大,吸附能力越强。研究发现,不同的抗生素在土壤中的吸附能力差异较大,K_d的范围在 0.2~6 000 L/kg,如四环素类的抗生素吸附 K_d 值较大,说明其在土壤中的吸附能力强;而磺胺类的抗生素 K_d 值较小,其在土壤中的吸附能力弱。

抗生素在土壤中的吸附机理主要包括氢键作用、疏水性作用、π-π电子供受体作用、阳离子交换、阳离子搭桥及孔道填充作用等。抗生素在土壤中吸附–解吸过程的主要影响因素包括土壤 pH、阳离子交换量、土壤矿物和有机质等土壤性质以及抗生素自身的特性。例如,研究发现,土壤对磺胺二甲嘧啶的吸附主要与土壤有机质及氧化铁的含量相关,而对泰乐菌素的吸附主要与土壤中黏粒及氧化铁含量相关。

2. 迁移及传播

抗生素在土壤中的迁移能力通常与其在土壤中的吸附能力密切相关,但同时又与抗生素自身的光稳定性、降解速率和降雨条件有关。如磺胺类的抗生素在土壤中的吸附系数低,其迁移能力较强;乐菌素和土霉素均是在砂质土壤中的迁移能力强于黏性土壤。迁移模型分析表明,抗生素在土壤中的迁移主要符合动力学吸附过程。

　　抗生素在土壤中的迁移形态主要包括溶解态和胶体态,且大孔隙优先流和胶体促进抗生素迁移为两种主要的迁移途径。研究表明,土壤的大孔隙显著增加了磺胺类抗生素的迁移能力,这是因为多孔介质中的孔隙分布、孔道连通性及降雨强度均会影响土壤的水动力学条件,进而影响抗生素在土壤中的迁移。降雨条件引起的土壤溶液化学扰动会引起土壤胶体协同抗生素的迁移。但同时有研究发现,胶体也会阻碍抗生素的迁移。此外,也有部分关于修复材料和抗生素在多孔介质中共迁移的研究。例如,生物炭对抗生素有极强的吸附作用,是普通土壤的 400~2 500 倍,可有效阻碍抗生素在土壤中的迁移。碳纳米管对磺胺嘧啶也展现出很强的吸附能力,但并未有效阻碍磺胺嘧啶在土壤中的迁移,说明生物炭对抗生素在土壤中迁移的阻控不仅与其良好的吸附性能有关,也与生物炭改善土壤理化性质如孔隙结构等有关,是一种复杂的耦合调控过程。

　　土壤是获取和传播抗性基因的理想环境,抗性基因在土壤中的传播和转移取决于原宿主的存活和增殖,及新宿主获得抗性基因的可能性,可通过垂直传播和水平转移两种方式。垂直传播指携带抗性基因的细菌在增殖过程中将抗性基因传递给子代细菌,水平转移则以包含抗性基因的质粒、转座子、整合子等移动遗传元件作为载体,在不同细菌接触过程中,将抗性基因从载体细胞转移到受体细菌。由于土壤吸附能力强、密度大、易富集,抗性基因在土壤中的传播和转移缓慢而持久。尽管如此,对于土壤微生物,土壤环境的微小变动都可能会对其多样性及群落结构造成重大影响,从而驱动微生物功能及基因变化,进而影响抗性基因在土壤中的传播,主要包括自然因素和人为因素。自然因素如气候、时间和土壤类型等,合适自然条件下抗药菌和抗性基因的形成有良好的促进作用。例如,秋季较夏季更适合抗药菌和抗性基因的形成,抗性基因在潮土中的传播潜力相对砂土和黏土更高。除抗生素外,人为因素导致土壤环境的变化对抗性基因的传播和转移也有很大影响。例如,由于人类工业活动导致重金属释放到土壤环境,会通过共抗、交叉抗性和共调控机制增加抗性基因传播的风险。同样地,其他污染物(如除草剂、杀菌剂、杀虫剂等)的外源加入,促使土壤抗性菌富集并成为优势菌群,导致其携带的抗性基因在土壤微生物群中传播。然而,由于不同种类抗性基因受土壤组分作用机制不同,且土壤本身的复杂性,土壤抗性基因在土壤中的环境行为有待深入研究。

3. 降解过程

　　抗生素进入土壤环境后,受土壤环境理化性质的影响会发生降解过程。影响抗生素在土壤中降解的机制主要包括光解作用、水解作用、生物降解和氧化分解。对于光照分解以及光敏感的抗生素,如四环素类、硝基呋喃、磺胺类抗生素,容易发生光解作用,光解作用是这类抗生素降解的主要途径。其中,光照强度和频率是影响光解作用的主要因素。温度和 pH 是影响抗生素水解作用的主要因素,而水解作用也是降解抗生素的另一重要途径。通过生物降解和氧化分解降解抗生素的研究仍然较少,相关研究主要集中在污水处理或实验室研究中。

4. 毒性机制及环境风险

　　土壤中的抗性基因可通过直接接触、食物链及空气和水环境扩散传播给人类,对公共健康构成威胁。当土壤中抗性基因通过食物链进入到动物或人体时,可与临床上重要的病原体重组并进化产生多种抗性细菌甚至超级细菌,导致常规药物治疗失败。如,2010 年印度新德里报道的"超级细菌"事件及 2011 年德国的"毒黄瓜"事件。据统计,我国每年有 8 万人死于抗生素的滥用,全球高达 70 万人以上,并可能在 2050 年达到 1 000 万人/年,远超癌症死亡人数。说明抗生素和抗性基因污染不仅是一个环境问题,更是关系到人体健康的公共卫生问题。2000 年,世界卫生组织将抗性基因列为 21 世纪威胁公共健康的最重大挑战之一。2015 年,世界卫生组织进一步将抗微生物药物耐药性定性为必须以最紧迫的方式应对的全球公共卫生危机。如图 7-31,土壤作为抗生素和抗性基因从环境向人类传播的一个重要媒介,有效防治和减缓在土壤中积累和传播是维护人类健康的重要环节。尽管抗生素在土壤中残留浓度较低,但对土壤中的微生物抗性、动物和植物产生的生态毒性效应及其在环境中引起的耐药性也是不容忽视的。抗生素对土壤环境中微生物、动物、植物的生长发育均具有明显的抑制作用。

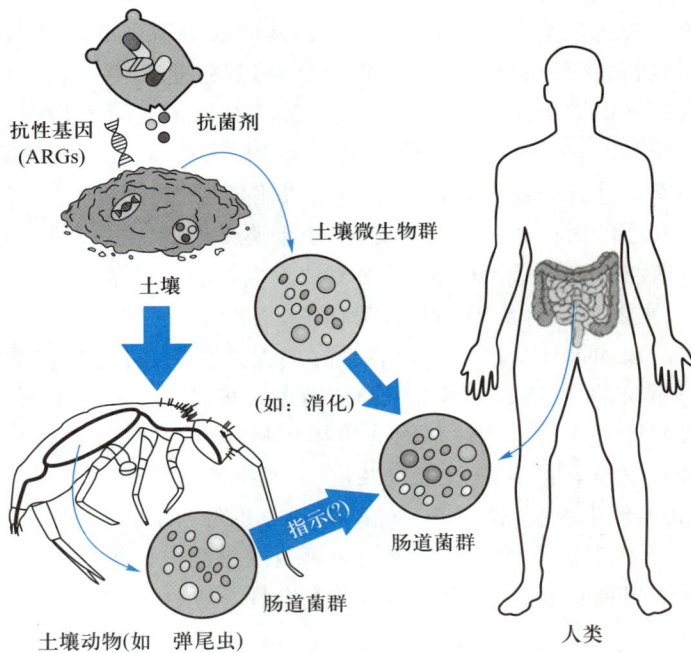

图 7-31　土壤动物肠道微生物群中的抗菌素和抗菌素耐药性与人类微生物群关系图

资料来源:Zhu 等,2019。

　　目前,已有大量研究报道了抗生素对土壤生物的毒性效应。通过研究磺胺吡啶和土霉素两种抗生素对土壤微生物活性和微生物量的影响发现,使土壤微生物活性下降 10% 的抗生素有效剂量(ED10)为 0.003~7.35 mg/kg(总量),并且抗生素可以显著地减少土壤中微生物的数量,导致土壤微生物群落结构的改变。通过研究泰乐菌素和土霉素对蚯蚓、跳虫和线蚓等 3 种土壤动物的毒性效应,发现抗生素的最低效应浓度为 3 000 mg/kg,甚至在大部分情况下当抗生素浓度达到 5 000 mg/kg 时也不会对 3 种土壤动物产生毒性效应,因此实际土壤环境中抗生素不会对土壤动物产生直接毒性效应,但是由抗生素引起的土壤微生物群落变化对土壤动物的间接毒性还需进一步研究。植物能够从土壤中吸收抗生素,进入植物体内的抗生素会对其生长造成一定影响。抗生素对植物生长的影响受土壤和植物类型不同而有很大差异。例如土霉素和金霉素会抑制斑豆的生长,减少其对 Ca^{2+}、K^+ 和 Mg^{2+} 的吸收;

但在同样的实验条件下,土霉素和金霉素则对萝卜和小麦的生长产生促进作用,对玉米的生长无明显影响。实际土壤环境更加复杂,植物的生长可能还会受到其他因素的影响,因此实际土壤环境中抗生素对植物的影响还需进一步研究。

四、颗粒性/胶体态污染物的环境行为及效应

(一)人工纳米颗粒的来源、环境行为及效应

纳米颗粒(nanoparticles)是指至少一个维度下尺寸在 1~100 nm 的颗粒,分为天然纳米颗粒(natural nanoparticles)、偶然纳米颗粒(incidental nanoparticles)和人工纳米颗粒(engineered nanoparticles)。天然纳米颗粒是指自然界借由(生物)地球化学过程或机械过程产生的纳米颗粒,与人类活动或人为过程无直接或间接的联系。偶然纳米颗粒是指在任一直接或间接的人类活动、人为过程中,无意产生的纳米颗粒;人工纳米颗粒是指人工合成的纳米材料。

1. 土壤中人工纳米颗粒的来源

人工纳米颗粒(图 7-32)包括碳纳米材料、金属及金属氧化物及纳米聚合物等。由于其尺寸小、比表面积大等独特的理化性质(如光学性质、量子尺寸效应、宏观量子隧道效应、催化性能);被广泛应用于电子、生物医药、化工制造、材料、日化用品及环保等行业。如碳纳米材料具有良好的力学、导电及传热性能,常用于燃料电池、航空航天和汽车加工等领域。研究指出,由于人工纳米颗粒的使用导致了欧美国家大气、水体及土壤中人工纳米颗粒浓度显著增加。此外,人工纳米颗粒(如纳米羟基磷灰石、纳米零价铁等)也可作为土壤修复材料或纳米肥料等。因此,人工纳米颗粒进入土壤后产生的污染问题日益引起关注。

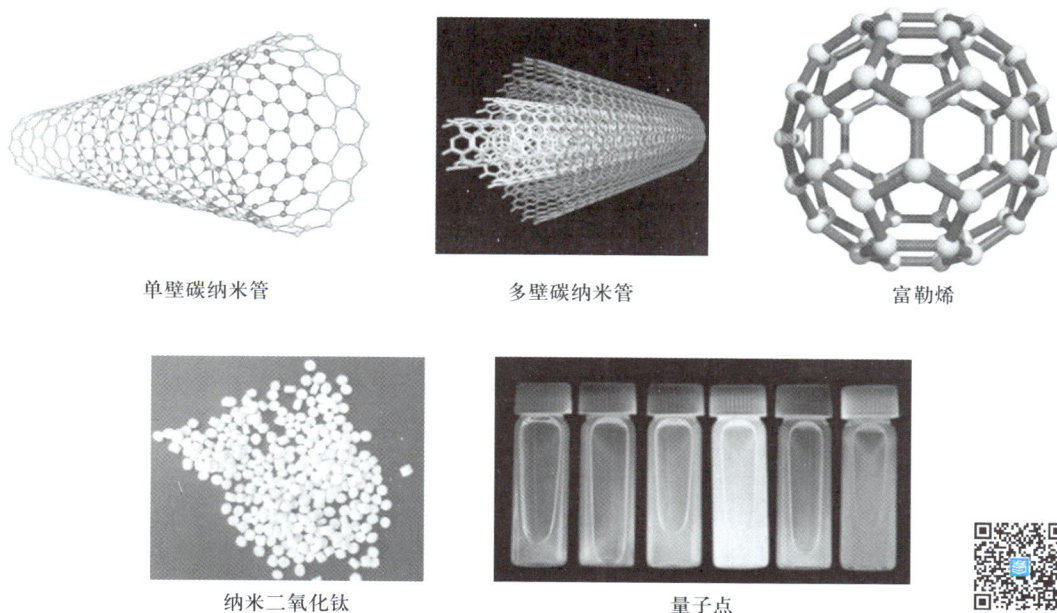

| 单壁碳纳米管 | 多壁碳纳米管 | 富勒烯 |

| 纳米二氧化钛 | 量子点 |

图 7-32 代表性人工纳米颗粒　　　　彩图 7-32

2. 人工纳米颗粒的环境行为及效应

(1)稳定性

与其他环境污染物类似,人工纳米颗粒进入土壤后可伴随降雨过程从表层土壤向下迁

移,通过地表/地下径流等进入水体或被土壤动/植物吸收。但与溶解态污染物不同,人工纳米颗粒作为胶体会发生团聚和分散,土壤理化条件也会进一步影响其团聚和分散。因此人工纳米颗粒的稳定性及与多孔介质间的界面作用均会影响其在土壤中的迁移、沉积与释放。DLVO(Derjaguin-Landau-Verwey-Overbeek)理论是常用于评价胶体稳定性的方法。如离子强度增加,会减小 Zeta 电位并压缩双电层,增加人工纳米颗粒与多孔介质界面的附着力。DLVO 理论是基于球形胶体及均质表面等理想假设建立的,XDLVO(extended DLVO)理论的发展进一步解释胶体或多孔介质表面非均质等对胶体团聚和沉积的影响。

（2）迁移行为

① 单一迁移。目前,关于人工纳米颗粒在土壤中迁移研究大多还停留在模拟土壤环境的多孔介质体系(如石英砂、玻璃珠)。通过这些研究发现人工纳米颗粒在多孔介质中的迁移基本满足胶体过滤理论(colloid filtration theory,CFT)。同经典 DLVO 理论一样,CFT 理论是基于球形胶体且胶体与介质表面是光滑均质的理想假设,所以无法完全预测所有胶体在多孔介质中的迁移行为。如人工纳米颗粒在固相介质常呈现超指数截留曲线,是由于不同截留条件下孔隙阻塞(pore straining)效应导致。与其他胶体类似,流速、pH、多孔介质非均质性等均会影响人工纳米颗粒在多孔介质中的迁移。

② 共迁移。随着单一迁移研究深入,学者们开始关注复杂体系下两种及两种以上物质在多孔介质中的共迁移。研究发现,纳米羟基磷灰石和 Cu^{2+} 共迁移能力随流速增加而增加,且 Cu^{2+} 浓度增加会引起纳米羟基磷灰石的团聚从而导致纳米羟基磷灰石的截留。相反,腐殖酸会增加纳米羟基磷灰石的稳定性进而促进其迁移。此外,研究发现吸附实验中碳纳米管对十氯酮和磺胺嘧啶均表现出良好吸附性能,而土壤中未能显著促进十氯酮的迁移或抑制磺胺嘧啶的迁移,说明人工纳米颗粒与污染物在土壤中的共迁移机制仍十分复杂。

③ 土壤胶体协同迁移。研究发现,土壤胶体对人工纳米颗粒在土壤中的释放与迁移起到重要作用。土壤胶体作为土壤环境中天然存在的可移动的土壤组分,不仅可促进污染物或人工纳米颗粒迁移,也影响其在土壤中的团聚。基于 DLVO 和 CFT 理论,模拟降雨下土壤溶液化学扰动,如离子强度减小或离子交换过程会消除搭桥效应(bridging effect)及增大颗粒间排斥力从而促使土壤胶体从土壤团聚体中释放,引起附着在土壤胶体上的污染物或纳米颗粒再迁移,过程如图 7-33。

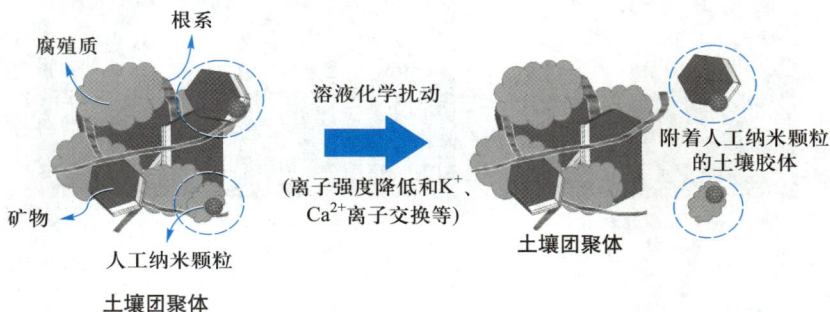

图 7-33　土壤胶体与人工纳米颗粒的协同迁移示意图

（3）生物毒性

如图 7-34 所示,纳米颗粒进入生态系统后可以通过各种途径对人类生活带来不同影响。因此,人工纳米颗粒的毒性机制也是近些年科学家们关注的重点。

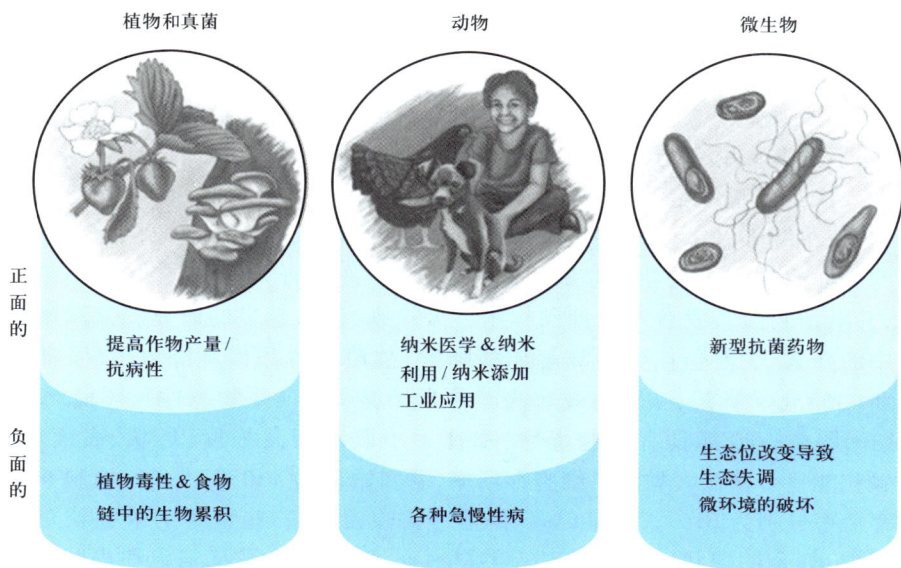

图 7-34　纳米颗粒进入生态系统的途径及影响

资料来源:Hochella 等,2019。

① 致毒机理。人工纳米颗粒在土壤中的生物毒性主要体现在破坏土壤生物体的细胞结构与功能,包括以下几种途径:首先,人工纳米颗粒引起超氧自由基(O_2^-)及其他活性氧自由基(reactive oxygen species,ROS)的形成,导致氧化压力增加、脂质过氧化和破坏细胞膜,从而对生物体产生毒害。ROS 的产生是由于人工纳米颗粒表面晶格破损,从而产生电子缺损或富余的活性位点,与 O_2 相互作用形成。而一些具有氧化性的人工纳米颗粒,与细胞膜接触后也会直接导致细胞氧化胁迫增加,产生毒害。其次,一些人工纳米颗粒可通过膜通道、细胞内陷或细胞吞噬作用直接进入细胞,从而引起氧化胁迫增加,并可能与细胞内含物相互作用,最终破坏细胞结构与功能。最后,人工纳米颗粒本身存在生物毒性,可直接在生物体内累积,如金属纳米颗粒会释放金属离子,直接对生物体产生毒性。另外有学者指出,人工纳米颗粒其本身的纳米效应也会导致生物毒性,不完全是由于释放金属离子导致。

② 影响机制。人工纳米颗粒生物毒性的影响机制主要包括三个方面。首先,人工纳米颗粒因自身理化性质会影响人工纳米颗粒对土壤生物的毒性。如研究发现金属纳米颗粒粒径越大,毒性越小。同样尺寸的单壁、双壁和多壁碳纳米管的细胞毒性也存在差异,对于 A549 细胞,碳纳米管的毒性按照单壁、双壁和多壁逐渐减弱。研究多种金属纳米颗粒对蚯蚓的生理毒性发现,Ag、Cu 和 TiO_2 对其毒性最大。其次,土壤理化性质(如 pH、离子强度、土壤矿物和有机质等)差异也会影响人工纳米颗粒对土壤生物的毒性。如碳纳米材料很容易和土壤组分如有机质发生吸附、团聚、转化等,从而影响其对生物体的毒性效应。例如,

TiO_2纳米颗粒在砂质土中对土壤微生物的活性几乎没有影响,而在粉质土中会引起微生物活性持续下降。最后,土壤微生物种群也会影响人工纳米颗粒的生物毒性,这是由于微生物种群可改变人工纳米颗粒的特性。如希瓦氏菌(*Shewanella*)和大肠杆菌(*Escherichia coli*)是两种可以有效降解氧化石墨烯的细菌。另有研究发现中性粒细胞可产生髓过氧化物酶从而破坏单壁碳纳米管的结构。

③ 代表性人工纳米颗粒的生物毒性。代表性人工纳米颗粒主要包括富勒烯、碳纳米管、氧化石墨烯及碳量子点等。大多数人工纳米颗粒具有稳定的碳骨架结构,在自然条件下很难降解,但这些碳材料与土壤生物接触后会导致细胞膜破损,从而产生生物毒性。如富勒烯能进入人类巨噬细胞的细胞质和细胞核,破坏人类淋巴细胞 DNA,具有遗传毒性。也有学者发现,单壁碳纳米管毒性显著强于多壁碳纳米管,能显著抑制细菌生长,且纳米颗粒不同的表面改性方式也会引起毒性差异。此外,许多研究发现,多种碳纳米材料可被植物吸收,并对植物生长发育产生抑制作用。近年来,越来越多的研究关注碳纳米材料在自然环境中的降解,主要包括生物降解如酶降解、细菌降解和细胞降解,以及非生物降解如光降解和(光)化学降解,从而有效解决碳纳米材料引起的生物毒性及环境问题。

金属纳米颗粒一般都具有细胞毒性,毒性大小取决于其浓度、形状、表面电荷性等。TiO_2纳米颗粒能显著降低人类淋巴细胞存活率,暴露浓度为 130 mg/L 时,细胞 6 h、24 h 和 48 h 相对存活率分别为 61%、7% 和 2%。但体外实验表明,一些金属纳米颗粒对人体细胞没有明显毒性,如金的球状纳米颗粒对人类白血病细胞、免疫系统细胞和皮肤角化细胞没有明显毒性效应。金属纳米颗粒抑菌作用的研究相对较多,抑菌效果受纳米颗粒性质及菌种控制。通过比较 ZnO、Al_2O_3、SiO_2、TiO_2 等纳米颗粒(20 mg/L)在遮光下细菌的毒性,发现 ZnO 毒性最强,使枯草芽孢杆菌、大肠杆菌和荧光假单胞菌全部死亡。铁纳米颗粒对大肠杆菌的生长抑制作用随铁还原态增加而下降,零价铁在 70 mg/L 时就出现显著抑菌作用,但磁铁矿(Fe_3O_4)在 350 mg/L 和赤铁矿(Fe_2O_3)在 0~700 mg/L 内没有显著毒性。金属纳米颗粒对植物毒性的研究结果存在争议。水培短期暴露实验表明,TiO_2 纳米颗粒不能显著影响柳树的生长和蒸腾。其他研究发现高浓度(2 000 mg/L)Al_2O_3 纳米颗粒能显著抑制玉米、黄瓜、卷心菜和萝卜等种子发芽后的根生长。量子点具有独特光学、电学、磁学性质和生物相容性等,大量应用于医学成像、太阳能电池、长途通信等。研究发现粒径小于 5 nm 的量子点(CdSe,CdSe/ZnS)能直接进入大肠杆菌和枯草芽孢杆菌细胞内产生毒性效应;大肠杆菌能够把量子点重新排出体外,而枯草芽孢杆菌则不能,因此,同一条件或剂量下量子点对枯草芽孢杆菌毒性效应更大。

其他人工纳米颗粒还包括各类有机聚合物纳米材料,如聚乙烯、聚苯乙烯等,其粒径、分子量和各种物理参数可控,可用作电极、传感器和药物载体、生物标记物等。目前,针对这类纳米颗粒毒性研究有限。

(二) 微/纳塑料的来源、环境行为及效应

1. 微/纳塑料的来源

微/纳塑料(microplastics 或 nanoplastics,图 7-35 和图 7-36)是指环境中粒径小于 5 mm 的塑料聚合物颗粒,包括薄膜、纤维、发泡等塑料聚合物。由于其质轻、性质稳定及耐磨等特性,广泛应用于人类日常生活。然而,由于微/纳塑料的性质稳定、不易降解,引起了严重的环境问题。微/纳塑料的产量在 1972—2012 年增长了 5~6 倍,全球产量高达 2.88 亿 t。研

究人员最早在海洋中发现大量微/纳塑料,之后逐渐在土壤、大气、沉积物及地下水等环境中发现微/纳塑料的存在。

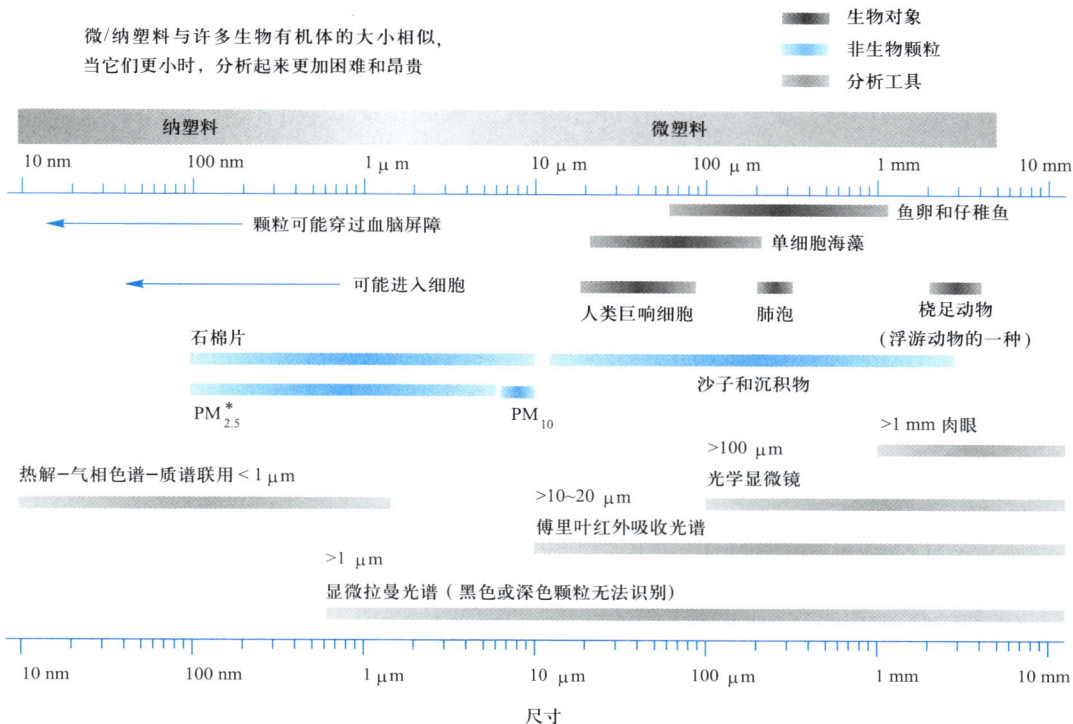

图 7-35 微/纳塑料和纳塑料的尺寸范围

资料来源:图片改自 Lim 等,2021。

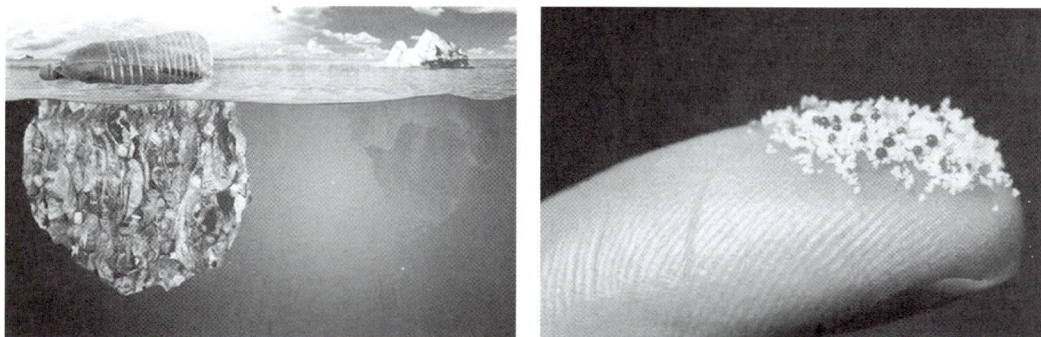

图 7-36 微/纳塑料概念图

彩图 7-36

土壤微/纳塑料主要有三个来源。一是城市源,主要通过污水处理厂和垃圾填埋场等方式进入到土壤;二是农业源,通过塑料膜覆盖、废水灌溉、污泥肥料等途径进入到土壤;三是大气源,通过工厂烟尘排放、垃圾焚烧等以大气沉降的方式进入到土壤。

2. 微/纳塑料的环境行为及效应

（1）迁移过程

早期关于微/纳塑料迁移的研究主要集中在淡水、海洋和沙滩中，在土壤中的研究较少。从目前已有研究成果发现，微/纳塑料在土壤中的迁移基本满足胶体迁移特征。DLVO理论同样适用于微/纳塑料的团聚。微/纳塑料在多孔介质的迁移也基本满足CFT理论。因此，微/纳塑料自身性质、土壤理化性质等均对微/纳塑料迁移产生影响。研究发现，小尺寸的纳塑料更容易迁移到深层土壤中，而大尺寸的微塑料更容易被截留在土壤表层。

微/纳塑料表面带有电荷且比表面积大，可作为载体吸附环境中的污染物促进污染物迁移，甚至因为自身的降解导致污染物的再释放。因此，微/纳塑料与污染物相互作用形成的复合污染问题近年来备受关注。此外，微/纳塑料也会影响土壤微生物和土壤胶体的迁移。研究发现，在高离子强度下，不同尺寸的微/纳塑料均会促进大肠杆菌迁移，但作用机制不同。$0.02\ \mu m$的纳塑料可以附着在大肠杆菌表面，增大大肠杆菌与石英砂间的排斥作用，从而促进大肠杆菌迁移；而$2\ \mu m$微塑料会因为与大肠杆菌竞争石英砂的截留位点而促进大肠杆菌迁移。其他研究也发现，不同粒径微/纳塑料通过不同作用机制促进铁氧化物在石英砂中的迁移。

（2）毒性机制

微/纳塑料的生态毒性效应也是近些年的研究热点，主要包括对各类蚯蚓、线虫等毒性研究。其中，常见于表层土壤（$0\sim5\ cm$）的微节肢动物因其体型小，能进入土壤孔隙，通过它们的活动带动微/纳塑料的迁移，从而影响其他土壤生物对微/纳塑料的暴露。通常塑料聚合反应不能完全发生，聚合物中可能存在残留的有毒单体。当微/纳塑料进入土壤-地下水时，其添加剂中的有毒物质（如多溴二苯醚、双酚A和邻苯二甲酸酯等）也会随之释放，不仅会改变土壤理化性质，影响植物生长发育，还会抑制土壤微生物活性，甚至具有"三致"作用和内分泌紊乱特性，潜在危害人类健康。

五、土壤生物污染行为与环境效应

土壤环境中存在着各种各样的微生物和小型动物，包括细菌、真菌、病毒、原生动物以及一些小型蠕虫等。尽管人类或其他宿主经常通过多种途径与土壤中的生物接触，但仅有极少部分土壤生物具有使人类或其他宿主感染或致病的能力。这些能够引起疾病的生物被称为病原体。一种或多种病原体由于人类废弃物排放或其他原因进入土壤，长时间在土壤中存活并大量繁衍，最终对人体健康和生态环境造成不良影响的现象称为土壤生物污染。

（一）土壤病原体的来源与传播

1. 来源

土壤生物污染的污染性病原体来源很多，主要包括未经无害化处理的人畜粪便，生活、工业和医院污水，含有病原体的固体废弃物，以及携带病原体动物的死亡尸体等。

（1）污水灌溉

污水灌溉指的是使用未经处理的生活、工业和医院污水等进行农田灌溉。很久以前，许多能使人类和动物致病的因子就已经在灌溉污水中被发现。当居民区有肠道传染病患者或带菌者时,生活污水中会存在大量的病原微生物和各种蠕虫卵。此外,工业废水特别是食品加工业、生活制品厂和屠宰场等产生的废水,以及医院中患者生活污水、医疗处理、医疗诊断和消毒处理等产生的污水中都含有大量病原体。

（2）污泥、垃圾施肥

许多污泥的生化检测表明,污泥中含有大量的细菌、大肠杆菌、蠕虫卵和肠道致病菌。例如,对天津一个主要的污水厂产生的污泥分析发现,经消化的污泥中,蠕虫卵去除率只有40%,平均每克干消化污泥含有139个蠕虫卵,具有潜在的生物污染性。城镇生活垃圾从原产地和集散站到农田的过程中都可能携带大量的细菌、病毒、寄生虫卵,这些生物体进入土壤,将会迅速蔓延滋生,造成土壤生物污染。

（3）人畜粪肥

人畜粪肥指的是未经彻底无害化处理的人畜粪便肥料。人类粪便中的微生物主要是细菌、病毒和寄生虫（表7-15）,而动物粪便内除细菌、病毒和寄生虫外,还有大量的放线菌和真菌。一般来说,施粪肥土壤中的细菌总数和大肠菌数都高于未施粪肥地区。

表 7-15 人类粪便中肠道病原体浓度

病原体		每克粪便中的数量/个
肠道细菌	大肠菌群	$10^7 \sim 10^9$
	粪便大肠菌群	$10^6 \sim 10^9$
	沙门氏菌属	$10^4 \sim 10^{10}$
	志贺菌属	$10^4 \sim 10^5$
肠病毒	肠道病毒	$10^3 \sim 10^7$
	轮状病毒	10^{10}
	腺病毒	10^{11}
蠕虫	蛔虫	$10^4 \sim 10^5$
原生寄生虫		$10^6 \sim 10^7$

资料来源:Maier 等,2000。

（4）病畜尸体

土壤中由于停放未经无害化处理的动物尸体或病畜尸体,病原体可侵入土壤,并在土壤中大量繁殖引起土壤污染并且扩大疾病的传播。

（5）土壤生物污染程度指标

迄今为止,尚未规范土壤受病原菌污染的最大允许浓度。苏联在这方面进行过一些研究,并试图就土壤中微生物的最大允许浓度和限值提出建议值。世界卫生组织制定了评价土壤生物污染的一系列卫生基准（表7-16）。环境的生物污染,也常以每百克土壤中大肠杆菌的毫克数作为划分污染程度的指标,这是因为大肠杆菌与其他病原体出现频率有明显关系。一般规定大肠杆菌大于 1 000 mg/100 g 土为严重污染土壤,大于 50 mg/100 g 土为中等污染土壤,小于 1 mg/100 g 土为清洁土壤。

表 7-16 土壤污染的生物指标

土壤污染程度	病原菌数（每克土壤）	寄生虫卵数（每克土壤）	受人排泄物污染时病原菌数（每克土壤）	受牲畜排泄物污染时病原菌数（每克土壤）
未受污染	$<10^4$	0	<10	$<10^2$
轻微污染	$10^4 \sim 10^5$	<10	$10 \sim 10^3$	$10^2 \sim 10^4$
中等污染	$10^5 \sim 10^6$	$10 \sim 10^2$	$10^3 \sim 10^4$	$10^4 \sim 10^5$
严重污染	$>10^6$	$>10^2$	$>10^4$	$>10^5$

资料来源：杨景辉，1995。

2. 土壤病原体传播途径

在土壤中，污染性病原体可通过以下三种途径危害人体健康（图 7-37）。

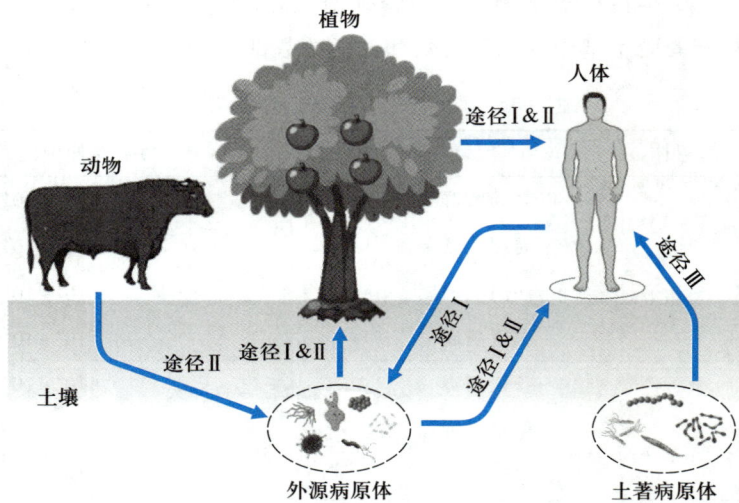

图 7-37 土壤病原体危害人体的主要途径

途径 I：人—土壤—人。人体排泄物中病原体未经彻底的无害化处理后通过施肥或灌溉进入土壤，而后污染土壤上种植的农作物，人体直接接触受污染土壤或生吃农作物的可食部分或吸入含病原体扬尘而受到感染。

途径 II：动物—土壤—人。与途径 I 不同的是，途径 II 的污染物来源为携带病原体或患病动物，其粪便或尸体进入土壤造成病原体污染，人直接或间接接触受污染土壤后感染发病。

途径 III：土壤—人。除外源污染外，自然土壤中本身也存在多种土著病原体，人体与含有这些病原体的土壤接触后而患病。

此外，污染性病原体侵入人体的方式主要分为三种，分别为口腔摄入、呼吸吸入和皮肤伤口暴露。口腔摄入指人类食用受土壤病原体污染的食物或水而引起消化系统感染；呼吸吸入是指土壤病原体随扬尘进入大气后被人类吸入而引起的感染；皮肤伤口暴露则是指病患皮肤伤口直接或间接接触受病原体污染的土壤而导致病原体侵入机体感染。一般来说，健康皮肤是人类防御外界病原体入侵的有效屏障，但极少数土壤病原体有能力穿透无破损皮肤进入人体，如粪类圆线虫和钩口科的几种致病性线虫。这说明健康皮肤直接接触也可能是土壤病原体侵染人体的潜在方式。

（二）土壤典型病原体的主要特征及环境效应

1. 细菌

土著细菌是土壤中最大的微生物类群，每克土壤中可含有高达 10 亿个细菌。除少数腐生菌之外，土壤土著细菌对人类并无致病性，而土壤中常见的细菌病原体多为通过人类生产和生活的废弃物而进入土壤系统的外源细菌。一般来说，土壤环境不是外源细菌病原体的理想生存场所，入侵的外源细菌受到土壤中有机质、理化性质、土著微生物等多重因素的共同影响，在土壤中存活时间长短不一。大多数存活时间很短，但有少量可逐步适应土壤环境并在土壤中快速繁殖扩散。在快速死亡的外源细菌中，也有少部分能够通过产生芽孢而在土壤中存在很长时间（数月至数十年），一旦土壤环境变得适宜，它们也会大量繁殖。细菌病原体在土壤中的存活时间及方式与它们在环境中传播扩散的能力密切相关（表 7-17）。

2. 真菌

全世界有超过 10 万种真菌，但据统计仅有 300 余种具有致病性。真菌细胞不含有叶绿素而无法进行光合作用，是典型的异养微生物。因此大多数土壤真菌为腐生菌，需要从土壤中吸取养分。土壤真菌在分解植物残体、凋落物和动物尸体方面起重要作用。与细菌不同的是，几乎所有土源性真菌病原体均为土著真菌。因此，土壤真菌病原体的传播途径主要为土壤—人，人体感染途径也以呼吸吸入为主，偶见口腔摄入和皮肤接触感染（表 7-18）。

3. 病毒

土壤并不是病毒生存繁衍的理想居所。许多环境因素，如温度、湿度、pH、土壤微生物活性、土壤类型、土壤有机质、土壤颗粒吸附等，均会影响病毒的生存和迁移。一般来说，凉爽、潮湿、pH 中性和微生物活性低的土壤能延长病毒的存活时间。不同种类的病毒具有不同的存活能力，其聚集体的形成能显著延长病毒在土壤中的存活时间。此外，土壤组成也能显著影响病毒在土壤中的存活。有研究表明，黏土能够通过吸附作用显著延长病毒的存活时间，这种吸附保护被证明可能与黏土的物理保护机制有关。尽管黏土的吸附作用能够有效阻止病毒在土壤体系中迁移，但脱附作用则能使病毒脱离黏土表面，随扬尘或水体扩散，进而有机会感染人类。因此，土源性病毒是人类重要的病原体（表 7-19）。

4. 寄生虫

除细菌、真菌和病毒外，土壤中还存在着一些致病性寄生虫。这些寄生虫与土壤环境密切相关，可以通过土壤为传播介质感染人体，主要包括一些致病性原虫和线虫，对人类健康危害严重（表 7-20）。为全面了解土源性寄生虫流行和分布状况，我国 20 世纪 90 年代初和 21 世纪初分别进行了两次全国人体寄生虫调查。1988—1992 年，全国（不含港澳台地区）开展了首次人体寄生虫分布调查，结果显示土壤致病性线虫感染率高达 59.0%，并以蛔虫、钩虫、鞭虫和蛲虫为主，被列为我国优先防治病种。土壤致病性原虫感染率比线虫低，但某些原虫呈全国性分布，流行状况严峻。如蓝氏贾第鞭毛虫和溶组织内阿米巴为感染率最高的两种原虫，估计全国感染人数分别为 2 850 万和 1 069 万人（张会宁等，2011）。2001—2004 年进行的第二次全国（不含港澳台地区）人体重要寄生虫（主要以蠕虫为主，未含原虫）调查显示，土壤致病性线虫感染率为 19.6%，比 1990 年调查结果下降了近 40%，说明我国土源性寄生虫防治工作成效显著，感染人数和流行面积显著减少。但不同地区下降幅度差异很大，某些寄生虫病在一些地区仍广为流行，严重危害当地人民群众身体健康和生命安全。

表 7-17 土壤细菌病原体及其主要特征

细菌病原体	疾病	人体感染途径	致病性与死亡率	土壤存活特点
马杜拉放线菌属 （*Actinomadura* spp.）	足分支菌病	皮肤伤口暴露	皮肤慢性病，有一定致畸性，但通常不致命	该属内细菌属均于土壤腐生菌，可在土壤中正常存活并繁殖
炭疽杆菌 （*Bacillus anthracis*）	炭疽病	呼吸吸入、口腔摄入、皮肤伤口暴露	急性传染病，死亡率达 20%～90%	可形成芽孢，芽孢在土壤环境中可存活数十年
类鼻疽伯克氏菌 （*Burkholderiapseudomallei*）	类鼻疽	呼吸吸入、口腔摄入、皮肤直接接触或伤口暴露	地区性传染病，不加治疗死亡率高	属于土壤腐生菌，可在土壤中正常存活并繁殖
空肠弯曲菌 （*Campylobacter jejuni*）	空肠弯曲菌肠炎	食用受污染食物而摄入	急性肠道传染病，死亡率低	在土壤环境中存活特点尚不清楚
破伤风梭菌 （*Clostridium tetani*）	破伤风	皮肤伤口暴露	急性特异性感染，死亡率高，尤其是新生儿和孕妇	一种专性厌氧菌，所产芽孢在土壤中存活能力强
肉毒梭菌 （*Clostridium botulinum*）	肉毒毒素中毒	食用受污染食物而摄入、皮肤伤口暴露	麻痹性中毒，可致命	一种专性厌氧菌，所产芽孢在土壤中存活能力强
梭状芽孢杆菌属 （*Clostridium* spp.）	气性坏疽	皮肤伤口暴露	急性特异性感染，死亡率为 20%～50%	该属细菌属专性厌氧菌，所产芽孢在土壤中存活能力强
贝氏柯克斯体 （*Coxiella burnetti*）	Q 热	呼吸吸入	急性传染病，死亡率为 5%～30%	宿主体外无法存活，能形成类孢子体存在土壤中存活数月
致病性大肠杆菌 （*Escherichia coli*）	腹泻	食用受污染食物而摄入	急性疾病，对儿童或老人可致命	在营养充足的土壤中可存活数月
土拉弗朗西斯菌 （*Francisella tularemia*）	土拉菌病	呼吸吸入、口腔摄入、皮肤伤口暴露	急性传染病，死亡率<1%	在潮湿土壤中可存活数周

续表

细菌病原体	疾病	人体感染途径	致病性与死亡率	土壤存活特点
钩端螺旋体菌属 (*Leptospira* spp.)	钩端螺旋体病	口腔摄入、皮肤接触	急性感染疾病，死亡率约5%	在适宜的土壤中可存活数周
李斯特菌 (*Listeria monocytogenes*)	李斯特菌病	食用受污染食物而摄入	急性传染病，死亡率高达30%~80%	属于土壤腐生菌，可在土壤中正常存活并繁殖
诺卡氏菌属 (*Nocardia* spp.)	诺卡氏菌病	呼吸吸入，皮肤伤口暴露	急性、慢性、化脓性疾病，死亡率低	属于土壤腐生菌，可在土壤中正常存活并繁殖
变形杆菌属 (*Proteus* spp.)	泌尿系统感染、食物中毒	食用受污染食物而摄入	泌尿系统疾病、食物中毒等病，可致命	土壤环境十分有利于大多数变形杆菌属细菌的存活
立克次体属 (*Rickettsia* spp.)	斑疹伤寒等多种疾病	携菌生物叮咬、皮肤直接接触	死亡率一般为3%~5%	离开宿主后在土壤的干燥环境中很快失去感染能力
沙门菌属 (*Salmonella* spp.)	沙门氏菌病	食用受污染食物而摄入	死亡率低	在适宜的土壤中存活很久，在施肥污泥中能存活6~7周
志贺菌属 (*Shigella* spp.)	痢疾	食用受污染食物而摄入	肠道传染病，死亡率低	在适宜的土壤中可存活数月
链霉菌属 (*Streptomyces* spp.)	皮肤感染	皮肤伤口暴露	通常不致命	属于土壤腐生菌，可在土壤中正常存活并繁殖
霍乱弧菌 (*Vibrio cholera*)	霍乱	食用受污染食物而摄入	肠道传染病，不及时治疗死亡率为25%~60%	在适宜的土壤中可存活数月
耶尔森菌属 (*Yersinia* spp.)	腹泻	食用受污染食物而摄入	肠道传染病，死亡率低	该属内 *Y. enterocolitica* 种在土壤中可以存活540天

资料来源：改自 Bultman 等，2013。

表 7-18 土壤真菌病原体及其主要特征

病毒病原体	疾病	人体感染途径	致病性与死亡率	土壤存活特点
曲霉菌属（*Aspergillus* spp.）	曲霉病	呼吸吸入、口腔摄入	慢性霉菌病，全身性感染可致命，曲霉毒素中毒可致癌	属土壤土著真菌，可降解植物残体、生活垃圾、食物残余等
皮炎芽生菌（*Blastomyces dermatitidis*）	芽生菌病	呼吸吸入	慢性化脓肿、肉芽肿性疾病，可致命	属土壤土著真菌，常见于富含有机质的土壤中
球孢子菌属（*Coccidioides* spp.）	球孢子菌病	呼吸吸入、偶见皮肤伤口暴露	原发性肺部感染，少数全身性感染患者死亡率较高	属土壤土著菌，大多聚集在表层 20 cm 的土壤中
荚膜组织胞浆菌（*Histoplasma capsulatum*）	组织胞浆菌病	呼吸吸入	肉芽肿性传染病，一般不致命，但感染后艾滋病患者死亡率约为 10%	属土壤土著真菌，常见于鸟、鼠粪便中
申克氏孢子丝菌（*Sporothrix schenckii*）	孢子丝菌病	皮肤伤口暴露、口腔摄入	慢性真菌性感染，一般不致命	属土壤土著真菌，以分解泥炭藓等植物残体为生
着色真菌（含多种真菌）	着色真菌病	皮肤伤口暴露	慢性真菌性感染，通常不致命	属土壤土著腐生真菌，热带/亚热带地区更加常见

资料来源：改自 Bultman 等，2013。

表 7-19 土壤病毒病原体及其主要特征

病毒病原体	疾病	人体感染途径	致病性与死亡率	土壤存活特点
腺病毒属（*Adenovirus* spp.）	呼吸系统疾病、结膜炎、腹泻	呼吸吸入、食用受污染食物而摄入	引起呼吸系统或消化系统不适，通常不致命	主要依靠人类固体废弃物在土壤中生存
沙粒病毒属（*Arenavirus* spp.）	脑膜炎、出血热等	呼吸吸入、食用受污染食物而摄入	脑膜炎较为少见，出血热死亡率可达 10%~25%	可通过啮齿类动物尿液、粪便和唾液进入土壤
星状病毒属（*Astrovirus* spp.）	星状病毒肠胃炎	食用受污染食物而摄入	急性病毒性肠炎，通常不致命	主要依靠人类固体废弃物在土壤中生存

续表

病毒病原体	疾病	人体感染途径	致病性与死亡率	土壤存活特点
脊髓灰质炎病毒（Enterovirus poliovirus）	小儿麻痹症	呼吸吸入或其他途径	致残率高,死亡率一般为2%~5%	在潮湿土壤中可存活91天,在堆肥土壤中可存活180天
柯萨奇病毒A（Enterovirus Coxsackievirus A）	疱疹性咽峡炎、急性出血性结膜炎、手足口病	食用受污染食物而摄入	急性病毒性传染病,高发于夏季,死亡率低	在堆肥土壤中可存活180天
柯萨奇病毒B（Enterovirus Coxsackievirus B）	胸膜痛、无菌性脑膜炎、心包炎、心肌炎等	食用受污染食物而摄入	新生儿心肌炎死亡率较高	在堆肥土壤中可存活180天
埃可病毒（Enterovirus echovirus）	腹泻、无菌性脑膜脑炎等	食用受污染食物而摄入	某些血清型对新生儿危害较大	主要依靠人类固体废弃物在土壤中生存,可存活3~33周
汉坦病毒（Hantaan virus）	汉坦病毒肺综合征、汉坦病毒肾综合征出血热	呼吸吸入或其他途径	汉坦病毒肺综合征死亡率可高达40%~60%	可通过啮齿类动物尿液、粪便和唾液进入土壤
甲型肝炎病毒（Hepatitis A virus）	甲型肝炎	食用受污染食物而摄入	一般为隐性感染,死亡率低	在潮湿土壤中可存活91天
戊型肝炎病毒（Hepatitis E virus）	戊型肝炎	食用受污染食物而摄入	一般患者死亡率低,但孕妇死亡率则高达20%	在土壤环境中存活特点尚不清楚
诺瓦克病毒（Norwalk virus）	急性病毒性肠胃炎、腹泻	食用受污染食物而摄入	急性病毒性传染病,高发于夏季,但通常不致命	主要依靠人类固体废弃物在土壤中生存
天花病毒（Orthopoxvirus variola）	天花	呼吸吸入、口腔摄入、皮肤直接接触	烈性传染病,死亡率可达30%	在环境中存活时间较短,一般不超过48小时
轮状病毒属（Rotavirus spp.）	腹泻、肠胃炎	呼吸吸入、食用受污染物而摄入	全世界每年至少造成60万婴幼儿死亡	主要依靠人类固体废弃物在土壤中生存

资料来源:改自Bultman 等,2013。

表 7-20 部分土壤致病性寄生虫及其主要特征

致病性寄生虫	疾病	人体感染途径	致病性与死亡率	土壤存活特点
结肠小袋纤毛虫（Balantidium coli）	小袋纤毛虫病	口腔摄入	引起患者痢疾，一般不致命	通过包囊在温暖、湿度适宜的土壤中可存活数周至数月
小隐孢子虫（Cryptosporidium parvum）	隐孢子虫病	口腔摄入为主，偶见呼吸吸入	引起患者腹泻、腹痛等症，对艾滋病患者可致死	通过卵囊在适宜土壤中可存活数月
卡耶塔环孢子虫（Cyclospora cayetanensis）	环孢子虫病	口腔摄入	可导致腹泻，婴幼儿感染后有一定死亡率	通过卵囊在潮湿土壤中可存活很久
脆弱双核阿米巴（Dientamoeba fragilis）	腹泻	口腔摄入	引起消化系统不适，通常不致命	在土壤环境中存活特点尚不清楚
溶组织内阿米巴（Entamoeba histolytica）	肠阿米巴病，肠外阿米巴病	口腔摄入	引起肠炎，肠外脓肿及多种并发症，每年4万~10万人死亡	通过包囊可在适宜土壤中存活数周，低温下存活率更高
蓝氏贾第鞭毛虫（Giardia lamblia）	贾第虫病	口腔摄入	引起急慢性肠道病，一般不致命，但感染艾滋病患者可致死	通过包囊可在适宜土壤中存活数月
贝氏等孢球虫（Isospora belli）	等孢球虫病	口腔摄入	多见隐性感染，严重可导致腹痛、腹泻，一般不致命	通过卵囊可在潮湿、寒冷的土壤中存活数月
刚地弓形虫（Toxoplasma gondii）	弓形虫病	口腔摄入为主，偶见皮肤伤口暴露	多见隐性感染，免疫低下人群感染可致死	通过卵囊可在潮湿土壤中存活很久

致病性原虫

续表

致病性寄生虫	疾病	人体感染途径	致病性与死亡率	土壤存活特点
十二指肠钩口线虫 (Ancylostoma duodenale)	钩虫病	皮肤直接接触为主,偶见口腔摄入	可引起呼吸和消化系统病症,婴幼儿、孕妇和免疫力低下者易感	虫卵和幼虫在土壤中的发育受土壤温湿度、土壤类型、阳光等影响
似蚓蛔线虫 (Ascaris lumbricoides)	蛔虫病	口腔摄入	可引起宿主免疫反应、机械损伤和营养不良等症,一般不致命	虫卵在土壤中可存活数年,幼虫在湿热避光土壤中可存活18天
蠕形住肠线虫 (Enterobius vermicularis)	蛲虫病	口腔摄入为主,偶见呼吸吸入	可引起肛门瘙痒、胃肠功能紊乱、精神异常等症,一般不致命	虫卵抗逆性强,可在干燥土壤中保持传染性数天
美洲板口线虫 (Necator americanus)	钩虫病	皮肤直接接触为主,偶见口腔摄入	可引起呼吸和消化系统病症,婴幼儿、孕妇和免疫力低下者易感	虫卵和幼虫在土壤中的发育受土壤温湿度、土壤类型、阳光等影响
粪类圆线虫 (Strongyloides stercoralis)	类圆线虫病	皮肤直接接触	一般无症状,对免疫力低下者危害较大,可致命	可在土壤中长期生存并完成整个生活史
犬弓首线虫 (Toxocara canis)	弓蛔虫病	口腔摄入	可造成患者眼部及全身症状,一般不致命	在土壤环境中存活特点尚不清楚
毛首鞭形线虫 (Trichuris trichiura)	鞭虫病	口腔摄入	可造成慢性结肠炎、缺铁性贫血等症,通常不致命	虫卵在适宜土壤中3~5周可育成含幼虫的感染期卵

致病性线虫

习题与思考题

1. 请列举土壤环境中重金属、稀土和放射性核素的自然来源和人为来源。

2. 土壤中自然来源的重金属、稀土和放射性核素含量受哪些因素影响?

3. 氧化还原条件对变价重金属和稀土元素(如 Cr、As、Ce)在土壤中有效性的影响有何异同?

4. 请简述土壤中重金属、稀土和放射性核素对植物生长的影响。

5. 请分别列举土壤环境中传统有机污染物、持久性有机污染物的来源及基本特征。

6. 有机污染物在土壤中的吸附、挥发、迁移主要受到哪些因子的影响?

7. 请简述土壤微生物降解有机污染的形式及过程。

8. 环境中有哪些代表性的新型污染物,有何代表性的理化特征?

9. 人工纳米颗粒在环境中有哪些应用,在土壤中的环境行为是怎样的?

10. 微塑料有哪些环境危害,目前有哪些处置方法?

11.《全国土壤污染状况调查公报》显示铬、镍污染是我国土壤重金属污染的重要类型,其中耕地土壤铬、镍污染尤其堪忧,点位超标率达 19.4%。土壤铬、镍主要超标区域基本和我国(超)基性岩的出露位置吻合,指示其来源与自然风化十分相关。请问如何理解这类土壤中自然来源的重金属导致的污染?判断其是否污染或污染程度的基准值是否应和其他来源导致的污染有所区别?如何降低这种大面积污染对环境和人体健康产生的影响?

12. 20 世纪初期开始,日本富山县居民出现了一种怪病,这种病名为"骨癌病"或"痛痛病"。患者病症表现为腰、手、脚等关节疼痛。病症持续几年后,患者全身各部位会发生神经痛、骨痛现象,行动困难,甚至呼吸都会带来难以忍受的痛苦。20 世纪中期开始,日本水俣湾居民则出现了一种怪病,这种"怪病"是日后轰动世界的"水俣病"。该病症状表现为轻者口齿不清、步履蹒跚、面部痴呆、手足麻痹、感觉障碍、视觉丧失、震颤、手足变形,重者神经系统紊乱,或酣睡,或兴奋,身体弯弓高叫,直至死亡。这两种病产生的原因是什么?请简述相应有毒物质进入人体的主要途径。

13. 2015 年底到 2016 年初,常州外国语学校很多在校学生不断出现不良反应和疾病,有 493 人出现皮炎、湿疹、支气管炎、血液指标异常、白细胞减少等异常症状。调查发现学校马路对面为三座化工厂原址,曾将生产废料包括蒸馏残渣和废有机溶剂填埋到地下。经检测发现这片地块土壤和地下水中氯苯、四氯化碳、萘、苖并芘等有机污染物普遍超标严重,其中污染最重的是氯苯。事件一经曝光,立刻引起了社会广泛关注,环境保护部和教育部组织了联合调查组进驻该地,引发全民讨论。结合本节内容,试以氯苯为例,分析填埋后的氯苯通过什么样的环境行为危害到人体的健康?

14. 土壤对有机污染物的吸附-脱附行为是影响其迁移转化、归趋、生物有效性的重要因素,试分析影响土壤对有机污染物吸附-脱附行为的土壤性质有哪些。

15. 微塑料由 2004 年英国普利茅斯大学的海洋生态学家 Richard Thompson 及他的团队在英国海滩上发现并创造了这个词,用来描述直径小于 5 mm 的塑料颗粒。越来越多的人关注到微塑料的潜在风险,并将粒径更小的纳塑料一起作为研究对象。2020 年 10 月 1 日,都柏林三一学院的 Li 和其他研究人员研究发现水壶和奶瓶也会脱落微塑料。他们通过计算发现,如果父母在准备婴儿配方奶粉时,将婴儿配方奶粉放入塑料瓶内的热水中摇晃,婴儿每天可能会吞下超过 100 万个塑料微粒。但英国埃克塞特大学的生态毒理学家 Tamara Galloway 也指出:"你摄入的大部分东西会直接穿过你的肠道,然后从另一端排出。"近 20 年来,研究人员一直在担心微塑料的潜在危害——尽管大多数研究都集中在对海洋生物的风险上。自那以后,科学家们发现微塑料无处不在,深海中、空中或随雨降落到城市,甚至在北极和南极鲜少有人的地方也发现了微塑料的存在。这些微小的碎片可能需要几十年甚至更长的时间才能完全降解。我们每天会使用到大量的塑料制品,如塑料袋、塑料饭盒等,都可能成为我们摄取微塑料的来源。因此,微塑料的潜在风险是不可忽视的。请思考:

（1）微塑料的潜在风险是什么，可以通过什么途径进入人体？

（2）针对微塑料产生的环境污染问题，我们应如何应对？

16. 当前土壤生物污染修复治理技术多种多样，请查阅相关资料，归纳总结不同技术的优缺点及应用范围。

主要参考文献

［1］陈怀满.环境土壤学［M］.3版.北京：科学出版社，2018.

［2］方晓航，仇荣亮，汤叶涛，等.云南蛇纹岩发育土壤与植被中重金属含量的分析［J］.应用与环境生物学报，2005（04）：431-434.

［3］耿珂睿，孙升升，黄哲，等.镍污染土壤植物采矿技术关键过程及其研究进展［J］.生物工程学报，2020，36（3）：436-449.

［4］李发生.石油烃污染场地指导限值构建方法［M］.北京：科学出版社，2014.

［5］邱智垠.云南墨江县金厂超基性岩体地球化学特征及镍矿成矿过程［D］.中国地质大学（北京），2019.

［6］任文杰，周启星，王美娥.BTEX在土壤中的环境行为研究进展［J］.生态学杂志，2009，28（008）：1647-1654.

［7］尚庆彬，段永红，程荣.中国农业土壤多环芳烃污染现状及来源研究［J］.山东农业科学，2019，051（003）：62-67.

［8］汪立刚，土壤残留农药的环境行为与农产品安全［M］.北京：中国农业大学出版社，2011.

［9］王亚韡，蔡亚岐，江桂斌.斯德哥尔摩公约新增持久性有机污染物的一些研究进展［J］.中国科学：化学，2010，40（2）：99-123.

［10］魏复盛，刘廷良，滕恩江，等.我国土壤中稀土元素背景值特征［J］.环境科学，1991，（5）：78-82.

［11］魏正贵，张惠娟，李辉信，等.稀土元素超积累植物研究进展［J］.中国稀土学报，2006，24（1）：1-11.

［12］杨景辉.土壤污染与防治［M］.北京：科学出版社，1995.

［13］赵玲，滕应，骆永明.中国农田土壤农药污染现状和防控对策［J］.土壤，2017，49（03）：417-427.

［14］张会宁，于鑫，魏博，等.隐孢子虫和贾第鞭毛虫的危害及其控制技术［J］.环境科学与技术，2011，34：135-140.

［15］Alimi O S，Budarz J F，Hernandez L M，et al. Microplastics and nanoplastics in aquatic environments：aggregation，deposition，and enhanced contaminant transport［J］. Environmental Science & Technology，2018，52（4）：1704-1724.

［16］Andrade N A，McConnell LL，Torrents A，et al. Persistence of polybrominated diphenyl ethers in agricultural soils after biosolids applications［J］. Journal of Agricultural and Food Chemistry，2010. 58（5）：3077-3084.

［17］Ao M，Chen XT，Deng T，et al. Chromium biogeochemical behaviour in soil-plant systems and remediation strategies：a critical review［J］. Journal of Hazardous Materials，2022，424：127233.

［18］Bolden AL，Kwiatkowski CF，Colborn T. New look at BTEX：are Ambient levels a problem？［J］. Environmental Science & Technology，2015. 49（9）：5261-5276.

［19］Bradford S A，Torkzaban S，Shapiro A. A theoretical analysis of colloid attachment and straining in chemically heterogeneous porous media［J］. Langmuir，2013，29（23）：6944-6952.

［20］Buesseler K，Dai M，Aoyama M，et al. Fukushima daiichi-derived radionuclides in the ocean：transport，fate，and impacts［J］. Annual Review of Marine Science，2016，9（1）：173-203.

［21］Bultman MW，Fisher FS，Pappagianis D. The ecology of soil-borne human pathogens［J］. Essentials of Medical Geology，2013，20：477-504.

［22］Buesseler K，Dai M，Aoyama M，et al. Fukushima Daiichi-derived radionuclides in the ocean：transport，fate， and impacts [J]. Annual Review of Marine Science,2016,9:173-203.

[23] Cordova-Rosa SM,Dams RI,Cordova-Rosa EV,et al. Remediation of phenol-contaminated soil by a bacterial consortium and acinetobacter calcoaceticus isolated from an industrial wastewater treatment plant [J]. Journal of Hazardous Materials,2009,164(1):61-66.

[24] Derjaguin B,Landau L. Theory of the stability of strongly charged lyophobic sols and of the adhesion of strongly charged particles in solutions of electrolytes [J]. Progress In Surface Science,1993,43(1-4):30-59.

[25] Caspersen IH,Kvalem HE,Haugen M,et al. Determinants of plasma PCB,brominated flame retardants,and organochlorine pesticides in pregnant women and 3 year old children in The Norwegian Mother and Child Cohort Study [J]. Environmental Research,2016,146:136-144.

[26] Chao Y Q,Liu W S,Chen Y M,et al. Structure,variation,and co-occurrence of soil microbial communities in abandoned sites of a rare earth elements mine [J]. Environmental Science & Technology,2016,50:11481-11490.

[27] Driscoll CT,Mason RP,Chan HM,et al. Mercury as a global pollutant:sources,pathways,and effects [J]. Environmental Science & Technology,2013,47:4967-4983.

[28] EEA. Overview of contaminants affecting soil and groundwater in Europe [R]. Copenhagen:European Environment Agency,2011.

[29] Evich M G,Davis M J B,McCord J P,et al. Per-and polyfluoroalkyl substances in the environment [J]. Science,2022,375(6580).

[30] Goudarzi H,Nakajima S,Ikeno T,et al. Prenatal exposure to perfluorinated chemicals and neurodevelopment in early infancy:the Hokkaido study [J]. Science of The Total Environment,2016,541:1002-1010.

[31] Hamid A,Tang L,Sohail MS,et al. An explanation of soil amendments to reduce cadmium phytoavailability and transfer to food chain [J]. Science of The Total Environment,2019,660:80-96.

[32] Hochella M F,Mogk D W,Ranville J,et al. Natural,incidental,and engineered nanomaterials and their impacts on the Earth system [J]. Science,2019,363(6434):1414.

[33] Houben D,Evrard L,Sonnet P. Mobility,bioavailability and pH-dependent leaching of cadmium,zinc and lead in a contaminated soil amended with biochar [J]. Chemosphere,2013,92:1450-1457.

[34] Hu Z,Richter H,Sparovek G,et al. Physiological and biochemical effects of rare earth elements on plants and their agricultural significance:a review [J]. Journal of Plant Nutrition,2004,27(1):183-220.

[35] IHME. GBD results tool. In:institute for health metrics and evaluation[online]. 2017. http://ghdx.healthdata.org/gbd-results-tool

[36] Jensen S,Jernelöv A. Biological methylation of mercury in aquatic organisms [J]. Nature,1968,223(5207):753-754.

[37] Jomova K,Jenisova Z,Feszterova M,et al. Arsenic:toxicity,oxidative stress and human disease [J]. Journal of Applied Toxicology,2011,31:95-107.

[38] Kabata-Pendias A,Szteke B. Trace Elements in Abiotic and Biotic Environments [M]. Boca Raton,FL,CRC Press,2015.

[39] Kumar A,Cabral-Pinto MMS,Chaturvedi AK,et al. Lead Toxicity:health hazards,influence on food chain,and sustainable remediation approaches [J]. International Journal of Environmental Research and Public Health,2020,17(7):2179.

[40] Shit PK,Adhikary PP,Bhunia GS,et al. Soil health and environment sustainability:application of geospatial technology[M]. GER:Springer International Publishing,2022.

[41] Li JF,He JH,Niu ZG,et al. Legacy per-and polyfluoroalkyl substances(PFASs) and alternatives(short-chain analogues,F-53B,GenX and FC-98) in residential soils of China:present implications of replacing

legacy PFASs [J]. Environment International,2020,135:105419.

[42] Li L G,Xia Y,Zhang T. Co-occurrence of antibiotic and metal resistance genes revealed in complete genome collection [J]. ISME Journal,2017,11(3):651-662.

[43] Liu W S,Guo M N,Liu C,et al. Water,sediment and agricultural soil contamination from an ion-adsorption rare earth mining area [J]. Chemosphere,2019,216:75-83.

[44] Maier RM,Pepper IL,Gerba CP. Environmental Microbiology [M]. US:Elsevier Science,2000.

[45] Migaszewski ZM,Galuszka A. The characteristics,occurrence,and geochemical behavior of rare earth elements in the environment:a review [J]. Critical Reviews in Environmental Science & Technology,2015,45:429-471.

[46] Nel A,Xia T,Mädler L,et al. Toxic potential of materials at the nanolevel [J]. Science,2006,311(5761):622-627.

[47] O'Neill J. Antimicrobial Resistance:Tackling a crisis for the health and wealth of nations [R]. London:Prime Minister's Office,2014.

[48] WHO. Global antimicrobial resistance surveillance system:manual for early implementation [R]. Geneva:World Health Organization,2015.

[49] Podgorski J,Berg M. Global threat of arsenic in groundwater [J]. Science,2020,368(6493),845-850.

[50] Rahman Z,Singh V. The relative impact of toxic heavy metals(THMs)(arsenic(As),cadmium(Cd),chromium(Cr)(VI),mercury(Hg),and lead(Pb)) on the total environment:an overview [J]. Environmental Monitoring and Assessment,2019,191:419.

[51] Redling K. Rare earth elements in agriculture with emphasis on animal husbandry. PhD dissertation,2006 (Ludwig-Maximilians-Universität München,Munich,Germany).

[52] Šimůnek J,van Genuchten M T,Šejna M. Development and applications of the HYDRUS and STANMOD software packages and related codes [J]. Vadose Zone Journal,2008,7(2):587-600.

[53] Smedley PL,Kinniburgh DG. Source and behavior of arsenic in natural waters. United Nations synthesis report on arsenic in drinking water [R]. Geneva:World Health Organization,2001,pp. 1-61

[54] Singh R,Singh S,Parihar P,et al. Arsenic contamination,consequences and remediation techniques:A review [J]. Ecotoxicology and Environmental Safety,2015,112:247-270.

[55] Terzaghi E,Zanardini E,Morosini C,et al. Rhizoremediation half-lives of PCBs:role of congener composition,organic carbon forms,bioavailability,microbial activity,plant species and soil conditions,on the prediction of fate and persistence in soil [J]. Science of The Total Environment,2018,612:544-560.

[56] Thompson,Richard C,Olsen,et al. Lost at sea:where is all the plastic? [J]. Science,2004,304(5672).

[57] Vergani L,Mapelli F,Zanardini E,et al. Phyto-rhizoremediation of polychlorinated biphenyl contaminated soils:An outlook on plant-microbe beneficial interactions [J]. Science of The Total Environment,2017,575:1395-1406.

[58] Vlckova K,Hofman J. A comparison of POPs bioaccumulation in Eisenia fetida in natural and artificial soils and the effects of aging [J]. Environmental Pollution,2012,160:49-56.

[59] Wang L H,Cheng M,Yang Q,et al. Arabinogalactan protein-rare earth element complexes activate plant endocytosis [J]. PNAS,2019,116(28):14349-14357.

[60] Wang ZY,Dewitt J,Higgins CP,et al. A Never-Ending Story of Per-and Polyfluoroalkyl Substances (PFASs)? [J]. Environmental Science & Technology,2017,52(5):3325.

[61] Wood J,Kennedy F,Rosen C. Synthesis of methyl-mercury compounds by extracts of a methanogenic bacterium [J]. Nature,1968,220:173-174.

[62] Yang ZH,Lien PJ,Huang WS,et al. Development of the risk assessment and management strategies for

TPH-Contaminated sites using TPH fraction methods [J]. Journal of Hazardous, Toxic, and Radioactive Waste,2017,21(1):D4015003.

[63] Zasada K,Karbownik-Lewinska M. Comparison of potential protective effects of melatonin and propylthioura-cil against lipid peroxidation caused by nitrobenzene in the thyroid gland [J]. Toxicology and Industrial Health,2015,31(12):1195-1201.

[64] Zeng YH,Tang B,Luo XJ,et al. Organohalogen pollutants in surface particulates from workshop floors of four major e-waste recycling sites in China and implications for emission lists [J]. Science of the Total Environment,2016,569:982-989.

[65] Zhu Y G,Zhao Y,Zhu D,et al. Soil biota,antimicrobial resistance and planetary health [J]. Environment International,2019,131:105059.

[66] Zhang M,Bradford S A,Šimůnek J,et al. Roles of cation valance and exchange on the retention and colloid-facilitated transport of functionalized multi-walled carbon nanotubes in a natural soil [J]. Water Research,2017,109:358-366.

[67] Zhang YQ,Huang WL,Fennell DE. In situ chemical oxidation of aniline by persulfate with iron(Ⅱ) activation at ambient temperature [J]. Chinese Chemical Letters,2010,21(8):911-913.

[68] Zhang Z,Zhang Q,Wang T,et al. Assessment of global health risk of antibiotic resistance genes [J]. Nature Communications,2022,13(1):1553.

[69] Zhu Y G,Johnson T A,Su J Q,et al. Diverse and abundant antibiotic resistance genes in Chinese swine farms [J]. PNAS,2013,110(9):3435-3440.

[70] Zou Y,Zheng W. Modeling manure colloid-facilitated transport of the weakly hydrophobic antibiotic florfenicol in saturated soil columns [J]. Environmental Science & Technology,2013,47(10):5185-5192.

[71] Macek T,Mackova M,Kas J. Exploitation of plants for the removal of organics in environment remediation [J]. Biotechnology Advances,2000,18(1):23-34.

[72] Thomas H,Bernd S,Olaf P. Photolysis of PBDEs in solvents by exposure to daylight in routine laboratory procedure[J]. Organohalogen,2003,63:361-364.

第八章　土壤污染修复技术原理

如果仅用黏土覆盖污染地块,则污染物对周围环境依然存在极大的风险,因为单纯的土壤覆盖方式没有去除污染物质。面对错综复杂的污染物类型和土壤污染情况,究竟应该选用怎样的土壤修复方式,选择不同修复技术的依据、修复技术的原理是什么,这些将是本章重点阐述的内容。

在第七章污染物迁移转化及环境效应的基础上,本章针对无机污染、有机污染及生物污染三大污染类型,详细介绍相关的物理、化学、生物和联合修复技术及新兴修复材料。总体而言,这些修复方法可分为两类。第一类是采用各种技术将土壤中的重金属和有机污染物从污染土壤中移除,这种"去除"处理一般适用于污染程度较轻、污染深度较浅的土壤,例如客土法、淋洗法、热脱附、植物提取技术等。第二类则是采用各种技术使土壤中的污染物尽可能固定在土壤当中,阻止其被农产品吸收和向周边环境及地下水扩散,这种"钝化"处理适用污染程度较重、污染深度较深的土壤,如填埋法、固化/稳定化技术、植物稳定技术、植物阻隔技术等。近年来,土壤修复技术从单一的修复技术逐渐向联合修复技术发展,修复效率和效果均得到了明显提升。

第一节　土壤无机污染修复

土壤中的无机污染物主要有无机非金属污染物、重金属污染物及放射性核素污染物。其中重金属污染包括了 Cu、Zn、Pb、Cd、Ni、Hg、Cr、As 等重金属及类金属,非金属污染物则包括了氰(CN^-)、硝酸盐(NO_3^-)、亚硝酸盐(NO_2^-)、石棉等,放射性核素污染物则包括 Cs、Co、Kr、Pu、Ra、Ru、Sr、Th、U 等放射性元素。

与有机污染物相比,大部分的无机污染物均具有无法降解的特点。因此,无机污染物的"去除"及"钝化"策略与有机污染物有所差异。有机污染物的"去除"策略以"降解"为主,而无机污染物的去除策略是以"回收"为主,即利用物理方法(如热脱附)、化学方法(如淋洗、电动修复等)及生物方法(如植物提取等)将无机污染物从土壤中回收,所回收的污染物还需进一步的资源化或无害化处理。而无机污染物的"钝化"策略则主要通过改变污染物的土壤赋存形态得以实现,例如通过固定/稳定化技术、植物稳定技术等将重金属转化为难以迁移及难以被植物利用的形态。本节将首先介绍基本的物理、化学及生物(植物与微生物)修复策略,最后介绍多种策略相结合的联合修复技术。

一、物理修复

物理修复是指通过物理过程将污染物从土壤中去除,或降低土壤中污染物浓度,使土壤达到环境及健康要求的技术,包括填埋、客土、玻璃化、热脱附及电动修复。对于无机污染物而言,填埋及客土是最常见的物理修复方法,这两种修复方法效率高、安全性良好、效果持久、适用于大部分的无机污染物,但缺点是成本高,且需要使用额外土地或其他清洁土壤。玻璃化也具有上述特点,但玻璃化处理后的土壤会失去生态功能,使用时需谨慎考虑土壤的后续用途。热脱附只能运用于挥发性无机污染物(如 Hg),但其优势在于去除率高,成本较为合理。电动修复是一种新兴的原位修复技术,在修复细粒土壤,特别是去除土壤基质中的重金属方面具有显著的效果。

(一)填埋

土壤阻隔填埋,是将受污染的土壤与周围环境隔离开,以阻止污染物扩散影响周围环境的一种技术,分为异位阻隔和原位阻隔。异位阻隔指将受污染的土壤从原来的位置挖掘出来,运输到具有填埋许可的填埋场地进行处理。原位阻隔是指用钢筋、水泥等在污染土壤四周及底部修建隔离墙,并防止污染地区淋溶水及渗漏水流到周围地区。阻隔填埋技术适用于重金属、有机物及重金属有机物复合污染土壤,不宜用于具有水溶性强的污染物和渗透率高的污染土壤,不适用于地质活动频繁和地下水水位较高的地区。该方法不能降低土壤中污染物本身的毒性和体积,但可以降低污染物在地表的暴露及其迁移性,即只能将污染物阻隔在特定的区域中。原位阻隔修复效果受地下水中酸碱组分,污染物类型、活性、分布,阻隔墙体的深度、长度和宽度,场地水文地质条件,泥浆及回填材料的类型等因素的影响。

土壤填埋技术的应用也存在一定局限性,例如挖掘及运输过程可能产生无序排放;特定类型污染土壤(如放射性污染土壤)的填埋场地数量有限;设计或维护不当的填埋场可能产生次生环境问题。

(二)客土

客土,即从异地移来的土壤,常用来代替原生土,一般指的是壤土、砂土或者人工土等质地较好、肥力较高、有害物质含量低的土壤。上层客土直接覆盖法是一种最为传统的客土法,该方法通过在污染土壤上直接覆盖净土,以减少作物根系和污染物的接触,保持土壤基本生产功能[图 8-1(a)]。此外,客土法还包括填埋客土法[图 8-1(b)]、排土客土法[图 8-1(c)]、

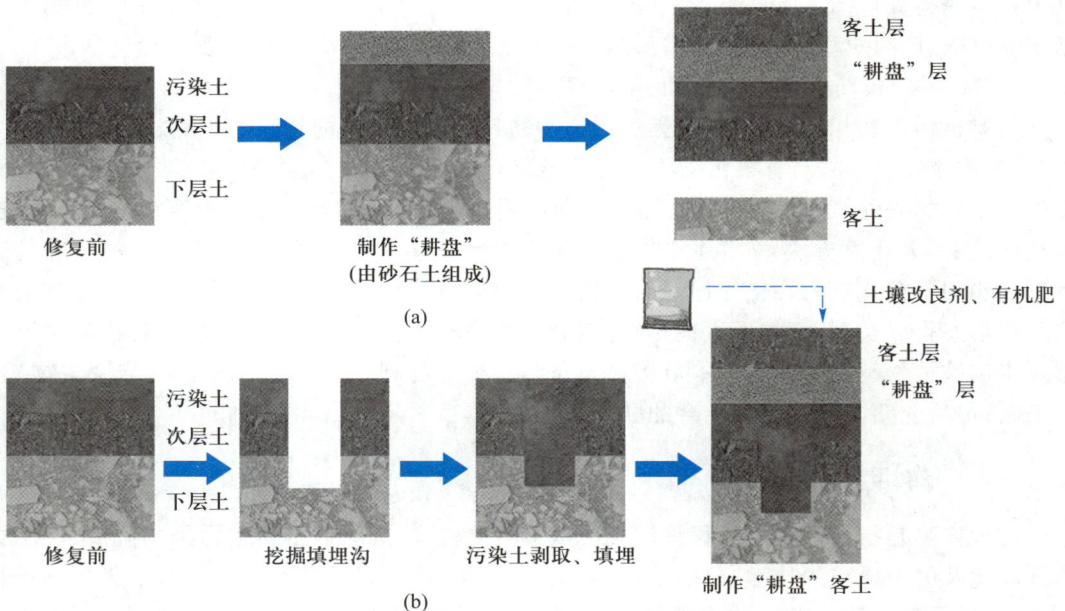

(a)

(b)

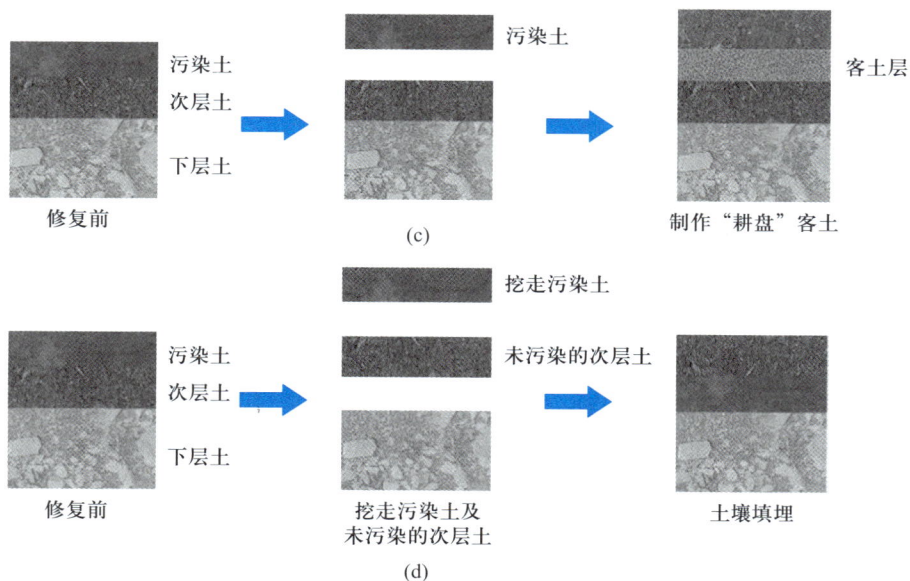

图 8-1 典型的客土修复技术
（a）传统客土法；（b）填埋客土法；（c）排土客土法；（d）土层翻转法

土层翻转法［图 8-1（d）］等。这些方法通过不同的混合及替换形式，改变了表层土壤污染物的浓度，使其降低到标准值以下，达到作物生产的要求。客土法的优势在于效果好、见效快、不受土壤条件限制、效果持久；但耗费大量人力、物力、财力，容易破坏水土结构，降低土壤肥力，很难治理深层土壤及地下水，因此只适用于小面积严重污染的土壤修复。

"痛痛病"发生地日本富山县神通川流域的 Hg 污染土壤修复是典型的客土法修复工程。自 1977 年开始，日本富山县政府采用了"客土法"对流域内 1 500 hm² 污染农用地进行了修复。第一步，将厚达 30 cm 的表层污染土剥离到农用地边缘；第二步，在农用地内挖出梯形沟，将边缘的污染土填埋进来；第三步，将挖出来的无污染土填埋在污染土上部（约 20 cm），作为耕盘土压实；第四步，在表面覆盖他处运来的清洁土壤（约 20 cm），添加土壤改良剂、有机肥等后进行耕种［图 8-1（a）］。经修复，该地区精米中的镉含量降至 0.08 mg/kg，远低于日本政府规定的 0.4 mg/kg 的标准。该修复工程于 2010 年全部竣工，工程总额约合 39.8 亿元人民币，修复成本约 1.8 万元/亩。虽然客土法成本昂贵，但其修复效果几乎是永久的。

（三）玻璃化

玻璃化修复是指利用电力产生热量熔融土壤，通常温度为 1 590~2 010℃，适用于原位及异位修复。如图 8-2 是典型原位电动玻璃化的设计。电极之间产生高于 4 000 V 的电压，加热熔融表层土壤，此后电极不断深入土壤，不同深度的土壤逐渐熔融。在玻璃化过程中，不具备挥发性的物质在熔融体内重新分布，而具有挥发性的有机污染物被热解或燃烧掉，具有挥发性的金属（如 Hg、As 等）通过熔融的土壤上升到地面，由覆盖加热区域的尾气收集盖收集并处理。电源关闭后，融化的土壤冷却并玻璃化，与电极一起成为一块类似玻璃的固体块状物。需要注意的是，玻璃化后土壤体积缩小，会引起坍塌，需要干净的土壤来填满下沉区域。

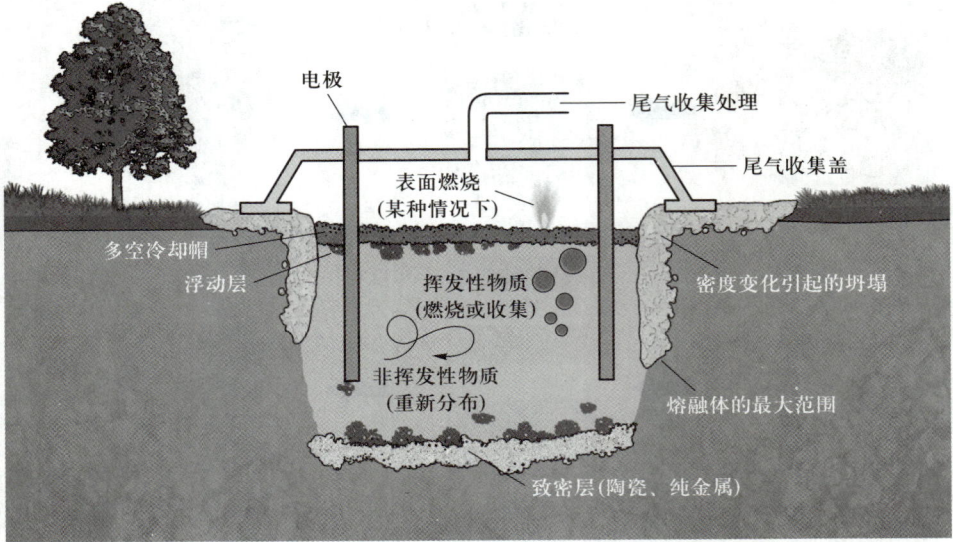

图 8-2　原位玻璃化技术原理图

　　玻璃化处理所需的时间取决于污染区域的大小及深度、污染物的类型及数量、土壤的干湿程度等。一般来说,原位玻璃化处理速度快于大多数修复方法,仅需几周到几个月。玻璃化目前已经成功运用于少量的无机污染土壤处理,如被放射性核素、重金属及石棉污染的土壤。与客土、填埋法相比,玻璃化避免了挖掘、运输、填埋的费用,在挥发性物质处理得当的前提下,玻璃化处理是十分安全的。但玻璃化也具有一些缺点,例如在大规模应用的情况下,需要消耗大量电力,成本较高。此外,玻璃化后的土壤将完全失去其核心功能,无法提供土壤生态系统服务。

(四) 热脱附

　　热脱附技术通过直接或间接加热的方法,使土壤中的污染物经由相变、精馏、氧化、热解等过程逸出,从而实现污染物与土壤的分离。热脱附常用于多氯联苯、农药、含氯溶剂、烃类等有机污染土壤的治理,也适用于 Hg 等易挥发重金属污染土壤的治理。

　　以 Hg 污染土壤的热脱附处理为例,其工艺流程主要分为预处理、热脱附和后处理三步(图 8-3)。在预处理过程中,通常先将富集有大量 Hg 的小粒径土壤颗粒筛分出来,以减少脱附过程的能耗和负荷。Hg 污染土壤的治理优先选择间接加热的方式,即利用壁面的导热或辐射等引入热量提高土壤的温度,促使 Hg 发生脱附,通入的气体介质作为 Hg 蒸气的载体将其带出。单质 Hg 常压沸点约为 357℃,因此操作温度一般控制在 300~700℃。工艺最

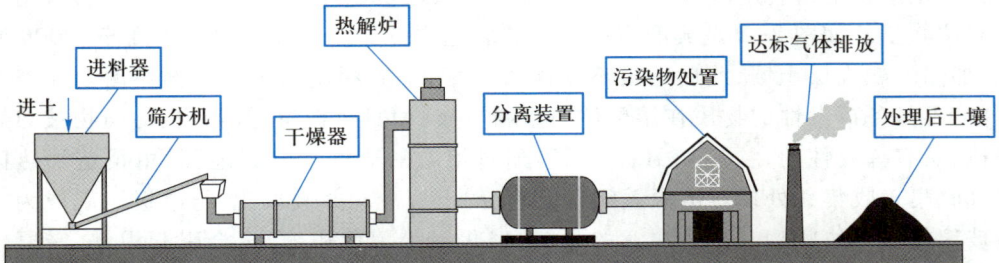

图 8-3　热脱附法修复污染土壤工艺流程示意图

后还需对热脱附尾气进行处理以达到排放标准,由于焚烧会显著增加 Hg 的排放风险,常见的 Hg 处理方式是分离并专门储存。

对于 Hg 污染土壤而言,热脱附法作用迅速、去除效果彻底,是一种永久性的解决方法。因此热脱附法特别适用于 Hg 含量较高的土壤或废弃物,以及需要实现 Hg 资源化回收的场地。然而,热脱附法能耗高、投资大,在治理过程中存在 Hg 逸出风险,治理后的土壤性质及功能可能发生改变。

(五) 电动修复

电动修复是指向污染土壤中插入电极,通过施加直流电,使污染物质在电场作用下借助电迁移、电渗流、电泳等方式被驱动到电极两端富集,其中阴离子污染物富集到阳极而阳离子污染物富集到阴极(图 8-4),进而从溶液中导出并进行适当的物理或化学处理,实现污染土壤的修复。

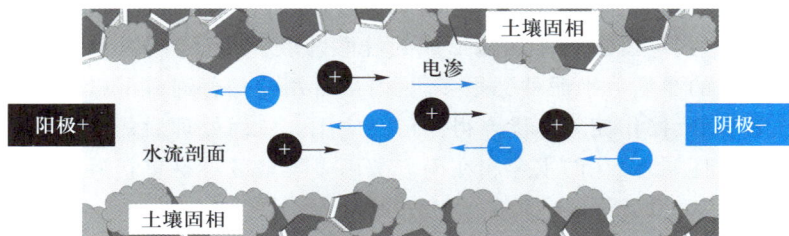

图 8-4　电动修复的原理

电动修复原理主要包括以下三种。

① 电迁移。电迁移是指在外加电场的作用下,土壤孔隙溶液中带电离子或离子化合物向电型相反的电极方向移动。研究表明,带电离子的电迁移速率至少超过电渗析速率 10 倍。因此,在电动修复过程中,电迁移是土壤中污染物定向迁移的主要方式。

② 电渗流。电渗流是指土壤孔隙液体在外加电场作用下所做的定向流动,方向通常与阳离子的迁移方向一致。但是,在特定条件下电渗流的方向也有可能发生反转。在这个过程中,非离子型污染物可以随着渗流移动,而污染物渗流方向和污染物渗流量受许多因素影响,包括污染物浓度、土壤类型与结构等。

③ 电泳。电泳是指土壤中细小土壤颗粒、腐殖质颗粒以及微生物细胞等表面形成的带电胶体在外加电场的作用下发生定向迁移,吸附在胶体表面的污染物也随着胶体发生定向移动。电泳的运动方向与速度同样受到电场和孔隙直径等因素的影响。

二、化学修复

化学修复的机理是通过添加化学物质,改变土壤化学性质,从而直接或间接改变重金属形态及其生物有效性,以抑制或降低植物对重金属的吸收。固定/稳定化技术的成本较低、生效快,但所固定的污染物有重新活化的可能。淋洗技术具有高效率、成本合理的特点,但其应用通常限于渗透性高的土壤,且有二次污染的风险。

(一) 固化/稳定化

固化/稳定化修复技术是指运用物理或化学的方法将土壤中的有害污染物固定起来,或将污染物转化为化学性质不活泼的形态,阻止其在环境中迁移、扩散,从而降低污染物质毒害程度的修复技术。固化和稳定化有不同的含义。固化技术是通过添加药剂将土壤中的有毒重金属包被起来,隔离污染土壤与外界环境的联系,从而达到控制污染物迁移的目的,这个过程中土壤与黏结剂可以不发生化学反应;而稳定化技术是指将污染物转化为不易溶解、迁移能力或毒性更低的形式来降低其对生态系统的危害。

对重金属污染土壤而言,固化/稳定化技术并没有减少污染物的总量,且随着环境的变化,污染物可能被重新活化。在实际操作中,为了达到更好的治理效果,通常将这两种技术联合使用,如先进行污染物的稳定化后再进行固化封存。常用的固化/稳定化材料可分为无机、有机材料两类。

1. 无机材料

(1) 水泥

水泥是一种无机胶结材料,经过水化反应后可以生成水泥固化体。在水泥固化的过程中,重金属可以通过吸附、化学吸收、沉降、离子交换等多种方式与水泥发生反应,最终以氢氧化物或络合物的形式停留在水泥水化形成的硅酸盐胶体表面,同时水泥为重金属提供碱性环境,抑制重金属的渗滤。水泥种类很多,目前最常用的是普通硅酸盐水泥。水泥固化处理因其费用低、效果好、操作简单等优点得到广泛应用。然而处理后的水泥固化体具有较多毛细孔,且水泥抗酸性弱,固化的重金属在南方酸雨多发地区容易重新溶出。

(2) 石灰/火山灰

石灰是一种碱性非水硬性胶凝材料,其对土壤中重金属的影响主要是提高土壤 pH,促进重金属形成沉淀;火山灰材料属于硅酸盐或铝硅酸盐体系,当其活性被激发时,能产生类似水泥的胶凝特性,但其固化的结构强度小于水泥固化。石灰可以激活火山灰的活性成分产生黏结性物质,因此通常采用石灰/火山灰复合材料。

(3) 金属及金属氧化物

土壤氧化物主要包括 Fe、Al、Mn 的(氢)氧化物、水合氧化物、羟基氧化物等,这些是土壤的天然组分,主要以晶体态、胶膜态等形式存在,具有粒径小、溶解度低等特点,在土壤化学过程中扮演着重要角色。金属氧化物主要通过专性吸附、非专性吸附、共沉淀以及在内部形成络合物等途径实现对土壤重金属的钝化固定。

(4) 含磷材料

常用的含磷改良剂有磷灰石族矿物、骨粉、无机磷肥和无机磷酸盐等。磷酸盐稳定重金属的作用机理主要有四类:① 络合作用;② 重金属与磷酸盐产生共沉淀作用;③ 重金属与磷酸盐表面的离子交换作用;④ 重金属进入到磷酸盐无定型晶格中被吸附固定。目前,利用含磷物质修复污染土壤主要集中在 Pb 的钝化上,经磷酸盐诱导后,土壤中各种形态的 Pb 如碳酸铅、硫酸铅等转化为更稳定的磷酸铅,从而减少了土壤中的 Pb 向植物地上部分转运,降低 Pb 的生物可利用性。此外,含磷材料还能显著降低污染土壤中重金属对人体的直接毒害,通过实验模拟人体肠胃环境,已证明含磷物质可以大大降低进入人体肠胃道的土壤铅的可给性;因为 Pb 与含磷物质的反应产物磷酸铅盐(如氯化磷酸铅),即使在人体胃液的酸性(pH≈2)环境下也很难被溶解,这在很大程度上降低了 Pb 对人体的潜在危险性。

(5) 矿物材料

环境矿物材料是指对生态环境友好或具有污染防治和环境修复功能的一类矿物材料,包括天然矿物、天然矿物改性产品、人工合成矿物。目前已发现的环境矿物材料有高岭土、蒙脱石、海泡石、膨润土、沸石等,此类矿物材料经过改性或与几种材料混合使用,可以显著增强其稳定能力。这类矿物比表面积大,且富含负电荷,具有较强的吸附性能和离子交换能力,能够将重金属物质吸附在矿物表面,起到稳定化的作用。矿物材料修复土壤重金属污染具有成本低、操作简单、效果好、不易破坏生态环境以及能增强土壤自净能力等优点,是一类比较理想的土壤重金属污染固定/稳定化添加剂。

（6）硅肥

硅是地球上丰度最大的元素之一,土壤有效硅含量通常被作为衡量土壤供硅能力的指标。将硅肥施入土壤中,一方面可以提高土壤有效硅的含量,进而促进作物的生长发育;另一方面,硅肥能够通过以下几种方式抑制作物吸收重金属:① 硅肥中所含的硅酸根离子与 Cd、Hg、Pb 等重金属发生化学反应,形成新的不易被植物吸收的硅酸化合物而沉淀下来;② 硅肥能够激发作物及其根际的氧化能力,氧化 Cd、Pb 等微量元素,降低它们的溶解度,从而抑制作物对它们的吸收,有效缓解重金属对植物生理代谢的毒害;③ 通过提高土壤的 pH 使部分重金属形成不溶性化合物,降低重金属活性和植物吸收量;④ 降低植物根系金属转运蛋白基因的表达量,减少根系对重金属的吸收。

2. 有机材料

（1）塑性材料

塑性材料包容法属于有机固化/稳定化处理技术,从材料的特性上可分为热固性材料包容和热塑性材料包容。热固性材料指加热时会从液体变成固体并硬化的材料,且再次加热也不会被液化或软化的材料。目前使用较多的有酚醛树脂、环氧树脂等。热塑性材料指通过加热/冷却可以反复软化和硬化的有机材料,如沥青/聚乙烯等。其中,沥青具有良好的黏结性和化学稳定性,且对大多数酸碱都有较高的耐腐蚀性,被广泛用作固化材料。

（2）有机物料

有机物料不仅对改良重金属污染土壤有重要作用,而且对提高土地生产力也有十分重要的意义,加之其来源比较广泛、成本低,因而在土壤重金属固化/稳定化处理中的应用比较广泛。目前常用的有机添加剂有:有机肥、生物质秸秆、禽畜粪便、城市污泥等。其净化土壤重金属的机制主要有:① 有机物料中的腐殖酸,如胡敏酸、胡敏素等可与金属离子发生络合（螯合）反应形成难溶性物质;② 施加有机质后由于耗氧分解,使土壤氧化还原电位降低,可促进 Cr(Ⅵ) 还原成毒性较低的 Cr(Ⅲ) 并生成在土壤中相对稳定的沉淀。

（3）生物炭

生物炭是指生物质在完全或部分缺氧的条件下低温热解产生的固体残渣,普遍具有碱性、多孔、容重小、比表面积大、较高 CEC（阳离子交换容量）和表面带负电荷的特点。通过吸附、沉淀、络合、离子交换等一系列反应,生物炭可使重金属向稳定化形态转化,并降低重金属迁移性和生物可利用性,从而达到污染土壤重金属稳定化的目的。

（二）淋洗技术

土壤淋洗技术是在土壤中加入酸、螯合剂、表面活性剂、共溶剂等化学添加剂,提高重金属溶解性和可移动性,并通过冲洗、淋滤、浸提等方式移除重金属的技术。土壤淋洗比较适用于砂性土壤为主的城市工业废弃土壤修复,当土壤中的黏土以及腐殖质含量增加时,土壤淋洗的效果有可能会降低。常见的用于重金属淋洗的试剂包括螯合剂、无机酸以及表面活性剂,比如乙二胺四乙酸（EDTA）、柠檬酸、NH_4^+ 和 I^- 溶液等。螯合剂能和某种重金属形成可溶的络合物,大大地增加该重金属在水相中的可移动性,而盐酸或硝酸等酸性物质能通过改变土壤中的 pH 而促进重金属在水中的溶解。也有研究者利用表面活性剂来处理重金属污染的土壤,能够改变土壤中有机物构成,增加与有机质结合的重金属的解吸。表 8-1 总结了常用的土壤淋洗试剂。选择的淋洗液应当同时具备以下性能:① 对土壤的理化性质没有强的破坏作用;② 必须价格低廉且具有实用性;③ 对土壤中的重金属有很强的溶解能力;④ 淋洗剂和重金属的结合体易于分离,淋洗剂可以往复利用且不对环境造成二次污染,才能最大限度地减轻淋洗液在修复过程对土壤生态环境带来的负面效应。

表 8-1 常用重金属污染土壤淋洗剂

类型	成分
无机淋洗剂	HCl、H_2SO_4、HNO_3、H_3PO_4、NaOH、Na_2CO_3、$FeCl_3$
有机螯合剂	乙二胺四乙酸(EDTA)、N,N-双(羧甲基)-L-谷氨酸(GLDA)、硝酸三乙酸(NTA)、乙二胺二核糖二酸(EDDS)、氨基二酚酸(ISA)、3-羟基-2,2'-亚胺二氨酸(HIDS)、聚氨酯酸(PASP)、葡庚糖酸(GCA)、四聚乙二胺(EDTMA)、聚丙烯酸(PAA)
小分子有机酸	柠檬酸、酒石酸、羧基硫代琥珀酸(CETSA)、草酸、乙酸
表面活性剂	十二烷基苯磺酸钠(SDBS)、十二烷基硫酸钠(SDS)、烷基二甲基苄基氯化铵(AD-BAC)、聚乙二醇辛基苯基醚(TX-100)、聚氧乙烯山梨醇酐油酸酯(Tween 80)、聚氧乙烯十二烷醚(Brij-35)

在异位的土壤淋洗修复中(图 8-5),污染土壤首先被挖掘、运输到修复场地。在去除砖块等超大组分后,进一步筛分并利用淋洗剂将土壤中的污染物从固相脱离进入液相,进而随淋洗液去除。淋洗过程中产生的含污染物的淋洗液经过处理回用,污染物通过浓缩压滤并外运处置。洗后的洁净土壤可用于回填或其他用途。

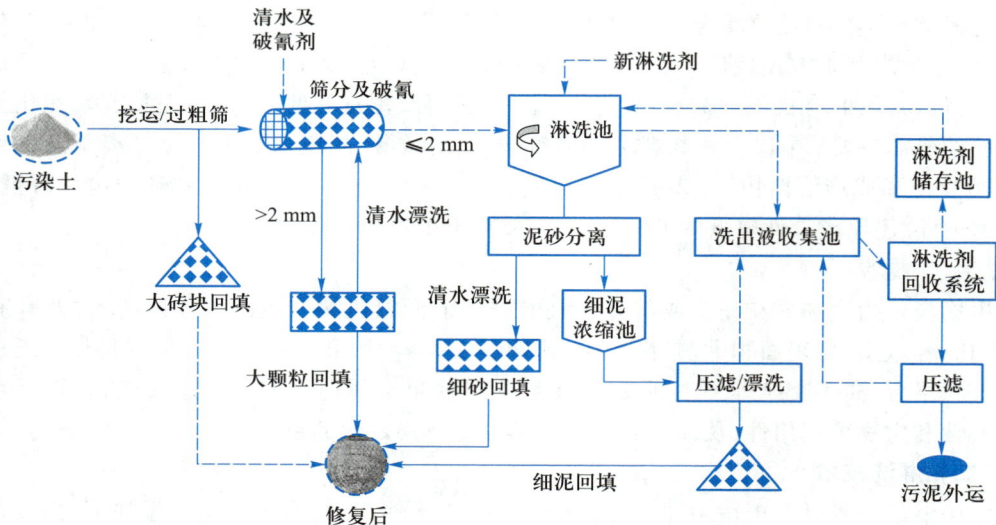

图 8-5 典型的土壤淋洗系统

(三)氧化修复技术

化学氧化修复通常是指通过氧化剂氧化土壤重金属,使其转化为毒性更低或移动能力较弱的形态。常用的氧化剂有高锰酸盐、过氧化氢、次氯酸盐、氯气等。砷(As)是一种常见的类金属物质,As(V)的毒性比 As(Ⅲ)的毒性弱,用化学氧化修复技术处理砷污染的土壤较为合适。此外,As(V)与 Fe(Ⅲ)可通过共沉淀形成 $FeAsO_4$ 而达到去除污染物的目的。

三、植物修复

传统的物理化学修复方法,如化学淋洗、客土覆盖、土壤稳定改良等,对重金属污染土壤的修复有周期短、成效快的特点,但存在成本高及潜在的二次污染问题。美国农业部科学家 Chaney 在 1983 年提出了"植物修复"(phytoremediation)的概念,这项新的土壤修复技术因其经济、环保且无二次污染等特点而逐渐受到科学家和政府机构等的广泛关注,其研究范围及内涵也不断扩展。1995 年及 1997 年,《自然》(Nature)和《科学》(Science)分别发表文章,高度评价植物修复的意义,随后植物修复技术快速发展,围绕"植物修复"这一主题开展的研究工作得到持续加强(图 8-6)。

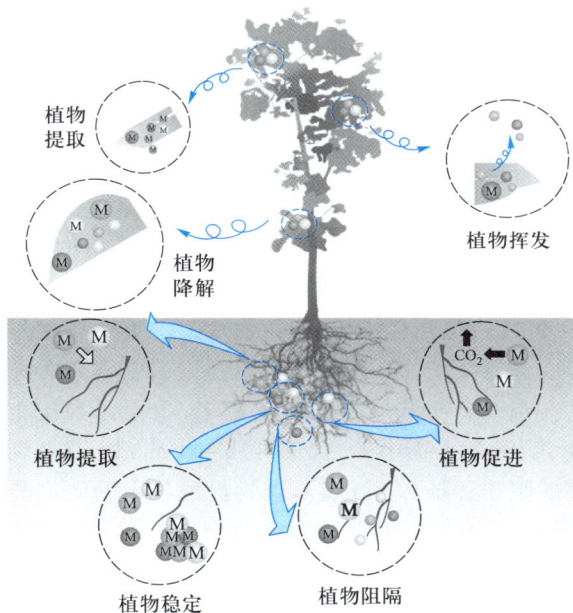

图 8-6 植物修复的类型

广义上,植物修复是一种利用自然生长植物或遗传培育植物的新陈代谢活动来固定、提取、降解和挥发污染环境中污染物质的方法。目前有关植物修复技术主要集中于无机污染(重金属和类金属)的植物修复上,根据重金属污染土壤植物修复的作用过程和机理,该技术可分为以下几种类型(表 8-2)。

表 8-2 土壤重金属污染的植物修复类型

类型	修复过程	效果	存在的问题
植物提取	吸收、转运并富集重金属于地上部	清除彻底	超富集植物生物体小,生长速度慢,积累少等
植物稳定	固定土壤重金属	暂时降低污染元素的生物有效性	效果的持久性有待进一步检验;污染物可能扩散至周边环境

续表

类型	修复过程	效果	存在的问题
植物阻隔	土壤钝化及作物生理阻隔	使农产品重金属浓度达标	无法实现污染减量
植物挥发	转化为可挥发态	去除挥发性污染物如 Se 和 Hg	可能导致污染物向空气中扩散
根际过滤	利用植物根系过滤、吸收重金属	降低重金属生物毒性或移动性	应用范围有限,仅适用于 Cr,Se,As 等几种重金属元素
植物促进	根系分泌物活化重金属和微生物的活动	促进重金属的形态转化和微生物的吸收	应用的范围受限,修复的效果一般

(一) 植物提取

植物提取是利用某些对重金属具有特异吸收能力的植物,吸收土壤金属污染物并积累在植物体内,通过收获植物体以去除污染物的一门技术。植物提取能彻底地降低土壤中的重金属浓度,减轻土壤污染程度。Brooks(1977)最先提出超富集植物(hyperaccumulator)一词,随后,Chaney(1983)提出利用超富集植物清除土壤重金属污染的构想。顾名思义,超富集植物是能够超量吸收重金属并将其转运到地上部的植物,一般认为超富集植物富集重金属含量超过一般植物 100 倍。目前,关于超富集植物的衡量标准基本趋于一致,即超富集植物至少应同时具有 2 个基本特征:一是临界含量特征,广泛采用的参考值是植物地上部(主要是茎或叶)干物质中重金属富集的临界含量为 100 mg/kg(Cd)、1 000 mg/kg(Cu、Co、Ni、Pb)、10 000 mg/kg(Mn、Zn);二是转移特征,即植物地上部重金属含量大于其根部重金属含量。室内和田间试验表明,超富集植物在净化重金属污染的土壤方面具有极大的潜力。如 Zn 超富集植物天蓝遏蓝菜(*Noccaea caerulescens*)地上部 Zn 含量可高达 13 000~21 000 mg/kg,连续种植该植物 13~14 茬,污染土壤中 Zn 含量可从 444 mg/kg 降低到 300 mg/kg(欧盟规定的标准),而普通植物萝卜则需种植 2 000 茬。植物提取技术的研究与应用首先取决于超富集植物的发现和筛选。另外,有学者认为超富集植物还应具有耐性特征和富集系数特征。耐性特征是指对于人为控制实验条件下的植物来说,重金属胁迫下植物地上部生物量与对照相比没有下降;富集系数特征是指植物地上部富集系数大于 1。

1. 超富集植物的种类

目前世界上已报道的超富集植物超过 700 种,广泛分布于植物界的 50 个科以上,其中以 Ni 的超富集植物种类最多。Cu、Co、Zn、Cd、Pb 等二价重金属的超富集植物种类也较多,其中许多能同时超富集两种或以上重金属,超富集 3 种重金属的有天蓝遏蓝菜(*Noccaea caerulescens*)和圆锥南芥(*Arabis paniculata*)等。从科的分布看,以十字花科植物为主;按地域分布来看,欧洲的种类最多。目前学术界研究最多的是 Zn/Cd 模式超富集植物鼠耳芥(*Arabisopsis halleri*)、As 超富集植物蜈蚣草(*Pteris vittata*),以及国内发现的 Zn/Cd 超富集植物东南景天(*Sedum alfredii*)和伴矿景天(*Sedum plumbizincicola*)(图 8-7)。

2. 植物超富集重金属的生理机制

超富集植物从根际吸收重金属,并将其运输和积累到地上部的过程中包括许多环节。由于不同重金属理化性质具有差异,不同超富集植物的生理特性各具特点,超富集过程并不完全一样。根据研究相对清晰的超富集机制,研究者归纳了一些共性的关键步骤(图 8-8)。

大部分超富集植物都会在根际活化、吸收转运、贮存解毒三个阶段具有与非超富集植物不同的特性。

(a)　　　　　　　(b)　　　　　　　(c)　　　　　　　(d)

图 8-7　国内外发现的代表性超富集植物

（a）锌/镉/镍超富集植物天蓝遏蓝菜；（b）锌/镉模式超富集植物鼠耳芥；
（c）砷超富集植物蜈蚣草；（d）国内发现的锌/镉超富集植物东南景天

彩图 8-7

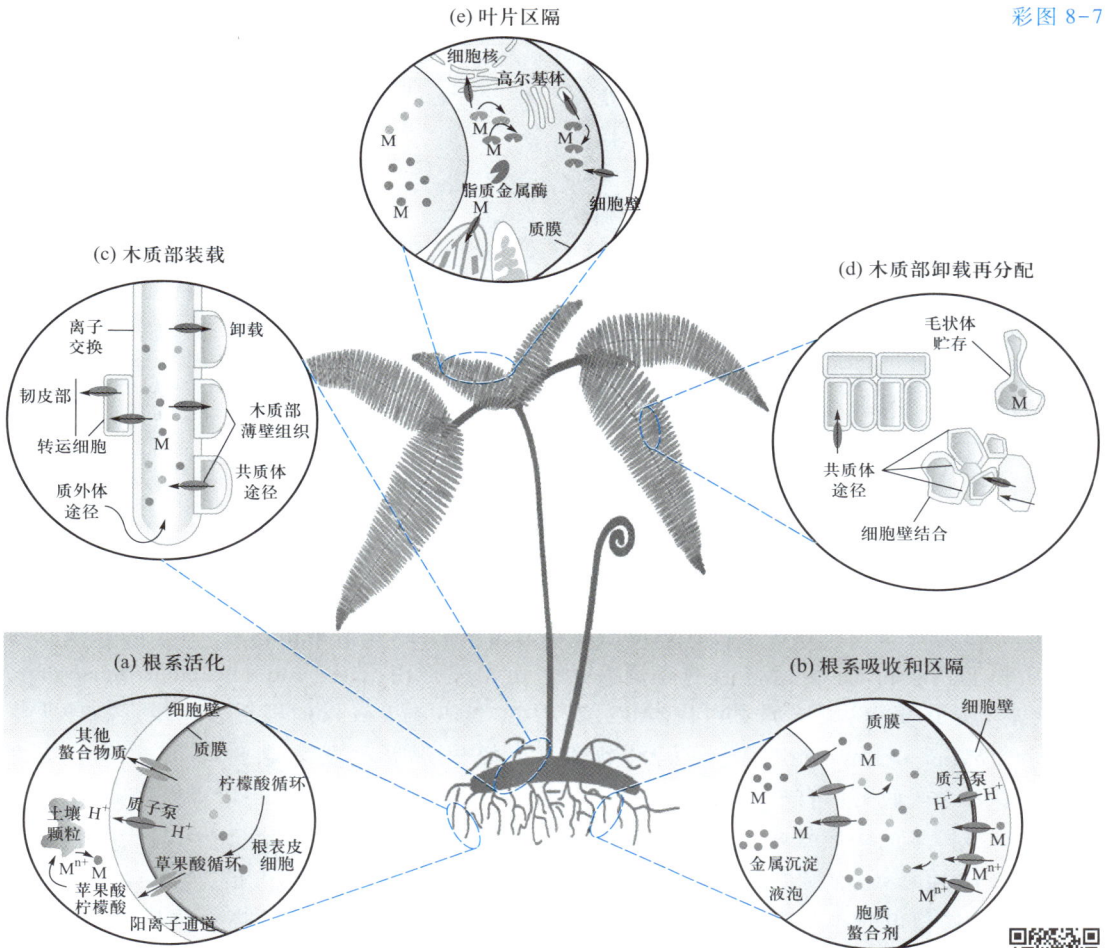

图 8-8　超富集植物对重金属的富集机制

资料来源：Clemens 等，2002。

彩图 8-8

（1）根际活化与根系觅食。通常认为,植物能够分泌各类根系分泌物(如有机酸类、H^+ 及特定螯合体等),通过酸化、螯合、沉降、氧化还原等作用改变根际环境,增加根系附近重金属的溶出,使其在重金属可利用率较低的情况下也能大量吸收。另外,植物在长期进化过程中为了最大限度地获取资源,对矿质养分(尤其是氮、磷)空间异质性能产生各种根系觅食性反应,即根系能够主动探寻富养分斑块并迅速增生(根的向肥性),促进植物对养分的累积和生长。有意思的是,与普通植物对重金属斑块采取的避性策略不同,超富集植物 *N. caerulescens* 根系对高含量、高毒性的 Zn/Cd 斑块也会产生类似其对养分的向性生长,即表现出强烈的"趋 Zn/Cd 性"(图 8-9)。

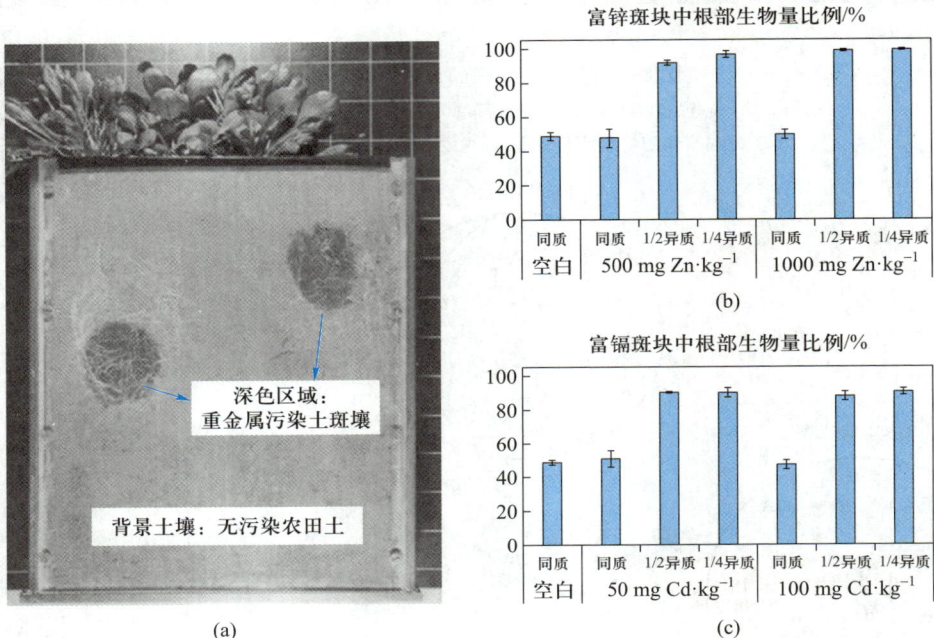

图 8-9　超富集植物对 Zn/Cd 的根系觅食性

（a）天蓝遏蓝菜根系对 Zn/Cd 的积极响应,(引自 Schwartz 等,1999):背景土壤为无污染农田土,其中深色区域为重金属污染土斑;(b)(c)东南景天根系在 Zn/Cd 异质土壤中的生物量分配(引自 Liu 等,2010)

（2）植物根系吸收和转运过程。目前已较为清楚的是,超富集植物对 Zn 的高效吸收与根系质膜上高亲和 Zn 转运蛋白的高量表达密切相关,ZIP(zinc/iron-regulated transporter,锌/铁调节转运蛋白)家族如 ZNT1、ZNT2、ZTP1 在 *N. caerulescens* 的根系表达量远高于非富集植物 *Thlaspi arvense*。相对于 Zn,植物对 Cd 的根系吸收要复杂许多。不同生态型 *N. caerulescens* 吸收 Cd 可能存在多种根系运输系统。*N. caerulescens* 的 Cd 超富集(Ganges 生态型)地上部对 Cd 的吸收富集能力远高于其他生态型,相应地,其根系对 Cd 的最大吸收速率 V_{max} 比 *N. caerulescens* 的 Cd 非超富集生态型(Prayon 生态型)生态型高 5 倍,说明 Ganges 生态型的根细胞膜很可能存在某种高亲合力和高表达量的 Cd 转运蛋白,但这还未在基因水平上获得证实。在超富集植物中,可能存在更多的离子转运蛋白或通道蛋白,从而促进重金属向木质部装载。这个过程可通过重金属 ATP 酶 HMA(heavy metal ATPase)、寡肽转运蛋白 OPT(oligopeptide transporter)等家族的转运蛋白完成。从 *N. caerulescens* 和 *A. halleri* 中克隆到的

*NcHMA*4 和 *AhHMA*4 基因编码 P$_{1B}$-型 ATP 转运蛋白,其主要功能是将 Zn/Cd 等金属离子从维管束细胞高效转运到木质部中。YSL(yellow stripe-like)转运蛋白具有有机配体烟草胺的转运能力,其在 Ni 的超富集过程中起作用,尤其是 *NcYSL*3 和 *NcYSL*7,它们主要在木质部薄壁细胞和韧皮部中表达,将烟草胺转运至韧皮部协同超富集植物向上运输重金属。

超富集植物对 Ni 的吸收可能通过 Zn 的转运蛋白完成,然而其根系是否存在 Ni 的专一性转运载体还尚未明确。对于 As 超富集植物蜈蚣草而言,由于 As 与 P 的化学性质相似,As 在根部的吸收主要通过 P 转运系统实现。研究表明,蜈蚣草的根系主要吸收砷酸盐(60%~70%),而地上部 70%~90% 的 As 以亚砷酸盐形态存在。蜈蚣草体内具有一类独特的亚砷酸逆转运蛋白 ACR3,这类蛋白在显花植物中丢失。在砷超富集植物中,ACR3 蛋白家族成员根据定位特征又可分为定位在细胞膜和液泡膜两类。定位在细胞膜的 ACR3 能够帮助蜈蚣草将大量亚砷酸盐转运到地上部,是砷植物提取修复过程中的关键基因之一。

(3)植物地上部贮存和解毒过程。进入地上部后,超富集植物中的 Zn、Cd 会主动分配到生理活性较低的部位,如表皮细胞的液泡、维管束、表皮附属物毛状体等,而叶肉细胞、气孔组织等生理活性强的组织则不含重金属或者浓度相对较低。*N. caerulescens* 叶片中,表皮细胞的 Zn 浓度比叶肉细胞的 Zn 浓度高 5.0~6.5 倍,而 *A. halleri* 中,Zn 和 Cd 在叶肉细胞的浓度要高于表皮细胞。在叶细胞中,将重金属离子区隔至液泡中是超富集植物高耐受重金属的一个关键步骤,Ni 超富集植物 *Psychotria gabriellae* 中具有液泡 Ni 离子转运能力的 FPN2 蛋白在叶片细胞中的表达为非超富集植物的 2.5 倍,介导了高浓度 Ni 在地上部向液泡区隔;锌镉超富集植物东南景天(*Sedum alfredii*)和伴矿景天(*Sedum plumbizincicola*)中定位在液泡膜上的 Zn/Cd 转运蛋白 SaHMA3 和 SpHMA3 地上部的表达量显著高于根部,负责将叶片细胞质的 Cd 离子封存在液泡内,达到区隔化解毒的效果。前面提到砷超富集植物具有能够直接转运亚砷酸盐的 ACR3 蛋白,通过定位在液泡膜上的 ACR3 亚类,超富集植物能够将叶片中大量的 As(III)转运到液泡膜中区隔。相比之下,普通植物首先将 As(III)与植物络合素络合,随后再将络合物转运至液泡内区隔。超富集植物更加简明、高效的区隔机制,是其对重金属高耐受的基础,也是超富集的核心机制之一。

专栏 8-1　绿色采矿? 植物可以办到

提起植物能做什么,大家第一想到的就是可以提供食物,绿化环境,还能提供我们所需要的氧气。但有一个功能你可能不知道,我告诉你,植物还可以采矿,提供矿产资源。重金属超标土壤大家一定听过,除了人为污染,还有天然的富金属土壤。这种高重金属土壤对植物有较大的毒性,但有些植物在这种土壤上却生长的十分茂盛,并且会将土壤中的重金属吸收积累在体内,这类植物被称为"金属超累积植物"(图 8-10)。最早在 1983 年,美国的 Rufus Lee Chaney 教授便利用此类植物进行土壤重金属移除的研究。

大家渐渐对这些植物吸收累积金属感兴趣,希望能把它们提取出来,用植物替代矿石,达到采矿的目的。自然界中有一种天然富镍土壤——蛇纹岩土壤,分布遍布世界,在希腊、阿尔巴尼亚、中国云南和新疆等地区都有分布。蛇纹岩发育土壤含镍最高可以超过 4 000 mg/kg,比很多矿山尾矿的污染土壤都要高,但却很难把这些分布在土壤中的镍收集提炼出来。不过人们发现,这种土壤上有一种植物"*Odontarrhena chalcidica*"(一种齿丝荠属的植物),可以通过根部快速吸收土壤中游离的镍,体内镍含量最高可达 20 000 mg/kg,达到自身重量的 2%。要知道,镍矿的富矿石级别镍含量标准仅 1%~3%。并且比起矿石,植物还可以通过燃烧在提供热能的同时去除大部分有机物杂质,变为含大量镍金属的植物(草木灰)矿石。进一步提炼便可得到纯净的金属氧化物、金属盐类,最后冶炼成为镍金属。在实际操作中,法国 Jean Louis Morel 和 Guillaume Echevarria 教授领导的团队已经使用 *O. chalcidica* 在阿尔巴尼亚地区实现了 105 kg/hm² 的采镍量,经济效益可达每公顷 6 000 元。植物采矿不受限于矿石储量,中国镍需求量第一,储量却只排名第八,"植物采矿"是开展镍金属采矿,解决资源不足的理想方法之一。

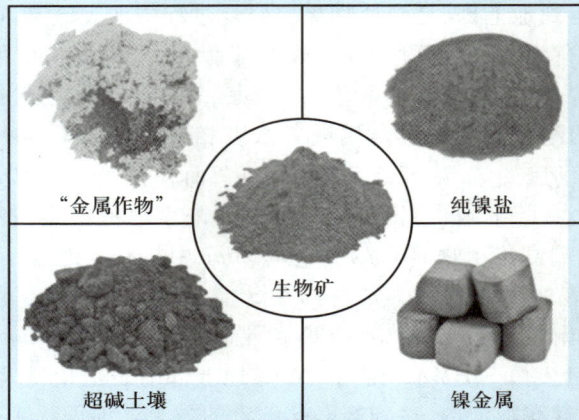

图 8-10　土壤—植物—镍盐—镍矿
(引自 Antony 等,2015)

(二)植物稳定

植物稳定是指利用植物的根系和根系活动降低土壤重金属有效性的方法。重金属能够被根系吸附在根表或吸收入根内,也可通过根系分泌物固定在根际中。此外,植物根际微生物通过改变根际土壤性质(如 pH、Eh 等)也可改变重金属在根际的化学形态,进而影响土壤重金属对植物根系的毒性。植物稳定技术可降低土壤中重金属的移动性和生物有效性,防止其进入地下水和食物链,从而降低对环境和人类健康的风险。但植物稳定不是一种永久性的去除土壤中污染元素的方法,它只能暂时降低污染元素的生物有效性。

植物稳定技术常应用于矿业废弃地的生态修复和重金属的稳定化。然而,矿业废弃地对植物来讲是一个非常恶劣的生长环境,尤其是高浓度的残留重金属、极端酸性、大量营养元素(如 N、P)的缺乏和极差的土质结构,导致植物难以定植。为了克服这些限制因子,现行的主要措施包括:① 基质改良,主要利用一些含钙镁的碱性物质、富含有机物的工业副产品及废弃物(如煤灰、污泥)等改善基质的理化性质和营养条件,降低重金属的生物毒性,通过"以废治废"完成矿业废弃地的土壤改良;② 隔离层的使用,利用开矿时所产生的碎石作为表土与废弃地之间的隔离层,以阻控底质中重金属的向上迁移;③ 利用重金属耐性植物或一些本土草种,来进行植被重建。

（三）植物阻隔

农田土壤的重金属污染以轻度为主,土壤重金属浓度不高,淋出迁移的风险不大,但种植的作物存在农产品重金属超标的食品安全风险。对于此类轻度污染土壤,植物提取和植物稳定并不是最适用的修复技术。植物阻隔是一种"边生产,边修复"的技术模式,适用于重金属轻度污染农田,其核心目标为农产品的重金属浓度达标和污染土地的安全利用。植物阻隔修复主要集成了以下三类技术手段:

（1）低积累作物品种的筛选。同一作物种类的不同品系之间,可食用部位的重金属积累,常存在着较大的差异。这一种内差异为低积累作物品种的选育和利用提供了可能。20世纪90年代,加拿大率先将硬粒小麦的籽粒镉浓度列入品种选育标准;到2004年,籽粒镉浓度成为新品种选育的强制控制标准,随后加拿大硬粒小麦籽粒平均镉浓度显著降低。许多研究证明,硬粒小麦低镉积累这一性状与根系吸收水平无关,主要是由于根系对镉的阻隔作用,限制了镉从根系向地上部的转运。

（2）土壤过程中的钝化阻隔。通过土壤改良剂的施加或水肥调控,对土壤重金属进行钝化、阻隔,可以降低作物对重金属的吸收。利用石灰、碳基、铁硅基材料、有机肥等土壤改良剂,通过物理吸附、离子交换、共沉淀、化学络合等作用,固化土壤重金属,降低其有效性。除添加改良剂外,在水稻种植体系中,还可以通过淹水、落水调控稻田土壤的氧化还原势,改变重金属的赋存形态及有效性。

（3）植物过程中的生理阻隔。以禾本科主粮作物为例,根系吸收的重金属首先要向地上部转运,再向籽粒运输。在这一过程中,植物的根、茎、叶等营养器官起到生理阻隔的作用。生理阻隔的关键靶点包括:在根系中,跨膜转运过程以及重金属在根细胞液泡中的区隔化;在茎节中,重金属随木质部蒸腾在不同组织器官间的运输;在叶中,重金属的活化以及向可食用部位的再分配。通过在根际施加铁肥、叶面喷洒硅和硒等能够降低水稻幼苗中 *OsNRAMP5*、*OsIRT1*、*OsHMA2* 等镉/铁运载体基因的表达,减少重金属的吸收。

（四）其他植物修复方式

1. 植物挥发

利用某些植物的生理活动来促使重金属转变为可挥发形态,然后从土壤或植物表面逸出,这种技术称为植物挥发。植物挥发技术适用于修复 Se、Hg、As 污染的土壤。例如,种植烟草可以使土壤中的 Hg 转化为气态 Hg 从而从土壤中去除。植物挥发不需要收获和处理含污染物的植物体,但会将污染物转移到大气中,对人类和生物具有一定的风险,因此要妥善处置植物挥发产生的有害气体。

2. 根际过滤

根际过滤是指借助植物羽状根系所具有的强烈吸持作用,通过吸收、浓集、沉淀来去除污水中的金属,然后收获植物并进行处理的技术。这种方法主要运用在湿地或水体处理方面。在人工湿地中,运用这种方式,可通过不同植物品种的优化组合,能够同时去除重金属及氮、磷。

3. 植物促进

除了植物本身对重金属的吸收,植物的根系分泌物如氨基酸、糖、酶等物质可促进根系周围土壤微生物的活性和生化反应,有利于重金属的释放和微生物的吸收。如分泌 H+ 和有机酸使土壤酸度上升,增加 Cu、Cd、Pb、Zn、Ni 等常见土壤重金属的生物可利用性,促进微生物对重金属的代谢和消解。

四、微生物修复

（一）微生物修复的概念

微生物修复是指利用天然存在的或培养的功能菌群,在适宜环境条件下,促进或强化微生物代谢功能,从而达到降低有毒污染物活性或将其降解成无毒物质的生物修复技术。

土壤微生物种类繁多、数量庞大,是土壤的活性有机胶体,可以影响土壤中重金属的固定、迁移或转化,改变重金属在土壤中的环境化学行为,促进有毒、有害物质降解,从而达到生物修复的目的。重金属污染土壤的微生物修复原理主要包括生物富集(如生物吸附、生物吸收)、生物转化(如生物氧化还原、甲基化与去甲基化)、微生物矿化固定、有机络合等作用方式。

（二）微生物对重金属的生物富集作用

微生物对重金属的富集主要通过胞外络合、沉淀以及胞内积累等 3 种途径实现,其作用方式有以下几种:① 金属磷酸盐、金属硫化物与重金属沉淀;② 金属硫蛋白、植物螯合肽和其他金属结合蛋白与重金属螯合;③ 胞外分泌物(如多聚糖、铁载体等)对重金属的结合;④ 真菌来源性物质(如几丁质、壳聚糖等)对重金属的去除。由于微生物对重金属具有很强的吸附性能,有毒金属离子可以沉积在细胞的不同部位或结合到胞外基质上,或被轻度螯合在可溶性或不溶性生物多聚物上。微生物富集、吸附、固定重金属的作用机理如图 8-11 所示。研究表明,许多微生物,包括细菌、真菌和藻类可以生物积累(bioaccumulation)和生物吸附(biosorption)环境中多种重金属和核素。一些微生物如动胶菌、蓝细菌、硫酸盐还原菌以

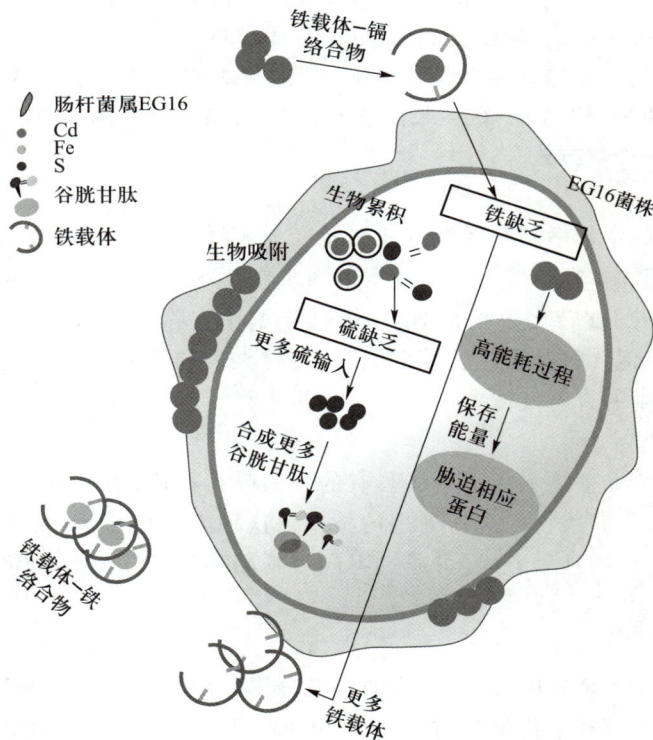

图 8-11 微生物富集、吸附、固定重金属机理示意图

及某些藻类，能够产生具有大量阴离子基团的多糖和糖蛋白等胞外聚合物，易与重金属离子形成络合物。在细胞内，重金属进入细胞后，可通过区室化作用分配于细胞内的不同部位，并与金属硫蛋白（MT）结合形成无毒或低毒络合物。

（三）微生物对重金属的生物转化作用

重金属污染土壤中存在一些特殊微生物类群，它们对有毒重金属离子不仅具有抗性，还可以使重金属生物转化。其主要作用机理包括微生物对重金属的生物氧化和还原、甲基化与去甲基化以及促进重金属的溶解和向有机络合态转化。在重金属的微生物转化机制研究中，人们多关注 Hg 的脱甲基化和还原挥发、亚砷酸盐氧化、铬酸盐还原以及 Se 的甲基化挥发等。细菌可以通过 Hg 还原酶将有机的 Hg（Ⅱ）化合物转化成低毒性挥发态 Hg。土壤中分布着多种可以使铬酸盐和重铬酸盐还原的微生物，这些菌能将高毒性的 Cr（Ⅵ）还原为低毒性的 Cr（Ⅲ）。

某些自养细菌如硫-铁杆菌类（*Thiobacillus ferrobacillus*）能氧化 As、Cu 等，假单胞杆菌属（*Pseudomonas*）能使 As 等重金属发生氧化，降低这些重金属元素的活性。硫还原细菌可通过两种途径将硫酸盐还原成硫化物，一是在呼吸过程中硫酸盐作为电子受体被还原，二是在同化过程中利用硫酸盐合成氨基酸，如胱氨酸和蛋氨酸，再通过脱硫作用使硫离子分泌于体外，与重金属 Cd 等形成沉淀。另外，一些微生物的分泌物（如胞外多糖、有机酸、铁载体等）与金属离子发生络合作用，也能起到降低重金属毒性的作用。

（四）微生物矿化对重金属的固定

微生物矿化作用是指在生物的作用下，将离子态重金属转变为固相矿物，沉淀重金属离子，使其生物有效性降低。一些微生物的代谢产物（硫离子、磷酸根离子）与金属离子发生沉淀反应，使有毒有害的金属元素转化为无毒或低毒金属沉淀物。生物矿化的独特之处在于高分子膜表面的有序基团引发无机离子的定向结晶，可对晶体在三维空间的生长情况和反应动力学等方面进行调控。硫酸盐还原细菌可以将硫酸盐还原成硫化物，进而使土壤环境中重金属产生沉淀而钝化。革兰氏阴性细菌 *Citrobacer* 通过磷酸酶分泌大量磷酸氢根离子，并在细菌表面与重金属形成矿物。

真菌细胞壁组分（如几丁质、壳聚糖等）对重金属的钝化固定、胞内有机酸离子或无机酸离子与重金属形成沉淀等，均可使土壤中的重金属钝化，移动性减弱，从而有效降低重金属对植物的毒害。

五、几种典型的联合修复技术

（一）微生物-植物联合修复

利用物理、化学方法进行修复高耗能、高碳排，植物修复绿色低碳，值得大力倡导。但是，修复植物种植工艺不成熟，导致修复周期长，种植、养护成本高。土壤微生物，尤其是根际微生物在吸收和利用植物养分的同时也会促进植物生长；同时其分泌的活性物质可改变重金属的形态，促进植物对重金属的吸收或固定，提高植物修复的效率。化学改良剂的使用，也能有效提升植物修复的效率。

1. 根际促生菌-植物联合修复

根际细菌（*rhizobacteria*）是指在植物根系影响土壤范围内生长繁殖的细菌，即来自根围、土壤或其他生境的细菌总称。在外界环境影响下，它们与植物根系相互作用、相互依存或制衡。植物通过光合作用合成碳水化合物,再将其输送到根部,由根系提供给土壤中的细菌。作为交换,大量聚集在根系周围的细菌可将土壤中有机物转变为无机物,为植物提供有效的矿物营养;同时,根际细菌还可分泌维生素、生长激素、抗生素等,直接或间接促进植物生长。植物从这些相互作用中获得了更完善的营养,也获得了某些对逆境的忍耐能力。植物根际促生菌(plant growth promoting rhizobacteria,PGPR)是一类能够自由生长或定殖于植物根系,并显著促进植物生长发育和新陈代谢以及防止病害的有益菌。大部分 PGPR 可以分泌吲哚乙酸(indole-3-acid,IAA)、维生素以及利用 1-氨基环丙烷-1-羧酸(1-aminocyclopropane-1-carboxylate,ACC)作为唯一氮源促进植物的生长发育。其次,PGPR 还可以通过合成铁载体、生物固氮、溶磷等途径,为植物提供可利用的营养元素。此外,某些对重金属具有抗性的根际细菌可以通过释放螯合剂(如铁载体)和生物表面活性剂、酸化土壤环境(合成低分子有机酸)、改变氧化还原电位等方式提高重金属的生物有效性,促进植物对土壤中重金属的提取效率。

2. 丛枝菌根真菌-植物联合修复

丛枝菌根真菌(*arbuscular mycorrhizal fungi*,AMF)是自然界分布最广的一类共生真菌,能够与陆地 80% 以上的植物根系建立共生关系。重金属污染条件下,AMF 与植物形成的共生体能促进植物对营养元素的吸收,增强植物的抗逆性;提高植物在重金属污染土壤中的耐受能力,减轻重金属对植物体的毒害;促进超富集植物对重金属的吸收和转运,使重金属从土壤中高效移除,增强植物提取修复的效果。因而,利用 AMF 与超富集植物形成的共生体系修复重金属污染土壤受到越来越多的关注。在干旱、土壤贫瘠、重金属严重污染等不利环境条件下,AMF 与宿主植物建立共生关系,能促进植物对营养元素的吸收,在植物逆境适应重金属污染土壤的过程中发挥着重要的作用。因此,在设计植物修复方法的时候,有必要把AMF 作为土壤污染修复的重要因素考虑进去,调查存在于重金属污染土壤中的 AMF 多样性,分离和筛选出高效的 AMF,以确保重金属污染土壤的高效修复。

(二)化学/物理-植物联合修复

1. 化学改良剂-植物联合修复

化学改良剂-植物修复技术指在植物修复前,加入土壤改良剂如赤泥、城市污泥或熟石灰等调节土壤营养及其物理化学条件,以改良植物及微生物的生长环境。在重金属污染土壤中施用化学改良剂可以有效提高植株的定殖能力,但对于土壤生态系统的修复不仅要恢复地上部植被,还要恢复土壤中微生物群落结构和功能多样性。研究人员利用 BIOLOG 方法(基于不同底物诱导下的代谢响应模式,测算环境样本中微生物群落代谢功能多样性的方法),结合土壤和植物的相关指标,探究施用改良剂联合种植麻风树对多金属污染土壤中微生物群落和功能的影响。结果证明,施用改良剂和种植麻风树都有利于提高土壤微生物群落活性,联合使用对酸性多金属污染土壤修复效果比单独改良剂或麻风树修复更显著;白云石有利于麻风树分泌一些物质刺激根际微生物分泌铁载体,以减轻重金属对植物的毒害。

2. 物理化学-植物联合修复

近年来,通过将电动修复技术与其他修复技术(如化学修复、生物修复等)相结合共同提高修复效率逐步成为污染土壤修复的一个新发展趋势。由于直流电场通常会加快土壤颗粒上重金属离子的解吸,提高土壤溶液中重金属的含量,因此将电动修复与植物修复联合使用可能会促进植物对重金属的吸收、积累,加快修复过程。

第二节 土壤有机污染修复

不同于重金属的不可降解性,有机污染物进入土壤后,可通过物理、化学、生物等多种手段进行降解,转化为无毒或低毒的产物。目前土壤有机污染修复技术也分为物理、化学、生物三大类型。值得注意的是,在实际修复过程中,很难将物理、化学、生物过程严格区分(表8-3),土壤中的反应常常包含上述三种过程。本节将具体介绍利用物理、化学、生物方法修复土壤中各种有机污染物的基本技术原理。

表 8-3 主流土壤有机污染修复技术的主要特点

技术类型	修复技术	优点	缺点	适用条件
物理修复	热脱附	污染物处理范围宽	成本高、需要附加处理工艺	适用于大部分有机污染物,尤其含氯有机污染物
	气相抽提	成本低、可操作性强、不破坏土壤结构、不引起二次污染	适用范围小	适用于易挥发有机污染物、不适用于容重大、土壤含水量高、孔隙度低的土壤
	超声/微波加热	效果好	成本高	适用于可热分解的有机污染物
	电动修复	效果好	成本高	适用于低渗透性土壤
	客土法/阻隔填埋法	效果明显、修复周期短	成本高、污染土仍需处理	适用于小面积污染场地
化学修复	化学淋洗	效果明显、易操作	成本高、二次污染	适用于苯系物、石油烃、卤代烃等
	化学氧化-还原	效果好、易操作	成本高、二次污染	适用于卤代烃等
生物修复	微生物修复	对环境扰动少、成本低	缺乏广谱性、受污染水平限制、费时	适用于石油烃、卤化物、农药、多环芳烃等
	植物修复	成本低、对环境扰动少、二次污染少、美化环境	缺乏广谱性、费时、生长条件受限制、需后续处理	适用于石油烃、卤化物、农药、多环芳烃等

一、物理修复

与无机污染修复类似,修复有机污染土壤可以通过物理过程将污染物从土壤中去除或降低其浓度。其中,阻隔填埋法和客土法操作简单,见效快,在有机污染修复中常被使用,其原理与无机污染修复类似,本节就不再赘述。以下简要介绍在有机污染修复中广泛使用的热脱附、气相抽提、超声/微波加热修复和电动修复等技术。

（一）热脱附

热脱附技术是指通过热介质对污染土壤进行直接或者间接加热，使污染物挥发、分离或裂解，收集气态产物并加以处置的技术，具有适用范围广、成本低、不破坏土壤结构、不受土壤质地影响等优点，且采用热脱附技术可减少二噁英的生成和排放。热脱附技术根据是否需要挖掘和运输土壤可分为原位热脱附技术和异位热脱附技术。原位热脱附技术优点在于无须挖掘和运输污染土壤，二次污染风险小；根据加热温度高低，原位热脱附技术又可分为低温原位热脱附技术（100~350℃）和高温原位热脱附技术（350~600℃）。原位热脱附技术对石油烃、多氯联苯、氯苯、苯、农药（六六六）等挥发性、半挥发性有机污染物具有良好的修复效果。

根据加热方式不同，土壤热脱附也可分为热传导式、蒸汽强化式和电阻加热式三种。热传导式脱附法是一种通过热力直接传导进行土壤修复的高效技术，可以用于多种土壤类型，包括非均质、低渗透性土质，如黏土、粉土、基岩等，适用于处理各种挥发性及半挥发性有机污染物。蒸汽强化式脱附法是一种热脱附-蒸汽抽提的结合修复工艺，将热蒸汽注入井中对土壤加热，加强污染物的挥发和流动性，同时将过热液体从土壤中抽提，属于双相提取技术。电阻加热式脱附法主要用于碳氢化合物回收，如石油烃等挥发性有机污染物等。当电流通过土壤，电流遇到的电阻将产生热量，使土壤和地下水温度升高，当水蒸发后，电导性大幅降低，电流减弱，因此需不断地在每个电极处往土层中加水，以持续加热，该技术具有较高的安全性。

热脱附修复所需要的设备主要由进料系统（异位）、脱附系统和尾气处理系统组成。进料系统包含筛分机、破碎机、振动筛、链板输送机、传送带、除铁器等；脱附系统包括回转干燥设备或热螺旋推进设备；尾气处理系统主要有旋风除尘器、二燃室、冷却塔、冷凝器、布袋除尘器、淋洗塔、超滤设备等。处理污染土壤转运过程中需要密封、苫盖和跟踪监控，防止遗撒、泄漏等，产生的气体应经过处理达标后排放。使用该技术修复后的土壤可再利用。

国外对于中小型场地（2万t以下，约26 800 m³），热脱附法的处理成本一般为100~300美元/m³，对于大型场地（大于2万t，约26 800 m³）处理成本约为50美元/m³。国内处理成本一般为600~2 000元/t。热脱附法已广泛用于美国挥发性和半挥发性有机污染物相关的场地修复项目，其比例占到了美国超级基金场地恢复项目的8%。自2012年以来，异位热脱附技术在国内得到快速发展，根据环境修复项目数据库的资料统计，在2012—2016年的114个项目中，有11个项目应用了异位热脱附技术，占比达9.6%。

（二）气相抽提

气相抽提（soil vapor extraction，SVE）是对土壤挥发性有机污染物进行原位修复的一种方法，用来处理包气带中地层介质的污染问题。通过专门的地下抽提（井）系统，利用抽真空或注入空气产生的压力迫使非饱和区土壤中的气体发生流动，从而将其中的挥发和半挥发性有机污染物脱除，达到清洁土壤的目的。典型的SVE技术如图8-12所示，包括注射井、抽提井、管道系统、控制系统和尾气处理系统，根据现场污染情况抽提井可分为竖井和横井两大类。

气相抽提作为一种成熟的挥发性有机污染治理技术，大量场地修复实践证明其对石油类污染土壤及地下水的治理广泛有效。在美国的"国家优先名录"污染场地中，SVE技术作为最常用的污染源处理技术占污染源控制项目的25%。对于VOCs类的污染物，SVE技术则约占 60%。该技术在国外已有很多成功的工程案例,在国内也已有中试应用。土壤抽提技术已经成为修复受加油站污染的土壤和地下水的"标准"技术。

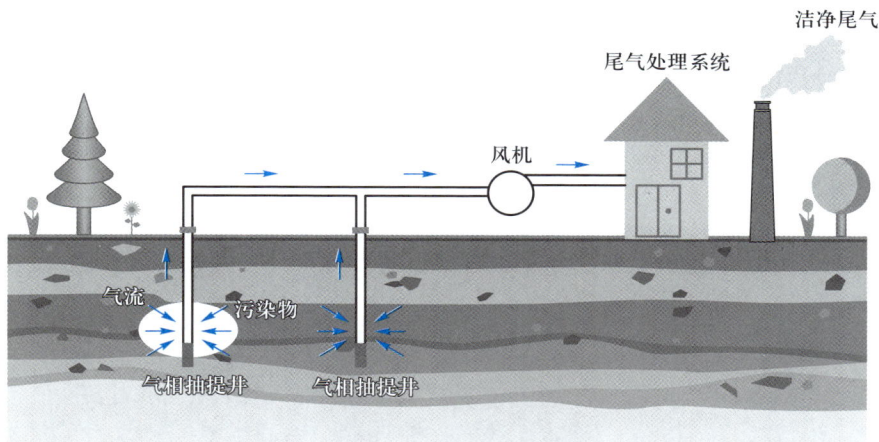

图 8-12 传统土壤气相抽提技术原理图

气相抽提适用于包气带污染土壤的恢复,且要求污染土壤具有质地均一、渗透能力强(透气率大于 $1×10^{-4}$ cm/s)、孔隙度大、湿度小和地下水位较深的特点。影响 SVE 技术的主要因素包括土壤的渗透性、蒸气压与环境温度、地下水深度及土壤湿度、土壤结构和分层,以及气相抽提流量和达西(Darcy)流速,因此低渗透性的土壤难以采用该技术进行修复处理,地下水位低亦会降低修复效果。SVE 处理过程对土壤的损害较小,生态功能基本无损伤,属于可持续性修复手段。SVE 设备简单标准化,易于安装操作,对现场环境破坏小,易与修复技术联合使用,如地下水曝气、生物曝气等,并可以在建筑物下面操作,而不破坏地上建筑物。但 SVE 技术的缺点也很明显,例如将污染物浓度降低 90% 以上较为困难、对低渗透性土壤和非均质介质的效果不确定、对抽出的污染气体需进行后续处理、只能对非饱和区域土壤进行处理。基于国外相关修复工程案例,该技术应用成本一般为 150~800 元/t,单位污染土壤恢复时间一般为 6~24 个月。

(三)超声/微波加热修复

超声/微波加热修复处理技术,主要是指借助超声空化所形成的机械化效应、化学效应及热效应等,对有机污染物进行物理解吸、化学氧化、絮凝沉淀等处理,让有机污染物能够从土壤颗粒中解吸,在液相介质中逐渐氧化降解为 H_2O、CO_2(图 8-13)。目前,这种微波/超声加热修复处理技术主要适用于净化石油污染土壤。

超声波加热处理技术降解有机化合物的机理主要是空化理论和自由基理论。一方面可以通过空化作用产生高温高压,提高分子活性,加快化学反应速度;另一方面空化泡崩灭产生强大的流体力学剪切力,使大分子的碳键发生断裂,同时使水分子裂解成自由基,引发各种反应,从而达到使污染物从土壤颗粒上解吸,并在液相中被氧化降解成二氧化碳和水或环境易降解的小分子化合物。超声波降解技术集高级氧化、超临界氧化等多种技术于一身,具有适用广、操作简便等特点,尤其适用于降解高毒性、难降解的有机物。针对超声波单独作用时对污染物降解效率较低、费用较高的问题,国内外许多研究将超声波与其他技术结合,在充分发挥超声波化学效应的同时,利用其机械效应强化其他过程,从而产生协同作用。

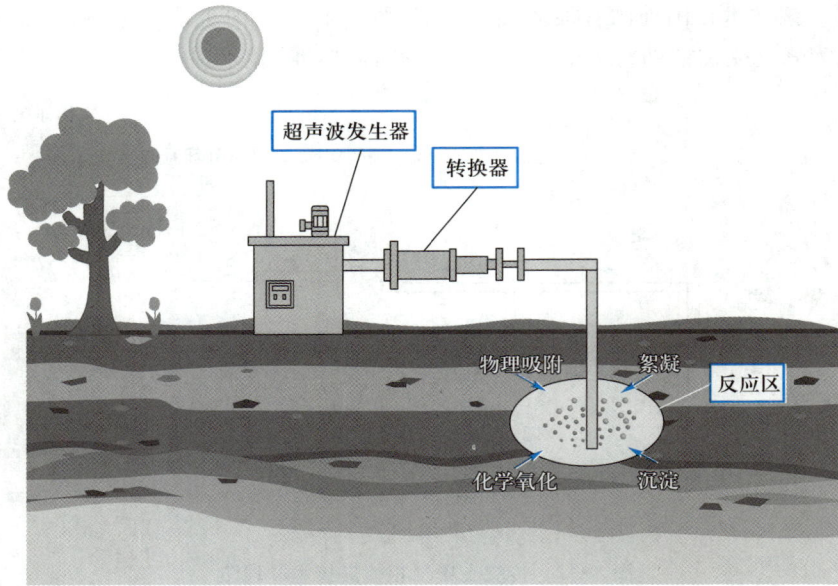

图 8-13　超声加热修复原理示意图

　　微波加热依靠微波透入物料内,与物料的极性分子间相互作用转化为热能,使物料内各部分都在同一瞬间获得热量而升温,能量损失小,加热速度快。传统加热方式热量通过热传导或对流在土壤中进行传播,依靠物料表面将热介质热量逐层传入物料内部使之升温,这种方法需要的时间较长且热损失较大,距热源较远的土壤较难达到所需温度,对去除时间与效率会有一定影响。

(四)电动修复

　　电动修复利用直流电驱使污染物质在电场作用下被带到电极两端富集,再加以收集和处理。电动修复技术早期主要应用于盐碱地和重金属污染土壤的修复。到了 20 世纪 80 年代,该技术开始在实际场地修复中得到应用。随后 10 年,也逐渐被应用在有机污染地块的修复工作中。研究人员利用电渗析作用来去除土壤中的有机污染物,结果表明该方法对去除低渗透性土壤中吸附性较强的有机物也有较好的效果。例如在高岭土中,当电压为 60 V/m 时,苯酚的去除率大于 94%,乙酸的去除率达 95%。实验室研究表明电动修复可去除 60% ~ 70% 的六氯苯和三氯乙烯,其他稠环芳香化合物的去除效率高低不一,其在电场作用下的迁移作用、程度与自身的溶解度和极性相关。

　　大多数有机物水溶性差、吸附性强,与土壤颗粒结合紧密,土壤中微生物在降解土壤有机污染物中将起到主要作用。然而电解过程中产生的 H^+ 和 OH^- 造成土壤 pH 的不均衡,不利于土壤微生物的存活,这是电动修复有机污染土壤的技术瓶颈。近年来有研究指出,土壤微生物在电动修复有机污染土壤中起到主要作用,同时采用控制电极极性的强化手段可以使土壤中的营养物质分布更加均匀,加强了污染物、微生物与营养物质的接触,从而加速了有机污染物在土壤中的去除和降解。通过对不同电场切换周期下微生物群落及数量变化的研究,证实在 1 V/cm 的电压梯度下,切换周期 ≤10 min 时,可同时保护土壤微生物数量和多样性。电动修复过程中土壤 pH 不均衡、修复效率低及与土壤微生物兼容等问题的解决是该技术未来发展的关键。

二、化学修复

化学修复指利用化学修复剂与土壤污染物间的吸附、溶解、拮抗、氧化、还原、络合、酸碱中和或沉淀等化学作用,降低土壤中污染物的迁移性、生物有效性或将其转变成无害形态的修复方法。按其修复的过程分类,一般可分为化学淋洗、化学固化/钝化、化学氧化/还原和化学溶剂浸提四大类。

(一) 化学淋洗

化学淋洗利用化学/生物化学溶剂促进土壤中污染物溶解或迁移,再把含有污染物的液体从土层中抽提出来进行污水处理。土壤化学淋洗技术主要包括三个基本系统:向土壤施加淋洗液的系统、下层淋出液收集系统,以及淋出液处理系统。按照处理土壤的位置是否改变可分为原位化学淋洗和异位化学淋洗修复两种;按照淋洗剂的种类可分为化学表面活性剂淋洗法、生物表面活性剂淋洗法、有机溶剂淋洗法、特殊溶剂淋洗法和复配淋洗剂淋洗法五大类。

原位化学淋洗包括:① 根据污染场地的地质特点和工程需求确定注入井和抽提井的位置、数目和深度,以及淋洗剂回用处理设备的安置;② 注入淋洗剂,进行淋洗修复处理;③ 抽提出含有污染物质的淋洗剂;④ 淋洗剂净化回用;⑤ 污染物质安全化处理。图 8-14 为原位化学淋洗的主要设备。

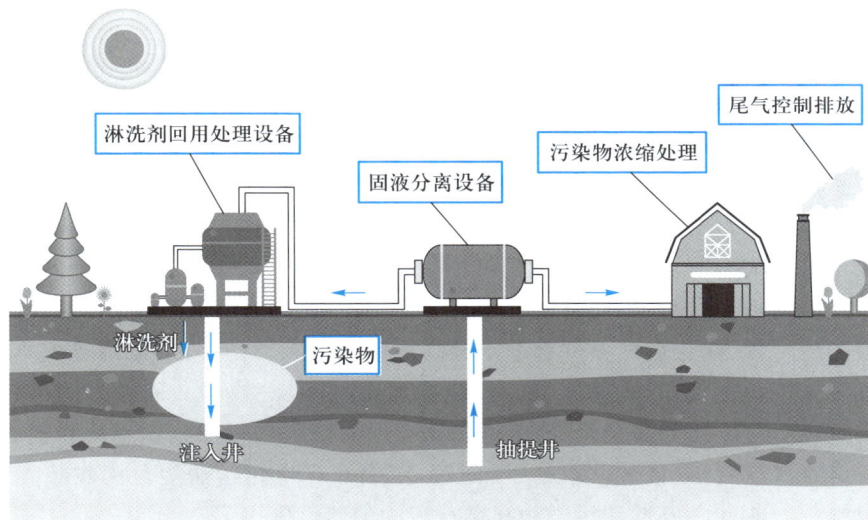

图 8-14　土壤原位化学淋洗技术流程图

异位化学淋洗包括:① 污染土壤的挖掘和预处理;② 污染土壤淋洗修复处理;③ 土水体系固液分离;④ 淋洗剂净化回用;⑤ 污染物质安全化处理;⑥ 最终的土壤处置。图 8-15 为异位化学淋洗的主要设备和流程示意。

影响土壤化学淋洗修复效率的因素主要有污染土壤的质地、污染物的特征(包括类型、浓度、分布情况等)、淋洗剂的类型和浓度,以及淋洗条件和回收率。

研究表明运用淋洗法对砂质土中有机污染物的去除率较高,而对壤质土和黏质土中有机污染物的去除率较低。其主要原因是砂质土渗透性较强,土壤颗粒比表面积相对较小,对有机污染物吸持力较小,而壤质土和黏质土中有机质含量和次生矿物含量往往较高,土壤有机-矿质复合体的物理吸附或化学吸附均会将污染物包裹于土壤颗粒微孔结构的表面或内部,从而增加淋洗修复的难度。一般认为污染土壤的壤质组分和黏质组分含量超过20%时,淋洗法修复效率会受到较大影响。

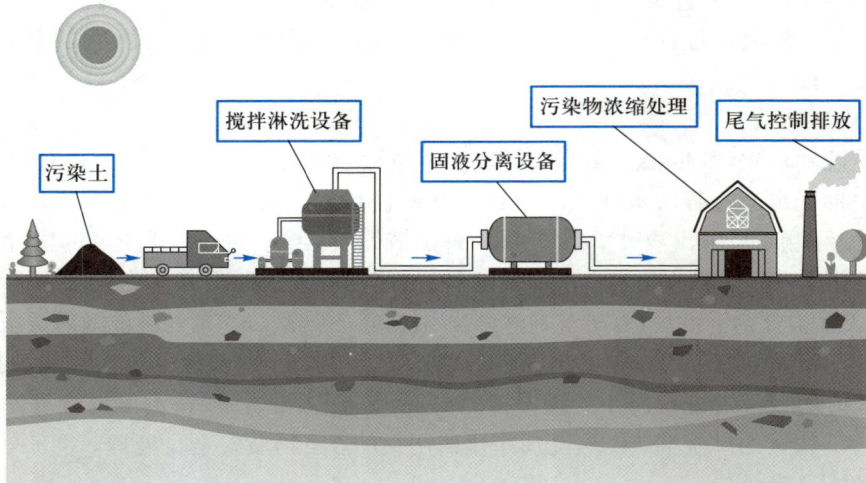

图 8-15　土壤异位化学淋洗技术流程图

不同类型的有机污染物与场地污染土壤通过不同的物理化学吸附形成不同的键合形式,且各种类型污染物的浓度、与土壤结合紧实程度的差异,以及污染物在土壤中的非均质分布,均影响淋洗法去除效果。因此,在进行污染场地土壤淋洗修复时,往往需要根据原场地污染企业生产历史情况,划分若干修复区域,进行针对性修复,以达到提高整体淋洗去除率和降低修复成本的目的。

不同类型淋洗剂对有机污染物的增溶效果不同,且不同类型污染土壤对多数淋洗剂具有一定程度的吸附特性,因而不同淋洗剂的去除效率不同。此外,针对不同污染程度和类型的有机污染场地土壤,优化淋洗条件有助于提高污染物去除率,同时降低修复成本。通常需要优化的淋洗条件包括液固比、时间、温度、搅拌强度、洗脱次数等。最后,为兼顾修复成本和淋洗液中有毒有害物质的安全化处理,通常需要对淋洗剂进行回收利用。目前,淋洗剂回收技术主要有空气吹脱法、液液萃取法、吸附法、蒸馏法和电化学法等。回收技术的选取常常取决于淋洗剂回收的必要性和污染物在淋洗液中的特性等因素。

土壤化学淋洗适用于受半挥发性、难挥发性有机污染物及持久性有机污染物污染的土壤,包括 PAHs、PCBs、有机氯农药、氯代苯酚类、二噁英类等。

相比原位化学淋洗,异位化学淋洗技术的应用更为广泛。异位化学淋洗也常与其他修复技术联用,淋洗剂的扩散过程要求准确控制(避免污染物向非污染区扩散)。该技术在美国处理成本一般为 $53\sim420$ 美元/m^3,欧洲处理成本一般为 $15\sim456$ 欧元/m^3,国内处理成本一般为 $600\sim3000$ 元/m^3。

(二) 化学氧化

化学氧化技术是通过向土壤中投加强化学氧化剂等,使其与土壤中的污染物质发生氧化反应来实现净化土壤的目的。常用的氧化剂包括高锰酸钾($KMnO_4$)、芬顿(Fenton)试剂、双氧水(H_2O_2)、臭氧(O_3)、过硫酸盐($S_2O_8^{2-}$)等。化学氧化技术适用于石油烃、BTEX(苯、甲苯、乙苯、二甲苯)、酚类、MTBE(甲基叔丁基醚)、含氯有机溶剂、PAHs、农药等大部分有机物的处理。根据受污染土壤的处理方式与位置,可分为原位化学氧化(图8-16)及异位化学氧化。

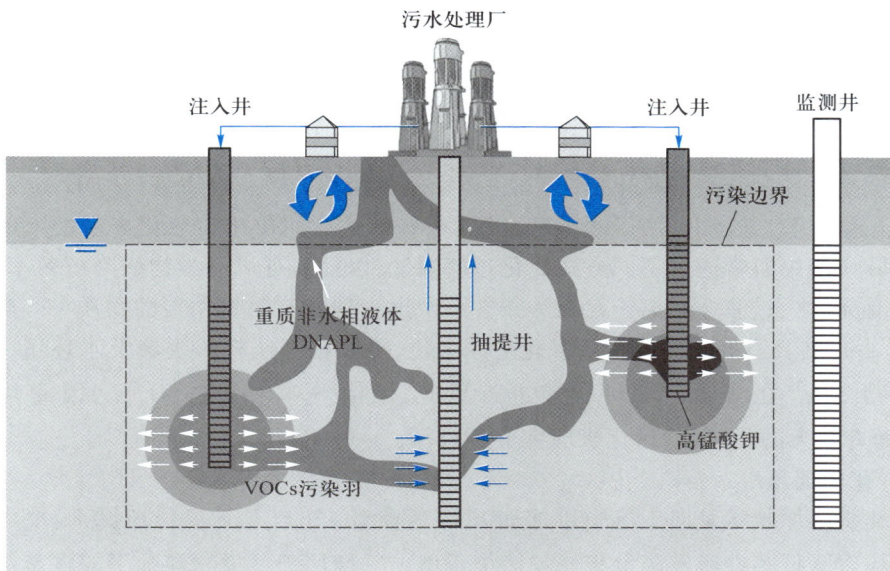

图8-16 原位化学氧化修复有机污染土壤示意图

原位化学氧化适用于多种高浓度有机污染物的处理,该技术受以下因素影响。在渗透性较差区域(如黏土层中),氧化剂传输速率可能较慢;土壤中存在的一些腐殖酸、还原性金属等,会消耗大量氧化剂;受 pH 影响较大。污染物彻底氧化后,只产生水、二氧化碳等无害产物,二次污染风险较小,但是修复过程可能会造成产热、产气等不利影响,导致土壤与地下水中的污染物挥发到地表。原位化学修复基本能满足修复目标,对于某些难降解有机污染物,可能需要进一步处理,一般修复周期少于 6 个月。该技术在美国的应用成本一般为123~164 美元/m^3,国内的应用成本为 300~1 500 元/m^3。

异位化学氧化对于去除土壤中吸附性强、水溶性差的有机污染物应考虑必要的增溶、脱附方式。该技术处理周期与污染物初始浓度、恢复药剂与目标污染物反应机理有关。处理周期较短,一般为数周至数月。污染土壤转运过程中需要密封、苫盖和跟踪监控,防止遗撒、泄漏等。土壤修复过程中应密封、监控,气体须经过处理达标后排放。异位化学氧化修复效果比较可靠,但是经化学氧化修复后的土壤有机质受损,导致部分生态功能丧失,可利用性降低。该技术在美国的应用成本一般为 200~660 美元/m^3,国内的应用成本一般为 500~1 500 元/m^3。

除了土壤性质、环境条件,选择不同的化学氧化剂对修复效果也有较大的影响,其氧化降解机理也有所不同。高锰酸钾是通过直接氧化降解有机污染物,反应机理为 $MnO_4^- + 4H^+ + 3e^- \longrightarrow MnO_2 + 2H_2O$。其氧化还原电位是 1.70 V,相比其他氧化剂较低,适用范围较小,受 pH 影响小,最合适的 pH 为 7.8,并且高锰酸钾的还原产物二氧化锰是土壤的成分之一,不会造成二次污染。同样,双氧水也是通过直接氧化降解有机污染物,其反应机理为 $2H_2O_2 +$

$2H^+ \longrightarrow 2H_2O+O_2$。双氧水的氧化还原电位是 1.77 V,对有机污染物的氧化效果好,反应产物主要为水和氧气,不会造成二次污染。利用臭氧进行氧化有两种反应机理。第一种属于直接氧化,即 $O_3+2H^++2e^- \longrightarrow O_2+H_2O$;第二种是通过 OH^-、Fe^{2+} 或腐殖质等形成自由基,即 $O_3+OH^- \longrightarrow O_2^- + \cdot HO_2$。然后氧化降解有机污染物。臭氧的氧化还原电位为 2.07 V,氧化效果高,适用范围广。芬顿(Fenton)试剂作为一种强氧化剂,由 Fe^{2+} 与 H_2O_2 混合而成,其氧化反应机理为亚铁离子和过氧化氢反应产生氧化性极强、非特异性的羟基自由基:$Fe^{2+}+H_2O_2 \longrightarrow \cdot OH+OH^-+Fe^{3+}$,它能够裂解并氧化各类有机污染物。芬顿试剂的氧化还原电位高达 2.8 V,氧化能力强,适用范围非常广。

过硫酸盐是一种新兴的氧化剂,其氧化还原电位接近于羟基自由基($\cdot OH$)。过硫酸盐具有方便运输、相对稳定、易溶于水等特点,能很好地适应原位化学氧化修复技术的发展要求。在实际应用中通常通过不同方式活化过硫酸盐,以提高有机污染物的降解效率,基本原理是在具有光、热、过渡金属离子存在的条件下产生一种具有强氧化性的物质——硫酸根自由基($SO_4^- \cdot$),其具有高达 2.6 V 的氧化还原电位,可以很好地降解土壤及水环境中大部分有机污染物。Fe^{2+} 在常温下即可快速进行反应,激活 $S_2O_8^{2-}$ 产生 $SO_4^- \cdot$,因此其在活化 $S_2O_8^{2-}$ 方面有较大的优越性,活化机理为 $Fe^{2+}+S_2O_8^{2-} \longrightarrow Fe^{3+}+SO_4^- \cdot +SO_4^{2-}$。

(三) 化学还原

土壤化学还原技术是向土壤中投加如 SO_2、零价铁、气态 H_2S 等强还原剂,使污染物发生还原反应以降低毒性或被降解来修复污染土壤。一般用于污染物在地下较深范围内大区域呈斑块大面积扩散,对地下水构成污染,且用常规技术难以奏效的污染修复。

在污染土壤的下游或有污染源的含水层中,向土壤下表层注入 SO_2 创建可渗透反应区。以碳酸盐或重碳酸盐为缓冲溶液,将 SO_2 溶于碱性溶液中,注入土壤后使矿物中的 Fe^{3+} 还原成 Fe^{2+},形成的 Fe^{2+} 再继续还原污染物如铬酸盐、铀和有机氯溶剂。H_2S 将敏感污染物还原降解或转化为固定态,如转化为对环境安全的硫化物沉淀;但由于 H_2S 有毒,修复施工现场人员应采取防范措施。铁粉具有很强的还原性,能有效针对多种有机氯溶剂进行还原脱氯反应。

化学还原常用于可渗透反应墙(permeable reactive barrier,PRB),以固体或溶液形式施入表土或注射进入地下土壤。PRB 可以由特殊种类的泥浆填充,再加入其他被动反应材料,如降解易挥发有机物的化学品,滞留重金属的螯合剂或沉淀剂,以及提高微生物降解作用的营养物质等。理想的墙体材料除了要能够有效进行物理化学反应外,还要保证不造成二次污染。墙体的构筑是基于污染物和填充物之间化学反应的不同机制进行的。通过在处理墙内填充不同的活性物质,可以使多种有机污染物被原位吸附而失活。根据污染物的特征可分别采用不同的吸附剂,如活性铝、活性炭、铁铝氧石、离子交换树脂、三价铁氧化物和氢氧化物、磁铁、泥炭、褐煤、煤、钛氧化物、黏土和沸石等,使污染物通过离子交换、表面络合、表面沉淀以及对非亲水有机物而言的厌氧分解作用等不同机制吸附、固定。很多学者用零价铁作墙体材料降解四氯乙烯(perchloroethylene,PCE)和三氯乙烯(trichloroethene,TCE)等氯代试剂,并且取得了一些成功的经验。在美国加州森尼韦尔地区 Inersil 半导体工业污染地点,工作人员采用 1.2 m 宽、11 m 长和 6 m 深的处理墙治理被 TCE、顺-二氯乙烯(*cis*-1,2-dichloroethene,cDCE)和一氯乙烯(vinylchloride,VC)污染的地下水,处理墙内部全部填充零价铁颗粒。安装后地下水中 TCE、cDCE 和 VC 浓度分别降至 5 mg/L、6 mg/L 和 0.5 mg/L,达到饮用水标准(图 8-17)。

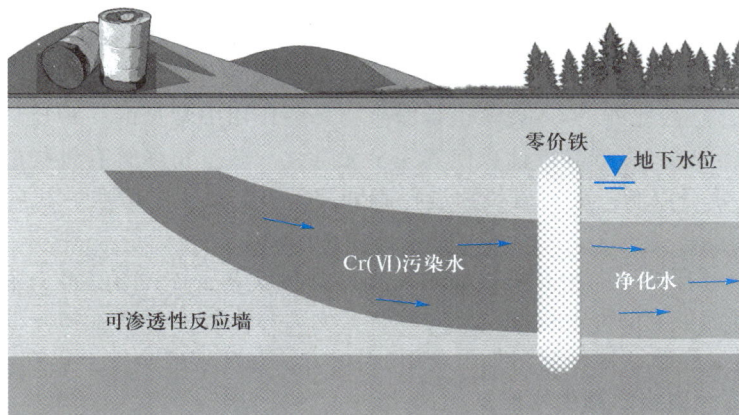

图 8-17 零价铁可渗透反应墙系统设计

(四)化学溶剂浸提

化学溶剂浸提修复技术(solvent extration remediation)是一种利用溶剂将有害化学物质从污染土壤中提取出来或去除的技术。不溶于水的化学物质如 PCBs、油脂类等倾向于吸附或黏附在土壤上,往往难以分离和修复。化学溶剂浸提修复技术能够克服这些技术瓶颈,使土壤中的 PCBs 与油脂类污染物的去除成为现实。溶剂浸提技术的设备组件运输方便,可以根据土壤的体积调节系统容量,一般在污染地点就地开展。

化学溶剂浸提修复技术利用批量平衡法,将污染土壤挖掘出来,将大块杂质如岩石、垃圾等分离出去,之后将污染土壤放置在一系列提取箱(除出口外密封很严的容器)内,在其中进行溶剂与污染物的离子交换等化学反应。溶剂的类型依赖于污染物的化学结构和土壤特性。当土壤中的污染物基本溶解于浸提剂时,再借助泵的力量将其中的浸出液排出提取箱并引导到溶剂恢复系统中,按照这种方式重复提取,直到土壤中目标污染物水平达到预期标准。同时,要对处理后的土壤引入活性微生物群落和富营养介质,快速降解残留的浸提液。

溶剂浸提技术适用于修复被 PCBs、石油烃、氯代烃、PAHs、多氯二苯并对二噁英(PC-DD)以及多氯二苯并呋喃(PCDF)等有机污染物污染的土壤。同时,这项技术也可用在被农药(包括杀虫剂、杀真菌剂和除草剂等)污染的土壤。湿度大于 20% 的土壤要先风干,避免水分稀释提取液而降低提取效率,黏粒含量高于 15% 的土壤不适合采用这项技术。

三、生物修复

(一)微生物修复

有机污染物在环境中存在多种降解途径,因为生物作用而发生的有机物分解或降解,称为生物降解。在生物降解中,微生物是作用最大的生物类群。微生物在环境中与污染物发生相互作用,通过其代谢活动,可以改变有机物的化学结构,降低有机物对生物生理活性的影响;或是将亲脂的外源性污染物转变为亲水物质,从而加速有机污染物排出。微生物降解作用使生命元素的循环往复成为可能,并使各种复杂的有机化合物得到降解,从而保持了生态系统的良性循环。由于微生物代谢类型多种多样,自然界几乎所有的有机物都能被微生物降解与转化。

微生物在环境中的生物化学降解转化作用主要有氧化作用、还原作用、功能基团水平转移作用、水解作用、酯化作用、缩合作用、氨化作用、乙酰化作用、双键断裂反应等。例如,通过氧化作用,可以将艾氏剂转化为狄氏剂;通过连续的脱羧作用(基团转移作用的一种),可以将有机酸彻底降解;此外,芳环裂解也是微生物降解作用中常见的一种反应。微生物能够降解、转化有机污染物,降低其毒性或使其完全无毒化。微生物降解有机物的方式主要有以下两种:① 微生物分泌胞外酶对有机物进行胞外降解;② 微生物吸收有机物进入细胞内进行胞内降解。

提高微生物对有机污染物修复效果的方法主要有以下三种:① 改善土壤环境来强化土著微生物对有机污染物的降解效率;② 从污染土壤选育优势土著微生物并接种回污染土壤中;③ 构建基因工程菌并接种到污染土壤中,但该方法在环境安全性上仍有争议。

1. 典型有机污染物的微生物修复

农药是一类典型有机污染物,早期使用的农药仍以杀虫剂为主,其中双对氯苯基三氯乙烷(滴滴涕)及其代谢产物是典型的持久性有机污染物。

目前,针对有机氯、有机磷和拟除虫菊酯等农药在内的多种高效降解菌已被分离和鉴定。农药与微生物之间的关系可以一对一,甚至多对多的形式。例如,甲胺磷、对硫磷、乐果、烃类等有机污染物既可被同一种菌降解,有时也可被多种菌联合降解。科学家们从毒死蜱(一种高效低毒有机磷农药)污染土壤中分离出绿脓假单胞菌(*Pseudomonas aeruginosa*)、蜡样芽孢杆菌(*Bacillus cereus*)、克雷伯氏菌(*Klebsiella* sp.)、黏质沙雷氏菌(*Serratia marscecens*),将其接种到含 50 mg/L 毒死蜱培养液中 20 d 后降解率达到 80% ~ 84%,接种到含 50 mg/L 毒死蜱土壤中 30 d 后降解率达到 37% ~ 92%。还有学者筛选到一株毒死蜱的高效降解菌——洋葱伯克霍尔德菌(*Burkholderia cenocepacia*),其分泌的胞外酶在 48 h 后对 500 mg/L 毒死蜱的降解率为 70%,并对氧化乐果、氯氰菊酯和敌百虫也有一定的降解能力。

2. 新污染物的微生物修复

增塑剂是土壤普遍存在的一类新污染物,常用的增塑剂为酞酸酯类化合物,又名邻苯二甲酸酯。在针对酞酸酯污染土壤修复的相关研究中,微生物修复是研究最早、最多、最深入的一种修复方法。目前发现的能够降解酞酸酯的微生物包括细菌和真菌,以细菌为主。细菌可以好氧或厌氧降解酞酸酯,目前分离筛选的酞酸酯降解菌主要为好氧菌且好氧降解的效率显著高于厌氧降解。

图 8-18 显示了酞酸酯好氧降解的主要步骤:首先,好氧菌通过水解酶依次断开酞酸酯的两个酯键生成单酯和邻苯二甲酸,然后特异性菌株降解邻苯二甲酸生成原儿茶酸或龙胆酸,最后经过裂解等途径进入三羧酸循环而被完全矿化。科研人员从活性污泥中分离出两株邻苯二甲酸二辛酯降解菌(*Gordonia* sp. JDC-2、*Arthrobacter* sp. JDC-32),其中 JDC-2 菌株可将邻苯二甲酸二辛酯分解成邻苯二甲酸,而 JDC-32 菌株将邻苯二甲酸进一步分解。另有学者分离了一株新型酞酸酯降解菌(*Agromyces* sp. MT-O),在 MT-O 菌株的作用下 200 mg/L 邻苯二甲酸二(2-乙基己基)酯在 7 d 内被完全降解掉,降解步骤为 DEHP→

MEHP→PA→CO_2+H_2O。研究人员还分离了一种高效酞酸酯降解菌（*Pseudomonas* sp. DNB-S1），发现其存在原儿茶酸途径和龙胆酸途径两种降解方式。除了微生物种类外，酞酸酯的降解过程还受到温度、pH 和土壤有机质等环境因素的影响。例如，可以通过添加葡萄糖、有机酸和代谢中间产物等方式来提供碳源，可以促进微生物生长，提高相关降解菌活性，最终达到高效降解酞酸酯的目的。

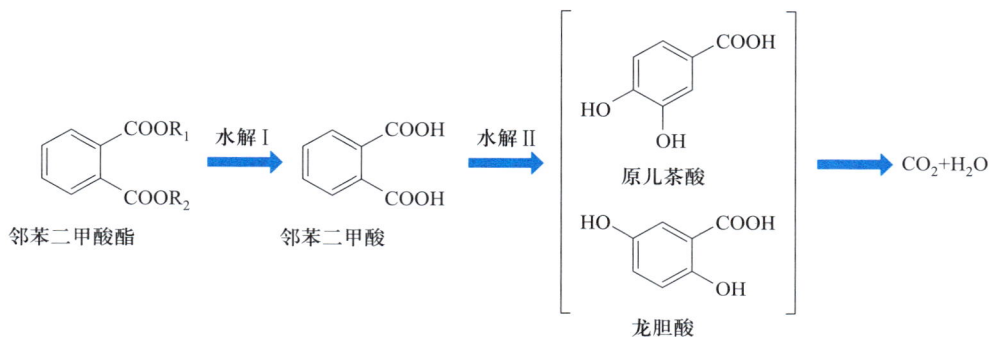

图 8-18　以酞酸酯为例的增塑剂生物降解途径

3. 共代谢修复难降解有机污染物

随着工农业的迅速发展，出现了越来越多的有机合成物质，其中多环芳烃、卤代烃、杂环类化合物、有机氰化物、有机农药、有机染料等难降解有机物占了很大比例。这些物质的共同特点是毒性大、成分复杂、化学耗氧量高，一般微生物难以将其降解。共代谢过程能够有效处理难降解有机物，又称为共氧化、联合氧化或辅助代谢，是指微生物从其他底物获取大部分或全部碳源和能源后将同一介质中的有机化合物降解的过程，其本质是一种酶促反应。在微生物共代谢反应中生成的既能代谢转化生长基质、又能代谢转化目标污染物的非专一性的酶是微生物共代谢反应发生的关键，被称为关键酶。

在利用植物分泌的芳香有机酸作为烷基酚共代谢底物的一系列研究中，研究者发现植物根系的泌氧作用和释放的分泌物可为微生物降解过程提供所需的氧和碳源，从而有效促进酚类化合物的去除。例如，植物分泌的芳香有机酸能够增强芦苇根际相关降解菌的代谢活性，从而促进烷基酚的生物降解作用。据此，研究者进一步验证了芳香有机酸分泌物可以作为烷基酚的共代谢底物来提高其降解速率，且这一过程受到芳香有机酸化学结构的影响，揭示了芳香有机酸影响烷基酚降解的可能功能结构及作用机理。同时，研究人员还发现芳香有机酸改变了根际微生物的群落结构及优势菌种，刺激了根际土壤中关键酶的活性，从而强化了生物降解烷基酚的能力。由于芳香族化合物在降解关键酶上的共通性，上述研究结果有望应用到其他芳香族化合物的共代谢研究中。

（二）植物修复

利用植物的转化和降解作用修复污染土壤是去除土壤中有机污染物质的另一种方式。植物修复主要是通过植物自身的光合、呼吸、蒸腾和分泌等代谢活动与环境中的有机污染物和生态环境发生交互反应，从而通过吸收、分解、挥发、固定等过程使有机污染物被净化和脱毒。例如，植物体内的硝基还原酶和树胶氧化酶可以将三硝基甲苯分解，并将断掉的环形结构加入到新的植物组织或有机物碎片中，成为沉积有机物质的组成部分；植物根系分泌物质也能直接降解根际圈内的有机污染物,植物分泌的漆酶可以降解三硝基甲苯,而脱卤酶可以降解三氯乙烯等含氯溶剂。

有机污染物通过植物降解、植物挥发、植物萃取和根际降解等途径被植物所去除(图 8-19)。利用植物修复有机污染土壤,一方面植物可以通过释放促进生物化学反应的酶来直接或间接促进有机污染物降解;另一方面植物可以直接吸收有机污染物,当有机污染物被植物吸收后,一些挥发性有机物通过根系向上转运,并通过蒸腾作用从叶片释放到大气中(植物挥发);而一些非挥发性有机物通过木质化过程被隔离在植物体内(植物萃取);植物体内的有机物也可以经代谢作用转化成毒性较低的中间代谢产物,或经矿化作用分解成 H_2O 和 CO_2(植物降解)。

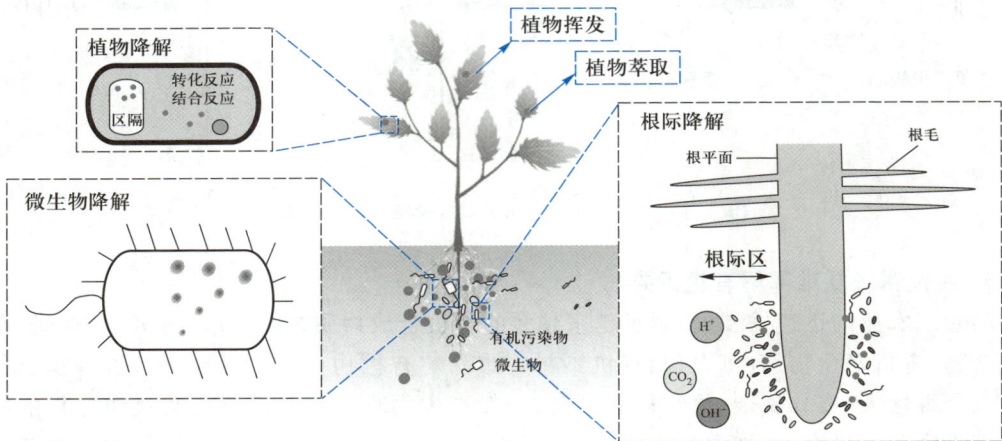

图 8-19 植物对有机污染物的修复原理示意图

植物修复具有很多其他方法不可比拟的优势:① 植物资源丰富,开发和应用潜力巨大;② 经济节能,符合可持续发展的理念;③ 安全绿色,容易被社会接受。同时,植物修复也具有极大的不确定性和多学科交叉性,易受植物栽培与生长的限制。

1. 典型有机污染物的植物修复

虽然植物对农药等有机污染物的分解转化能力很强,但是有机物在植物体内的形态较难分析、形成的中间代谢产物也较复杂,很难观察它们在植物体内的转化。因此,研究植物对有机物的去除过程相对比较困难。植物去除环境中的农药主要通过以下三种机制:① 植物对土壤中农药的直接吸收和降解;② 植物根系分泌的酶促进土壤中农药的降解;③ 植物促进根区微生物对农药的转化。据报道,已有不少利用植物吸收和代谢杀虫剂的研究,与重金属污染修复不同,植物对有机污染物的修复机理主要是通过根际微生物的作用进行的。安凤春等人考察了 10 种草本植物对土壤中滴滴涕的降解及其主要降解产物,三个月后土壤中滴滴涕的浓度从 0.215 mg/kg 下降到 0.058~0.173 mg/kg,其中植物吸收的作用几乎可以忽略不计,生物降解才是有机污染物消失的主要原因。另有科学家选用菊苣和芥菜来吸收和降解土壤中的滴滴涕,10 d 后发现根际残留滴滴涕浓度由 77% 降低到了 61%,植物根际分泌的酶促进了滴滴涕的降解。还有研究发现,窄叶白羽扇豆对四种除草剂(西玛津、阿特拉津、异丙隆和利谷隆)和三种杀虫剂(西维因、芬灭松、百灭宁)均表现出高生物富集性,适用于农药污染土壤的植物修复。

2. 新污染物的植物修复

植物修复增塑剂污染的机理包括植物自身的吸收代谢(图8-20),及其根际微生物的降解。其中,酞酸酯易从水体和土壤中挥发出来,植物可以通过叶片从大气中吸收酞酸酯,然后利用植物载体将酞酸酯转运到根部等适宜有机物稳定存在和累积的部位;植物根系也可以通过释放酶类和营养物的方式,促进微生物生长进而增强酞酸酯的生物降解。研究人员利用盆栽实验研究了11种植物对邻苯二甲酸二(2-乙基己基)酯污染土壤的修复效果,结果表明植物对邻苯二甲酸二(2-乙基己基)酯的净去除率只有2%~21%,植物强化根际微生物降解才是其去除的主要途径。研究表明水稻根系对邻苯二甲酸二丁酯的吸收作用与其在植物体内的代谢作用同时发生,其代谢产物以邻苯二甲酸单丁酯为主、以邻苯二甲酸为辅。另有实验发现水稻可以通过分泌小分子有机酸来增强土壤中可溶性有机碳含量,从而提高邻苯二甲酸二丁酯和邻苯二甲酸二(2-乙基己基)酯的生物可利用性,并最终促使它们的解吸。此外,植物对有机物的吸收能力也是决定植物修复效果的关键因素之一,K_{ow} 常被用来评价植物对污染物的吸收能力:① 水溶性有机物($\lg K_{ow}<0.5$)不易被根系吸收或较难通过植物细胞膜;② 中度疏水有机污染物($0.5 \leqslant \lg K_{ow} \leqslant 3.0$)易被植物根系吸收;③ 疏水有机物($\lg K_{ow}>3.0$)和植物根表结合紧密,难以从根部转移到植物体内。

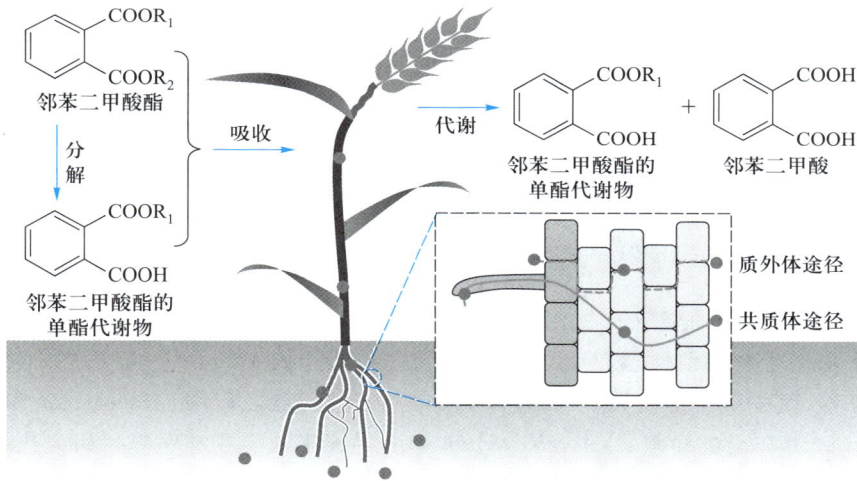

图8-20 以酞酸酯为例的增塑剂植物吸收过程

3. 根际圈联合修复复合有机污染

土壤有机污染情况十分复杂,往往是多种有机污染物的复合污染,单一有机体并不具备降解复合污染物的一整套系统,需要由植物-微生物组成的根际圈联合修复体系来降解复合污染物。植物根际圈是由根系及其周围土壤微生物之间相互作用所形成的独特圈带,对土壤中污染物的形态、活性和归趋有重要影响。受植物根系活动的影响,植物根际土壤的物理、化学和生物学性质不同于非根际土壤,最明显的就是 pH、Eh 和微生物活性等的变化。

根际圈修复是指利用植物根际圈菌根真菌、专性或非专性细菌等微生物的降解作用来转化有机污染物,降低或彻底消除其生物毒性,从而达到修复的目的。这种修复方式实际上是微生物与植物的联合作用过程,植物为根际微生物持续提供营养物质和创造良好的生长环境,从而强化有机污染物的生物降解能力(图8-21)。植物为其共存微生物体系如菌根真菌、根瘤细菌及根面细菌等提供水分和养料,并通过根系分泌物为其他非共存微生物体系提供营养物质,对根际圈降解微生物起到活化作用;植物通过根系泌氧为根际微生物提供氧气,有利于好氧微生物的生长,而根际区好氧和厌氧微环境的同时存在,有利于多种污染物的同时降解;植物根系分泌的多酚氧化酶、过氧化物酶、细胞色素 P450 单加氧酶等多种酶类可以直接作用于有机污染物的降解过程,其释放的一些有机物可作为微生物共代谢降解有机污染物质的底物;此外,根的脱落物和死亡根系可以被微生物利用,从而加速有机污染物的降解。

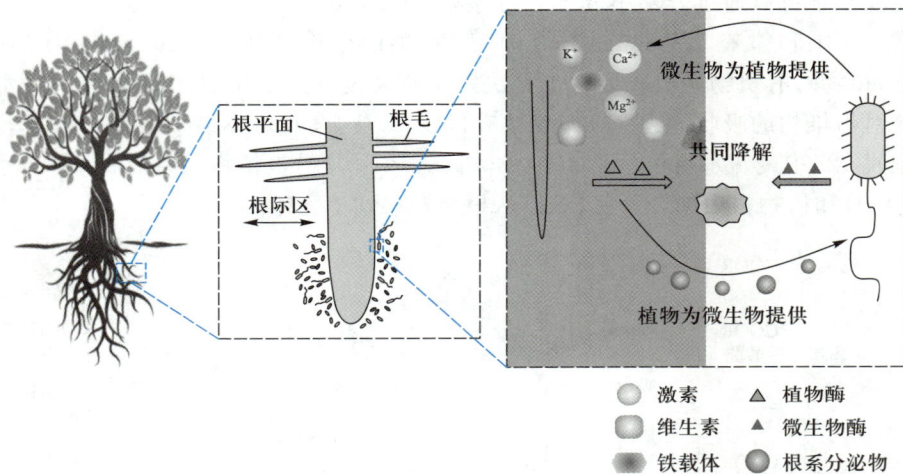

图 8-21 根际圈修复中根-根际微生物的相互作用

实践证明,根际生物降解有机污染物质的效率明显高于单一利用微生物降解的效果。植物根际土壤微生物的活性、数量和种类明显比非根际土壤中的高,一般高达 10 倍,有的甚至高达 100 倍,其中假单孢菌属(*Pseudomonas* sp.)、黄杆菌属(*Flavobacterium* sp.)、产碱菌属(*Alcaligenes* sp.)和土壤杆菌属(*Agrobacterium* sp.)的根际效应非常明显。研究表明,根瘤菌的接种不但能够促进紫花苜蓿的生长,而且可能促进 PCBs 在植物体内的转运和积累,紫花苜蓿和根瘤菌形成的共生固氮体系对 PCBs 有较好的降解效果;同时,菌根真菌和根瘤菌双接种对植物修复的促进作用也大于单接种的效果。研究发现,接种根瘤菌后黑麦草和白三叶草对 PAHs 有更好的降解修复效果;接种丛枝菌根菌的黑麦草比单独种植的黑麦草对土壤中菲和芴的去除率高,并检测出与丛枝菌根菌共生的黑麦草根系吸收了大量的有机污染物。此外,也有研究表明,丛枝菌根真菌和两株降解细菌的单独接种或联合添加都能显著加快土壤中邻苯二甲酸二(2-乙基己基)酯的降解速率,且接种丛枝菌根真菌还可以减少其在绿豆地上部分的累积;利用蔬菜-真菌联合修复体系可以有效去除土壤中的酞酸酯-多环芳烃复合污染物。

利用植物修复成本低、便于推广和微生物适用于长期的大面积土壤功能恢复的特点,根际圈修复已成为原位生物修复有机污染物的一个新热点。这种联合修复方法还同时兼顾了修复成本、景观功能和生物副产品等效益,是具有广阔发展前景的污染地块修复技术之一。

综合以上优点,有机污染土壤植物-微生物联合修复模式对我国多种类、大面积的污染土壤的修复具有很高的实用价值和推广前景。

专栏 8-2 精准切割原石的"激光刀"——高效实现取代芳环的切割开环转化

随着科技的发展和人类生活水平的提高,部分人群开始将有机食品作为生活追求。那么对于自然环境中的生物体来说也需要足够维持生命的营养才能继续生存下去,这些营养可能是碳水化合物、蛋白质、氨基酸以及脂肪等天然有机物质,但也可能是某些其他人工合成但不一定能被生物降解的有机物质。当天然或人工合成的有机物在某一范围内的含量达到了某一过量值时,就会变成对人类和环境造成严重危害的天然有机污染物和人工合成有机污染物。多环芳烃(PAHs)是一类分子中含有两个或两个以上稠合苯环结构的碳氢化合物,是持久性有机污染物(POPs)的典型代表。因其"三致效应"(即致突变、致癌和致畸效应)对动物和人类健康构成严重威胁,早在 1979 年美国环保局首先公布的 129 种优先监测污染物中 PAHs 就有 16 种。"芳环由于其电子共轭特性,结构非常稳固,难以开环断裂转化(图 8-22)。就像一块玉石原石,如果不经过切割打磨,难以做成精美的玉器。但自芳环发现以来,科学家一直没有找到切开芳环转化的温和方法,就像找不到切割打磨玉石的工具",北京大学天然药物及仿生药物国家重点实验室焦宁教授说道。"而我们的研究成果就像是找到了精准切割原石的'激光刀',可以高效实现一些取代芳环的切割开环转化"。在该研究工作中,研究团队巧妙设计了铜催化的级联活化策略,开发出一种新型的催化惰性碳碳键活化模式——通过产生高活性的双氮宾中间体,首次完成了对苯胺等一系列芳烃衍生物的高选择性开环断裂转化,并实现了对高附加值烯基腈类化合物的高效合成。只需要再经过进一步反应,就可以合成用来制备尼龙66 的己二腈等原料。该研究不仅实现了温和条件下芳环选择性断裂开环转化,有望为来自原油和煤炭的简单芳烃的高值转化提供新的途径,也会为生物质的降解利用、为功能材料分子及药物活性分子的修饰提供新方法。

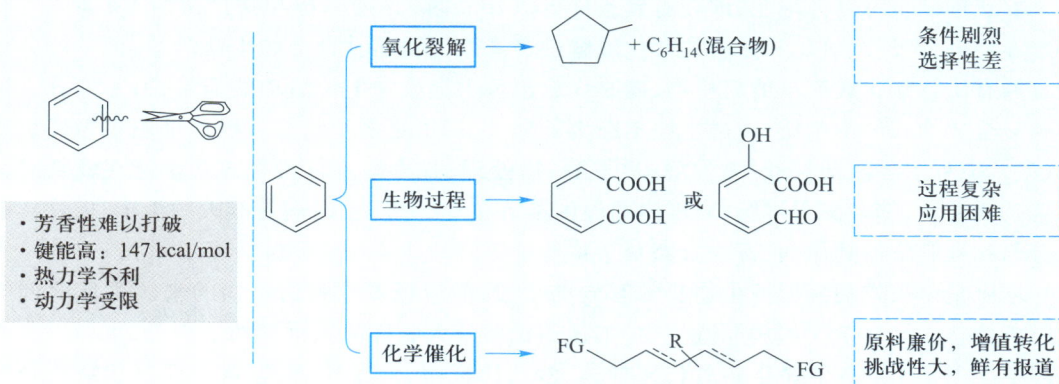

图 8-22 通过催化实现芳环的选择性开环断裂转化的挑战

第三节 土壤生物污染的防控与修复

与无机、有机污染物不同,生物污染物是指致病微生物、带有抗性基因的载体微生物等生命体。尽管不同生物污染物在土壤中适宜的生活条件不同,存活时间长短不一,但都与土壤理化性质、光照时间、暴露条件、温度和湿度等生物污染物的生长条件相关。生物污染物对作物健康、人畜健康、土壤生态都具有很强的破坏性,并且在传播过程中往往伴随着种群的增殖、扩散,必须通过有效的方法阻断其传播链。在了解了生物污染物的危害机理之后,就可以根据其特点进行防治。因许多致病菌、致病病毒都可以在土壤中存活(包括一些烈性致病菌),土壤生物污染物对人体有很大的潜在危害性。如果无法一次性彻底灭活,也应尽可能有效降低它们在土壤中的存活时间,达到灭菌杀毒的目的。防控土壤生物污染的关键在于在物料、水体、气体进入土壤之前,尽量消杀其中的生物污染物,最大程度地降低外源进入土壤的生物污染物。已进入土壤或在土壤中滋生的生物污染物尽量通过物理、化学或生物的方法进行灭活。

一、预防生物污染物的输入

(一)堆肥技术

堆肥是指在人工控制条件下通过微生物作用将大分子物质分解为作物能吸收利用的小分子物质,有机废弃物被矿质化、腐殖化和无害化的过程。堆肥是最主要的阻止固体物料中生物污染进入土壤的方法。影响堆肥质量和进程的因素有很多,根据堆肥过程中微生物对氧的需求可分为厌氧堆肥与好氧堆肥两种主要方法。

1. 厌氧堆肥

厌氧堆肥也称普通堆肥,即在厌氧条件下进行堆制,一般采用坑式堆肥,挖一个长方形坑,将秸秆、粪尿和动植物氮素源等有机物料进行层层堆积,经过 1~2 个月,肥料就能腐熟。这种堆肥方法造肥方便,但耗时较长,且腐熟程度不均。

2. 好氧堆肥

好氧堆肥也称高温堆肥,即在有氧条件下以好氧菌(含嗜温菌和嗜热菌两类)为主对有机废弃物进行吸收、氧化和分解的生化降解过程。微生物通过自身的生命活动,把一部分被吸收的有机物氧化成简单的无机物,同时释放出可供微生物生长活动的能量;另一部分有机物则被合成为新的细胞质,使微生物不断生长繁殖,产出更多生物体。现代堆肥多为好氧堆肥,工艺流程主要是前处理-主发酵-后发酵-后处理-储存。不同堆肥方式都能在较长时间维持较高温度,例如露天堆肥,肥堆内的温度维持在 60℃ 左右,时间持续大约半个月,这样能充分杀死堆肥中的病原菌、寄生虫卵及杂草种子等。

堆肥是杀灭粪便病原微生物非常有效的手段,但应根据生物污染物的来源等情况调整堆肥条件。未彻底杀灭的病原微生物(如沙门氏菌及大肠杆菌),即使留下少量,也会迅速增殖。堆肥中常见的病原微生物有伤寒杆菌、沙门氏杆菌、大肠杆菌、志贺氏杆菌和结核分枝杆菌等。一些常见病原微生物的致死温度及忍受时间参见表 8-4。

表 8-4　常见病原微生物的致死温度及忍受时间

病原名称	致死温度及时间
沙门氏伤寒菌	46℃以上不生长;55~60℃,30 min 内死亡
沙门氏菌属	56℃,1 h 内死亡;60℃,15~20 min 死亡
大肠杆菌	绝大部分,55℃,1 h 死亡;60℃,15~20 min 死亡
阿米巴属	50℃,3 d 死亡;71℃,50 min 内死亡
志贺氏杆菌	55℃,1 h 死亡
结核分枝杆菌	66℃,15~20 min 内死亡
流产布鲁士菌	61℃,3 min 内死亡
牛型结核杆菌	55℃,45 min 内死亡
酿脓链球菌	54℃,10 min 内死亡
炭疽杆菌(非芽孢营养体)	50~55℃,2 h 死亡
霍乱弧菌	65℃,30 min 死亡

资料来源:李国学,2000。

(二)灌溉水净化

在使用灌溉水前,需严格按照《农田灌溉水质标准》(GB 5084—2021)进行净化处理。对于医院、制药、生物制品厂、养殖场等产生的废水必须进行严格消毒,确定达到灌溉水质标准之后才能用于农田灌溉等。

(三)防控气载病原菌

来源于土壤、工农业废弃物的粉尘都易飘浮在空气中并形成悬浮物,这些细小颗粒会成为病原微生物的载体。气载病原菌可以通过空气传播很远的距离,既造成传染病的长距离传播,也可能沉降到土壤上导致土壤的生物污染。空气传播最难控制,应注重制药、生物制品厂的废气排放和废物处置,避免或减少病原菌进入空气或其他气体介质,注意植被覆盖度较低场地的植被恢复。

(四)监管入侵植物

人类活动可能使入侵植物有意或无意地在已知自然范围之外的区域出现。由于入侵植物在该区域往往缺乏天敌,所以会改变原生态系统的生态特性。入侵植物常常大量繁殖占有生态位而引起比较严重的生态波动,导致一些有害微生物的滋生;入侵植物根际微生物群落可能与原土壤生态系统具有较大差异,其中可能缺乏制约有害微生物生长的拮抗菌群,因而入侵植物可能会造成土壤的生物污染。应加强对入侵植物的源头监管,杜绝以任何原因将入侵植物引入。

二、土壤的物理消毒

采用物理方法对土壤生物污染的杀灭,主要是通过高温。因为土壤面积广、容量大,对致病菌等生物污染物的杀灭无法通过绝对灭菌的高温条件,主要是通过太阳光照射、蒸汽等方式,提高生物污染生长环境的温度,达到灭活或者降低生物污染物活性的目的。

(一)蒸汽消毒

蒸汽消毒的原理是利用高压密集的蒸汽杀死土壤中的病原生物,同时也将污染土壤变为团粒从而提高土壤的排水性和通透性(图 8-23)。蒸汽消毒的特点是消毒均匀且速度快,只需用高压蒸汽持续处理土壤,保持 70℃、30 min 即可杀灭土壤中病原菌、线虫、地下害虫、病毒和杂草,冷却后即可栽种。根据蒸汽管道输送方式不同可将其分为:① 地表覆膜蒸汽消毒法(汤姆斯法),即在地表覆盖帆布或抗热塑料布,在开口处放入蒸汽管,该法效率较低,消毒率通常不超过 30%;② Hoddeson 管道消毒法,即在地下(通常 40 cm 处)埋一个直径为 40 mm 的网状管道,在管道上每 10 cm 有一个 3 mm 的孔,该法效率较高,通常为 25%~80%;③ 负压蒸汽消毒法,即在地下埋设多孔的聚丙烯管道,用抽风机产生负压将空气抽出,将地表的蒸汽吸入地下,该法在深土层中的温度比地表覆膜高,热效率一般在 50% 左右;④ 冷蒸汽消毒法,当蒸汽温度达到 85~100℃,可能会杀死土壤中的有益生物,如菌根真菌,并产生对作物有害的物质,所以一般将蒸汽与空气混合,使之冷却到适宜温度,较为理想的条件是 70℃、30 min,即达到杀死病原物而保护有益生物的目的。

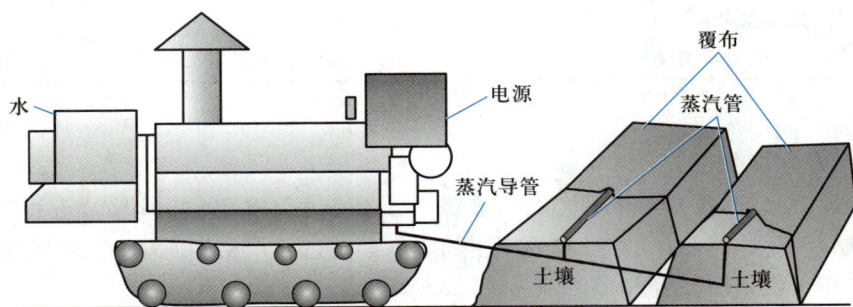

图 8-23　土壤蒸汽消毒示意图

(二) 太阳能消毒

太阳能消毒是指在高温季节通过较长时间覆盖塑料薄膜来提高土壤温度,借以杀死土壤中包括病原菌在内的许多有害生物。由于其操作简单、经济适用并且生态友好,日益受到人们的重视。要取得较好的病害控制效果,技术实施中要考虑以下因素:① 在气温较高、太阳辐射较强烈的季节,给土壤覆盖薄膜;② 保持土壤湿润以增加病原休眠体的热敏性和热传导性能;③ 用最薄的透明塑料薄膜(25~30 μm)以减少花费、增强效果;④ 使用双层膜;⑤ 如有可能,结合生物防治或其他措施。太阳能灭菌处理地表下 30 cm 内的土温通常为 36~50℃,比对照高 7~12℃。但实际生产中,太阳能灭菌容易受气候等因素的影响,效果不稳定。

(三) 其他消毒技术

1. 循环消毒技术

通过将土壤旋转翻耕,使病土与高温、洁净、干燥的空气混合达到灭菌的效果,其优点是不会造成土壤养分和水分的流失,该技术使用不受外在天气因素的影响,节能、高效且不易产生病虫害抗性。

2. 热水消毒

将 70~95℃ 热水过滤后通过热水管或喷孔施于土壤表面(250 L/m²),可有效控制多种土传病害,同时可改善土壤的理化性质(如脱盐和氮的矿化作用),增加作物产量。

3. 火焰消毒

火焰喷射器使用煤油或丁烷等燃料在短时间内产生 1 000℃ 的高温火焰,在一个面罩下喷射到地面,绝大多数病原菌的细胞因此而死亡,在一些有机质含量低的砂性土壤中可取得很好的效果,具有成本低、不用塑料布、无水污染、无地域限制及消毒后即可种植下茬作物等优点。

4. 臭氧消毒、射频消毒

利用臭氧杀虫、杀菌的原理可杀灭土壤中的有害生物。土壤射频消毒是近年来发展起来的新型土壤消毒技术,利用射频电磁波对土壤进行介电加热的物理消毒方法,区别于其他物理土壤消毒,射频电磁场不会抑制微生物活性,是一种环保型土壤消毒方式。

三、土壤化学消毒

化学消毒主要是指将甲基溴、氯化苦、威百亩、棉隆、1,3-二氯丙烯、二甲基二硫、碘甲烷和福尔马林等化学熏蒸剂注入土壤中进行消毒,或通过强还原方式实现土壤灭菌。

(一)化学灌溉技术

在有滴灌的条件下,将熏蒸剂(如威百亩、1,3-二氯丙烯和氯化苦)均匀施于土壤中,效果非常理想。该法需要将熏蒸剂制成乳剂,以便与水混合均匀然后施于土壤中,由于熏蒸剂在施用中已与水充分混合,并且浓度较低,因而散发性较少,灭菌效果好。此外,对于固体熏蒸剂(如棉隆),可通过混土施药法达到药剂均匀分布的目的;对于常温下是气体的熏蒸剂(如硫酰氟和溴甲烷),可采用分布带施法。胶囊技术是中国发展的一种使用熏蒸剂修复土壤的技术,胶囊大小通常为 0.5~2.5 g,可用打孔的方法将胶囊均匀施于土壤中,其中的熏蒸剂开始在土壤中释放。胶囊技术的优点是施用方便,无需任何施药设备,对使用者安全,可不带任何防护设备,储运方便,可在种植床上条施或沟施,以减少用药量。

(二)熏蒸剂注入式消毒

熏蒸剂注入是指将熏蒸剂通过"凿式"结构的注射装置注入土壤地下,深度通常是地表下 30 cm,果园再植时可达 50~60 cm。早期的注射剂主要为甲基溴,甲基溴熏蒸在防治土传病虫害上效果显著,但由于对臭氧层有破坏,已被禁止在农业中使用。一些替代品由于在常温下分布性不如甲基溴的液体,因此需对施用机械做一些改进,如 1,3-二氯丙烯和氯化苦的注射需要一种"犁刀"式的装置,威百亩则需要一种旋转铲式施药机械,才能被精确地施于不同土层中。此外,有的机械可将熏蒸剂注入未耕过的土壤,再配合封土装置可减少熏蒸剂向地表面散发。手动注射也可通过人工冲压、手动压杆方式将储液桶中的药剂通过活塞筒、喷口阀喷射到土壤中,其药量通过注入量调节阀进行调节、深度通过深度定位盘的位置进行调节;该方法操作简单,但功效较低,适用于小面积施药。

(三)强还原土壤灭菌

该方法通过大量施用有机物料,并利用淹水或覆膜以阻止空气进入形成厌氧环境,从而对土传病原菌等有毒有害的物质进行消毒灭菌。该方法处理时间短,一般 1~4 周即可完成整个过程,对土壤性质的影响度远大于淹水或施用有机肥本身。在处理期间,土壤条件不适宜作物生长,但处理过程中产生的各类有毒物质在处理结束前会被完全分解掉,不会对处理后作物的生长产生毒害。具体来看,该方法的灭菌机理主要包括厌氧杀灭好氧病原菌,还原过程产生有毒有害物质杀灭土传病原菌,强还原改变土壤微生物群落结构以抑制土传病原菌活性等,是一种比较有效的"医治"生物污染(土传病原菌侵染)和退化(酸化、次生盐渍化)土壤的方法。强还原土壤灭菌法还具有提高土壤 pH、减轻次生盐渍化作用,因而具有广谱性和环境友好性。

四、土壤生物防治技术

随着农业技术的进步,污染土壤灭菌杀毒技术向着广谱、高效、微量和低毒方向快速发展。土壤生物防治就是充分利用有益生物的寄生、拮抗或者竞争作用减少土壤病原菌与害虫的数量及其对作物的侵害,防止病虫害的传播和蔓延。利用生物控制技术来降低农作物病虫危害、防治土壤生物污染,具有无二次污染、无残毒、不杀伤天敌、不产生抗药性、有利于人畜安全与环境保护等优势。生物防治技术已经成为有效控制土壤生物污染的重要研究方向。它有利于推动农业可持续发展,兼具经济效益、社会效益和生态效益,发展前景广阔。

(一)调控微生物菌群

1. 利用竞争性微生物

该技术通过在污染土壤中加入一些无害的微生物,在改善土壤质地、结构、温度、湿度、pH、有机质含量和植被等因子的同时,通过竞争碳源和氮源或者其他元素,抑制致病菌的生长。例如,铁元素是生物细胞酶系统的必需成分,生命体需要从外界获取 Fe^{3+} 作为酶的辅基和电子传递受体,以维持其新陈代谢。只要切断了病原菌获取铁的途径,就可以有效防止土壤生物污染。研究发现,具有生长抑制性铁载体的根际微生物可以在体外以及在自然和温室土壤中抑制病原菌,保护番茄植株免受感染;而具有促进生长铁载体的根际微生物往往在竞争中处于劣势,促进了病原菌对植物的感染。由于铁载体是一组化学性质不同的分子,不同类型的铁载体都依赖于一个兼容的铁摄取受体,因此病原体抑制性微生物可产生致病菌无法吸收摄取的铁载体,使土壤病原菌由于得不到足够的铁而不能正常生长繁殖。

事实上有很多微生物,如荧光假单胞菌(*pseudomonas fluorescens*)CS121,能分泌强力结合 Fe^{3+} 的嗜铁素螯合物,使土壤病原菌由于得不到足够的铁而不能正常生长繁殖。有研究指出,假单胞菌 WCS358 可以大量分泌嗜铁素,与病原菌竞争 Fe^{3+},从而抑制萝卜枯萎病。有研究指出,向土壤中施用典型根际益生芽孢杆菌 SQR9,能有效促进植物生长,其代谢产物还能诱导土著"帮手"微生物——施氏假单胞菌(*pseudomonas stutzeri*)的显著富集,并与菌株 SQR9 共同在植物根际形成稳定的混菌生物膜,协同增强植物益生能力,从而抵御土壤病原菌的侵染(图 8-24)。

2. 利用拮抗微生物

自然土壤中存在多种具有生物防治潜力的有益微生物(如菌根真菌),它们不仅可以对病原菌进行有效的拮抗抑制,还能促进植物生长和增产。拮抗菌由于兼具保护生态和抗病的双重功效,在植物病害防治中发挥巨大作用。目前,有多种拮抗菌制剂已经商品化。为了提高拮抗菌中拮抗物质的分泌量,或者同时表达多种拮抗物质,很多研究者利用基因工程技术对拮抗菌进行遗传改良,获得了良好的效果。例如,Li 等(2021)通过温室盆栽试验验证发现,接种丛枝菌根真菌后,土壤青枯菌丰度显著降低,土壤 pH、有机碳含量和磷酸酶活性显著升高;菌根的接种也提高了根部总酚类化合物含量、叶片 POD 和 PPO 活性,从而有效抑制了病原菌的繁殖,其抑制率高达 65.7%。江木兰等(2007)从油菜植株体内分离出的内生枯草芽孢杆菌 BY-2 可以使油菜核盘菌的菌丝细胞浓缩变短,细胞壁破裂,原生质体外溢,从而抑制真菌生长发育和菌核萌发,其抑制率高达 60%~70%。然而,目前生物防治大多具有单一性,如何通过几种微生物的联合协同作用,同时杀死土壤中的多种病原菌,以提高综合防治效果,仍是有待加强的研究领域。

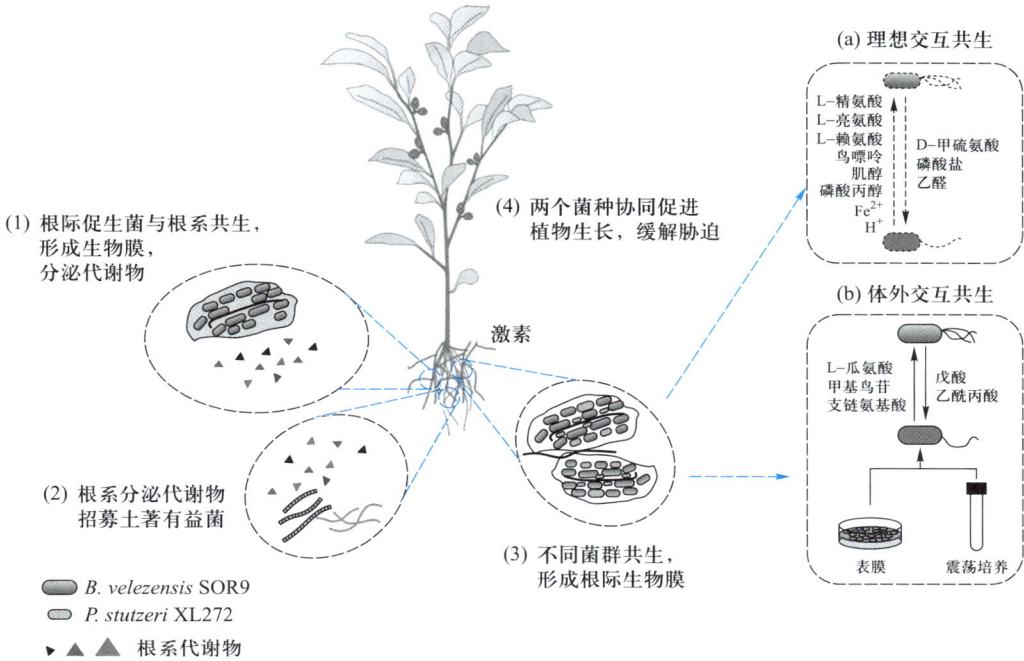

图 8-24 芽孢杆菌 SQR9 促进植物生长的原理示意图

资料来源：Sun 等，2021。

专栏 8-3 土壤"狙击手"激发根际防御军团

南京农业大学沈其荣团队从广西、江苏、浙江和江西等地分离到 1000 多株病原青枯菌，并筛选到能高效裂解病原菌的噬菌体。

通过温室和大田研究，他们发现噬菌体组合能够显著降低青枯病的发生，且防控效果随噬菌体组合丰富度的增加而提高。进一步探究发现，噬菌体组合猎杀并致弱病原菌是其在根际发挥作用的一个重要机制。噬菌体组合对细菌群落有着非常积极的影响，细菌群落多样性随噬菌体组合多样性的增加而增加。这一过程主要通过影响宿主病原菌，间接影响土壤微生物来实现，这也说明噬菌体特异性很强，对其他非宿主细菌没有影响。

近些年，集约化农业发展中的不合理措施，导致土壤微生物群落结构严重失衡，生态功能急剧削弱。土壤养分周转不畅、污染难以消解、土传病害频发就是土壤微生态失衡的重要证据。以青枯菌（*ralstonia solanacearum*）引起的土传青枯病为例，青枯菌能侵染番茄、茄子、辣椒、烟草、花生等 400 多种植物，导致作物减产，甚至绝收。在这项研究中，噬菌体不仅可以"专性猎杀"和"精准靶向"土传青枯病的病原菌，降低其生存竞争能力，同时还能重新调整根际土壤菌群的结构，恢复群落多样性，增加群落中拮抗有益菌的丰度（图 8-25）。这就相当于，不仅找到了精确制导病原菌的"狙击手"，同时还触发了根际免疫，让被打垮的根际菌群又组建了一支"防御军团"。这为应用推广噬菌体疗法作为精准靶控、生态安全的土传病害防治措施提供了重要的理论依据。

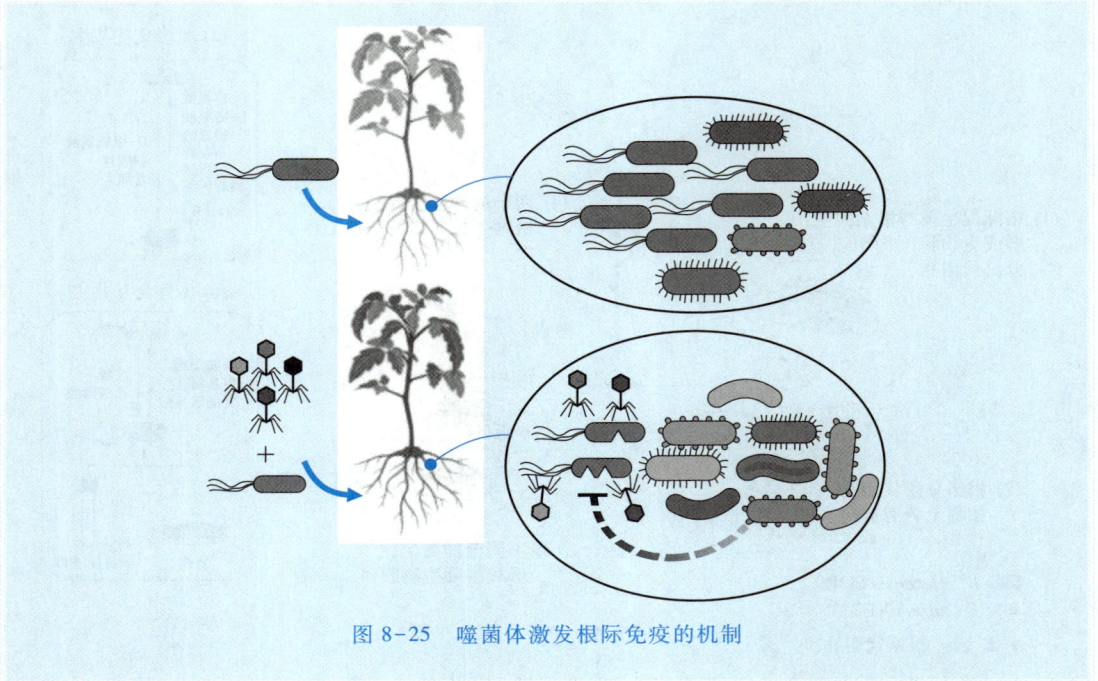

图 8-25　噬菌体激发根际免疫的机制

（二）使用微生物有机肥料

微生物肥料俗称"菌肥"，是将野生环境中筛选出来的微生物经诱变、复壮后，再经工业发酵，以草炭、褐煤和粉煤灰等为载体精加工而成的一种含菌量高的生物制剂。"菌肥"利用以菌治菌和以肥抗病的原理，利用微生物的生命活动及其代谢产物，一方面为农作物提供营养元素等生长物质，以改善养分供应；另一方面又可产生拮抗物质，从而抑制土传病原菌的生长，达到提高产量、改善品质、减少化肥使用、减轻病害、提高土壤肥力和改善环境等目的。以细胞工程和发酵工程等生物技术为核心的微生物肥料产业，不仅创造了巨大的经济和社会效益，而且还产生了重大的生态与环境效益。例如，芽孢杆菌是多种土传病原菌的拮抗菌，能有效预防和控制作物病害，在发挥作用过程中具有抢占生态位的功效，被普遍认为是一种环境友好、经济有效的重要生防资源；且芽孢杆菌能产生具有较强抗逆性的内生孢子（即芽孢），能耐盐、耐酸、耐高温且易于保存和运输，相对于其他菌剂更有利于快速实现商品化生产。有试验表明，菌肥区番茄的青枯病病株率平均为 2.3%，比化肥区的 6.5% 减少65%；晚疫病病株率平均为 27%，比化肥区的 61% 减少 56%，说明植株的抗病能力明显提高。同时，菌肥可以降低有害物质的吸收，菌肥区番茄果实的镉和硝酸盐含量分别为 0.44 mg/kg和 0.17 mg/kg，比化肥区的 1.0 mg/kg 和 0.29 mg/kg 分别降低 56% 和 41%；菌肥区土壤的硝酸盐含量为 11.3 mg/kg，比化肥区的 18.9 mg/kg 降低约 40%。结果表明，有益菌的代谢产物能促进重金属、硝酸盐等有害物质的转化和固定，降低作物对有毒物质的吸收。

（三）利用植物根系分泌物

植物根系分泌物对某些病原菌也有抑制作用。根系分泌物包括糖、蛋白质、酶和胶质等大分子有机物，还有小分子酸、酚、酮，以及一些生长激素和黄酮等，其中部分分泌物或其分解产物具有化感作用（表 8-5），如小麦根系分泌物能直接抑制小麦全蚀病原菌的菌丝发育，有些化感物质还可以抑制土壤的硝化作用,对通过硝化作用来获取物质和能量的病原菌有很好的防治效果。因此除了科学、合理的间作可在一定程度上抑制病原菌外,或许也可以找到某些根系分泌物能有效抑制土壤病原菌生长的特殊植物,通过人工合成和生产特定物质,以防治土传病害(表 8-6)。

表 8-5　作物根系分泌的化感物质对植物的影响

作物	根系分泌的化感物质	化感效应
水稻	糖苷类黄酮、长链烯基间苯二烯、激动素、对香豆酸、1H-吲哚-3-羟酸、壬酸、1,2-苯二羟基酸-二乙基己酯、羟基肪酸/二萜内酯、糖甙间羟基苯二酚	抑制稗草等伴生杂草;高浓度对香豆酸抑制稗草根的生长
玉米	异羟肟酸	通过分泌物入侵影响周围植物生长
大豆	异黄酮和黄豆甙原、酚酸类化感物质、邻苯二甲酸、丙二酸	抑制植物生长,诱导豆科根瘤菌的结瘤基因,抑制后茬大豆苗生长及其某些生理活性
小麦	异羟肟酸、酚类物质(阿魏酸、对香豆酸、丁香酸、香草酸、对羟基苯甲酸)	抑制白茅生长
大麦	有机酸和芳香类物质	对其他植物根系的生长发育产生显著影响
高粱	高粱酮内酯、5-乙氧基高粱酮内酯、2,5-二甲基高粱酮内酯	对二色高粱、石茂两种杂草具有化感抑制作用
苜蓿	皂苷、酚类物质	自毒作用,抑制后茬作物生长

表 8-6　作物根系分泌的化感物质对土壤微生物的影响

作物	根系分泌的化感物质	化感效应
水稻	黄酮、双萜、异羟肟酸	影响产甲烷菌的活性和甲烷排放
大豆	香草酸、对(间)羟基苯乙酸	对大豆胞囊线虫的密度产生显著影响,促进胞囊线虫的繁殖;青霉菌、镰刀菌和立枯丝核菌增加
小麦	酚酸、异羟肟酸	促进好氧性纤维黏菌和木霉的繁殖;抑制土壤微生物硝化作用
苜蓿	皂苷	对木霉具有抑制作用
白菜	糖甙硫氰酸酯	对丛枝菌根萌发产生显著的抑制作用
洋葱	二氢槲皮素	招募有益细菌

习题与思考题

1. 土壤重金属污染如何修复?试列表归纳各类修复方法的原理、目标修复元素、使用范围及优缺点。
2. 植物修复有哪些类型?不同的植物修复类型所利用的植物生理过程有何差异?
3. 微生物修复的机制包括哪些过程?微生物修复 Cd、Hg 和 As 污染土壤的机制可能存在何种差异?
4. 请简述 3 种常用的土壤有机污染化学修复技术原理、特点及其适用污染土壤类型。

5. 影响土壤有机污染生物修复技术的主要环境影响因子有哪些？

6. 请挑选 2 种适合处理石油烃污染的修复技术，并叙述选择理由。

7. 土壤生物污染的概念是什么？造成土壤生物污染的因素可以分为哪几个途径？

8. 土壤生物污染如何影响农产品健康和人类健康？

9. 请讨论防治土壤生物污染的主要措施。

10. 如何判断某地是否存在重金属污染？请结合本章学习内容，简要概述土壤重金属污染修复技术，针对矿区废水污染，提出有效的修复方案。

11. 第七章习题与思考题 13 涉及的学校附近检出多项特征污染物，犹如埋下一颗生态炸弹。从 2016 年 1 月起，学校旁边的污染地块原定的修复方案由土壤开挖变成了用黏土覆盖，原定的商业广场用途也被改成了生态休闲公园。对于这样的土壤修复，有专家认为，污染物质并没有消除。请思考：

(1) 黏土覆盖修复污染土壤的方式可行吗？如何才能彻底清除土壤有机污染物？

(2) 有机污染物如氯苯、四氯化碳如何危害人体健康，简述其进入人体的途径。

12. 20 世纪 40 年代，美国纽约州拉夫运河因干涸而被遗弃。1942 年，运河被一家家用电器化工公司收购用作垃圾仓库，整整 11 年被倾倒了大量的工业废料。1953 年，该运河因装满各种有毒废料而被公司掩埋和覆盖，之后转赠给当地的教育机构。此后，纽约市政府在此开发房地产。直到 20 世纪 70 年代，该地流产、畸形等疾病发病率不断上升。1978 年，时任美国总统卡特宣布该地区进入"紧急状态"，950 户家庭被疏散。经过调查，最终将罪魁祸首锁定在运河中倾倒的工业废弃物，化工公司共向运河倾倒了 2 万多吨含有二噁英、苯等致癌物质的工业垃圾。截至 1980 年，美国政府在搬迁居民、健康检查和环境研究上花费了 4500 万美元，纽约州花费 69 亿美元进行污染治理和生态修复。拉夫运河事件引发了美国社会对环境健康问题的深刻反思，要求政府加强污染控制和环境修复的舆论呼声日益高涨。同年，美国国会通过了《综合环境反应补偿与责任法》，这一事件才盖棺定论，以前的化工公司和纽约政府被认定为加害方，共赔偿受害居民经济和健康损失费达 30 亿美元。该法案因其中的环保超级基金而闻名，因此通常被称为"超级基金法"。请思考：

(1) 美国通过的"超级基金法"对我国污染土壤修复有何启示？

(2) 简要阐述重金属污染和有机物污染的危害和修复技术的异同。

主要参考文献

[1] 蔡祖聪,张金波,黄新琦,等.强还原土壤灭菌防控作物土传病的应用研究 [J].土壤学报,2015,52(3): 469-476.

[2] 侯思颖,邓一荣,陆海建,等.铁活化过硫酸盐原位修复有机污染土壤研究进展 [J].环境工程,2021,39 (4):195-200+194.

[3] 骆永明.污染土壤修复技术研究现状与趋势 [J].化学进展,2009,21(Z1):558-565.

[4] 王泓博,苟文贤,吴玉清,等.重金属污染土壤修复研究进展:原理与技术 [J].生态学杂志,2021,40 (8):12.

[5] 王静.典型农田土壤重金属污染修复技术及其应用 [J].中阿科技论坛,2021,(4):30-32.

[6] 王玉婷,刘方,任文杰,等.酞酸酯污染农田土壤生物修复研究进展 [J].微生物学杂志,2018,38(4): 120-128.

[7] 魏树和,周启星.重金属污染土壤植物修复基本原理及强化措施探讨 [J].生态学杂志,2004,23(1): 65-72.

[8] A. D,Zhang N,Qiu R,et al. Accelerated biodegradation of p-tert-butylphenol in the Phragmites australis rhizosphere by phenolic root exudates [J]. Environmental and Experimental Botany,2020,169:103891.

[9] Aken BV,Correa PA,Schnoor JL. Phytoremediation of polychlorinated biphenyls:new trends and promises

［J］. Environmental Science & Technology, 2010, 44(8): 2767-277.

［10］ Anderson T A, Guthrie E A, Walton B T. Bioremediation in the rhizosphere［J］. Environmental Science & Technology, 1993, 27(13): 2630-2636.

［11］ Chaney RL. Plant Uptake of Inorganic Waste Constituents［J］. Land Treatment of Hazardous Wastes, 1983, 50-76.

［12］ Zhang. CL. Soil and groundwater remediation: fundamentals, practices and Sustainability［M］. Hoboken, NJ: John Wiley & Sons Inc., 2020.

［13］ De Boer M, Born P, Kindt F, et al. Control of Fusarium wilt of radish by combining pseudomonas putida strains that have different disease-suppressive mechanisms［J］. Phytopathology, 2003, 93(5): 626-632.

［14］ Garcinuño R M, Fernández-Hernando P, Cámara C. Evaluation of pesticide uptake by lupinus seeds［J］. Water Research, 2003, 37(14): 3481-3489.

［15］ Gerhardt KE, Huang XD, Glick BR, et al. Phytoremediation and rhizoremediation of organic soil contaminants: potential and challenges［J］. Plant Science, 2009, 176(1): 20-30.

［16］ Indriolo E, Na G, Ellis D, et al. A vacuolar arsenite transporter necessary for arsenic tolerance in the arsenic hyperaccumulating fern *Pteris vittata* is missing in flowering plants［J］. Plant Cell, 2010, 22, 2045-2057.

［17］ Li M, Hou S, Wang J, et al. Arbuscular mycorrhizal fungus suppresses tomato (*Solanum lycopersicum* Mill.) *Ralstonia* wilt via establishing a soil-plant integrated defense system［J］. Journal of Soils and Sediments, 2021, 21(11): 3607-3619.

［18］ Liu J, Zhao L, Liu Q, et al. A critical review on soil washing during soil remediation for heavy metals and organic pollutants［J］. International Journal of Environmental Science and Technology, 2021, 1-24.

［19］ Salt DE, Blaylock M, Kumar NPBA, et al. Phytoremediation: a novel strategy for the removal of toxic metals from the environment using plants［J］. Biotechnology, 1995, 13(5): 468-474.

［20］ Schwartz C, Morel JL, Saumier S, et al. Root development of the zinc-hyperaccumulator plant *Thlaspi caerulescens* as affected by metal origin, content and localization in soil［J］. Plant Soil, 1999, 208: 103-115.

［21］ Sun X, Xu Z, Xie J, et al. Bacillus velezensis stimulates resident rhizosphere pseudomonas stutzeri for plant health through metabolic interactions［J］. The ISME Journal, 2021, 16(3): 774-787.

［22］ Tang Y, Cloquet C, Deng T, ea al. Zinc isotope fractionation in the Zn hyperaccumulator Noccaea caerulescens and the nonaccumulating plant Thlaspi arvense at low and high Zn supply［J］. Environmental Science & Technology, 2016, 50(15): 8020-8027

第九章 典型污染土壤修复方法及案例

与水污染防治、大气污染防治、固废处置与资源化、环境监测等其他环保产业领域相比，我国污染土壤修复行业起步较晚，2019 年相关企业数量和营业收入仅占环保产业总量的 1.7% 和 2.2%，存在巨大发展空间。随着《土壤污染防治行动计划》的实施，污染土壤修复行业将进入高速发展时期，预计可拉动 GDP 增长约 2.7 万亿元，可新增就业人口 200 万人以上，发展前景十分广阔。

污染土壤修复是环境土壤学的重要研究内容，其概念一般可理解为通过技术手段促进受污染的土壤恢复其基本功能和重建生产力的过程，主要目标为改善土壤环境质量，保障土壤环境安全，管控污染土壤风险，最终实现土壤生态系统良性循环。污染土壤修复是一个综合性、系统性工程，包括污染状况调查、污染特征分析、修复目标确定、修复技术比选、修复方案编制、修复工程实施、修复效果评价等多方面内容。本章将在第八章土壤污染修复技术原理的基础上，围绕农用地、工业企业和矿业污染场地现状和特征，系统介绍不同土地用途污染土壤修复的适用方法及国内外典型修复工程案例。其他土壤修复环节（如污染状况调查、污染特征分析、修复目标确定、修复效果评价等）所涉及的土壤环境质量监测、土壤环境质量评价与风险评估、修复效果评价、修复后土壤环境监管等内容，将在本书第十一章中进行详细讨论，本章不再赘述。需要注意的是，本章所选择的污染土壤修复技术方法主要基于应用性，对于仍停留在实验室的、尚未在实际污染土壤中开展大规模应用的技术方法则不做过多介绍，有关技术的原理可参考第八章。此外，本章所列案例主要侧重修复思路、修复措施及修复效果，不涉及工程质量和认可度等相关问题。

第一节 农用地土壤污染修复方法及案例

依据《中华人民共和国土地管理法》，农用地是指直接用于农业生产的土地，包括耕地、林地、草地、农田水利用地、养殖水面等。2014 年，环境保护部和自然资源部联合发布的《全国土壤污染状况调查公报》指出，"全国土壤环境状况总体不容乐观，部分地区土壤污染较重，耕地土壤环境质量堪忧"，"耕地土壤点位超标率为 19.4%，主要污染物为镉、镍、铜、砷、汞、铅、滴滴涕和多环芳烃"。2015 年，农业部、国家发展和改革委员会等国家八部委联合发布的《全国农业可持续发展规划（2015—2030 年）》也明确指出，环境污染问题是当前农业可持续发展面临的重大挑战之一。一方面，工业"三废"和城市生活等外源污染向农业农村扩散，农用地重金属和有机污染物污染问题突出；另一方面，农业内源性污染严重，化肥、农药、地膜等农用化学品投入逐年增加，氮磷、有机污染物等面源污染日益加剧。为此，2016 年国务院印发《土壤污染防治行动计划》（"土十条"）要求农用地以耕地为重点，开展受污染耕地的治理与修复，并将受污染耕地的安全利用率列入主要考核指标。本节主要聚焦耕地重金属、有机污染物和氮磷污染，系统介绍污染耕地主要的土壤修复和安全利用方法及典型案例。

一、农用地土壤污染修复治理与安全利用方法

对于重金属污染耕地,我国从保护农产品质量安全角度,依据《土壤环境质量　农用地土壤污染风险管控标准(试行)》(GB 15618—2018)关于农用地主要污染物污染风险筛选值和管制值以及《食品安全国家标准　食品中污染物限量》(GB 2762—2022)关于农产品污染物限量指标的规定,以农用地土壤环境质量类别为基础,结合农产品质量,将耕地划分为优先保护类、安全利用类和严格管控类。优先保护类耕地实行严格保护,确保其面积不减少,耕地污染程度不上升,原则上不需要修复。安全利用类耕地应当优先采取农艺调控、土壤改良、生物修复等安全利用和修复治理措施,阻断或者减少重金属进入农作物可食部分,降低农产品超标风险。严格管控类耕地则主要采取种植结构调整、休耕治理或者按照国家计划经批准后进行退耕还林还草等风险管控措施。安全利用类和严格管控类耕地修复治理与安全利用方法见表9-1。

对于有机物污染耕地,目前以生物类修复技术为主,包括植物修复、微生物修复以及植物-微生物联合修复等(表9-1)。其他修复技术,如场地修复中常使用的热脱附、化学淋洗、化学氧化还原等方法在耕地有机物污染修复中并不适用,主要原因包括:一是这些方法需要中断农业生产,影响农民的生计;二是需要使用大量的化学药剂以及工程器械,成本较高,难以在面广量大的耕地污染修复中推广;三是可能对土壤环境质量产生负面效应,修复后对耕地土壤的农业用途和生态功能影响较大。值得注意的是,目前《土壤环境质量　农用地土壤污染风险管控标准(试行)》(GB 15618—2018)中只规定了三种有机污染物的污染风险筛选值(包括六六六、滴滴涕和苯并[a]芘),而对其管制值和其他耕地中高检出率的有机污染物(如多环芳烃、多氯联苯、邻苯二甲酸酯等)仍缺乏标准。因此,在实际耕地有机污染修复过程中,除了需要考虑有机污染物在土壤和作物中的浓度外,还需结合污染指数、暴露风险评价等方式综合评估其他有机物风险,以制定合适的修复目标。

耕地氮磷面源污染一般以源头预防、过程促进、转化消纳及末端拦截等为主,主要目的是保障作物的正常生长,并防止周边水体及地下水面源污染。源头预防手段包括测土配方施肥、水肥一体化管理、替代施肥、土壤结构改良等;促进转化消纳手段包括种植结构调整,如轮作固氮植物或需肥量大的作物等;末端还可采取面源污染物拦截、生态沟、氧化塘等工程手段保障水体质量。值得注意的是,氮磷面源污染常常与土壤退化、板结等有关,改良土壤结构可以提高保水性,减少面源径流,提高作物对氮磷等营养元素的吸收能力。另外,和有机污染物类似,农用地土壤氮磷没有限值标准,除了考虑其土壤含量外,还需结合种植结构、周边水体水文地质特征、区域降水特征等因素综合考虑污染防治策略。

必须强调的是,以上耕地重金属、有机污染物和氮磷污染修复治理方法多样,在实际修复过程中需根据耕地污染风险评估及土壤与农产品质量调查结果,基于耕地污染类型、程度、范围、污染来源,及修复治理与安全利用技术的经济性、可行性等因素,确定修复思路和候选单元技术,开展必要的实验室小试和大田中试,或对耕地土壤修复治理与安全利用技术应用案例进行分析,因地制宜选择适用修复技术(组合)。

表 9-1　农用地土壤污染修复治理与安全利用方法

污染物	修复方法	修复原理	适用性	成熟度
重金属	安全利用类 农艺调控类	利用农艺措施（石灰调节、优化施肥、低积累品种替代种植、水分调控、叶面调控、深翻耕等）减少重金属从土壤向作物特别是可食用部分转移的方法，从而保障农产品安全生产，实现受污染耕地的安全利用	属于安全利用类措施，适用于轻中度污染耕地，不适用于重度污染耕地	已在全国大规模应用
	土壤改良类	通过施用钝化剂、土壤调理剂等，降低重金属在土壤中的迁移性和生物毒性，阻控作物对土壤重金属吸收的方法，主要包括原位钝化、定向调控等措施	属于修复治理类措施，适用于轻中度污染耕地，不适用于重度污染耕地	已在全国大规模应用
	生物修复类	利用天然或人工改造的生命代谢活动来降低土壤中重金属浓度或使重金属达到无害化的方法，主要包括微生物修复和植物提取等	属于修复治理类措施，适用于轻中度污染耕地，不适用于重度污染耕地	在国内部分地区应用
	严格管控类 退耕还林还草	指将不适宜耕种的重金属重度污染耕地停止耕作，种植树木、林草，以有效管控重度污染耕地重金属污染风险，同时兼具防治水土流失、减少自然灾害、固碳增汇、应对气候变化等生态效益的方法	适用于重度污染耕地，特别适用于坡度大于25°的重度污染坡耕地，须切实落实退耕农户补助政策	已在全国大规模应用
	种植结构调整	指将种植粮食作物调整为重金属低积累的农产品（如蔬菜作物、油料作物等），或调整为非食用经济作物（如纤维作物、能源作物、观赏作物等），以保障农产品质量安全的方法	适用于重度污染耕地，结合区域农业生产结构，因地制宜、科学选择替代作物，调整种植食用类农产品的，需加强农产品质量安全监控，防范不合格农产品流入市场	已在全国大规模应用
	休耕治理	利用修复治理（深翻耕、原位钝化、种植绿肥等）等措施，逐步降低污染耕地土壤重金属活性，提高耕地环境质量，在休耕结束后可实现安全利用目标的方法	适用于重度污染耕地，须切实落实休耕农户补助政策	在国内部分地区应用
	植物稳定修复	利用耐性经济作物，耦合原位钝化和/或微生物修复，使土壤重金属迁移性和生物有效性大幅度下降的方法，属于种植结构调整方法的拓展	适用于重度污染耕地，须结合区域农业生产结构，因地制宜、科学选择替代经济作物	在国内部分地区应用

续表

污染物	修复方法	修复原理	适用性	成熟度
有机污染物	植物修复	利用特定植物进行提取、根际降解等方式移除或分解分解耕地土壤中有机污染物的方法	适用于分子量较小、中等极性的有机污染物（如分子量小的邻苯二甲酸酯、石油烃、多氯联苯单体等）	在国内有初步应用，但规模较小
	微生物修复	利用功能微生物完全或部分降解土壤中有机污染物的方法	适用于相对易降解的有机污染物，且流水性强对有机污染物降解效果有限	在国内有初步应用，但规模较小
	植物-微生物联合修复	主要依赖微生物降解土壤中的有机污染物，植物可在根际通过分泌物为微生物提供营养物质，以促进微生物降解效果的方法	与微生物修复技术类似，且对部分难降解有机污染物有一定效果	在国内有初步应用，但规模较小
氮磷	坡耕地生物拦截带	依据坡度大小，沿等高线方向种植并具有一定经济效益的单一或多种复合植物条带，控制坡地地表径流，减少农田氮磷流失。在缓坡坡地以种植单一种类的多年生草本植物条带为主，在陡坡坡地以种植灌木等多年生草本植物等为主	属于综合防治工程的一种，主要针对坡耕地顺坡种植普遍、翻耕频繁造成的径流污染问题，多步成形成生物梯田，丰富生物多样性，并增加农民收入	在国内部分地区应用
	坡耕地径流集蓄与再利用设施	以利用现有沟、塘、窖等为主，新建为辅，因地制宜建设坡耕地径流集蓄与再利用工程。该工程以集水窖为核心，辅以导流渠（引水渠）、引沙池、沉沙池、灌溉管等相关配套设施，灌溉高的每年前三场暴雨径流或暴雨初期径流引入贮存于集水窖，并在次年春天自流灌溉农田	属于综合防治工程的一种，主要针对陡坡区域，能够有效收集坡耕地氮、磷流失的养分和水资源利用效率	在国内部分地区应用
	平缓型农田氮磷净化设施	整理沟渠布局，规范设计沟渠结构，清淤疏泥，加固边坡，合理配置水生植物群落，每隔一定距离配置格栅和透水坝，延长水流滞留时间	属于综合防治工程的一种，主要针对沟渠淤积严重、水生植物缺失所造成的生态功能退化问题，能够在保证排水安全的同时，提升沟渠的生态功能，降低农田排水中的氮、磷等污染物含量	在国内部分地区应用

资料来源：改自农业农村部，2017 和 2019。

二、农用地重金属污染修复治理与安全利用案例

（一）湖南长株潭地区重金属污染耕地修复及农作物种植结构调整试点

1. 试点概况

湖南是我国重要的有色金属采选冶基地，其中钨、锌、铅、锡、锑等储量均在全国前列，位于湖南省中东部的长株潭区域冶炼业尤为发达。据统计，湖南全省约有 28 000 hm² 的土地受到重金属污染，占湖南总面积的 13%，其中湘江流域工矿带重金属污染明显，长株潭区域污染最为严重。在污染物种类上以镉、锌等重金属污染为主，其中镉的影响占主导地位。为有效管控重金属污染风险，保障粮食安全、农产品安全与农产品产地环境安全，2014 年农业部和财政部批复建设湖南长株潭地区重金属污染耕地修复及农作物种植结构调整试点，范围包括长株潭 19 个县（市、区）170 万亩重金属污染耕地重点区域；2016 年印发的《土壤污染防治行动计划》，也明确表示"继续在湖南长株潭地区开展重金属污染耕地修复及农作物种植结构调整试点"，目前该试点是我国唯一大范围实施的国家级耕地重金属污染修复项目。

2. 修复思路和措施

以"政府引导、农民参与、突出重点、创新机制"为基本原则，综合考虑利用方式、地形地貌、污染程度、集中连片度等因素，将长株潭耕地划分为四大区域，包括优先保护区、安全利用区、严格管控区和休耕试点区，进行分类治理。

（1）优先保护区。该区域耕地未受污染，工作重点是加大对优先保护区耕地的保护力度，严格管控污染源，加强监测预警，推行管护措施，探索并建立长效管护运行模式与管理机制，构建耕地安全利用保障体系，确保土壤环境质量不下降，实现持续安全利用。

（2）安全利用区。在轻度和中度污染区域推行"VIP"或"VIP+n"修复技术模式，加大治理力度。"VIP"或"VIP+n"是一种重金属污染耕地综合治理技术，是指在低镉水稻品种（variety，V）、淹水灌溉（irrigation，I）、施用石灰等调节土壤酸度（pH，P）的基础上增施（采用）土壤调理剂、钝化剂、叶面调控剂、有机肥等降镉产品或技术（n）。"VIP"综合治理技术克服了单一治理技术在污染耕地治理中存在的治理效率低，且可能影响正常农作物种植和粮食生产的缺点，实现不改变原种植习惯、边生产边治理的目的。"VIP"技术与其他技术（n）集成时应遵循大面积施用、衔接农时、经济高效、科学规范等基本原则，进行各项技术的组合和排序，并根据土壤污染程度，调整综合技术中集成技术的数量和单项技术的实施强度。

（3）严格管控区。该区域应加强风险管控与用途管理，依法划定水稻禁止生产区域，可利用镉低积累农作物调整种植结构，或开展退耕还林还草。目前，湖南已筛选出多种旱粮作物、油料作物、蔬菜、水果等可用于严格管控区种植结构调整（表 9-2），并大力推广应用。种植结构调整遵循以下方式：一是根据土壤镉含量分布梯度选择调整。在土壤镉含量相对较低的区域可改种经过安全评估的食用经济作物、饲用作物、油料作物；在土壤镉含量相对较高的区域选择种植纤维作物、花卉苗木、能源作物等非食用作物。二是根据地理区位选择调整。在城市周边和旅游景点，交通便利的地方，可考虑改种花卉、草皮、绿化苗木、盆栽植物、香料植物和经过安全评估的特色水果等，发展观光、休闲、体验、采摘园，改善城市周边生态环境，提升城市品位；交通相对不便的地方，可考虑种植省时省力的桑、麻、生物质能源等工业原料作物。三是根据地形地势选择调整。在地下水位较低、容易排水的区域可考虑"水改旱"，改种棉麻桑等纤维作物、油料作物或其他工业原料作物；在地下水位较高、水源充沛、不

易排水的区域可考虑发展特色健康水产养殖或休闲渔业,在不改变稻田基本性状的前提下养殖虾、蟹等附加值高的水产品。

表 9-2 长株潭严格管控区种植结构调整推荐名录

作物类别	作物	土壤 pH	土壤镉阈值/(mg·kg^{-1})
旱粮	玉米		1.55
	高粱		5
	甘薯		2
	鲜食甘薯	4.5~7.0	2
	绿豆	5.0~7.0	1
油料	油菜		6
	大豆		1.5
	花生		2
	芝麻		2
	油葵		6.07
蔬菜	黄瓜		2
	豇豆		2
	丝瓜	4.5~7.0	1
		5.0~7.0	3
	冬瓜	4.5~7.0	1
		5.0~7.0	4
	中国南瓜	4.5~7.0	1
		5.0~7.0	3.5
	印度南瓜	4.5~7.0	1
		5.0~7.0	2
	苦瓜	4.5~7.0	1
		5.5~7.0	2
	四季豆	4.5~7.0	1
		5.5~7.0	2
	叶用番薯	5.0~7.0	1
	湘莲	5.5~7.0	2
水果	西瓜		7
	葡萄		5
	猕猴桃		5
	梨		5
	蓝莓		5
	枣		5

续表

作物类别	作物	土壤 pH	土壤镉阈值/(mg·kg^{-1})
桑树	蚕桑		
	饲用桑		5.75
苎麻	苎麻		
棉花	棉花		
能源作物			
苗木花卉			
养鱼			

资料来源：湖南省农业农村厅，2020。

（4）休耕试点区。在严格管控类重度污染耕地和安全利用类部分中度污染耕地，开展治理式休耕，利用深翻耕、种植绿肥、原位钝化和休耕管护等技术措施，逐步降低耕地土壤重金属活性，提高耕地环境质量，在休耕结束后可实现安全利用目标。

3. 实施效果

据湖南省人民政府网公布《2014年湖南省农业委员会重点工作完成情况公示》显示，长株潭地区重金属污染耕地修复及农作物种植结构调整试点取得明显效果。从早稻分析结果看，达标生产区、管控专产区、替代种植区早稻达标（镉≤0.2 mg/kg）的比例分别提高了53.1%、44.8%、20.3%，可使早稻米镉含量平均降低30%。

（二）广西桂林某重金属污染耕地修复工程

1. 工程概况

本案例场地位于广西桂林某村，该村上游是当地大型的铅锌矿采选企业，2012年后处于停产状态。由于历史原因，铅锌矿的采选活动曾使镉铅等重金属污染物进入溪流，通过灌溉和洪水等途径，导致该村下游耕地土壤受到重金属污染。依据2017年耕地土壤环境质量详查数据，全村受污染耕地面积超过1 400亩，镉铅为主要污染物，其中重度污染耕地703亩（占比50%），中度污染耕地433亩（占比31%），轻度污染耕地270亩（占比19%），污染由东北向西南呈梯度递减。2018年始，中山大学、桂林理工大学、中国科学院地理科学与资源研究所等单位在国家重点研发计划项目、桂林市耕地土壤污染治理与修复项目等项目资助下，于该村开展了污染耕地一体化修复工程。

2. 修复思路和措施

本案例中污染耕地连片集中、重中轻污染梯度分布、面积大，所以采取"分区、分类、分级、分目标"的修复思路，在充分考虑项目区耕地污染特点、修复目标、修复周期、自然环境条件、社会经济条件、土壤特征、农业种植习惯、技术成熟程度、修复成本、修复效率等指标的基础上，分析了不同修复技术的适用性、优缺点、成熟度等，集成构建了污染耕地一体化修复的最佳技术（组合），形成了重度污染农田植物稳定（phytostabilization）、中度污染农田植物提取（phytoextraction）、轻度污染农田植物阻隔（phytoexclusion）的多金属污染农田3P修复技术体系（图9-1）。

（1）重度污染耕地植物稳定修复：针对重度污染耕地污染特征，结合当地农民种植习惯、产业链特点和桂林市特色旅游经济发展战略，制定了利用耐性经济作物开展种植结构调整的修复策略，采用多种耐性经济作物（包括观赏作物油葵、纤维作物苎麻、能源作物甜高粱等）研发了经济作物-碱性炭铁基材料原位钝化稳定修复技术，实现了重度污染耕地的安全利用。

甜高粱　　　　　　　　　苎麻
经济作物-碳铁基材料原位稳定修复技术

伴矿景天-百香果套作提取修复技术

材料施加　　　　　　　　作物种植
低积累玉米-功能材料原位阻隔修复技术

彩图 9-1

图 9-1　植物稳定-植物提取-植物阻隔 3P 修复技术体系应用

（2）中度污染耕地植物提取修复：针对中度污染耕地安全利用技术难以保障农产品安全的情况，制定了利用植物提取修复逐步减量土壤重金属的修复策略，采用多种镉（超）富集植物（包括籽粒苋、青葙、八宝景天、伴矿景天等）研发了以柠檬酸为化学活化剂的富集植物-化学强化提取修复技术。此外，依据当地农民种植习惯，筛选了当地主栽作物（百香果和玉米）的低积累品种，利用作物形成的株下空间，套种超富集植物伴矿景天，形成了伴矿景天-低积累作物间套作提取修复技术，实现了"边安全生产-边高效修复"。

（3）轻度污染耕地植物阻隔修复：针对轻度污染耕地污染特征和土壤基础理化特点，基于化学固定/钝化阻隔的地球化学原理，筛选/复配了多种重金属高效钝化材料（包括铁硅基材料、碳基材料、碱基材料等），结合当地主栽作物的低积累品种，耦合构建了低积累作物-功能材料原位阻隔修复技术，实现了轻度污染耕地的达标安全生产。

3. 修复效果

修复工程实施后，取得了显著的环境、经济和社会效益。

（1）环境效益：修复后项目区污染耕地土壤实现镉铅等重金属减量减活，土壤环境质量改善明显。经第三方测试,修复后中度污染耕地实现镉年去除率 20%～30%,重度和轻度污染耕地实现镉铅等主要重金属有效态(DTPA 浸提法)含量降低 60%～90%,环境效益显著。

(2)经济效益:修复后重度污染耕地能够种植观赏作物、纤维作物、能源作物等经济作物,具有一定的经济效益;中度和轻度污染耕地主要农作物质量符合《食品安全国家标准 食品中污染物限量》(GB 2762—2022)的规定,保障了农产品安全和农民收益。

(3)社会效益:项目初步形成了有色金属矿区周边污染耕地低成本、可复制、易推广的一体化修复技术模式,受到各级政府和当地群众的高度认可。

三、农用地有机污染修复案例

(一)广东高州某邻苯二甲酸酯污染耕地修复工程

1. 工程概况

本案例工程位于广东省高州市,属南亚热带季风气候,光照充足,热量丰富,是我国知名的北运菜种植区之一,当地有冬季种植蔬菜、番薯等作物的传统,并大量使用地膜保障冬季作物种植,且回收利用率低。大量废弃地膜长期残留在田间,一方面影响土壤透气性、阻碍水分入渗和作物根系发育,另一方面地膜还会释放大量有机物污染耕地,威胁农产品安全。据调查,工程所在区域耕地土壤邻苯二甲酸酯类(phthalic acid ester,PAEs)污染问题较为突出,其中邻苯二甲酸二甲酯(dimethyl phthalate,DMP)、邻苯二甲酸二乙酯(diethyl phthalate,DEP)、邻苯二甲酸二丁酯(dibutyl phthalate,DBP)出现超标现象,超标率分别为 100%、53%、93%,而邻苯二甲酸丁苄酯(benzyl butyl phthalate,BBP)、邻苯二甲酸二(2-乙基己基)酯(di(2-ethylhexyl)phthalate,DEHP)、邻苯二甲酸二辛酯(dioctyl phthalate,DOP)符合标准,土壤样品综合污染指数在 3.8～20.0,属于重度污染。水稻糙米样品分析结果,6 种 PAEs 含量在 1.3～2.0 mg/kg,平均为 1.6 mg/kg。风险评估结果表明,PAEs 对人群的暴露风险主要是通过食物链进入人体,非致癌参考剂量为 11.14 mg/kg/d,非致癌风险指数为 $2.36×10^{-3}$,但 DOP 和 DEHP 的暴露剂量与其参考剂量接近,其暴露风险较大。2015 年始,生态环境部华南环境科学研究所、中山大学等单位在生态环境部公益性行业科研专项等项目支持下,于高州某邻苯二甲酸酯污染耕地开展了生物修复技术研发与示范推广工作。

2. 修复思路和措施

依据 PAEs 污染特征并结合当地农业种植模式和农民种植习惯,主体采用生物修复为主-农艺调控为辅的修复策略,主要工艺流程如图 9-2 所示。其中真菌有机肥以基肥(底肥)的方式施用,在犁地后进行,用量因作物种类而定,125～500 kg/亩;整地混合目的是把真菌有机肥与土壤混合均匀,混合后根据土壤 pH 考虑农艺调控辅助修复措施,主要采用石灰调节法,土壤 pH<5 时每亩每年施用石灰 200 kg,土壤 pH 在 5～6 时每亩每年施用石灰 100 kg。

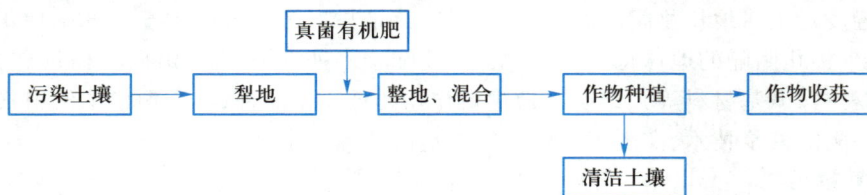

图 9-2 PAEs 污染耕地生物修复工艺流程

资料来源:蔡信德和仇荣亮,2016。

本案例针对早造和晚造分别开展修复,并在此基础上集成了适宜项目区邻苯二甲酸酯污染耕地生物修复的水旱轮作技术模式。

（1）早造修复工程:结合当地种植习惯,早造种植水稻、冬瓜、大豆三种作物。真菌有机肥作为基肥一次施用,用量125~375 kg/亩。水稻于3月中旬播种,3月下旬移植,7月上旬收割。冬瓜、大豆于3月下旬播种,大豆于6月下旬收获;冬瓜于7月下旬收获。收获后开展耕地土壤和农作物质量分析。

（2）晚造修复工程:结合当地种植习惯,晚造种植水稻、冬瓜、玉米三种作物。为考查水旱轮作对土壤PAEs的降解效果,将早造种植水稻的耕地改种旱地作物,而将种植冬瓜、大豆的耕地改为种植水稻。真菌有机肥作为基肥一次施用,用量500 kg/亩。水稻7月中旬播种,8月上旬移植,11月中旬收割。玉米于9月上旬播种,11月中旬收获。冬瓜于9月上旬播种,12月上旬收获。收获后开展耕地土壤和农作物质量分析。

3. 修复效果

（1）土壤/作物质量有效改善:采用真菌有机肥和作物联合的种植修复模式,结合水旱轮作耕作制度,经2茬种植后土壤PAEs含量大幅降低（表9-3）,土壤综合污染指数由4.4~5.9下降至1.2~1.8,土壤污染等级由严重污染转为轻度污染。

表9-3　水旱轮作后土壤PAEs总降解率

项目	PAEs含量/$(mg \cdot kg^{-1})$					
	DMP	DEP	DBP	BBP	DEHP	DOP
种植前（$n=9$）	0.110	0.059	0.492	0.013	0.390	0.098
水旱轮作后（$n=9$）	0.009	0.000	0.118	0.000	0.072	0.000
降解率/%	92	99	76	99	81	99

资料来源:蔡信德和仇荣亮,2016。

（2）耕地地力明显提升:经测算种植一茬后,与施用化肥的耕地对照相比,土壤pH由平均4.93上升到5.25~5.48,土壤有机质由2.4%~2.8%上升到2.7%~3.1%,施加真菌有机肥地力提升的效果十分明显。

（3）作物产量显著增加:地力提升和污染阻控也使项目区主栽作物实现增产增收,据工程测产结果,施用真菌有机肥后,水稻稻谷产量较施用化肥增加约62.5 kg/亩,达10%~14%,增产效果显著。

（二）长三角某多氯联苯污染耕地修复示范工程

1. 工程概况

本案例工程在长三角某典型多氯联苯（polychlorinated biphenyls,PCBs）污染的耕地中进行,该区域所在地是全国最大的电子废旧物资拆解基地之一,也是全国重要的再生资源集散市场。当地长期无序的拆解加工经营活动不仅造成了资源的极大浪费,也对环境造成了不同程度的污染,尤其是重金属和持久性有机物（如多氯联苯、多环芳烃、多溴联苯醚、二噁英等）污染严重。据测算,示范工程所在地耕地土壤PCBs含量高达406~2 560 μg/kg,严重威胁了当地农业正常生产和农产品安全,亟待修复治理。本案例工程由中国科学院南京土壤研究所负责技术研发及组织实施。

2. 修复思路和措施

依据 PCBs 污染特征并结合当地农业种植模式和农民种植习惯,采用植物-微生物联合原位生态调控修复思路,主要工艺流程包括土壤调控翻耕修复、紫花苜蓿修复和水稻种植修复三个阶段进行。

(1)土壤调控翻耕修复:该阶段包含两项措施,一是中和调控修复措施,通过施用石灰(1 800 kg/hm²)和钙镁磷肥(450 kg/hm²)实现;二是土壤耕作修复措施,通过农用机械对土壤进行周期性翻动,可以改善土壤的通气状况,有利于 PCBs 污染土壤中土著微生物的生长和代谢活性的提高,从而促进土壤中 PCBs 的自然降解。该阶段修复持续时间为 1 个月。

(2)紫花苜蓿修复:该阶段采用种植紫花苜蓿并接种根瘤菌与菌根真菌方式进行修复,豆科植物紫花苜蓿已被广泛用于 PCBs 污染土壤的植物修复中,并可通过接种根瘤菌、菌根真菌以刺激提高根际微生物活性,进而强化紫花苜蓿对污染耕地土壤中 PCBs 的降解修复效果。紫花苜蓿以条播方式进行播种,播种量为 22.5 kg/hm²,菌剂接种量均为 150 g/hm² 左右,修复时间持续 3 个月。

(3)水稻种植修复:该阶段将紫花苜蓿翻压入土壤,可提升土地肥力,而后按照当地种植习惯和方式,实施水稻种植修复,修复时间持续 4 个月。

3. 修复效果

本案例工程利用植物-微生物联合生态修复技术,辅以调理剂和生态调控手段,实现了 PCBs 污染耕地的原位修复。据测算,修复后可使污染耕地土壤的 pH 从 4 调节至 6 以上,基本满足植物的生长要求;污染耕地土壤中的 PCBs 总量可从 0.5~2.5 mg/kg 下降至 0.1 mg/kg 以下,PCBs 平均去除率大于 85%(图 9-3),污染风险防控效果显著。该技术体系已入选《国家先进污染防治示范技术名录》,极具应用推广价值。

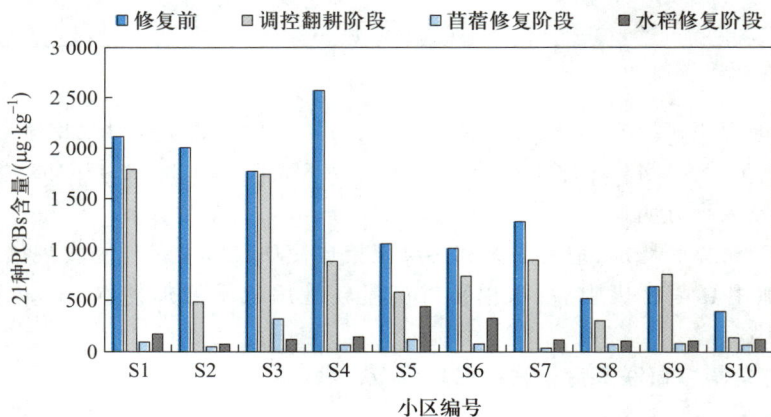

图 9-3　植物-微生物联合生态修复不同阶段各小区土壤中的 PCBs 含量

资料来源:改自骆永明和滕应,2015。

四、农用地氮磷面源污染修复案例

以下主要介绍珠三角某菜地面源污染防治工程。

1. 项目概况

珠江三角洲佛山、肇庆、惠州、东莞等城市是粤港澳大湾区重要的蔬菜生产基地。当地水热条件良好,且人口密集,因此蔬菜长期轮作,施用大量化肥,周边水体面源污染风险较高。2017 年起,生态环境部华南环境科学研究所等单位在国家重点研发计划专项等项目支持下,于佛山市某菜地开展了面源污染综合防控示范与推广工作。示范区菜地土壤氨氮平均含量为 16.94 mg/kg,最高可达 141.75 mg/kg;速效磷平均含量 73.27 mg/kg,属于典型的富磷型土壤。当地主要采取蔬菜连作的种植模式,种植作物种类包括黑皮冬瓜、荷兰豆和甘蓝,这三种作物都属于需肥量大的作物。加上珠三角地区河涌水网密布,地下水和地表水径流复杂,氮磷面源污染风险突出。

2. 防治思路和措施

(1)化肥源头减量:通过测土配方施肥和水肥一体化措施,结合调整当地种植制度,实现化肥源头减量。一是科学提高冬瓜等大生物量作物的化肥利用效率,形成作物种植规程,通过农民培训等手段实现区域合理施肥。二是对荷兰豆和甘蓝实施水肥一体化管理,提高肥效。

(2)面源污染物拦截:结合示范区已有的排水渠,建立生态拦截沟(图 9-4),主要技术要点包括:生态拦截沟对排入其中的氮磷有一定的生态拦挡和净化消解作用;生态沟所用的生态护坡具有一定的生态保护和生态景观效应;生态沟减少了传统排水沟建设中对混凝土使用的总量及范围,运用生态工法的建设理念,符合"人类社会—经济发展—自然生态系统整体协调、有序发展"的生态文明建设要求。结合当地情况,在生态沟优选美人蕉、旱伞草、菖蒲间隔种植。

(a)　　　　　　　　　　　　　　　　(b)

图 9-4　氮磷面源生态拦截沟(生态环境部华南环境科学研究所提供)　　彩图 9-4

(3)农业废弃物循环利用:余菜等废弃物的不当处理将增加氮磷面源污染风险,因此对收获后的菜梗等进行回收,并采用密闭智能好氧发酵设备进行好氧微生物快速繁殖分解作用发酵,形成高质量有机肥,作为基肥施加,进一步降低化肥用量,改善土壤肥力和结构。

3. 实施效果

示范期间,与常规施肥比,化肥减量达 18.3%~30.7%。生态沟植物生长状态良好,氮磷拦截率达 40%,提升了农田排水质量,有效避免了水体污染。好氧发酵形成的有机肥肥力较好,适用于本地区作物生长。

第二节　工业企业污染场地土壤修复方法及案例

污染场地可被定义为"对潜在污染场地进行调查和风险评估后,确认污染危害超过人体健康或生态环境可接受风险水平的场地,又称污染地块"(《建设用地土壤污染风险管控和修复术语》(HJ 682—2019))。随着我国城市化和调整优化产业结构进程的加快,以及"退二进三""退城进园"、化解产能严重过剩矛盾、城区老工业区搬迁改造等政策的部署实施,我国城镇普遍开展了工业企业搬迁和关停工作,与此同时遗留了大量的工业遗留和遗弃场地,导致城市工业企业污染场地问题十分突出。这些污染场地的存在不仅带来了严重的环境与健康问题,还阻碍了城市建设和经济发展,亟须开展治理与修复工作。2014 年,环境保护部和国土资源部联合发布的《全国土壤污染状况调查公报》指出,我国工矿业废弃地土壤环境问题突出,其中重污染企业用地、工业废弃地、工业园区、固体废物集中处理处置场地等典型地块及其周边土壤超标点位分别占 36.3%、34.9%、29.4% 和 21.3%,主要污染物包括镉、汞、砷、铜、铅、铬、锌、镍等重(类)金属以及多环芳烃、石油烃等有机污染物。为此,全国《土壤污染防治行动计划》要求"严控工矿污染",并将污染地块安全利用率列入主要考核指标。

由于工业(如金属冶炼、石油加工、化工、焦化、电镀、制革等行业)和矿业(如有色金属、黑色金属等采选行业)污染场地在分布区域、污染面积、污染特征、修复目标、修复方法、修复后土地再利用用途等方面存在诸多差异,本节主要介绍城市工业企业污染场地适用修复方法及典型案例,而矿区污染场地修复方法与案例则在本章第三节做详细介绍。

一、工业企业污染场地土壤修复方法

工业企业场地土壤污染修复方法按技术类别可分为物理修复、化学修复和生物修复三种。目前较为成熟且应用较广的物理修复技术包括原位和异位固化/稳定化、异位热脱附、土壤阻隔填埋、多相抽提等,化学修复技术包括原位和异位化学氧化/还原、异位土壤淋洗、水泥窑协同处置等,生物修复技术包括植物修复、原位生物通风、生物堆等。相关技术原理、适用性、修复周期、修复成本、成熟度等详见表 9-4。

需要指出的是,在实际修复过程中,首先应在分析前期污染场地环境调查和风险评估资料的基础上,根据污染场地特征条件、目标污染物、修复目标、修复范围和修复周期,确定污染场地总体修复思路;而后根据污染场地的具体情况,按照确定的修复思路,筛选实用的土壤修复技术,开展必要的实验室小试和现场中试,或对污染场地土壤修复技术应用案例进行分析,从适用条件、修复效果、成本和环境安全性等方面进行评估;最后根据确定的修复技术,制定污染场地修复技术路线,确定修复技术工艺参数,估算污染场地土壤修复的工程量,提出初步修复方案,并从主要技术指标、修复工程费用以及二次污染防治措施等方面进行方案可行性比选,最终确定经济、实用和可行的修复方案。

表 9—4　工业企业污染场地土壤修复方法

类别	修复方法	修复原理	适用性	修复周期及参考成本	成熟度
物理修复	固化/稳定化	包括原位固化/稳定化和异位固化/稳定化两种方法。通过向污染土壤中添加固化剂/稳定化剂，经充分混合，使其与污染介质、污染物发生物理、化学作用，将污染土壤固封为结构完整的具有低渗透系数的固化体，或将污染物转化成化学性质不活泼形态，降低污染物在环境中的迁移和扩散	适用于处理重(类)金属、石棉、放射性物质，腐蚀性无机物、氰化物等无机物以及砷化物等无机物，农药/除草剂、石油或多环芳烃类、多氯联苯类以及二噁英等有机污染物	原位处理周期为3~6个月，异位日处理能力为100~1 200 m³。国外原位处理成本为50~330美元/m³，异位处理成本为90~245美元/m³；国内异位处理成本一般为500~1 500元/m³	国外原位和异位处理应用广泛；国内异位处理有较多工程应用，原位处理处于中试阶段
	异位热脱附	通过直接或间接加热，将污染土壤加热至目标污染物的沸点以上，通过控制系统温度和污染物料停留时间有选择地促使污染物挥发，使目标污染物与土壤颗粒分离，去除	适用于处理挥发及半挥发性有机污染物(如石油烃类、农药、多氯联苯)和汞	处理周期为几周到几年。国外处理成本为50~300美元/m³；国内处理成本为600~2 000元/吨	国外应用广泛；国内已有工程应用
	土壤阻隔填埋	将污染土壤或经过治理后的土壤置于防渗阻隔填埋场内，或通过敷设阻隔层阻断土壤中污染物迁移扩散的途径，使污染土壤水溶性强或渗透性高的污染物与环境隔离，避免污染物与人体和周围环境接触而造成危害	适用于重金属、有机物及重金属有机物复合污染土壤的阻隔填埋。不宜用于污染物水溶性强或渗透性高的污染土壤，不适用于地质活动频繁和地下水水位较高的地区	处理周期较短。国内处理成本为300~800元/m³	国外应用广泛；国内已有较多工程应用
	多相抽提	通过真空提取手段，抽取地下污染区域的土壤气体到地面进行相分离及处理	适用于处理易挥发、易流动的非水相液体，如汽油、柴油、有机溶剂等。不宜用于渗透性差或者地下水水位变动较大的场地	处理周期为1~24个月。国外处理成本约为35美元/m³；国内修复成本约为400元/kg	国外应用广泛；国内已有少量工程应用

续表

类别	修复方法	修复原理	适用性	修复周期及参考成本	成熟度
化学修复	化学氧化/还原	包括原位和异位化学氧化还原两种方法。通过向污染土壤添加氧化剂(如高锰酸盐、过氧化氢、芬顿试剂、过硫酸盐、臭氧等)或还原剂(如连二亚硫酸钠、亚硫酸亚铁、多硫化钙、二价铁、零价铁等),通过氧化或还原作用,使土壤中的污染物转化为无毒或毒性较小的物质	化学氧化可处理石油烃、BTEX(苯、甲苯、乙苯、二甲苯)、酚类、MTBE(甲基叔丁基醚)、含氯有机溶剂、多环芳烃、农药等大部分有机污染物;化学还原可处理重金属类(如六价铬)和氯代有机污染物等	原位处理周期为3~24个月,异位处理周期为数周到数月国外原位处理成本约为123美元/m³,异位处理成本为200~660美元/m³;国内异位处理成本一般为500~1500元/m³	国外原位和异位处理应用广泛;国内异位处理已有较多工程应用,原位处理有少量工程应用
	异位土壤淋洗	采用物理分离或增效洗脱等手段,通过水或合适的增效剂,分离重污染土壤组分或使污染物从土壤相转移到液相,并有效地减少污染土壤的处理量,实现减量化	适用于处理重金属及半挥发性有机污染物、难挥发性有机污染物。不宜用于土壤细粒(黏/粉粒)含量高于25%的土壤	处理周期为3~12个月美国处理成本为53~420美元/m³,欧洲处理成本15~456欧元/m³;国内处理成本为600~3000元/m³	国外已有较多工程应用;国内有少量工程应用
	水泥窑协同处置	利用水泥回转窑内的高温、热容量大、热稳定性好、碱性环境、无废渣排放等特点,在生产水泥熟料的同时,焚烧固化处理污染土壤	适用于处理有机污染物及除汞、砷、铅以外的重金属	处理周期与水泥生产线的生产能力及污染土壤添加量相关国内的应用成本为800~1000元/m³	国外应用广泛;国内已有工程应用
生物修复	植物修复	利用植物进行提取、根际滤除、挥发和固定等方式移除、转变和破坏土壤中的污染物,使污染土壤恢复其正常功能	适用于处理重(类)金属(如砷、镉、铅、镍、铜、锌、钴、锰、铬、汞等)以及特定的有机污染物(如石油烃、五氯酚、多环芳烃等)	处理周期需3~8年国外处理成本为25~100美元/吨;国内处理成本为100~400元/吨	国外应用广泛;国内已有工程应用
	原位生物通风	通过向土壤中供给空气或氧气,依靠微生物的好氧活动,促进污染物降解;同时利用土壤中的压力梯度促使挥发性有机物及挥发性产物流向抽气井,被抽提去除	适用于处理挥发性、半挥发性有机污染物。适宜非饱和带污染土等渗透系数较小的污染土壤修复	处理周期为6~24个月国外处理成本为13~27美元/m³	国外应用广泛;国内尚处于中试阶段
	生物堆	对污染土壤堆体采取人工强化措施,促进土著污染物降解能力的土著微生物或外源微生物的生长,降解土壤中的有机污染物	适用于处理石油烃等易生物降解的有机污染物	处理周期为1~6个月国外处理成本为130~260美元/m³;国内处理成本为300~400元/m³	国外应用广泛;国内已有工程应用

资料来源:生态环境部,2014。

二、场地重金属污染土壤修复案例

广州番禺某重金属污染场地修复工程

1. 工程概况

本案例场地位于广州市番禺区,场地所属企业是一家电池生产企业,主要产品包括扣式镍氢电池、锂锰电池等。厂区在长达半个多世纪的生产期间内,产生含有大量镉、镍等重金属的固体废物,直接或间接污染了生产厂区土壤。经土壤环境污染状况调查,发现该场地存在镉镍复合污染,表层土壤中镉浓度为 116~1 487 mg/kg,镍浓度为 1 071~4 349 mg/kg,均超过《土壤环境质量 建设用地土壤污染风险管控标准(试行)》(GB 36600—2018)的工业用地风险筛选值,部分区域超管制值。依据生态环境部《建设用地土壤污染风险评估技术导则》(HJ 25.3—2019)开展污染场地风险评估,考虑主要潜在风险受体为电池公司员工,其暴露途径主要包括受污染土壤和皮肤接触以及土壤颗粒物吸入。结果表明,土壤中镉和镍的修复目标分别为 28.3 mg/kg 和 293.7 mg/kg。污染场地需修复面积约为 283 m²,修复土方量约为 460 m³。本案例工程由中山大学负责组织实施修复。

2. 修复思路和措施

依据案例场地污染特征和修复目标,结合资金投入、场地用地发展规划和时间进度安排,确定采用镉镍协同-分级修复的总体思路。通过修复技术比选和方案设计比选,确定采用物理分离-土壤淋洗-植物修复联合修复技术开展目标污染场地修复。

(1)物理分离:采用平板振荡器和直线振动筛将污染土壤按粒径进行梯度分离,不同粒径土壤采用不同后续工艺处理(图 9-5(a))。粒径大于 2 cm 的石块、颗粒土壤等组分(质量占比 22.5%)污染很低,可直接回填;粒径小于 2 cm 大于 2 mm 的组分(质量占比 32.7%)经滚筒筛漂洗后回填;粒径小于 2 mm 大于 0.17 mm 的组分(质量占比 37.7%)经反应器振荡淋洗后回填;粒径小于 0.17 mm 的组分(质量占比 7.1%)则作为危险废物处置。经污染土壤物理分离后,有效降低了化学淋洗处理量,节约了修复成本。

(2)土壤淋洗:采用滚筒筛漂洗和反应器振荡淋洗处理不同组分的土壤(图 9-5(b)),淋洗液选用 EDTA。滚筒筛漂洗时间为 30 min,反应器振荡淋洗时间为 6 h(分两次淋洗)。漂洗和淋洗后,淋洗液经处理后回用。

(3)植物修复:针对淋洗后土壤黏粒含量低、营养元素和有机质匮乏的情况,采用有机改良剂改良回填区土壤,而后采用镉富集植物杨桃间作,利用绿化美观植物大叶黄杨/九里香开展回填区绿化,恢复景观(图 9-5(c))。

3. 修复效果

经第三方测算,土壤淋洗-植物修复治理后场地土壤镉和镍含量分别为 6.9~22.5 mg/kg 和 44.1~162.9 mg/kg,低于风险评估要求的修复目标值(镉 28.3 mg/kg 和镍 293.7 mg/kg),实现了风险防控的修复目标。由于物理分离减少了修复土方量和淋洗液回用,大大降低了整体修复成本,本案例工程修复成本约为 830 元/m³,在国内外同类型修复工程中属较低水平。

平板振荡器　　　　　　　　　直线振动筛

(a)

滚筒筛漂洗　　　　　　　　反应器振荡淋洗

(b)

清洁土壤回填　　　　　　　　植物修复

(c)

彩图 9-5

图 9-5　案例场地物理分离-土壤淋洗-植物修复联合修复现场

（a）污染土壤物理分离；（b）污染土壤淋洗修复；（c）植物修复

专栏 9-1　重金属选择性淋洗材料研发

化学淋洗相比其他修复技术，具有快速、经济、简单易行、适应性广、易于商业化应用等优点，在国内外重金属污染场地修复实践中被广泛应用。但目前化学淋洗也存在一些不足之处，其中淋洗造成的土壤养分流失和功能破坏是主要问题之一。因此，研发既能有效提取重金属又不破坏土壤质量的淋洗剂成为化学淋洗修复领域的研究重点。

以目前应用最为广泛的重金属配合剂乙二胺四乙酸（EDTA）为例。EDTA 在与金属离子形成配合物时，其氮原子和氧原子与金属离子键合可生成具有多个五元环的配合物，且对不同金属离子的配合常数相差不大,因此除重金属外 EDTA 也能有效配合土壤中钙、镁、铁等阳离子。有研究表明,EDTA 在有效去除铅、镉、铜、锌等重金属的同时,也造成了钙、镁、铁等元素的大量淋失,其中 68% 的 EDTA 与重金属离子结合,其余的 32% 则与钙、镁、铁等阳离子结合。EDTA 对金属离子的低选择性一方面大幅降低了修复效率,另一方面也造成了土壤矿质营养元素的大量流失,严重破坏土壤质量和功能。

近年来,一些研究者依据软硬酸碱理论,结合 EDTA 金属配合物电子结构和性质的密度泛函理论计算,分析得出:① 通过改变 EDTA 分子中氮原子之间连接基团的体积大小、刚性和供电子能力,调整配合剂与中心离子的空间匹配性,可提高螯合剂的配位选择性;② 通过向 EDTA 分子中引入酰胺基团或硫醚基团来提供配位原子氮原子和硫原子,改变配位原子的软硬性,增强对软酸类重金属离子(如镉、铅、汞等)的配合能力,同时降低对土壤中钙、镁、铁等硬酸类金属离子的配合能力,从而提高配合剂的配位选择性。依据上述理论分析,一系列重金属高选择性的 EDTA 衍生淋洗剂被成功设计并合成,如苯二胺四乙酸(PDTA)、3,4-二(二(2-(二甲基氨基)-2-氧代乙基)氨基)苯磺酸(DADBS)等(图 9-6)。

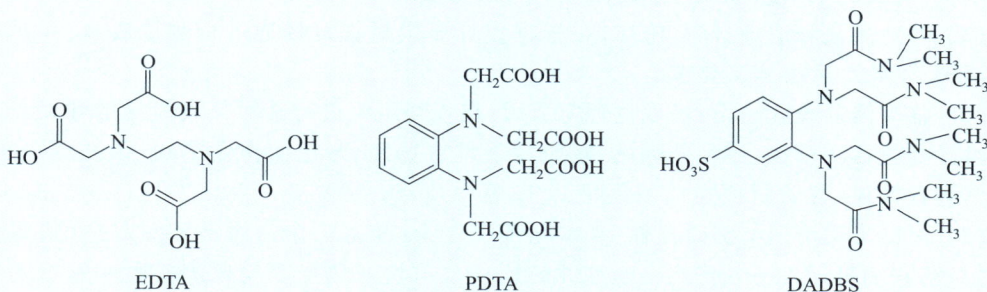

图 9-6　EDTA 及衍生物的分子结构

配位机理分析显示,PDTA 和 DADBS 对不同金属均具有一定的选择性(表 9-5),且对重金属的配合能力要显著高于钙、镁等金属阳离子。PDTA 由于氮原子连接基团(苯环)的刚性增强,通过空间位阻效应使其对不同金属进行选择性配位;而 DADBS 除了苯环的空间位阻效应外,还因为结构分子中配位原子由原来 EDTA 的 2 个氮原子和 4 个氧的原子改变为 6 个氮原子,增强了其对软酸类金属的配位能力。土壤淋洗实验发现,PDTA 对铜的淋出量比 EDTA 高 54%,而对钙的淋出量则降低 25%,在提高化学淋洗修复效率的同时也降低了对场地土壤质量的负面影响,具有较好的实际应用潜力。

表 9-5　PDTA 和 DADBS 金属配合物的平衡常数

金属	Pb(Ⅱ)	Cu(Ⅱ)	Cd(Ⅱ)	Zn(Ⅱ)	Ni(Ⅱ)	Hg(Ⅱ)	Ca(Ⅱ)	Mg(Ⅱ)
PDTA	20.3	24.8	18.2	18.0	23.3	19.7	11.3	10.4
DADBS	24.3	14.3	17.4	17.8	14.0	23.7	9.7	9.0

资料来源:Zhang 等,2013。

三、场地有机物污染土壤修复案例

（一）广州增城某石油烃污染场地修复工程

1. 工程概况

本案例场地位于广州市增城区，场地所属企业自 1995 年成立以来，一直从事某石油化工产品生产，并形成盐酸和次氯酸钠溶液两种副产品。企业于 2014 年关闭，2016 年底完成生产厂房和设施等拆除工作，场地用地性质由工业用地调整为二类居住用地。场地土壤环境污染状况调查结果表明，由于长期使用石油烃等原辅材料，按照《土壤环境质量　建设用地土壤污染风险管控标准（试行）》（GB 36600—2018），该场地石油烃（$C_{10} \sim C_{40}$）含量超过风险筛选值，修复面积约为 1 541 m^2，修复土方量约为 6 374 m^3。

2. 修复思路和措施

结合场地用地发展规划和时间进度安排，本案例场地污染土壤采用异位修复、分类处置的总体思路。通过修复技术比选和修复方案设计比选，提出热脱附技术及化学氧化技术为本场地土壤修复适用技术。经过小试试验发现，场地土壤黏性较高、渗透系数较低，化学氧化效率较低，因此采用原地异位热脱附技术开展修复。

（1）场地测量和清理：修复施工前，根据设计要求对修复场地进行测量放线，并对场地进行清理，以满足后续施工要求。

（2）临时修复设施建设：场地清理完成后，在现场组织进行临时修复设施的建设。现场的临时设施包括洗车池、污水处理站、建筑垃圾堆置场地、开挖面作业车间、预处理车间、污染土壤堆置场地（含防雨顶棚）、配药间、仓库等。

（3）污染土壤清运与临时存储：基本施工程序为：准备工作→污染范围定位（边界坐标放线）→高程测量记录→开挖污染土壤并转运→基坑坑底侧壁环境监测验收→基坑测量验收→高程测量记录→场地移交。

（4）污染土壤处置：污染土壤热脱附工艺流程包括：首先通过场内输送，将其转运至间接热脱附预处理区域，随后土壤通过装载机运送至筛分机过筛，筛分颗粒均匀的土壤输送通过预处理室传送至旋转热分离单元。经过预处理的污染土壤进入间接螺旋式加热器，在热解过程中有机组分被汽化出来。保证物料的停留时间、物料的加热温度，并通过自动温度监测实现燃烧室炉膛烟气温控助燃燃烧，保证螺旋反应器内壁的物料温度达到 500℃ 以上。冷却后清洁且湿润的土壤由传送带输送，每隔 4 h，从传送带上采集一次土样；处理后的土壤至处置土壤贮存区分批存放，通过监测验收后，作清洁土壤回填处置。尾气冷凝阶段包括冷却从间接螺旋式加热器中脱附出的尾气，并将尾气进一步冷凝为液体。冷凝下来的含有烃类、油类等有机物的油水混合液进入油、水、固分离器进行分离。

3. 修复效果

石油烃具有半挥发性，且成分较为复杂，对人群健康和生态环境造成较大的风险。本修复工程利用原地异位热脱附工艺进行去除修复。经过两次开挖后，共清挖 6 624 m^3 污染土；热脱附修复共计消耗天然气 542 953 m^3。修复后，土壤石油烃含量降低至 10~110 mg/kg，远低于修复目标值（826 mg/kg），修复效率达到 90% 以上。土壤修复达标后回填至原基坑。场地经过修复后已开发为居住用地。

（二）美国纽约某燃油配送点遗留有机污染场地修复工程

1. 工程概况

本案例场地位于美国纽约北部，土壤主要是由本地原土（粉质土）以及填充覆土组成。由于该场地常年用于燃油配送相关业务，场地土壤主要污染物为多环芳烃（polycyclic aromatic hydrocarbons，PAHs），包括苯并蒽、苯并芘、苯并荧蒽和䓛，总污染浓度均值为 13 540 μg/kg（表 9-6）。污染场地面积大约 1 858 m²，污染深度 0.6~2.4 m，待修复土方量超过 4 587 m³。由于案例场地面临二次开发利用，因而需要进行土壤修复。

表 9-6　场地各种污染物浓度信息

PAHs	含量/(μg·kg⁻¹)		TAGM 4046 标准值/(μg·kg⁻¹)
	均值	最大值	
苯并[a]蒽	1 410	2 900	224
苯并[a]芘	536	1 200	61
苯并[b]荧蒽	1 050	2 300	224
䓛	1 077	2 200	400
总浓度	13 540	32 520	无

资料来源：李影辉，2016。

2. 修复措施

本案例采用化学氧化进行污染去除，使用的氧化剂为臭氧。修复周期至少 60 天，使用日产量 45 L/d 的臭氧发生装置。场地共设置了 10 个直接喷射点，且设置了用于控制气体排放的浅层气体抽排系统。为保证系统的安全，场地还设置了多点连续的臭氧监控系统，用于检测周围臭氧浓度。修复工程根据纽约市 TAGM 4046（Technical and Administrative Guidance Memorandum 4046）土壤标准的要求，将 PAHs 的目标去除率定为 90% 以上。

3. 修复效果

修复后场地 PAHs 去除率高于 90%（60 天），达到了 TAGM 4046 土壤标准的要求。经检测，修复后场地土壤中 PAHs 的浓度已低于检出限。

四、场地重金属-有机污染物复合污染土壤修复案例

（一）重庆沙坪坝某重金属-有机污染物复合污染场地修复工程

1. 工程概况

本案例场地位于重庆沙坪坝区。区内某场地经调查发现场地内存在重金属、总石油烃以及多环芳烃污染，达不到修建公园和商住用地的要求，需要进行修复。经详查发现，场地土壤中重金属锌、铬、铜、铅、镍、六价铬和镉均有检出，除铜、铬、锌超标外，其余重金属均未超标。场地有机污染物中总石油烃、苯并[a]芘、苯并[b]荧蒽、茚并[1,2,3-c,d]芘、苯并[a]蒽、二苯并[a,h]蒽均超过标准。按照《建设用地土壤污染风险评估技术导则》（HJ 25.3—2019）中的风险评价模型计算出风险控制值，再将计算的修复目标值与《展览会用地土壤环境质量评价标准（暂行）》《荷兰土壤和地下水标准》满足商业用地性质要求的限值进行对比。根据土壤目标污染物修复目标值确定的依据，选择计算的修复目标值与《展览会用地土壤环境质量评价标准（暂行）》中较合适的值作为本评估中场地土壤修复的目标

值(表 9-7)。项目待处置的 7 000 m³ 污染土壤中六价铬污染土壤土方量约 5 000 m³,有机物污染土壤土方量约 2 000 m³。本案例工程由北京建工环境修复股份有限公司负责实施。

表 9-7　本案例工程土壤污染因子修复目标值

污染因子	计算风险控制值	《展览会用地土壤环境质量评价标准(暂行)》(HJ 350—2007)的 B 标	《荷兰土壤和地下水标准》	本案例土壤污染因子修复目标值
铜	6 634.05	600	—	600
锌	49 755.37	1 500	—	1 500
六价铬	0.54	—	—	0.54
总石油烃	—	—	5 000	5 000
苯并[a]芘	1.87	4.0	—	4.0
苯并[b]荧蒽	1.87	4.0	—	4.0
茚并(1,2,3-c,d)芘	0.19	0.66	—	0.66
苯并[a]蒽	1.87	4.0	—	4.0
二苯并[a,h]蒽	0.19	0.66	—	0.66

资料来源:白娟等,2019。

2. 修复思路和措施

根据场地主要污染物、污染分布、修复目标等因素,确定采用"分区、分类、分目标"的修复思路,通过修复技术比选,单一六价铬污染土壤使用异位还原稳定化达到生活垃圾填埋场入场要求之后运至填埋场进行填埋;有机物复合污染土壤进行水泥窑协同处置。

(1)六价铬异位还原稳定修复:主要采用《2014 年国家重点环境保护实用技术名录》案例中使用产品的衍生物 Meta Fix。依据小试试验同时参考国内类似项目实施经验并结合项目实际污染情况,设定场地污染土壤药剂投加比为 5%,其中药剂 A、B 以 4 : 1 的配比进行投加。修复后土壤在场内堆存并遮盖,中间根据情况加水养护,保持含水率。处置后土壤置于避光、厌氧的环境中,从而使药剂处于良好的还原反应环境。

(2)有机物复合污染土壤水泥窑协同处置:污染土壤清挖后进行筛分处理,分出大石块和污染土壤,大石块在场地石块清洗池清洗合格之后回填,有机物复合污染土壤则采用水泥窑协同处置技术处理(图 9-7):污染土壤进场后暂存的过程中防止对环境的污染;而后在密闭设施内对土壤进行筛分预处理,密闭设施配备尾气净化设备,保证筛分过程中产生的废气能达到排放标准;筛分后的土壤运至污染土卸料点,卸料点由密闭输送装置连接至窑尾烟

图 9-7　水泥窑协同处置有机污染物复合污染土壤工艺流程

资料来源:白娟等,2019。

室,卸料区设置防尘帘等密闭措施;污染土经板式喂料机进入皮带秤计量,计量后的土壤经提升机提升后由密闭输送装置进入喂料点,送入窑尾烟室高温段焚烧;污染土壤中的有机污染物经过水泥窑高温煅烧彻底分解,实现污染土壤的无害化处置,土壤则直接转化为水泥熟料,尾气达标排放,整个过程无废渣排出。

3. 修复效果

污染土壤修复后,基坑坑底和坑壁铜低于 600 mg/kg,锌低于 1 500 mg/kg,六价铬低于 0.54 mg/kg,总石油烃低于 5 000 mg/kg,苯并[a]蒽低于 4.0 mg/kg,苯并[b]荧蒽低于 4.0 mg/kg,苯并[a]芘低于 0.66 mg/kg,茚并[1,2,3-c,d]芘低于 4.0 mg/kg,二苯并[a,h]蒽低于 0.66 mg/kg。均达到本案例工程场地土壤修复的目标值。

(二)广西某农药厂遗留场地复合污染土壤修复工程

1. 工程概况

本案例位于广西某农药厂遗留污染场地,总占地面积为 48 986.40 m²。该农药厂主产松香、农药制剂(苏化 203、杀虫脒、杀虫双、二甲四氯等)及中间体(三氯化磷和五氧化二磷),已于 2002 停产,2008 年拆除大部分厂房。根据当地规划,该地块未来将用于居民用地、村庄建设用地以及道路交通设施等。经调查,该地块土壤重(类)金属砷、挥发性有机物氯仿、乙苯、1,1,2-三氯乙烷以及石油烃和有机磷农药治螟磷超标,污染深度为 0~6 m,污染土壤土方量为 10 340.8 m³。依据国家相关导则要求开展了风险评估,确定了遗留场地主要污染物及修复目标值,深度 0~2.5 m 范围内砷、1,1,2-三氯乙烷、氯仿均存在健康风险需要修复;深度 2.5~4.5 m 范围内砷、1,1,2-三氯乙烷、治螟磷存在健康风险需要修复;深度 4.5~6 m 治螟磷存在健康风险需要修复;深度 6~13 m 范围内污染物不存在健康风险,修复目标值如表 9-8 所示。

表 9-8　本案例场地土壤修复目标值　　　　　　　　　　单位:mg/kg

污染因子	砷	治螟磷	石油烃	氯仿	1,1,2-三氯乙烷
修复目标值	60(浸出 0.01 mg/L)	32	826	0.3	0.6

资料来源:李玉会等,2019。

2. 修复思路和措施

依据场地总体污染特征和风险管控修复目标,确定了原地异位修复的总体修复思路,其中砷污染土壤主体采用稳定化修复技术,氯仿、1,1,2-三氯乙烷和石油烃污染土壤主体采用化学氧化修复技术,而重金属和有机物复合污染土壤采用化学氧化-稳定化联用修复技术。

为方便后续按需求分别进行稳定化处理、化学氧化处理或者二者结合处理。首先需要将污染土壤进行筛分预处理并得到粒径在 50 mm 以下,然后使用搅拌机使污染土壤与药剂充分混合后,运输至指定区域进行堆置和养护。完成养护后即可进行采样检测,待检测合格后按要求进行回填。

由于本项目涉及农药类污染物,不但易挥发,而且刺激性味道大,因此该场地污染土壤清挖过程需在配套尾气处理装置的密闭车间中进行。车间大小为 40 m×40 m×12 m,由复合膜覆盖搭建而成。车间内通风管道通过特定穿膜管道连通至车间外的尾气处理装置,以进行车间内外通风换气及尾气处理。尾气主要使用活性炭进行吸附处理。

3. 修复效果

通过第三方检测,修复后采集的 100 多个土壤样品中,所检污染物结果均低于修复目标值。本项目采用的修复方式较为经济环保,并取得了较好的环境效益。项目实施周期较短(5 个月),满足场地后续用途要求,具有较好的推广应用价值,可为同类搬迁农药工厂所产生的历史遗留场地治理提供借鉴和参考。

第三节 矿业场地污染控制与生态恢复方法及案例

如前所述,矿山企业(可被定义为从事煤矿、金属矿、非金属矿等固体矿产资源开采活动的企业,包括探矿、采矿、选矿或探采选一体化的企业)和城市工业企业(如金属冶炼、石油加工、化工、焦化、电镀、制革等行业)污染场地存在诸多差异,主要体现在五个方面。

(1)分布区域不同。矿山企业一般建设在矿产资源所在地,大多分布在山区、人口密度低的经济欠发达地区和边远地区;而除矿山企业之外的其他工业企业则主要集中在居住、商业和公共娱乐活动用地相邻或附近城镇等人口稠密区。

(2)引发问题不同。矿山企业采选活动造成了地质(地表塌陷、边坡失稳、泥石流、沙漠化等)、生态(植被破坏、水土流失、栖息地损毁、生物多样性减少等)、环境等一系列问题;而城市工业企业场地一般以环境污染为主要问题。

(3)污染特征不同。矿业废弃/遗留污染场地以多种重金属复合污染为主要污染特征;而城市工业场地污染物种类较多,包括重金属和无机物、挥发性有机物、半挥发性有机物、有机农药、持久性有机污染物、石油烃等,且多数处于复、混合污染状态。

(4)修复方法不同。矿区废弃/遗留场地面广量大,据《全国矿产资源规划(2016—2020年)》统计,我国采矿累计占用损毁土地超过 5 600 万亩,因此在城市工业污染场地上常用的修复技术(如异位固化/稳定化、化学淋洗、水泥窑协同处置等)可能因成本等问题并不适用于矿区场地污染土壤的修复;同时,2020 年发布的《全国重要生态系统保护和修复重大工程总体规划(2021—2035 年)》中布局了七个工程实施的重点区域(青藏高原生态屏障区、黄河重点生态区、长江重点生态区、东北森林带、北方防沙带、南方丘陵山地带和海岸带),除海岸带外其余六个重点区域均将"矿山生态修复"列入重大工程的主攻方向,明确在今后一段时期内我国将以生态修复为主要手段开展矿区废弃/遗留场地的综合治理。

(5)再利用用途不同。矿区废弃/遗留场地修复应兼顾自然条件与土地类型,科学选择修复后场地再利用用途,宜农则农、宜林则林、宜园则园、宜水则水;而城市工业污染场地修复后一般以建设用地为主要用途。

因此,本节将在第二节工业企业污染场地土壤修复的基础上,主要介绍矿区废弃/遗留场地污染控制与生态恢复适用方法及典型案例。

一、矿业场地污染控制与生态恢复方法

矿业场地类型多样,包括采矿活动造成的露天采场、排土场、矸石场、沉陷区等,选矿活动造成的尾矿库等,以及矿山工业场地(《矿山生态环境保护与恢复治理技术规范(试行)》(HJ 651—2013))。露天采场是指由采矿活动在地表形成的"空场"或"空洞",也称露天采空区。排土场是指矿山剥离和掘进排弃物集中排放的场所,又称废石场、排岩场。矸石场类似于排土场,特指煤矿采选过程中产生的含炭岩石及其他岩石等固体废弃物的集中排放和

处置场所。沉陷区是指矿山开采导致采空区之上覆岩层的原始应力平衡状态受到破坏,发生冒落、断裂、弯曲等移动变形,最终涉及地表,形成下沉盆地和裂隙等沉陷地形。尾矿库是指由筑坝拦截谷口或围地构成的、用于贮存经选矿场选别后排除尾矿的场所。矿山工业场地是指为矿山生产系统和辅助生产系统服务的地面建筑物、构造物以及有关设施的场地,如仓库、机房、道路等。矿山工业场地修复方法可参考第二节,本节主要介绍露天采场、排土场、矸石场、沉陷区、尾矿库等矿业场地的污染控制与生态恢复方法。

矿业场地污染控制与生态恢复是一个系统性、综合性工程,一般可包括地表整理、覆土/土壤改良和生态重建三个阶段,这些阶段需依照《中华人民共和国土地管理法》《土地复垦条例》《土地复垦条例实施办法》《土地复垦技术标准》(UDC-TD)、《矿山生态环境保护与恢复治理技术规范(试行)》(HJ 651—2013)、《矿山生态环境保护与恢复治理方案(规划)编制规范(试行)》(HJ 652—2013)、《矿山废弃地植被恢复技术规程》(LY/T 2356—2014)、《南方有色金属矿区废弃地植被生态修复技术规程》(LY/T 2770—2016)等有关法律、法规、政策和标准的规定规范开展,简述如下。

(1)地表整理。矿业场地由于挖损、压占、沉陷等地表破碎、起伏不平,需开展工程措施整理地表,主要包括:土地平整工程,通过挖高垫低以保障地表平整,以满足后续覆土/土壤改良和生态重建需求;边坡治理工程,通过削坡工程、护坡工程等以保障边坡稳定性和安全,预防滑坡、泥石流等次生地质灾害;截水排水工程,通过合理设计截水、排水、导水系统,以减少地表水渗入或冲刷边坡;回填工程,采用剥岩废料、尾矿、矸石等采矿剩余物回填露天采坑、沉陷区等,以减少废料废渣总量及整理地表。

(2)覆土/土壤改良。针对无表土矿业场地,如石质露天采场、石质排土场、矸石山、尾矿库等,需移用无污染自然土覆盖,一方面满足生态重建需求,另一方面可减少水蚀风蚀防止污染扩散;覆土首先需与土地平整、边坡治理、回填等地表整理工程有机结合,覆土工程应同时满足上述地表整理工程要求;其次需兼顾生态重建规划,覆土厚度应满足乔、灌、草、藤等不同植物种植需求;同时也要考虑无污染自然土来源,对于附近自然土缺乏的场地,也可采用挖种植穴方式替代,以降低修复成本。针对有表土矿业场地,如土质露天采场、土质排土场等,需采取土壤改良措施,包括酸碱改良、营养改良、污染原位固化/稳定化处理等,以降低污染胁迫、改善土壤质量、满足植被存活和营养需求,土壤改良应优先选取经济高效绿色的修复材料,如矿物材料(石灰/石膏类、沸石、膨润土等)、工农业废弃物(粉煤灰、赤泥、秸秆、禽畜粪便、市政污泥等)等;对于有表土且污染严重的矿业场地,当一般土壤改良措施无法满足生态重建和污染阻控要求时,应依照无表土矿业场地采用覆土工程修复的方法。

(3)生态重建。矿区场地生态重建以地表植被群落重建为主,植物种质选择与搭配应遵循以下原则:优先选用抗污染、贫瘠、干旱等耐性强的植物;尽量选择矿区当地的乡土植物,也可以引进外来速生植物;宜选择具有改良土壤功能的绿肥植物;乔木、灌木、草本植物合理配置,充分利用空间生态位,构建稳定的植物群落结构;平地/台地以乔木为主,宜选择以生态效益为主,兼顾经济效益的树种;边坡以灌木、草本或灌草结合为主,宜选择耐性强、根系发达、生长迅速的灌木和草本物种。由于矿业场地地形地貌多样,因此需要采用合适的栽植方法来构建稳定的植被群落,相关栽植方法总体上需符合《造林技术规程》(GB/T 15776—2023)、《生态公益林建设 技术规程》(GB/T 18337.3—2001)等相关国家标准规定要求,目前较为成熟且应用较广的栽植方法如表9-9所示。

表9-9　矿业场地生态重建常用植被栽植方法

植被栽植方法	栽植原理与措施	适用性	植被群落特征
土壤改良-植被种植	场地土壤经改良(酸碱改良、营养改良,污染原位固化/稳定化处理等)后,直接种植植物以重建地表植被生态系统	适用于有表土场地的平地、台地或边坡(坡度<35°)生态重建;表土层厚度须大于0.3 m	表土层厚度>0.6 m时,乔-灌或乔-草植被群落;表土层厚度<0.6 m时,灌-草植被群落
覆土-植被种植	场地采用无污染自然土覆盖后,直接种植植物以重建地表植被生态系统	适用于无表土场地的平地、台地或边坡(坡度<35°)生态重建,或有表土但表土层厚度小于0.3 m	表土层厚度>0.6 m时,乔-灌或乔-草植被群落;表土层厚度<0.6 m时,灌-草植被群落
种植穴-植被种植	场地无表土的情况下,可挖种植穴种植植物,种植穴内覆盖无污染自然土,客土厚度应大于0.2 m	适用于无表土场地的平地、台地或边坡(坡度<35°)生态重建,且场地附近无充足自然土来源	以乔灌木为主的植被群落
植生袋法	将土壤、种子、肥料、保水剂等装入聚乙烯网袋中,袋的大小厚度视具体情况而定,使用时沿坡面水平方向开沟,将生袋吸足水后摆在沟内,摆放时袋与地面不留空隙,压实后用U形钢筋或带钩竹杆将植生袋固定在坡面上	适用于坡度在35~40°,坡高小于10 m边坡的生态重建	灌-草植被群落
堆土袋法	用装土的草袋沿坡面向上堆置,草袋同撒入草籽及灌木种子,而后覆土并依靠自然飘落的灌草种子重建地表植被生态系统	适用于坡度在35~40°,坡高小于10 m边坡的生态重建	灌-草植被群落
生态地砖法	将土壤、灌木草本种子、肥料等分层压制成生态地砖,坡面修整顺滑后将生态地砖沿边坡面铺置,后期洒水养护重建地表植被生态系统	适用于坡度小于40°边坡的生态重建	灌-草植被群落

续表

植被栽植方法	栽植原理与措施	适用性	植被群落特征
生态长袋法	将土壤、肥料、保水剂等装入长条形生态袋中，坡面修整顺清后将生态长袋靠边垂直或沿自然坡面自然垂下，用锚杆固定后点播灌木撒播灌草种重建地表植被生态系统	适用于坡度在 40°~75° 边坡的生态重建	灌-草植被群落
三维网植被恢复法	坡面平整后铺网，让网与坡面贴附紧实，网间重叠搭接间隔 0.1 m，采用 U 形钉或聚乙烯塑料钉固定三维网，之后在上部网包层充填改良土，并洒水浸润，至网包层不外露为止，最后采用人工撒播或液压喷播灌草种子重建地表植被生态系统	适用于坡度小于 75° 石质边坡的生态重建	灌-草植被群落
种子喷播法	坡面平整后，将种子、肥料、基质、保水剂和水按一定比例混合成泥浆状，而后喷射覆盖盖边重建坡表植被地表生态系统	适用于坡度小于 75° 边坡的生态重建	灌-草植被群落
藤蔓植物攀爬法	利用藤蔓植物攀爬、匍匐、垂吊等的特性，对陡坡坡面或垂直坡面进行绿化，选择藤蔓植物必须结合植株性状（如阴性、阴性、耐阴性、依据坡面朝向选择不同光耐性藤蔓植物）及攀爬方式、攀爬高度等	适用于坡度大于 75° 边坡的生态重建	藤本植被群落

资料来源：国家林业和草原局，2014；国家林业和草原局，2016。

二、采矿废弃地污染控制与生态恢复案例

（一）广东韶关大宝山多金属矿新山民采区生态恢复工程

1. 工程概况

广东大宝山矿区是以铁铜为主的大型多金属矿山，多金属矿床上部为风化淋滤型褐铁矿床，中部为层状菱铁矿床，下部为铜、铅、锌、硫铁矿床以及斑岩型钼矿床和矽卡岩型钼多金属矿床。从 20 世纪 80 年代中期起，大宝山新山地区开始出现大规模的露天、井下非法民采、民选（洗）活动。非法民采、民选随意排放出大量废渣，严重破坏了大宝山区域生态环境，形成了排土场、露天采场等废弃地面积共计 71.88 hm² [图 9-8（a）、（c）]。这些遗留废弃场地由于含有硫、重金属等污染物，在降水条件下硫容易氧化并产生酸性矿山废水 [图 9-8（b）]，导致重金属不断溶出，进入地表和地下径流，严重污染了下游地区水土环境 [图 9-8（d）]。2013 年始，广东省大宝山矿业有限公司主动承担社会责任，联合中山大学、自然资源部国土整治中心等优势科研单位，在国家 863 项目、国家重点研发计划项目等一批重大项目支持下，系统开展了新山民采区遗留采选场地生态恢复工程。

(a)

(b)

(c)

(d)

彩图 9-8

图 9-8　广东韶关大宝山多金属矿新山民采区及下游水土污染现场

（a）遗留露天采场；（b）废渣堆场及酸性矿山废水；（c）民采区水蚀沟壑；（d）下游酸性矿山废水污染河流

2. 修复思路和措施

大宝山新山民采区生态修复工程以"基于自然的解决方案"（见专栏 9-2 基于自然的解决方案）为基本原则，按照系统工程的思路开展综合治理，逐步恢复新山民采区自然生态系统，有效管控重金属污染风险，恢复区域生物多样性，最终提升区域的生态系统功能。针对

新山民采区不同废弃场地类型(包括排土场和露天采场),集成构建了废弃排土场地貌重塑(landform rebuilding)-土壤重构(soil reconstruction)-生态重建(ecosystem restoration)的 3R 生态恢复技术模式和废弃露天采场柔性护坡-生态重建的快速生态恢复技术模式。

(1)废弃排土场地貌重塑-土壤重构-生态重建的 3R 生态恢复技术模式:针对废弃排土场地表大面积裸露、水土流失剧烈、土壤酸化与重金属污染严重、土壤含水与持水能力极低等极端条件,因地制宜开展了地貌重塑-土壤重构-生态重建的 3R 生态恢复(图 9-9)。地貌重塑依照总体控制、因地制宜和因势利导的原则开展,遵循废弃排土场实际总体地势进行削高填低,在确保边坡整体稳定性的基础上,使整个地形的坡面曲线保持排水通畅,清除多余的土、石、杂物并补足少土的地块,保持表面土质平整疏松;土壤重构主要采用多种改良剂来改善土壤环境,为植被定植创造良好的环境条件,主要包括应用酸碱调节剂快速调节土壤 pH、添加无机肥料以提高土壤营养元素含量、添加有机肥料改变氧化还原环境以抑制产酸微生物(如硫氧化菌)的生长等;生态重建主要选择当地乡土乔木、灌木、草本等品种,依据当地林地类型和物种配比,结合当地林业部门种植和抚育经验,分期分阶段进行生态恢复施工,逐步形成乔-灌-草立体植被生态系统。

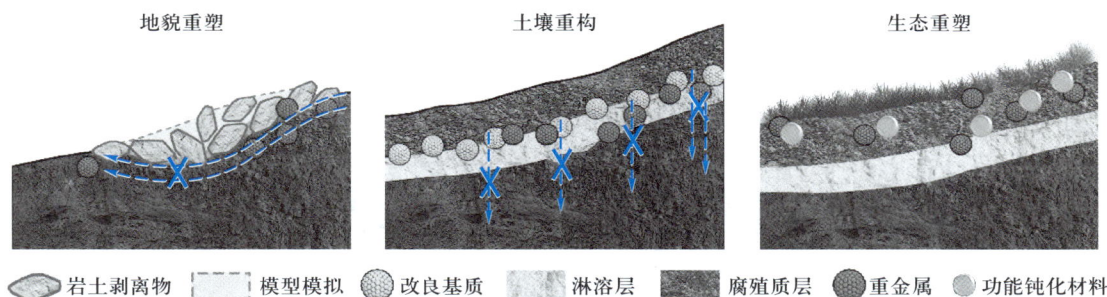

图 9-9 地貌重塑-土壤重构-生态重建的 3R 生态恢复技术模式

彩图 9-9

(2)废弃露天采场柔性护坡-生态重建的快速生态恢复技术模式:针对废弃露天采场矿体岩石裸露、没有或缺少土壤层、岩石风化酸化和重金属溶出难以遏制等问题,因地制宜开展了柔性护坡-生态重建的快速生态恢复技术模式,主要采用生态长袋和速生生态地砖技术开展修复(图 9-10)。生态长袋内含土壤和改良材料,需根据坡面长度定制,坡面经修正后铺设,而后挖穴种植植物并覆盖土壤种子库,适用于废弃露天采场坡度较陡坡面(40°~75°)的生态恢复;速生生态地砖则将土壤、营养基质、功能微生物、植物种子等压制成砖,适用于废弃露天采场平台和坡度较缓坡面(小于 40°)的生态恢复。由于生态长袋透水不透土以及生态地砖力学性能好、密度高等优点,两种修复技术应用后均能有效抵御水蚀。此外,土层和形成的植被层可隔绝和消耗氧气,有效抑制下层岩体产生酸性矿山废水溶出重金属,从而实现污染风险管控和生物多样性恢复的双重修复目标。

3. 修复效果

工程实施后,新山民采区废弃场地地表植被生态系统得到有效恢复(图 9-11)。经第三方测试,在污染风险管控方面,修复后场地土壤 pH 提升至 5~7,重金属有效态(DTPA 浸提法)含量降低 50% 以上,重金属随水/土扩散抑制率达 85% 以上,污染风险得到有效遏制;在生物多样性提升方面,修复后场地植被生态系统覆盖度达 90% 以上,郁闭度达 60% 以上,植被多样性达 10 种以上,形成了稳定的乔-灌-草立体植被生态系统。

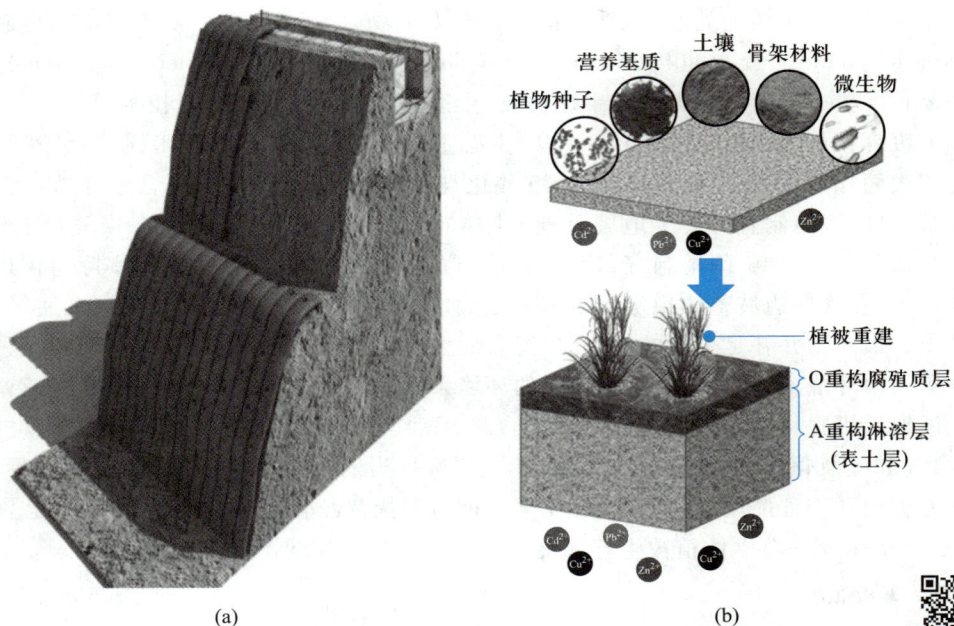

图 9-10 柔性护坡-生态重建的快速生态恢复技术模式

（a）生态长袋修复技术；（b）速生生态地砖修复技术

彩图 9-10

图 9-11 广东韶关大宝山多金属矿新山民采区生态修复效果

（a）修复前；（b）修复后

彩图 9-11

专栏 9-2 基于自然的解决方案（IUCN，2021）

近年来，世界银行、世界自然保护联盟等组织持续推行"基于自然的解决方案"（nature-based Solutions，NbS）崭新理念（图 9-12）。NbS 被定义为"一系列保护、可持续管理和恢复自然的或经过改变的生态系统的行动，从而有效地、适应性地解决社会挑战，同时提供人类福祉和生物多样性"。该理念一经推行，立即得到国际社会普遍认同。

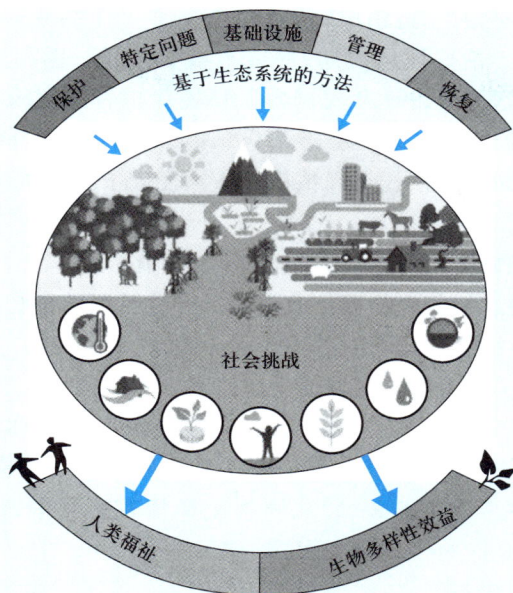

图 9-12 NbS 的概念框架

资料来源:IUCN,2021。

2008 年,世界银行发布报告《生物多样性、气候变化和适应性》中首次提出 NbS,提倡更系统地理解人与自然的关系;2009 年,世界自然保护联盟向联合国气候变化框架公约提交报告,建议将 NbS 纳入气候变化的国家规划与战略;2010 年,世界自然保护联盟发布报告呼吁联合国气候变化框架公约和联合国生物多样性公约共同承认和支持保护区的作用;2015 年,欧盟将 NbS 纳入地平线 2020 科研计划,推进其在国家政策中主流化;2016 年,世界自然保护联盟举办的世界保护大会上通过了 NbS 定义;2019 年,中国与新西兰牵头,在联合国气候峰会上发表《基于自然的气候解决方案宣言》;2020 年,联合国生物多样性公约发布的《2020 年后全球生物多样性框架预稿》肯定了 NbS 对巴黎协定目标的贡献;2021 年,世界自然保护联盟发布了《基于自然的解决方案 全球标准(基于自然的解决方案的审核、设计和推广框架)》,同年该标准中文版由中华人民共和国自然资源部组织编译,并联合世界自然保护联盟共同发布。

NbS 目前在应对全球变化、保护生物多样性、退化生境生态恢复等领域发挥了重要作用。对于污染土壤生态恢复领域,NbS 的设计与实施应兼顾污染风险管控和生物多样性恢复,一方面通过污染风险管控保护人类健康,提升人类福祉;另一方面需注重 NbS 与生物多样性的深度协同效应,要在 NbS 设计和实施中充分考虑生物多样性保护和生境营造。

(二)美国宾州帕默顿锌矿生态恢复工程

1. 工程概况

帕默顿(Palmerton)锌矿位于美国宾夕法尼亚州卡本县的帕默顿城,矿区地处利哈伊河和阿夸斯基科拉河的交汇处,地形为狭窄的山谷,南面是蓝山,北面是石脊。长期的采选活动造成了大面积的植被破坏,在蓝山和斯托尼峰区域遗留了近 550 hm^2 的植被毁坏区。矿区还包括一个初级锌冶炼厂,始建于 18 世纪末 19 世纪初。近 70 年的初级锌生产,累计排放了 3 300 万 t 的冶炼废弃物,于蓝山山脚下附近形成了一个约 4 km 长、富含多种重金属的残渣堆,被称为"煤渣堆"。冶炼厂运行期,周边土壤中锌、镉、铜和铅含量均较高。1980 年当地开始关闭初级锌冶炼业务,1991 年美国国家环境保护署在超级基金的资助下开始进行帕默顿锌矿采选冶遗留场地的生态重建,到 2006 年中期,近 526 hm² 的蓝山植被毁坏区、89 hm² 的矿渣堆场和 16 hm² 的斯托尼峰植被毁坏区完成了植被重建。

2. 修复措施

(1)蓝山毁坏区生态恢复:采用土壤改良-植被种植修复方法。1991—1995 年期间,施用石灰、碳酸钾、污泥和粉煤灰等生物固体改良剂结合抗性强的植物种子喷播(表 9-10),完成 344 hm² 的土地复垦及植被重建。随后由于公众对污泥应用的一些负面认知,污泥被蘑菇和植物堆肥取代,完成了蓝山其他区域的生态修复。

(2)矿渣堆场生态恢复:采用生态壤土覆盖修复方法。将统称为生态壤土的市政污水污泥、电厂的粉煤灰或焚烧底灰、农用石灰石粉以及能迅速繁殖的草类、固土能力强的多年生草本植物种子等混合在一起(表 9-10),喷播于矿渣堆。其中,污泥和粉灰的体积比为2∶1,生态壤土以大约 150 t/ hm² 比率施用。

(3)斯托尼峰毁坏区生态恢复:类似于蓝山毁坏区,该区域主要采用土壤改良-植被种植修复方法。为减少侵蚀和泥沙输移,修复工程使用蘑菇堆肥、石灰和肥料的混合物改良土壤后(表 9-10),通过植物种子喷播对 16 hm² 的遗留场地进行植被重建。

表 9-10　帕默顿锌矿三个区域的土壤改良剂施用量

区域名称	石灰/ (t·hm⁻²)	污泥或堆肥/ (t·hm⁻²)	粉煤灰/ (t·hm⁻²)	碳酸钾/ (kg·hm⁻²)
蓝山毁坏区	25	260	142	148
矿渣堆场	25	667	341	—
斯托尼峰毁坏区	视具体情况	50	—	18-325

资料来源:美国国家环境保护署,2011。

3. 修复效果

项目因地制宜,将不同类型的土壤改良剂与植物种子混合喷播,可以实现平地、山地等多种地形遗留场地的生态恢复,修复后植被生态系统状况良好(图 9-13)。此外,项目提供

(a)   (b)

图 9-13　帕默顿锌矿遗留场地生态修复效果

(a)修复前;(b)修复后

资料来源:美国国家环境保护署,2007。

彩图 9-13

了详细的土壤改良剂成分及用量等参数,进而可为今后开展矿山废弃地的植被修复工作提供重要的经验参考。

(三) 美国阿巴拉契亚煤田遗留场地生态恢复实践

1. 工程概况

阿巴拉契亚煤田(The Appalachian Coalfield)位于美国东部[图 9-14(a)],从宾夕法尼亚州西部向西南方向一直延伸至亚拉巴马州北部,矿区面积约 16 万 km²,是世界产量最大的煤田。由于阿巴拉契亚煤田 99%是近水平煤层,露天开采为该煤田主要开采方式,如等高线开采法(contour mining method)、山顶剥离法(mountaintop removal mining method)等,据估计累计开采面积已超过 60 万 hm²。长期且剧烈的开采在阿巴拉契亚煤田遗留了大面积露天采场、排土场、堆场等生态环境严重破坏的场地[图 9-14(b)],亟待修复。

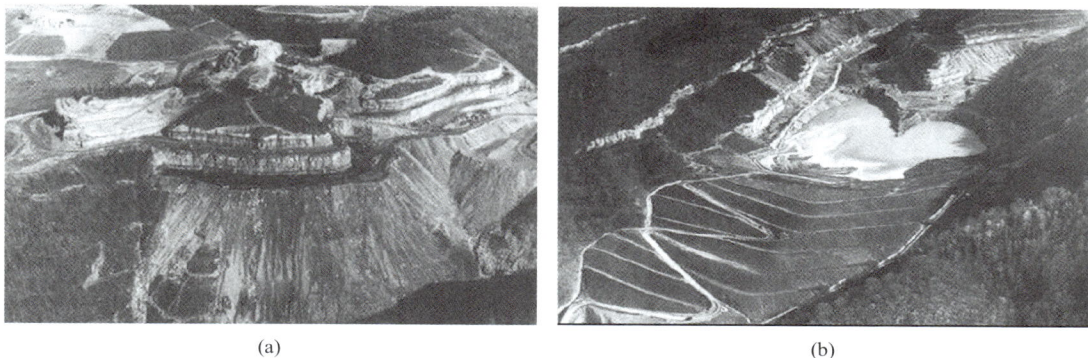

(a)　　　　　　　　　　　　　　　(b)

图 9-14　美国阿巴拉契亚煤田矿区现场

(a) 山顶剥离法开采现场;(b) 煤泥水库

资料来源:Levy,2011。

彩图 9-14

2. 修复思路和措施

为有效恢复阿巴拉契亚煤田遗留场地生态环境,美国肯塔基大学林学系 Christopher D. Barton 教授团队基于自然演替规律开发出一种煤田露采遗留场地的生态恢复方法,即 FRA 法(forestry reclamation approach),该方法主要侧重于森林乔木群落的重建,包括五个必不可少的步骤:

(1) 步骤 1-适宜特定树种生长的土壤基质构建:该基质层厚度应在 1.2 m 以上,基础理化性质以 pH 为 5.0~7.0、可溶性盐和硫含量低、透水性好为宜。

(2) 步骤 2-表土层松土或在步骤 1 构建非压实的基质层:土壤紧密度与生态恢复能否成功密切相关。许多研究表明,低紧密度可以有效降低土壤侵蚀、增强水分渗透、保持水分平衡、利于根系穿透等。

(3) 步骤 3-搭配低竞争力的地面植被(ground cover vegetation):地面植被(如草本植物)的选择应兼顾植被覆盖及其生长需求(如光、水、空间等),应选择低竞争力的低矮丛生草本搭配乔木开展修复。

(4) 步骤 4-种植两种不同生态功能的早期演替树种:适宜的树种包括保育树(nurse trees)和主林木(crop trees),保育树的生态功能主要体现在可快速提升土壤有机质和营养元素(如氮等)含量;主林木由于其果肉或种子可食,能够吸引野生动物取食而将种子散播到其他未恢复区域。

（5）步骤5-应用适宜的植树技术：科学合理的植树技术可有效提升树木存活率，保障生态恢复的成功。

3. 修复效果

在阿巴拉契亚煤田开展的多处野外长期实验表明，FRA五步修复法能够显著提升植被存活率、改善土壤环境质量、提升物种多样性，是一种有效的、稳定的、可持续的矿区废弃场地生态恢复技术（图9-15）。

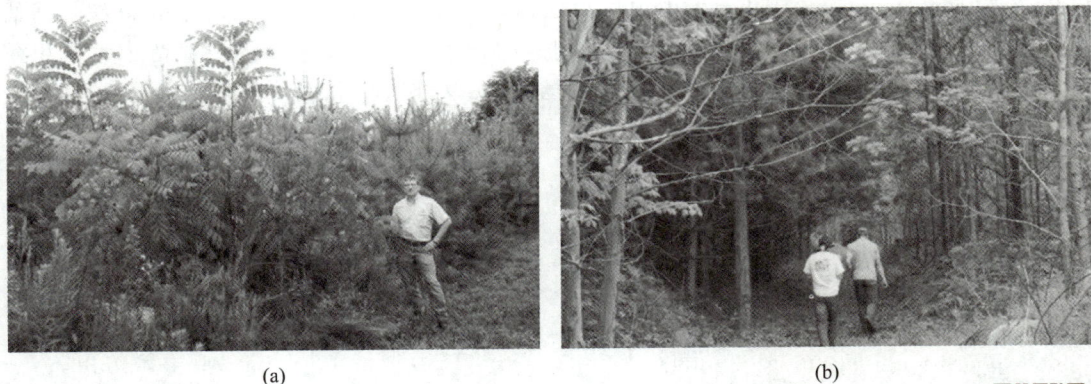

(a)   (b)

图9-15   阿巴拉契亚煤田遗留场地FRA生态恢复效果

（a）2003年；（b）2013年

资料来源：Barton等，2018。

彩图9-15

三、尾矿库污染控制与生态恢复案例

（一）广西河池某铅锌矿尾矿库生态恢复示范工程

1. 工程概况

广西壮族自治区河池市地处桂西北、云贵高原南麓，有色金属矿产资源十分丰富，是全国著名的"有色金属之乡"、世界罕见的有色多金属共生富矿区。河池已探明的矿产资源有59种，其中原生锡金属保有储量居全国之首、占全世界的25%左右；锑和铅金属保有储量居全国第二；铟金属保有储量名列世界前茅；锌、银、镉、砷等金属保有储量居广西首位。长期有色金属采选冶工业活动在当地造成了诸多的地质环境问题，为此河池市被列为国家土壤污染综合防治先行区，从土壤污染源头预防、风险管控、治理与修复、监管能力建设等方面先行先试、积极探索具有地方特色、可复制、可推广的土壤污染防治模式。本案例场地位于广西河池某闭库铅锌矿尾矿库，库区面积约500亩，尾矿主要污染物包括镉、铅、砷、锌、锑等，闭库后存在污染扩散风险。2015年始，北京科技大学、中国地质大学（北京）、北京有色金属研究总院等单位依托生态环境部公益性行业科研专项等项目支持，在该闭库尾矿库开展了污染源头控制和生态恢复示范工程建设工作。

2. 修复思路和措施

基于对该铅锌矿尾矿库的实地调研，依据尾矿库污染特征和污染控制/生态恢复总体目标，确定采用还原稳定耦合生态恢复修复思路，采用项目团队独创研发的多层覆盖强还原生态恢复技术（图9-16）开展修复，该技术基于矿物学-生物地球化学协同作用，利用不同修复/改良功能材料分层重构永久性强还原环境,将高风险重金属污染物还原为溶解度极低的硫化物,降低重金属的迁移扩散,实现闭库尾矿库污染源头控制和生态恢复。覆盖层从下至上依次为:

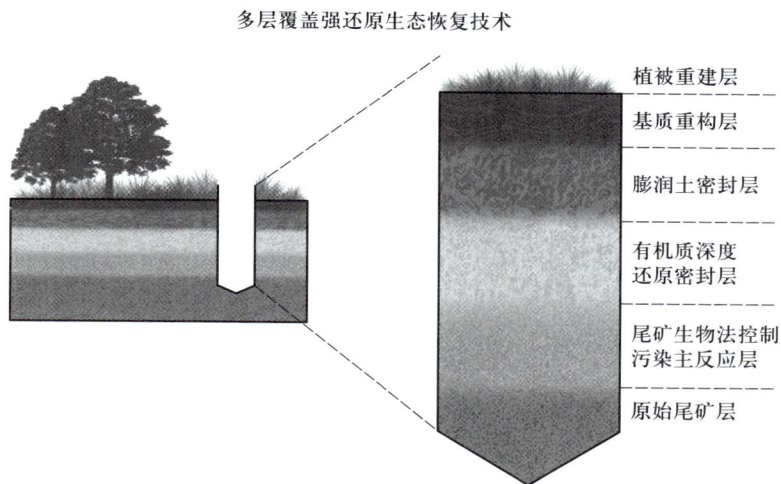

多层覆盖强还原生态恢复技术

植被重建层
基质重构层
膨润土密封层
有机质深度
还原密封层
尾矿生物法控制
污染主反应层
原始尾矿层

彩图 9-16

图 9-16　本案例工程采用的多层覆盖强还原生态恢复技术

（1）尾矿生物法控制污染主反应层:该层以植物碎屑或动物粪便等农业废弃有机物为还原剂,并加入特定的硫酸盐还原菌、铁/砷还原菌等还原菌群,将硫酸盐还原为还原态硫、氧化态砷还原为低氧化态或还原态砷、铁还原形成黄铁矿、砷黄铁矿磁黄铁矿等低溶解度矿物;镉、铅、锌、锑等重金属阳离子和还原态硫反应形成溶解度极低的次生硫化物矿物,从而实现稳定化。

（2）有机质深度还原密封层:该层同样利用植物碎屑或动物粪便等农业废弃有机物,结合大量异养微生物代谢作用消耗氧气,保障尾矿生物法控制污染主反应层强还原环境的稳定。

（3）膨润土密封层:该层覆盖于有机质深度还原密封层之上,利用膨润土低渗透性特点进一步抑制氧气/水分的下渗,保护下层结构和还原环境不受降水等因素影响。

（4）基质重构层:该层主要以无污染自然土壤构成,起着保护下层和植被重建双重作用,为避免植物根系破坏下部膨润土密封层,厚度需依据后续植物物种的选择而定,如构建以乔木为主的乔-灌或乔-灌-草植被群落时,该层厚度应不小于 0.6 m;如构建灌-草植被群落时,厚度应不小于 0.2 m。

（5）植被重建层:在上述覆盖层构建之后,依据生态恢复目标并结合当地乡土植物物种,合理搭配植物物种,实现快速生态恢复。

3. 修复效果

本案例工程实施后,污染源头控制和生态恢复均已达到既定的修复目标,环境效益和生态效益显著。

（1）污染控制:修复 1 年后经第三方检测（表 9-11）,主要重金属污染物淋溶率均显著降低,其中镉、锌、锑的氧化淋溶率降低 99%以上,砷降低 97%;淋溶液中镉、砷、铅、锌、铁等（类）金属浓度均低于饮用水标准阈值。

表 9-11　本案例工程修复 1 年后第三方检测结果　　　　　　单位：mg/L

重(类)金属	镉	砷	铅	锌	锑	总铁
淋溶率初始值	0.024	0.263	0.002	4.315	7.267	/
对照区	0.002	0.119	<0.01	0.34	0.188 3	0.79
淋溶率降低	92%	55%	/	92%	97%	/
修复区	<0.001	0.007 2	<0.01	<0.05	0.031 6	0.04
淋溶率降低	>99%	97%	/	>99%	99.6%	/
饮用水标准阈值	0.005	0.01	0.01	1	0.005	0.3

注：本表由中国地质大学(北京)项目组提供。

（2）生态恢复：修复后使尾矿库地表植被群落快速构建，18 个月后植被群落覆盖度 >95%，物种多样性得到初步恢复（图 9-17）。

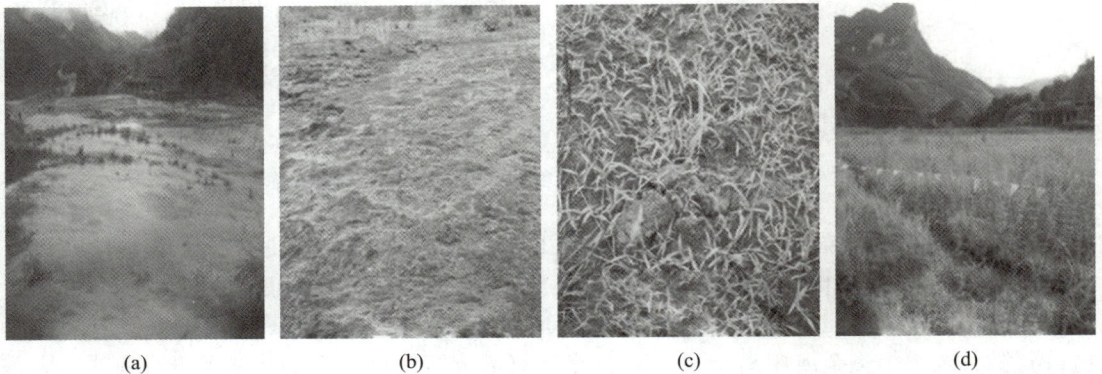

图 9-17　本案例工程闭库尾矿库生态恢复效果（中国地质大学(北京)项目组提供）
（a）修复前；（b）修复 2 个月；（c）修复 6 个月；（d）修复 18 个月

彩图 9-17

（二）西班牙卡塔赫纳-拉尤尼翁尾矿库自然恢复工程

1. 工程概况

本案例工程位于西班牙卡塔赫纳-拉尤尼翁矿区（The Cartagena-La Unión Mining District），该矿区位于西班牙东南部卡塔赫纳市和拉乌尼翁市之间，地中海沿岸属半干旱地中海气候，年平均气温 18℃，年平均降水量 275 mm。该矿区已有 2500 多年的采矿历史，历史上腓尼基人、迦太基人、罗马人、阿拉伯人和西班牙人在该矿区开采银、铅、锌、铜、锡、铁、锰等金属矿物，一直持续到 1991 年。长期无序的开采活动对该地区造成了巨大的景观影响，特别是由于污染物在尾矿库中的积累会引发严重的环境健康风险，因此在欧盟委员会项目（FP7 IRIS）支持下，西班牙卡塔赫纳理工大学（Universidad Politécnica de Cartagena）、巴塞罗那大学（University of Barcelona）等科研院所的研究人员对矿区尾矿库进行了基质改良和生态恢复，该尾矿库待修复面积为 7 400 m²，深度为 14 m，容积为 150 000 m³。

2. 修复思路和措施

通过对该尾矿库的系统调研，发现尾矿基质中含有高浓度的重金属和盐、低有机质含量以及限制植被发育的养分比例失衡等不利的化学和物理条件（表 9-12）。为了创造适宜植被定植的基质环境，项目团队确定了以废治废-自然恢复的修复思路，在尾矿库上设置了三个不同基质改良处理区以及对照区，来考察尾矿基质改良及自然演替恢复效果。

表9-12 本案例工程尾矿库不同处理区尾矿基质理化性质和污染状况

理化性质	pH	氧化还原电位/mV	电导率/(dS·m⁻¹)	有机碳/(g·kg⁻¹)	无机碳/(g·kg⁻¹)	总氮/(g·kg⁻¹)	总硫/(g·kg⁻¹)	阳离子交换量/(cmol·kg⁻¹)
处理区								
大理石废料改良区	7.8±0.2	188±16	7.6±0.8	13.2±2.1	3.23±0.14	低于检出限	29.9±7.8	16.9±5.3
大理石废料-猪粪联合改良区	7.9±0.1	173±7	3.8±0.8	11.3±3.4	3.06±0.06	低于检出限	28.5±4.6	8.4±4.6
猪粪改良区	7.5±0.4	193±19	2.6±0.3	11.4±3.3	0.23±0.03	低于检出限	26.0±7.3	15.05±4.3
对照区	7.6±0.3	175±19	3.3±0.6	11.0±3.9	0.92±0.08	低于检出限	32.5±2.4	4.7±0.6

污染状况	总镉/(mg·kg⁻¹)	总铜/(mg·kg⁻¹)	总铅/(mg·kg⁻¹)	总锌/(mg·kg⁻¹)	有效态镉/(mg·kg⁻¹)	有效态铜/(mg·kg⁻¹)	有效态铅/(mg·kg⁻¹)	有效态锌/(mg·kg⁻¹)
处理区								
大理石废料改良区	24±9	188±39	5 041±1 870	12 619±2 392	6.05±2.25	4.42±0.64	38±28	398±3
大理石废料-猪粪联合改良区	32±5	176±18	3 642±536	12 741±1 484	4.14±0.97	3.78±0.42	35±17	402±10
猪粪改良区	26±8	193±31	4 086±680	10 927±3 521	1.56±1.60	3.19±1.32	62±23	402±27
对照区	33±7	223±18	4 595±1 002	12 405±1 028	3.56±1.23	4.64±0.91	52±19	392±17

资料来源:改自Kabas等,2012。

（1）大理石废料改良区：该区尾矿经深翻耕（50 cm）后，以 4 kg/m² 的剂量加入碱性的大理石废料，中和尾矿氧化产酸，从而固定重金属以缓解其胁迫。

（2）猪粪改良区：该区尾矿经深翻耕（50 cm）后，以 3 L/m² 的剂量加入猪粪，该剂量可有效增加基质氮含量，同时又不会过量而造成氮污染。

（3）大理石肥料-猪粪联合改良区：该区尾矿经深翻耕（50 cm）后，分别以 4 kg/m² 和 3 L/m² 的剂量分别加入大理石废料和猪粪。

3. 修复效果

修复 1 年后，多种本地植物品种在改良后的尾矿基质上成功定植（表 9-13），其中猪粪改良区和大理石废料-猪粪联合改良区修复效果最好，均有 10 种植物在尾矿基质上成功定植，覆盖度也分别达到了 30% 和 25%，后续尾矿基础理化和重金属分析也显示良好的营养改良和重金属固定效果（数据未列出，可详见 Kabas 等，2012），可作为同类型尾矿库基质改良的适用技术。

表 9-13　改良 1 年后不同尾矿基质改良区自然定植的植被群落

处理区	覆盖度	物种多样性	Shannon 多样性	植物种
对照区	5%	2	0.5	*Zigophyllum fabago*
				Salsola kali（碱猪毛菜属植物）
大理石废料改良区	0%	1	0	*Salsola kali*（碱猪毛菜属植物）
猪粪改良区	30%	10	1.1	*Zigophyllum fabago*
				Dittrichia viscosa（黏蓬）
				Sonchus tenerrimus（苦苣菜属植物）
				Piptatherum miliaceum（落芒草属植物）
				Diplotaxis lagascana（二行芥属植物）
				Atriplex halimus（滨藜属植物）
				Cakile maritime（海滨芥属植物）
				Beta vulgaris（甜菜）
				Hordeum murinum（大麦属植物）
大理石废料-猪粪联合改良区	25%	10	1.3	*Zigophyllum fabago*
				Piptatherum miliaceum（落芒草属植物）
				Beta vulgaris（甜菜）
				Dittrichia viscosa（黏蓬）
				Atriplex halimus（滨藜属植物）
				Salsola kali（碱猪毛菜属植物）
				Chenopodium album（藜）
				Sonchus tenerrimus（苦苣菜属植物）
				Chenopodium murale（藜属植物）
				Diplotaxis lagascana（二行芥属植物）

资料来源：改自 Kabas 等，2012。

💬 习题与思考题

1. 请根据本章内容,总结农用地、工业企业污染场地及矿业场地的污染修复目标、策略及手段的异同点。

2. 城市工业场地污染物种类较多,包括重金属和无机物、挥发性有机物、半挥发性有机物、有机农药、持久性有机污染物、石油烃等,且多数处于复、混合污染状态。如果城市工业场地存在重金属和有机污染物复合污染,两者在修复时选择的策略一般不同,那应该如何协调两类污染物处理的顺序,以达到修复效果的最大化?

3. 国内外矿业场地污染控制与生态恢复实践中常常利用不同工农业废弃物开展修复,实现"以废治废"。请结合矿业场地污染特征及修复需求,分析这些废弃物在矿业场地污染控制与生态恢复过程中的作用机理。此外,一些含污染物的废弃物可能存在环境风险,请查阅相关资料,谈一谈应采取哪些措施来防止潜在的二次污染风险。

📘 主要参考文献

［1］白娟,程曦,殷俊,等.重庆某污染场地土壤修复工程案例［J］.广州化工,2019,47(13):154-157.

［2］蔡信德,仇荣亮.典型有机污染物土壤联合修复技术及应用［M］.北京:化学工业出版社,2016.

［3］陈桂荣,曾向东,黎巍,等.金属矿山土壤重金属污染现状及修复技术展望［J］,矿产保护与利用,2010,2:41-44.

［4］陈怀满.环境土壤学［M］.3版.北京:科学出版社,2018.

［5］陈丽莎,陈志良,肖举强,等.湘江流域长株潭段重金属污染评价［J］.安徽农业科学,2011,39:4603-4605.

［6］代宏文.矿区生态修复技术［J］.中国矿业,2010,19(8):58-61.

［7］国家林业和草原局.矿山废弃地植被恢复技术规程(LY/T 2356—2014),2014.

［8］国家林业和草原局.南方有色金属矿区废弃地植被生态修复技术规程(LY/T 2770—2016),2016.

［9］湖南省农业农村厅.湖南省耕地安全利用技术指南,2020.

［10］黄丹.长株潭地区粮食重金属污染现状及其对策研究［D］.湖南:湖南农业大学,2019.

［11］李实,张翔宇,潘利祥.重金属污染土壤淋洗修复技术研究进展［J］.化工技术与开发,2014,43(11):27-31.

［12］李玉会,佟雪娇,冯爱茜,等.化学氧化联合修复技术在农药厂有机污染场地的工程案例应用［J］.环境与发展,2019,31(12):77-79.

［13］李影辉.美国有机污染场地地化学氧化修复案例分析［J］.环境工程,2016,34(S1):965-969.

［14］骆永明.中国污染场地修复的研究进展、问题与展望［J］.环境监测管理与技术,2011,23(3):1-6.

［15］骆永明,滕应.废旧电容器拆解区农田土壤污染与修复研究［M］.北京:科学出版社,2015.

［16］农业农村部.重点流域农业面源污染综合治理示范工程建设规划(2016-2020年)［Z］.2017.

［17］农业农村部.轻中度污染耕地安全利用与治理修复推荐技术名录(2019年版)［Z］.2019.

［18］生态环境部.污染场地修复技术目录(第一批)［Z］.2014.

［19］施维林.场地土壤修复管理与实践［M］.北京:科学出版社,2016.

［20］滕应,骆永明,李振高,等.多氯联苯复合污染土壤的土著微生物修复强化措施研究［J］.土壤,2006,(05):645-651.

［21］王美仙,贺然,董丽,等.美国矿山废弃地生态修复案例研究［J］.建筑与文化,2015,12:99-101.

[22] 吴见珣,杨远强,和丽萍,等.六价铬污染场地还原修复及其稳定性研究 [J].环境科学导刊,2017,36 (02):91-96.

[23] 徐莉,滕应,张雪莲,等.多氯联苯污染土壤的植物–微生物联合田间原位修复 [J].中国环境科学, 2008(07):646-650.

[24] 杨金燕,杨锴,田丽燕,等.我国矿山生态环境现状及治理措施 [J].环境科学与技术,2012,35:182- 188.

[25] 赵景联.环境修复原理与技术 [M].北京:化学工业出版社,2006.

[26] Barton CD,Sena K,Dolan T,et al. Restoring forests on surface coal mines in Appalachia:A regional reforestation approach with global application[C]//Bolan NS,Kirkham MB,Ok YS. Spoil to Soil:Mine Site Rehabilitation and Revegetation. New York:Taylor & Francis Group,2018. 123-146.

[27] Builder Levy. Revisiting the appalachian coalfield[R/OL]. Alicia Patterson Foundation,2011-05-05.

[28] Burger JA,Graves D,Angel PN,et al. The forestry reclamation approach [M]. Appalachian Regional Reforestation Initiative,US Office of Surface Mining,Pittsburgh,PA. Forest Reclamation Advisory Number 2,2005.

[29] IUCN.基于自然的解决方案全球标准 NbS 的审核、设计和推广框架 [M].瑞士:IUCN,2021.

[30] Kabas S,Faz A,Acosta JA,et al. Effect of marble waste and pig slurry on the growth of native vegetation and heavy metal mobility in a mine tailing pond [J]. Journal of Geochemical Exploration,2012,123:69-76.

[31] Ketterer ME,Lowry JH,Simon J,et al. Lead isotopic and chalcophile element compositions in the environment near a zinc smelting-secondary zinc recovery facility,Palmerton,Pennsylvania,USA [J]. Applied Geochemistry,2001,16(2):207-229.

[32] Manouchehri N,Besancon S,Bermond A. Major and trace extraction from soil by EDTA:equilibrium an kinetic studies [J]. Analytica Chimica Acta,2006,559:105-112.

[33] Wang JB,Qian XH. A series of polyamide receptor based PET fluorescent sensor molecules:positively cooperative Hg^{2+} ion binding with high sensitivity [J]. Organic Letters,2006,8(17),3721-3724.

[34] Zhang T,Wei H,Yang XH,et al. Influence of the selective EDTA derivative phenyldiaminetetraacetic acid on the speciation and extraction of heavy metals from a contaminated soil [J]. Chemosphere,2014,109,1-6.

第十章 土壤退化与环境质量

　　黑土地是我国乃至世界独特、优质的宝贵土壤资源。我国东北黑土区是世界仅有的三大黑土区之一,同时也是我国粮食主产区和重要商品粮基地,粮食产量占全国总产量1/5以上,商品粮产量占全国1/3,是名副其实的"北大仓"(图10-1)。然而,由于长期大规模、高强度的开垦,黑土地面积缩减、质量退化趋势明显。全球范围内普遍存在土壤侵蚀(水蚀、风蚀等)、土壤荒漠化、土壤酸化和土壤盐渍化等土壤退化现象,加强土壤退化防治已刻不容缓,事关我国粮食安全、土地资源永续利用和农业可持续发展。

图 10-1　东北黑土地

彩图 10-1

　　土壤主要具有以下六大功能:① 农林业生产的基础;② 过滤、缓冲和转化的能力;③ 生物基因库和繁殖的场所;④ 原材料来源;⑤ 容纳基础设施建设;⑥ 构成景观并保护自然和文化遗产。其中,最为重要的功能是农林业生产潜力及土壤环境的调节能力。因此,一般意义上只要土壤生产力发生衰退,或者环境调节功能出现下降,即可视为土壤发生退化。

　　土壤退化会受到自然因素(如气候、地形、植被等)的影响,但人为因素是决定性因素,例如植被破坏导致的土壤侵蚀和荒漠化、不合理施肥引起的土壤酸化、灌溉不当带来的土壤盐渍化问题等。2015 年联合国粮食及农业组织政府间土壤技术小组编制的《世界土壤资源状况报告》指出,目前土壤功能面临十大威胁:① 土壤侵蚀;② 土壤碳损失;③ 养分不平衡;④ 土壤盐渍化;⑤ 土地占用与土壤封闭;⑥ 土壤生物多样性减少;⑦ 土壤污染;⑧ 土壤酸化;⑨ 土壤压实;⑩ 土壤渍水,这十大威胁均属于土壤退化。

　　本章将重点介绍最主要的几种土壤退化现象(土壤侵蚀、土壤荒漠化、土壤酸化和土壤盐渍化)的成因、主要过程、环境效应及防治措施。

第一节 土壤侵蚀与环境质量

土壤侵蚀(soil erosion)是指土壤及其母质在水力、风力、重力等外力作用下被破坏、剥蚀、搬运和沉积的过程。按侵蚀营力的差异,可将土壤侵蚀分为水力侵蚀、风力侵蚀、重力侵蚀、冻融侵蚀、混合侵蚀等。土壤侵蚀严重危胁人类生存和发展,据报道,全球每年因土壤侵蚀导致农业耕地侵蚀达 750 亿 t,直接经济损失 4 000 亿美元。目前我国每年因土壤侵蚀而损失的土壤超 50 亿 t,造成耕地水土流失面积达 270 万 km^2,经济损失 2 000 亿元以上,土壤侵蚀的危害尤为明显。因此,深入了解土壤侵蚀的形成机理、影响因素和环境效应,对制定合理的防治策略显得尤为重要。

一、土壤侵蚀的机理与影响因素

(一)土壤水力侵蚀

土壤水力侵蚀是指大气降水及所形成的径流引起的一系列土壤侵蚀过程,该过程主要由降雨和水流决定,同时也受自然地貌类型、地表状况和土壤特征的影响。土壤水力侵蚀通常可分为片蚀、细沟侵蚀和冲沟侵蚀(图 10-2)。片蚀是雨滴和非径流水流引起的土壤移位和搬运过程,随后土壤物质被运送到附近的细沟中,此时则是细沟侵蚀占主导作用。不论是新种植的还是休耕的荒地上,细沟尤其常见。随着径流进一步集中,水流会使细沟继续加深并形成冲沟。一般而言,细沟可以通过普通耕作而消除,但冲沟则无法恢复。片蚀和细沟侵蚀虽然不如冲沟侵蚀明显,但却是导致土壤移位的主要原因。

图 10-2 三种主要的土壤侵蚀类型

(a)片蚀;(b)细沟侵蚀;(c)冲沟侵蚀

资料来源:Weil 和 Brady,2017。

彩图 10-2

(二)土壤风力侵蚀

风力侵蚀是指在风力作用下,地表土壤及细小颗粒被剥离、搬运和沉积的过程。风和风沙对地表物质的风蚀作用分为吹蚀和磨蚀两种侵蚀类型。由风的动力作用将地表的松散沉积物或风化产物吹走,进而使地表遭到破坏的现象称为吹蚀作用。当风贴近地表运动时,风沙流中携带的沙粒可对地表进行冲击、摩擦。若地表有裂缝,风沙流可进入凹陷之处并发生旋磨的侵蚀作用称为磨蚀作用。

由于靠近土壤表面的摩擦和障碍物的阻隔,风吹过时的速度有所减慢。细颗粒物被携带到大气中并一直悬浮着,直到风力减缓,这一形式称为悬移(一般占总移动土壤颗粒比例小于15%)。中等大小的颗粒或团聚体由于体积太大而无法悬浮,只能在土壤表面上下浮动。当它们撞击较大的土壤团聚体时,会释放出不同大小的颗粒。细颗粒悬浮在空气中,而中等大小的颗粒则继续沿着表面反弹,这一形式称为跃移(一般占总移动土壤颗粒的50%~90%)。而较大的颗粒则沿着土壤表面滚动,由于风本身的推移及与跃移的颗粒发生碰撞而保持运动,这一形式称为蠕动(一般占总移动土壤颗粒的5%~25%,如图10-3所示)。

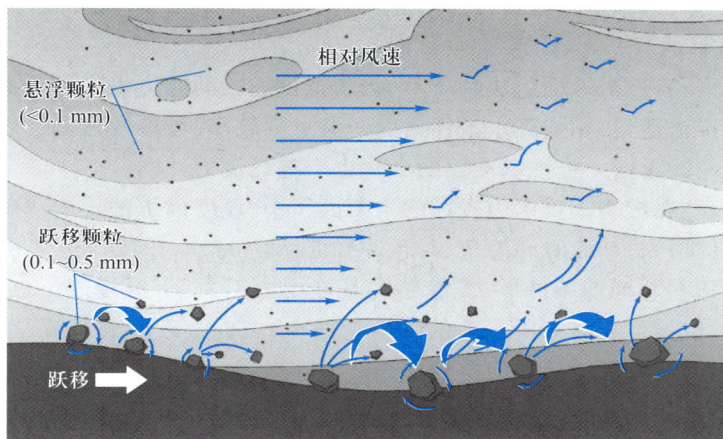

图10-3 风力侵蚀过程中土壤颗粒的移动形式

资料来源:Weil 和 Brady,2017。

(三)土壤侵蚀的影响因素

土壤侵蚀受多种因素影响,包括气候、土壤、地形、植被、人为管理措施等。

1. 气候因素

气候是最重要的影响因子。以水力侵蚀为例,降雨是土壤侵蚀最主要的驱动力,降水的量、强度及时空分布决定了土壤水力侵蚀的强度。侵蚀的形成往往与可蚀性降水集中程度相一致,因此一年中侵蚀主要发生在雨季。降水量的年际变化也对土壤侵蚀造成影响,一般情况下丰水年侵蚀强烈,枯水年侵蚀微弱。此外降水的雨滴特性、形状、大小、分布、降落速度和接地时的冲击力等也影响着水力侵蚀的发生及强弱程度。

2. 土壤因素

土壤的特性对土壤侵蚀的发展有着重要的影响。在一定的地形和降水条件下,地表径流的大小及土壤侵蚀的强度取决于土壤的性质。土壤的特性包括渗透性、抗蚀性和抗冲性。

(1)土壤渗透性:地表径流是水力侵蚀的动力,在其他因素相同的条件下,除流速外,径流对土壤的破坏主要取决于径流量。径流量的大小则完全由土壤的透水性决定。土壤透水性强弱受土壤的质地、结构、孔隙率等因素影响。

一般砂质土颗粒较粗,孔大而少,所以透水性强而持水量小;相反,黏性土孔多而小,所以透水性差而持水量大。良好土壤结构可以增加降雨的下渗量和土壤的蓄水量,从而减少径流量。而具有团粒结构的壤质土壤,既有较大的孔隙便于大强度雨水渗入,又有大量小孔隙有利于保持大量渗入的雨水。因此,土壤的结构越好,透水性和持水量就越大,土壤侵蚀程度越轻,抗蚀力也越强。

每种土壤保持的水分具有一定限度,这与土壤的孔隙率、结构以及有机质含量有关。土壤湿度的增加,一方面减少土壤吸水量,另一方面土壤颗粒在较长时间的湿润情况下会吸水膨胀,使孔隙缩小,在胶体含量高的土壤中尤为显著。因此,土壤湿度影响地表径流,暴雨落到极其潮湿土壤上的径流系数要大于落到比较干燥的土壤上。

(2)土壤抗蚀性:土壤抗蚀性是指土壤抵抗雨水打击分散和抵抗径流悬浮的能力。

(3)土壤抗冲性:土壤抗冲性是指土壤抵抗地表径流对土壤的机械破坏和推动下移的能力,土壤结构越差,遇水崩解越快,抗冲性越差,越容易产生土壤侵蚀。

3. 地质地貌因素

(1)地质因素:岩性与地面组成物质不同,其抵抗侵蚀的能力不同。地面组成物质质地较粗、结构疏松、渗透性强,相似降水条件下的产流量则较小,可蚀性较弱。新构造运动的上升区往往是侵蚀的严重区。侵蚀基准面的变化也影响径流的冲刷。

(2)地貌因素:在影响土壤水力侵蚀的主要因子中,坡度因子的影响程度仅次于植被覆盖度。随着坡度的增大,产流时间缩短,径流系数加大。另外,径流流速加快,侵蚀力(水流动力)增大,在径流量相同的条件下,坡度越大其冲刷力越大,土壤侵蚀量也越大。然而,随着坡度的增加,单位长度坡面上所承受的降雨量减少,坡面上产生的径流量相对减少,对土壤的冲刷力减弱,因此坡度对侵蚀的影响存在一个临界坡度。在其他条件相同情况下,坡长越长、径流的汇集量和流速越大,水力冲蚀能力越强,侵蚀越严重。

4. 植被因素

植被影响土壤侵蚀主要是通过拦截降水、调节地表径流、固持土体和改良土壤性状等实现的。

(1)拦截降水:植物的地上枝叶既能拦截降水,又能分散和削弱雨滴的能量,使雨滴速度减小,有效防止雨滴对地面直接打击和破坏作用。

(2)调节地表径流:森林、草地可以像海绵一样接纳通过树冠和树干流下来的雨水,使之缓慢地渗入地下,减少地表径流的形成。此外,植被能增加地表粗糙度,从而降低流速。因此不论减少径流量还是降低径流流速,植被都能起到减少径流侵蚀力的作用。

(3)固持土体:植物根系对土壤有良好的穿插、缠绕、固持作用,特别是森林及营造的混交林中,各种植物根系分布深度不同,部分垂直根系可深入土中 10 m 以上,能促成表土、心土、母质和基岩连成一体,通过固持土体,减少土壤冲刷量。

(4)改良土壤性状:林地和草地枯枝落叶腐烂分解后,可以给土壤层增加大量腐殖质,有利于形成大量具有水稳性的团粒结构,这种团粒结构的抗蚀性很强,也可以增加土壤的蓄水量,促进降雨下渗,从而减少径流量。

5. 人为因素

人类自出现以来,就不断地干预自然界,改变原有的并建立新的生态环境。合理的人为干预,可以在一定程度上控制土壤侵蚀的发生或发展程度,但不合理的措施则会引起或加重侵蚀的发生。

值得注意的是,各影响因子与土壤侵蚀量不是简单的线性关系,而是一个复杂的相互联系的关系,如半干旱地区的雨量能导致侵蚀发生,但却不足以支持地表植被的生长,因此土壤侵蚀量最大;与之相对,热带地区林地高温多雨,但因为地表茂密的植被起到很好的缓冲作用,而且土壤腐殖质含量高,土壤结构良好,导致最终的侵蚀程度很小;沙漠地区则因为降雨太少而很难发生侵蚀;半湿润地区因为耕作等人为原因而失去天然的植被保护,则会导致土壤侵蚀的加剧(图 10-4)。

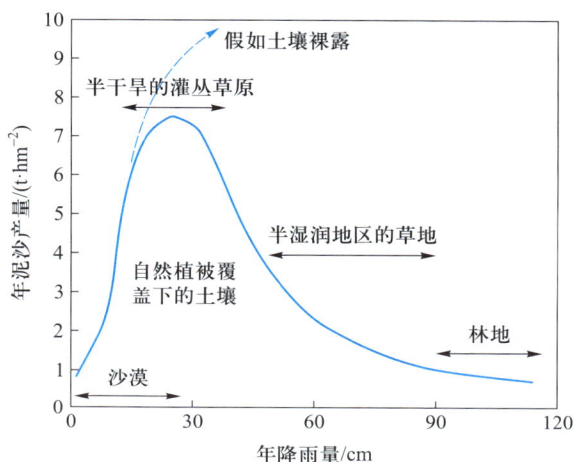

图 10-4　降雨与因水力侵蚀导致的土壤流失间的关系

资料来源:Weil 和 Brady,2017。

二、我国土壤侵蚀类型分布状况

我国地域辽阔,地形多样,其中,山地和丘陵面积约占我国总面积的 2/3。整个地势自西向东可分为 3 个大的阶梯,在气候上跨越寒温带、温带、暖温带、亚热带、热带、赤道带及高寒气候区。气候、地貌、土壤、植被及水文条件变化大,地带性分异明显。这种地带性差异导致了各地土壤侵蚀的差异。土壤侵蚀分区反映了不同区域土壤侵蚀特征及其差异性,同一类型区自然条件、土壤侵蚀类型和防治措施基本相同,而不同类型区之间则有较大差别。侵蚀分区以自然界线为主,适当照顾行政区域的完整性和地域的连续性。据此,《土壤侵蚀分类分级标准》(SL190—2007)以辛树帜和蒋德麒分区为基础,将全国划分为水力侵蚀、风力侵蚀和冻融侵蚀为主的 3 个一级类型区。下面将主要针对水力和风力侵蚀的类型区分布进行介绍。

(一) 以水力侵蚀为主的类型区

根据我国自然环境和水土流失特点,将水力侵蚀类型区分为西北黄土高原区、东北黑土区、北方土石山区、南方红壤丘陵区和西南土石区 5 个片区。

1. 西北黄土高原区

西北黄土高原区大兴安岭—阴山—贺兰山—青藏高原东缘一线以东,西为祁连山余脉的青海日月山,西北为贺兰山,北为阴山,东为管涔山及太行山,南为秦岭。主要流域为黄河流域。总面积 64 万 km²,包括青海、甘肃、宁夏、内蒙古、陕西、山西、河南七省(自治区)50 个地(市),水蚀面积约 45 万 km²。

西北黄土区黄土土质疏松,垂直节理发育,地形破碎,坡陡沟深,沟谷密度大,降水集中,植被稀少,坡耕地面积大,耕作粗放。因此,该区水蚀类型全,面蚀、沟蚀严重,重力侵蚀活跃,全年的土壤侵蚀集中在几场暴雨期间。河流含沙量高,侵蚀输沙十分强烈,土壤侵蚀模数一般为 5 000~10 000 t/(km²·a),有的甚至高达 20 000~30 000 t/(km²·a),多年平均输入黄河的泥沙量达 16 亿 t,水土流失面积之广,强度之大,流失量之多,堪称世界之最。

2. 东北黑土区

东北黑土区位于我国东北地区的松花江、辽河两大流域中上游,土地面积 103 万 km²。涉及黑龙江、吉林、辽宁和内蒙古 4 个省(自治区),是大兴安岭向平原过渡的山前波状起伏台地,也是我国主要的商品粮生产基地之一。

黑土的有机质含量较高,耕作层疏松,底层黏重,透水性很差,暴雨中耕作层容易饱和,形成地表径流。本区的地形特点是坡度较缓,一般为 3°~5°,但坡面较长,一般为 800~1 500 m,侵蚀沟密度大,加上农民有顺坡耕作的习惯,极易造成水土流失。

黑土区冻融侵蚀与水力侵蚀、重力侵蚀交织在一起,冻融作用使土壤的抗蚀性减弱,土粒松散。沟蚀地区,冻胀产生的裂隙,在春季融雪水的浸润下,使沟沿倒塌,沟壁迅速扩展,加速了重力侵蚀。黑土区冻层的存在,起着隔水层的作用,不但使春季融雪水不能下渗,而且在北部地区冻层,甚至可延续至 6 月底—7 月中旬。7 月为黑土区的主要雨季,因而黑土区冻层的存在使 6—7 月降雨径流的冲蚀作用加剧。

水土流失使黑土层逐年变薄,养分下降,沟谷面积扩大,耕地面积减少。在上游林区,由于人口增加,土地大量开垦,盲目发展,使水土流失面积不断扩大。由于地面广阔空旷,风力畅行无阻,东北黑土区还存在一定的风力侵蚀。

3. 北方土石山区

北方土石山区主要分布在松辽、海河、淮河、黄河四大流域的干流或支流的发源地。土石山区面积约 75 万 km²,其中水土流失(主要是水蚀)面积约 48 万 km²。

北方土石山区暴雨集中,山丘高原侵蚀面积大(50% 以上),高差在 500~800 m,植被覆盖度低,地表组成物质石多土少,石厚土薄,岩石出露多,结构松散,土壤主要有黄土、棕壤和褐土,结构松散,沙性强,有机质含量低,土层薄(<50 cm)。该区土壤侵蚀类型复杂,水蚀、重力侵蚀和风蚀交错进行,相间分布。侵蚀强度大,每年平均流失土壤厚度 1.0~3.0 cm;土壤侵蚀的分选性强,即细粒流失,粒径小于 0.5 mm 的细粒损失大,形成山丘侵蚀、平原淤积的现象。

由于北方土石山土层薄,裸岩多,坡度陡,沟底比降大,暴雨中地表径流量大,流速快,冲刷力和挟运力强,经常形成突发性山洪,致使大量泥沙砾石堆积在沟道下游和沟外河床、农地,冲毁村庄,埋压农田,淤塞河道,危害十分严重。由于水土流失,坡耕地和荒地中土壤细粒被冲走,剩下粗粒和石砾,造成土质粗化,有的甚至岩石裸露,不能被利用(石化)。

4. 南方红壤丘陵区

南方红壤丘陵区主要分布在长江中下游和珠江中下游及福建、海南、台湾等省。红壤总的分布面积约 200 万 km²,其中丘陵山地约 100 万 km²,水蚀面积约 50 万 km²,是我国水土流失程度较高,而且分布范围最广的土壤类型。

南方红壤丘陵区红壤黏粒含量高,渗透及抗蚀性强;以山地丘陵为主,降水多,暴雨大,径流强,冲刷大,降雨侵蚀力大。该区潜在侵蚀严重,水蚀和泥石流分布广泛,水土流失面积相对较小,花岗岩及红层紫色岩分布区侵蚀严重,形成崩岗这种特殊的流失形态。

南方红壤丘陵区水土流失,淹没土地,淤积河床水库,造成洪涝、泥石流灾害。该区"八山一水半分田,半分道路和庄园",山高坡陡,土层浅薄,一般坡耕地上的土层只有几十厘米。按照剧烈侵蚀 1.3 cm/a 的流失速率,如不加以防治,在 10~50 年内,人们赖以生存的土壤资源会流失殆尽,土地将失去生产能力和生态功能,潜在危险性极大。

5. 西南土石山区

西南土石山区以贵州高原为中心,分布于贵州、云南、广西、四川、重庆等省(自治区、直辖市),总面积 10.5 万 km²,其中贵州、云南东部、广西石漠化面积 8.8 万 km²,占石漠化总面积的 83.9%。西南岩溶地区是珠江和流向东南亚诸多国际河流的源头,长江的重要补给区,因此该地区的水土保持非常重要。

西南上石山区碳酸盐岩出露面积较大,一般为 30%~60%,局地达 80% 以上;气温高,降水多,旱涝交替明显;地势由西向东降低,以高原和熔岩地貌为主,地形破碎,崎岖不平,坡地比例大。该区以红壤、黄壤和石灰土为主,土层薄(20~30 cm),不连续,成土速率慢,形成 1 cm 土壤需 2 500 年以上,植被覆盖度低。

西南岩溶石漠化区岩溶与机械侵蚀,地上与地下河侵蚀并存,流失强度大大超过成土速率。该区石漠化面积大,可利用土地面积小;土层浅薄,肥力低;泥沙淤积,地下河秋季干旱,雨季洪涝,水旱灾害同时发生,水利工程淤积严重;生物多样性低,生态环境脆弱。

(二) 以风力侵蚀为主的类型区

以风力侵蚀为主的类型区分为"三北"戈壁沙漠及沙地风沙区、沿河环湖滨海平原风沙区 2 个类型区。

1. "三北"戈壁沙漠及沙地风沙区

"三北"戈壁沙漠及沙地风沙区主要分布于我国西北、华北和东北的西部,包括新疆、青海、甘肃、宁夏、内蒙古、陕西、黑龙江、河北、山西、辽宁、吉林等省(自治区)的沙漠戈壁和沙地。该区气候干燥,年降水量为 100~300 mm,多大风及沙尘暴、流动和半流动沙丘,植被稀少;主要流域为内陆河流。

2. 沿河环湖滨海平原风沙区

沿河环湖滨海平原风沙区主要分布于山东黄泛平原、鄱阳湖滨湖沙山及福建省、海南省滨海区,属湿润或半湿润区,植被覆盖度高。该区风沙化土地分布于沿河、环湖海滨,主要特点为分布零星,范围不大,季节性明显,在干季常出现风沙吹扬及地面形成波状起伏风沙地貌。

三、土壤侵蚀的危害

土壤作为土地资源最重要的要素之一,当土壤侵蚀发生时,可引起多方面的危害影响。

(一) 土壤侵蚀对土地资源的危害

土壤侵蚀带走大量的土壤颗粒、矿物质和有机质。肥沃的表层土遭受侵蚀,土层变薄,使山丘区的坡耕地基本变成跑水、跑土、跑肥的"三跑田",使土壤沙质化和石质化,土壤质量下降,造成土壤肥力减退甚至丧失。

(二) 土壤侵蚀对生态环境的危害

随着土壤侵蚀的发展,土壤生态也发生相应变化,如土层变薄、肥力降低、含水量减少、热量状况恶劣等,使土壤失去生长植物和保蓄水分的能力,从而影响调节气候、水分循环等功能。同时,由于土壤-植物的生态系统受到损害,进而引起生物多样性下降,最终危害人类自身。

另外值得关注的是,土壤侵蚀所带走的大量养分和化肥进入江河湖库,污染水体,导致水体富营养化。据研究,土壤侵蚀所引起的水资源污染已经成为我国氮、磷、钾污染的主要来源。土壤侵蚀严重的地方往往土壤贫瘠,因此农民对化肥、农药的使用量更大,使得随土壤侵蚀进入水体的各种化学污染物质更多,从而形成愈加严重的水资源环境污染恶性循环。

(三)土壤侵蚀对国民经济的危害

在土壤侵蚀严重地区,土壤侵蚀会加剧山地灾害(如滑坡、泥石流、崩塌等)的发生。据不完全统计,我国每年发生的山地灾害数以万计,威胁70多座城市和460多个县城,造成重大人员伤亡和经济损失。

土壤侵蚀还会导致再生资源减少,制约农业生产的发展。由于土壤肥力退化而造成广大农牧区产量普遍下降;农业生产条件恶化,生产成本增加,农民经济收入低下,陷入贫困化。

另外,由于大量泥沙下泄,淤积江、河、湖、库,降低了水利设施调蓄功能和天然河道泄洪能力,加剧了下游的洪涝灾害,同时影响航运,甚至造成交通中断等。

四、土壤侵蚀控制原理及策略

为减少土壤侵蚀,在给定的气候条件下,基本的策略和原则是降低侵蚀主动力的影响(降雨和地表径流的动能),或改变影响土壤侵蚀的被动力,如土壤特性、地形因素和土壤覆盖因素等。

对于气候适宜的地区,维持良好的植被覆盖条件,是降低土壤侵蚀危害的最佳选择。对于干旱地区,较难建立起良好的地面植被,因此通过土壤管理措施,降低径流的流动速度和动能则是较为适宜的选择。防治水力侵蚀的关键是维持土壤表面对水的接纳能力,使更多的水入渗到土壤中。这不仅降低了地表径流形成的可能性,减少了径流量和水流冲刷力,同时也更多地提供了植物生长所需的水分,促进植被的生长。茂盛的植物生长反过来又增加了土壤的储水能力,为接纳下次降雨提供更大的土壤库容。对于已经发生侵蚀的区域,则要采取一定的水土保持措施,以降低土壤侵蚀对当地生产的影响程度。目前我国的水土保持措施可分为生物措施、工程措施和耕作措施。

(一)生物措施

凡是通过种植和培育生物,增加地表覆盖以防止地表土壤再次受到侵袭造成更严重的水土流失的措施统称为生物措施,如植树种草构建防护林带、植物篱等。该方法在水土保持中普遍使用,对环境保护作用大,环境效益突出。生物措施不仅可以涵养水源,而且还能改善周围湖泊的水文不利情况。植被的存在使得土壤具备抵抗冲刷的能力,能有效避免土壤受到严重侵蚀,长久而言生态环境可得到改善。

(二)工程措施

必须使用推土机、挖掘机或人工修筑建造,而无法用一般耕作工具在耕作过程中完成的措施称为工程措施,如梯田、谷坊等。工程措施是水土保持综合治理措施的重要组成部分,通过改变一定范围内(有限尺度)小地形(如坡改梯等平整土地的措施),拦蓄地表径流,增加土壤降雨入渗,改善农业生产条件;充分利用光、温、水土资源,建立良性生态环境,减少或防止土壤侵蚀。在我国,根据兴修目的及其应用条件,工程措施可分为:山坡防护工程、山沟治理工程、山洪排导工程和小型蓄水用水工程。其中,防止坡地土壤侵蚀的工程措施一般指山坡防护工程(图10-5),主要有以下三种。

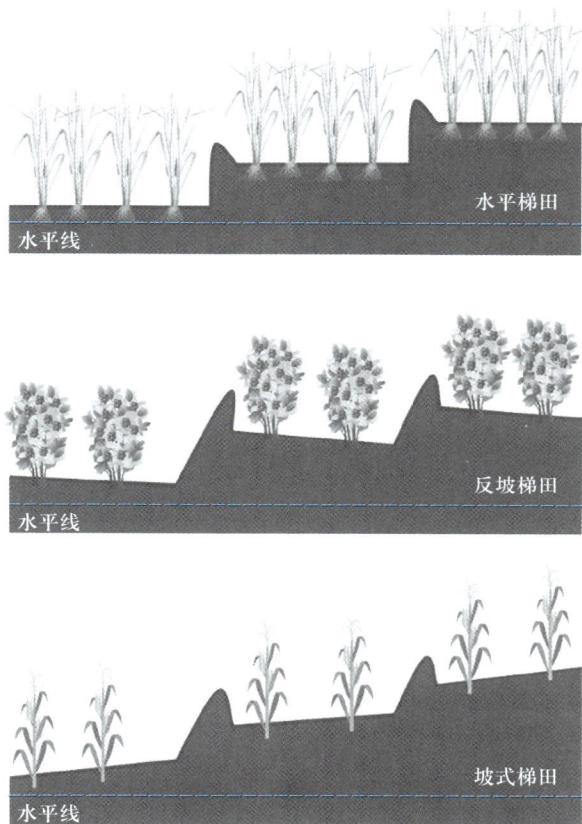

图 10-5　山坡防护工程类型

彩图 10-5

1. 水平梯田

水平梯田是我国年代久远的水土保持方法,最早起源于稻田,是农业生产发展的产物,广泛分布于世界许多地区,如北非、南欧、中美洲及东南亚等地。梯田的田面呈水平,各块梯田将坡面分割成整齐的台阶,是高标准的基本农田,适宜种植水稻和其他旱地作物、果树等。

2. 反坡梯田(水平阶)

反坡梯田适用于 15°~25° 的陡坡,阶面宽约 1.0~1.5 m,外高内低,具有 3°~5° 的反坡,阶面可容纳一定的降水径流。要求暴雨时各水平台阶间斜坡径流在阶面上能全部或大部分容纳入渗,树苗栽种在距阶边 0.3~0.5 m 处,适宜旱作和种植果树。

3. 坡式梯田

坡式梯田是顺坡向每隔一定间距沿等高线修筑地埂而成的梯田,依靠逐年翻耕、径流冲淤加高地埂,使田面坡度逐渐减缓,最后成为水平梯田。这其实是一种渐变形式的梯田,它采用筑地埂截短坡长,通过地埂的逐年加高,坡耕地在多次农事活动中定向(向坡下)深翻,土壤在重力作用下逐年下移，并由于坡面径流的冲刷作用，逐渐变为水平梯田，也称大埂梯田或长埂梯田，具有投入少、进度快、既能保水保肥又能稳定增产的特点。

（三）耕作措施

用犁、锄、耙等农具在耕作过程中完成的措施称为耕作措施，如横坡耕作、免耕等。耕作是被普遍采用的一种水土保持方法，该方法既可实现保水保土的目标，又能提高农产品的产量。通过改变局部区域地形，利于水土保持，或者是通过改变局部地表结构，使该地的水土流失有所缓解。耕作措施的方法有以下三种。

1. 横坡耕作

横坡耕作也称为等高耕作，这种耕地方式主要是沿着等高线种植多年生植物，是一种对水土保持非常有效的耕作方式。通过种植作物能形成一个屏障（也称为植物篱），允许水流通过的同时截留冲刷的土壤颗粒，进而缓解水土流失（图10-6）。

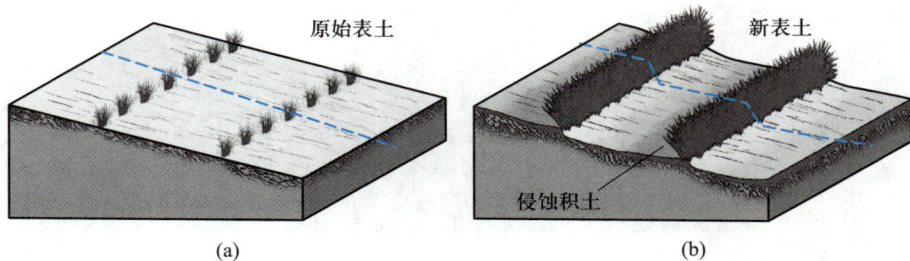

图 10-6 植物篱形成过程

资料来源：Weil 和 Brady，2017。

2. 垄作区田

垄作区田主要是在坡地上犁沟垄，将农作物种植在半坡上，在沟垄中，每隔一段距离就需要进行土挡，这种耕作方式不仅能够蓄水保肥，还能够阻止径流的出现。

3. 少耕免耕

少耕免耕是指在上茬作物收获后，只做极有限的土地耕整或不进行耕整而直接种植后茬作物。经过较长时间的免耕，农田土壤有机质含量不断提高、土壤结构持续改善，土壤容水能力和入渗性能极大提高，从而实现涵养水源、提高地力、减少水土流失、增加作物产量的作用。

专栏 10-1 减弱人类活动负面影响可降低黄河输沙量

土壤的侵蚀、搬运和再沉积塑造了地球表面，并影响了生态系统和社会的结构与功能。黄河流域曾是世界上水土流失最严重的流域，但近60年来（1951—2010），其泥沙输送量减少了约90%。黄河潼关站20世纪70年代每年的输沙量近16亿t，截至2024年降低至3亿t左右。泥沙量的下降是由河流水量和含沙量的改变导致，而这些改变主要受区域气候变化和人类活动影响。

研究者利用黄土高原过去60年的降水、径流和泥沙观测数据（黄土高原是黄河90%

泥沙的来源),发展了泥沙归因诊断分析方法,厘定了各因素的贡献及其作用,发现随着降水量和泥沙入河量的降低,黄河径流量下降,进一步减少了泥沙往下游输送。研究者也发现 20 世纪 70—90 年代,景观工程、梯田建设、淤地坝和水库建设是导致土壤侵蚀减少的主要原因;而 20 世纪 90 年代以来,大规模植被恢复工程有利于水土保持,也减少了土壤侵蚀。因此,在黄土高原的坡面和沟道综合使用生物、工程等多种措施,可以共同减少人类活动产生的负面影响,把黄河输沙量控制在较少的程度。

　　值得注意的是,研究者指出随着现有大坝和水库截留泥沙能力的下降,黄河的泥沙负荷将越来越多地受黄土高原的侵蚀速率所控制(图 10-7),因此在黄土高原维持一个可持续的植被生态系统对有效保持土壤和控制黄河输沙量反弹具有更加重要的作用。同时,水沙量的剧烈减少也会显著影响黄河三角洲,因此对黄河水沙的管理需要从黄土高原小流域综合治理转向全流域整体协调,这一研究成果对制定黄河流域治理策略具有重要意义。

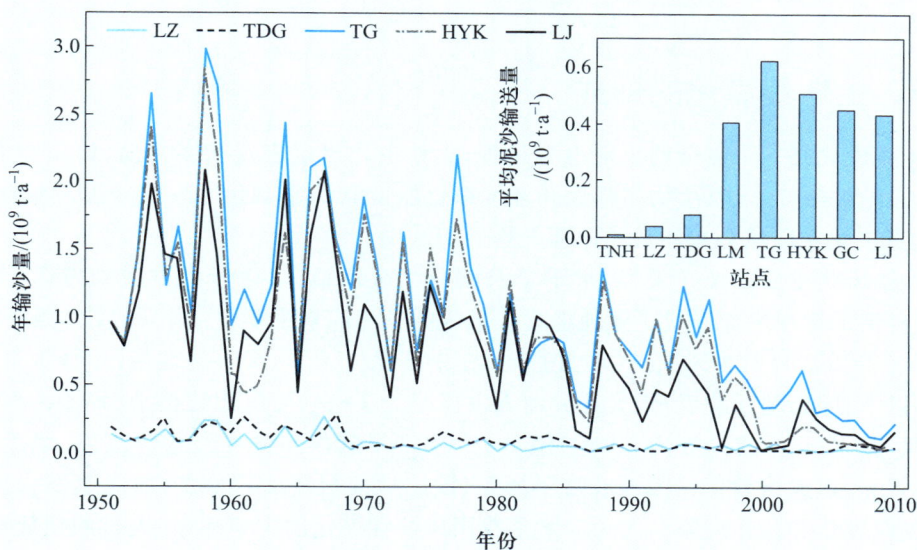

TNH,唐乃亥;LZ,兰州;TDG,头道拐;LM,龙门;TG,潼关;HYK,花园口;GC,高村;LJ,利津

图 10-7　黄土高原和黄河流域近 60 年(1951—2010)的水文情况及黄河流域
主要测量站年输沙量的时间序列

资料来源:Wang 等,2016。

第二节　土壤荒漠化与环境质量

　　人类的生存和发展离不开健康的土地,在众多土地"疾病"问题中,土壤荒漠化(desertification)已成为全人类需要面对的主要土地退化问题之一。荒漠化导致可利用土地面积减少,威胁人类的生存和发展。在 1977 年肯尼亚内罗毕举行的联合国荒漠化问题会议(UN-

COD）上，首次指出了荒漠化对全球的影响，探讨了造成这一现象的原因和促成因素，并针对可能发生荒漠化的地区提出解决方案。联合国在 1994 年发布了《联合国防治荒漠化公约》，提出荒漠化是指干旱、半干旱、偏干旱的半湿润地区，在自然和人为活动影响下造成的土地退化过程。荒漠化的类型可分为风蚀荒漠化、水蚀荒漠化、盐渍荒漠化、冻融荒漠化等。在我国，对于那些"自然的"和长期以来一直都是沙漠的地区，通常不计入荒漠化土地，因为它们自古以来就是沙漠，未经历荒漠化的过程。《中华人民共和国防沙治沙法》指出，已经沙化的土地和具有明显沙化趋势的土地称之为沙化土地，土地沙化是指因人类不合理活动所导致的天然沙漠扩张，以及砂质土壤上植被及覆盖物被破坏形成流沙及沙土裸露的过程。土地荒漠化和土地沙化虽然在定义上有所不同，但内涵上是大同小异的，都是在自然和人为因素的影响下造成土地退化的过程。在气候湿润多雨的地区，通常水蚀荒漠化较为严重。联合国粮食及农业组织 2015 年发布的《世界土壤资源状况报告》认为全球水力侵蚀的土壤可能达到 20 亿～30 亿 t/a，这会造成大面积的水蚀荒漠化区域出现。在我国的干旱、半干旱地区，风蚀荒漠化占的比例较大，这种荒漠化主要以沙丘的形式沉积，沙丘随风移动可侵占生产区域。

一、土地荒漠化的形成

土地荒漠化是一个复杂的土地退化过程，土地退化可以表现在多方面，如生产力降低、土壤侵蚀、植被破坏、土壤生物多样性和环境净化能力降低等。不同类型（风蚀、水蚀、盐渍、冻融）的荒漠化在区域分布和形成原因上均有所区别。

风蚀荒漠化主要出现在干旱、半干旱及部分半湿润地区，由于人类活动破坏了生态平衡，使风沙活动增强进而造成了土地退化。形成的自然因素主要包括干旱（基本条件）、地表松散物质（物质基础）、大风吹扬（动力）等。在中国北方干旱、半干旱地带，年降水量一般在 600 mm 以下；除山地丘陵以外，大部分地表由深厚的疏松砂质沉积物覆盖，每年出现超过临界起沙风速（5 m/s）的天数为 200～310 天；少雨干旱气候条件导致水分匮乏，地面疏松干燥，风沙强烈，造成植被生长困难或易于死亡，因此地面裸露面积增多，加之蒸发强烈，会造成并加剧荒漠化和沙化现象。人为因素是我国风蚀荒漠化的主要因素，人类的粗放经营、管理不善及掠夺性开发都可能引发并加速荒漠化进程。

水蚀荒漠化主要是由于水力侵蚀作用，土壤逐渐失去蓄水能力和养分保持能力，最后生产力完全丧失的土地退化过程。水力侵蚀地区通常季节性降雨强烈、土质疏松、沟壑较多、植被稀疏，这些都会加剧水土流失。以上自然因素的变化均与人类活动息息相关，人口增长、森林砍伐、不当的土地开垦、矿产资源及水资源的不合理开发利用等都会造成水蚀现象的形成和加剧。

盐渍荒漠化主要发生在水资源紧张的干旱、半干旱和湿润地区。高温导致蒸发强烈，土壤上升水变多，淋溶和脱盐作用微弱，形成土壤积盐，导致盐渍荒漠化。该过程主要与人类对土地的不合理利用、灌溉不当及多因素造成的气候变化有关。

冻融荒漠化主要发生在昼夜或季节温差较大、海拔较高的高原地区。高原地区土壤通常生态环境功能脆弱，在人类活动和气候的共同影响下，土壤原有的平衡遭到破坏，进而造成土地功能退化。

二、土壤荒漠化现状

（一）全球土地荒漠化现状

据统计,在全球干旱和半干旱区域的土地面积约占陆地面积的41%(图10-8),在这些区域居住着全球38%以上的人口,也分布着一些世界上最贫穷的国家(地区)。荒漠化是干旱和半干旱地区土地环境面临的最严重威胁。据报道全球10%~20%的旱地已经退化,荒漠化影响的陆地面积达到了世界面积的1/4(图10-9),其中受影响的发展中国家人口达到了2.5亿。由于气候变化和人口增长的不利影响,这一数字还可能会进一步增大。干旱地区荒漠化已经演变成全球性的环境问题之一,对人类的生存和发展构成了严重的威胁。

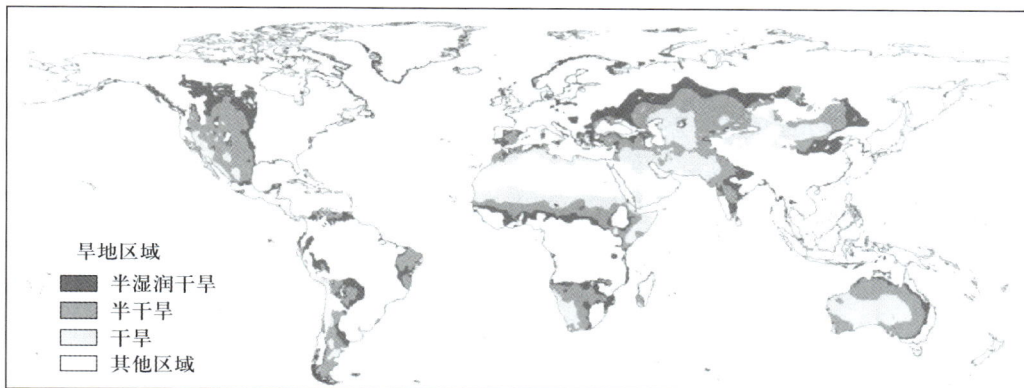

图 10-8　世界干旱地区分布(基于降水和蒸散潜势比值 P/PET 作图)

资料来源:Zika 和 Erb,2009。

彩图 10-8

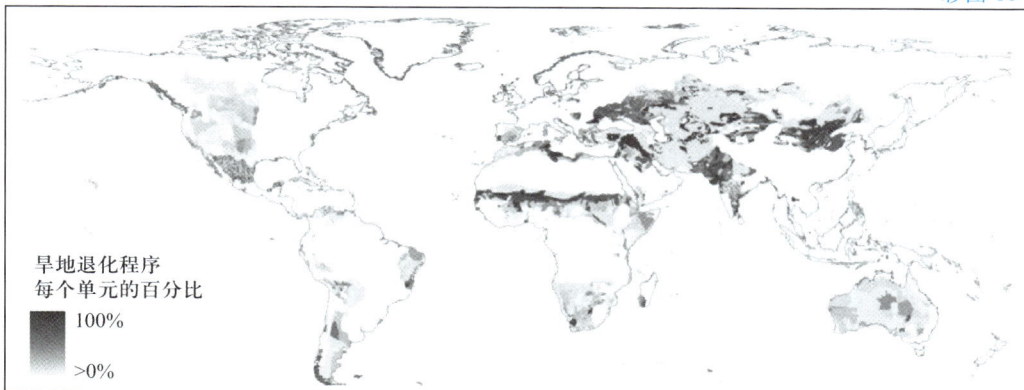

图 10-9　世界干旱地区退化程度

资料来源:Zika 和 Erb,2009。

彩图 10-9

非洲是目前全球范围内受荒漠化影响最严重的区域,撒哈拉沙漠的南部边缘是受荒漠化影响最明显的地区之一。非洲的旱地(包括撒哈拉沙漠、卡拉哈里沙漠和东非大草原)绵延 2 000 万 km²,约占非洲大陆的 65%。非洲 1/3 的旱地大部分是无人居住的干旱沙漠,剩下的 2/3 的旱地养活了非洲大陆的人口。据统计,大约 1/5 的灌溉农田、3/5 的雨水灌溉农田和 3/4 的牧场受到了荒漠化影响甚至是损害。随着非洲人口的增加、土地生产力下降,单位土地面积的人口承载压力也在不断增加。

近年来有学者利用全球数据对荒漠化现状和发展趋势进行了评估。全球荒漠化脆弱性指数(GDVI)表明,在 2000—2014 年期间,中国北部、北非、美国西部、印度和墨西哥的沙漠或贫瘠土地是荒漠化风险最高的地区。预测到 21 世纪末,北美洲、俄罗斯东部、非洲和中国北部的荒漠化风险将会增加。

(二)我国土地荒漠化现状

中国是世界上荒漠化和沙化面积大、分布广、危害重的国家之一。根据 2015 年发布的第五次《中国荒漠化和沙化状况公报》,我国荒漠化土地总面积为 261 万 km²,占国土总面积的 27%,其中风蚀荒漠化土地面积为 183 万 km²,占荒漠化土地总面积的 70%;水蚀荒漠化土地面积为 25.5 万 km²,占荒漠化土地总面积的 10%;盐渍荒漠化土地面积为 17.3 万 km²,占荒漠化土地总面积的 7%;冻融荒漠化土地面积为 36.3 万 km²,占荒漠化土地总面积的 13%。各种荒漠化类型中,风蚀荒漠化面积最大,是中国荒漠化土地中面积最大、分布最广的一种荒漠化类型。风蚀荒漠化主要分布在黄土高原北部、黄河中上游地区;盐渍荒漠化主要分布在西北、华北的重要粮食产区;冻融荒漠化主要分布在青藏高原。

(三)我国沙化土地现状

我国沙化土地面积分别为:流动沙丘(地)面积 41.2 万 km²,占沙化土地总面积的 24%;半固定沙丘(地)17.9 万 km²,占 10%;固定沙丘(地)27.5 万 km²,占 16%;戈壁 66.2 万 km²,占 37%;风蚀劣地(残丘)6.5 万 km²,占 4%;沙化耕地 4.6 万 km²,占 3%;露沙地 10.1 万 km²,占 6%;非生物工程治沙地 96 km²。沙化程度现状为:轻度沙化土地面积 26.1 万 km²,占全国沙化土地总面积的 15%;中度沙化土地面积 25.4 万 km²,占 15%;重度沙化土地面积 33.4 万 km²,占 19%;极重度沙化土地面积 87.3 万 km²,占 51%。

三、土壤荒漠化的危害

荒漠化是当今世界人类共同面临的环境问题,其对当地生态、环境、经济社会影响巨大,危害严重,通常是欠发达地区贫困的"元凶",也是众多国家和地区经济和社会发展的主要障碍之一。

(一)荒漠化面积增大会直接侵占土地,压缩人类生存和发展空间

以我国为例,我国沙化土地面积基数大,相当于 10 个广东省的面积。中国国家林业和草原局提供的资料显示,20 世纪末,沙化土地面积以每年 3 436 km² 的速度扩展,每 5 年就有一个相当于北京市面积的国土面积因沙化而失去利用价值,全国受沙漠化影响的人口达 1.7 亿。

(二)荒漠化会降低土地生产力,影响农业和畜牧业发展

在毛乌素沙地,每年土壤层被吹蚀 5~7 cm,每公顷土地损失有机质 7 770 kg、氮素 387 kg、磷素 549 kg、小于 0.01 mm 的物理黏粒 3.9 万 kg;与 20 世纪 60 年代相比,在 20 世纪 80 年代有机质普遍降低了 20%~30%、全氮降低了 25%~46%。

(三)荒漠化会减少生物多样性,加剧环境恶化

草地和森林面积下降,会导致动植物生境破碎或减少,从而造成生物多样性的减少,生

态功能下降或丧失。有数据表明,近年来随着沙漠地区面积扩大,荒漠化地区的生物资源正在急剧减少。陆地植被减少会产生严重的环境影响,其中最为突出的是形成扬尘和沙尘暴,严重影响区域大气环境质量和人民生命健康。荒漠化已成为中国面临的最严峻的生态问题。

(四)荒漠化对经济和社会发展造成影响

据《中国荒漠化灾害的经济损失评估》,我国每年沙化造成的直接经济损失达540亿元。在一些地区,由于流沙及气候等因素居民不得不搬迁,数据显示我国北方12省区有2.4万个村庄受到风沙危害。

四、土壤荒漠化评价

土壤荒漠化过程的评价和监测是荒漠化研究领域的重要内容,准确地评价荒漠化发生程度可以为防治工作提供依据。1977年联合国荒漠化大会(UNCOD)提出了荒漠化监测评价指标体系,以地区的荒漠化发展和危机为基础,综合考虑人口、人类环境健康、粮食、人类居住地、教育、社会文化模式、土地利用和生产力等因素。1984年联合国粮食及农业组织和联合国环境规划署发表的《荒漠化评价与制图方案》把荒漠化评价分为现状评价、发展速率评价和危险性评价3个方面内容。这一阶段又涌现了许多荒漠化评价体系。2018年发表的《世界荒漠化地图集》(第三版)对全球荒漠化地区给出了最新的报告并综合评估了社会、生态相关的因素与土地退化的关系,例如土壤退化不仅与生物物理因素(如土壤类型、坡度、植被覆盖、气候)有关,还受到社会经济因素(如家庭收入、管理措施、作物价格)、全球市场形势、当地政策和土地利用历史等因素的影响。许多学者根据我国实际情况建立了一些评价体系,例如朱震达提出的多种荒漠化评价体系(表10-1、表10-2和表10-3)。

五、土壤荒漠化防治

在荒漠化评价的基础上,为了减少荒漠化带来的社会和环境巨大挑战,必须因地制宜采取相应措施。荒漠化产生的原因是多方面的,荒漠化治理也不是单纯的植树造林,需要从生态、经济、人口等方面采取综合治理措施。由于区域气候变化是旱地生产力损失的主要原因,因此需要了解全球变暖对特定干旱区域的影响,根据一些气候变化模型来预测荒漠化的风险指数,进而采取相应的预防措施。国际社会需要针对全球变暖等气候变化导致的荒漠化问题做出相应的对策,例如碳封存和减少碳排放等。在地方上要根据地方经济社会发展制定相对应的治理策略,预防荒漠化的发生,并对荒漠化区域进行治理,降低荒漠化对地方的不利影响。

近60年来,中国的防沙治沙在探索中不断前进,逐渐建立起我国的防沙治沙技术体系,如固沙植物材料的快速繁育技术体系、退化土地治理与植被保育技术、高大流动沙丘的机械阻沙技术、防风阻沙林带造林技术、水资源利用技术、沙漠沙源带封沙育草保护技术、弃耕还林还草防止土壤退化技术、沙化土地的综合治理技术、沙漠和沙漠化土地遥感监测技术等。

针对不同气候区、荒漠化类型需要提出不同的防沙治沙措施,目前利用人工植被进行荒漠化防治是国际社会公认的沙区生态重建和防沙治沙的有效途径。近年来也发展了一些防沙治沙新技术,并且出现了成功应用的案例。

表 10—1 风力作用下的土地荒漠化特征

程度	风积地表形态占该地面积比例/%	植被覆盖度/%	地表景观综合特征	土地生物生产量较荒漠化前下降比例/%
轻度	≤10	31~50	斑点状流沙或风蚀，2 m以下低矮沙丘或吹扬的灌丛沙堆，固定沙丘群中有零星分布的流沙（风蚀窝），旱作农地地表面有风蚀痕迹和粗化地表局部地段有积沙	30
中度	11~30	11~30	2~5 m高流动沙丘呈片状分布，固定沙丘群中沙丘活化显著，旱作农地有明显的风蚀，连地和风蚀残丘，广泛分布的粗化砂砾地表	31~50
重度	≥31	≤10	5 m以上高密集的流动沙丘或风蚀地	≥51

资料来源：朱震达，1998。

表 10—2 流水侵蚀作用下的土地荒漠化特征

程度	劣地或石质坡地占该地面积比例/%	现代沟谷（细沟、切沟、冲沟）占该地面积比例/%	植被覆盖度/%	地表景观综合特征	土地生物生产量较荒漠化前下降比例/%
轻度	≤10	≤10	51~70	斑点状分布的劣石或石质坡地，沟谷切割深度在 1 m 以下，片石及细沟发育，零星分布的裸露砂石地表	30
中度	11~30	11~30	31~50	有较大面积分布的劣地或石质坡地，沟谷切割深度在 1~3 m，较广泛分布的裸露砂石地表	31~50
重度	≥31	≥31	≤30	密集分布的劣地或石质坡地，沟谷切割深度 3 m 以上，地表切割破碎	≥51

资料来源：朱震达，1998。

表 10—3 物理化学作用下的土地荒漠化特征

程度	次生盐渍化土地占该地面积比例/%	大气或水、土污染造成荒漠地表面积占该地面积比例/%	土地生物生产量较荒漠化前下降比例/%
轻度	<30	<30	<30
中度	31~50	31~50	31~50
重度	≥51	≥51	≥51

资料来源：朱震达，1998。

（一）以植被恢复、水土保持为主的荒漠化防治措施

1. 风蚀荒漠化地区的大面积防沙固沙、植树造林种草防治技术

近年来我国在防沙治沙方面取得了较好的效果，主要有人工造林固沙技术和沙障固沙技术两大类，其中飞播造林技术、大苗深植造林技术、草方格固沙技术和低盖度治沙技术等发展相对成熟。下面对草方格和低盖度固沙技术进行具体的介绍。

草方格固沙技术被外媒称作"中国魔方"（图 10-10），于 1987 年获得了国家科学技术特等奖，1994 年联合国副秘书长兼环境规划署执行主任伊丽莎白·多德斯韦尔向我国宁夏中卫固沙林场颁发"全球环境保护 500 佳"荣誉证书。草方格可以起到稳固沙地的作用，使沙丘避免受到风力的影响而移动，因此通常用于公路沙漠建设项目。塔克拉玛干沙漠被认为是最难修公路的沙漠，然而却是草方格固沙与植被恢复的成功案例之一，在流沙中修路长度达 446 km，绿化带宽达 78 m。风沙对公路的危害主要包括沙埋和风蚀。公路沙埋通常具有更大的破坏性，其主要有两种情况：① 由于风沙流通过路基时，风速减弱，导致沙粒沉落、堆积，掩埋路基。② 由于沙丘移动上路而掩埋路基。草方格一方面能够使地面更加粗糙，减少风力对地面的侵蚀；另一方面能够避免水分过快蒸发，提高地面沙层中的含水量，进一步提高固沙植物成活率。以南疆沙漠地区草方格沙障施工为例，通过就地取材利用当地盛产的芦苇，形成南疆沙漠地区草方格沙障施工工艺。施工工艺流程为：整平边坡→测量放样→芦苇制备→铺放芦苇→芦苇植入→质量检测→完工验收。其中主要工艺流程的参数见表 10-4。

图 10-10　草方格模式图片

彩图 10-10

表 10-4　南疆沙漠地区草方格沙障施工工艺主要参数

工艺流程	主要参数
整平边坡	在裸露平坦的沙砾戈壁地区，一般坡高不超过 50 cm 为宜。沙漠地区公路坡度设计值为 1∶4，矮边坡坡度缓于 1∶3
测量放样	在坡面上挂线或洒布石灰形成 100 cm×100 cm 的正方形网格。芦苇沙障施工要保证主带（横对风向的为主带）、副带间距均匀为 1 m
芦苇制备 铺放芦苇	水旁生长的芦苇丛收割后进行晾晒、碾压、湿润、裁剪。将芦苇切成标准长度为 70 cm 的草段 沿布好的网格线挖深度为 15 cm 的倒等腰三角形槽。将芦苇中间位置垂直摆放于网格线上，然后在芦苇中间部位稍加喷水，使中间部分软化，适当增加芦苇材料的柔性，以方便下一步的植入

续表

工艺流程	主要参数
芦苇植入	用平板铣在草中部用力将其对折压入沙层内 15 cm,拥沙扶直(高出地面 2~3 cm);出露高度 20 cm(偏差为 ±2 cm),顶部宽度 5~6 cm,再用脚将草带两侧的沙踩实,并用铁锨或刮沙板将沙障内的沙向草带处刮一刮,使草方格提前形成碟形凹槽,有利于沙障内地面稳定

资料来源:孔庆波等,2021。

低盖度治沙是一项荒漠化治理新技术,是从近自然林业思路出发,能够完全固定流沙、加快土壤植被修复、提高生物生产力、节约生态用水、实现固沙林可持续发展、覆盖度在15%~25%的新型治沙模式,开创了在植被低盖度下实现防沙治沙目标的新局面,在内蒙古、宁夏、甘肃等地推广面积约 200 万 hm^2,且在京津沙源工程中得到广泛应用,成为《国家造林技术规程》旱区部分修订(2015 修订版)的重要内容。低盖度治沙体系以防风固沙、修复退化土地为目标,以提高水分利用率、增加植被稳定性和加快修复速度为出发点,在控制成林覆盖度为 15%~25% 的前提下,营造人工造林占地 15%~25%、空留 75%~85% 土地为植被自然修复带的固沙林,在确保完全固定流沙和林木健康生长的条件下,形成能够促进土壤与植被快速修复的乔、灌、草复层植被,构成低覆盖度防沙治沙体系。

2. 水蚀荒漠化地区的小流域治理技术体系

小流域治理过程中应用水土保持技术,先对治理区域展开全面调查,在对当地实际情况充分掌握后,结合相关信息与数据制定合理的小流域治理方案,并加强对小流域后期的保护与管理。小流域治理中水土保持技术主要有:梯田治理、生态修复治理、设置消能池、建设小型蓄排引水工程、修筑山坡截流沟、农业技术措施、林草植被技术措施等。在小流域展开水土治理过程中,需要充分认识水土保持技术的优势,制定完善的小流域治理机制,结合小流域实际情况选用恰当的技术措施,在生物措施、工程措施等结合运用基础上,有效保持小流域生态平衡。

以甘肃省兰州市西果园小流域治理措施为例,典型小流域特点包括人口稠密、山坡面积大、植被覆盖率低、沟壑纵横、水土流失严重。措施配置遵循工程措施、生物措施和耕作措施相结合的原则。对 5°~15° 的坡耕地修建梯田,既能控制坡面水土流失,又能保证当地优质百合种植面积。沟道工程措施主要根据流域内地形、地貌、地质、水文等条件,在支沟沟头布设蓄水式沟头防护,沟底修建谷坊,在干沟上修建淤地坝,形成较完善的沟道防护工程体系。

(二) 新型防沙治沙技术

由于植物生长往往需要一定的生境条件,而荒漠化地区通常生境恶劣,在一些区域通过传统方式进行沙漠治理有时很难达到治沙目标,因此干旱区沙化土地治理必须要有新的思路。

1. 生物土壤结皮固沙技术

生物土壤结皮(BSC)广泛分布于世界和中国干旱、半干旱区,是由蓝藻、地衣、藓类等隐花植物、土壤中的异养微生物和相关的其他生物体与土壤表层颗粒等非生物体胶结形成的十分复杂的复合体,占地表活体覆盖面积的 40% 以上。蓝藻结皮是 BSC 演替的初级阶段,其发育及演替促进了沙面表层营养物质的富集,改善土壤理化属性,为其他土壤生物、草本和灌木的生存、发育和繁殖创造了条件,推进了沙化土地恢复。藓类结皮处于 BSC 演替的后期,较演替初期的蓝藻结皮生产力更高、抗风蚀性更强。作为藓类结皮的核心组分,藓类植物具有较强的生理耐旱、修复能力和无性繁殖能力,是培养人工藓类结皮的理想材料。地衣结皮是除了蓝藻和藓类结皮外的第三种 BSC 类型。它是地衣专化型真菌与一些低等光合共生物,如藻类及菌类紧密结合形成的体内胞外互惠共生型生态系统。人工培养的蓝藻和藓类结皮可以显著增强沙面稳定性,增强沙化土地的土壤理化属性、增加土壤酶活性及微生物多样性,提高草本植物多样性,为中国干旱和半干旱地区沙化土地修复提供有力的技术支撑(图 10-11)。作为荒漠生态系统的重要组成,BSC 的形成和发育是生态系统健康的主要标志之一,其在防治沙化、维护荒漠生态系统的稳定性和生态修复等方面所发挥的独特作用引起了广泛关注。但是,BSC 的自然形成往往需要几年甚至几十年。因此,如何通过人工培育和扩繁技术,加快沙区生态恢复和重建进程是荒漠化防治的重大实践需求。以蓝藻生物结皮技术为例,在腾格里沙漠,有学者对人工蓝藻结皮培养开展了系统研究,从自然发育的蓝藻结皮中分离纯化出了 7 种优势蓝藻,建立了蓝藻工厂化培养基地,制定了培养标准。在此基础上,有研究分别使用"草方格+蓝藻藻液"和"固沙剂+蓝藻藻液"的方法在野外成功培养出了蓝藻结皮(图 10-12)。

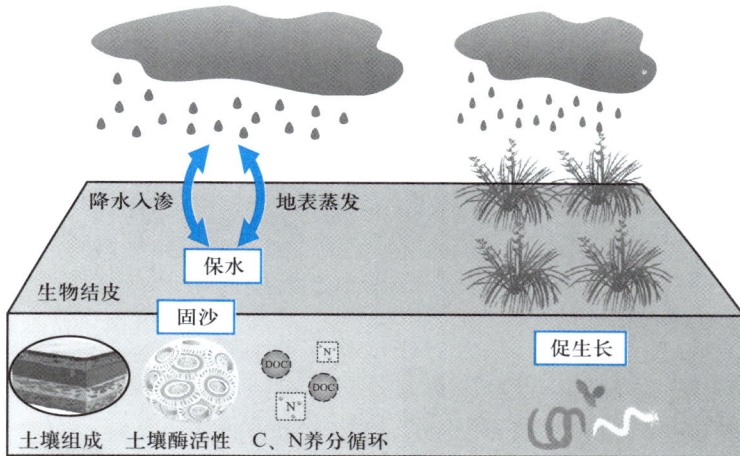

图 10-11　生物土壤结皮固沙、保水促进植物生长机理草图

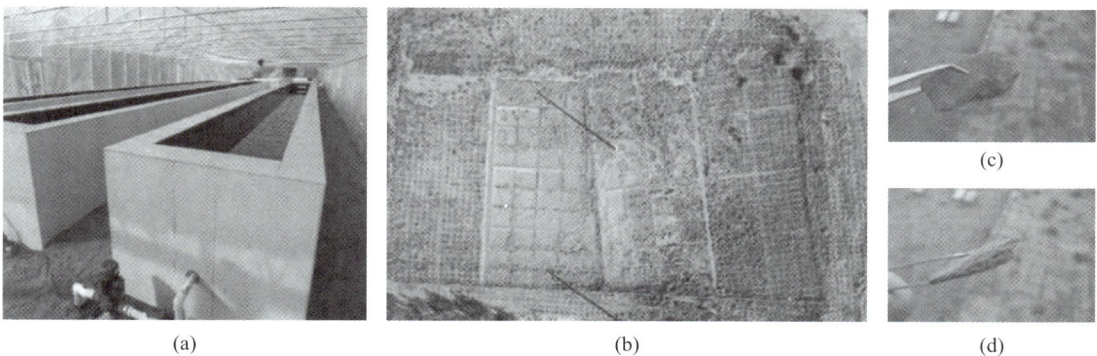

(a)　　　　　　　　　　(b)　　　　　　　　(c)　　(d)

图 10-12　沙坡头站蓝藻规模化生产基地(a)和"草方格+蓝藻藻液"方法培育的人工蓝藻结皮(b、c、d)

资料来源:Zhao 和 Wang,2019。

2. 化学材料固沙技术

化学材料固沙技术是应用植物提取和人工合成的具有固沙作用的化学材料,在沙丘或沙质地表喷洒快速形成能够防止风力吹扬、又具有保持水分和改良沙地性质的固结层,以达到固定流沙和防治沙害的目的。这类化学材料主要有化学固沙剂、高分子

彩图 10-12

聚合材料、生物高分子固沙材料及矿物质材料等。以化学固沙剂为例,在中国北方沙区,改性水溶性聚氨酯、改性乙酸乙烯酯高分子聚合物,以及聚氨酯和聚乙酸乙烯酯乳液等环保化学固沙剂能在沙土表层形成固结层,具有抗风蚀、抗压能力。固化剂稳定后形成的空间网状结构可以保水,减少蒸发,进而促进植物和微生物的生长,提高植被恢复速度(图10-13),是荒漠化治理的有效措施,同时也是沙漠公路两侧和沙漠中基础设施周边等防护沙害的理想固沙材料。以改性水溶性聚氨酯(W-OHC)为例,W-OHC 在沙表面具有良好的渗透性,当 W-OHC 浓度为3%时,渗透厚度可达到 14 mm。固沙层抗压强度随着 W-OHC 浓度增加逐渐增大,最大可达到1.27 MPa,表面硬度随着 W-OHC 浓度增加呈增大趋势,可达到 23 mm 以上,且抗风蚀效果良好。室外验证表明,3%W-OHC 喷洒的试验区 2 年后植被覆盖率可达 85%(图10-14)。

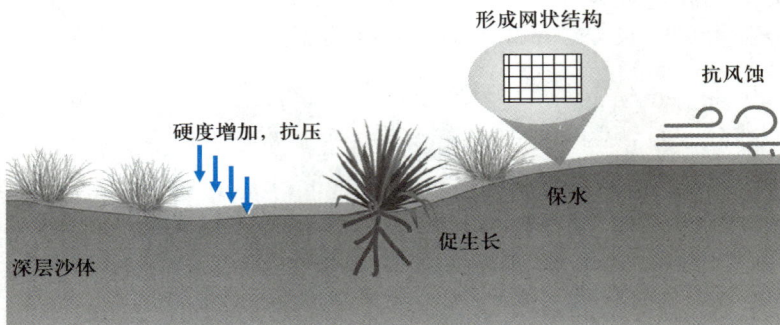

图 10-13 化学固沙剂固沙促生机理

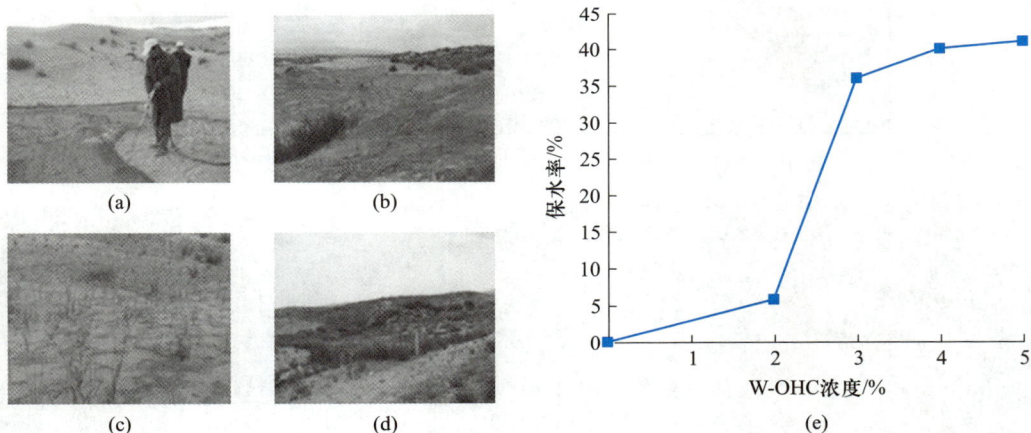

图 10-14 改性水溶性聚氨酯的应用效果与固沙体的保水性曲线
(a)喷洒;(b)3 个月后;(c)1 年后;(d)2 年后;(e)W-OHC 浓度与保水率的关系
资料来源:梁止水和吴智仁,2016。

彩图 10-14

3. 生态垫

生态垫是利用棕榈纤维制造的一种可降解网状覆盖物,具疏松多孔和易分解的优点,属纯天然植物制品。生态垫具有持效时间长、对植被生长友好、防侵蚀性能强且操作简单等优势。沙漠化区域铺设生态垫可以起到防风固沙、保水、减少温差、提高植物光合作用并改善土壤养分条件的作用。在中国京津风沙源治理工程的研究发现,铺设生态垫提高了油松(*Pinus tabuliformis*)、青杨(*Populus cathayana*)和栾树(*Koelreuteria paniculata*)等乔木的成活率、浅层根系生物量和胸径,提高了光合和蒸腾速率,但同时降低了自然分布物种的丰富度、生物量及土壤微生物数量。生态垫提高固沙植物成活率的原因主要是生态垫覆盖可以增加土壤含水量,0~20 cm 土层土壤含水量提高 17.4%,20~40 cm 土层土壤含水量提高 8.9%;降低风蚀强度,减少水土流失,增加沙面稳定性;在植物生长季,生态垫覆盖较裸地的土壤温度降低 1.8~4.5℃;增加了土壤氮、钾的含量和土壤酶活性。因此,"生态垫覆盖+固沙植物"是目前一致认可的沙化土地治理模式。

4. 微生物固沙技术

微生物固沙技术是将具有固沙作用的土壤微生物施加到沙面表层,短期内形成稳定土壤环境的一种技术,具有快速、高效、持久的固沙成土和增肥效果,适宜于干旱、半干旱地区流动和半流动沙丘的固定和退化生态系统恢复。目前土壤微生物固沙的研究已有大量报道,在腾格里沙漠分离出的特基拉芽孢杆菌(*Bacillus tequilensis* CGMCC 17603),以及柴达木盆地土壤中分离出的海球菌属(*Marino-coccus*)、芽孢杆菌属和薄壁芽孢杆菌属(*Gracilibacillus*)等 19 株菌株均具有一定的沙粒团聚效果(图 10-15)。在古尔班通古特沙漠,通过分离得到的寡营养细菌(SGB-5)在实验室条件下和野外条件下均能够迅速固定沙面,具有一定的减缓土壤中水分蒸发的效果;研究者将分离出的另一株高产胞外多糖菌胶质类芽孢杆菌(*Paenibacillus mucilag-inosus* KLBB0001)进行野外固沙研究,发现该菌株对沙化土地的恢复起到有效的促进作用,在缺少水分和养分的环境中表现良好。但由于微生物菌种培养、接种或制剂喷洒受多种因素限制,目前利用土壤固沙微生物及其培养液进行大规模沙害治理的实践活动仍未见报道。

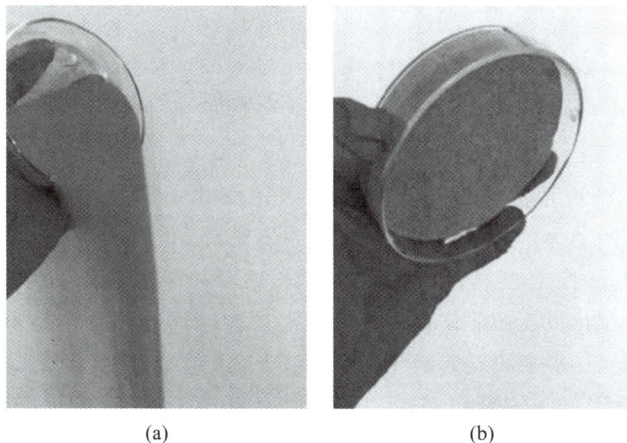

(a)　　　　　　　　　　(b)　　　　　　　　彩图 10-15

图 10-15　培养不同物质 3 天后对沙子的固定

(a)添加浓度为 0.1 mL/cm² 的水;(b)添加特基拉芽孢杆菌

资料来源:艾雪等,2015。

专栏 10-2　全球荒漠化土地面积及其发展趋势的预测

荒漠化是一个全球性的问题,但是对于全球荒漠化土地面积(1 000 万~6 000 万 km²)的大小一直存在争议。对全球荒漠化进行准确评价和预测一直是热点问题。引起地表植被变化的因素主要包括两个:一是人类活动造成的气候变化加重了土地荒漠化,主要包括由于降水和温度上升造成水分可利用性的变化,以及由于大气 CO_2 浓度升高造成水分利用效率升高两方面因素;二是放牧、作物种植和森林砍伐等不合理的土地利用方式。为了更好地理解区域荒漠化的形成原因及对未来荒漠化的趋势进行预测,研究人员基于不同的指标和数据开发了许多数学模型来表征和预测荒漠化的发生。但是由于方法和数据的差异,导致荒漠化发生的原因及未来荒漠化的预测存在很大差异,所以许多模型之间的结果也无法进行比较。目前,表征和预测荒漠化最常用的模型是地中海荒漠化和土地利用模型,该模型将土地退化和荒漠化的四个主要因素——气候、土壤、植被和土地管理纳入环境敏感性指标,绘制荒漠化的环境敏感性图。然而,此模型还需要根据特定的应用区域进行修改,进而能够根据具体地形下的特殊因素进行应用。在建模过程中不同的数据指标及不同时间区间的数据均会影响模型的预测能力。近年来也出现了一些新的预测模型,Huang 等同时考虑了气候变化和人类活动的因素,构建了全球荒漠化脆弱性地图,通过将气候变化和人类活动的因素结合起来构建了一个新的指标——全球荒漠化脆弱性指数(GDVI),为全球范围内的荒漠化脆弱性的研究提供一个新的视角,并预测其未来的演变。

准确认识全球荒漠化的现状、成因,以及预测地区荒漠化的发展趋势是进行荒漠化全球治理和决策的基础,未来还需要进一步探究。

第三节   土壤酸化与环境质量

土壤酸化(soil acidification)是指在自然或人为条件影响下土壤 pH 下降的过程。一般来说,土壤的自然酸化过程比较缓慢,而气候因素所控制的水平衡是影响和维持土壤 pH 的关键因素。随着工业革命发展,人为活动高强度地影响了土壤酸化过程,使之大为加速,并对生态环境和农业生产产生严重的危害。土壤酸化作为土壤退化的重要表现形式之一,目前已成为生态学、农学、土壤学等相关学科的重大研究课题。

从世界范围来看,酸性土壤主要分布于热带、亚热带和温带地区。我国酸性土壤则主要分布在广东、广西、福建、湖南、江西等南部地区,面积达 200 万 km^2,大部分 pH 低于 5.5。受酸沉降和森林砍伐影响,近 20 年来我国森林土壤 pH 呈下降趋势。21 世纪初,我国调查了亚热带地区农田 301 个点位,发现土壤的平均 pH 已从 20 世纪 80 年代的 5.37 下降至 5.14(粮食作物种植区)和 5.07(经济作物种植区)。另据全国农业技术推广服务中心 2015 年公布的 2005—2014 年全国测土配方施肥土壤基础养分数据显示,广东省(94 个县市区)、浙江省(74 个县市区)、广西壮族自治区(104 个县市区)、湖南省(120 个县市区)的农田土壤平均 pH 低于 6.0 的比例分别为 94%、76%、70% 和 61%,其中,土壤平均 pH 低于 5.5 的比例分别为 54%、42%、29% 和 29%。福建省 41 个县市区农田土壤平均 pH 均低于 6.0,其中 85% 的土壤平均 pH 低于 5.5,32% 的低于 5.0;江西省 91 个县市区几乎 100% 农田平均 pH 低于 6.0,其中 92% 的低于 5.5,19% 的低于 5.0。除了森林和耕地,过去 20 年内从青藏高原到内蒙古的草地 pH 也显著下降。此外,四川盆地的土壤因持续受氮氧化物和硫氧化物沉降的影响也逐渐呈现酸化的趋势。全国多个地区长时间的检测数据均表明,我国土壤酸化的问题已经非常突出。随着未来我国农业集约化发展程度的提高及对粮食需求的进一步增加,土壤酸化的问题还会进一步加剧。

一、土壤酸化过程

（一）土壤自然酸化过程及氢离子来源

土壤可看作由弱酸和弱碱组成的复合体系。当雨水中含有氢离子或者土壤中形成氢离子时，由于氢离子性质非常活泼，土壤中的碱性物质可以与这些氢离子发生反应而被消耗。此外，土壤中的碱性物质也可通过淋溶作用而流失掉。上述两个过程都使土壤中的碱性物质不断消耗，破坏了土壤的酸碱平衡，土壤因此逐渐呈现酸化。

土壤自然酸化过程中氢离子的来源主要有：水的解离、降雨和土壤溶液中碳酸的解离及土壤中有机酸的解离等。水的解离产生的氢离子量虽少，但在长期作用下仍会对土壤酸化产生影响。降雨和土壤溶液中的碳酸可以解离生成氢离子，由于土壤气相中 CO_2 的浓度远高于大气，因此在酸化初期，碳酸解离的氢离子对酸化具有重要作用。土壤中主要存在小分子的有机酸（由根系分泌、微生物代谢或者植物残体分解所产生）和大分子的腐殖酸。某些低分子量有机酸如草酸的酸性相当强，而且它们的阴离子对土壤中的铁、铝离子有很强的亲和力，可以与之形成稳定的络合物，从而促进有机酸的解离释放氢离子。值得注意的是，土壤有机硫和有机磷在自然条件下矿化生成硫酸根和磷酸根的过程也会产生氢离子，导致土壤酸化。

（二）土壤缓冲能力与土壤酸化

当酸性或碱性物质进入土壤时，土壤自身具有阻止其 pH 变化的能力称为土壤对酸或碱的缓冲能力。缓冲能力可用 pH 缓冲容量来定量表征，即土壤 pH 增加或降低一个单位所需碱或酸的量（$cmol/(kg \cdot pH)$）。具有较大缓冲能力的土壤不易发生酸化，反之则容易发生酸化。

土壤固相和溶液是土壤中起缓冲作用的两大主要组分，其中土壤溶液缓冲能力较小，因而土壤主要依靠土壤固相参与缓冲的过程。不同土壤中存在不同的缓冲体系，目前学界公认的土壤固相物质按照 pH 范围可分为碳酸盐区、硅酸盐区、阳离子交换缓冲区、铝缓冲区和铁缓冲区 5 个区（表 10-5）。在石灰性土壤中，碳酸钙是主要的缓冲物质，在 pH 为 6.2~8.2 时，由碳酸钙与酸反应溶解来实现 pH 缓冲作用。一般碳酸钙含量较高的石灰性土壤的酸缓冲能力大约是非石灰性土壤的 2 倍。当 pH 低于 6 时，碳酸钙已基本消耗殆尽，无法起缓冲作用。在 pH 为 5.0~6.0 且含原生矿物较多的土壤中，主要由硅酸盐矿物来起缓冲作用。与碳酸钙体系直接消耗氢离子不同，硅酸盐矿物通过风化、蚀变等作用从矿物晶格中释放出碱金属或碱土金属，以此起到缓冲酸的作用。当 pH 为 4.2~5.0 时，这时土壤中的碳酸盐和硅酸盐均已耗尽，氢离子会与土壤表面吸附的盐基阳离子竞争吸附位点，从而使盐基阳离子从土壤中被淋失，削弱土壤的酸缓冲能力。这些交换性 H^+ 很快与土壤矿物中的 Al^{3+} 发生交换形成交换性铝，导致盐基饱和度下降，进一步减弱土壤对酸的缓冲能力。当 pH 小于 4.2 时，土壤主要通过层间羟基铝及铝氧化物的溶解来缓冲酸化。当 pH 继续下降至低于 3.2 时，此时如果土壤 pH 低于氧化铁表面的电荷零点，则氧化铁可从溶液中吸收氢离子，使表面带正电荷，以此起到缓冲作用。从上述分析可以看出，土壤的酸化过程就是不断消耗土壤中对酸起缓冲作用物质的过程。随着土壤中这些缓冲物质的消耗，土壤酸度逐渐增加，pH 随之下降。

表 10-5 土壤中的缓冲体系及 pH 范围

缓冲区	主要缓冲物质	pH 范围
碳酸盐区	碳酸钙	6.2~8.2

续表

缓冲区	主要缓冲物质	pH 范围
硅酸盐区	硅酸盐矿物	5.0~6.0
阳离子交换缓冲区	交换性盐基阳离子	4.2~5.0
铝缓冲区	层间铝和铝氧化物	<4.2
铁缓冲区	氧化铁	<3.2

资料来源:徐仁扣,2013。

(三) 土壤酸化与土壤铝形态转化

华南红壤地区高温多雨,土壤的风化和淋溶作用强烈。随着土壤的盐基离子等"碱性物质"被大量淋失,土壤呈酸化趋势。当土壤 pH 在 5.5 以上时,土壤的酸主要以交换性 H^+ 的形态存在于土壤固相表面的阳离子交换位点,此时土壤的交换性铝含量很低。随着 pH 下降至 4.2~5.0 时(即阳离子交换缓冲区),土壤表面的盐基阳离子会被更多的 H^+ 取代,形成大量的交换性 H^+,由于交换性 H^+ 不稳定,会自发与矿物晶格中的铝发生交换,形成交换性铝,具体的形成过程见第三章第六节图 3-39。因此,在酸性土壤中交换性酸主要以交换性铝的形态存在。

一般而言,土壤酸度是以土壤中氢离子来表现。但大量研究表明,土壤酸度是以土壤交换性 H^+ 和交换性铝共同作用为基础的,以交换性铝为主(交换性 H^+ 所占比例为总交换性酸的 5% 以下,其余为交换性铝),交换性铝的水解使土壤表现出酸性。

二、影响土壤酸化的因素

(一) 盐基饱和度

土壤的盐基饱和度(base saturation percentage,BSP)是指土壤中交换性盐基离子占全部交换性阳离子数量的比例。当植物从土壤中吸收营养元素离子,又或者土壤盐基离子因降雨等气候条件变化而淋溶量增大,土壤 BSP 就会逐渐下降,导致土壤的酸化。土壤交换性盐基离子的有效度,不仅与交换性盐基离子的绝对量有关,与交换性盐基离子饱和度的关系更为密切。因为该离子的饱和度越高,被交换解吸的机会越大,有效度就越大。当旱地改造为设施农业后,大量的有机肥和化肥的施加会影响土壤的交换性能。同时设施农业条件下缺乏雨水淋洗,水分蒸发大,导致了土壤交换性盐基离子总量增大,但 BSP 却下降,主要是因为新增加的土壤胶体表面阳离子吸附位点被交换性 H^+ 和 Al^{3+} 占据,这也是诱发设施农业土壤发生酸化的原因之一。

(二) 酸沉降

大气中的 CO_2 会导致雨水偏弱酸性(pH 在 5.6 左右)。当大气受 SO_2 和 NO_x 等酸性气体污染时,雨水的 pH 就会下降,形成酸雨。SO_2 和 NO_x 会在大气中发生反应生成硫酸和硝酸,随雨水进入土壤。我国的酸雨地带分布与酸化土壤的分布基本重合,表明酸沉降是加速我国南方土壤酸化的一大诱因(图 10-16)。然而有研究指出,农田受到酸沉降的影响小于化肥施用,酸沉降主要会促进森林土壤的酸化,是导致南方部分森林退化的主要原因。华南地区的红壤,由于土壤受到的风化淋溶作用非常强烈,土壤黏土矿物以高岭石为主,仅含有少量水云母和蛭石等 2:1 型黏土矿物,因此这一地区的土壤对酸沉降的缓冲能力较弱。随着酸雨给土壤带来大量的 H^+,土壤交换性 H^+ 不断增加,并自发与矿物晶格中的 Al^{3+} 发生反应将其释放到土壤表面的阳离子交换位点,增加了交换性铝的含量,导致土壤酸化加剧。

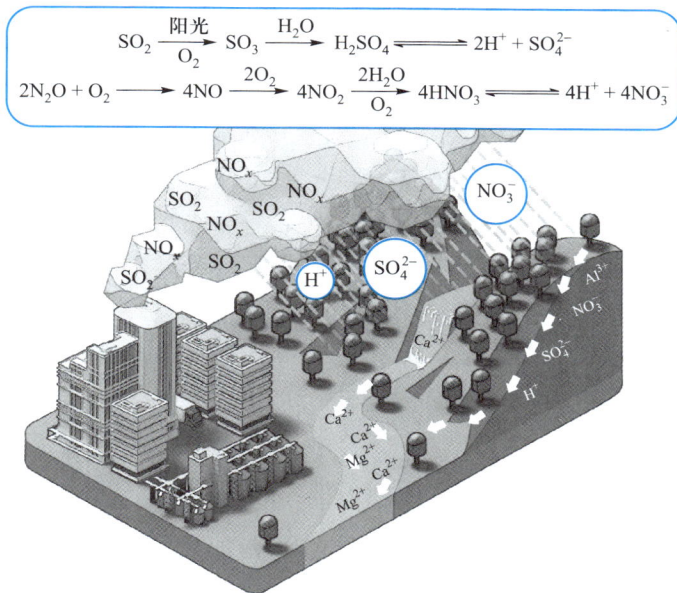

$$SO_2 \xrightarrow[O_2]{\text{阳光}} SO_3 \xrightarrow{H_2O} H_2SO_4 \Longleftrightarrow 2H^+ + SO_4^{2-}$$

$$2N_2O + O_2 \longrightarrow 4NO \xrightarrow{2O_2} 4NO_2 \xrightarrow[O_2]{2H_2O} 4HNO_3 \Longleftrightarrow 4H^+ + 4NO_3^-$$

图 10-16　城市地区酸雨的形成机制及其对远距离流域影响的示意图

资料来源:改自 Weil 和 Brady,2017。

(三)化学肥料

与自然系统中的土壤酸化诱因不同,农田系统中的土壤酸化主要来自化肥,尤其是铵态氮肥的施用。铵态氮一方面会与其他盐基离子竞争土壤阳离子吸附位点,使盐基阳离子更容易发生淋溶而流失,另一方面铵态氮在土壤中发生硝化反应,直接生成氢离子而导致酸化。据估计,我国每年氮肥施用对农田土壤酸化贡献的 H^+ 含量达到 $20\sim221\ kmol/hm^2$,远高于酸沉降对农田酸化的贡献。

(四)植物

农作物在生长过程中需要从土壤中吸收矿质养分,为保证体内电荷平衡,一般农作物会从根际释放 H^+,导致根际发生酸化。豆科和山茶科植物就是两类导致土壤发生酸化的典型植物。豆科植物生长过程中会通过生物固氮作用增加土壤有机氮的水平,而有机氮随着矿化、硝化及随后的淋溶过程会导致土壤酸化的发生。此外,豆科植物为了活化土壤中的磷素养分,也会在生长过程中分泌酸性根系分泌物(主要是小分子有机酸),因此长期单作或连作豆科植物会导致土壤 pH 下降,随时间呈酸化趋势。值得一提的是,当植物吸收了土壤中钙、镁、钾等生长必需的盐基离子并储存于体内,待作物收获后这些"碱性物质"就被带离土壤,长期下来,土壤的盐基离子得不到补充,土壤表面的交换位点缺少足够的阳离子来平衡表面负电荷,只能通过增加 H^+ 和 Al^{3+} 来占据这些位点,导致土壤酸度增加,土壤就会发生酸化,而这也是鼓励秸秆等农业废弃物还田的原因之一。

三、土壤酸化的环境效应

(一)土壤酸化对土壤的影响

土壤酸化会降低土壤的肥力。国内外研究证实,酸化会引起土壤中 K^+、Na^+、Ca^{2+}、Mg^{2+}

及 NH_4^+ 等盐基离子的淋失,导致土壤贫瘠,肥力降低,在酸雨淋洗作用下更为明显。研究表明酸沉降会导致北美森林土壤铝被活化,而土壤交换性铝与土壤有效态钙含量呈显著负相关关系,最终导致森林土壤缺钙。土壤酸化会加速矿物风化,促进土壤 2∶1 型黏土矿物向 1∶1 型高岭石的转化,土壤阳离子交换量(CEC)减小,对盐基阳离子和 NH_4^+ 的吸持能力减弱,土壤保肥能力减小。此外,土壤酸化对土壤磷有效性也有影响。一般土壤 pH 在 5.5~7.0 时磷的有效性最高(图 10-17)。酸性土壤通常含有大量的 Al^{3+}、Mn^{2+} 和 Fe^{3+},这些离子容易与土壤中的磷酸根离子反应生成难溶性磷酸盐,降低了土壤中磷的有效性。

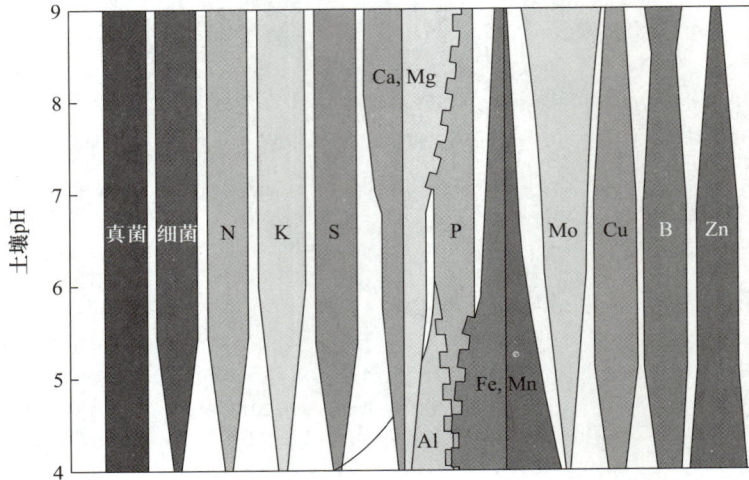

图 10-17 土壤 pH 与微生物活性和植物养分有效性之间的关系
图中条带宽度表示微生物相对活性或养分有效性的大小。磷带与钙、镁、铝、铁、锰带之间的锯齿状线代表了
这些金属离子对磷的有效性具有抑制作用。总体来说,植物养分在 pH 为 5.5~7.0 时有效性最高
资料来源:改自 Weil 和 Brady,2017。

土壤酸化也会影响土壤健康质量。一般而言,土壤中的有毒重金属元素因被土壤颗粒吸附或者形成不溶性盐而活性较低。当土壤 pH 下降就会导致有毒金属如 Cd、Pb、Cu、Cr、Mn 等溶解度增大或转化为易被植物吸收利用的可利用态,使它们在土壤中的浓度或生物有效性提高,并容易随土壤溶液迁移,最终对土壤的健康质量产生负面影响。湖南祁阳红壤试验站一项时间跨度达 18 年的研究表明,长期施用化肥的土壤中 Cr 的含量和活化率与土壤的 pH 呈显著负相关关系,施肥导致的土壤酸化增加了 Cr 的污染风险。当 pH 小于 6.0 时,土壤中 Cd 的离子交换态比例增大,达到总量的 40%~60%;当 pH 小于 6.5 时,Pb 的离子交换态占总量的比例也大幅增加。值得一提的是,因为 Al 是土壤中丰度最大的金属元素,土壤酸化造成土壤溶液 Al^{3+} 浓度增大,当暴雨发生时,Al^{3+} 会随地表径流迁移至周边河流湖泊中,对水体环境产生危害。

(二)土壤酸化对生物的危害

土壤酸化会危害植物的正常生长发育。大多数作物适宜在弱酸性环境下生长,土壤过酸会不利于作物的生长。酸化土壤产生的铝毒对植物影响最为严重,主要表现在对根系的抑制作用。过量的铝首先会使小麦根尖和侧根部位变得坚硬,根的伸长受到显著的抑制。其次,铝可以破坏根系细胞质膜的流动性,干扰脂类与膜蛋白的相互作用,引起质膜过氧化的伤害。随着 pH 下降,小麦幼苗的叶面积、株高和地上部的干重均明显减少(图 10-18)。而另一个关于水稻的研究则发现,pH 下降会抑制水稻前期分蘖,延长生育期,推迟始穗期,最终降低水稻产量。此外,有研究表明,苹果的单果果重、可溶性固形物、可溶性糖、果品色泽和果实风味等 5 项果实品质评价指标均与土壤 pH 呈显著正相关,说明土壤酸化会影响作物的品质。

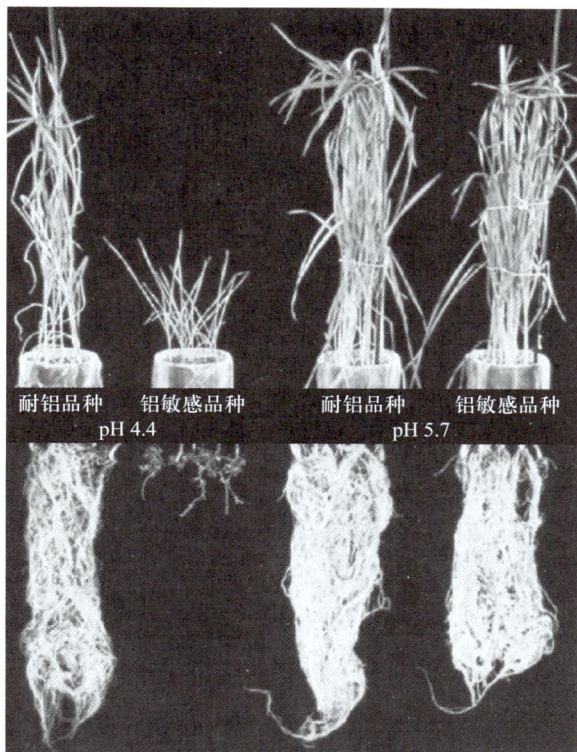

耐铝品种　铝敏感品种　　　耐铝品种　铝敏感品种
pH 4.4　　　　　　　　pH 5.7

彩图 10-18

图 10-18　pH 对耐铝和铝敏感小麦品种的地上部(上)和根部(下)生长的影响

资料来源:Weil 和 Brady,2017。

土壤酸化会影响土壤微生物和植物病原菌的活性。大多数土壤有益微生物的最适生长 pH 范围在 6.5~7.5,它们的存在有利于作物的生长。然而随着土壤酸化的发生,这些微生物的种类减少、活性下降,导致作物根际有机物质的矿化和养分的转化受到严重的阻碍,进而造成作物产量的下降。研究表明,随着果园土壤酸化的加重,土壤中的微生物活性受到抑制。目前,关于土壤酸化与植物病原菌关系的研究还较少。一般情况下,当土壤微生物多样性高时,植物病原菌较难存活。但一些因连作而酸化的土壤中,植物病原菌大量富集,导致细菌/真菌的比值逐渐减小,土壤肥力由"细菌型"演变为"真菌型",最终引发植物病虫害,对农作物生产造成严重影响。也有其他研究发现,土壤细菌比真菌对酸化更敏感,不同的氨氧化微生物之间对 pH 的响应也不同,表现为氨氧化细菌敏感性强于氨氧化古菌。另外,土壤酸化也会减少土壤中蚯蚓的数量,增加线虫的数量,而线虫过多则会破坏作物根系,影响作物营养吸收并导致减产。

四、土壤酸化的防治措施

(一)土壤酸化阻控对策

土壤中的酸碱缓冲物质可以缓冲外源酸和碱的加入对 pH 变化的影响。土壤 pH 下降后,土壤中的酸以交换性酸(主要为交换性铝)形式存在于土壤固相部分,在固相中的含量远高于在土壤溶液中。一旦土壤发生严重酸化,就需要大量的碱性物质调节土壤 pH,而且酸碱反应时间长,改良难度大。但如在土壤发生严重酸化之前提前预防,采取一定的措施对策减缓土壤酸化,则可起到事半功倍的效果。

1. 使用有机肥替代化肥

铵态氮肥的过量施用是农田土壤加速酸化的重要原因,为从源头控制酸化,应逐步减少铵态氮肥的施用量,相应增加有机肥施用量。有机肥含有一定碱性物质,可有助于维持土壤酸碱平衡,减缓土壤酸化。另外,有机肥可以提高土壤有机质含量,有利于改善土壤的团聚结构,提高土壤缓冲能力。

2. 使用合理的水肥管理措施

由于铵态氮肥在土壤中发生硝化反应产生硝态氮,而硝态氮容易随水淋失,促进了土壤的酸化。因此,国外常通过合理的水肥管理措施来尽量减少硝态氮的淋失,减缓土壤的酸化。选择合适肥料,不长期使用同一肥料,把握好施肥的时间和用量,适当采取分层施肥或深层施肥的方法,尽量减少肥料的流失和淋失,能提高肥料的利用率。在某些生产蔬菜瓜果等高附加值产品的设施农业中,可考虑直接施加硝态氮肥,一方面作物根系吸收硝态氮后,为保持细胞离子平衡会释放氢氧根离子,能中和土壤中的酸度;另一方面大多数蔬菜瓜果属于喜硝植物,偏好吸收硝态氮,可提高氮肥的利用效果。

3. 将农田秸秆生物质炭化后还田

作物秸秆等生物质材料在缺氧、低于 700℃ 条件下可发生裂解反应生成固体炭化产物。生物质炭在高温裂解后芳香化程度加深,孔隙率和比表面积增大,表面还会形成一定数量的碱性基团。生物质炭不仅可以短期快速提升土壤 pH,还能明显提高土壤酸缓冲容量和抗酸化能力,是一种阻控土壤酸化的有力手段。此外,生物质炭与传统秸秆直接还田相比,还具有减量化、养分富集、有机物质不易分解流失等优点,既改善土壤理化性质,又提高土壤肥力水平。Jeffery 等(2011)发现,生物质炭可显著改良酸性土壤,随土壤 pH 上升作物产量也有所增加,表明生物质炭具有良好的土壤酸化改良效果。

(二)酸化土壤改良技术

1. 施用石灰

施加石灰是传统的酸化土壤改良方法,该方法非常有效且已在国内外得到广泛应用。石灰可以中和酸性土壤的活性酸和潜在酸,促进多种金属生成氢氧化物沉淀形式,有效缓解铝毒,同时也能增加土壤钙的含量和土壤酶活性。但是石灰的作用范围一般只局限于表层20 cm 的土壤,深层改良不足,容易反酸导致修复效果不彻底,而且石灰施加过多也容易造成土壤板结。由于植物吸收及雨水淋溶等自然过程,加入到土壤中的钙、镁也会逐渐被消耗,因此施加一次石灰并不能长久地改良土壤酸化的问题,而是需要每隔一段时间(一般是 3~5年,具体视当地土壤和气候条件而定)重复施加才能有比较理想的效果。

2. 施加土壤调理剂

土壤调理剂是指用于改善土壤物理、化学和/或生物性状的材料,它可以改良土壤结构、调节土壤酸碱度、改善土壤水分状态等。常用的土壤调理剂主要有白云石、碱渣和磷石膏等。白云石是一种含有大量钙、镁元素的碳酸盐矿物。通过施加白云石粉,辽宁丹东种植烟草的酸性土壤 pH 显著提升,且对烟草的生长性状有促进作用。碱渣(pH 为 9~12)是制碱厂废弃物,主要成分是钙盐和氢氧化镁。有研究指出,碱渣中的硫酸根和氯离子会促进 Ca^{2+} 和 Mg^{2+} 等盐基离子在不同层土壤中迁移,表明施用碱渣可以改良表层和表下层土壤。磷石膏主成分是硫酸钙,来自磷化工行业的副产品。一些研究者发现,磷石膏虽然不能直接提高土壤的 pH,但可以缓解铝毒,而且效果比石灰更好。因为硫酸钙溶解度大于石灰石(碳酸钙),因而其在土壤中的迁移能力强于石灰石,更适合改良底层酸性土壤。肖厚军等发现施加磷石膏后土壤有效氮、磷、钾、钙含量显著增加,并改善和调节了高粱体内氮、磷、钾、钙养分的平衡,促进了高粱的生长,起到了强酸性土壤改良和培肥并举的双重作用。

3. 综合土壤改良技术

土壤酸化除了 pH 下降外,还会带来土壤肥力退化、养分缺乏的问题。虽然施加石灰等无机调理剂可以显著提升土壤 pH,有效控制土壤的酸化,但却无法解决土壤肥力低和缺营养的问题。目前值得推广应用的方法是将石灰、白云石、磷石膏等无机调理剂与有机肥、秸秆生物质炭等按一定配比混合施用,既解决土壤酸化问题,也同时提高土壤肥力,实现双赢目的。有研究通过将榨糖后产生的有机废弃物和粉煤灰进行不同配比改良酸性土壤,发现该混合处理后土壤 pH 随粉煤灰施加比例增加而提升,并且能提高土壤中氮、磷、钾的含量,促进作物生长,增加作物产量。

专栏 10-3　化肥正在酸化中国土壤

土壤酸化是我国集约化农业系统土壤的主要问题。土壤酸化会加速营养元素流失,促进铝、锰及重金属等元素的活化,改变土壤微生物种群及活性,影响作物根系发育和养分吸收,滋生植物病虫害等,从而对生态环境、农业生产和人类健康构成严重的威胁,对粮食安全和环境安全产生长远影响。

有学者通过对 20 世纪 80 年代到 21 世纪初我国主要农田土壤 pH 的变化进行研究,发现我国农田土壤 pH 平均下降了约 0.5 个单位,相当于土壤酸量(H^+)在原有基础上增加了 2.2 倍(图 10-19)。与粮食作物体系相比,经济作物体系土壤酸化更为严重。传统认为对酸化不敏感的石灰性土壤,其 pH 也同样出现了显著下降的趋势。一般而言,土壤

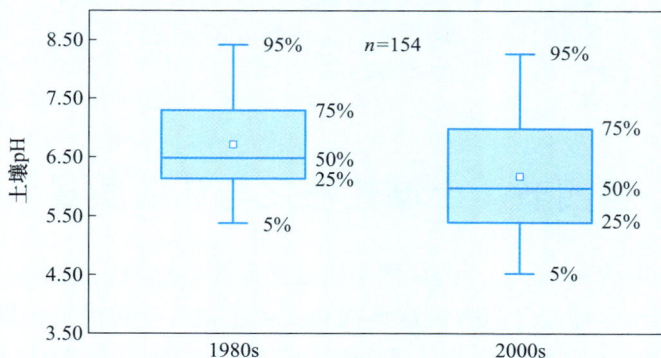

图 10-19　从 20 世纪 80 年代到 21 世纪初,我国 7 个省份 35 个站点的 154 组数据显示了表土 pH 的变化
框内的线和正方形表示所有数据的中值和平均值;框的底部和顶部边缘分别代表所有
数据的 25% 和 75%;误差线底部和顶部分别代表所有数据的 5% 和 95%

资料来源:Guo 等,2010。

酸化在自然条件下是一个相对缓慢的过程,土壤 pH 每下降 1 个单位通常需要数百甚至上千年,而我国那 20 年的高投入集约化农业生产大大加速了农田土壤的酸化过程。

通过系统分析,该研究发现氮肥过量施用是我国农田土壤酸化加速的首要原因(图 10-20)。在华北冬小麦–夏玉米轮作、华南水稻–小麦轮作等"一年两熟"种植体系中氮肥大量施用,每年所产生的酸量($20 \sim 30$ kmol/hm²)约占总产酸量的 60%;蔬菜大棚等设施农业中过量施氮的年产酸量(约 200 kmol/hm²)占总产酸量的 90%。虽然作物吸收带走的盐基对土壤酸化的贡献($15 \sim 20$ kmol/hm²)因农作物种类和产量而有所差异,但明显低于氮肥施用的贡献。值得注意的是,长期以来被当作土壤酸化主要原因的酸雨在农田土壤酸化中的贡献并不大,仅为 $0.5 \sim 2.0$ kmol/hm²(图 10-20)。由此可见,在保证粮食生产的前提下严格控制氮肥施用量,减少过量施氮,既可达到作物降本增效的目的,同时也能有效缓解农田土壤酸化的加剧。

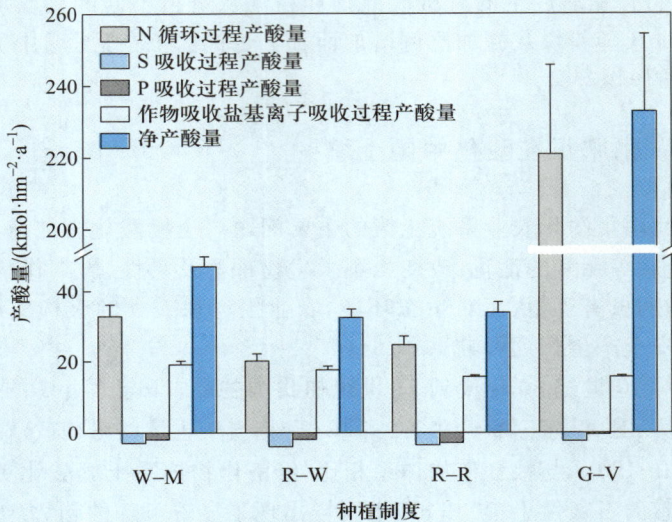

图 10-20　我国四种典型种植制度四种因素的年产酸量

W–M,冬小麦–夏玉米轮作制度;R–W,水稻–小麦轮作制度;R–R,水稻–水稻连作制度;G–V,设施农业制度

资料来源:Guo 等,2010。

第四节　土壤盐渍化与环境质量

土壤盐渍化(soil salinization)所造成的土地退化是荒漠化的主要类型之一,是严重的环境质量问题。据统计,全球超过 20% 的灌溉面积受到土壤盐渍化的负面影响,尤其是中东、澳大利亚、北非和欧亚大陆地区。若任其发展,到 2050 年可能会扩大到全球灌溉面积的 50% 以上。我国幅员辽阔,气候多样,盐渍土在我国各个地区几乎均有分布,据不完全统计,我国约有 1 亿 hm² 盐渍土壤,还在以每年 12.5 万 hm² 的速度持续增加。日益严重的土壤盐渍化问题每年使 30 万 ~150 万 hm² 的农田停产,2 000 万 ~4 600 万 hm² 农田生产潜力减小。目前,土壤盐渍化问题成为全球变化研究框架下的重要内容,各国都在加强对土壤盐度和碱

度状况的评估。2021年,世界土壤日及其系列活动主题为"防止土壤盐碱化,提高土壤生产力",旨在通过土壤管理应对日益严峻的挑战,防治土壤盐碱化,鼓励社会改善土壤健康,从而提高人们对维护土壤生态系统健康和提升人类福祉的认识。

一、土壤盐渍化机理和影响因素

土壤盐渍化是指土壤底层或地下水的盐分随毛管水上升到地表,水分蒸发后,盐分积累在表层土壤中以至超过某一限度的现象或过程(图10-21),也称土壤盐碱化。土壤盐渍化按其成因可分为原生盐渍化和次生盐渍化两种。其中,原生盐渍化是指在各种影响土壤发育的自然因素如地质、水文、气候、地形和生物因素综合作用下发生的盐渍化过程,次生盐渍化通常是指由于不合理的人类活动导致的土壤盐渍化现象。

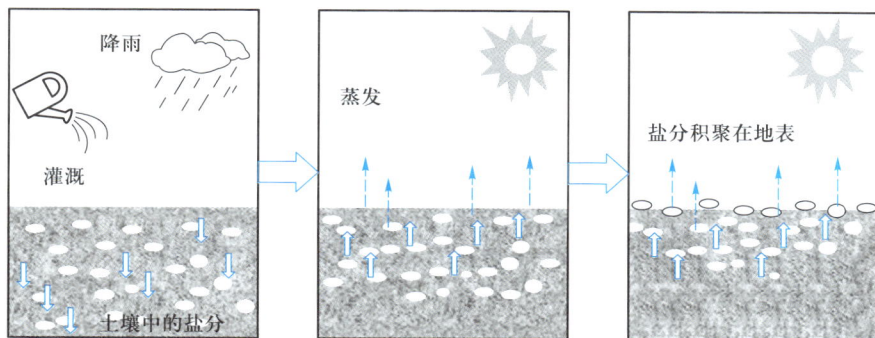

图10-21　土壤盐渍化示意图

(一)盐分来源和盐渍化机理

土壤盐分指土壤中的无机溶质,主要包括碱金属和碱土金属(如Na、Ca等)及相关的阴离子(如Cl^-、SO_4^{2-}和NO_3^-等)。土壤盐分按照来源分可分为自然来源(如岩石风化、火山喷发、海水或地下水扩展等)和人为来源(如不合理的农业活动、道路用盐及工业活动等)。

1. 自然来源

(1)矿物风化:在大多数情况下,土壤中的可溶性盐来源于岩石和母质中原生矿物的风化作用。在极度干燥的地区,硫酸钙这种相对易溶的矿物质可能会在土壤表面积聚而形成盐碱地。然而在大多数情况下,盐分会以溶解在水中的离子形式转移到正在发育的土壤中并在土壤表层积聚。

(2)成岩矿物:火山喷发的岩浆和气体给地表带来了大量可溶性盐,盐矿或含盐地层的风化和再循环也是土壤盐分的重要来源。成岩矿物中有多种能参与土壤盐渍化过程的元素,例如Ca、Mg、Na、K、Cl、S、C、O、H、Si、B、N等,这些元素在岩石风化过程中释放出来,组成盐渍土中普遍存在的盐类。最常见的如氯化物、硫酸盐、碳酸盐,局部地区还有硝酸盐和硼酸盐等。在干旱盐渍地区土壤盐分有时会结合成复盐存在,如钙芒硝($Na_2Ca(SO_4)_2$)、白钠镁矾($Na_2Mg(SO_4)_2 \cdot 4H_2O$)等。

(3)海水:在沿海地区,海浪和海水淹没是当地土壤中重要的盐分来源。海水是一个复杂的多组分体系,其主要溶解物质成分是无机盐,如NaCl、$MgCl_2$、KCl、$NaHCO_3$和$MgSO_4$等。海水或与海水有直接关系的地下咸水沿含水层向陆地方向扩展,盐分在水土系统中迁移,导致地下水咸化（图 10-22），然后盐分在毛细作用及蒸发作用下向表层迁移形成土壤盐渍化。

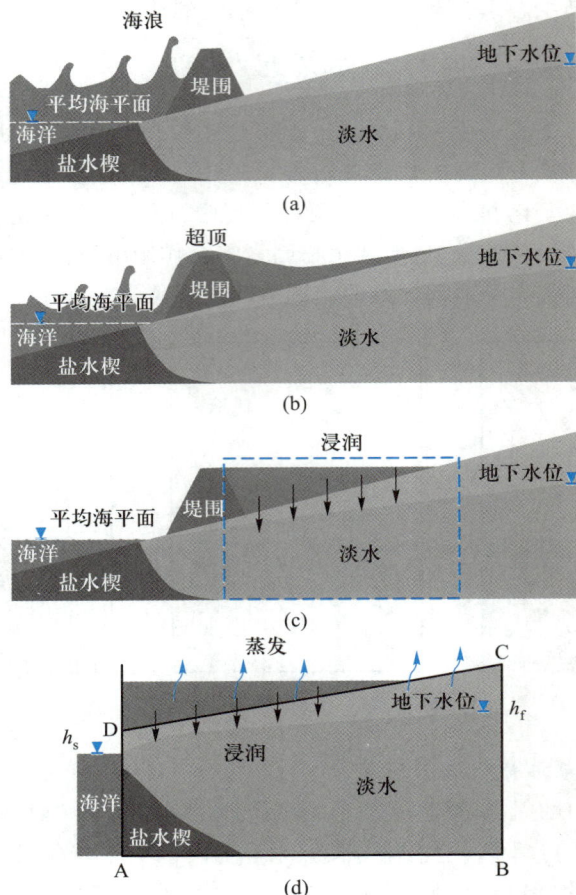

图 10-22　受海洋风暴潮影响的沿海非承压含水层的概念图

堤围保护内陆地区免受海水泛滥。（a）海洋风暴潮的逼近；（b）浪涌爬升和超顶；（c）盐水渗入土壤并引起土壤盐渍化；（d）带有边界条件和水文过程的模拟非承压含水层的概念图。h_s 和 h_f 分别是向海和向陆的地下水位高程边界。

资料来源：Yu 等，2021。

（4）地下水：某些局部地区，盐分重要来源是地质时期沉积在现已灭绝的湖泊、海洋底部或地下咸水池中的盐化石沉积物。这些化石盐可以溶解在地下水中，地下水在不透水层上水平移动，并最终上升到低洼区的土壤表面，形成盐渍土。

2. 人为来源

（1）农业活动：农业活动中过量施用化肥和灌溉可导致大量农田发生次生盐渍化。例如，在许多干旱地区，长期利用含盐河水漫灌的方式进行农业灌溉，在增加土壤盐分含量的同时也提高了灌区的地下水位。随着时间推移，水中的少量盐分会积累并导致土壤盐分升高。随土壤水分蒸发，下层土壤中的盐分不断向表层土壤累积导致土壤发生次生盐渍化，增加土壤盐分积累的程度。

（2）道路用盐：NaCl 通常用于道路以降低水的冰点来防止汽车碰撞，但这些盐分会迁移到路边土壤中并积聚在冻土或积雪上,并在雪融化后将盐分带到附近水体(图 10-23)。Robinson 和 Hasenmueller(2017)曾报道,盐分可以在沉积后的 2.5~5 个月内继续从路边土壤中浸出,多达 55% 的道路用盐最终进入地表水,并在土壤表层累积导致土壤发生次生盐渍化。据估计,欧洲每年向环境中投放 100 万 t 道路用盐,加剧土壤盐渍化。

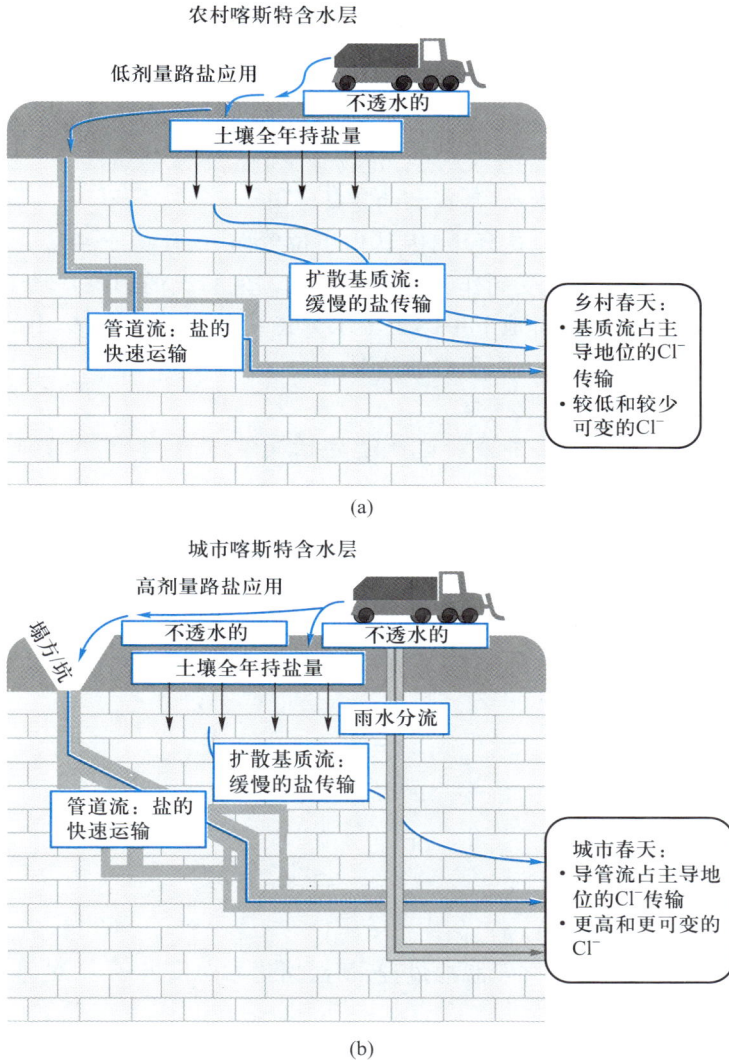

图 10-23 道路撒盐引起的土壤盐渍化

(a)农村喀斯特含水层;(b)城市喀斯特含水层

资料来源:Robinson 和 Ha senmueller,2017。

(3)工业活动:采矿、石油等工业活动也可导致土壤盐渍化。大多数石油最初形成于海洋环境中,原油的矿物盐含量很高,其脱盐过程会导致大量盐水和含盐尾矿进入土壤环境并造成土壤盐渍化。

(二)土壤盐类的迁移和平衡

土壤水、盐迁移理论是盐渍土改良利用的理论前提。盐随水来、随水去,土壤中水溶性盐类的溶解度越大,其迁移能力越强。盐类的溶解度与其组成元素的化学键类型、化合价和离子半径密切相关,又与碳酸含量有关,并受温度的影响。Na、K、Ca、Mg的氯化物盐类最易溶解,Na、K、Mg的硫酸盐次之,Na、K的碳酸盐类又次之,Ca、Mg的碳酸盐最难溶解。根据各种盐类的溶解度可分为易溶性盐、微(中)溶性盐和难溶性盐。按溶解度的分级,碳酸钙属难溶性盐类(<0.1 g/L),石膏和碳酸镁为微溶性盐类(0.1~2 g/L),其他为易溶性盐类(>2 g/L)。

土壤中水、盐运动的能量大部分来源于太阳辐射、地球自转和人类活动。依据土壤-植物-大气连续体对外界进行物质能量交换的状态分析,土壤中水、盐迁移的主要动力不仅有降水及灌溉水的入渗径流、土壤的蒸发,还有植物蒸腾和地下水的运动等。这些动力之间的强弱变化和多重作用导致了土壤水、盐运动的复杂结果。

在灌溉水与降水的入渗径流途径中,因其作用位置向下,使得土壤盐分不断向下迁移。与之相反,土壤蒸发和作物蒸腾受到作物生长和大气蒸发状况的影响。随着作用强度持续增强,蒸腾越发加强,毛管力使得地下中的土壤水分持续向上运动,土壤中的盐分同样会随着水分向上运移,从而产生表层土壤积盐的情况。

(三)土壤盐渍化形成的影响因素

土壤盐分的形成和积累受多种因素的影响,包括气候、成土母质、水文地质、地质构造和地貌,以及生物积盐等。

1. 气候因素

土壤盐渍化是可溶性盐在土壤表面逐渐积累的过程。地表蒸发和入渗是土壤盐分迁移的重要驱动力,直接控制着盐分在土壤中的分布和存在。因此,气候条件是影响土壤盐渍化最重要的因素。关于降水和蒸发与土壤积盐的关系,考斯加可夫提出了水盐均衡系数的概念:

$$A = \frac{\delta\rho}{v} \tag{10-1}$$

式中:A——水盐均衡系数(无量纲);

δ——降水入渗系数,%;

ρ——大气降水量,mm/a;

v——土壤水分蒸发量,mm/a。

$A<1$的地区,土壤积盐过程强于脱盐过程,朝盐渍化方向发展;$A>1$的地区,土壤朝脱盐方向发展。

风力在盐渍土壤形成中的作用主要表现在两方面,一是在内陆盐矿体、盐沼泽、盐池或盐漠附近,盐分呈固体粉末被风力侵蚀、搬运,在沉降区聚集形成盐渍土;或者在滨海地区或内陆盐湖附近,海水或咸水随风飘洒,降落在地表促进土壤的盐渍化;二是风力作用可增强土壤蒸发强度,促进土壤的积盐过程。

2. 地形和地貌因素

盐渍土的分布往往与地形条件有密切的关系,现有的盐渍土和潜在的盐渍化地区都集中在各种大小的低地和洼地。这主要是因为:① 地势低洼处多是地下水的排泄区,地下水从补给区到排泄区的过程中,随蒸发浓缩和水岩相互作用,盐分不断积累,矿化度不断增高,为土壤盐渍化的发育提供了充足的盐分来源;② 低地和洼地通常也是地表水的汇集区,地表径流将盐分从周边地势较高处携带到此,也为土壤的盐渍化提供了盐分来源;③ 低地或洼地处的潜水埋藏深度相对较浅,水分蒸发散失在大气中,而盐分则留在土壤中,不断在地表积累。此外,微地形的变化也会引起土壤盐分的再分配。

3. 地下潜水位和水质因素

地表水、地下水径流和水质直接影响土壤盐分。据报道为了弥补农田损失,陕西省于2011 年启动了一项名为"沟壑地区土地整理"的大型项目,主要通过切割坡脚、填充河道和沟渠、修建排水渠、水坝和水库,以及创建平坦农田重塑河谷。然而,这种大规模的地形改造影响改变地表和地下径流的路径,并导致流域水文循环的显著变化。例如,河谷重塑和筑坝可能会增加地表径流对地面的渗透,导致地下水位上升,并引起土壤盐渍化。

4. 盐生植物因素

干旱和半干旱地区生长着草甸植物和荒漠植物,如芦苇草、小麦草、花苗、罗布麻、盐爪爪、梭梭、骆驼刺、柽柳等,它们大多根深,具有抗盐特有的生理特性,含盐量可达 10% ~ 45%。

二、盐渍土诊断和诊断特性

盐渍土是指土壤中积聚的盐分含量超过正常耕作土壤的水平而影响到作物正常生长的一类土壤,是盐化土和碱化土的统称。盐化土主要是指含有较多的 NaCl 和 Na_2SO_4 的盐渍土,它通常能吸附 Ca^{2+}、Mg^{2+}、Na^+、H^+ 等。碱化土又称苏打土,主要指含有较多 Na_2CO_3、$NaHCO_3$ 的土壤。在进行土壤盐渍化的调查、评价和防治时,土壤盐渍化发育程度的判断、盐渍土类型的划分等是最为基础的工作。目前国际上土壤分类主要依据《美国土壤系统分类》和《世界土壤资源参比基础》两种体系,我国从 1984 年开始形成了具有中国特色的《中国土壤系统分类》体系。这三个分类体系都是以定量化的诊断层和诊断特性为基础的多阶层土壤分类体系。

(一) 国外盐渍土诊断和分级

《美国土壤系统分类》和《世界土壤资源参比基础》关于盐积层诊断标准的共同点均是盐积层的厚度必须 ≥15 cm,但在盐分的含量上有所差异。美国土壤系统分类制规定,正常年份,有连续 ≥90 d 的时间内,土壤饱和浸提液的电导率 ≥ 30 dS/m;并且含盐层的厚度(cm)与电导率(dS/m)的乘积 ≥900。而联合国土壤分类制中将一年中的某些时间,一定深度土层的土壤饱和浸提液的电导率 ≥15 dS/m,或者当土壤饱和浸提液的 pH ≥8.5 时,浸提液的电导率 ≥8 dS/m,并且含盐层的厚度(cm)与电导率的乘积 ≥450 作为划分依据。当前国际上普遍认为,在进行碱土的分类和分级时,除应充分注意碱土的可交换钠百分比(ESP)(式 10-2)、电导率(EC)和 pH 三项指标外,还应考虑碱土的钠吸附比(SAR)(式 10-3)(图 10-24、图 10-25)、土壤机械组成和矿物组成等。

$$ESP = \frac{可交换钠(cmol/kg)}{阳离子交换容量(cmol/kg)} \times 100 \qquad (10-2)$$

$$SAR = \frac{[Na^+]}{(0.5[Ca^{2+}] + 0.5[Mg^{2+}])^{1/2}} \times 100 \qquad (10-3)$$

式中:$[Na^+]$、$[Ca^{2+}]$ 和 $[Mg^{2+}]$——土壤溶液中 Na^+、Ca^{2+} 和 Mg^{2+} 的浓度(以 mmol/L 电荷为单位)。

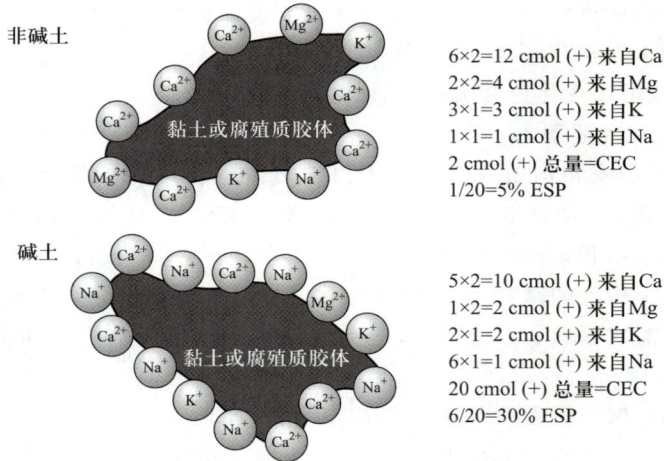

非碱土

6×2=12 cmol (+) 来自Ca
2×2=4 cmol (+) 来自Mg
3×1=3 cmol (+) 来自K
1×1=1 cmol (+) 来自Na
2 cmol (+) 总量=CEC
1/20=5% ESP

碱土

5×2=10 cmol (+) 来自Ca
1×2=2 cmol (+) 来自Mg
2×1=2 cmol (+) 来自K
6×1=1 cmol (+) 来自Na
20 cmol (+) 总量=CEC
6/20=30% ESP

图 10-24　土壤的可交换钠百分比计算

资料来源：改自 Weil 和 Brady,2017。

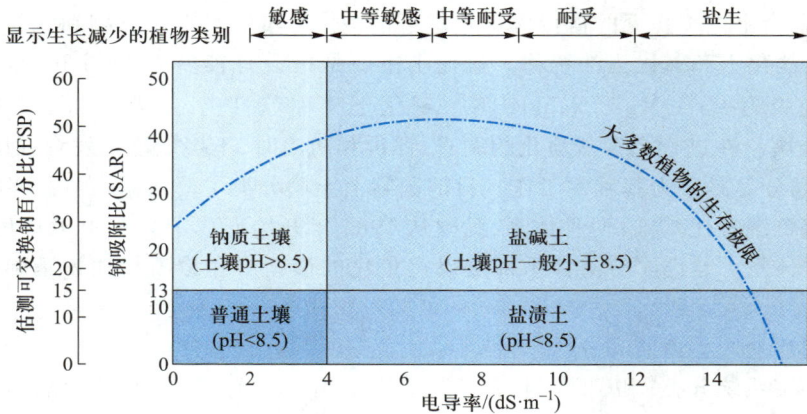

图 10-25　盐渍土分级与 pH、EC、SAR、ESP 及植物耐受性关系图

资料来源：改自 Weil 和 Brady,2017。

由于土壤盐渍化是一个渐变的地质过程,仅依靠其自身特点很难对其发育阶段进行划分。作为一种土壤环境问题,土壤盐渍化的主要危害是影响农作物的正常生长。因此,苏联学者按土壤全盐量及作物产量随盐渍化而降低的程度,对盐土进行了分级(表 10-6)。

（二）国内盐渍土诊断和分级

在我国最新的积盐层标准中,涉及积盐层的含盐量、积盐层出现的部位和厚度,以及测定含盐量的采样时间,具体如下:① 对积盐层易溶盐含量下限的要求依不同盐类而异,苏打土要求每 kg 土含苏打 0.5 cmol 以上;氯化物和硫酸盐混合型的盐土≥10 g/kg,氯化物盐土(盐分组成中 Cl⁻占 80%以上)≥6 g/kg,硫酸盐盐土≥20 g/kg;② 在土表 30 cm 深度范围内,积盐层至少 1 cm 厚;③ 应以旱季(3~5 月)或未灌溉前土壤积盐层的含盐量为准。在我国,碱化度大于 20%,电导率<4 mS/cm,pH 高于 8.5 即划为碱土。我国学者新近建议的指标为碱化层的碱化度大于 30%,pH 大于 9,表层土壤含盐量不超过 5 g/kg。

我国目前普遍采用的土壤盐渍化分级标准主要按地区和盐分类型大体归纳为两种含盐量系列(表 10-7)。

表 10-6　苏联盐渍化土壤分级标准

作物生长抑制情况	盐化程度	苏打型	氯化物-苏打型 苏打-氯化物型	硫酸盐-苏打型 苏打-硫酸盐型	氯化物型	硫酸盐-氯化物型	氯化物-硫酸盐型	硫酸盐型
		盐分聚积层(0~60 cm)中盐分总量或残渣量/%			0~100 cm 土层中盐分总量或残渣量/%			
无抑制	非盐化	<0.10	<0.15	<0.15	<0.15	<0.20	<0.25	<0.30
轻度,产量降 10%~20%	轻度	0.10~0.20	0.15~0.25	0.15~0.30	0.15~0.30	0.20~0.30	0.25~0.40	0.30~0.60
中度,产量降 25%~50%	中度	0.20~0.30	0.25~0.40	0.30~0.50	0.30~0.50	0.30~0.60	0.40~0.70	0.60~1.00
严重,产量降 50%~80%	强度	0.30~0.50	0.40~0.60	0.50~0.70	0.50~0.80	0.60~1.00	0.70~1.20	1.00~2.00
个别植株成活,无收获	盐土	>0.50	>0.60	>0.70	>0.80	>1.00	>1.20	>2.00

资料来源:王遵亲,1993。

表 10-7　我国盐渍化土壤分级标准

盐分系列及适用区域	土壤含盐量/%					盐分类型
	非盐化	轻度	中度	强度	盐土	
滨海,半湿润,半干旱,干旱区	<0.1	0.1~0.2	0.2~0.4	0.4~0.6(1.0)	>0.6(1.0)	$HCO_3^-+CO_3^{2-}$,Cl^-,$Cl^--SO_4^{2-}$,$SO_4^{2-}-Cl^-$
半漠境及漠境区	<0.2	0.2~0.3(0.4)	0.3(0.4)~0.5(0.6)	0.5(0.6)~1.0(2.0)	>1.0(2.0)	SO_4^{2-},$Cl^--SO_4^{2-}$,$SO_4^{2-}-Cl^-$

资料来源:王遵亲,1993。

三、我国盐渍地的主要分布和类型

全球大约 10 亿 hm² 的土地受到盐渍化的影响（表 10-8），并且有超过 100 个国家呈现逐年加剧的趋势。我国盐渍土在各个地区几乎均有分布，但大面积的盐渍土主要分布于干旱、半干旱地区和沿海地带及地势比较低、径流较滞缓或较易汇集的河流冲积平原、盆地、湖泊、沼泽地区。按自然地理条件及土壤形成过程，可划分为滨海湿润-半湿润海浸盐渍区、东北半湿润-半干旱草原-草甸盐渍区、黄淮海半湿润-半干旱旱作草甸盐渍区、黄河中下游盐渍区、甘新漠境盐渍区、青海极漠境盐渍区及西藏高寒漠境盐渍区等 7 个分区。

表 10-8　全球受到盐渍化影响的土地面积

地区	面积/（10^6 hm²）
北美洲	15.8（6.2^{Sal}+9.6^{Sod}）
墨西哥和中美洲	2.0（2.0^{Sal}+0.0^{Sod}）
南美洲	129.3（69.5^{Sal}+59.8^{Sod}）
非洲	209.6（122.9^{Sal}+86.7^{Sod}）
澳大利亚	357.6（17.6^{Sal}+ 340.0^{Sod}）
东南亚	20.0（20.0^{Sal}+0.0^{Sod}）
北亚和中亚	211.7（91.5^{Sal}+120.2^{Sod}）
南亚和西亚	84.1（82.3^{Sal}+1.8^{Sod}）
欧洲	30.0（9.0^{Sal}+21.0^{Sod}）

注：Sal——盐化土；Sod——碱化土。
资料来源：FAO，2015。

（一）滨海盐渍区

滨海盐渍土的成土母质是黄河汇入海洋时所携带的淤泥，其中的盐分主要来自海水。由于海堤的修建及海岸东移，土体逐渐远离海水，进入陆地，最终在自然条件和人为因素的影响下进行演变。近年来，海平面上升和地下水过量开采是造成滨海地区海水入侵的主要原因，由于局部地区海水入侵加重，导致土壤含盐量升高，进而发生不同程度的盐渍化。环渤海地区地下水位高，地下水矿化度大，且蒸发量比较高，是土壤盐渍化灾害的易发区。

（二）东北盐渍区

东北盐渍区集中分布在松嫩平原、三江平原和内蒙古东部地区。松嫩平原由于有多条河流及支流，形成了范围较为广泛的闭流区和无尾河，由于沼泽地带的矿化度非常高，因而形成了大面积的盐渍土分布区。西辽河沙丘平原沙漠化十分严重，由于受气候影响，干涸多雨、风沙较大，地表淤积了大量的沙源物质，潜水处埋藏浅而储备丰富，土体断面沙性较为严重，导致沙漠化严重，进一步造成土壤盐渍化。三江平原属于沼泽低洼地带，以苏打盐化草甸土为主土体，含盐量较低，但是土体的 pH 却很高，碱化度很大，同时具备盐化与碱化的双重特性。内蒙古呼伦贝尔高原属于蒙古高原的一部分，地貌比较平缓，流经的江河水相对较少，年降水量较小，盐渍土除了分布在盐湖或者盐沼泽地之外，还分布在与盐湖或者盐沼泽地相邻的地势较高的地上，并且大多为深位柱状碱土类型。

（三）黄淮海盐渍区

黄淮海平原盐渍土区集中在沿渤海湾低平原区、黑龙港中游和鲁西南。沿渤海湾低平原区分布在沿渤海湾海岸线 150 km 左右的范围内，土体盐分主要以 NaCl 为主，由于海水的顶托,土壤的脱盐过程缓慢。黑龙港中游盐渍土区盐渍土的形成主要与半湿润的季风性气候条件及地下水含盐量的分布有关。但是近年来,由于人类的不间断使用导致地下水枯竭,最终导致地下水位不断下降,使土体的盐渍化程度有逐渐向好的转变。鲁西南盐渍土区土体盐分主要以硫酸盐为主,土体盐分很高。此外,该区主要是引用黄河水对农田进行灌溉,导致地下水位处在 1~3 m,加快了土壤盐渍化进程。

(四)黄河中下游盐渍区

黄河中下游冲积平原滨海地区主要为黄河冲积平原。该区以细粒土居多,且土体松散,加上滨海地区易受海水侵渍和海潮入侵影响,土壤积盐明显,盐分以 $NaCl$、KCl 为主。

(五)甘、新盐渍区

甘肃河西走廊除山地高坡外,大多为发育在灰棕荒漠土上的盐渍土,形成原因主要是地区气候干旱,蒸发量远大于降水量,为盐渍土的形成提供了十分有利的自然前提条件。新疆面积虽大,但是大多数都是戈壁滩,该地降水稀少却蒸发量大,加上特殊地质的影响,导致土壤中无机盐聚集,浓度升高,其盐渍土主要发育在河流冲积平原上。另外,该区域不合理的生活用水和农业灌溉,也进一步加剧了盐渍土的形成。青海地区内盐渍土主要是盐化草甸土,遍布于柴达木盆地以西,以及西宁、平安河湟谷地湟水河南岸倾斜的平原地带,形成原因主要是陆地不断上升,低洼地带越来越多并伴有蒸发作用。

(六)青海极漠境盐渍区

青海极漠境盐渍区主要是盐化草甸土,遍布于柴达木盆地以西以及西宁、平安河湟谷湟水河南岸倾斜的平原地带,形成原因主要是陆地不断上升,低洼地带越来越多并伴有蒸发作用。

(七)西藏高寒漠境盐渍区

高寒漠境地区的盐渍土主要分布于西藏,该区位于高原面上,降雨量少且蒸发剧烈,这些都为盐渍土的形成提供了有利条件。"一江两河"地区盐渍化面积占农田土壤总面积的14%,盐渍化严重地段如拉萨河流域局部地带含盐量高达 12%。

四、土壤盐渍化的环境效应

土壤的盐渍化会引起土壤板结、肥力下降,造成资源破坏;影响植被生长,给农业生产造成损失,是农业可持续发展的重大限制条件和障碍因素,严重威胁生物圈和生态环境,其危害的本质在于盐渍化土壤中的盐分离子对土壤环境和作物产生毒害作用。

(一)土壤环境效应

盐渍化主要通过破坏团聚体及分散土壤黏粒造成土壤结构不良。盐渍化土壤中过量的可溶性盐和可交换性 Na^+ 会导致土壤膨胀和分散,限制土壤水分的渗透性,进而增加土壤水分流失和土壤侵蚀。此外,高盐浓度导致土壤颗粒的絮凝或分散,会影响土壤有机质的溶解度,并加速有机碳的矿化,造成土壤肥力下降。这种情况下,人们通常需要加大施肥量来满足作物的营养需求,却进一步加剧土壤次生盐渍化。

土壤的高盐度或高碱度也会对土壤微生物的生长和活性产生不利影响。随着土壤电导率的增加,微生物生物量碳呈指数下降,各种生化酶活性随着 ESP 和 SAR 的增加呈线性下降趋势。另外,土壤盐渍化还通过改变土壤理化性质来影响微生物的生存环境,从而间接影响土壤微生物的种类、数量与活性。研究发现土壤盐渍化可能对沿海湿地的 N 矿化过程产生很大影响。

再者,土壤盐渍化会明显影响土壤酶的活性,但对不同酶活性的影响规律可能与酶的特性、土壤本身的性质和盐渍化程度有关。例如盐胁迫下,土壤脲酶、蛋白酶的活性降低,而土壤盐渍化程度对转化酶和过氧化氢酶活性的影响则呈现"低促高抑"的特征。

(二)作物效应

植物可以根据对盐胁迫的耐受性划分为耐盐植物和盐敏感植物。目前只有1%的已知植物是耐盐植物,而大多数是盐敏感植物。对于大多数植物而言,高浓度的盐分会通过抑制其代谢过程来影响其生长和发育,从而导致作物生产力下降。土壤盐分对植物的效应通常分为两个阶段,第一个阶段为初级效应(渗透效应),即一旦植物受到盐分胁迫,其根系水分平衡就会被干扰,芽生长受抑制。随后植物细胞离子失衡,引发第二个阶段的离子毒性,称次级效应(离子特异性效应)。次级效应会导致盐分在植物中积累(例如老叶和枝条),并由于渗透压力使得 NaCl 积累,诱导脱落酸的产生,气孔关闭,从而降低植物光合作用,进而引发严重活性氧胁迫,导致细胞损伤或死亡(图 10-26)。

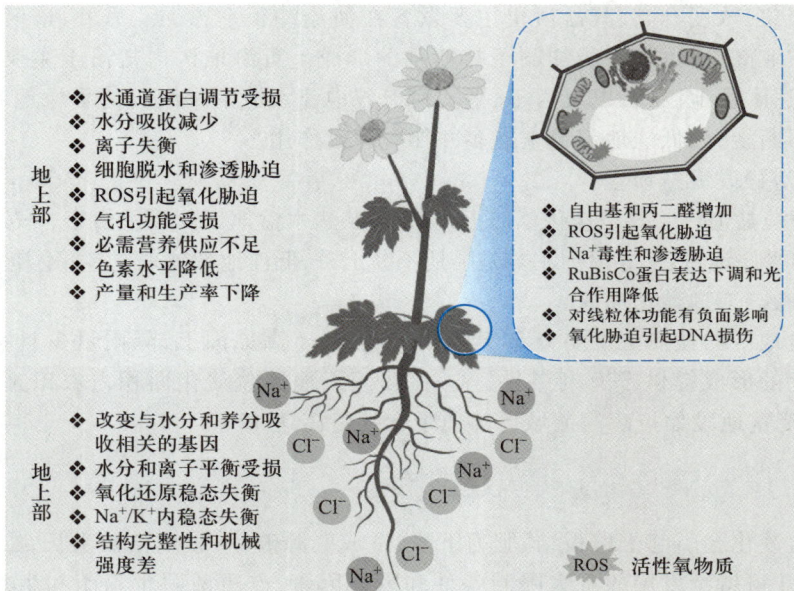

图 10-26 土壤盐渍化的植物效应

资料来源:Sahab 等,2021。

(三)地下水效应

由于降水与水资源时空分布的不均匀性导致北方干旱、半干旱地区(多为盐渍区)需使用不同水源来保证农业正常生产,但大量灌溉会引起地下水位的上升。地下水通过蒸发作用自土壤表层散失,地下水和土壤中的盐分将留在土壤中。地下水位上升和盐分积累到一定程度后,将导致土壤的沼泽化和盐渍化。同时,灌溉水中部分盐分离子尤其是硝酸盐,很容易被淋溶到深层土壤或地下水中,造成地下水污染。张丽娟等对设施蔬菜种植区地下水硝酸盐含量进行分析,发现设施栽培区地下水中硝酸盐含量 25 ~ 220 mg/L,平均含量 122 mg/L,均超出国家地下水质量Ⅲ类水标准(20 mg/L)。另有研究也发现在新疆克拉玛依地区(盐渍区)过多的农业灌溉不仅导致地下水位的过快上升,也使得地下水水质发生了变化,例如矿化度下降、pH 增大,增加土壤盐渍化的可能性。

五、盐渍化土壤的管理与防治

从盐渍土的成土过程来看,盐渍土主要是在长时间尺度上从环境输入盐分大于土壤包气带向环境输出盐分,致使土壤积盐强于脱盐作用。因此,土壤盐渍化防治的基本原则是切断或削减环境向包气带的盐分输入,或增强包气带向环境的盐分输出,使得土壤盐分处于收支均衡状态或以脱盐作用为主。除人为控制盐分的输入、输出外,调整包气带岩性结构也是进行土壤盐渍化防治的重要手段。目前,盐渍土改良的方法有很多,基本可归为物理修复、化学修复、生物修复和综合修复。

（一）物理修复方法

常见的物理修复方法是建设一定的水利工程,利用土壤水的动力学运动将盐碱排除或降低盐碱含量。例如在伊拉克和埃及大多数地区安装地面和地下排水系统,以控制地下水位上升和控制土壤盐度。另一种方式是通过电流作用,使土壤中盐碱成分的阴阳离子定向移动,达到降低土壤中盐碱含量的目的。

（二）化学修复方法

在碱土上施加化学改良剂,如最常见的石膏、硫酸、矿渣磷石膏等,其修复机理在于改良剂与土壤中的化学物质发生化学反应,转化原盐渍土壤的盐碱成分和其他化学成分,从而达到对盐渍土壤修复的目的。例如,钙质改良剂利用 Ca^{2+} 与 Na^+ 的交换作用置换出 Na^+,被置换出来的 Na^+ 随水淋洗出土体,进而降低盐渍土壤 Na^+ 含量。

（三）生物修复方法

盐渍土壤的生物修复方法包括植物修复、动物修复和微生物修复 3 种。植物修复方法主要是种植耐盐或耐碱植物,这些植物通常具备富集 Na^+ 和 Cl^- 的能力,能够降低土壤中盐离子含量,促进土壤脱盐。植物修复过程中土壤溶液盐分含量降低既维持了土壤结构和团聚体稳定性,又促进了水分通过土壤剖面的运动,加强了植物的改良作用。盐渍土壤的动物修复方法是利用一些土中生存的动物如蚯蚓在生长发育的过程中,将体内的某些分泌物排放于盐渍土壤中,与土壤中的盐碱成分发生化学反应,达到降低土壤盐碱度,改良盐渍土壤的目的。盐渍土壤的微生物修复方法是利用某些微生物的生理活动改变土壤中的盐碱成分,进而达到降低盐碱浓度和盐碱量。

（四）综合修复方法

盐渍土壤的综合修复方法是利用 2~3 种方法同时对盐渍土壤进行修复,目的是互相弥补各方法的不足或加大修复功效。综合修复方法具有涉及因素多和全,各因素相互作用、相互促进,考虑全面和修复功效高等特点,是盐渍土壤修复的重要发展方向。一些亚洲国家如巴基斯坦采用了工程、填海和生物方法相结合的措施来解决盐渍问题。例如,巴基斯坦一方面利用机井抽取地下水灌溉,使地下水位下降到临界水位,促进盐分的淋溶;另一方面使用化学物质(如石膏和酸)、添加有机物,以及种植耐盐植物等多种措施来修复盐渍化土壤。

专栏 10-4 土壤盐分对微生物碳代谢功能的调控机制

全球气候变化框架催生下的碳循环研究既是科学的前沿也是现实的需求。土壤盐渍化发生与全球碳循环之间的互馈耦合关系一直是该领域的研究热点。前期研究得出的一致结论是高盐度土壤的作物生产力较低,土壤盐渍化会导致土壤有机碳(SOC)储存量显著减少。同时,高盐渍化土壤对微生物生物量和群落结构产生负面影响,为了适应盐碱环境,微生物群落组成可能会逐渐向更具盐碱耐受性的群落转变,并对微生物功能产生影响,而微生物代谢功能尤其是与碳代谢酶活性相关基因的表达变化,是决定土壤碳排放的内在机制。

盐渍化土壤中的 SOC 周转受两个主要因素控制:① 渗透势的增加会限制植物生长,从而减少碳输入;② 微生物的活性降低,这可能对 SOC 的分解产生负面影响。在许多自然栖息地,盐度是影响土壤微生物多样性和生态功能的一个非常重要的因素。但以往的研究主要集中在土壤盐分对微生物群落多样性和结构的影响上,近年来随着高通量测序的进步和相关数据库例如 NR(集成非冗余数据库)、KEGG(京都基因和基因组百科全书数据库)、CAZy(糖类活性酶数据库)等数据的完善,研究者尝试着从微生物功能水平上揭示土壤盐分对微生物碳代谢功能的调控机制。

有研究利用高通量测序技术评估土壤盐度在调节碳排放和微生物丰度中的作用,以及盐含量与微生物碳代谢基因之间的关系(图 10-27),发现土壤盐分对微生物群落和土壤碳代谢功能有显著影响,从而对土壤碳排放产生总体负面影响。γ-变形菌和嗜盐细菌的相对丰度会随着盐含量的升高而增加,而放线菌、嗜热杆菌和 β-杆菌的相对丰度与盐含量呈负相关。同时,土壤盐分增加会降低糖类的代谢,以及糖基转移酶(glycosyl transferases,

土壤盐渍化后调节土壤碳排放的潜在微生物代谢机制(非盐渍化和高盐渍化的比较)

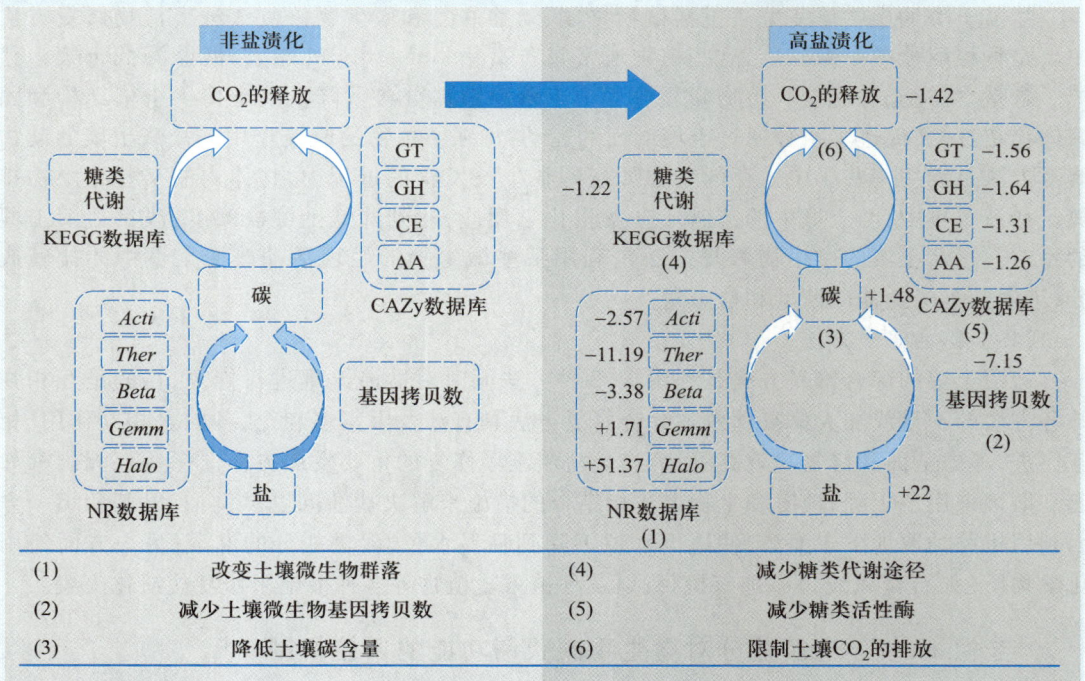

图 10-27　土壤盐分对土壤微生物碳代谢功能的调控

资料来源:Yang 等,2021。

GT)和糖苷水解酶（glycoside hydrolases，GH）的基因丰度，但增加了糖类酯酶（carbohy-drate esterases，CE）和辅助活动（auxiliary activities，AA）的活性酶基因表达。总而言之，盐诱导的微生物群落功能特征和代谢功能的变化可能对生态系统碳循环具有重要意义，但未来仍然需要更多的研究来揭示大空间尺度上盐碱胁迫驱动微生物群落组成和营养元素代谢功能变化的机制。

习题与思考题

1. 土壤退化主要有哪些类型？

2. 土壤侵蚀有哪些主要影响因素？

3. 土壤侵蚀有哪些控制措施？各自的原理是什么？

4. 我国荒漠化有哪些类型？各分布在哪些区域？

5. 试述荒漠化的成因及治理措施。

6. 施用石灰进行酸化土壤的改良，为什么需要每隔一段时间重复施加？

7. 为什么种植作物会导致土壤酸化？如何避免？

8. 土壤中的盐分主要有哪些来源？如何进行盐渍土的治理？

9. 不同地区的土壤盐分的积累与人为水分管理有什么样的联系？

10. 考古学家记录了全球范围内土壤流失与古代社会的衰退或灭绝之间的关系。在环境史学资料中，也常常可以看到"森林砍伐造成土壤侵蚀并最终导致文明毁灭"的论点。后来有研究者发现，造成土壤流失退化的原因不仅仅是树木砍伐，还可能由长期农业活动所导致，并提出了"农业土壤流失是限制文明寿命的因素"这一假说。随着肥沃的土壤逐渐被侵蚀，古代的文明也日渐衰退，而今残存的浅薄、砾石化的文明遗迹依稀记录着它们曾经繁荣的景象。请结合本章学习内容，从农业发展、土壤保育、文明兴衰等角度探讨如何合理利用土壤资源以维持人类文明的延续。

11. 红壤是我国南方典型的地带性土壤，华南红壤只占国土面积的21%，但孕育着全国50%的人口，同时连接着"珠江三角洲"、"长江三角洲"两大经济引擎，对国家的工农业产值贡献巨大。因此，华南红壤耕地具有极其重要的战略地位。但华南地区高温多雨，土壤有机质分解快、淋溶度高，导致土壤养分淋失和经历特殊的脱硅富铝化过程，形成了以酸铝毒害和贫瘠为特征的红壤。另外该地区高强度的人类活动（尤其是农业活动）导致土壤酸化进一步加速。请结合本章学习内容，分别从政府管理、农户应用两个角度，提出有效控制和治理红壤酸化的措施和手段。

主要参考文献

［1］艾雪，王艺霖，张威，等.柴达木沙漠结皮中耐盐碱细菌的分离及其固沙作用研究［J］.干旱区资源与环境，2015.29（10）：145−151.

［2］陈怀满，朱永官，董元华，等.环境土壤学［M］.3版.北京：科学出版社，2018.

［3］龚子同，陈鸿昭，张甘霖.寂静的土壤［M］.3版.北京：科学出版社，2015.

［4］胡宏祥，邹长明.环境土壤学［M］.合肥：合肥工业大学出版社，2013.

［5］黄昌勇.土壤学［M］.北京：中国农业出版社，2000.

［6］孔庆波，纳守贵，贺金明，等.南疆沙漠地区草方格沙障施工技术与应用评价［J］.山东交通科技，2021（02）：116−117+122.

［7］ 梁止水,吴智仁.改性水溶性聚氨酯的固沙促生性能及其机理［J］.农业工程学报,2016.32(22):171-177.

［8］ 王遵亲.中国盐渍土［M］.北京:科学出版社,1993.

［9］ 肖厚军,王正银,何佳芳,等.磷石膏改良强酸性黄壤的效应研究［J］.水土保持学报,2008.22(06):62-66.

［10］ 徐仁扣.酸化红壤的修复原理与技术［M］.北京:科学出版社,2013.

［11］ 张丽娟,巨晓棠,刘辰琛,等.北方设施蔬菜种植区地下水硝酸盐来源分析——以山东省惠民县为例［J］.中国农业科学,2010.43(21):4427-4436.

［12］ 朱震达.中国土地荒漠化的概念、成因与防治［J］.第四纪研究,1998(02):145-155.

［13］ Food and Agriculture Organization of the United Nations(FAO).Status of the World's Soil Resources,Intergovernmental Technical Panel on Soils.2015.

［14］ Guo J H,Liu X J,Zhang Y,et al.Significant acidification in major Chinese croplands［J］.Science,2010.327(5968):1008-1010.

［15］ Huang J,Zhang G,Zhang Y,et al.Global desertification vulnerability to climate change and human activities［J］.Land Degradation & Development,2020.31(11):1380-1391.

［16］ Jeffery S,Verheijen F G A,van der Velde M,et al.A quantitative review of the effects of biochar application to soils on crop productivity using meta-analysis［J］.Agriculture,Ecosystems & Environment,2011.144(1):175-187.

［17］ Jin Z,Guo L,Wang Y,et al.Valley reshaping and damming induce water table rise and soil salinization on the Chinese loess plateau［J］.Geoderma,2019.339:115-125.

［18］ Montanarella L,Badraoui M,Chude V,et al.Status of the world's soil resources main report［R］.2015.

［19］ Robinson H K,Hasenmueller E A.Transport of road salt contamination in karst aquifers and soils over multiple timescales［J］.Science of The Total Environment,2017.603-604:94-108.

［20］ Sahab S,Suhani I,Srivastava V,et al.Potential risk assessment of soil salinity to agroecosystem sustainability:current status and management strategies［J］.Science of The Total Environment,2021.764:144164.

［21］ Wang S,Fu B,Piao S,et al.Reduced sediment transport in the Yellow River due to anthropogenic changes［J］.Nature Geoscience,2016.9(1):38-41.

［22］ Weil R R,Brady N C.The Nature and Properties of Soils［M］.15th ed.England:Pearson Education Limited,2017.

［23］ Yang C,Lv D,Jiang S,et al.Soil salinity regulation of soil microbial carbon metabolic function in the Yellow River Delta,China［J］.Science of The Total Environment,2021.790:148258.

［24］ Yu X,Xin P,Hong L.Effect of evaporation on soil salinization caused by ocean surge inundation［J］.Journal of Hydrology,2021.597:126200.

［25］ Zhao Y,Wang J.Mechanical sand fixing is more beneficial than chemical sand fixing for artificial cyanobacteria crust colonization and development in a sand desert［J］.Applied Soil Ecology,2019.140:115-120.

［26］ Zika M,Erb K-H.The global loss of net primary production resulting from human-induced soil degradation in drylands［J］.Ecological Economics,2009.69(2):310-318.

深入阅读材料

［1］ Ci L,Yang X.Desertification and Its Control in China［M］.Berlin:Springer-Verlag,2010.

［2］ Hopmans J W,Qureshi A S,Kisekka I,et al.Critical knowledge gaps and research priorities in global soil salinity［M］.Advances in Agronomy.Salt Lake City:Academic Press.2021,169:1-191.

［3］Machmuller M B,Kramer M G,Cyle T K,et al. Emerging land use practices rapidly increase soil organic matter［J］. Nature Communications,2015. 6(1):6995.

［4］Zhou X,Khashi u Rahman M,Liu J,et al. Soil acidification mediates changes in soil bacterial community assembly processes in response to agricultural intensification［J］. Environmental Microbiology,2021. 23(8):4741-4755.

［5］龚子同. 中国土壤地理［M］. 北京:科学出版社,2014.

［6］张洪江,程金花. 土壤侵蚀原理［M］. 4版. 北京:科学出版社,2019.

［7］赵其国. 中国东部红壤地区土壤退化的时空变化、机理及调控［M］. 北京:科学出版社,2002.

第十一章　土壤环境质量评价与管理

　　土壤（土地）资源是具有农业、林业和牧业等生产性能的土壤类型的总称，是一种有限、非常宝贵且易被忽视的资源，也是人类生活和生产最基本、最广泛和最重要的自然资源。全球人口的迅速增长和城乡建设用地的快速开发不仅会导致土壤资源的绝对数量和人均占有量逐渐减少，而且因土壤资源的管理和利用不当而引发了一系列的土壤环境问题。例如，北京宋家庄地铁站建设施工期间发生的土壤污染事件（2004年）、常州外国语学校污染事件（2015年）和河南"镉麦"事件（2017年）等。上述环境问题在严重制约农业生产发展和生态环境保护的同时，也影响着城镇化建设质量并危害人居环境安全。因此，合理利用与管理土壤资源是发展农业和保障人居环境安全的根本前提。

　　根据《中华人民共和国土地管理法》"三大类"分类标准及《土地利用现状分类》（GB/T 21010—2017）附录A，土壤（土地）利用类型可分为农用地、建设用地和未利用地三大类。其中，农用地和建设用地为重点关注对象，而未利用地则可以按照未来拟利用方式及保护目标选择相应评价标准。第八、九章已详细介绍土壤污染修复技术的原理、不同土地用途污染土壤修复的适用方法及国内外典型修复工程案例。本章内容主要以农用地和建设用地为基础，着重讨论土壤环境质量评价与管理的目的、意义、方法，以及国内外土壤环境管理相关内容和法律、法规体系等。了解土壤环境质量评价与管理方法及我国目前土壤环境管理体系对于防治土壤环境污染和维护生态平衡具有十分重要的意义。

第一节　土壤环境质量评价与监测

　　土壤是构成生态系统的基本要素，是人类赖以生存的物质基础，也是最重要的自然资源之一。土壤污染具有隐蔽性、潜伏性、难可逆性、长期性和后果严重性等特点。同时，土壤污染会影响作物的生长发育，降低作物产量和质量，并通过食物链危害人类健康，进而对人类生产、生活和发展造成不可忽视的影响。因此，开展土壤环境质量评价与管理，是制定土壤污染防治对策、做好土壤污染防治工作的基本前提，具有十分重要的现实意义。

一、土壤环境质量及土壤环境污染

（一）土壤环境质量

1. 土壤环境质量定义

　　土壤环境质量通常是指在一个具体的环境内，土壤环境对人群和其他生物的生存、繁衍以及社会发展的适宜程度。土壤环境质量与是否遭受污染及遭受污染的程度有关，用土壤污染物的含量水平来度量。影响土壤环境质量的主要因素包括土壤退化和土壤污染两大类。其中，土壤退化因素包括水土流失、土地荒漠化、土壤盐碱化及土壤化学性质恶化等；土壤污染因素包括化肥农药污染、环境激素污染、重金属污染及有机污染等。此外，污染物性质、污染物浓度、污染源特点、污染源排放强度、污染途径,土壤所在区域的温度、降雨量、灌溉方式、地表植被状况等环境条件,土壤类型,土壤含水率和孔隙大小等特性均会对土壤环境质量产生影响(胡枭,1999;董丙锋,2007)。修复被破坏的土壤环境能减少对其自身及对大气、水和生物等其他环境子系统的危害。因此,应保持土壤环境适当的清洁和健康以维持合适的土壤环境质量水平。

2. 土壤环境质量标准

土壤环境质量标准是国家为保护生态安全和人群健康,对土壤中的污染物容许含量(或要求)所作的规定,是保护土壤环境的目标、衡量土壤污染的尺度和防治土壤污染的依据也体现了国家环境保护的政策和要求。土壤环境质量标准是以土壤环境质量基准为基础,综合分析考虑政策、社会、经济和技术等因素制定的,由国家管理机关颁布与实施。我国在1995 年颁布的《土壤环境质量标准》(GB 15618—1995)在土壤环境保护工作中发挥了积极作用。2018 年,我国颁布了《土壤环境质量　农用地土壤污染风险管控标准(试行)》(GB 15618—2018)(简称"农用地标准")和《土壤环境质量　建设用地土壤污染风险管控标准(试行)》(GB 36600—2018)(简称"建设用地标准"),这两项标准分别规定了农用地、建设用地土壤污染风险筛选值和管制值,以及监测、实施与监督要求。其中,农用地标准充分考虑了我国土壤环境的特点和土壤污染的基本特征,主要为农用地土壤污染风险分类管理服务,进而保障农产品质量安全和土壤生态环境健康。建设用地标准主要用于落实《土壤污染防治行动计划》("土十条")关于保障人居环境安全的要求,以保护人体健康为目标。

(二) 土壤环境污染

土壤环境污染是指人类活动产生的污染物进入土壤并积累到一定程度,引起土壤质量恶化的现象。2014 年发布的《全国土壤污染状况调查公报》表明,我国土壤环境状况总体不容乐观,部分地区土壤污染较重,农用地和建设用地土壤环境问题较为突出。农用地、建设用地及未利用地的污染点位比例及主要污染物如表 11-1 中所示。其中,农用地中的耕地、林地、草地的污染占比分别为 19.4%、10% 和 10.4%,建设用地中工业退役地和工业园区的污染占比分别为 34.9% 和 29.4%。由此可见,开展农用地和建设用地土壤环境质量评价与监测十分重要。

表 11-1　农用地、建设用地及未利用地的污染点位比例及主要污染物

	土壤类型	轻微污染占比/%	轻度污染占比/%	中度污染占比/%	重度污染占比/%	主要污染物
农用地	耕地	13.7	2.8	1.8	1.1	镉、镍、铜、砷、汞、铅、滴滴涕和多环芳烃
	林地	5.9	1.6	1.2	1.3	砷、镉、六六六和滴滴涕
	草地	7.6	1.2	0.9	0.7	镍、镉和砷
建设用地	工业退役地		34.9			锌、汞、铅、铬、砷和多环芳烃
	工业园区		29.4			镉、铅、铜、砷、锌和多环芳烃

续表

土壤类型	轻微污染占比/%	轻度污染占比/%	中度污染占比/%	重度污染占比/%	主要污染物
未利用地	8.4	1.1	0.9	1.0	镍和镉

资料来源：全国土壤污染状况调查公报,2014。

二、土壤环境质量评价

土壤环境质量评价按土地用途分为农用地土壤环境质量评价、建设用地土壤环境质量评价和未利用地土壤环境质量评价。本节重点介绍农用地和建设用地的土壤环境质量评价和风险评价。

（一）土壤环境质量评价目的和意义

土壤环境质量评价是按一定的原则、标准和方法,评定土壤污染程度并掌握土壤环境质量总体状况和土壤污染特征,进而为建立土壤环境质量监督管理体系、保护和合理利用土地资源、提高和改善土壤环境质量、控制和减缓土壤污染等提供基础数据、信息、对策和措施。其中,农用地环境质量评价重点关注耕地、农产品质量安全,以及林地、草地和园地土壤环境管理。建设用地环境质量评价则以防范人居环境风险为重点。

（二）土壤环境质量评价步骤

根据 2016 年发布的《土壤环境质量评价技术规范（二次征求意见稿）》编制说明,土壤环境质量评价步骤主要包括调查区信息数据收集整理、确定评价项目、选择合适的标准和方法进行评价,以及土壤环境质量评价结论（图 11-1）。

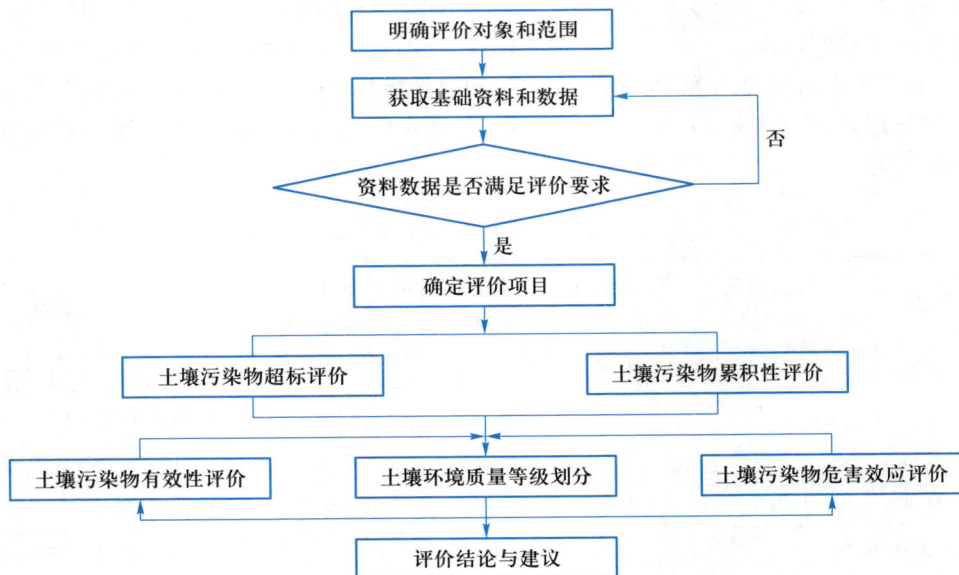

图 11-1　土壤环境质量评价步骤

资料来源：《土壤环境质量评价技术规范（二次征求意见稿）》编制说明。

1. 调查区信息数据收集整理

评价所用的数据包括评价对象的主要自然、社会、经济和生态概况。其中,自然概况包括水文、气象资料和土壤类型(土壤类型图);社会经济概况包括当前及后续土地利用方式(土地利用现状图和规划图等相关图件)、农业生产情况,以及可能影响评价对象的污染源信息及主要环境问题。此外,大尺度的土壤环境质量调查评价还需要相关的辅助性和工具类资料,如卫星相片或航空照片等图件,以及法律、法规及标准,比如用地规划、行业标准等。监测数据是土壤环境质量评价的核心数据,其可以来自专项调查、法定监测单位例行监测等途径。实际工作中应依据有资质单位的调查监测数据,以及科学研究数据和历史数据。农用地土壤环境质量评价一般以表层土壤数据为主,建设用地土壤环境质量数据则按深度进行分层评价。

2. 确定评价项目

农用地土壤环境质量评价首先集中关注农产品质量标准中有规定的污染物,其次选择易富集、毒性大、区域内存在可疑污染源的污染物。《农用地土壤环境质量标准》(征求意见稿)中的基本项目一般是必须要评价的指标,如果周边存在特定污染物排放源,且该污染物会对农作物产生危害,则根据实际情况选择评价与污染源有关的特定污染物指标。对于建设用地土壤环境质量评价项目,若评价范围内及周边无可疑点污染源,则可仅评价土壤总镉、总汞、总砷、总铅、总铬、总铜、总镍、总锌和苯并[a]芘,同时考虑 pH,如此可大幅降低成本。若评价范围内及周边存在(或曾经存在)可疑点污染源,则根据《建设用地土壤污染状况调查技术导则》(HJ 25.1—2019)筛选确定要评价的污染物项目。对于住宅类敏感用地土壤环境质量评价指标,优先选择与区域内可疑污染源有关的、对人体毒性大的污染物,如重金属和挥发性有机污染物。对于工业类非敏感用地土壤环境质量评价指标,可根据工业项目可能产生的特征污染物,优先选择对人体毒性较大的、具有环境风险的污染物。

3. 选择合适的标准和方法进行评价

农用地土壤环境质量依据《土壤环境质量 农用地土壤污染风险管控标准(试行)》(GB 15618—2018)进行超标评价,若有地方标准,则根据实际情况执行地方标准。对标准中未规定的项目,地方政府可按管理需要自行规定和提出对污染物种类的要求。建设用地土壤环境质量依据《土壤环境质量 建设用地土壤污染风险管控标准(试行)》(GB 36600—2018)进行超标评价,有地方建设用地土壤环境质量标准和地方场地筛选值标准的,根据实际情况执行地方标准。对于其中未规定的项目,地方环境保护主管部门可按管理需要规定和提出要求,也可根据《建设用地土壤污染风险评估技术导则》(HJ 25.3—2019)或地方土壤污染风险评估技术导则确定风险筛选值,并作为评价标准。

4. 土壤环境质量评价结论

根据点位单项污染物超标评价和累积性评价的结果,可将农用地土壤环境质量划分为Ⅰ类、Ⅱ类、Ⅲ类和Ⅳ类 4 个类别。Ⅰ类土壤是较好的土壤,既无污染物累积又无超标发生,需要加强土壤环境保护。Ⅱ类土壤是有污染物累积但含量并未超标,已明确有外源污染物进入,基于土壤环境保护的反退化机制,应引起各级政府部门的关注,查清并管控污染源,防止累积现象加重。Ⅲ类土壤是无污染物明显累积但有超标发生,需查明超标原因。该类土壤一般属于高背景地区,不是外来污染源造成的超标。Ⅳ类土壤是有污染物明显累积和超标的土壤,应引起各级政府部门的极大关注。应及时启动调查与风险评价,确定是否需要修复,如需修复则需确定修复目标和修复方法。

对于建设用地土壤环境质量评价结论,根据超标评价结果,若不存在点位超标,则评价对象对人体健康的风险在可接受范围内;若存在点位超标,同时超标污染物又有明显累积的,须将该污染物确定为关注污染物,同时启动土壤污染风险评估。健康风险评估执行《建设用地土壤污染风险评估技术导则》(HJ 25.3—2019)或地方污染场地风险评估技术导则。如需进行补充调查,则执行《建设用地土壤污染状况调查技术导则》(HJ 25.1—2019)或地方场地环境调查技术导则。

(三)土壤环境质量评价方法

土壤质量评价是评估土壤健康状况和污染程度的重要手段,以下是几种常见的土壤质量评价方法。

1. 单因子指数法

土壤环境质量评价一般以单项污染指数(single pollution index,SPI)为主,指数小则污染轻,指数大则污染重。我国主要采用单因子指数法对土壤重金属污染环境质量进行评价。

$$P_i = \frac{C_i}{S_i} \tag{11-1}$$

式中:P_i——第 i 个单因子污染指数;

　　　C_i——第 i 个污染物的实测值,ng/g;

　　　S_i——第 i 个污染物的评价标准,mg/g。

单因子污染指数分级标准见表 11-2。这是目前在环境各要素评价中应用较为广泛的一种指数,该方法以土壤环境质量标准作为基础,目标明确,且作为无量纲指数,具有可比较的等价特性。式(11-1)中的 C_i 和 S_i 都包含两部分,分别是土壤的背景含量及污染物的含量。但 C_i 与 S_i 之比不仅包括 C_i 中的污染量与 S_i 中污染量之比,而且也包括着 C_i 中的污染量与 S_i 中的背景量之比(杜艳,2010)。针对这种情况对式(11-1)进行了修正,提出式(11-2):

$$P_i = \frac{C_i - B_i}{S_i - B_i} \tag{11-2}$$

式中:B_i——土壤污染物的背景值,其他同公式 11-1。但由于全国各地的土壤背景值不同,　　　　因此式(11-2)未能得到推广和广泛应用。

表 11-2　土壤单因子污染指数分级标准

P_i	$P_i \leq 1$	$1 < P_i \leq 2$	$2 < P_i \leq 3$	$3 < P_i \leq 5$	$P_i > 5$
污染水平	无污染	轻微污染	轻度污染	中度污染	重度污染

资料来源:《土壤环境质量评价技术规范(二次征求意见稿)》编制说明,2016。

土壤由于地区背景差异较大,用土壤污染累积指数更能反映土壤的人为污染程度。单因子指数法可评价土壤环境质量优劣,而土壤污染物分担率可评价确定土壤的主要污染项目,按污染物分担率由大到小排序,污染物主次也同此序。除此之外,土壤污染超标倍数、样本超标率等统计量也能反映土壤的环境状况。污染指数和超标率的计算如下:

土壤污染累计指数=土壤污染物实测值/土壤污染物背景值

土壤污染物分担率(%)=(土壤某项污染指数/各项污染指数之和)×100%

土壤污染超标倍数=(土壤某污染物实测值-某污染物质量标准)/某污染物质量标准

土壤污染样本超标率(%)=(土壤样本超标总数/监测样本总数)×100%

赣南某矿区周边土壤受到重金属污染,可能与矿业开发及农业活动有关。为评估该区域土壤环境质量,以《土壤环境质量 农用地土壤污染风险管控标准(试行)》(GB 15618—2018)为依据,采用单因子指数法对土壤重金属污染程度进行评价(张德强,2023)。结果表明,Pb、Cd、Zn 的单因子污染指数范围分别为 0.56~1.89、0.23~1.45、0.46~1.98,属于轻微污染;Cu、Ni、Cr、As、Hg 的污染指数均小于 1,属于无污染;整体污染水平较低。研究结果为该区域土壤污染治理提供了科学依据。然而,由于该方法各评价参数之间互不联系,只能反映所分析土壤样品的污染状况,而不能全面反映土壤环境要素污染的综合情况。在土壤环境质量调查中,由于点位及样品数目众多,此时并不适宜用单因子指数法来评价土壤环境质量,也无法满足行政部门的管理要求。

2. 多因子指数法

多因子指数法相较于单因子指数法,能够更全面、科学地评价土壤环境质量,尤其适用于复杂环境中的多污染物评价。这不仅避免了单因子评价的片面性,还能通过权重分配和综合考虑多个因素,提供更具科学性和实用性的评价结果。其评价方法如下。

(1)多因子指数加和法

多因子指数加和法见式(11-3):

$$P = \sum \frac{C_i}{S_i} \tag{11-3}$$

式中:P——土壤中各参评污染物污染指数和。这种方法简单易操作,但容易掩盖单个污染物存在的问题,评价结果不具可比性。

(2)多因子指数算术平均法

多因子指数算术平均法见式(11-4):

$$P = \frac{1}{n} \sum \frac{C_i}{S_i} \tag{11-4}$$

式中:P——土壤中各参评污染物污染指数算数均值。该方法评价结果具有较好可比性,但单一重金属污染情况不能被该指数有效识别。

n——因子数量。

(3)加权平均法

加权平均法见式(11-5):

$$P = \sum W_i \frac{C_i}{S_i} \tag{11-5}$$

式中:P——土壤中各参评污染物污染指数加权平均值;

W_i——污染物对土壤环境质量影响的权重,$\sum W_i = 1$。

该方法引入加权值可以反映不同污染物对土壤环境的影响,但权重的确定不易做到客观准确。

(4)均方根法

均方根法见式(11-6):

$$P = \sqrt{\frac{1}{n} \sum \left(\frac{C_i}{S_i} \right)^2} \tag{11-6}$$

式中:P——土壤中各参评污染物污染指数均方根;该方法与算术平均法的优缺点基本相同。

（5）内梅罗指数法

当区域内土壤环境质量作为一个整体与外区域或与历史资料进行比较时,除用单项污染指数外,还常用内梅罗指数法。其计算方法见式(11-7)：

$$P_N = \left\{ \frac{\left(\dfrac{C_i}{S_i}\right)^2_{max} + \left(\dfrac{C_i}{S_i}\right)^2_{ave}}{2} \right\}^{\frac{1}{2}} \tag{11-7}$$

式中： P_N ——内梅罗指数；

$(C_i/S_i)_{max}$ ——土壤污染物中污染指数的最大值；

$(C_i/S_i)_{ave}$ ——土壤污染物中污染指数的平均值。

内梅罗指数法是目前进行土壤环境质量评价的常用方法。该方法不仅考虑了污染因子的平均水平,还突出了最大污染因子的影响,避免了因个别高值或低值导致的评价偏差,能更全面地反映土壤的整体污染状况,主要适合于调查评估存在明确污染物的小尺度场地或田地。而对于大尺度区域的土壤环境质量状况调查评价,由于环境问题差别较大,且存在的污染物种类亦不尽相同,内梅罗指数可能较难反映各单元土壤环境质量的相对优劣。根据该方法计算出来的污染指数,只能反映污染的程度而难以反映污染的质变特征。按该方法划定的污染等级如表 11-3 所示。

表 11-3　土壤污染内梅罗指数评价标准

等级	P_N	污染等级
I	$P_N \leqslant 0.7$	清洁（安全）
II	$0.7 < P_N \leqslant 1.0$	尚清洁（警戒限）
III	$1.0 < P_N \leqslant 2.0$	轻度污染
IV	$2.0 < P_N \leqslant 3.0$	中度污染
V	$P_N > 3.0$	重度污染

资料来源：《土壤环境质量评价技术规范（二次征求意见稿）》编制说明,2016。

武隆洞国家森林公园位于河南省林州市,地处太行山脉东端,森林覆盖率高达 93%。该地区受自然和人类活动的双重影响,土壤中重金属含量存在差异。为评估该区域土壤重金属污染水平,研究者采用内梅罗指数法进行了综合评价（Chen,2024）。结果表明,Cd 和 Hg 是主要的污染因子,且主要集中在阳坡。海拔 900 m 处土壤为重度污染,海拔 1 000 m 处为中度污染,海拔 1 069 m 处为轻度污染,即污染程度随海拔升高而降低。内梅罗指数法能够综合反映土壤重金属污染的整体水平,为该区域的生态保护和管理提供科学依据。

3. 潜在生态危害指数法

潜在生态危害指数法由瑞典科学家 Hakanson 提出,是一种根据重金属性质及环境行为特点,从沉积学角度对土壤或沉积物中重金属污染进行评价的方法。该方法不仅考虑了土壤重金属含量,而且综合考虑了多元素协同作用、毒性水平、污染浓度及环境对重金属污染敏感性等,因此在环境风险评价中得到了广泛应用。潜在生态危害指数法的表达式见式(11-8)：

$$RI = \sum_{i=1}^{n} E_r^i = \sum_{i=1}^{n} T_r^i \times \frac{C_s^i}{C_n^i} \tag{11-8}$$

式中：RI——多元素环境风险综合指数；

E_r^i——重金属 i 的环境风险指数；

T_r^i——重金属 i 毒性响应系数；

C_s^i——重金属 i 的实测浓度，mg/kg；

C_n^i——重金属 i 的评价参比值，一般采用重金属的背景值，mg/kg。

重金属元素的生态危害指数与危害程度的关系见表 11-4。

表 11-4　重金属元素的生态危害指数与危害程度的划分标准

生态危害指数	生态危害程度
$E_r^i<40$ 或 RI<150	轻微
$40 \leqslant E_r^i<80$ 或 $150 \leqslant RI<300$	中等
$80 \leqslant E_r^i<160$ 或 $300 \leqslant RI<600$	强
$160 \leqslant E_r^i<320$ 或 RI>600	很强
$E_r^i>320$	极强

资料来源：周炜等，2009。

齐鹏等（2015）对浙江省永康市 122 个地表水沉积物样品中 9 种重金属含量进行分析，并评价了其潜在生态风险。结果表明，重金属潜在生态风险大小为：Cu>As>Ni>Cr>Pb>Co>Zn>Mn>Ti，Cu 和 As 对综合生态风险指数平均贡献分别为 22.84% 和 21.62%，其他 7 种元素平均贡献合计为 55.54%，综合潜在风险指数中 89.34% 为低生态风险，10.66% 为中等生态风险（图 11-2）。

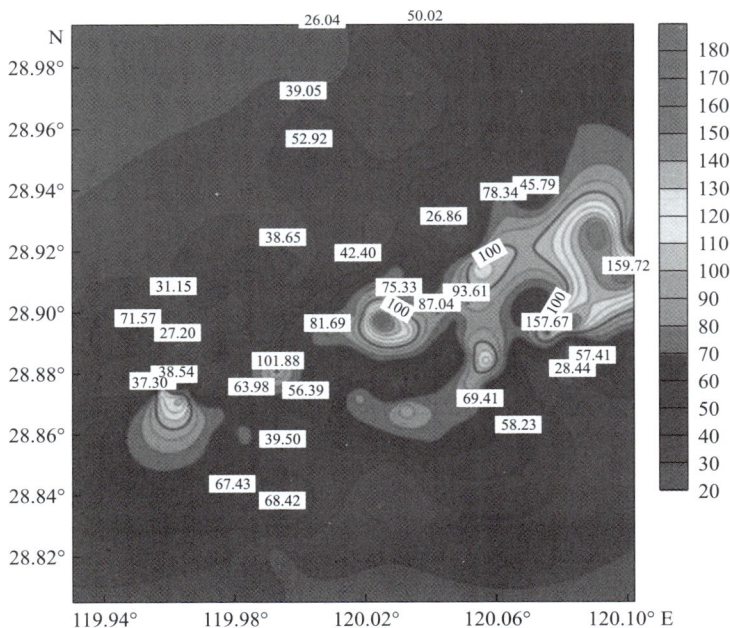

图 11-2　浙江省永康市地表水沉积物重金属生态风险分布

彩图 11-2

资料来源：齐鹏等，2015。

4. 地质累积(地积累)指数法

地质累积指数(I_{geo})通常称为 Muller 指数,是 20 世纪 70 年代晚期在欧洲发展起来的,被广泛应用于定量研究沉积物中重金属的污染程度,尤其用于现代沉积物中重金属污染的评价。该指数不仅考虑了自然地质过程造成的背景值的影响,还充分关注了人为活动对重金属污染的影响。因此,该指数可反映重金属分布的自然变化特征,也可判别人为活动对环境的影响,是区分人为活动影响的重要指标。其表达式见式(11-9):

$$I_{geo} = \log_2 \frac{C_i}{1.5B_i} \tag{11-9}$$

式中:I_{geo}——地质累积指数;

$\quad C_i$——样品中元素 i 的浓度,mg/kg;

$\quad B_i$——元素 i 的地球化学背景值,mg/kg。1.5 为修正指数,通常用来表征沉积特征、岩石地质及其他影响。

地质累积指数除取决于样品的测定值外,还与地球化学背景值的选择有关。由于不同地球化学背景值具有很大差异,因此,评价获得重金属的污染程度也有所不同。重金属污染评价常用的几种地球化学背景值见表 11-5。

表 11-5　重金属污染评价常用的地球化学背景值　　　　单位:mg/kg

元素	页岩	砂岩	黏土	中国陆壳	整个陆壳
Hg	0.35	0.07	0.40	—	—
Cu	45	—	250	38	75
Cr	90	35	90	63	185
Cd	0.3	—	0.42	0.055	0.098
As	13	1	13	1.9	1.0
Zn	95	15	165	86	80
Pb	20	7	80	15	8

资料来源:Muller,1969;Taylor,1985;刘英俊,1986;张家诚,1986。

一般在计算地质累积指数时,选择普通页岩中的平均值作为重金属元素的地球化学背景值。地质累积指数可以分为几个级别,用来表示污染程度从无污染到极重度污染(表 11-6)。

表 11-6　地质累积指数的划分级别

地质累积指数	级别	污染程度
≤0	0	无污染
0~1	1	无污染到中度污染
1~2	2	中度污染
2~3	3	中度污染到重度污染
3~4	4	重度污染

续表

地质累积指数	级别	污染程度
4~5	5	重度污染到极重度污染
>5	6	极重度污染

资料来源:Li 和 Ma,2014。

Li 和 Ma(2014)对我国矿山土壤重金属的污染调查发现(图 11-3),矿山土壤中 Cr 的 I_{geo} 平均值为 -0.56,故可将该元素纳入无污染级别。矿区土壤中 As 和 Ni 的 I_{geo} 平均值都在 0 到 1 之间,表明土壤中 As 和 Ni 的污染程度范围为无污染到中度污染。Cu、Zn 和 Hg 的 I_{geo} 平均值在 1 到 2 之间,故对土壤造成中度污染,而 Pb 和 Cd 的指数水平分别位于第 3 级别和第 4 级别。因此,我国矿山土壤重金属的污染水平为 Cd>Pb>Cu/Zn/Hg>As/Ni> Cr。同样,Wei 和 Yang(2010)对我国城市土壤中的重金属的研究也发现,Cr 和 Ni 在城市土壤中造成的污染相对较小,而 Cu、Pb、Zn 和 Cd 在大多数城市中的 I_{geo} 值较高。

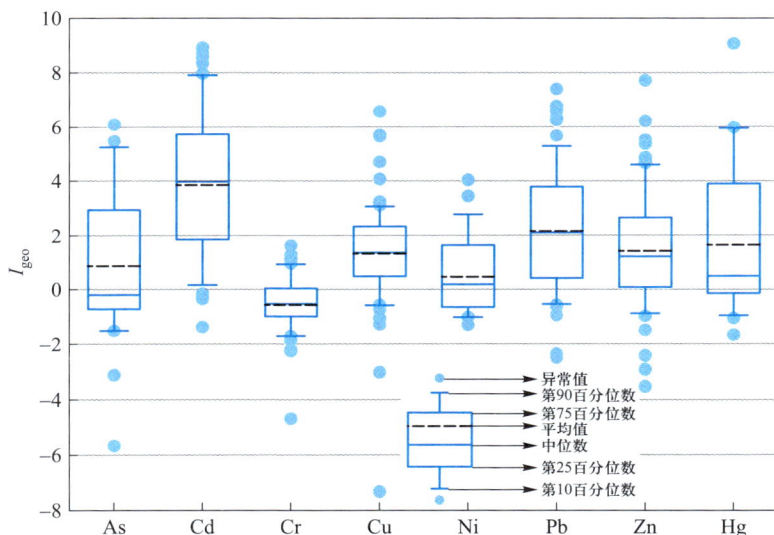

图 11-3 中国矿区土壤中 8 种重金属的 I_{geo} 值箱形图

资料来源:Li 和 Ma,2014。

5. 背景值及标准偏差评价

区域土壤环境背景值(x)95% 置信度的范围($x±2s$,s 为标准偏差)可以用来评价土壤环境质量。具体而言,若土壤某元素测定值 $x_1<x-2s$,则属于该元素缺乏或低背景值土壤;若土壤某元素测定值在 $x±2s$ 范围内,则土壤中该元素含量正常;若土壤某元素测定值 $x_l>x+2s$,则表明土壤已受到该元素污染,或属于高背景值土壤。

6. 其他评价方法

此外,模糊数学评价法、灰色聚类法、层次分析法、人工神经网络法、物元可拓集法等方法也可用来评价土壤环境质量。由于土壤系统涉及的内外因素众多,且具有不确定性、随机性及环境质量变化的模糊性,模糊数学评价法和灰色聚类法可客观表达土壤环境质量评价中的模糊性,且实际应用更为自然、合理。层次分析法把复杂的问题分解为各个组成因素,将这些因素按支配关系组成有序的递阶层次结构,通过两两比较的方式确定层次中诸因素的相对重要性,然后综合人们的判断以确定诸因素相对重要性的顺序。人工神经网络是一类模拟生物体神经系统结构的信息处理系统。它是一种黑箱建模工具,能通过"学习"来模仿真实系统中的输入和输出之间的定量关系,为解决非线性、不确定性和不确知系统的问题开辟了一条崭新的途径。物元可拓集法是从定性和定量两个角度去研究解决矛盾问题的规律和方法,在许多领域得到成功应用,因此也为土壤环境质量综合评价分析提供了新的途径。总之,前述各种土壤环境质量评价方法都有其优缺点,也都从不同的角度推动了土壤环境质量评价的发展。

三、土壤环境质量监测

(一)土壤环境质量监测目的

土壤环境质量监测是了解土壤环境质量状况的重要措施,以防治土壤污染危害为目的,对土壤污染程度、发展趋势的动态分析测定。土壤环境质量监测的工作内容主要包括土壤背景值调查、土壤环境质量现状监测、土壤污染事故监测和污染土地处理动态监测4个方面。

(二)土壤环境质量监测方法

1. 污染土壤样品的采集方法

污染土壤样品的采集可分为三个阶段,包括前期采样、正式采样和补充采样。前期采样是根据背景资料与现场考察结果,采集一定数量的样品分析测定,用于初步验证污染物空间分异性和判断土壤污染程度;正式采样是根据监测方案,实施现场采样;补充采样是在正式采样测试后,若发现布设的样点没有满足总体设计需要,则要增设采样点进行补充采样。土壤采样可分为表层样和分层样(柱样)两类。表层样采样深度为 $0 \sim 0.2$ m,主要采用锹、铲及竹片等工具,采集时需要清除地表大块石块、植被等;分层样原则上采集三层分层样:表层样、中层样、深层样,具体采样深度可以结合经验判断及现场光离子化检测器(PID)测定结果等确定。分层样采集以钻孔打井取样(人工或机械钻孔)为主。

2. 土壤理化指标和营养盐的测定

测定土壤理化指标和营养盐能了解土壤基本特性,评估土壤肥力基础,指导精准施肥以及监测土壤性质变化趋势。土壤中的干物质、水分、可交换酸度、有机碳等理化指标,以及硫酸盐、氮和总磷等营养盐的检测分析方法见表11-7。

表 11-7 土壤理化指标分析方法

土壤理化指标	分析方法		标准编号
干物质和水分	土壤干物质和水分的测定	重量法	HJ 613—2011
可交换酸度	土壤 可交换酸度的测定	氯化钾提取-滴定法	HJ 649—2013
	土壤 可交换酸度的测定	氯化钡提取-滴定法	HJ 631—2011
有机碳	土壤 有机碳的测定	重铬酸钾氧化-分光光度法	HJ 615—2011
	土壤 有机碳的测定	燃烧氧化-滴定法	HJ 658—2013
	土壤 有机碳的测定	燃烧氧化-非分散红外法	HJ 695—2014
硫酸盐	氯化钡重量法		HJ 635—2012
氮营养盐	分光光度法		HJ 634—2012
总磷	土壤 总磷的测定	碱熔-钼锑抗分光光度法	HJ 632—2011

3. 无机及有机污染物的测定

（1）土壤重金属的测定

在国内外的现行标准中，土壤重金属污染物的测定，主要是针对重金属元素的总量进行测定，这符合重金属元素总量控制的原则。土壤样品经过消解后，采用的测定方法有原子荧光法、原子吸收分光光度法、冷原子吸收法、分光光度法等。土壤中部分金属元素的分析方法见表 11-8。

表 11-8　土壤重金属分析方法

污染物项目	分析方法	标准编号
镉	土壤质量　铅、镉的测定　石墨炉原子吸收分光光度法	GB/T 17141
汞	土壤和沉积物　汞、砷、硒、铋、锑的测定　微波消解/原子荧光法	HJ 680
	土壤质量　总汞、总砷、总铅的测定　原子荧光法	GB/T 22105.1
	土壤质量　总汞的测定　冷原子吸收分光光度法	GB/T 17136
	土壤和沉积物　总汞的测定　催化热解-冷原子吸收分光光度法	HJ 923
砷	土壤和沉积物　金属元素测定　王水提取-电感耦合等离子体质谱法	HJ 803
	土壤和沉积物　汞、砷、硒、铋、锑的测定　微波消解/原子荧光法	HJ 680
	土壤质量　总汞、总砷、总铅的测定　原子荧光法	GB/T 22105.2
铅	土壤质量　铅、镉的测定　石墨炉原子吸收分光光度法	GB/T 17141
	土壤和沉积物　无机元素的测定　波长色散 X 射线荧光光谱法	HJ 780
铬	土壤质量　总铬的测定　火焰原子吸收分光光度法	HJ 491
	土壤和沉积物　无机元素的测定　波长色散 X 射线荧光光谱法	HJ 780
铜	土壤质量　铜、锌的测定　火焰原子吸收分光光度法	GB/T 17138
	土壤和沉积物　无机元素的测定　波长色散 X 射线荧光光谱法	HJ 780
镍	土壤质量　镍的测定　火焰原子吸收分光光度法	GB/T 17139
	土壤和沉积物　无机元素的测定　波长色散 X 射线荧光光谱法	HJ 780
锌	土壤质量　铜、锌的测定　火焰原子吸收分光光度法	GB/T 17138
	土壤和沉积物　无机元素的测定　波长色散 X 射线荧光光谱法	HJ 780

（2）土壤有机污染物的测定

土壤有机污染物的测定主要采用气相色谱法。我国现有的有关土壤有机物的分析方法列于表 11-9，具体操作步骤可查国家相关方法标准。建设用地中半挥发有机物的测定通常采用气相色谱-质谱法，该方法具有分离性能好，分辨率高和抗干扰能力强等优点（冯小康，2021）。

表 11-9　土壤有机物分析方法

污染物项目	分析方法	标准编号
六六六总量	土壤和沉积物　有机氯农药的测定　气相色谱-质谱法	HJ 835
	土壤和沉积物　有机氯农药的测定　气相色谱法	HJ 921
	土壤质量　六六六和滴滴涕的测定　气相色谱法	GB/T 14550

污染物项目	分析方法	标准编号
滴滴涕总量	土壤和沉积物 有机氯农药的测定 气相色谱-质谱法	HJ 835
	土壤和沉积物 有机氯农药的测定 气相色谱法	HJ 921
	土壤质量 六六六和滴滴涕的测定 气相色谱法	GB/T 14550
苯并[a]芘	土壤和沉积物 多环芳烃的测定 气相色谱-质谱法	HJ 805
	土壤和沉积物 多环芳烃的测定 高效液相色谱法	HJ 784
	土壤和沉积物 半挥发性有机物的测定 气相色谱-质谱法	HJ 834

专栏 11-1　不同土壤环境质量评价方法的适用性分析

单因子指数法操作简单,能够直接反映土壤中每一种污染物的超标情况,对环境质量从严要求。但各评价参数之间互不联系,只能反映所分析的土壤样品的污染状况,不能全面反映土壤环境要素污染的综合情况。内梅罗指数法在评价土壤环境质量时综合考虑所有评价参数,能更直观地定性描述土壤环境质量的总体水平,在面对大量的土壤样品时,能给出综合性的评价结论,可以满足管理部门的需求。但内梅罗指数法过分强调了最大污染指数产生的影响,而忽略了污染物对人体的危害等因素,且该方法以环境质量标准为参照值,难以反映污染的质变特征,对污染程度的界定有其不足之处。如采用内梅罗指数法评价小秦岭金矿带土壤重金属的污染状况时,发现铅未对土壤造成污染(张江华,2010),但该地区分布有数个铅矿企业,造成铅累积是必然的。果然,采用地质累积指数法评价该地区土壤重金属的污染状况时,发现铅达到了极重度污染级别。这主要得益于地质累积指数法不仅反映了元素的自然变化特征,而且可以判别人为活动对环境的影响。研究区属于金矿开发地带,人为活动是土壤中重金属累积和污染的主要因素,显然地质累积指数更适合用于该区的污染程度判定。同样,采用内梅罗指数法对石油开采区的土壤进行环境质量评价,发现大多数采样点处于尚清洁水平,其余采样点均受到不同程度的污染,其中处于重度污染水平的采样点较多(邹乔,2011)。然而,当引入浓度权重和毒性权重对内梅罗指数中的污染指数平均值及污染指数最大值进行修正后,可以在一定程度上消除最大值的影响,提高危害性较高评价因子的影响程度,同时兼顾各评价因子的相关性,能够对土壤质量进行较为合理的反映。其中,利用经修正后的方法评价的采样点大多数处于清洁水平,且处于轻度污染、中度污染、重度污染水平的采样点数目均比修正前要少。

也有学者采用地质累积指数法和内梅罗指数法结合评价重金属污染状况,即在地质累积指数法的基础上再进行内梅罗指数的计算,对地质累积指数的分级标准加以调整,改进内梅罗指数的评价标准,分级见表11-10。采用两种方法结合的方式评价吉林省中西部的土壤环境质量,可以更真实地了解区域的土壤环境质量状况。评价结果发现,土壤中重金属污染物的年累积量低于区域背景值,区域背景值又远低于污染物的环境质量标准,表明吉林省中西部的土壤环境容量大,总体环境适宜人类生存和经济发展。但局部地区重金属元素含量高,使该区域土壤环境容量小,同时人类频繁活动导致大气沉降输入到土壤中的重金属污染物含量高,缩减了该区域的土壤环境容量,因此在该区域内污染程度较高,并且有逐年提高的趋势。由表 11-11 可知,就某种重金属的污染程度而言,吉林省中西部平均污染程度较低,污染程度都在 2 级以内,处于轻度污染状态。综合污染指数最高的是 Hg,说明 Hg 的污染程度最高(李煜蓉,2010)。

表 11-10　改进的内梅罗指数评价标准分级

等级划分	$P_{综合}$	污染等级
0	≤0	无污染
1	0~0.5	轻度污染
2	0.5~1.0	轻度污染至中度污染
3	1.0~2.0	中度污染
4	2.0~3.0	中度污染至重度污染
5	3.0~4.0	重度污染
6	4.0~5.0	重度污染至极重度污染
7	>5	极重度污染

资料来源:李煜蓉,2010。

表 11-11　不同重金属的污染指数分级

污染指数	As	Cd	Cr	Cu	Hg	Ni	Pb	Zn
$(C_i/S_i)_{ave}$	−0.43	−0.30	−0.43	−0.49	−1.01	−0.67	−0.50	−0.67
$(C_i/S_i)_{max}$	0.22	−0.20	0.12	0.04	0.12	0.00	−0.19	0.04
$P_{综合}$	0.34	0.26	0.32	0.35	0.72	0.47	0.38	0.47
$P_{污染等级}$	1	1	1	1	2	1	1	1
污染等级排序	6	8	7	5	1	2	4	2

资料来源:李煜蓉,2010。

　　总之,各种污染评价方法都有一定的局限和不足,采用单一的方法无法得到全面的结果,采用多种方法结合的综合评价是解决实际问题的有效途径。在环境评价系统中,权重问题及定权方法一直是该系统中研究的关键问题。环境质量综合评价,只有通过加权综合,才能揭示不同评价因子间的内在联系,而使综合评价结果更接近和符合环境质量的实际状况。在实际评价中,若一般刻画即能达到评价要求,可考虑模糊综合评判法与灰色聚类法;若需精细刻画,则可考虑物元分析方法(杜艳,2010)。

第二节　土壤环境管理

　　土壤环境管理是国家环境保护部门的基本职能,是在土壤环境容量的允许下,以环境科学理论为基础,运用经济、法律、技术、行政、教育等手段,限制和控制人类活动损害土壤环境质量,协调社会经济发展与保护土壤环境、维护生态平衡之间关系的一系列活动。土壤环境管理的目的是使人类社会的组织形式、运行机制,管理部门和生产部门的决策、计划和个人的日常生活等各种活动,符合人与土壤环境和谐相处的要求,使社会经济发展在满足人们物质和文化需要的同时,防止土壤环境污染和维护生态平衡。

一、国内外土壤环境管理发展历程

土壤污染是一个世界性环境问题,发达国家的土壤环境管理工作早在 20 世纪 70—80 年代就已起步,并逐渐形成了较为完善的法律法规、技术、工程和管理等土壤环境管理体系,建立了相对完善的污染土壤识别、评价和处理体系。例如,美国的"超级基金法案"授权美国环境保护署对全国污染场地进行管理,并责令责任者对污染特别严重的场地进行修复。荷兰自 20 世纪 80 年代中期开始就采取了有效措施加强土壤环境管理,建立了土壤可持续管理利用工作机制,即土壤环境全过程管理,包括土壤污染的预防、可持续的土地利用管理及污染场地的修复。日本因其农田污染以镉为主而专门制定了《农用地土壤污染防治法》,并要求若农用地土壤镉含量(质量分数)超过 1×10^{-6},土壤应停止种植并进行治理修复。

我国土壤环境管理工作相比发达国家起步较晚,主要针对农用地的《土壤环境质量标准》(GB 15618—1995)至 1995 年才发布实施,在土壤环境保护工作中发挥了积极作用;而建设用地的土壤环境管理工作起步更晚,直到 2004 年北京宋家庄地铁站等土壤污染事件发生后才使我国开始意识到搬迁后工业用地污染土壤对人体健康的严重危害。2012 年至今,全国各地场地污染问题时有显现,污染场地环境和人体健康影响与危害不断引发社会关注,使人们认识到加强环境综合治理、加快污染地块修复的重要性。随着国家对土壤污染防治工作重视程度的提高,国际污染场地环境管理理念、经验和发展不断促进我国加深对污染场地土壤环境管理的认识,制度建设取得明显成效。经过十余年的努力,2014 年出台了相关污染场地调查、评估和修复等系列规范和导则,逐渐明晰了我国污染场地土壤环境管理思路和制度框架建设,基本形成了我国污染场地全过程管理思路、制度建设、职责确定和技术方法框架。由于《土壤环境质量标准》(GB 15618—1995)既无法适应农用地土壤污染风险管控的需求,也不适用于建设用地,因此我国于 2018 年 6 月发布了《土壤环境质量 农用地土壤污染风险管控标准(试行)》(GB 15618—2018)和《土壤环境质量 建设用地土壤污染风险管控标准(试行)》(GB 36600—2018),可以基本满足不同区域及特定场地各类土壤污染识别的需要,为开展农用地分类管理和建设用地准入管理提供标准支持。

我国污染场地最初的管理模式为治理修复模式,即将所有物质都恢复到自然背景值,但这在技术上难以达到,且技术成本高。随后发展到风险管控模式,该模式强调污染源、暴露途径和受体间的关系,主要关注修复技术的选择和环境效益。近几年来,随着对污染场地问题复杂性及其解决方案复杂性的深入理解,人们逐渐意识到污染场地的管理不仅仅是治理污染和改善环境,还应结合未来场地再利用的可能,充分考虑人体健康、社会、环境和经济需求等因素,以探寻到可以使相关方利益最大化的整体解决方案,而不是仅仅通过工程手段就可解决的"技术问题"。我国针对污染场地的管理手段也从治理修复、风险管控逐渐向绿色可持续发展模式方向转变。该模式更加关注修复过程中环境、社会和经济效益的平衡。美国可持续修复论坛 2009 年发布的白皮书将绿色可持续修复定义为"通过对有限的资源进行合理精细的使用,使一个或多个修复实践中带来人体健康和环境净收益的最大化"。我国在

2017 年举办了"可持续修复论坛",该论坛的举办促进了中国与国外关于污染地块风险管控与可持续修复技术的交流,不仅对中国土壤环境管理政策的完善、土壤修复产业的发展起到了积极推动作用,而且带动了绿色可持续修复概念的更进一步发展,标志着绿色可持续修复世界范围逐渐成为污染场地修复领域的一个主流观念和必要元素。

综上所述,我国土壤环境管理经历了从统一管理到分类管理,从治理修复到绿色可持续修复思路的转变。这种转变更符合土壤环境管理的内在规律,更能科学合理指导农用地、建设用地安全利用,对于贯彻落实"土十条",保障农产品质量和人居环境安全具有重要意义。

二、国外土壤环境管理体系

国外发达国家在土壤环境管理领域起步较早,在 20 世纪 70—80 年代便已开展工作,经过长期探索与实践,已逐步构建起一套涵盖法律法规、技术和工程等土壤环境管理体系。以下以美国、荷兰、日本为例,具体阐述其土壤环境管理发展及体系。

(一) 美国土壤环境管理体系

20 世纪后半叶,美国经济和工作重心从城市转移到郊区,许多企业在搬迁后留下了大量的"棕色地块",包括工业用地、汽车加油站、废弃库房、废弃的可能含有铅或石棉的居住建筑物等,这些遗址受到不同程度的工业废物污染,土壤和水体中的有害物质含量较高,对人体健康和生态环境造成了严重威胁。1978 年,以拉夫运河(Love Canal)事件为契机,1980 年美国国会通过了《综合环境反应、补偿和责任法》,又被称为"超级基金法案"。该法案是美国为解决危险物质泄漏的治理及其费用负担而制定的法律,其目的是建立一个迅速清除危险物质事故性泄漏和危险废物倾倒场所泄漏污染的反应机制。超级基金在实施的过程中,取得了一定的成绩,自实施以来,共清理有害土壤、废物和沉淀物 1 亿多 m^3,有害液体、地下水、地表水 12.9 亿 m^3,同时该基金还为数万人提供了饮用水源。美国土壤污染管理体系中涉及的政策和立法如表 11-12 所示。

表 11-12　美国土壤污染管理体系中涉及的政策和立法

条款	主要内容和目的
《固体废物处置法》	1976 年由美国国会制定的一部全面控制固体废物对土地污染的法律,重在预防危险物质危害人体健康和环境
《危险废物设施所有者和运营人条例》	1980 年颁布,是一部实施细则,详细规范了危险废物处理、贮存、利用、后续管理等各个环节,控制固体废物处理处置对土壤的危害
《综合环境反应、补偿和责任法》	1980 年颁布,对包括土地、厂房、设施等在内的不动产的污染者、所有者和使用者以追溯既往的方式规定了法律上的连带严格无限责任,又称"超级基金法案"
《固体废物处置法》修正案	1984 年修正,增补了地下储存罐管理专章,规定了地下储存罐的报告制度,地下储存罐的泄漏、监测、事故预防和补救措施

(二) 荷兰土壤环境管理体系

荷兰是欧洲发达国家之一,长期的工业化发展导致的土壤污染问题在 20 世纪 80 年代开始凸显。1980 年,荷兰南荷兰省莱克尔克西部住宅下方土壤受到二甲苯、甲苯等有毒化学品的严重污染,政府在组织对住宅下方和周边污染土壤进行挖掘清理的过程中发现1 600 多桶有害化学品,该事件促使荷兰于 1983 年制定发布《土壤修复(暂行)法案》,拉开了荷兰土壤污染治理的序幕。1987 年,荷兰修订发布《土壤保护法》,并于 1994 年对《土壤保护法》进行重要修订,建立了基于风险的标准值体系。2000 年,荷兰发布用于土壤修复的目标值和干预值。2008 年,荷兰制定发布《土壤修复通令》,并于 2013 年修订发布《土壤修复通令》,规定了土壤修复工作程序。基于长期实践和不断修订相关法律法规和标准,荷兰土壤治理从开始的"一刀切"发展到统一"标准值",继而采用风险管理理念,制定土壤污染风险筛选标准值,最终建立了以土壤环境保护法和土壤环境标准为核心,以土壤环境调查、风险评估、治理修复等为关键环节的技术体系和监管制度,成为欧盟成员国中最早进行土壤污染治理立法的国家。荷兰的土壤污染修复标准制度独树一帜,为欧洲各国乃至全球土壤污染修复树立先行范式。荷兰土壤污染管理体系中涉及的重要政策和立法如表 11-13 所示。

表 11-13　荷兰土壤污染管理体系中涉及的重要政策和立法

条款	主要内容和目的
《土壤修复(暂行)法案》	1983 年颁布,要求将土壤修复至统一规定的标准值以下,土壤环境法规要求修复后的土壤满足多种用途
《土壤保护法》	1987 年颁布,调整了对土壤环境管理的理念,基于特定场地利用风险确定的修复标准值替代基于统一修复标准值的管理思路
《土壤保护法》修订案	1994 年修订,建立了基于风险的标准值体系
《土壤修复通令》	2008 年颁布,规定 1987 年 1 月 1 日前的历史性污染土壤,基于风险评估实施监管,土壤修复的目标是保障土壤环境质量满足特定用地方式(如住宅用地)的安全利用

(三)日本土壤环境管理体系

20 世纪中叶,日本发生了"四大公害事件",其中 1955—1972 年的"痛痛病"事件就是由于冶炼厂排放的含镉废水污染了河水,两岸居民使用河水灌溉农田,致使稻米中含镉量明显增高,当地居民身体因食用镉污染稻米而受到了严重损害。"痛痛病"事件直接促使日本政府于 1970 年颁布了《农业用地土壤污染防治法》。随着工业化进程的加快,在近几十年城市土地的开发过程中,以六价铬等重金属污染为代表的城市型土壤污染不断涌现出来。例如,1974 年到 2003 年间,累计查明的土壤污染物超出日本环境省《土壤污染相关的环境基准》设置标准的事例已达 1 458 件,其中 2003 年已查明污染物超标事例达349 件,248 件属于重金属超标,约占总数的 71.1%。严峻的国土资源情况和恶化的土壤污染趋势引起了日本政府对土壤污染的高度关注。2002 年 5 月 29 日,日本环境省第 53号令公布了《土壤污染对策法》。《土壤污染对策法》的颁布实施,在不同层面产生了积极影响,特别是污染区登记簿自由查阅制度,极大地激励了工业界人士采取污染措施控制土壤污染,积极参与工业用地土壤调查。日本土壤污染管理体系中涉及的重要政策和立法如表 11-14 所示。

表 11-14　日本土壤污染管理体系中涉及的重要政策和立法

条款	主要内容和目的
《农业用地土壤污染防治法》	1970 年颁布,侧重于农业用地土壤污染的预防,管理对象仅限于表层土壤,将镉、铜、砷这三个元素指定为特定有害物质
《市街地土壤污染暂定对策方针》	1986 年颁布,防止土壤污染扩散到城市
《水质污浊法》	1989 年修正,增加了对特定地下渗透水的禁止性规定,防止地下水的污染
《土壤污染对策法》	2002 年颁布,以保护国民健康为目的,涵盖了土壤污染状况的评估制度、防止土壤污染对人体健康造成损害的措施和土壤污染防治措施的整体规划等内容

三、我国土壤环境管理

（一）土壤环境管理法律法规体系

土壤环境管理法律法规手段是环境管理的一种强制性手段,依法管理环境是控制并消除污染、保障自然资源合理利用、维护生态平衡的重要措施。我国环境管理相关法律法规体系的构成主要包括宪法中关于环境保护的规定、环境保护基本法、环境保护单行法规、环境标准和其他部门法中关于环境保护的法律法规。这 5 部分的法律效力、基础性、适用性均有不同,共同组成了环境法律法规体系。2004 年国家环境保护总局出台企业搬迁改造遗留场地环境管理要求,拉开了我国污染场地环境管理的序幕。2008 年制定了《关于加强土壤污染防治工作意见》,2009 年制定了《污染场地土壤环境管理暂行办法》(征求意见稿),在土壤污染防治制度建设上进行尝试和探索。2012 年制定了《关于保障工业企业场地再开发利用环境安全的通知》,表明国家已经充分认识到工业企业场地再开发利用过程中的环境与风险问题,该文件是部分场地环境管理起步较早的城市如重庆、北京、江苏等地,开展地方实践的重要依据。2013 年国务院办公厅发布《关于印发近期土壤环境保护和综合治理工作安排的通知》(国办发〔2013〕7 号),该通知在较大程度上发挥了"十二五"期间全国土壤环境保护和污染防治总体规划的作用。2014 年环境保护部发布了《关于加强工业企业关停、搬迁及原址场地再开发利用过程中污染防治工作的通知》(环发〔2014〕66 号),与 2012 年发布的环发〔2012〕140 号文件相比,该文件在认识程度及程序建设等方面都有明显加强。2014 年 4 个场地调查、评估和修复技术规范导则的出台,大大加强和规范了污染场地环境管理关键环节的技术方法。在国家的带动下,相关省份如北京、重庆、浙江和江苏等也加快了污染场地地方环境制度的建设和技术规范标准的制定。

"十三五"期间,随着《国家土壤污染防治行动计划》(以下简称"土十条")的颁布、《中华人民共和国土壤污染防治法》的出台,我国土壤环境保护和污染防治制度建设进入完善期,制度体系更加成熟和定型,制度执行效果也不断显现。2016 年国务院发布"土十条",是中国土壤环境管理的顶层设计,也是土壤环境保护的行动纲领。"土十条"以农用地和建设用地为两个重点,对于改善土壤环境质量具有重要的指导和推动作用。在吸收国内外经验教训的基础上,我国确定了"预防为主、保护优先、风险管控"的土壤污染防控总体思路,基本建立以"土十条"为核心政策,以生态环境部等部门规章、技术规范、质量标准为基础的政策体系。"十三五"期间,"土十条"确定的各项任务圆满完成,受污染耕地安全利用率和污染地块安全利用率"双90%"目标也已实现,基本管控了土壤污染风险,初步遏制了土壤污染加重的趋势。2017年以来,生态环境部等相继出台《污染地块土壤环境管理办法》《农用地土壤环境管理办法(试行)》和《工矿用地土壤环境管理办法(试行)》,构成了覆盖人居环境、农用地和工矿企业的相对完整的土壤环境管理政策体系。目前我国土壤污染防治法规标准体系的核心通常指"一条一法两标三部令"以及一系列的技术指南(图11-4;表11-15)。

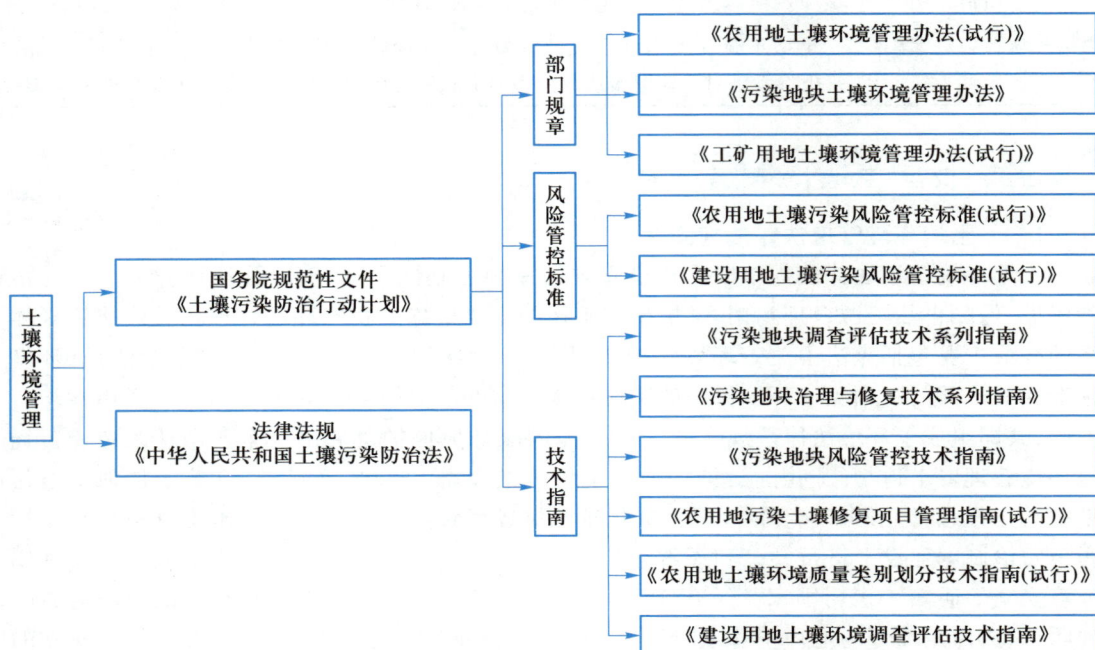

图 11-4   我国土壤污染防治法规标准体系

表 11-15   国家发布的主要环境管理文件汇总

类别	发布时间	文件名称	发布机构
相关法律	2004.08	《中华人民共和国土地管理法》	第十届全国人民代表大会常务委员会第十一次会议修订通过
	2018.08	《中华人民共和国土壤污染防治法》	第十三届全国人民代表大会常务委员会第五次会议通过
国务院相关法规	2013.01	《关于印发近期土壤环境保护和综合治理工作安排的通知》	国务院办公厅
	2014.03	《关于推进城区老工业区搬迁改造的指导意见》	国务院办公厅
	2016.05	《土壤污染防治行动计划》	国务院

类别	发布时间	文件名称	发布机构
环境保护相关部门管理规章和行政性文件（意见、通知等）	2004.06	《关于切实做好企业搬迁过程中环境污染防治工作的通知》	国家环境保护总局
	2008.06	《关于加强土壤污染防治工作的意见》	环境保护部
	2012.11	《关于保障工业企业场地再开发利用环境安全的通知》	环境保护部等四部委
	2014.04	《全国土壤污染状况调查公报》	环境保护部、国土资源部
	2014.05	《关于加强工业企业关停、搬迁及原址场地再开发利用过程中污染防治工作的通知》	环境保护部
	2016.12	《污染地块土壤环境管理办法》	环境保护部
	2017.09	《农用地土壤环境管理办法（试行）》	环境保护部、农业部
	2018.04	《工矿用地土壤环境管理办法（试行）》	生态环境部
	2019.07	《环境影响评价技术导则　土壤环境（试行）》	生态环境部
	2019.12	《建设用地土壤污染状况调查、风险评估、风险管控及修复效果评估报告评审指南》	生态环境部、自然资源部
	2019.12	《建设用地土壤修复技术导则》	生态环境部
	2020.11	《国土空间调查、规划、用途管制用地用海分类指南（试行）》	自然资源部
	2021.01	《建设用地土壤污染责任人认定暂行办法》	生态环境部、自然资源部
	2021.01	《农用地土壤污染责任人认定暂行办法》	生态环境部、农业农村部、自然资源部
	2022.03	《关于进一步加强重金属污染防控的意见》	生态环境部
	2024.11	《土壤污染源头防控行动计划》	生态环境部、国家发展改革委、工业和信息化部、财政部、自然资源部、住房城乡建设部、农业农村部

　　典型土壤环境管理办法的实施，是全面推进美丽中国建设的重要举措。通过系统治理土壤污染，改善土壤环境质量，可为建设人与自然和谐共生的美丽中国提供坚实保障。《污染地块土壤环境管理办法》主要是针对搬迁后再开发利用的工业企业地块进行修复治理而制定的管理办法。随着我国产业结构调整的深入推进，以及"退二进三""退城进园"政策的实施，大量涉及化工、冶金、石油、交通运输等行业的工矿企业关闭搬迁，原有地块作为城市建设用地被再次开发利用。污染地块如直接开发建设居民住宅或商业、学校和医疗等公共设施用房，将对公众健康和生态环境构成严重安全隐患。制定《污染地块土壤环境管理办法》是

防范污染地块环境风险、保障再开发利用的环境安全、维护人民群众切身利益的需要,可为加强污染地块环境保护监督管理提供支撑,为土壤污染防治立法工作摸索经验。该管理办法要求对污染地块合理确定土地用途,符合相应规划用地土壤环境质量要求的,方可进入用地程序。其管理措施主要包括开展土壤环境调查土壤环境风险评估、风险管控、污染地块治理与修复及治理与修复效果评估。

《农用地土壤环境管理办法(试行)》为农用地土壤环境管理工作提供了依据,对管理农用地土壤环境,防控农用地土壤污染风险,保障农产品质量安全具有重要意义。目前,我国2 783个涉农县级单位已全部完成耕地土壤环境质量类别划分工作,全国受污染耕地安全利用和严格管控任务也已顺利完成。该办法将符合条件的优先保护类耕地划为永久基本农田,纳入粮食生产功能区和重要农产品生产保护区建设,实行严格保护,确保其面积不减少,土壤环境质量不下降。对于安全利用类耕地,优先采取农艺调控、替代种植、轮作和间作等措施,阻断或减少污染物和其他有毒有害物质进入农作物可食部分,降低农产品超标风险。对严格管控类耕地,采取调整种植结构或退耕还林还草措施。

《工矿用地土壤环境管理办法(试行)》为加强工矿用地土壤环境保护监督管理,防控工矿用地土壤污染提供了依据。该管理办法主要针对从事工业、矿业生产经营活动的土壤环境污染重点监管单位用地土壤,涵盖了环境现状调查、环境影响评价、污染防治设施的建设和运行管理、污染隐患排查、环境监测和风险评估、污染应急、风险管控和治理与修复等。管理办法主要用于规范和加强工矿用地土壤环境保护监督管理,防止因工矿企业生产经营活动对工矿用地本身造成的污染,即重在防止出现新的污染地块。

以上三个规章共同构成了一个较为完整的体系,充分体现了土壤污染源头预防、风险管控全过程管理的工作思路,对于推动落实土壤污染防治各项任务,打好净土保卫战具有重要意义。

（二）土壤环境质量现状调查

2005年4月至2013年12月,环境保护部与国土资源部联合开展了首次全国土壤污染状况调查,调查范围广泛,实际调查面积达630万km^2,覆盖了全国全部耕地,以及部分林地、草地、未利用地和建设用地。调查结果显示,全国土壤总的点位超标率为16.1%,其中轻微污染点位占比11.2%,轻度污染2.3%,中度污染1.5%,重度污染1.1%。耕地土壤点位超标率相对较高,为19.4%;林地为10.0%,草地为10.4%。污染类型以无机型为主,占超标点位的82.8%,主要污染物包括镉、汞、砷、铜、铅、铬、锌和镍等。在"十三五"期间,中国环境监测总站建立了国家土壤环境监测网,布设了38 880个监测点位,涵盖基础点、背景点和风险监控点。进入"十四五"时期,监测网进一步优化,系统性地评价了全国土壤环境状况及其背景水平。根据生态环境部发布的《2023中国生态环境状况公报》,全国土壤环境风险已得到基本管控,土壤污染加重的趋势也得到了初步遏制。具体而言,农用地土壤环境状况总体保持稳定,受污染耕地的安全利用率已超过91%;重点建设用地的安全利用也得到了有效保障。

与此同时,我国加速建设土壤环境监测与数据平台。中国科学院南京土壤研究所建立了中国土壤信息系统(SISChina),该系统整合了不同尺度的土壤空间数据和土壤剖面属性数据。此外,国家冰川冻土沙漠科学数据中心基于世界土壤数据库(HWSD)提供了中国土壤数据集,为土壤环境质量研究提供了重要支持。

为落实《土壤污染防治行动计划》和《污染地块土壤环境管理办法》,同时满足全国污染土壤环境管理的现实需求,原环境保护部会同原国土资源部、住房和城乡建设部开发启用了全国污染地块土壤环境管理信息系统。该系统适用于各级环境保护主管部门对本行政区域内污染地块信息系统的部署,疑似污染地块和污染地块相关活动信息在线填报及环境保护、城乡规划、国土资源部门间信息共享等。此外,全国土壤环境信息平台、重点行业企业用地管理信息系统和农用地土壤污染调查信息管理系统的上线启用也加强了我国土壤环境管理各业务系统的整合集成,通过原位、快速、精准的信息化监管和预警,打造"土壤环境信息一张图",发挥土壤环境大数据在污染防治、城乡规划、土地利用、农业生产中的作用。

总体而言,我国通过多次全国性土壤污染状况调查以及持续的监测网络建设,已基本掌握了土壤环境质量的总体状况。当前,全国土壤环境质量总体稳定,农用地土壤污染风险得到了有效管控。然而,土壤污染防治工作仍需持续关注和加强治理,以确保土壤生态环境的可持续发展。

(三)土壤源头污染控制与治理

土壤环境管理及污染防治最鲜明的特点是要坚持"预防为主、保护优先、风险管控"的方针,考虑污染源、污染(暴露)途径和污染受体(保护对象)三要素,根据具体情况确定不同的管控技术,如针对污染耕地,主要以生物类修复技术为主,包括植物修复、微生物修复及植物-微生物联合修复等;而针对场地污染修复则以固化稳定化、阻隔、热脱附、化学淋洗、气相抽提等技术为主。源头控制主要是加强污染源监管,完善源头预防政策体系,强化农用地土壤溯源整治及防范工矿企业新增污染等。例如,落实生态环境分区管控,加强农用地分类管理,动态调整优先保护类、安全利用类和严格管控类农用地的边界;全面启动受污染农用地溯源,推动各县(市、区)分阶段完成溯源和整治,2027 年底前,受污染耕地集中的重点县(市、区)基本完成溯源;前移土壤污染防治关口,严格重点行业企业选址,强化前端污染预防,推动重点行业实施地面防渗、管道可视、设施围堰等建设。同时,我国建立了土壤污染重点监管企业名录,推动 1.6 万余家企业纳入污染重点监管单位名录,实施绿色化改造和清洁生产改造,开展了涉镉等重金属重点行业企业排查整治行动。此外,科学技术部会同有关部门及地方,制定了国家重点研发计划"场地土壤污染成因与治理技术"重点专项实施方案。其中,通过研究我国污染场地区域分布及其与产业行业的关系,明确了有毒有害物质名录及污染场地时空分布规律。同时,我国通过研究京津冀、长江三角洲、珠江三角洲和长江经济带等不同区域的场地特性、污染特征、污染源与排放强度,筛选出了不同区域场地土壤优先管控污染物,建立了优先控制污染物排放清单,为经济快速发展区域场地土壤源头污染控制与治理提供了基础信息和方法。

(四)土壤末端污染控制与治理

末端治理是指在生产过程的末端,针对产生的污染物开发并实施有效的治理技术和管理办法。它是土壤环境管理发展过程中的一个重要阶段,对于消除污染事件影响、减缓生产活动对环境的污染和破坏具有重大的意义。我国实施了多项末端治理措施,如加强危险化学品生产企业搬迁腾退地块、沿江 1 km 化工腾退地块的监管,查清污染状况并采取风险管控或修复措施;推动绿色低碳修复,印发《关于促进土壤污染风险管控和绿色低碳修复的指导意见》,鼓励采用低扰动、低成本的修复技术。对纳入名录的污染地块开展遥感监管,防止违规开发利用。但末端治理设施投资大、运行费用高,往往治理不彻底,如土壤淋洗技术形成大量含有机污染物的洗脱液,吸附处理产生大量固体废物等,不能根除污染,且未实现资源的有效利用。"十三五"期间,生态环境领域累计下达土壤污染防治专项资金285亿元,重点支持土壤污染状况详查、受污染土壤管控修复和重金属污染防治等领域。全国完成土壤修复试点项目200余个。此外,我国也加强了土壤污染防治研究,加大了适用技术推广力度,推动了治理与修复产业发展。科学技术部设立"复合有机污染场地土壤高效化学氧化/还原技术""有机污染场地土壤修复热脱附成套技术与装备"和"京津冀及周边焦化场地污染治理与再开发利用技术研究与集成示范"等课题,直接支撑经费19亿元,促进了我国土壤污染防治技术的发展。

四、我国土壤环境管理未来发展趋势

我国土壤环境保护形势依然严峻,土壤环境管理须不断加强。针对目前我国土壤环境管理现状,其未来发展趋势主要有以下几点。

(1)基于风险的分类管理是土壤修复的重要经验。根据土壤未来用途、污染现状、暴露途径和开发利用必要性等因素,分类实施风险控制措施或者修复工程措施,避免我国在底数不清、技术标准体系不健全和资金短缺的国情下盲目投资。大力强化风险管控核心,必须将风险评估和风险管控贯穿于全过程管理中,尤其是在污染场地技术标准体系建设中,需针对不同类型、不同特点场地和不同修复治理工艺环节的环境风险进行评估,建立适合我国国情,并以风险评估为导向和特征的技术标准体系。

(2)制定不同地区、不同污染物和不同场地特性的土壤污染技术筛选体系和修复标准。目前部分省份和地市已经开展了筛选值或修复标准制定的实践,各地应在借鉴其他地市标准制定和执行过程经验的基础上,充分结合本地污染场地调查评估特点,从本地建设用地发展规划、用途等特征出发,加快制定各自的污染风险筛选标准或修复标准。同时加强污染溯源,精准找到污染来源以方便管理。

(3)实践绿色和可持续修复理念。研究我国污染场地绿色可持续管理框架、评价指标和技术方法,提出与国际接轨的污染场地绿色可持续修复发展战略,同时研究适合国情的绿色可持续修复评估方法和指标体系,选择典型污染场地开展实际案例研究,分类构建我国污染场地全过程可持续管理方法和标准规范,形成我国污染场地再开发规划决策支持系统,从环境、社会、经济三方面开展场地修复可持续性评价,以促进我国污染场地管理绿色和可持续发展。

(4)提高对在产企业的预防与监管。深化土壤污染重点在产企业监管,排查整治并自行监测土壤污染隐患是当前土壤污染防治工作的重中之重。通过对重点行业在产企业调查工作,推进在产企业土壤污染防治工作规范化,能为落实"源头预防、运行控制、末端监测"防控建设责任,提升土壤污染防治工作精细化管理水平和执法检查水平提供技术支撑。

(5)实施土壤-地下水污染协同修复。土壤与地下水污染互为因果,土壤是地下水污染的重要媒介,工业企业、垃圾填埋场、矿山开采等污染源产生的污染物可通过地表污水从土壤渗入地下从而污染地下水,而地下水中的污染物也可通过地下水水位的波动或毛细作用进入土壤。一旦污染发生,通常造成土壤和地下水双重污染。因此,我国土壤环境管理应从污染场地土壤修复过渡到土壤-地下水污染协同修复,对于建立统一、协调、高效的新时代土壤和地下水污染环境管理体系,保护土壤与地下水环境具有重要意义。

专栏 11-2　我国土壤修复产业的资金瓶颈及绿色金融对策分析

2014 年 4 月公布的《全国土壤污染状况调查公报》结果显示,全国土壤环境状况总体不容乐观,全国土壤总点位超标率为 16.1%,部分地区土壤污染较为严重,耕地土壤点位超标率为 19.4%,土壤环境质量堪忧。在调查的 690 家重污染企业用地及周边的 5 846 个土壤点位中,超标点位占 36.3%。在调查的 81 块工业废弃地的 775 个土壤点位中,超标点位占 34.9%,工矿企业废弃地土壤环境问题突出。自"十二五"以来,在重金属污染防治专项资金支持下,初步建立了针对不同土壤污染物、污染程度和土地利用类型等的土壤污染治理与修复技术。但我国环境保护投资资金还远远不足,水平大大低于发达国家。发达国家的经验是:当一个国家的环境保护投资占 GDP 比例在 1%~2% 时,至多只能防止环境状况的进一步恶化。要使环境质量发生明显的好转,环境保护投资额要占到同期 GDP 的 3%~5%。2011 年英国环境保护投资占 GDP 比例为 5.28%,法国为 5.27%,意大利为 3.14%,日本为 6.17%(郭朝先,2015)。而我国 2010—2017 年环境污染治理投资额占 GDP 比例总体保持较低水平,基本为 1.15%~1.84%,如图 11-5 所示。此外,我国环境保护投资资金来源单一且资金分配不合理,其来源主要有三种类型:"谁污染,谁治理"模式;"谁受益,谁治理"模式;"政府出资"模式(王文坦,2016;田军,2012)。资金匮乏问题是污染场地修复及再开发利用和土壤修复产业发展的瓶颈。

图 11-5　中国环境污染治理投资额占 GDP 比例情况

资料来源:中华人民共和国国家统计局,2019。

绿色金融是指为支持环境改善、应对气候变化和资源节约高效利用的经济活动,即为环境保护、节能、清洁能源、绿色交通和绿色建筑等领域的项目投融资、项目运营和风险管理等提供的金融服务,包括绿色信贷、绿色债券、绿色股票指数和相关产品、绿色发展基金、绿色保险和碳金融等金融工具及相关政策。国家大力发展绿色信贷,鼓励各类金融机构加大对重大土壤污染防治项目发放绿色信贷的力度。在国家环境经济政策和产业政策的引导下,国家政策性银行及各大商业银行等金融机构对从事土壤污染治理与修复,研发、生产土壤污染相关治理设施的企业或机构提供贷款扶持并实施优惠性低利率措施,而对产生土壤污染的企业及相关企业的新建项目进行贷款额度限制并实施惩罚性高利率措施(周全,2016)。国家鼓励支持绿色保险。绿色保险又称为环境污染责任保险,是基于环境污染赔偿责任的一种商业保险,是以企业发生污染事故对第三者造成损害依法应承担的赔偿责任为标的的保险(郭朝先,2015)。借鉴发达国家经验,土壤污染损害责任保险可采用政府强制与引导相结合的模式,实行强制和自愿相结合的原则:对污染较为严重的,实行强制保险;对污染较轻的,政府给予引导,促使企业自愿认购(周全,2016)。另外还有完善发行绿色债券,设立绿色发展基金等。

突破资金瓶颈需多方面的综合对策。如图11-6所示,相关修复产业既需要立法监管,又需要先进的技术革新,还需要政策创新驱动。立法、技术、政策对资金瓶颈问题的解决之间不是相互孤立的,立法完善可以促进新政策的推出,新政策的发布实施又可以激励企业开发新技术和市场融资创新。只有立法监管、政策驱动和技术革新,同时加上资金支撑等全方面、多层次的推动,土壤修复产业才能迎来"土十条"顶层设计所描绘的真正"净土"。

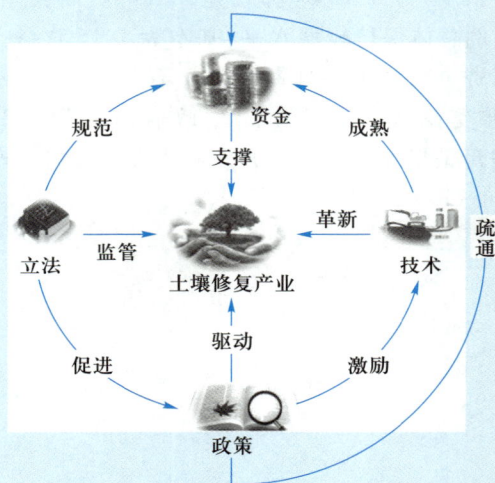

图 11-6　我国土壤修复产业突破资金瓶颈模式

资料来源:王红旗等,2017。

习题与思考题

1. 请叙述土壤环境质量评价的方法及优缺点。

2. 请简述土壤环境质量评价的步骤。

3. 请叙述土壤污染的健康风险评价步骤。

4. 何谓土壤环境管理?其目的和任务是什么?

5. 请简述我国土壤环境管理发展史及相关法律、法规和标准体系。

6. 请叙述美国土壤环境管理体系发展史。

7. 我国土壤环境管理未来发展趋势主要体现在哪几个方面?

8. 选取某市七个主要乡镇(街道)进行取土采样,每个乡镇取20个样品,采用五点法取样,采样深度为土壤表层 0~20 cm。将研究区域采集的所有土壤样品存袋密封送至实验室进行 Cd、Zn、Cu、Pb、Ni、Cr、Hg、As 八种重金属元素含量的测定实验,其重金属元素测定结果平均浓度如表 11-16 所示。请选用两种合适的方法对该市土壤中 Cd、Zn、Cu、Pb、Ni、Cr、Hg、As 八种重金属元素含量进行评价,并对两种评价结果的差异进行分析。若存在污染,请给出治理建议;若不存在污染,请说明理由。

表 11-16　某市七个主要乡镇(街道)土壤中重金属的平均浓度

研究区域	含量平均值/($mg \cdot kg^{-1}$)							
	Cd	Zn	Cu	Pb	Ni	Cr	Hg	As
1	0.30	75.3	23.1	28.3	30.1	293.4	0.14	10.3
2	0.09	78.2	24.5	19.1	40.1	182.3	0.32	14.1
3	0.23	82.2	34.1	29.3	58.5	87.2	0.11	15.2
4	0.12	78.4	19.4	48.1	84.1	28.3	0.43	13.6
5	0.22	67.3	18.3	39.1	48.5	84.1	0.12	14.3
6	0.19	87.4	18.6	49.2	28.4	34.1	0.23	15.4
7	0.33	40.1	28.1	65.1	48.5	30.4	0.15	18.4

9. 请结合我国土壤环境问题及国外土壤环境管理发展史,叙述国外土壤环境管理经验对我国土壤环境管理发展的借鉴意义。

主要参考文献

[1] 董丙锋.土壤环境质量及其演变的影响因素 [J].污染防治技术,2007,20(1):3.

[2] 杜艳,常江,徐笠.土壤环境质量评价方法研究进展 [J].土壤通报,2010,41(3):8.

[3] 冯小康,郑亚丽.建设用地土壤中 11 种半挥发性有机物的测定 [J].环境监测与预警,2021,13(1):30-35.

[4] 郭朝先,刘艳红,杨晓琰,等.中国环保产业投融资问题与机制创新 [J].中国人口资源与环境,2015,25(8):92-99.

[5] 胡枭,樊耀波,王敏健.影响有机污染物在土壤中的迁移、转化行为的因素 [J].环境科学进展,1999,5:14-22.

[6] 李顺鹏.环境生物学 [M].北京:中国农业出版社,2010.

[7] 李煜蓉.土壤环境质量评价与污染预测实例研究 [D].吉林大学硕士学位论文,2010.

[8] 刘英俊,曹励明,李兆麟,等.元素地球化学 [M].北京:科学出版社,1986.

[9] 齐鹏,余树全,张超,等.城市地表水表层沉积物重金属污染特征与潜在生态风险评估:以永康市为例 [J].环境科学,2015,36(12):4486-4493.

[10] 田军,文斌,刘世伟.以机制创新破解城市污染场地修复资金难题 [J].环境保护,2012,40(11):48-51.

[11] 王红旗,许洁,吴枭雄,等.我国土壤修复产业的资金瓶颈及对策分析 [J].中国环境管理,2017,9(4):6.

[12] 王文坦,李社锋,朱文渊,等.我国污染场地土壤修复技术的工程应用与商业模式分析 [J].环境工程,2016,34(1):164-167.

[13] 张家诚.地学基本数据手册 [M].北京:海洋出版社,1986.

[14] 张江华,赵阿宁,王仲复,等.内梅罗指数和地质累积指数在土壤重金属评价中的差异探讨——以小秦

岭金矿带为例［J］.黄金,2010,31(8):43-46.

［15］张德强,王英男,乔雯,等.赣南某矿区土壤重金属污染评价与研究［J］.矿产综合利用,2023,3:181-191.

［16］赵文廷.土壤环境监测技术规范中的土壤环境质量评价问题［J］.中国环境管理,2017,(04):29-33.

［17］周全,葛察忠,璩爱玉,等.运用市场经济手段防治土壤环境污染的国际经验分析及借鉴［J］.环境保护,2016,44(18):69-72.

［18］周炜,陈静,李军,等.应用潜在生态危害指数法评价巡司河表层沉积物中的重金属污染［C］.中国环境科学学会 2009 年学术年会,2009.

［19］Chen X L,Zhang H F,Wong C U I. Spatial distribution characteristics and pollution evaluation of soil heavy metals in Wulongdong National Forest Park［J］.Scientific Reports,2024,14,8880.

［20］Li Z Y,Ma Z W. A review of soil heavy metal pollution from mines in China:pollution and health risk assessment［J］.Science of the total environment,2014.468-469:843-853.

［21］Muller G. Index of geoaccumulation in sediments of the Rhine River［J］.The Journal of Geology,1969,2:108-118.

［22］Taylor S R,McLennan S M. The continental crust:composition and evolution［J］.The Journal of Geology,1985,94(4):209-230.

［23］Wei B G,Yang L S. A review of heavy metal contaminations in urban soils,urban road dusts and agricultural soils from China. Microchemical Journal［J］.2010,94:99-107.

深入阅读材料

［1］胡宏祥,邹长明.环境土壤学［M］.合肥:合肥工业大学出版社,2013.

［2］孙宁,马睿,朱文会,等.我国土壤环境管理政策制度分析及发展趋势［J］.中国环境管理,2016,8(5):50-56.

［3］生态环境部,国家市场监督管理总局.土壤环境质量　建设用地土壤污染风险管控标准(试行)(GB 36600—2018).2018.

［4］生态环境部,国家市场监督管理总局.土壤环境质量　农用地土壤污染风险管控标准(试行)(GB 15618—2018).2018.

［5］土壤污染防治行动计划(全文)［Z］.2016.

［6］污染地块土壤环境管理办法(试行)(全文)［Z］.2017.

［7］张乃明.环境土壤学［M］.北京:中国农业大学出版社,2012.

［8］中华人民共和国土壤污染防治法(全文)［Z］.2018.

［9］Bone J,Head M,Barraclough D,et al. Soil quality assessment under emerging regulatory requirements［J］.Environment International,2010,6:609-622.

［10］Huo Z,Tian J P,Wu Y B,et al. A soil environmental quality assessment model based on data fusion and its application in Hebei Province［J］.Sustainability,2020,17.

［11］Teng Y G,Wu J,Lu S J,et al. Soil and soil environmental quality monitoring in China:A review［J］.Environment International,2014,69:177-199.

［12］Yang C L,Guo R P,Wu Z F,et al. Spatial extraction model for soil environmental quality of anomalous areas in a geographic scale［J］.Environmental Science Pollution Research,2014,4:2697-2705.

郑重声明

读者意见反馈

为收集对教材的意见建议，进一步完善教材编写并做好服务工作，读者可将对本教材的意见建议通过如下渠道反馈至我社。

咨询电话　　400-810-0598

反馈邮箱　　hepsci@pub.hep.cn

通信地址　　北京市朝阳区惠新东街4号富盛大厦1座
　　　　　　高等教育出版社理科事业部

邮政编码　　100029

防伪查询说明

用户购书后刮开封底防伪涂层，使用手机微信等软件扫描二维码，会跳转至防伪查询网页，获得所购图书详细信息。

防伪客服电话　　（010）58582300

数字课程账号使用说明

一、注册/登录

访问 https://abooks.hep.com.cn，点击"注册/登录"，在注册页面可以通过邮箱注册或者短信验证码两种方式进行注册。已注册的用户直接输入用户名加密码或者手机号加验证码的方式登录。

二、课程绑定

登录之后，点击页面右上角的个人头像展开子菜单，进入"个人中心"，点击"绑定防伪码"按钮，输入图书封底防伪码（20位密码，刮开涂层可见），完成课程绑定。

三、访问课程

在"个人中心"→"我的图书"中选择本书，开始学习。